種

必學演算法的完美圖解與應用實作！

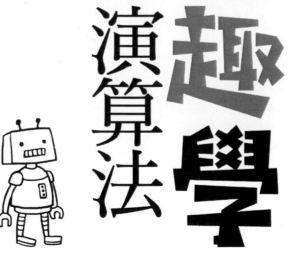

趣學

演算法

前 言

編寫背景

有一天，一個學生給我留言：「我看到一些資料介紹機器人具有情感，真是不可思議，我對這個特別感興趣，但我該怎麼做呢？」我告訴他：「先看演算法。」過了一段時間，這個學生苦惱地說：「演算法書上那些公式和大段的程式不能執行，太令人抓狂！我好像懂了一點兒，卻又什麼都不懂！」我向他推薦了一本簡單一點兒的書，他仍然表示不太懂。

問題出在哪裡？資料結構？C 語言？還是演算法表達枯燥、晦澀難懂？

這些問題一點也不意外，你不會想到，有同學拿著 C 語言書問我：「這麼多英文怎麼辦？for、if 這樣的單詞是不是要記住？」我的天！我從來沒考慮過 for、if 這些是英文，而且是要記的單詞！就像拿起筷子吃飯，端起杯子喝水，我從來沒考慮我喝的是 H_2O。經過這件事情，徹底顛覆了我以前的教學理念，終於理解為什麼看似簡單的問題，那麼多人就是看不懂。我們真正需要的是一本演算法入門書，一本要簡單、簡單、再簡單的演算法入門書。

有學生告訴我：「大多數演算法書上的程式碼都不能執行，或者執行時有各種錯誤，每每如此都會感到迷茫至崩潰……」我說：「你要理解演算法而不是執行程式碼。」可這個學生告訴我：「你知道嗎，我執行程式碼成功後是多麼喜悅和自信！已經遠遠超越了執行程式碼的本身。」好吧，相信這本書將會給你滿滿的喜悅和自信。

本書從演算法之美娓娓道來，沒有高深的原理，也沒有枯燥的公式，透過趣味故事引出演算法問題，結合大量的實例及繪圖展示，分析演算法本質，並列出程式碼實作的詳細過程和執行結果。如果你讀這本書，像躺在躺椅上悠閒地讀《普羅旺斯的一年》，這就對了！這就是我的初衷。

本書適合那些對演算法有強烈興趣的初學者，以及覺得演算法晦澀難懂、無所適從的人，也適合作為電腦相關專業教材。它能幫助你理解經典的演算法設計與分析問題，並獲得足夠多的經驗和實踐技巧，以便更好地分析和解決問題，為學習更高深的演算法奠定基礎。

更重要的是：體會演算法之美！

學習建議

知識在於積累，學習需要耐力。學習就像挖金礦，或許一開始毫無頭緒，但轉個角度、換換工具，時間久了總會找到一個縫隙。成功就是你比別人多走了一段路，或許恰恰是那麼一小步。

第一個建議：**多角度，對比學習。**

學習演算法，可以先閱讀一本簡單的入門書，然後綜合幾本書橫向多角度看，例如學習動態規劃，拿幾本演算法書，把動態規劃這章都找出來，比較學習，多角度對比分析更清晰，或許你會恍然大悟。或許有同學說我哪有那麼多錢買那麼多書，只要想學習，沒有什麼可以阻擋你！你可以聯繫你的老師，每學期上課前，我都會告訴學生，如果你想學習卻沒錢買書，我可以提供幫助。但想一想，你真的沒有辦法嗎？

第二個建議：**大視野，不求甚解。**

經常有學生為了一個公式推導或幾行程式碼拋錨，甚至停滯數日，然後沉浸在無盡的挫敗感中，把自己弄得垂頭喪氣。公式可以不懂，程式碼可以不會。你不必投入大量精力試圖推導書上的每一個公式，也不必探究語法或技術細節。學演算法就是學演算法本身，首先是演算法思維、解題思考方式，然後是演算法實作。演算法思維的背後可能有高深的數學模型、複雜的公式推導，你理解了當然更好，不懂也沒關係。演算法實作可以用任何語言，所以不必困惑掙扎要選 C、C++、Java 或 Python……，更不必考慮嚴格的語法規則，除非你要上機實作與除錯。建議還是先領會演算法，寫虛擬程式碼，在大腦中除錯吧！如果你沒有良好的程式設計經驗，一開始就上機或許會更加崩潰。遇到不懂的部分，瀏覽一下或乾脆跳過去，讀完了還不明白再翻翻別的書，總有一天，你會發現「驀然回首，那人卻在燈火闌珊處」。

第三個建議：**多交流，見賢思齊。**

與同學、朋友、老師或其他程式設計愛好者一起學習和討論問題，是取得進步最有效的辦法之一，也是分享知識和快樂的途徑。加入論壇、交流群，會瞭解其他人在做什麼、怎麼做。遇到問題請教高手，會感受到醍醐灌頂的喜悅。論壇和社群也會分享大量的學習資料和影片，還有不定期的研討會講座和讀書交流會。記住，你不是一個人在戰鬥！

第四個建議：**勤實戰，越挫越勇。**

實踐是檢驗真理的唯一標準。古人云：「學以致用」、「師夷長技以制夷」。請不要急切期盼實際應用的例子，更不要看不起小實例。「不積跬步，無以至千里」，大型的成功商業案例不是我們目前要解決的問題。看清楚並走好腳下的路，比仰望天空更實際。多做一些實戰練習，更好地體會演算法的本質，在錯誤中不斷成長，越挫越勇，相信你終究會有建樹。

第五個建議：**看電影，洞察未來。**

不管是講人工智慧，還是演算法分析，我都會建議同學們去看一看科幻電影，如《人工智慧》、《記憶裂痕》、《絕密飛行》、《未來戰士》、《她》等。奇妙的是，這些科幻的東西正在一步步地被實現，靠的是什麼？人工智慧。電腦的終極是人工智慧，人工智慧的核心是演算法。未來的戰爭是科技的戰爭，先進的科技需要人工智慧。我們的國家還有很多技術處於落後狀態，未來需要你。

「一心兩本」學習法：一顆好奇心，兩個記錄本。

懷著一顆好奇心去學習，才能不斷地解決問題，獲得滿足感，體會演算法的美。很多科學大家的祕訣就是永遠保持一顆好奇心；一個記錄本用來記錄學習中的重點難點和隨時突發的奇想；一個記錄本做日記或週記，記錄一天或一週來學了什麼，有什麼經驗教訓，需要注意什麼，計畫下一天或下一週做什麼。不停地總結反思過去，計畫未來，這樣每天都有事做，心中會有滿滿的正能量。

記住沒有人能一蹴而就，付出總有回報。

本書特色

1） 實例豐富，通俗易懂。從有趣的故事引入演算法，從簡單到複雜，使讀者從實例中體會演算法設計思想。實例講解通俗易懂，讓讀者獲得最大程度的啟發，鍛煉分析問題和解決問題的能力。

2） 完美圖解，簡單有趣。結合大量完美繪圖，對演算法進行分解剖析，使複雜難懂的問題變得簡單有趣，給讀者帶來很大的閱讀樂趣，使讀者在閱讀中不知不覺地學到演算法知識，體會演算法的本質。

3） 深入淺出，透析本質。採用虛擬程式碼描述演算法，既簡潔易懂，又能抓住本質，演算法思想描述及注釋使程式碼更加通俗易懂。對演算法設計初衷和演算法複雜性的分析全面細緻，既有逐步得出結論的推導過程，又有直觀的繪圖展示。

4） 實戰演練，循序漸進。每一個演算法講解清楚後，進行實戰演練，使讀者在實戰中體會演算法，增強自信，從而提高讀者獨立思考和動手實踐的能力。豐富的練習題和思考題用於及時檢驗讀者對所學知識的掌握情況，為讀者從小問題出發到逐步解決大型複雜性問題奠定了基礎。

5） 演算法解析，優化擴展。每一個實例都進行了詳細的演算法解析，分析演算法的時間複雜度和空間複雜度，並對其優化擴展進一步討論，提出了改進演算法，並進行虛擬碼講解和實戰演練，最後分析優化演算法的複雜度進行對比。使讀者在學習演算法的基礎上更進一步，對演算法優化有更清晰的認識。

6） 網路資源，技術支援。網路提供本書所有範例程式的原始程式碼，這些原始程式碼可以自由修改編譯，以符合讀者的需要。

　　下載網址：http://books.gotop.com.tw/v_ACL053000、https://blog.csdn.net/rainchxy

　　作者 QQ 交流群組：514626235

　　線上評測系統：http://acm.nyist.edu.cn/JudgeOnline/step.php

建議和回饋

寫一本書是一項極其瑣碎、繁重的工作，儘管我已經竭力使本書和網路支援接近完美，但仍然可能存在很多漏洞和瑕疵。歡迎讀者提供關於本書的回饋意見，有利於我們改進和提升，以幫助更多的讀者。如果你對本書有任何評論和建議，或者遇到問題需要幫助，可以加入趣學演算法交流 QQ 群（514626235）進行交流，也可以致信作者 Email：rainchxy@126.com 或本書編輯 Email：zhangshuang@ptpress.com.cn，我將不勝感激。

致謝

感謝我的家人和朋友在本書編寫過程中提供的大力支持！感謝提供寶貴意見的同事們，感謝提供技術支援的同學們！感恩我遇到的眾多良師益友！

目 錄

Chapter 01 演算法之美

Chapter 02 貪心演算法

Chapter 03 分治法

Chapter 04 動態規劃

Chapter 05 回溯法

Chapter 06 分支限界法

Chapter 07 線性規劃網路流

附錄

Chapter 01

演算法之美

如果說數學是皇冠上的一顆明珠，那麼演算法就是這顆明珠上的光芒，演算法讓這顆明珠更加熠熠生輝，為科技進步和社會發展照亮了前進的路。數學是美學，演算法是藝術。走進演算法的人，才能體會它的魅力。

多年來，我有一個夢想，希望每一位提到演算法的人，不再立即緊皺眉頭，腦海閃現枯燥的公式、冗長的程式碼；希望每一位閱讀和使用演算法的人，體會到演算法之美，像躺在法國普羅旺斯小鎮的長椅上，喝一口紅酒，閉上眼睛，體會舌尖上的美味，感受鼻腔中滿溢的薰衣草的芳香……

1.1　打開演算法之門

瑞士著名的科學家 N.Wirth 教授曾提出：**資料結構＋演算法＝程式**。

資料結構是程式的骨架，演算法是程式的靈魂。

在我們的生活中，演算法無處不在。我們每天早上起來，刷牙、洗臉、吃早餐，都在算著時間，以免上班或上課遲到；去超市購物，在資金有限的情況下，考慮先買什麼、後買什麼，算算是否超額；在家中做飯，用什麼食材、調味料，做法、步驟，還要品嘗一下鹹淡，看看是否做熟。所以，不要說你不懂演算法，其實你每天都在用！

但是對電腦專業演算法，很多人都有困惑：「我能看懂，但我不會用！（I can understand, but I can't use！）」，就像參觀莫高窟的壁畫，看到它、感受它，卻無法走進。我們正需要一把打開演算法之門的鑰匙，就如陶淵明《桃花源記》中的「初極狹，才通人。復行數十步，豁然開朗。」

1.2　妙不可言─演算法複雜性

我們首先看一道某跨國公司的應徵試題。

請編寫一個演算法，求下面序列之和：

$$-1，1，-1，1，\cdots，(-1)^n$$

當你看到這個題目時，你會怎麼想？for 語句？while 迴圈？

先看演算法 1-1：

```
//演算法 1-1
sum=0;
for(i=1; i<=n; i++)
{
  sum=sum+(-1)^n;
}
```

這段程式碼可以實作出求和的運算，但是為什麼不這樣算？！

$$-1，1，-1，1，\cdots，(-1)^n$$

$$0 \qquad 0$$

再看演算法 1-2：

```
//演算法 1-2
if(n%2==0)   //判斷 n 是不是偶數，%表示求餘數
  sum =0;
else
  sum=-1;
```

有的人看到這個程式碼後恍然大悟，原來可以這樣啊？這不就是數學家高斯使用的演算法嗎？

$$1，2，3，4，\cdots，99，100$$

$$101$$

一共 50 對數，每對之和均為 101，那麼總和為：

$$(1+100)\times50=5050$$

1787 年，10 歲的高斯用了很短的時間算出了結果，而其他孩子卻要算很長時間。

可以看出，演算法 1-1 需要執行 $n+1$ 次，如果 $n=10000$，就要執行 10001 次，而演算法 1-2 僅僅需要執行 1 次！是不是有很大差別？

高斯的方法我也知道，但遇到類似的題目還是……我用的笨辦法也是演算法嗎？

答：是演算法。

演算法是指對特定問題求解步驟的一種描述。

演算法只是對問題求解方法的一種描述，它不依賴於任何一種語言，既可以用自然語言、程式設計語言（C、C++、Java、Python 等）描述，也可以用流程圖、方框圖來表示。一般為了更清楚地說明演算法的本質，我們去除了電腦語言的語法規則和細節，採用「虛擬程式碼」來描述演算法。「虛擬程式碼」介於自然語言和程式設計語言之間，它更符合人們的表達方式，容易理解，但不是嚴格的程式設計語言，如果要上機除錯，需要轉換成標準的電腦程式設計語言才能執行。

演算法具有以下特性。

1） **有窮性**：演算法是由若干條指令組成的有窮序列，總是在執行若干次後結束，不可能永不停止。

2） **確定性**：每條語句有確定的含義，無歧義。

3） **可行性**：演算法在目前環境條件下可以透過有限次運算實作。

4） **輸入輸出**：有零個或多個輸入，一個或多個輸出。

演算法 1-2 的確算得挺快的，但如何知道我寫的演算法好不好呢？

「好」演算法的標準如下。

1） 正確性：正確性是指演算法能夠滿足具體問題的需求，程式執行正常，無語法錯誤，能夠透過典型的軟體測試，達到預期的需求。

2） 易讀性：演算法遵循識別字命名規則，簡潔易懂，注釋語句恰當適量，方便自己和他人閱讀，便於後期除錯和修改。

3）強固性：演算法對非法資料及操作有較好的反應和處理。例如，在學生資訊管理系統中登記學生年齡時，若將 21 歲誤輸入為 210 歲，系統應該提示出錯。

4）高效性：高效性是指演算法執行效率高，即演算法執行所消耗的時間短。演算法時間複雜度就是演算法執行需要的時間。現代電腦一秒鐘能計算數億次，因此不能用秒來具體計算演算法消耗的時間，由於相同配置的電腦進行一次基本運算的時間是一定的，我們可以用演算法基本運算的執行次數來衡量演算法的效率。因此，將演算法基本運算的執行次數作為時間複雜度的衡量標準。

5）低儲存性：低儲存性是指演算法所需要的儲存空間低。對於像手機、平板電腦這樣的嵌入式裝置，演算法如果佔用空間過大，則無法執行。演算法佔用的空間大小稱為**空間複雜度**。

除了 1）～3）中的基本標準外，我們對好的演算法的評判標準就是**高效率、低儲存**。

1）～3）中的標準都好辦，但時間複雜度怎麼算呢？

時間複雜度：演算法執行需要的時間，一般將**演算法的執行次數**作為時間複雜度的度量標準。

看演算法 1-3，並分析演算法的時間複雜度。

```
//演算法 1-3
sum=0;                  //執行 1 次
total=0;                //執行 1 次
for(i=1; i<=n; i++)     //執行 n+1 次
{
  sum=sum+i;            //執行 n 次
  for(j=1; j<=n; j++)   //執行 n*(n+1)次
    total=total+i*j;    //執行 n*n 次
}
```

把演算法的所有語句的執行次數加起來：$1+1+n+n+n\times n+n\times n$，可以用一個函數 $T(n)$ 表達：

$$T(n)=2n^2+2n+2$$

當 n 足夠大時，例如 $n=10^5$ 時，$T(n)=2\times10^{10}+2\times10^5+2$，我們可以看到演算法執行時間主要取決於第一項，後面的甚至可以忽略不計。

用極限（Limit）表示為：

$$\lim_{n \to \infty} \frac{T(n)}{f(n)} = C \neq 0，\text{C 為不等於 0 的常數}$$

如果用**時間複雜度的漸近上界**表示，如圖 1-1 所示。

從圖 1-1 中可以看出，當 $n \geq n_0$ 時，$T(n) \leq Cf(n)$，當 n 足夠大時，$T(n)$ 和 $f(n)$ 近似相等。因此，我們用 $O(f(n))$ 來表示時間複雜度漸近上界，通常用這種標記法衡量演算法時間複雜度。演算法 1-3 的時間複雜度漸近上界為 $O(f(n)) = O(n^2)$，用極限表示為：

$$\lim_{n \to \infty} \frac{T(n)}{f(n)} = \lim_{n \to \infty} \frac{2n^2 + 2n + 2}{n^2} = 2 \neq 0$$

還有**漸近下界**符號 $\Omega(T(n) \geq Cf(n))$，如圖 1-2 所示。

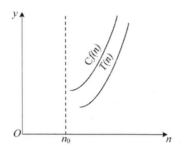

圖 1-1　漸近時間複雜度上界

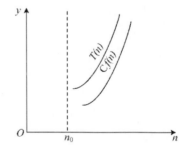

圖 1-2　漸近時間複雜度下界

從圖 1-2 可以看出，當 $n \geq n_0$ 時，$T(n) \geq Cf(n)$，當 n 足夠大時，$T(n)$ 和 $f(n)$ 近似相等，因此，我們用 $\Omega(f(n))$ 來表示時間複雜度漸近下界。

漸近精確界符號 $\Theta(C_1 f(n) \leq T(n) \leq C_2 f(n))$，如圖 1-3 所示。

從圖 1-3 中可以看出，當 $n \geq n_0$ 時，$C_1 f(n) \leq T(n) \leq C_2 f(n)$，當 n 足夠大時，$T(n)$ 和 $f(n)$ 近似相等。這種兩邊逼近的方式，更加精確近似，因此，用 $\Theta(f(n))$ 來表示時間複雜度漸近精確界。

我們通常使用時間複雜度漸近上界 $O(f(n))$ 來表示時間複雜度。

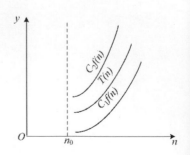

圖 1-3　漸進時間複雜度精確界

看演算法 1-4，並分析演算法的時間複雜度。

```
//演算法 1-4
i=1;            //執行 1 次
while(i<=n)     //可假設執行 x 次
{
  i=i*2;        //可假設執行 x 次
}
```

觀察演算法 1-4，無法立即確定 while 及 $i=i*2$ 執行了多少次。這時可假設執行了 x 次，每次運算後 i 值為 2，2^2，2^3，$\cdots$，2^x，當 $i=n$ 時結束，即 $2^x = n$ 時結束，則 $x=\log_2 n$，那麼演算法 1-4 的運算次數為 $1+2\log_2 n$，時間複雜度漸近上界為 $O(f(n)) = O(\log_2 n)$。

在演算法分析中，漸近複雜度是對演算法執行次數的粗略估計，大致反映問題規模增長趨勢，而不必精確計算演算法的執行時間。在計算漸近時間複雜度時，可以只考慮對演算法執行時間貢獻大的語句，而忽略那些運算次數少的語句，迴圈語句中處在迴圈內層的語句往往執行次數最多，即為對執行時間貢獻最大的語句。例如在演算法 1-3 中，$total=total+i*j$ 是對演算法貢獻最大的語句，只計算該語句的執行次數即可。

請注意：不是每個演算法都能直接計算執行次數。

例如演算法 1-5，在 $a[n]$ 陣列中順序尋找 x，返回其足標 i，如果沒找到，則返回 -1。

```
//演算法 1-5
findx(int x)        //在 a[n]陣列中順序尋找 x
{
for(i=0; i<n; i++)
{
   if(a[i]==x)
     return i;      //返回其足標 i
   }
  return -1;
}
```

我們很難計算演算法 1-5 中的程式到底執行了多少次，因為執行次數依賴於 x 在陣列中的位置，如果第一個元素就是 x，則執行 1 次（最好情況）；如果最後一個元素是 x，則執行 n 次（最壞情況）；如果分佈機率均等，則平均執行次數為 $(n+1)/2$。

有些演算法，如排序、搜尋、插入等演算法，可以分為**最好**、**最壞**和**平均**情況分別求演算法漸近複雜度，但我們考察一個演算法通常考察最壞的情況，而不是考察最好的情況，**最壞情況對衡量演算法的好壞具有實際的意義**。

我明白了，那空間複雜度應該就是演算法占了多大儲存空間了？

空間複雜度：演算法佔用的空間大小。一般將演算法的**輔助空間**作為衡量空間複雜度的標準。

空間複雜度的本意是指演算法在執行過程中佔用了多少儲存空間。演算法佔用的儲存空間包括：

1）輸入/輸出資料。

2）演算法本身。

3）額外需要的輔助空間。

輸入/輸出資料佔用的空間是必需的，演算法本身佔用的空間可以透過精簡演算法來縮減，但這個壓縮的量是很小的，可以忽略不計。而在執行時使用的輔助變數所佔用的空間，即輔助空間是衡量空間複雜度的關鍵因素。

看演算法 1-6，將兩個數交換，並分析其空間複雜度。

```
//演算法 1-6
swap(int x,int y)      //x 與 y 交換
{
  int temp;
  temp=x;             //temp 為輔助空間 ①
  x=y;                ②
  y=temp;             ③
}
```

兩數的交換過程如圖 1-4 所示。

圖 1-4 中的步驟標號與演算法 1-6 中的語句標號一一對應，該演算法使用了一個輔助空間 *temp*，空間複雜度為 $O(1)$。

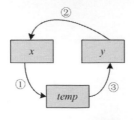

圖 1-4　兩數交換過程

請注意：遞迴演算法中，每一次遞推需要一個堆疊空間來保存呼叫紀錄，因此，空間複雜度需要計算遞迴堆疊的輔助空間。

看演算法 1-7，計算 n 的階乘，並分析其空間複雜度。

```
//演算法 1-7
fac(int n)   //計算 n 的階乘
{
  if(n<0)    //小於零的數無階乘值
  {
     printf("n<0,data error!");
     return -1;
  }
  else if(n= =0 || n= =1)
          return 1;
       else
          return n*fac(n-1);
}
```

階乘是典型的遞迴呼叫問題，遞迴包括遞推和迴歸。遞推是將原問題不斷分解成子問題，直到達到結束條件，返回最近子問題的解；然後逆向逐一迴歸，最終到達遞推開始的原問題，返回原問題的解。

請思考：試求 5 的階乘，程式將怎樣計算呢？

5 的階乘的遞推和迴歸過程如圖 1-5 和圖 1-6 所示。

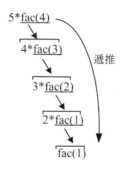

圖 1-5　5 的階乘遞推過程

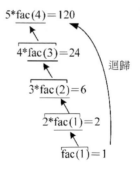

圖 1-6　5 的階乘迴歸過程

圖 1-5 和圖 1-6 的遞推、迴歸過程是我們從邏輯思維上推理，用圖的方式具體地表達出來的，但電腦內部是怎樣處理的呢？電腦使用一種稱為「堆疊」的資料結構，它類似於一個放一摞盤子的容器，每次從頂端放進去一個，拿出來的時候只能從頂端拿一個，不允許從中間插入或抽取，因此稱為「後進先出（last in first out）」。

5 的階乘進堆疊過程如圖 1-7 所示。

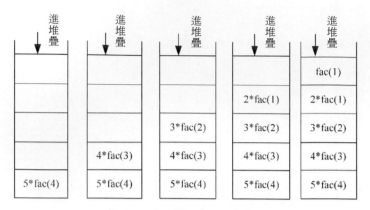

圖 1-7　5 的階乘進堆疊過程

5 的階乘出堆疊過程如圖 1-8 所示。

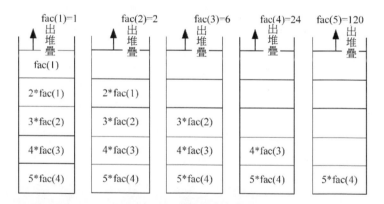

圖 1-8　5 的階乘出堆疊過程

從圖 1-7 和 1-8 的進、出堆疊過程中，我們可以很清晰地看到，首先把子問題一步步地壓進堆疊，直到得到返回值，再一步步地出堆疊，最終得到遞迴結果。在運算過程中，使用了 n 個堆疊空間作為輔助空間，因此階乘遞迴演算法的空間複雜度為 $O(n)$。在演算法 1-7 中，時間複雜度也為 $O(n)$，因為 n 的階乘僅比 $n-1$ 的階乘多了一次乘法運算，fac(n)=$n*fac(n-1)$。如果用 $T(n)$ 表示 fac(n) 的時間複雜度，可表示為：

$$T(n) = T(n-1)+1$$
$$= T(n-2)+1+1$$
$$……$$

$$= T(1)+\ldots+1+1$$
$$= n$$

1.3　美不勝收一魔鬼序列

趣味故事 1-1：一棋盤的麥子

有一個古老的傳說，有一位國王的女兒不幸落水，水中有很多鱷魚，國王情急之下下令：「誰能把公主救上來，就把女兒嫁給他。」很多人紛紛退讓，一個勇敢的小夥子挺身而出，冒著生命危險把公主救了上來，國王一看是個窮小子，想要反悔，說：「除了女兒，你要什麼都可以。」小夥子說：「好吧，我只要一棋盤的麥子。您在第 1 個格子裡放 1 粒麥子，在第 2 個格子裡放 2 粒，在第 3 個格子裡放 4 粒，在第 4 個格子裡放 8 粒，以此類推，每一格子裡的麥子粒數都是前一格的兩倍。把這 64 個格子都放好了就行，我就要這麼多。」國王聽後哈哈大笑，覺得小夥子的要求很容易滿足，滿口答應。結果發現，把全國的麥子都拿來，也填不完這 64 格……國王無奈，只好把女兒嫁給了這個小夥子。

解析

棋盤上的 64 個格子究竟要放多少粒麥子？

把每一個放的麥子數加起來，總和為 S，則：

$$S=1+2^1+2^2+2^3+\ldots+2^{63} \qquad ①$$

我們把式①等號兩邊都乘以 2，等式仍然成立：

$$2S=2^1+2^2+2^3+\ldots+2^{63}+2^{64} \qquad ②$$

式②減去式①，則：

$$S=2^{64}-1 = 18446744073709551615$$

據專家統計，每個麥粒的平均重量約 41.9 毫克，那麼這些麥粒的總重量是：

$$18446744073709551615×41.9 = 772918576688430212668.5（毫克）$$

$$\approx7729（億噸）$$

全世界人口按 60 億計算，每人可以分得 128 噸！

我們稱這樣的函數為**爆炸增量函數**，想一想，如果演算法時間複雜度是 $O(2^n)$ 會怎樣？隨著 n 的增長，這個演算法會不會「爆掉」？經常見到有些演算法除錯沒問題，執行一段也沒問題，但關鍵的時候當機（shutdown）。例如，線上考試系統，50 個人考試沒問題，100 人考試也沒問題，如果全校 1 萬人考試就可能出現當機。

請注意：當機就是指電腦不能正常工作了，包括一切原因導致的當機。電腦主機出現意外故障而死當，一些伺服器（如資料庫）鎖死，伺服器的某些服務停止執行都可以稱為當機。

常見的演算法時間複雜度有以下幾類。

1） 常數階。

常數階演算法執行的次數是一個常數，如 5、20、100。常數階演算法時間複雜度通常用 $O(1)$ 表示，例如演算法 1-6，它的執行次數為 4，就是常數階，可以用 $O(1)$ 表示。

2） 多項式階。

很多演算法時間複雜度是多項式，通常用 $O(n)$、$O(n^2)$、$O(n^3)$ 等表示。例如演算法 1-3 就是多項式階。

3） 指數階。

指數階時間複雜度執行效率極差，程式師往往像躲「惡魔」一樣避開它。常見的有 $O(2^n)$、$O(n!)$、$O(n^n)$ 等。使用這樣的演算法要慎重，如趣味故事 1-1。

4） 對數階。

對數階時間複雜度執行效率較高，常見的有 $O(\log n)$、$O(n\log n)$ 等，如演算法 1-4。

常見時間複雜度函數曲線如圖 1-9 所示。

從圖 1-9 中可以看出，指數階增量隨著 x 的增加而急劇增加，而對數階增加緩慢。它們之間的關係為：

$$O(1)<O(\log n)<O(n)<O(n\log n)<O(n^2)<O(n^3)<O(2^n)<O(n!)<O(n^n)$$

我們在設計演算法時要注意演算法複雜度增量的問題，盡量避免爆炸級增量。

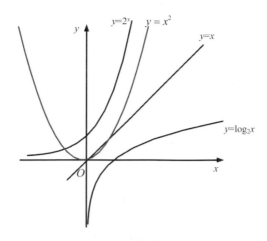

圖 1-9　常見函數增量曲線

趣味故事 1-2：神奇兔子數列

假設第 1 個月有 1 對剛誕生的兔子，第 2 個月進入成熟期，第 3 個月開始生育兔子，而 1 對成熟的兔子每月會生 1 對兔子，兔子永不死去……那麼，由 1 對初生兔子開始，12 個月後會有多少對兔子呢？

兔子數列即費波那契數列（也稱費氏數列），它的發明者是義大利數學家列昂納多·費波那契（Leonardo Fibonacci，1170—1250）。1202 年，他撰寫了《算盤全書》（《Liber Abaci》）一書，該書是一部較全面的初等數學著作。書中系統地介紹了印度—阿拉伯數字及其演算法則，介紹了中國的「盈不足術」；引入了負數，並研究了一些簡單的一次同餘式組。

1）　問題分析

我們不妨拿新出生的 1 對小兔子分析：

第 1 個月，小兔子①沒有繁殖能力，所以還是 1 對。
第 2 個月，小兔子①進入成熟期，仍然是 1 對。
第 3 個月，兔子①生了 1 對小兔子②，於是這個月共有 2（1+1=2）對兔子。
第 4 個月，兔子①又生了 1 對小兔子③。因此共有 3（1+2=3）對兔子。
第 5 個月，兔子①又生了 1 對小兔子④，而在第 3 個月出生的兔子②也生下了 1 對小兔子⑤。共有 5（2+3=5）對兔子。

第 6 個月，兔子①②③各生下了 1 對小兔子。新生 3 對兔子加上原有的 5 對兔子這個月共有 8（3+5=8）對兔子。

……

為了表達得更清楚，我們用圖示來分別表示新生兔子、成熟期兔子和生育期兔子，兔子的繁殖過程如圖 1-10 所示。

這個數列有十分明顯的特點，從第 3 個月開始，**當月的兔子數=上月兔子數+當月新生兔子數**，而當月新生的兔子正好是**上上月的兔子數**。因此，前面相鄰兩項之和，構成了後一項，即：

當月的兔子數=上月兔子數+上上月的兔子數

費波那契數列如下：

$$1，1，2，3，5，8，13，21，34，\cdots$$

遞迴式運算式：

$$F(n) = \begin{cases} 1 & , n = 1 \\ 1 & , n = 2 \\ F(n-1) + F(n-2) & , n > 2 \end{cases}$$

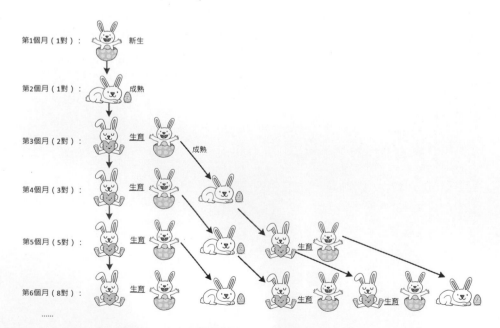

圖 1-10　兔子繁殖過程（兔子插圖取用自 www.freepik.com）

那麼我們該怎麼設計演算法呢？

哈哈，這太簡單了，用遞迴演算法很快就算出來了！

2）演算法設計

　　首先按照遞迴運算式設計一個遞迴演算法，見演算法 1-8。

```
//演算法 1-8
Fib1(int n)
{
   if(n<1)
      return -1;
if(n==1||n==2)
      return 1;
   return Fib1(n-1)+Fib1(n-2);
}
```

　　寫得不錯，那麼演算法設計完成後，我們有 3 個問題：

◆　　演算法是否正確？

◆　　演算法複雜度如何？

◆　　能否改進演算法？

3）演算法驗證分析

　　第一個問題毋庸置疑，因為演算法 1-8 是完全按照遞推公式寫出來的，所以正確性沒有問題。那麼演算法複雜度呢？假設 $T(n)$ 表示計算 Fib1(n) 所需要的基本操作次數，那麼：

```
n=1 時，T(n)=1；
n=2 時，T(n)=1；
n=3 時，T(n)=3；//呼叫 Fib1(2)、Fib1(1)和執行一次加法運算 Fib1(2)+Fib1(1)
```

　　因此，$n>2$ 時要分別呼叫 Fib1($n-1$)、Fib1($n-2$) 和執行一次加法運算，即：

```
n>2 時，T(n)= T(n-1)+ T(n-2)+1；
```

　　遞迴運算式和時間複雜度 $T(n)$ 之間的關係如下：

$$F(n)=\begin{cases} 1 & ,n=1 \quad T(n)=1 \\ 1 & ,n=2 \quad T(n)=1 \\ F(n-1)+F(n-2) & ,n>2 \quad T(n)=T(n-1)+T(n-2)+1 \end{cases}$$

由此可得：$T(n) \geqslant F(n)$。

那麼怎麼計算 $F(n)$ 呢？

有興趣的讀者可以看本書附錄 A 中通項公式的求解方法，也可以看下文中的簡略解釋。

費波那契數列通項為：

$$F(n) = \frac{1}{\sqrt{5}} \left(\left(\frac{1+\sqrt{5}}{2} \right)^n - \left(\frac{1-\sqrt{5}}{2} \right)^n \right)$$

當 n 趨近於無窮時，

$$F(n) \approx \frac{1}{\sqrt{5}} \left(\frac{1+\sqrt{5}}{2} \right)^n$$

由於 $T(n) \geqslant F(n)$，這是一個指數階的演算法！

如果我們今年計算出了 $F(100)$，那麼明年才能算出 $F(101)$，多算一個費波那契數需要一年的時間，**爆炸增量函數**是演算法設計的噩夢！演算法 1-8 的時間複雜度屬於**爆炸增量函數**，這在演算法設計時是應當避開的，那麼我們能不能改進它呢？

4）演算法改進

既然費波那契數列中的每一項是前兩項之和，如果記錄前兩項的值，只需要一次加法運算就可以得到目前項，時間複雜度會不會更低一些？我們用陣列試試看，見演算法 1-9。

```
//演算法 1-9
Fib2(int n)
{
  if(n<1)
     return -1;
  int *a=new int[n]; //定義一個陣列
  a[1]=1;
  a[2]=1;
  for(int i=3;i<=n;i++)
     a[i]=a[i-1]+a[i-2];
  return a[n];
}
```

很明顯，演算法 1-9 的時間複雜度為 $O(n)$。演算法仍然是按照 $F(n)$ 的定義，所以正確性沒有問題，而**時間複雜度**卻從演算法 1-8 的**指數階降到了多項式階**，這是演算法效率的一個巨大突破！

演算法 1-9 用了一個輔助陣列記錄中間結果，空間複雜度也為 $O(n)$，其實我們只需要得到第 n 個費波那契數，中間結果只是為了下一次使用，根本不需要記錄。因此，我們可以採用**疊代法**（iterative method）進行演算法設計，見演算法 1-10。

```
//演算法 1-10
Fib3(int n)
{
 int i,s1,s2;
 if(n<1)
    return -1;
 if(n==1||n==2)
    return 1;
 s1=1;
 s2=1;
 for(i=3; i<=n; i++)
 {
    s2=s1+s2; //輾轉相加法
    s1=s2-s1; //記錄前一項
 }
 return s2;
}
```

疊代過程如下。

初始值：$s_1=1$；$s_2=1$；

	目前解	記錄前一項
$i=3$ 時	$s_2 = s_1+s_2 = 2$	$s_1 = s_2-s_1 = 1$
$i=4$ 時	$s_2 = s1+s_2 = 3$	$s_1 = s_2-s_1 = 2$
$i=5$ 時	$s_2 = s1+s_2 = 5$	$s_1 = s_2-s_1 = 3$
$i=6$ 時	$s_2 = s_1+s_2 = 8$	$s_1 = s_2-s_1 = 5$
……	……	……

演算法 1-10 使用了若干個輔助變數，疊代輾轉相加，每次記錄前一項，時間複雜度為 $O(n)$，但**空間複雜度**降到了 $O(1)$。

問題的進一步討論：我們能不能繼續降階，使演算法時間複雜度更低呢？實質上，費波那契數列時間複雜度還可以降到對數階 $O(\log n)$，有興趣的讀者可以查閱

相關資料。想想看，我們把一個演算法從**指數階**降到**多項式階**，再降到**對數階**，這是一件多麼振奮人心的事！

5） 驚人大發現

科學家經研究在植物的葉、枝、莖等排列中發現了費波那契數！例如，在樹木的枝幹上選一片葉子，記其為數 1，然後依序點數葉子（假定沒有折損），直到到達與那片葉子正對的位置，則其間的葉子數多半是費波那契數。葉子從一個位置到達下一個正對的位置稱為一個巡迴。葉子在一個巡迴中旋轉的圈數也是費波那契數。在一個巡迴中，葉子數與葉子旋轉圈數的比稱為葉序（源自希臘詞，意即葉子的排列）比。多數植物的葉序比呈現為費波那契數的比，例如，薊的頭部具有 13 條順時針旋轉和 21 條逆時針旋轉的費波那契螺旋，向日葵的種子的圈數與子數、鳳梨的外部排列同樣有著這樣的特性，如圖 1-11 所示。

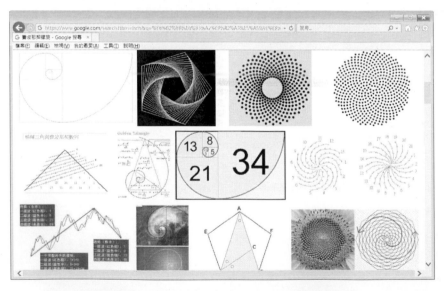

圖 1-11　費波那契螺旋（圖片來自網路）

觀察延齡草、野玫瑰、南美血根草、大波斯菊、金鳳花、耬鬥菜、百合花、蝴蝶花的花瓣，可以發現它們的花瓣數目為費波那契數：3，5，8，13，21，…。如圖 1-12 所示。

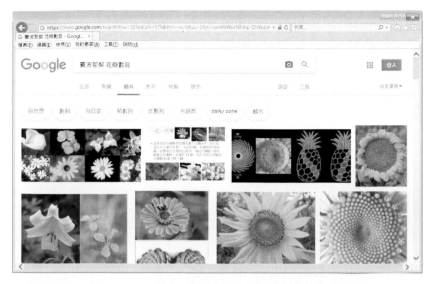

圖 1-12　花瓣數目與費波那契數（圖片來自網路）

樹木在生長過程中往往需要一段「休息」時間，供自身生長，而後才能萌發新枝。所以，一株樹苗在一段間隔（例如一年）以後長出一條新枝；第二年新枝「休息」，老枝依舊萌發；此後，老枝與「休息」過一年的枝同時萌發，當年生的新枝則次年「休息」。這樣，一株樹木各個年份的枝椏數便構成費波那契數列，這個規律就是生物學上著名的「魯德維格定律」。

這些植物懂得費波那契數列嗎？應該並非如此，它們只是按照自然的規律才進化成這樣的。這似乎是植物排列種子的「優化方式」，它能使所有種子具有相近的大小卻又疏密得當，不至於在圓心處擠太多的種子而在圓周處卻又很稀疏。葉子的生長方式也是如此，對於許多植物來說，每片葉子從中軸附近生長出來，為了在生長的過程中一直都能最佳地利用空間（要考慮到葉子是一片一片逐漸地生長出來，而不是一下子同時出現的），每片葉子和前一片葉子之間的角度應該是 222.5 度，這個角度稱為「黃金角度」，因為它和整個圓周 360 度之比是黃金分割數 0.618 的倒數，而這種生長方式就導致了費波那契螺旋的產生。向日葵的種子排列形成的費波那契螺旋有時能達到 89，甚至 144。1992 年，兩位法國科學家透過對花瓣形成過程的電腦模擬實驗，證實了在系統保持最低能量的狀態下，花朵會以費波那契數列的規律長出花瓣。

有趣的是：這樣一個完全是自然數的數列，通項公式卻是用無理數來表達的。而且當 n 趨向於無窮大時，費波那契數列前一項與後一項的比值越來越逼近黃金分

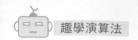

割比 0.618：1÷1=1，1÷2=0.5，2÷3=0.666，…，3÷5=0.6，5÷8=0.625，…，55÷89=0.617977，…，144÷233=0.618025，…，46368÷75025=0.6180339886……

越到後面，這些比值越接近黃金分割比：

$$\frac{F(n-1)}{F(n)} \approx \frac{2}{1+\sqrt{5}} \approx 0.618$$

費波那契數列起源於兔子數列，這個現實中的例子讓我們真切地感到數學源於生活，生活中我們需要不斷地透過現象發現數學問題，而不是為了學習而學習。學習的目的是滿足對世界的好奇心，如果我們懷著這樣一顆好奇心，或許世界會因你而不同！費波那契透過兔子繁殖來告訴我們這種數學問題的本質，隨著數列項的增加，前一項與後一項之比越來越逼近黃金分割的數值 0.618 時，我徹底被震驚到了，因為數學可以表達美，這是令我們歎為觀止的地方。當數學創造了更多的奇跡時，我們會發現數學本質上是可以回歸到自然的，這樣的事例讓我們感受到數學的美，就像黃金分割、費波那契數列，如同大自然中的一朵朵小花，散發著智慧的芳香……

1.4　靈魂之交—馬克思手稿中的數學題

有人抱怨：演算法太枯燥、乏味了，看到公式就頭暈，無法學下去了。那一定是選擇了一條充滿荊棘的學習道路。若選對方法，你會發現這裡是一條充滿鳥語花香和歡聲笑語的幽徑，在這裡，你可以和高德納聊聊，和愛因斯坦喝杯咖啡，與歌德巴赫和角谷談談想法，Dijkstra 也不錯。與世界頂級的大師進行靈魂之交，不問結果，這一過程就夠美妙了！

如果這本書能讓多一個人愛上演算法，這就足夠了！

趣味故事 1-3：馬克思手稿中的數學題

馬克思手稿中有一道趣味數學問題：有 30 個人，其中有男人、女人和小孩，這些人在一家飯館吃飯花了 50 先令；每個男人花 3 先令，每個女人花 2 先令，每個小孩花 1 先令；問男人、女人和小孩各有幾人？

1) 問題分析

設 x、y、z 分別代表男人、女人和小孩。按題目的要求，可得到下面的方程式：

$x+y+z=30$ 　①
$3x+2y+z=50$ ②

兩式相減，②–①得：

$2x+y=20$ 　　③

從式③可以看出，因為 x、y 為正整數，x 最大只能取 9，所以 x 變化範圍是 1～9。那麼我們可以讓 x 從 1 到 9 變化，再找滿足①②兩個條件 y、z 值，找到後輸入即可，答案可能不只一個。

2) 演算法設計

按照上面的分析進行演算法設計，見演算法 1-11。

```
//演算法 1-11
#include<iostream>
int main()
{
  int x,y,z,count=0; //記錄可行解的個數
  cout<<" Men，Women，Children"<<endl;
  cout<<"......................................"<<endl;
  for(x=1;x<=9;x++)
  {
    y=20-2*x;  //固定 x 值然後根據式③求得 y 值
    z=30-x-y;  //由式①求得 z 值
    if(3*x+2*y+z==50)  //判斷目前得到的一組解是否滿足式②
      cout<<++count<<"  "<<x<<y<<z<<endl; //列印出第幾個解和解值 x，y，z
  }
}
```

3) 演算法分析

演算法完全按照題中方程式設計，因此正確性毋庸置疑。那麼演算法複雜度怎樣呢？從演算法 1-11 中可以看出，對演算法時間複雜度貢獻最大的語句是 for(x=1; x<=9;x++)，該語句的執行次數是 9，for 迴圈中 3 條語句的執行次數也為 9，其他語句執行次數為 1，for 語句一共執行 36 次基本運算，時間複雜度為 $O(1)$。沒有使用輔助空間，空間複雜度也為 $O(1)$。

4） 問題的進一步討論

為什麼讓 x 變化來確定 y、z 值？讓 y 變化來確定 x、z 值會怎樣呢？讓 z 變化來確定 x、y 值行不行？有沒有更好的演算法降低時間複雜度？

趣味故事 1-4：愛因斯坦的階梯

愛因斯坦家裡有一條長階梯，若每步跨 2 階，則最後剩 1 階；若每步跨 3 階，則最後剩 2 階；若每步跨 5 階，則最後剩 4 階；若每步跨 6 階，則最後剩 5 階。只有每次跨 7 階，最後才正好 1 階不剩。請問這條階梯共有多少階？

1） 問題分析

根據題意，階梯數 n 滿足下面一組同餘式：

$$n \equiv 1 (\text{mod } 2)$$
$$n \equiv 2 (\text{mod } 3)$$
$$n \equiv 4 (\text{mod } 5)$$
$$n \equiv 5 (\text{mod } 6)$$
$$n \equiv 0 (\text{mod } 7)$$

請注意：兩個整數 a、b，若它們除以整數 m 所得的餘數相等，則稱 a、b 對於模 m 同餘，記作 $a \equiv b (\text{mod } m)$，讀作 a 同餘於 b 模 m，或讀作 a 與 b 關於模 m 同餘。那麼只需要判斷一個整數值是否滿足這 5 個同餘式即可。

2） 演算法設計

按照上面的分析進行演算法設計，見演算法 1-12。

```
//演算法 1-12
#include<iostream>
int main()
{
  int n=1; //n 為所設的階梯數
  while(!((n%2==1)&&(n%3==2)&&(n%5==4)&&(n%6==5)&&(n%7==0)))
     n++;        //判別是否滿足一組同餘式
  cout<<"Count the stairs= "<<n<<endl;  //輸出階梯數
}
```

3） 演算法分析

演算法的執行結果：

Count the stairs =119

因為 n 從 1 開始，找到第一個滿足條件的數就停止，所以演算法 1-12 中的 while 語句執行了 119 次。有的演算法從演算法本身無法看出其執行次數，例如演算法 1-12，我們很難知道 while 語句執行了多少次，因為它是滿足條件時停止，那麼多少次才能滿足條件呢？每個問題具體的次數是不同的，所以不能看到程式中有 n，就簡單地說它的時間複雜度為 n。

我們從 1 開始一個一個找結果的辦法是不是太麻煩了？

4）　演算法改進

因為從上面的 5 個同餘式來看，這個數一定是 7 的倍數 $n \equiv 0(\text{mod } 7)$，除以 6 餘 5，除以 5 餘 4，除以 3 餘 2，除以 2 餘 1，我們為什麼不從 7 的倍數開始判斷呢？演算法改進見演算法 1-13。

```
//演算法 1-13
#include<iostream>
int main()
{
  int n=7; //n 為所設的階梯數
  while(!((n%2==1)&&(n%3==2)&&(n%5==4)&&(n%6==5)&&(n%7==0)))
  n=n+7;        //判別是否滿足一組同餘式
  cout<<"Count the stairs="<<n<<endl;  //輸出階梯數
}
```

演算法的執行結果：

Count the stairs =119

演算法 1-13 中的 while 語句執行了 119/7=17 次，可見執行次數少了很多呢！

5）　問題的進一步討論

此題演算法還可考慮求 2、3、5、6 的最小公倍數 n，然後令 $t=n-1$，判斷 $t \equiv 0(\text{mod } 7)$ 是否成立，若不成立則 $t=t+n$，再進行判別，直到選出滿足條件的 t 為止。

解釋：因為 n 是 2、3、5、6 的最小公倍數，減 1 之後，分別除以 2、3、5、6，餘數必然為 1、2、4、5，正好滿足前四個條件，接著再繼續判斷是否滿足第五個條件即可。

2、3、5、6 的最小公倍數 n=30。

趣學演算法

$t=n-1=29$，$t \equiv 0 \pmod 7$ 不成立；

$t=t+n=59$，$t \equiv 0 \pmod 7$ 不成立；

$t=t+n=89$，$t \equiv 0 \pmod 7$ 不成立；

$t=t+n=119$，$t \equiv 0 \pmod 7$ 成立。

我們可以看到這一演算法判斷 4 次即成功，但是，求多個數的最小公倍數需要多少時間複雜度，是不是比上面的演算法更優呢？結果如何請大家動手試一試。

趣味故事 1-5：哥德巴赫猜想

哥德巴赫猜想：任一大於 2 的偶數，都可表示成兩個質數之和。

驗證：2000 以內大於 2 的偶數都能夠分解為兩個質數之和。

1） 問題分析

為了驗證哥德巴赫猜想對 2000 以內大於 2 的偶數都是成立的，要將整數分解為兩部分（兩個整數之和），然後判斷分解出的兩個整數是否均為質數。若是，則滿足題意；否則重新進行分解和判斷。質數測試的演算法可採用試除法，即用 2，3，4，…，$\sqrt{n}$ 去除 n，如果能被整除則為合數，不能被整除則為質數。

2） 演算法設計

按照上面的分析進行演算法設計，見演算法 1-14。

```
//演算法 1-14
#include<iostream>
#include<math.h>
int prime(int n); //判斷是否均為質數
int main()
{
  int i,n;
  for(i=4;i<=2000;i+=2) //對 2000 大於 2 的偶數分解判斷，從 4 開始，每次增 2
  {
    for(n=2;n<i;n++)   //將偶數 i 分解為兩個整數，一個整數是 n，一個是 i-n
      if(prime(n))     //判斷第一個整數是否均為質數
        if(prime(i-n)) //判斷第二個整數是否均為質數
        {
          cout<< i <<"=" << n <<"+"<<i-n<<endl;  //若均是質數則輸出
          break;
        }
    if(n==i)
        cout<<"error "<<endl;
  }
}
```

```
int prime(int i) //判斷是否為質數
{
  int j;
  if(i<=1) return 0;
  if(i==2) return 1;
  for(j=2;j<=(int)(sqrt((double)i);j++)
    if(!(i%j)) return 0;
  return 1;
}
```

3）演算法分析

要驗證哥德巴赫猜想對 2000 以內大於 2 的偶數都是成立的，我們首先要看看這個範圍的偶數有多少個。1～2000 中有 1000 個偶數，1000 個奇數，那麼大於 2 的偶數有 999 個，即 $i=4$，6，8，…，2000。再看偶數分解和質數判斷，這就要看最好情況和最壞情況了。最好的情況是一次分解，兩次質數判斷即可成功，最壞的情況要 $i-2$ 次分解（即 $n=2$，3，…，$i-1$ 的情況），每次分解分別執行 2～sqrt(n) 次、2～sqrt($i-n$) 次判斷。

這個程式看似簡單合理，但存在下面兩個問題。

❶ 偶數分解存有重複。

◆ $i=4$：分解為（2，2），（3，1），從 $n=2$，3，…，$i-1$ 分解，每次得到一組數（n，$i-n$）。

◆ $i=6$：分解為（2，4），（3，3），（4，2），（5，1）。

◆ $i=8$：分解為（2，6），（3，5），（4，4），（5，3），（6，2），（7，1）。

除了最後一項外，每組分解都在 $i/2$ 處對稱分佈。最後一組中有一個數為 1，1 既不是質數也不是合數，因此去掉最後一組，那麼我們就可以從 $n=2$，3，…，$i/2$ 進行分解，省掉了一半的多餘判斷。

❷ 質數判斷存有重複。

◆ $i=4$：分解為（2，2），（3，1），要判斷 2 是否為質數，然後判斷第二個 2 是否為質數。判斷成功，返回。

◆ $i=6$：分解為（2，4），（3，3），（4，2），（5，1），要判斷 2 是否為質數，然後判斷 4 是否為質數，不是繼續下一個分解。再判斷 3 是否為質數，然後判斷第二個 3 是否為質數。判斷成功，返回。

每次判斷質數都要呼叫 prime 函數，那麼可以先判斷分解有可能得到的數是否為質數，然後把結果儲存下來，下次判斷時只需要呼叫上次的結果，不需要再重新判斷是否為質數。例如（2，2），第一次判斷結果 2 是質數，那第二個 2 就不用判斷，直接呼叫這個結果，後面所有的分解，只要遇到這個數字就直接認定為這個結果。

4）演算法改進

先判斷所有分解可能得到的數是否為質數，然後把結果儲存下來，有以下兩種方法來處理。

❶ 用布林型陣列 flag[2..1998] 記錄分解可能得到的數（2～1998）所有數是不是質數，分解後的值作為足標，呼叫該陣列即可。時間複雜度減少，但空間複雜度增加。

❷ 用數值型陣列 data[302] 記錄 2～1998 中所有的質數（302 個）。

◆ 分解後的值，採用折半尋找（質數陣列為有序儲存）的辦法在質數陣列中尋找，找到就是質數，否則不是。

◆ 不分解，直接在質數陣列中找兩個質數之和是否為 i，如果找到，驗證成功。因為質數陣列為有序儲存，當兩個數相加比 i 大時，不需要再判斷後面的數。

5）問題的進一步討論

上面的方法可以寫出 3 個演算法，大家可以嘗試寫一寫，然後分析時間複雜度、空間複雜度如何？哪個演算法更好一些？是不是還可以做到更好？

1.5 演算法學習瓶頸

很多人感歎：演算法為什麼這麼難！

一個原因是，演算法本身具有一定的複雜性，還有一個原因：講解不夠清楚！

演算法的教與學有兩個困難。

1) 我們學習了那些經典的演算法，在驚歎它們奇妙的同時，難免疑點重重：這些演算法是怎麼被想到的？這可能是最費解的地方。高手講解，學演算法要學它的來龍去脈，包括種種證明。但這對菜鳥來說，這簡直比登天還難，很可能花費很多時間也無法搞清楚。對大多數人來說，這條路是行不通的，那怎麼辦呢？下功夫去記憶書上的演算法？記住這些演算法的效率？這樣做看似學會了，其實兩手空空，遇到一個新問題，仍然無從下手。可這偏偏又是極重要的，無論做研究還是實際工作，一個電腦專業人士最重要的能力就是解決問題——解決那些不斷從實際應用中冒出來的新問題。

2) 演算法作為一門學問，有兩條幾乎平行的線索。一個是**資料結構**（資料物件）：數、矩陣、集合、串、排列、圖、運算式、分佈等。另一個是**演算法策略**：貪婪、分治、動態規劃、線性規劃、搜尋等。這兩條線索是相互獨立的：同一個資料物件（如圖）上有不同的問題（如單源最短路徑和多源最短路徑），就可以用到不同的演算法策略（例如貪婪和動態規劃）；而完全不同的資料物件上的問題（如排序和整數乘法），也許就會用到相同的演算法策略（如分治）。

兩條線索交織在一起，該如何表述？我們早已習慣在一章中完全講排序，而在另一章中完全講圖論演算法。還沒有哪一本演算法書很好地解決這兩個困難，傳統的演算法書大多注重內容的收錄，但卻忽視思維過程的展示，因此我們學習了經典的演算法，卻費解於演算法設計的過程。

本書從問題出發，根據實際問題分析、設計合適的演算法策略，然後在資料結構上操作實現，巧妙地將資料結構和演算法策略整合成一條線。透過大量實例，充分展現演算法設計的思維過程，讓讀者充分體會求解問題的思考方式，如何分析？使用什麼演算法策略？採用什麼資料結構？演算法的複雜性如何？是否有優化的可能？

這裡，我們培養的是讓讀者懷著一顆好奇心去思考問題、解決問題。更重要的是一體會學習的樂趣，發現演算法的美！

1.6　你怕什麼

本章主要說明以下問題。

1) 將程式執行次數作為時間複雜度衡量標準。

2）　時間複雜度通常用漸近上界符號 $O(f(n))$ 表示。

3）　衡量演算法的好壞通常考察演算法的最壞情況。

4）　空間複雜度只計算輔助空間。

5）　遞迴演算法的空間複雜度要計算遞迴使用的堆疊空間。

6）　設計演算法時盡量避免爆炸級增量複雜度。

透過本章的學習，我們對演算法有了初步的認識，演算法就在我們的生活中。任何一個演算法都不是憑空造出來的，而是來源於實際中的某一個問題，由此推及一類、一系列問題，所以演算法的本質是高效地解決實際問題。本章部分內容或許你不是很清楚，不必灰心，還記得我在前言中說的「**大視野，不求甚解**」嗎？例如費波那契數列的通項公式推導，不懂沒關係，只要知道費波那契數列用遞迴演算法，時間複雜度是指數階，這就夠了。就像一個麵包師父一邊和麵，一邊詳細講做好麵包要多少麵粉、多少酵母、多大火候，如果你對如何做麵包非常好奇，大可津津有味地聽下去，如果你只是餓了，那麼只管吃好了。

透過演算法，你可以與世界頂級大師進行靈魂交流，體會演算法的妙處。

Donald Ervin Knuth 說：「程式就是藍色的詩」。而這首詩的靈魂就是演算法，走進演算法，你會發現無與倫比的美！

持之以恆地學習，沒有什麼是學不會的。開始行動吧！沒有什麼不可以的。

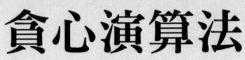

Chapter 02

貪心演算法

從前，有個很窮的人救了一條蛇的命，蛇為了報答他的救命之恩，於是就讓這個人提出要求，滿足他的願望。此人一開始只要求簡單的衣食，蛇都滿足了他的願望，後來慢慢的貪欲生起，要求做官，蛇也滿足了他。這個人直到做了宰相還不滿足，還要求做皇帝。蛇此時終於明白了，人的貪心是永無止境的，於是一口就把這個人吞掉了。

所以，蛇吞掉的是宰相，而不是大象。故此，留下了「人心不足蛇吞相」的典故。

2.1　人之初，性本貪

我們小時候背誦《三字經》，「人之初，性本善，性相近，習相遠。」其實我覺得很多時候「人之初，性本貪」。小孩子吃糖果，總是想要更多的；吃水果，想要最大的；買玩具，總是想要最好的，這些東西並不是大人教的，而是與生俱來的。對美好事物的趨優性，就像植物的趨光性，「良禽擇木而棲，賢臣擇主而事」、「窈窕淑女，君子好逑」，我們似乎永遠在追求美而優的東西。現實中的很多事情，正是因為趨優性使我們的生活一步一步走向美好。例如，我們竭盡所能買了一間房子，然後就想要添購一些新的傢俱，再來就想著可能還需要一輛車子……

凡事都有兩面性，一把刀可以做出美味佳餚，也可以變成殺人兇器。在這裡，我們只談好的「貪心」。

2.1.1　貪心本質

貪心演算法總是做出目前最好的選擇，也就是說，它期望透過局部最優選擇從而得到全域最優的解決方案。

—《演算法導論》

我們經常會聽到這些話：「人要活在當下」、「看清楚眼前」……貪心演算法正是「活在當下，看清楚眼前」的辦法，從問題的初始解開始，一步一步地做出目前最好的選擇，逐步逼近問題的目標，盡可能地得到最優解，即使達不到最優解，也可以得到最優解的近似解。

貪心演算法在解決問題的策略上「目光短淺」，只根據目前已有的資訊就做出選擇，而且一旦做出了選擇，不管將來有什麼結果，這個選擇都不會改變。換言之，貪心演算法並不是從整體最優考慮，它所做出的選擇只是在某種意義上的局部最優。貪心演算法能得到許多問題的整體最優解或整體最優解的近似解。因此，貪心演算法在實際中得到大量的應用。

在貪心演算法中，我們需要注意以下幾個問題。

1） 沒有後悔藥。一旦做出選擇，不可以反悔。

2） 有可能得到的不是最優解，而是最優解的近似解。

3） 選擇什麼樣的貪心策略，直接決定演算法的好壞。

那麼，貪心演算法需要遵循什麼樣的原則呢？

2.1.2　貪亦有道

「君子愛財，取之有道」，我們在貪心演算法中「貪亦有道」。通常我們在遇到具體問題時，往往分不清哪些問題該用貪心策略求解，哪些問題不能使用貪心策略。經過實作我們發現，利用貪心演算法求解的問題往往具有兩個重要的特性：貪心選擇性質和最優子結構性質。如果滿足這兩個性質就可以使用貪心演算法了。

1） 貪心選擇

所謂貪心選擇性質是指原問題的整體最優解可以透過一系列局部最優的選擇得到。應用同一規則，將原問題變為一個相似的但規模更小的子問題，而後的每一步都是目前最佳的選擇。這種選擇依賴於已做出的選擇，但不依賴於未做出的選擇。運用貪心策略解決的問題在程式的執行過程中無回溯過程。關於貪心選擇性質，讀者可在後續的貪心策略狀態空間圖中得到深刻的體會。

2） 最優子結構

當一個問題的最優解包含其子問題的最優解時，稱此問題具有最優子結構性質。問題的最優子結構性質是該問題是否可用貪心演算法求解的關鍵。例如原問題 $S=\{a_1, a_2, \cdots, a_i, \cdots, a_n\}$，透過貪心選擇選出一個目前最優解 $\{a_i\}$ 之後，轉化為求解子問題 $S-\{a_i\}$，如果原問題的最優解包含子問題的最優解，則說明該問題滿足最優子結構性質，如圖 2-1 所示。

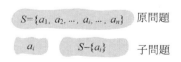

圖 2-1　原問題和子問題

2.1.3 貪心演算法秘笈

武林中有武功秘笈，演算法中也有貪心秘笈。上面我們已經知道了具有貪心選擇和最優子結構性質就可以使用貪心演算法，那麼如何使用呢？下面介紹貪心演算法秘笈。

1）貪心策略

首先要確定貪心策略，選擇目前看上去最好的一個方案。例如，挑選蘋果，如果你認為個大的是最好的，那你每次都從蘋果堆中拿一個最大的，作為局部最優解，貪心策略就是選擇目前最大的蘋果；如果你認為最紅的蘋果是最好的，那你每次都從蘋果堆中拿一個最紅的，貪心策略就是選擇目前最紅的蘋果。因此根據求解目標不同，貪心策略也會不同。

2）局部最優解

根據貪心策略，一步一步地得到局部最優解。例如，第一次選一個最大的蘋果放起來，記為 a_1，第二次再從剩下的蘋果堆中選擇一個最大的蘋果放起來，記為 a_2，以此類推。

3）全域最優解

把所有的局部最優解合成為原來問題的一個最優解（a_1，a_2，…）。

怎麼有點兒像泡泡排序啊？

「不是六郎似荷花，而是荷花似六郎」！不是貪心演算法像泡泡排序，而是泡泡排序使用了貪心演算法，它的貪心策略就是每一次從剩下的序列中選一個最大的數，把這些選出來的數放在一起，就得到了從大到小的排序結果，如圖 2-2 所示。

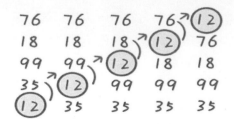

圖 2-2　泡泡排序

2.2 加勒比海盜船—最優裝載問題

在北美洲東南部，有一片神秘的海域，那裡碧海藍天、陽光明媚，這正是傳說中海盜最活躍的加勒比海（Caribbean Sea）。17 世紀時，這裡更是歐洲大陸的商旅艦隊到達美洲的必經之地，所以當時的海盜活動非常猖獗，海盜不僅攻擊來往商人，甚至攻擊英國皇家艦隊……

有一天，海盜們截獲了一艘裝滿各式各樣古董的貨船，每一件古董都價值連城，一旦打碎就失去了它的價值。雖然海盜船足夠大，但載重量為 C，每件古董的重量為 w_i，海盜們該如何把盡可能多數量的寶貝裝上海盜船呢？

圖 2-3　加勒比海盜船

2.2.1　問題分析

根據問題描述可知這是一個可以用貪心演算法求解的最優裝載問題，要求裝載的物品的數量盡可能多，而船的容量是固定的，那麼優先把重量小的物品放進去，在容量固定的情況下，裝的物品最多。採用重量最輕者先裝的貪心選擇策略，從局部最優達到全域最優，從而產生最優裝載問題的最優解。

2.2.2　演算法設計

1) 當載重量為定值 c 時，w_i 越小時，可裝載的古董數量 n 越大。只要依次選擇最小重量古董，直到不能再裝為止。

2) 把 n 個古董的重量從小到大（非遞減）排序，然後根據貪心策略盡可能多地選出前 i 個古董，直到不能繼續裝為止，此時達到最優。

2.2.3　完美圖解

我們現在假設這批古董如圖 2-4 所示。

圖 2-4　古董圖片

每個古董的重量如表 2-1 所示，海盜船的載重量 c 為 30，那麼在不能打碎古董又不超過載重的情況下，怎麼裝入最多的古董？

表 2-1　古董重量清單

重量 $w[i]$	4	10	7	11	3	5	14	2

1) 因為貪心策略是每次選擇重量最小的古董裝入海盜船，因此可以按照古董重量非遞減排序，排序後如表 2-2 所示。

表 2-2　按重量排序後古董清單

重量 $w[i]$	2	3	4	5	7	10	11	14

2）　按照貪心策略，每次選擇重量最小的古董放入（tmp 代表古董的重量，ans 代表已裝載的古董個數）。

　　i=0，選排序後的第 1 個，裝入重量 tmp=2，不超過載重量 30，ans=1。

　　i=1，選排序後的第 2 個，裝入重量 tmp=2+3=5，不超過載重量 30，ans=2。

　　i=2，選排序後的第 3 個，裝入重量 tmp=5+4=9，不超過載重量 30，ans=3。

　　i=3，選排序後的第 4 個，裝入重量 tmp=9+5=14，不超過載重量 30，ans=4。

　　i=4，選排序後的第 5 個，裝入重量 tmp=14+7=21，不超過載重量 30，ans=5。

　　i=5，選排序後的第 6 個，裝入重量 tmp=21+10=31，超過載重量 30，演算法結束。

即放入古董的個數為 ans=5 個。

2.2.4　虛擬程式碼詳解

1）　資料結構定義

根據演算法設計描述，我們用一維陣列儲存古董的重量：

```
double w[N]; //一維陣列儲存古董的重量
```

2）　按重量排序

可以利用 C++ 中的排序函數 $sort$（見附錄 B），對古董的重量進行從小到大（非遞減）排序。要使用此函數需引入標頭檔：

```
#include <algorithm>
```

語法描述為：

```
sort(begin, end) //參數 begin 和 end 表示一個範圍，分別為待排序陣列的首位址和尾位址
                 //sort 函數預設為昇冪
```

在本例中只需要呼叫 $sort$ 函數對古董的重量進行從小到大排序：

```
sort(w, w+n); //按古董重量昇冪排序
```

3）　按照貪心策略找最優解

首先用變數 *ans* 記錄已經裝載的古董個數，*tmp* 代表裝載到船上的古董的重量，兩個變數都初始化為 0。然後按照重量從小到大排序，依次檢查每個古董，*tmp* 加上該古董的重量，如果小於等於載重量 *c*，則令 *ans* ++；否則，退出。

```
int tmp = 0,ans = 0;   //tmp 代表裝載到船上的古董的重量，ans 記錄已經裝載的古董個數
for(int i=0;i<n;i++)
{
  tmp += w[i];
  if(tmp<=c)
      ans ++;
  else
      break;
}
```

2.2.5　實戰演練

```
//program 2-1
#include <iostream>
#include <algorithm>
const int N = 1000005;
using namespace std;
double w[N]; //古董的重量陣列

int main()
{
    double c;
    int n;
    cout<<"請輸入載重量 c 及古董個數 n："<<endl;
    cin>>c>>n;
    cout<<"請輸入每個古董的重量，用空格分開： "<<endl;
    for(int i=0;i<n;i++)
    {
        cin>>w[i]; //輸入每個物品重量
    }
    sort(w,w+n); //按古董重量昇冪排序
    double tmp=0.0;
    int ans=0; // tmp 為已裝載到船上的古董重量，ans 為已裝載的古董個數
    for(int i=0;i<n;i++)
    {
        tmp+=w[i];
        if(tmp<=c)
            ans ++;
        else
        break;
    }
    cout<<"能裝入的古董最大數量為 Ans=";
    cout<<ans<<endl;
    return 0;
}
```

演算法實作和測試

1） 執行環境

```
Code::Blocks
```

2） 輸入

```
請輸入載重量 c 及古董個數 n：
30 8                    //載重量 c 及古董的個數 n
請輸入每個古董的重量，用空格分開：
4 10 7 11 3 5 14 2      //每個古董的重量，用空格隔開
```

3） 輸出

```
能裝入的古董最大數量為 Ans=5
```

2.2.6　演算法解析及優化拓展

演算法複雜度分析

1） 時間複雜度：首先需要按古董重量排序，呼叫 *sort* 函數，其平均時間複雜度為 $O(n\log n)$，輸入和貪心策略求解的兩個 for 語句時間複雜度均為 $O(n)$，因此時間複雜度為 $O(n + n\log(n))$。

2） 空間複雜度：程式中變數 *tmp*、*ans* 等佔用了一些輔助空間，這些輔助空間都是常數階的，因此空間複雜度為 $O(1)$。

優化拓展

1） 這一個問題為什麼在沒有裝滿的情況下，仍然是最優解？演算法要求裝入最多數量，假如 *c* 為 5，4 個物品重量分別為 1、3、5、7。排序後，可以裝入 1 和 3，最多裝入兩個。分析發現是最優的，如果裝大的物品，最多裝一個或者裝不下，所以選最小的先裝才能裝入最多的數量，得到解是最優的。

2） 在虛擬程式碼詳解的第 3 步「按照貪心策略找最優解」，如果把代碼替換成下面代碼，有什麼不同？

首先用變數 *ans* 記錄已經裝載的古董個數，初始化為 *n*；*tmp* 代表裝載到船上的古董的重量，初始化為 0。然後按照重量從小到大排序，依次檢查每個古董，*tmp* 加上該古董

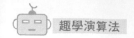

的重量，如果 *tmp* 大於等於載重量 *c*，則判斷是否正好等於載重量 *c*，並令 *ans*=i+1；否則 *ans* = *i*，退出。如果 *tmp* 小於載重量 *c*，i++，繼續下一個迴圈。

```
int tmp = 0,ans = n;   //ans 記錄已經裝載的古董個數，tmp 代表裝載到船上的古董的重量
for(int i=0;i<n;i++)
{
  tmp += w[i];
  if(tmp>=c)
  {
    if(tmp==c) //假如剛好，最後一個可以放
        ans = i+1;
    else
        ans = i; //如果滿了，最後一個不能放
    break;
  }
}
```

3）　如果想要知道裝入了哪些古董，需要新增什麼樣的程式來實作呢？請大家動手試一試吧！

那麼，還有沒有更好的演算法來解決這個問題呢？

2.3　阿里巴巴與四十大盜─背包問題

有一天，阿里巴巴趕著一頭毛驢上山砍柴。砍好柴準備下山時，遠處突然出現一股煙塵，彌漫著直向上空飛揚，朝他這兒卷過來，而且越來越近。靠近以後，他才看清原來是一支馬隊，他們共有四十人，一個個年輕力壯、行動敏捷。一個首領模樣的人背負沉重的鞍袋，從叢林中一直來到那個大石頭跟前，喃喃地說道：「芝麻，開門吧！」隨著那個頭目的喊聲，大石頭前突然出現一道寬闊的門路，於是強盜們魚貫而入。阿里巴巴待在樹上觀察他們，直到他們走得無影無蹤之後，才從樹上下來。他大聲喊道：「芝麻，開門吧！」他的喊聲剛落，洞門立刻打開了。他小心翼翼地走了進去，一下子驚呆了，洞中堆滿了財物，還有多得無法計數的金銀珠寶，有的散堆在地上，有的盛在皮袋中。突然看見這麼多的金銀財富，阿里巴巴深信這肯定是一個強盜們數代經營、掠奪所積累起來的寶窟。為了讓鄉親們開開眼界，見識一下這些寶物，他想一種寶物只拿一個，如果太重就用錘子鑿開，但毛驢的運載能力是有限的，怎麼才能用驢子運走最大價值的財寶分給窮人呢？

阿里巴巴陷入沉思中……

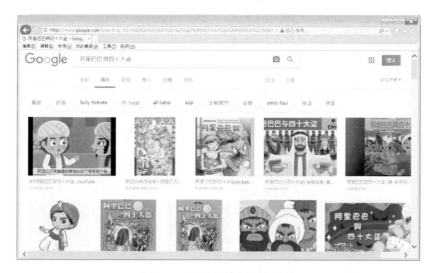

圖 2-5　阿里巴巴與四十大盜

2.3.1　問題分析

假設山洞中有 n 種寶物，每種寶物有一定重量 w 和相對應的價值 v，毛驢運載能力有限，只能運走 m 重量的寶物，一種寶物只能拿一樣，寶物可以分割。那麼怎麼才能使毛驢運走寶物的價值最大呢？

我們可以嘗試貪心策略：

1）　每次挑選價值最大的寶物裝入背包，得到的結果是否最優？

2）　每次挑選重量最小的寶物裝入，能否得到最優解？

3）　每次選取單位重量價值最大的寶物，能否使價值最高？

思考一下，如果選價值最大的寶物，但重量非常大，也是不行的，因為運載能力是有限的，所以第 1 種策略捨棄；如果選重量最小的物品裝入，那麼其價值不一定高，所以不能在總重限制的情況下保證價值最大，第 2 種策略捨棄；而第 3 種是每次選取單位重量價值最大的寶物，也就是說每次選擇性價比（價值/重量）最高的寶物，如果可以達到運載重量 m，那麼一定能得到價值最大。

因此採用第 3 種貪心策略，每次從剩下的寶物中選擇性價比最高的寶物。

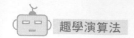

2.3.2　演算法設計

1）　資料結構及初始化。將 *n* 種寶物的重量和價值儲存在結構體 *three*（包含重量、價值、性價比 3 個成員）中，同時求出每種寶物的性價比也儲存在對應的結構體 *three* 中，將其按照性價比從高到低排序。採用 *sum* 來儲存毛驢能夠運走的最大價值，初始化為 0。

2）　根據貪心策略，按照性價比從大到小選取寶物，直到達到毛驢的運載能力。每次選擇性價比高的物品，判斷是否小於 *m*（毛驢運載能力），如果小於 *m*，則放入，*sum*（已放入物品的價值）加上目前寶物的價值，*m* 減去放入寶物的重量；如果不小於 *m*，則取該寶物的一部分 *m* * *p*[*i*]，*m*=0，程式結束。*m* 減少到 0，則 *sum* 得到最大值。

2.3.3　完美圖解

假設現在有一批寶物，價值和重量如表 2-3 所示，毛驢運載能力 *m*=30，那麼怎麼裝入最大價值的物品？

表 2-3　寶物清單

寶物 *i*	1	2	3	4	5	6	7	8	9	10
重量 *w*[*i*]	4	2	9	5	5	8	5	4	5	5
價值 *v*[*i*]	3	8	18	6	8	20	5	6	7	15

1）　因為貪心策略是每次選擇性價比（價值/重量）高的寶物，可以按照性價比降冪排序，排序後如表 2-4 所示。

表 2-4　排序後寶物清單

寶物 *i*	2	10	6	3	5	8	9	4	7	1
重量 *w*[*i*]	2	5	8	9	5	4	5	5	5	4
價值 *v*[*i*]	8	15	20	18	8	6	7	6	5	3
性價比 *p*[*i*]	4	3	2.5	2	1.6	1.5	1.4	1.2	1	0.75

2）　按照貪心策略，每次選擇性價比高的寶物放入：

第 1 次選擇寶物 2，剩餘容量 30−2=28，目前裝入最大價值為 8。

第 2 次選擇寶物 10，剩餘容量 28−5=23，目前裝入最大價值為 8+15=23。

第 3 次選擇寶物 6，剩餘容量 23−8=15，目前裝入最大價值為 23+20=43。

第 4 次選擇寶物 3，剩餘容量 15−9=6，目前裝入最大價值為 43+18=61。

第 5 次選擇寶物 5，剩餘容量 6−5=1，目前裝入最大價值為 61+8=69。

第 6 次選擇寶物 8，發現上次處理完時剩餘容量為 1，而 8 號寶物重量為 4，無法全部放入，那麼可以採用部分裝入的形式，裝入 1 個重量單位，因為 8 號寶物的單位重量價值為 1.5，因此放入價值 1×1.5=1.5，你也可以認為裝入了 8 號寶物的 1/4，目前裝入最大價值為 69+1.5=70.5，剩餘容量為 0。

3） 建構最優解。

把這些放入的寶物序號組合在一起，就得到了最優解（2，10，6，3，5，8），其中最後一個寶物為部分裝入（裝了 8 號財寶的 1/4），能夠裝入寶物的最大價值為 70.5。

2.3.4　虛擬程式碼詳解

1） 資料結構定義

根據演算法設計中的資料結構，我們首先定義一個結構體 *three*：

```
struct three{
    double w; //每種寶物的重量
    double v; //每種寶物的價值
    double p; //每種寶物的性價比（價值/重量）
    }
```

2） 性價比排序

我們可以利用 C++ 中的排序函數 *sort*（見附錄 B），對寶物的性價比從大到小（非遞增）排序。要使用此函數需引入標頭檔：

```
#include <algorithm>
```

語法描述為：

```
sort(begin, end) //參數 begin 和 end 表示一個範圍，分別為待排序陣列的首位址和尾位址
```

在本例中我們採用結構體形式儲存，按結構體中的一個欄位，即按性價比排序。如果不使用自訂比較函數，那麼 *sort* 函數排序時不知道按哪一項的值排序，因此採用自訂比較函數的辦法實作出寶物性價比的降冪排序：

```
bool cmp(three a,three b) //比較函數按照寶物性價比降冪排列
{
    return a.p > b.p; //指明按照寶物性價比降冪排列
```

```
}
sort(s, s+n, cmp); //前兩個參數分別為待排序陣列的首位址和尾位址
                   //最後一個參數 compare 表示比較的類型
```

3） 貪心演算法求解

在性價比排序的基礎上，進行貪心演算法運算。如果剩餘容量比目前寶物的重量大，則可以放入，剩餘容量減去目前寶物的重量，已放入物品的價值加上目前寶物的價值。如果剩餘容量比目前寶物的重量小，表示不可以全部放入，可以切割下來一部分（正好是剩餘容量），然後令剩餘容量乘以目前物品的單位重量價值，已放入物品的價值加上該價值，即為能放入寶物的最大價值。

```
for(int i = 0;i < n;i++) //按照排好的順序，執行貪心策略
{
    if( m > s[i].w ) //如果寶物的重量小於毛驢剩下的運載能力，即剩餘容量
    {
        m -= s[i].w;
        sum += s[i].v;
    }
    else   //如果寶物的重量大於毛驢剩下的承載能力
    {
        sum += m 乘以 s[i].p;   //進行寶物切割，切割一部分(m 重量)，正好達到驢子承重
        break;
    }
}
```

2.3.5 實戰演練

```
//program 2-2
#include<iostream>
#include<algorithm>
using namespace std;
const int M=1000005;
struct three{
    double w;//每個寶物的重量
    double v;//每個寶物的價值
    double p;//性價比
}s[M];
bool cmp(three a,three b)
{
    return a.p>b.p;//根據寶物的單位價值從大到小排序
}
int main()
{
    int n;//n 表示有 n 個寶物
    double m ;//m 表示毛驢的承載能力
    cout<<"請輸入寶物數量 n 及毛驢的承載能力 m  : "<<endl;
    cin>>n>>m;
    cout<<"請輸入每個寶物的重量和價值，用空格分開： "<<endl;
    for(int i=0;i<n;i++)
    {
```

```
        cin>>s[i].w>>s[i].v;
        s[i].p=s[i].v/s[i].w;//每個寶物單位價值
    }
    sort(s,s+n,cmp);
    double sum=0.0;// sum 表示貪心記錄運走寶物的價值之和
    for(int i=0;i<n;i++)//按照排好的順序貪心
    {
        if( m>s[i].w )//如果寶物的重量小於毛驢剩下的承載能力
        {
            m-=s[i].w;
            sum+=s[i].v;
        }
        else//如果寶物的重量大於毛驢剩下的承載能力
        {
            sum+=m*s[i].p;//部分裝入
            break;
        }
    }
    cout<<"裝入寶物的最大價值 Maximum value="<<sum<<endl;
    return 0;
}
```

演算法實作和測試

1） 執行環境

```
Code::Blocks
```

2） 輸入

```
6 19      //寶物數量，驢子的承載重量
2 8       //第 1 個寶物的重量和價值
6 1       //第 2 個寶物的重量和價值
7 9
4 3
10 2
3 4
```

3） 輸出

```
Maximum value=24.6
```

2.3.6　演算法解析及優化拓展

演算法複雜度分析

1） 時間複雜度：該演算法的時間主要耗費在將寶物按照性價比排序上，採用的是快速排序，演算法時間複雜度為 $O(n\log n)$。

2） 空間複雜度：空間主要耗費在儲存寶物的性價比，空間複雜度為 $O(n)$。

為了使 m 重量裡的所有物品的價值最大，利用貪心思維，每次取剩下物品裡面性價比最高的物品，這樣可以使得在相同重量條件下比選其他物品所得到的價值更大，因此採用貪心策略能得到最優解。

演算法優化拓展

那麼想一想，如果寶物不可分割，貪心演算法是否能得到最優解？

下面我們看一個簡單的例子。

假定物品的重量和價值已知，如表 2-5 所示，最大運載能力為 10。採用貪心演算法會得到怎樣的結果？

表 2-5　物品清單

物品 i	1	2	3	4	5
重量 $w[i]$	3	4	6	10	7
價值 $v[i]$	15	16	18	25	14
性價比 $p[i]$	5	4	3	2.5	2

如果我們採用貪心演算法，先裝性價比高的物品，且物品不能分割，剩餘容量如果無法再裝入剩餘的物品，不管還有沒有運載能力，演算法都會結束。那麼我們選擇的物品為 1 和 2，總價值為 31，而實際上還有 3 個剩餘容量，但不足以裝下剩餘其他物品，因此得到的最大價值為 31。但實際上我們如果選擇物品 2 和 3，正好達到運載能力，得到的最大價值為 34。也就是說，在物品不可分割、沒法裝滿的情況下，貪心演算法並不能得到最優解，僅僅是最優解的近似解。

想一想，為什麼會這樣呢？

物品可分割的裝載問題我們稱為**背包問題**，物品不可分割的裝載問題我們稱之為 **0-1 背包問題**。

在物品不可分割的情況下，即 0-1 背包問題，已經不具有貪心選擇性質，原問題的整體最優解無法透過一系列局部最優的選擇得到，因此這類問題得到的是近似解。如果一個問題不要求得到最優解，而只需要一個最優解的近似解，則不管該問題有沒有貪心選擇性質都可以使用貪心演算法。

想一想，2.3 節中加勒比海盜船問題為什麼在沒有裝滿的情況下，仍然是最優解，而 0-1 背包問題在沒裝滿的情況下有可能只是最優解的近似解？

2.4　高級鐘點秘書－會議安排

所謂「鐘點秘書」，是指年輕白領女性利用下班時間為客戶提供秘書服務，並按鐘點收取酬金。

「鐘點秘書」為客戶提供有償服務的方式一般是：採用電話、電傳、上網等「遙控」式服務，或親自到客戶公司處理部分業務。其服務對象主要有三類：一是外地前來考察商務經營、專案投資的商人或政要人員，他們由於初來乍到，急需有經驗和熟悉本地情況的秘書幫忙；二是前來開展短暫商務活動，或召開小型資訊發佈會的國外客商；三是本地一些請不起長期秘書的企業、事業單位。這些客戶普遍認為：請「鐘點秘書」，

圖 2-6　鐘點秘書（Designed by makyzz / Freepik）

一則可免去專門租樓請人的大筆開銷；二則可根據開展的商務活動請有某方面專長的可用人才；三則由於對方是臨時雇用關係，工作效率往往比固定的秘書更高。據調查，在上海「鐘點秘書」的行情日趨看好。對此，業內人士認為：為了便於管理，各大城市有必要建構若干家「鐘點秘書服務公司」，透過會員制的形式，為眾多客戶提供規範、優良、全面的服務，這也是建設國際化大都市所必需的。

某跨國公司總裁正分身乏術，為一大堆會議時間表焦頭爛額，希望高級鐘點秘書能做出合理的安排，能在有限的時間內召開更多的會議。

2.4.1　問題分析

這是一個典型的會議安排問題，會議安排的目的是能在有限的時間內召開更多的會議（任何兩個會議不能同時進行）。在會議安排中，每個會議 i 都有起始時間 b_i 和結束時間 e_i，且 $b_i<e_i$，即一個會議進行的時間為半開區間 $[b_i, e_i)$。如果 $[b_i, e_i)$ 與 $[b_j, e_j)$ 均在「有限的時間內」，且不相交，則稱會議 i 與會議 j 相容的。也就是說，當 $b_i≥e_j$ 或 $b_j≥e_i$

時，會議 i 與會議 j 相容。會議安排問題要求在所給的會議集合中選出最大的相容活動子集，即盡可能在有限的時間內召開更多的會議。

在這個問題中，「有限的時間內（這段時間應該是連續的）」是其中的一個限制條件，也應該是有一個起始時間和一個結束時間（簡單化，起始時間可以是會議最早開始的時間，結束時間可以是會議最晚結束的時間），任務就是實現召開更多的滿足在這個「有限的時間內」等待安排的會議，會議時間表如表 2-6 所示。

表 2-6　會議時間表

會議 i	1	2	3	4	5	6	7	8	9	10
開始時間 b_i	8	9	10	11	13	14	15	17	18	16
結束時間 e_i	10	11	15	14	16	17	17	18	20	19

會議安排的時間段如圖 2-7 所示。

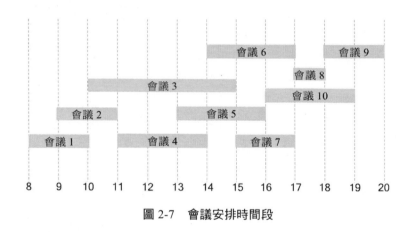

圖 2-7　會議安排時間段

從圖 2-7 中可以看出，{會議 1，會議 4，會議 6，會議 8，會議 9}，{會議 2，會議 4，會議 7，會議 8，會議 9} 都是能安排最多的會議集合。

要讓會議數最多，我們需要選擇最多的不相交時間段。我們可以嘗試貪心策略：

1）　每次從剩下未安排的會議中選擇會議**具有最早開始時間且與已安排的會議相容**的會議安排，以增大時間資源的利用率。

2）　每次從剩下未安排的會議中選擇**持續時間最短且與已安排的會議相容**的會議安排，這樣可以安排更多一些的會議。

3) 每次從剩下未安排的會議中選擇**具有最早結束時間且與已安排的會議相容**的會議安排，這樣可以儘快安排下一個會議。

思考一下，如果選擇最早開始時間，則如果會議持續時間很長，例如 8 點開始，卻要持續 12 個小時，這樣一天就只能安排一個會議；如果選擇持續時間最短，則可能開始時間很晚，例如 19 點開始，20 點結束，這樣也只能安排一個會議，所以我們最好選擇那些開始時間要早，而且持續時間短的會議，即最早開始時間+持續時間最短，就是**最早結束**時間。

因此採用第 3）種**貪心策略，每次從剩下的會議中選擇具有最早結束時間且與已安排的會議相容的會議安排。**

2.4.2　演算法設計

1) 初始化：將 n 個會議的開始時間、結束時間存放在結構體陣列中（想一想，為什麼不用兩個一維陣列分別儲存？），如果需要知道選取了哪些會議，還需要在結構體中增加會議編號，然後按結束時間從小到大排序（非遞減），結束時間相等時，按開始時間從大到小排序（非遞增）；

2) 根據貪心策略就是選擇第一個具有最早結束時間的會議，用 $last$ 記錄剛選取會議的結束時間；

3) 選擇第一個會議之後，依次**從剩下未安排的會議中選擇**，如果會議 i 開始時間大於等於最後一個選取的會議的結束時間 $last$，那麼會議 i 與已選取的會議相容，可以安排，更新 $last$ 為剛選取會議的結束時間；否則，捨棄會議 i，檢查下一個會議是否可以安排。

2.4.3　完美圖解

原始的會議時間表（見表 2-7）：

表 2-7　原始會議時間表

會議 num	1	2	3	4	5	6	7	8	9	10
開始時間 beg	3	1	5	2	5	3	8	6	8	12
結束時間 end	6	4	7	5	9	8	11	10	12	14

排序後的會議時間表（見表 2-8）：

表 2-8　排序後的會議時間表

會議 num	2	4	1	3	6	5	8	7	9	10
開始時間 beg	1	2	3	5	3	5	6	8	8	12
結束時間 end	4	5	6	7	8	9	10	11	12	14

貪心選擇過程

1） 首先選擇排序後的第一個會議即最早結束的會議（編號為 2），用 *last* 記錄最後一個被選取會議的結束時間，*last*=4。

2） 檢查剩餘的會議，找到第一個開始時間大於等於 *last*（*last*=4）的會議，子問題轉化為從該會議開始，剩餘的所有會議。如表 2-9 所示。

表 2-9　會議時間表

會議 num	2	4	1	3	6	5	8	7	9	10
開始時間 beg	1	2	3	5	3	5	6	8	8	12
結束時間 end	4	5	6	7	8	9	10	11	12	14

從子問題中，選擇第一個會議即最早結束的會議（編號為 3），更新 *last* 為剛選取會議的結束時間 *last*=7。

3） 檢查剩餘的會議，找到第一個開始時間大於等於 *last*（*last*=7）的會議，子問題轉化為從該會議開始，剩餘的所有會議。如表 2-10 所示。

表 2-10　會議時間表

會議 num	2	4	1	3	6	5	8	7	9	10
開始時間 beg	1	2	3	5	3	5	6	8	8	12
結束時間 end	4	5	6	7	8	9	10	11	12	14

從子問題中，選擇第一個會議即最早結束的會議（編號為 7），更新 *last* 為剛選取會議的結束時間 *last*=11。

4） 檢查剩餘的會議，找到第一個開始時間大於等於 *last*（*last*=11）的會議，子問題轉化為從該會議開始，剩餘的所有會議。如表 2-11 所示。

表 2-11　會議時間表

會議 num	2	4	1	3	6	5	8	7	9	10
開始時間 beg	1	2	3	5	3	5	6	8	8	12
結束時間 end	4	5	6	7	8	9	10	11	12	14

從子問題中，選擇第一個會議即最早結束的會議（編號為 10），更新 *last* 為剛選取會議的結束時間 *last*=14；所有會議檢查完畢，演算法結束。如表 2-12 所示。

建構最優解

從貪心選擇的結果，可以看出，被選取的會議編號為 {2, 3, 7, 10}，可以安排的會議數量最多為 4，如表 2-12 所示。

表 2-12　會議時間表

會議 *num*	2	4	1	3	6	5	8	7	9	10
開始時間 *beg*	1	2	3	5	3	5	6	8	8	12
結束時間 *end*	4	5	6	7	8	9	10	11	12	14

2.4.4　虛擬程式碼詳解

1）資料結構定義

以下 C++ 程式碼中，結構體 *meet* 中定義了 *beg* 表示會議的開始時間，*end* 表示會議的結束時間，會議 *meet* 的資料結構：

```
struct Meet
{
    int beg;    //會議的開始時間
    int end;    //會議的結束時間
} meet[1000];
```

2）對會議按照結束時間非遞減排序

我們採用 C++ 中內建的 *sort* 函數，自訂比較函數的辦法，實作出會議排序，按結束時間從小到大排序（非遞減），結束時間相等時，按開始時間從大到小排序（非遞增）：

```
bool cmp(Meet x,Meet y)
{
    if(x.end==y.end)  //結束時間相等時
        return x.beg>y.beg; //按開始時間從大到小排序
    return x.end<y.end; //按結束時間從小到大排序
}
sort(meet,meet+n,cmp);
```

3）會議安排問題的貪心演算法求解

在會議按結束時間非遞減排序的基礎上，首先選取第一個會議，用 *last* 變數記錄剛剛被選取會議的結束時間。下一個會議的開始時間與 *last* 比較，如果大於等於 *last*，則選取。每次選取一個會議，更新 *last* 為最後一個被選取會議的結束時間，被選取的會議數 *ans* 加 1；如果會議的開始時間不大於等於 *last*，繼續考查下一個會議，直到所有會議考查完畢。

```
int ans=1;      //用來記錄可以安排會議的個數，初始時選取了第一個會議
int last = meet[0].end;   //last 記錄第一個會議的結束時間
for( i = 1;i < n; i++)    //依次檢查每個會議
{
    if(meet[i].beg > =last)
    {     //如果會議 i 開始時間大於等於最後一個選取的會議的結束時間
        ans++;
        last = meet[i].end; //更新 last 為最後一個選取會議的結束時間
    }
}
return ans; //返回可以安排的會議最大數
```

上面介紹的程式中，只是返回了可以安排的會議最大數，而不知道安排了哪些會議，這顯然是不滿足需要的。我們可以改進一下，在會議結構體 *meet* 中新增會議編號 *num* 變數，選取會議時，顯示選取了第幾個會議。

2.4.5　實戰演練

```
//program 2-3
#include <iostream>
#include <algorithm>
#include <cstring>
using namespace std;
struct Meet
{
    int beg;    //會議的開始時間
    int end;    //會議的結束時間
    int num;    //記錄會議的編號
}meet[1000];    //會議的最大個數為 1000

class setMeet{
  public:
    void init();
    void solve();
  private:
    int n,ans; // n:會議總數 ans: 最大的安排會議總數
};

//讀入資料
void setMeet::init()
{
    int s,e;
    cout <<"輸入會議總數："<<endl;
```

```
        cin >> n;
        int i;
        cout <<"輸入會議的開始時間和結束時間，以空格分開："<<endl;
        for(i=0;i<n;++i)
        {
            cin>>s>>e;
            meet[i].beg=s;
            meet[i].end=e;
            meet[i].num=i+1;
        }
}

bool cmp(Meet x,Meet y)
{
    if (x.end == y.end)
            return x.beg > y.beg;
    return x.end < y.end;
}

void setMeet::solve()
{
    sort(meet,meet+n,cmp);      //對會議按結束時間排序
    cout <<"排完序的會議時間如下："<<endl;
    int i;
    cout <<"會議編號"<<"  開始時間 "<<" 結束時間"<<endl;
    for(i=0; i<n;i++)
    {
      cout<< "   " << meet[i].num<<"\t\t"<<meet[i].beg <<"\t"<< meet[i].end << endl;
    }
    cout <<"--------------------------------------------------"<<endl;
    cout << "選擇的會議的過程：" <<endl;
    cout <<"  選擇第"<< meet[0].num<<"個會議" << endl;//選取了第一個會議
    ans=1;
    int last = meet[0].end;  //記錄剛剛被選取會議的結束時間
    for( i = 1;i < n;++i)
    {
        if(meet[i].beg>=last)
        {           //如果會議i開始時間大於等於最後一個選取的會議的結束時間
            ans++;
            last = meet[i].end;
            cout <<"  選擇第"<<meet[i].num<<"個會議"<<endl;
        }
    }
    cout <<"最多可以安排" <<ans << "個會議"<<endl;
}

int main()
{
  setMeet sm;
  sm.init();//讀入資料
  sm.solve();//貪心演算法求解
  return 0;
}
```

演算法實作和測試

1）執行環境

```
Code::Blocks
```

2） 輸入

```
輸入會議總數：
10
輸入會議的開始時間和結束時間，以空格分開：
3 6
1 4
5 7
2 5
5 9
3 8
8 11
6 10
8 12
12 14
```

3） 輸出

```
排完序的會議時間如下：
會議編號  開始時間  結束時間
   2         1        4
   4         2        5
   1         3        6
   3         5        7
   6         3        8
   5         5        9
   8         6       10
   7         8       11
   9         8       12
  10        12       14
--------------------------------------------------
選擇的會議的過程：
 選擇第 2 個會議
 選擇第 3 個會議
 選擇第 7 個會議
 選擇第 10 個會議
最多可以安排 4 個會議

--------------------------------
```

使用上面貪心演算法可得，選擇的會議是第 2、3、7、10 個會議，輸出最優值是 4。

2.4.6 演算法解析及優化拓展

演算法複雜度分析

1） 時間複雜度：在該演算法中，問題的規模就是會議總個數 n。顯然，執行次數隨問題規模的增大而變化。首先在成員函數 setMeet::init() 中，輸入 n 個結構體資料。輸入作為基本語句，顯然，共執行 n 次。而後在呼叫成員函數 setMeet::solve() 中進行排序，易知 *sort* 排序函數的平均時間複雜度為 $O(n\log n)$。隨後進行選擇會議，貢獻最大的為 if(meet[i].beg>=last) 語句，時間複雜度為 $O(n)$，總時間複雜度為 $O(n + n\log n) = O(n\log n)$。

2） 空間複雜度：在該演算法中，*meet*[] 結構體陣列為輸入資料，不計算在空間複雜度內。輔助空間有 i、n、*ans* 等變數，則該程式空間複雜度為常數階，即 $O(1)$。

演算法優化拓展

想一想，你有沒有更好的辦法來處理此問題，比如有更小的演算法時間複雜度？

2.5 一場說走就走的旅行—最短路徑

有一天，孩子回來對我說：「媽媽，聽說馬爾地夫很不錯，放假了我想去玩。」馬爾地夫？我也想去！沒有人不嚮往一場說走就走的旅行！「其實我想去的地方很多，呼倫貝爾大草原、玉龍雪山、布達拉宮、艾菲爾鐵塔⋯⋯」小孩子還說著他感興趣的地方。於是我們拿出地圖，標出想去的地點，然後計算最短路線，估算大約所需的時間，有了這張秘製地圖，一場說走就走的旅行不是夢！

「哇，感覺我們像凡爾納（Verne）的《環遊世界八十天》，好激動！可是老媽你也太 out 了，學電腦的最短路線你用手算？」

暴汗⋯⋯，「小子你別臭屁，你知道怎麼算？」

「呃，好像是叫什麼 Dijkstra 的人會算。」

哈哈，關鍵時刻還是要老媽上場！

圖 2-8　一場說走就走的旅行

2.5.1　問題分析

根據題目描述可知,這是一個求單源最短路徑的問題。給定有向帶權圖 $G = (V,E)$,其中每條邊的權是非負實數。此外,給定 V 中的一個頂點,稱為源點。現在要計算從源到所有其他各頂點的最短路徑長度,這裡路徑長度指路上各邊的權之和。

如何求源點到其他各點的最短路徑呢?

如圖 2-9 所示,艾茲格 · W · 迪科斯徹(Edsger Wybe Dijkstra),荷蘭人,電腦科學家。他早年鑽研物理及數學,後轉而研究計算學。他曾在 1972 年獲得過素有「電腦科學界的諾貝爾獎」之稱的圖靈獎,與 Donald Ervin Knuth 並稱為我們這個時代最偉大的電腦科學家。

圖 2-9　艾茲格 · W · 迪科斯徹

2.5.2　演算法設計

Dijkstra 演算法是解決單源最短路徑問題的貪心演算法，它先求出長度最短的一條路徑，再參照該最短路徑求出長度次短的一條路徑，直到求出從源點到其他各個頂點的最短路徑。

Dijkstra 演算法的基本思想是首先假定源點為 u，頂點集合 V 被劃分為兩部分：集合 S 和 $V{-}S$。初始時 S 中僅含有源點 u，其中 S 中的頂點到源點的最短路徑已經確定。集合 $V{-}S$ 中所包含的頂點到源點的最短路徑的長度待定，稱從源點出發只經過 S 中的點到達 $V{-}S$ 中的點的路徑為特殊路徑，並用陣列 $dist[]$ 記錄目前每個頂點所對應的最短特殊路徑長度。

Dijkstra 演算法採用的貪心策略是選擇特殊路徑長度最短的路徑，將其連接的 $V{-}S$ 中的頂點加入到集合 S 中，同時更新陣列 $dist[]$。一旦 S 包含了所有頂點，$dist[]$ 就是從源到所有其他頂點之間的最短路徑長度。

1）　資料結構。設定地圖的帶權鄰接矩陣為 $map[][]$，即如果從源點 u 到頂點 i 有邊，就令 $map[u][i]$ 等於 $<u, i>$ 的權值，否則 $map[u][i]{=}\infty$（無窮大）；採用一維陣列 $dist[i]$ 來記錄從源點到 i 頂點的最短路徑長度；採用一維陣列 $p[i]$ 來記錄最短路徑上 i 頂點的前驅。

2）　初始化。令集合 $S{=}\{u\}$，對於集合 $V{-}S$ 中的所有頂點 x，初始化 $dist[i]{=}map[u][i]$，如果源點 u 到頂點 i 有邊相連，初始化 $p[i]{=}u$，否則 $p[i]{=}{-}1$。

3）　找最小。在集合 $V{-}S$ 中依照貪心策略來尋找使得 $dist[j]$ 具有最小值的頂點 t，即 $dist[t]{=}min(dist[j]|j$ 屬於 $V{-}S$ 集合)，則頂點 t 就是集合 $V{-}S$ 中距離源點 u 最近的頂點。

4）　加入 S 戰隊。將頂點 t 加入集合 S 中，同時更新 $V{-}S$。

5）　判結束。如果集合 $V{-}S$ 為空，演算法結束，否則轉 6）。

6）　借東風。在 3）中已經找到了源點到 t 的最短路徑，那麼對集合 $V{-}S$ 中所有與頂點 t 相鄰的頂點 j，都可以借助 t 走捷徑。如果 $dis[j]{>}dist[t]{+}map[t][j]$，則 $dist[j]{=}dist[t]{+}map[t][j]$，記錄頂點 j 的前驅為 t，有 $p[j]{=}t$，轉 3）。

由此，可求得從源點 *u* 到圖 *G* 的其餘各個頂點的最短路徑及長度，也可透過陣列 *p*[] 逆向找到最短路徑上經過的城市。

2.5.3 完美圖解

現在我們有一個景點地圖，如圖 2-10 所示，假設從 1 號節點出發，求到其他各個節點的最短路徑。

演算法步驟如下。

1）資料結構

設定地圖的帶權鄰接矩陣為 ***map***[][]，即如果從頂點 *i* 到頂點 *j* 有邊，則 ***map***[*i*][*j*] 等於 <*i*, *j*> 的權值，否則 ***map***[*i*][*j*]=∞（無窮大），如圖 2-11 所示。

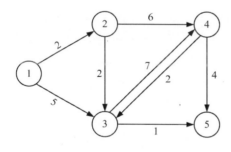

圖 2-10　景點地圖

$$
\begin{bmatrix}
\infty & 2 & 5 & \infty & \infty \\
\infty & \infty & 2 & 6 & \infty \\
\infty & \infty & \infty & 7 & 1 \\
\infty & \infty & 2 & \infty & 4 \\
\infty & \infty & \infty & \infty & \infty
\end{bmatrix}
$$

圖 2-11　鄰接矩陣 *map*[][]

2）初始化

令集合 *S*={1}，*V*−*S*={2, 3, 4, 5}，對於集合 *V*−*S* 中的所有頂點 *x*，初始化最短距離陣列 *dist*[*i*]=***map***[1][*i*]，*dist*[*u*]=0，如圖 2-12 所示。如果源點 1 到頂點 *i* 有邊相連，初始化前驅陣列 *p*[*i*]=1，否則 *p*[*i*]=−1，如圖 2-13 所示。

	1	2	3	4	5
dist[]	0	2	5	∞	∞

圖 2-12　最短距離陣列 *dist*[]

	1	2	3	4	5
p[]	-1	1	1	-1	-1

圖 2-13　前驅陣列 *p*[]

3）找最小

在集合 $V-S=\{2, 3, 4, 5\}$ 中，依照貪心策略來尋找 $V-S$ 集合中 $dist[]$ 最小的頂點 t，如圖 2-14 所示。

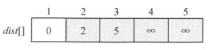

	1	2	3	4	5
$dist[]$	0	2	5	∞	∞

圖 2-14　最短距離陣列 $dist[]$

找到最小值為 2，對應的節點 $t=2$。

4）加入 S 戰隊

將頂點 $t=2$ 加入集合 S 中 $S=\{1, 2\}$，同時更新 $V-S=\{3, 4, 5\}$，如圖 2-15 所示。

5）借東風

剛剛找到了源點到 $t=2$ 的最短路徑，那麼對集合 $V-S$ 中所有 t 的鄰接點 j，都可以借助 t 走捷徑。我們從圖或鄰接矩陣都可以看出，2 號節點的鄰接點是 3 和 4 號節點，如圖 2-16 所示。

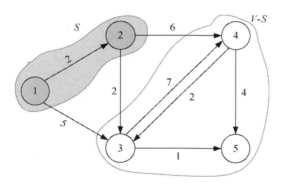

圖 2-15　景點地圖

$$\begin{bmatrix} \infty & 2 & 5 & \infty & \infty \\ \infty & \infty & 2 & 6 & \infty \\ \infty & \infty & \infty & 7 & 1 \\ \infty & \infty & 2 & \infty & 4 \\ \infty & \infty & \infty & \infty & \infty \end{bmatrix}$$

圖 2-16　鄰接矩陣 $map[][]$

先看 3 號節點能否借助 2 號走捷徑：$dist[2]+map[2][3]=2+2=4$，而目前 $dist[3]=5>4$，因此可走捷徑即 2—3，更新 $dist[3]=4$，記錄頂點 3 的前驅為 2，即 $p[3]=2$。

再看 4 號節點能否借助 2 號走捷徑：如果 $dist[2]+map[2][4]=2+6=8$，而目前 $dist[4]=∞>8$，因此可走捷徑即 2—4，更新 $dist[4]=8$，記錄頂點 4 的前驅為 2，即 $p[4]=2$。

更新後如圖 2-17 和圖 2-18 所示。

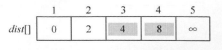

圖 2-17　最短距離陣列 *dist*[]

圖 2-18　前驅陣列 *p*[]

6）找最小

在集合 *V*−*S*={3, 4, 5}中，依照貪心策略來尋找 *dist*[] 具有最小值的頂點 *t*，依照貪心策略來尋找 *V*−*S* 集合中 *dist*[] 最小的頂點 *t*，如圖 2-19 所示。

找到最小值為 4，對應的節點 *t*=3。

7）加入 *S* 戰隊

將頂點 *t*=3 加入集合 *S* 中 *S*={1, 2, 3}，同時更新 *V*−*S*={4, 5}，如圖 2-20 所示。

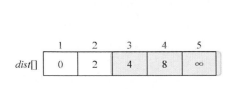

圖 2-19　最短距離陣列 *dist*[]

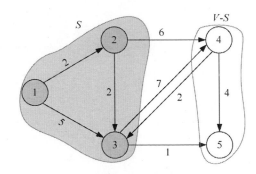

圖 2-20　景點地圖

8）借東風

剛剛找到了源點到 *t* =3 的最短路徑，那麼對集合 *V*−*S* 中所有 *t* 的鄰接點 *j*，都可借助 *t* 走捷徑。我們從圖或鄰接矩陣可以看出，3 號節點的鄰接點是 4 和 5 號節點。

先看 4 號節點能否借助 3 號走捷徑：*dist*[3]+*map*[3][4]=4+7=11，而目前 *dist*[4]=8<11，比目前路徑還長，因此不更新。

再看 5 號節點能否借助 3 號走捷徑：*dist*[3]+*map*[3][5]=4+1=5，而目前 *dist*[5]=∞>5，因此可走捷徑即 3—5，更新 *dist*[5]=5，記錄頂點 5 的前驅為 3，即 *p*[5]=3。

更新後如圖 2-21 和圖 2-22 所示。

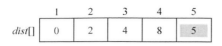

	1	2	3	4	5
dist[]	0	2	4	8	5

圖 2-21　**最短距離陣列** *dist*[]

	1	2	3	4	5
p[]	-1	1	2	2	3

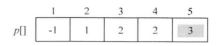

圖 2-22　**前驅陣列** *p*[]

9）找最小

在集合 *V*−*S*={4, 5}中，依照貪心策略來尋找 *V*−*S* 集合中 *dist*[] 最小的頂點 *t*，如圖 2-23 所示。

找到最小值為 5，對應的節點 *t*=5。

10）加入 *S* 戰隊

將頂點 *t*=5 加入集合 *S* 中 *S*={1, 2, 3, 5}，同時更新 *V*−*S*={4}，如圖 2-24 所示。

	1	2	3	4	5
dist[]	0	2	4	8	5

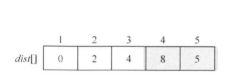

圖 2-23　**最短距離陣列** *dist*[]

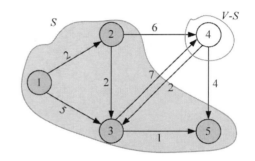

圖 2-24　**景點地圖**

11）借東風

剛剛找到了源點到 *t*=5 的最短路徑，那麼對集合 *V*−*S* 中所有 *t* 的鄰接點 *j*，都可以借助 *t* 走捷徑。我們從圖或鄰接矩陣可以看出，5 號節點沒有鄰接點，因此不更新，如圖 2-25 和圖 2-26 所示。

	1	2	3	4	5
dist[]	0	2	4	8	5

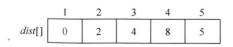

圖 2-25　**最短距離陣列** *dist*[]

	1	2	3	4	5
p[]	-1	1	2	2	3

圖 2-26　**前驅陣列** *p*[]

12）找最小

在集合 $V-S=\{4\}$ 中，依照貪心策略來尋找 $dist[]$ 最小的頂點 t，只有一個頂點，所以很容易找到，如圖 2-27 所示。

找到最小值為 8，對應的節點 $t=4$。

13）加入 S 戰隊

將頂點 t 加入集合 S 中 $S=\{1, 2, 3, 5, 4\}$，同時更新 $V-S=\{\ \}$，如圖 2-28 所示。

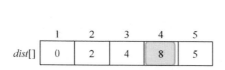

圖 2-27　最短距離陣列 $dist[]$

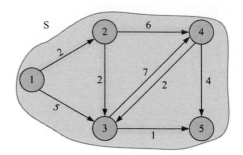

圖 2-28　景點地圖

14）演算法結束

$V-S=\{\ \}$ 為空時，演算法停止。

由此，可求得從源點 u 到圖 G 的其餘各個頂點的最短路徑及長度，也可透過前驅陣列 $p[]$ 逆向找到最短路徑上經過的城市，如圖 2-29 所示。

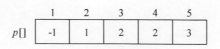

圖 2-29　前驅陣列 $p[]$

例如，$p[5]=3$，即 5 的前驅是 3；$p[3]=2$，即 3 的前驅是 2；$p[2]=1$，即 2 的前驅是 1；$p[1]=-1$，1 沒有前驅，那麼從源點 1 到 5 的最短路徑為 1—2—3—5。

2.5.4　虛擬程式碼詳解

1） 資料結構

n：城市頂點個數。m：城市間路線的條數。***map***[][]：地圖對應的帶權鄰接矩陣。
dist[]：記錄源點 u 到某頂點的最短路徑長度。*p*[]：記錄源點到某頂點的最短路徑
上的該頂點的前一個頂點（前驅）。*flag*[]：*flag*[*i*] 等於 *true*，說明頂點 *i* 已經加入
到集合 *S*，否則頂點 *i* 屬於集合 *V*–*S*。

```
const int N = 100; //初始化城市的個數，可修改
const int INF = 1e7; //無窮大
int map[N][N],dist[N],p[N],n,m;
bool flag[N];
```

2） 初始化源點 *u* 到其他各個頂點的最短路徑長度，初始化源點 *u* 出邊鄰接點（*t* 的出
邊相關聯的頂點）的前驅為 *u*：

```
bool flag[n];//如果 flag[i]等於 true，說明頂點 i 已經加入到集合 S;否則 i 屬於集合 V-S
for(int i = 1; i <= n; i ++)
    {
      dist[i] = map[u][i]; //初始化源點 u 到其他各個頂點的最短路徑長度
      flag[i]=false;
      if(dist[i]==INF)
          p[i]=-1;    //說明源點 u 到頂點 i 無邊相連，設定 p[i]=-1
      else
          p[i]=u;    //說明源點 u 到頂點 i 有邊相連，設定 p[i]=u
    }
```

3） 初始化集合 *S*，令集合 *S*={*u*}，從源點到 *u* 的最短路徑為 0。

```
flag[u]=true;    //初始化集合 S 中，只有一個元素：源點 u
dist[u] = 0;    //初始化源點 u 的最短路徑為 0，自己到自己的最短路徑
```

4） 找最小

在集合 *V*–*S* 中尋找距離源點 *u* 最近的頂點 *t*，若找不到 *t*，則跳出迴圈；否則，將 *t*
加入集合 *S*。

```
  int temp = INF,t = u ;
  for(int j = 1 ; j <= n ; j ++) //在集合 V-S 中尋找距離源點 u 最近的頂點 t
    if( !flag[j] && dist[j] < temp)
      {
        t=j;    //記錄距離源點 u 最近的頂點
        temp=dist[j];
      }
  if(t == u) return ; //找不到 t,跳出迴圈
  flag[t] = true;        //否則，將 t 加入集合 S
```

5） 借東風

考查集合 $V-S$ 中源點 u 到 t 的鄰接點 j 的距離，如果源點 u 經過 t 到達 j 的路徑更短，則更新 $dist[j] = dist[t] + map[t][j]$，即鬆弛操作，並記錄 j 的前驅為 t：

```
for(int j = 1; j <= n; j ++)  //更新集合 V-S 中與 t 鄰接的頂點到源點 u 的距離
   if(!flag[j] && map[t][j]<INF) //!flag[j]表示 j 在 V-S 中，map[t][j]<INF 表示 t 與 j 鄰接
      if(dist[j]>(dist[t]+map[t][j])) //經過 t 到達 j 的路徑更短
      {
         dist[j]=dist[t]+map[t][j] ;
         p[j]=t; //記錄 j 的前驅為 t
      }
```

重複 4）～5），直到源點 u 到所有頂點的最短路徑被找到。

2.5.5 實戰演練

```
//program 2-4
#include <cstdio>
#include <iostream>
#include<cstring>
#include<windows.h>
#include<stack>
using namespace std;
const int N = 100; //  城市的個數可修改
const int INF = 1e7; //  初始化無窮大為 10000000
int map[N][N],dist[N],p[N],n,m;//n 城市的個數，m 為城市間路線的條數
bool flag[N]; //如果 flag[i]等於 true，說明頂點 i 已經加入到集合 S;否則頂點 i 屬於集合 V-S
void Dijkstra(int u)
{
   for(int i=1; i<=n; i++)//①
    {
     dist[i] =map[u][i]; //初始化源點 u 到其他各個頂點的最短路徑長度
     flag[i]=false;
     if(dist[i]==INF)
         p[i]=-1; //源點 u 到該頂點的路徑長度為無窮大，說明頂點 i 與源點 u 不相鄰
     else
         p[i]=u; //說明頂點 i 與源點 u 相鄰，設定頂點 i 的前驅 p[i]=u
    }
   dist[u] = 0;
   flag[u]=true;  //初始時，集合 S 中只有一個元素：源點 u
   for(int i=1; i<=n; i++)//②
    {
        int temp = INF,t=u;
        for(int j=1; j<=n; j++) //③在集合 V-S 中尋找距離源點 u 最近的頂點 t
          if(!flag[j]&&dist[j]<temp)
            {
             t=j;
             temp=dist[j];
            }
        if(t==u) return ; //找不到 t，跳出迴圈
        flag[t]= true;  //否則，將 t 加入集合
```

```
            for(int j=1;j<=n;j++)//④//更新集合 V-S 中與 t 鄰接的頂點到源點 u 的距離
                if(!flag[j]&& map[t][j]<INF)//!flag[j]表示 j 在 V-S 中
                    if(dist[j]>(dist[t]+map[t][j]))
                    {
                        dist[j]=dist[t]+map[t][j] ;
                        p[j]=t ;
                    }
            }
    }
    int main()
    {
            int u,v,w,st;
            system("color 0d");
            cout << "請輸入城市的個數："<<endl;
            cin >> n;
            cout << "請輸入城市之間的路線的個數："<<endl;
            cin >>m;
            cout << "請輸入城市之間的路線以及距離："<<endl;
            for(int i=1;i<=n;i++)//初始化圖的鄰接矩陣
              for(int j=1;j<=n;j++)
                {
                    map[i][j]=INF;//初始化鄰接矩陣為無窮大
                }
            while(m--)
            {
              cin >> u >> v >> w;
              map[u][v] =min(map[u][v],w); //鄰接矩陣儲存，保留最小的距離
            }
            cout <<"請輸入小明所在的位置："<<endl;
            cin >> st;
            Dijkstra(st);
            cout <<"小明所在的位置："<<st<<endl;
            for(int i=1;i<=n;i++){
                    cout <<"小明："<<st<<" - "<<"要去的位置："<<i<<endl;
                    if(dist[i] == INF)
                        cout << "sorry,無路可達"<<endl;
                    else
                        cout << "最短距離為:"<<dist[i]<<endl;
            }
            return 0;
    }
```

演算法實作和測試

1）執行環境

Code::Blocks

2）輸入

請輸入城市的個數：
5
請輸入城市之間的路線的個數：

```
11
請輸入城市之間的路線以及距離：
1 5 12
5 1 8
1 2 16
2 1 29
5 2 32
2 4 13
4 2 27
1 3 15
3 1 21
3 4 7
4 3 19
請輸入小明所在的位置：
5
```

3）　輸出

```
小明所在的位置：5
小明:5 - 要去的位置:1 最短距離為：8
小明:5 - 要去的位置:2 最短距離為：24
小明:5 - 要去的位置:3 最短距離為：23
小明:5 - 要去的位置:4 最短距離為：30
小明:5 - 要去的位置:5 最短距離為：0
```

想一想：因為我們在程式中使用 $p[]$ 陣列記錄了最短路徑上每一個節點的前驅，因此除了顯示最短距離外，還可以顯示最短路徑上經過了哪些城市，可以增加一段程式逆向找到該最短路徑上的城市序列。

```cpp
void findpath(int u)
{
  int x;
  stack<int>s;//利用 C++內建的函數新建一個堆疊 s，需要在程式開頭引入#include<stack>
  cout<<"源點為："<<u<<endl;
  for(int i=1;i<=n;i++)
  {
    x=p[i];
    while(x!=-1)
    {
      s.push(x);//將前驅依次壓入堆疊中
      x=p[x];
    }
    cout<<"源點到其他各頂點最短路徑為:";
    while(!s.empty())
    {
      cout<<s.top()<<"--";//依次取堆疊頂元素
      s.pop();//推出堆疊
    }
    cout<<i<<";最短距離為:"<<dist[i]<<endl;
  }
}
```

只需要在主函數末尾呼叫該函數：

```
findpath(st);//主函數中 st 為源點
```

輸出結果如下。

```
源點為：5
源點到其他各頂點最短路徑為：5--1；最短距離為：8
源點到其他各頂點最短路徑為：5--1--2；最短距離為：24
源點到其他各頂點最短路徑為：5--1--3；最短距離為：23
源點到其他各頂點最短路徑為：5--1--3--4；最短距離為：30
源點到其他各頂點最短路徑為：5；最短距離為：0
```

2.5.6　演算法解析及優化拓展

演算法時間複雜度

1）　時間複雜度：在 Dijkstra 演算法描述中，一共有 4 個 for 語句，第①個 for 語句的執行次數為 n，第②個 for 語句裡面嵌套了兩個 for 語句③、④，它們的執行次數均為 n，對演算法的執行時間貢獻最大，當外層迴圈標號為 1 時，③、④語句在內層迴圈的控制下均執行 n 次，外層迴圈②從 $1\sim n$。因此，該語句的執行次數為 $n*n=n^2$，演算法的時間複雜度為 $O(n^2)$。

2）　空間複雜度：由以上演算法可以得出，實現該演算法所需要的輔助空間包含為陣列 $flag$、變數 i、j、t 和 $temp$ 所分配的空間，因此，空間複雜度為 $O(n)$。

演算法優化拓展

在 for 語句③中，即在集合 $V\text{–}S$ 中尋找距離源點 u 最近的頂點 t，其時間複雜度為 $O(n)$，如果我們使用優先佇列，則可以把時間複雜度降為 $O(\log n)$。那麼如何使用優先佇列呢？

1）　優先佇列（見附錄 C）

2）　資料結構

　　在上面的例子中，我們使用了一維陣列 $dist[t]$ 來記錄源點 u 到頂點 t 的最短路徑長度。在此為了操作方便，我們使用結構體的形式來實作，定義一個結構體 $Node$，裡面包含兩個成員：u 為頂點，$step$ 為源點到頂點 u 的最短路徑。

```
struct  Node{
    int u,step; // u 為頂點，step 為源點到頂點 u 的最短路徑
    Node(){};
    Node(int a,int sp){
        u = a;    //參數傳遞，u 為頂點
        step = sp; //參數傳遞，step 為源點到頂點 u 的最短路徑
    }
    bool operator < (const  Node& a)const{
        return step > a.step; //重載 <，step(源點到頂點 u 的最短路徑)最小值優先
    }
};
```

上面的結構體中除了兩個成員變數外，還有一個建構函數和運算子優先順序重載，下面詳細介紹其含義用途。

為什麼要使用建構函數？

如果不使用建構函數也是可以的，只定義一般的結構體，裡面包含兩個參數：

```
struct  Node{
    int u,step; // u 為頂點，step 為源點到頂點 u 的最短路徑
};
```

那麼在變數參數指定值時，需要這樣指定值：

```
Node vs ; //先定義一個 Node 節點類型變數
vs.u =3 ,vs.step = 5; //分別對該變數的兩個成員進行指定值
```

採用建構函數的形式定義結構體：

```
struct  Node{
    int u,step;
    Node(){};
    Node(int a,int sp){
        u = a;    //參數傳遞 u 為頂點
        step = sp; //參數傳遞 step 為源點到頂點 u 的最短路徑
    }
};
```

則變數參數指定值就可以直接透過參數傳遞：

```
Node vs(3,5)
```

上面語句等價於：

```
vs.u =3, vs.step = 5;
```

很明顯透過建構函數的形式定義結構體，參數指定值更方便快捷，後面程式中會將節點壓入優先佇列：

```
priority_queue <Node> Q;   // 新建優先佇列，最小值優先
Q.push(Node(i,dist[i]));   //將節點 Node 壓入優先佇列 Q
                           //參數 i 傳遞給頂點 u，dist[i]傳遞給 step
```

3） 使用優先佇列優化的 Dijkstra 演算法原始程式碼：

```cpp
//program 2-5
#include <queue>
#include <iostream>
#include<cstring>
#include<windows.h>
using namespace std;
const int N = 100; // 城市的個數可修改
const int INF = 1e7; // 無窮大
int map[N][N],dist[N],n,m;
int flag[N];
struct  Node{
    int u,step;
    Node(){};
    Node(int a,int sp){
        u=a;step=sp;
    }
    bool operator < (const  Node& a)const{  // 重載 <
        return step>a.step;
    }
};
void Dijkstra(int st){
    priority_queue <Node> Q;  // 優先佇列優化
    Q.push(Node(st,0));
    memset(flag,0,sizeof(flag));//初始化 flag 陣列為 0
    for(int i=1;i<=n;++i)
      dist[i]=INF; // 初始化所有距離為，無窮大
    dist[st]=0;
    while(!Q.empty())
    {
        Node it=Q.top();//優先佇列開頭元素為最小值
        Q.pop();
        int t=it.u;
        if(flag[t])//說明已經找到了最短距離，該節點是佇列裡面的重複元素
            continue;
        flag[t]=1;
        for(int i=1;i<=n;i++)
        {
            if(!flag[i]&&map[t][i]<INF){ //判斷與目前點有關係的點，並且自己不能到自己
                if(dist[i]>dist[t]+map[t][i])
                {  //求距離目前點的每個點的最短距離，進行鬆弛操作
                    dist[i]=dist[t]+map[t][i];
                    Q.push(Node(i,dist[i]));
                    //把更新後的最短距離壓入優先佇列，注意：裡面的元素有重複
                }
            }
        }
    }
}
int main()
```

```
{
        int u,v,w,st;
        system("color 0d");//設定背景及字體顏色
        cout << "請輸入城市的個數："<<endl;
        cin >> n;
        cout << "請輸入城市之間的路線的個數："<<endl;
        cin >>m;
        for(int i=1;i<=n;i++)//初始化圖的鄰接矩陣
            for(int j=1;j<=n;j++)
            {
                map[i][j]=INF;//初始化鄰接矩陣為無窮大
            }
        cout << "請輸入城市之間 u、v 的路線以及距離 w："<<endl;
        while(m--)
        {
            cin>>u>>v>>w;
            map[u][v]=min(map[u][v],w); //鄰接矩陣儲存，保留最小的距離
        }
        cout<<"請輸入小明所在的位置："<<endl; ;
        cin>>st;
        Dijkstra(st);
        cout <<"小明所在的位置："<<st<<endl;
        for(int i=1;i<=n;i++)
        {
            cout <<"小明:"<<st<<"--->"<<"要去的位置："<<i;
            if(dist[i]==INF)
                cout << "sorry，無路可達"<<endl;
            else
                cout << " 最短距離為："<<dist[i]<<endl;
        }
    return 0;
}
```

演算法實作和測試

1） 執行環境

```
Code::Blocks
```

2） 輸入

```
請輸入城市的個數：
5
請輸入城市之間的路線的個數：
7
請輸入城市之間的路線以及距離：
1 2 2
1 3 3
2 3 5
2 4 6
3 4 7
3 5 1
4 5 4
```

```
請輸入小明所在的位置：
1
```

3） 輸出

```
小明所在的位置：1
小明：1 - 要去的位置：1 最短距離為：0
小明：1 - 要去的位置：2 最短距離為：2
小明：1 - 要去的位置：3 最短距離為：3
小明：1 - 要去的位置：4 最短距離為：8
小明：1 - 要去的位置：5 最短距離為：4
```

在使用優先佇列的 Dijkstra 演算法描述中，while (!Q.empty()) 語句執行的次數為 n，因為要彈出 n 個最小值佇列才會空；Q.pop() 語句的時間複雜度為 $\log n$，while 語句中的 for 語句執行 n 次，for 語句中的 Q.push (Node(i,$dist[i]$)) 時間複雜度為 $\log n$。因此，總體語句的執行次數為 $n*\log n+n^2*\log n$，演算法的時間複雜度為 $O(n^2\log n)$。

貌似時間複雜度又變大了？

這是因為我們採用的鄰接矩陣儲存的，如果採用鄰接串列來儲存（見附錄 D），那麼 for 語句④鬆弛操作就不用每次執行 n 次，而是執行 t 節點的鄰接邊數 x，每個節點的鄰接邊加起來為邊數 E，那麼總體時間複雜度為 $O(n*\log n+E*\log n)$，如果 $E \geq n$，則時間複雜度為 $O(E*\log n)$。

請注意：優先佇列中儘管有重複的節點，但重複節點最壞是 n^2，$\log n^2=2 \log n$，並不改變時間複雜度的數量級。

想一想，還能不能把時間複雜度再降低呢？如果我們使用斐波那契堆，那麼鬆弛操作的時間複雜度 $O(1)$，總體時間複雜度為 $O(n* \log n+E)$。

2.6　神秘電報密碼—哈夫曼編碼

看過諜戰電影《風聲》的觀眾都會對影片中神奇的消息傳遞驚歎不已！吳志國大隊長在受了殘忍的「針刑」之後躺在手術臺上唱空城計，變了音調，把消息傳給了護士，顧曉夢在衣服上縫補了長短不一的針腳……那麼，片中無處不在的摩爾斯碼到底是什麼？它又有著怎樣的神秘力量呢？

摩爾斯電碼（Morse code）由點 dot（.）、劃 dash（-）兩種符號組成。它的基本原理是：把英文字母表中的字母、標點符號和空格按照出現的頻率排序，然後用點和劃的組合來代表這些字母、標點符號和空格，使頻率最高的符號具有最短的點劃組合。

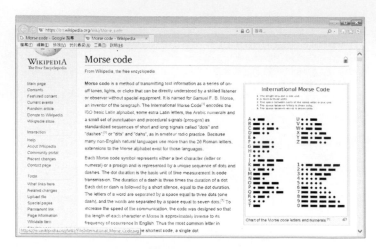

圖 2-30 摩爾斯電碼（Morse code）

2.6.1　問題分析

我們先看一個生活中的例子：

有一群退休的老教授聚會，其中一個老教授帶著剛會說話的漂亮小孫女，於是大家逗她：「你能猜猜我們多大了嗎？猜對了有糖吃哦！」小女孩就開始猜：「你是 1 歲嗎？」，老教授搖搖頭。「你是 2 歲嗎？」，老教授仍然搖搖頭。「那一定是 3 歲了！」……大家哈哈大笑。或許我們都感覺到了小女孩的天真可愛，然而生活中的確有很多類似這樣的判斷。

曾經有這樣一個 C++ 設計題目：將一個班級的成績從百分制轉為等級制。一位同學設計的程式為：

```
if(score <60) cout << "不及格"<<endl;
else if (score <70) cout << "及格"<<endl;
    else if (score <80) cout << "中等"<<endl;
        else if (score <90) cout << "良好"<<endl;
            else cout << "優秀"<<endl;
```

在上面程式中，如果分數小於 60，我們做 1 次判定即可；如果分數為 60～70，需要判定 2 次；如果分數為 70～80，需要判定 3 次；如果分數為 80～90，需要判定 4 次；如果分數為 90～100，需要判定 5 次。

這段程式貌似是沒有任何問題，但是我們卻犯了從 1 歲開始判斷一個老教授年齡的錯誤，因為我們的考試成績往往是呈常態分佈的，如圖 2-31 所示。

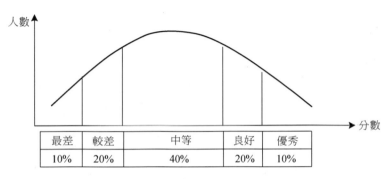

圖 2-31　執行結果

也就是說，大多數（70%）人的成績要判斷 3 次或 3 次以上才能成功，假設班級人數為 100 人，則判定次數為：

$100 \times 10\% \times 1 + 100 \times 20\% \times 2 + 100 \times 40\% \times 3 + 100 \times 20\% \times 4 + 100 \times 10\% \times 5 = 300$（次）

如果我們改寫程式為：

```
if(score <80)
    if (score <70)
        if (score <60) cout << "不及格"<<endl;
        else cout << "及格"<<endl;
    else cout << "中等"<<endl;
else if (score <90) cout << "良好"<<endl;
    else cout << "優秀"<<endl;
```

則判定次數為：

$100 \times 10\% \times 3 + 100 \times 20\% \times 3 + 100 \times 40\% \times 2 + 100 \times 20\% \times 2 + 100 \times 10\% \times 2 = 230$（次）

為什麼會有這樣大的差別呢？我們來看兩種判斷方式的樹狀圖，如圖 2-32 所示。

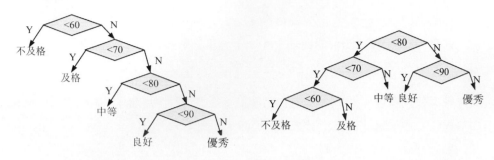

圖 2-32　兩種判斷方式的樹狀圖

從圖 2-32 中我們可以看到，當頻率高的分數越靠近樹根（先判斷）時，我們只用 1 次猜中的可能性越大。

再看五筆輸入法字型的編碼方式：

我們在學習五筆輸入法時，需要背一級簡碼。所謂一級簡碼，就是指 25 個漢字，對應著 25 個按鍵，打 1 個字母鍵再加 1 個空白鍵就可打出來相對應的字。為什麼要這樣設定呢？因為根據文字統計，這 25 個漢字是使用頻率最高的。

五筆字根之一級簡碼：

G	一	F	地	D	在	S	要	A	工
H	上	J	是	K	中	L	國	M	同
T	和	R	的	E	有	W	人	Q	我
Y	主	U	產	I	不	O	為	P	這
N	民	B	了	V	發	C	以	X	經

通常的編碼方法有固定長度編碼和不等長度編碼兩種。這是一個設計最優編碼方案的問題，目的是使總碼長度最短。這個問題利用字元的使用頻率來編碼，是不等長編碼方法，使得經常使用的字元編碼較短，不常使用的字元編碼較長。如果採用等長的編碼方案，假設所有字元的編碼都等長，則表示 n 個不同的字元需要 $\lceil \log n \rceil$ 位。例如，3 個不同的字元 a、b、c，至少需要 2 位二進位數字表示，a 為 00，b 為 01，c 為 10。如果每個字元的使用頻率相等，固定長度編碼是空間效率最高的方法。

不等長編碼方法需要解決兩個關鍵問題：

1）編碼盡可能短

我們可以讓使用頻率高的字元編碼較短，使用頻率低的編碼較長，這種方法可以提高壓縮率，節省空間，也能提高運算和通訊速度。即**頻率越高，編碼越短**。

2）　不能有二義性

例如，ABCD 四個字元如果編碼如下：

A：0。B：1。C：01。D：10。

那麼現在有一列數 0110，該怎樣翻譯呢？是翻譯為 ABBA，ABD，CBA，還是 CD？那麼如何消除二義性呢？解決的辦法是：任何一個字元的編碼不能是另一個字元編碼的首碼，即**首碼的特性**。

1952 年，數學家 D.A.Huffman 提出了根據字元在檔案中出現的頻率，用 0、1 的數字串表示各字元的最佳編碼方式，稱為哈夫曼（Huffman）編碼。哈夫曼編碼解決了上述兩個關鍵問題，被廣泛應用於資料壓縮，尤其是遠距離通訊和大容量資料儲存方面，常用的 JPEG 圖片就是採用哈夫曼編碼壓縮的。

2.6.2　演算法設計

哈夫曼編碼的基本思維是以字元的使用頻率作為權值來建構一棵哈夫曼樹，然後利用哈夫曼樹對字元進行編碼。建構一棵哈夫曼樹，是將所要編碼的字元作為葉子節點，該字元在檔中的使用頻率作為葉子節點的權值，以自底向上的方式，透過 $n-1$ 次的「合併」運算後建構出的一棵樹，核心思考方式是權值越大的葉子離根越近。

哈夫曼演算法採取的**貪心策略是每次從樹的集合中取出沒有雙親且權值最小的兩棵樹作為左右子樹**，建構一棵新樹，新樹根節點的權值為其左右孩子節點權值之和，將新樹插入到樹的集合中，求解步驟如下。

1）　確定合適的資料結構。編寫程式前需要考慮的情況有：

◆ 哈夫曼樹中沒有度為 1 的節點，則一棵有 n 個葉子節點的哈夫曼樹共有 $2n-1$ 個節點（$n-1$ 次的「合併」，每次產生一個新節點）。

◆ 構成哈夫曼樹後，為求編碼，需從葉子節點出發走一條從葉子到根的路徑。

◆ 解碼需要從根出發走一條從根到葉子的路徑，那麼我們需要知道每個節點的權值、雙親、左孩子、右孩子和節點的資訊。

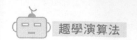

2) 初始化。建構 n 棵節點為 n 個字元的單節點樹集合 $T=\{t_1, t_2, t_3, \cdots, t_n\}$，每棵樹只有一個帶權的根節點，權值為該字元的使用頻率。

3) 如果 T 中只剩下一棵樹，則哈夫曼樹建構成功，跳到步驟 6）。否則，從集合 T 中取出沒有雙親且權值最小的兩棵樹 t_i 和 t_j，將它們合併成一棵新樹 z_k，新樹的左孩子為 t_i，右孩子為 t_j，z_k 的權值為 t_i 和 t_j 的權值之和。

4) 從集合 T 中刪去 t_i，t_j，加入 z_k。

5) 重複以上 3）～4）步。

6) 約定左分支上的編碼為「0」，右分支上的編碼為「1」。從葉子節點到根節點逆向求出每個字元的哈夫曼編碼，從根節點到葉子節點路徑上的字元組成的字串為該葉子節點的哈夫曼編碼。演算法結束。

2.6.3　完美圖解

假設現在有一些字元和它們的使用頻率（見表 2-13），如何得到它們的哈夫曼編碼呢？

表 2-13　字元頻率

字元	a	b	c	d	e	f
頻率	0.05	0.32	0.18	0.07	0.25	0.13

我們可以把每一個字元作為葉子，它們對應的頻率作為其權值，為了比較大小方便，可以對其同時擴大 100 倍，得到 a～f 分別對應 5、32、18、7、25、13。

1) 初始化。建構 n 棵節點為 n 個字元的單節點樹集合 $T=\{a, b, c, d, e, f\}$，如圖 2-33 所示。

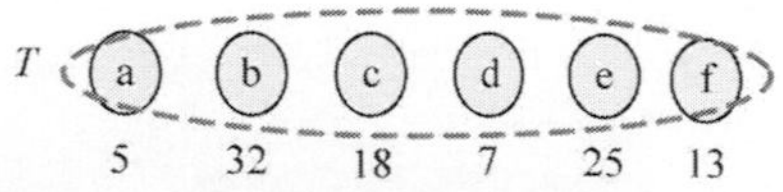

2) 集合 T 中取出沒有雙親且權值最小的兩棵樹 a 和 d，將它們合併成一棵新樹 t_1，新樹的左孩子為 a，右孩子為 d，新樹的權值為 a 和 d 的權值之和為 12。新樹的樹根 t_1 加入集合 T，a 和 d 從集合 T 中刪除，如圖 2-34 所示。

圖 2-33　葉子節點

3) 集合 T 中取出沒有雙親且權值最小的兩棵樹 t_1 和 f，將它們合併成一棵新樹 t_2，新樹的左孩子為 t_1，右孩子為 f，新樹的權值為 t_1 和 f 的權值之和為 25。新樹的樹根 t_2 加入集合 T，將 t_1 和 f 從集合 T 中刪除，如圖 2-35 所示。

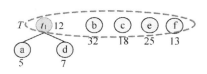

圖 2-34　建構新樹

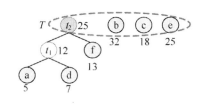

圖 2-35　建構新樹

4）從集合 T 中取出沒有雙親且權值最小的兩棵樹 c 和 e，將它們合併成一棵新樹 t_3，新樹的左孩子為 c，右孩子為 e，新樹的權值為 c 和 e 的權值之和為 43。新樹的樹根 t_3 加入集合 T，將 c 和 e 從集合 T 中刪除，如圖 2-36 所示。

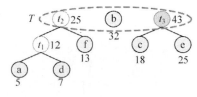

圖 2-36　建構新樹

5）從集合 T 中取出沒有雙親且權值最小的兩棵樹 t_2 和 b，將它們合併成一棵新樹 t_4，新樹的左孩子為 t_2，右孩子為 b，新樹的權值為 t_2 和 b 的權值之和為 57。新樹的樹根 t_4 加入集合 T，將 t_2 和 b 從集合 T 中刪除，如圖 2-37 所示。

6）從集合 T 中取出沒有雙親且權值最小的兩棵樹 t_3 和 t_4，將它們合併成一棵新樹 t_5，新樹的左孩子為 t_4，右孩子為 t_3，新樹的權值為 t_3 和 t_4 的權值之和為 100。新樹的樹根 t_5 加入集合 T，將 t_3 和 t_4 從集合 T 中刪除，如圖 2-38 所示。

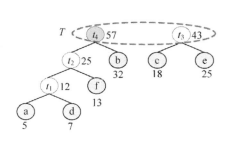

圖 2-37　建構新樹

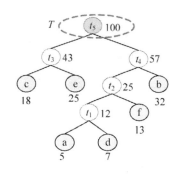

圖 2-38　哈夫曼樹

7）T 中只剩下一棵樹，哈夫曼樹建構成功。

8）約定左分支上的編碼為「0」，右分支上的編碼為「1」。從葉子節點到根節點逆向求出每個字元的哈夫曼編碼，從根節點到葉子節點路徑上的字元組成的字串為該葉子節點的哈夫曼編碼，如圖 2-39 所示。

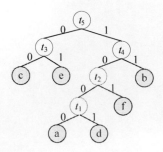

a: 1000   b: 11   c: 00   d: 1001   e: 01   f: 101

圖 2-39   哈夫曼編碼

2.6.4   虛擬程式碼詳解

在建構哈夫曼樹的過程中,首先給每個節點的雙親、左孩子、右孩子初始化為 −1,找出所有節點中雙親為 −1、權值最小的兩個節點 t_1、t_2,並合併為一棵二元樹,更新資訊(雙親節點的權值為 t_1、t_2 權值之和,其左孩子為權值最小的節點 t_1,右孩子為次小的節點 t_2,t_1、t_2 的雙親為雙親節點的編號)。重複此過程,建構一棵哈夫曼樹。

1)   資料結構

每個節點的結構包括權值、雙親、左孩子、右孩子、節點字元資訊這 5 個欄位。如圖 2-40 所示,定義為結構體形式,定義節點結構體 *HnodeType*:

```c
typedef struct
{
    double weight; //權值
    int parent;    //雙親
    int lchild;    //左孩子
    int rchild;    //右孩子
    char value;    //該節點表示的字元
} HNodeType;
```

在編碼結構體中,*bit*[] 存放節點的編碼,*start* 記錄編碼開始足標,逆向解碼(從葉子到根,想一想為什麼不從根到葉子呢?)。儲存時,*start* 從 n−1 開始依次遞減,從後向前儲存;讀取時,從 *start*+1 開始到 n−1,從前向後輸出,即為該字元的編碼。如圖 2-41 所示。

圖 2-40   節點結構體   圖 2-41   編碼陣列

編碼結構體 *HcodeType*：

```
typedef struct
{
    int bit[MAXBIT]; //儲存編碼的陣列
    int start;       //編碼開始足標
} HCodeType;         /* 編碼結構體 */
```

2）初始化

初始化存放哈夫曼樹陣列 *HuffNode*[] 中的節點（見表 2-14）：

```
for (i=0; i<2*n-1; i++){
    HuffNode[i].weight = 0; //權值
    HuffNode[i].parent =-1; //雙親
    HuffNode[i].lchild =-1; //左孩子
    HuffNode[i].rchild =-1; //右孩子
}
```

表 2-14　　哈夫曼樹建構陣列

	weight	parent	lchild	rchild	value
0	5	−1	−1	−1	a
1	32	−1	−1	−1	b
2	18	−1	−1	−1	c
3	7	−1	−1	−1	d
4	25	−1	−1	−1	e
5	13	−1	−1	−1	f
6	0	−1	−1	−1	
7	0	−1	−1	−1	
8	0	−1	−1	−1	
9	0	−1	−1	−1	
10	0	−1	−1	−1	

輸入 *n* 個葉子節點的字元及權值：

```
for (i=0; i<n; i++){
    cout<<"Please input value and weight of leaf node "<<i + 1<<endl;
    cin>>HuffNode[i].value>>HuffNode[i].weight;
}
```

3）以迴圈建構 Huffman 樹

從集合 T 中取出雙親為 −1 且權值最小的兩棵樹 t_i 和 t_j，將它們合併成一棵新樹 z_k，新樹的左兒子為 t_i，右孩子為 t_j，z_k 的權值為 t_i 和 t_j 的權值之和。

```
    int i, j, x1, x2; //x1、x2 為兩個最小權值節點的序號。
    double m1,m2; //m1、m2 為兩個最小權值節點的權值。
    for (i=0; i<n-1; i++){
        m1=m2=MAXVALUE;  //初始化為最大值
        x1=x2=-1;  //初始化為-1
```

```
        //找出所有節點中權值最小、無雙親節點的兩個節點
        for (j=0; j<n+i; j++){
            if (HuffNode[j].weight < m1 && HuffNode[j].parent==-1){
                m2 = m1;
                x2 = x1;
                m1 = HuffNode[j].weight;
                x1 = j;
            }
            else if (HuffNode[j].weight < m2 && HuffNode[j].parent==-1){
                m2=HuffNode[j].weight;
                x2=j;
            }
        }
        /* 更新新樹資訊 */
        HuffNode[x1].parent = n+i; //x1 的父親為新節點編號 n+i
        HuffNode[x2].parent = n+i; //x2 的父親為新節點編號 n+i
        HuffNode[n+i].weight =m1+m2; //新節點權值為兩個最小權值之和 m1+m2
        HuffNode[n+i].lchild = x1; //新節點 n+i 的左孩子為 x1
        HuffNode[n+i].rchild = x2; //新節點 n+i 的右孩子為 x2
    }
}
```

圖解：

1）　i=0 時，j=0；j<6；找雙親為 -1，權值最小的兩個數：

```
x1=0    x2=3：//x1、x2 為兩個最小權值節點的序號
m1=5  m2=7 ://m1、m2 為兩個最小權值節點的權值
HuffNode[0].parent = 6;    //x1 的父親為新節點編號 n+i
HuffNode[3].parent = 6;    //x2 的父親為新節點編號 n+i
HuffNode[6].weight =12;   //新節點權值為兩個最小權值之和 m1+m2
HuffNode[6].lchild = 0;   //新節點 n+i 的左孩子為 x1
HuffNode[6].rchild = 3;   //新節點 n+i 的右孩子為 x2
```

資料更新後如表 2-15 所示。

表 2-15　哈夫曼樹建構陣列

	weight	parent	lchild	rchild	value
→ 0	5	6	−1	−1	a
1	32	−1	−1	−1	b
2	18	−1	−1	−1	c
→ 3	7	6	−1	−1	d
4	25	−1	−1	−1	e
5	13	−1	−1	−1	f
6	12	−1	0	3	
7	0	−1	−1	−1	
8	0	−1	−1	−1	
9	0	−1	−1	−1	
10	0	−1	−1	−1	

對應的哈夫曼樹如圖 2-42 所示。

圖 2-42　哈夫曼樹生成過程

2）　$i=1$ 時，$j=0$；$j<7$；找雙親為 -1，權值最小的兩個數：

```
x1=6      x2=5 ; //x1、x2 為兩個最小權值節點的序號
m1=12   m2=13 ; //m1、m2 為兩個最小權值節點的權值
HuffNode[5].parent = 7;     //x1 的父親為新節點編號 n+i
HuffNode[6].parent = 7;     //x2 的父親為新節點編號 n+i
HuffNode[7].weight =25;     //新節點權值為兩個最小權值之和 m1+m2
HuffNode[7].lchild = 6;     //新節點 n+i 的左孩子為 x1
HuffNode[7].rchild = 5;     //新節點 n+i 的右孩子為 x2
```

資料更新後如表 2-16 所示。

表 2-16　哈夫曼樹建構陣列

	weight	parent	lchild	rchild	value
0	5	6	−1	−1	a
1	32	−1	−1	−1	b
2	18	−1	−1	−1	c
3	7	6	−1	−1	d
4	25	−1	−1	−1	e
5	13	7	−1	−1	f
6	12	7	0	3	
7	25	−1	6	5	
8	0	−1	−1	−1	
9	0	−1	−1	−1	
10	0	−1	−1	−1	

對應的哈夫曼樹如圖 2-43 所示。

3）　$i=2$ 時，$j=0$；$j<8$；找雙親為 -1，權值最小的兩個數：

```
x1=2      x2=4 ; //x1、x2 為兩個最小權值節點的序號
m1=18   m2=25 ; //m1、m2 為兩個最小權值節點的權值
HuffNode[2].parent = 8;     //x1 的父親為新節點編號 n+i
HuffNode[4].parent = 8;     //x2 的父親為新節點編號 n+i
HuffNode[8].weight =43;     //新節點權值為兩個最小權值之和 m1+m2
HuffNode[8].lchild = 2;     //新節點 n+i 的左孩子為 x1
HuffNode[8].rchild = 4;     //新節點 n+i 的右孩子為 x2
```

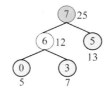

圖 2-43　哈夫曼樹生成過程

資料更新後如表 2-17 所示。

表 2-17　哈夫曼樹建構陣列

	weight	parent	lchild	rchild	value
0	5	6	−1	−1	a
1	32	−1	−1	−1	b
2 →	18	8	−1	−1	c
3	7	6	−1	−1	d
4 →	25	8	−1	−1	e
5	13	7	−1	−1	f
6	12	7	0	3	
7	25	−1	6	5	
8	43	−1	2	4	
9	0	−1	−1	−1	
10	0	−1	−1	−1	

對應的哈夫曼樹如圖 2-44 所示。

圖 2-44　哈夫曼樹生成過程

4）　$i=3$ 時，$j=0$；$j<9$；找雙親為 −1，權值最小的兩個數：

```
x1=7    x2=1；//x1、x2 為兩個最小權值節點的序號
m1=25   m2=32；//m1、m2 為兩個最小權值節點的權值
HuffNode[7].parent = 9；    //x1 的父親為新節點編號 n+i
HuffNode[1].parent = 9；    //x2 的父親為新節點編號 n+i
HuffNode[8].weight =57；    //新節點權值為兩個最小權值之和 m1+m2
HuffNode[8].lchild = 7；    //新節點 n+i 的左孩子為 x1
HuffNode[8].rchild = 1；    //新節點 n+i 的右孩子為 x2
```

資料更新後如表 2-18 所示。

表 2-18　哈夫曼樹建構陣列

	weight	parent	lchild	rchild	value
0	5	6	−1	−1	a
1 →	32	9	−1	−1	b
2	18	8	−1	−1	c
3	7	6	−1	−1	d
4	25	8	−1	−1	e
5	13	7	−1	−1	f
6	12	7	0	3	
7 →	25	9	6	5	
8	43	−1	2	4	
9	57	−1	7	1	
10	0	−1	−1	−1	

對應的哈夫曼樹如圖 2-45 所示。

5） $i=4$ 時，$j=0$；$j<10$；找雙親為 -1，權值最小的兩個數：

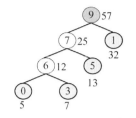

```
x1=8     x2=9；//x1、x2 為兩個最小權值節點的序號
m1=43   m2=57；//m1、m2 為兩個最小權值節點的權值
HuffNode[8].parent = 10；  //x1 的父親為生成的新節點編號 n+i
HuffNode[9].parent =10；   //x2 的父親為生成的新節點編號 n+i
HuffNode[10].weight =100；  //新節點權值為兩個最小權值之和 m1+ m2
HuffNode[10].lchild = 8；//新節點編號 n+i 的左孩子為 x1
HuffNode[10].rchild = 9；//新節點編號 n+i 的右孩子為 x2
```

資料更新後如表 2-19 所示。

圖 2-45　哈夫曼樹生成過程

表 2-19　哈夫曼樹建構陣列

	weight	parent	lchild	rchild	value
0	5	6	−1	−1	a
1	32	9	−1	−1	b
2	18	8	−1	−1	c
3	7	6	−1	−1	d
4	25	8	−1	−1	e
5	13	7	−1	−1	f
6	12	7	0	3	
7	25	9	6	5	
➡ 8	43	10	2	4	
➡ 9	57	10	7	1	
10	100	−1	8	9	

對應的哈夫曼樹如圖 2-46 所示。

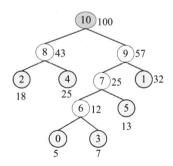

圖 2-46　哈夫曼樹生成過程

6） 輸出哈夫曼編碼

```
    void HuffmanCode(HCodeType HuffCode[MAXLEAF], int n)
{
    HCodeType cd;       /* 定義一個臨時變數來存放求解編碼時的資訊 */
    int i,j,c,p;
```

```
    for(i = 0;i < n; i++){
        cd.start = n-1;
        c = i;   //i 為葉子節點編號
        p = HuffNode[c].parent;
        while(p != -1){
            if(HuffNode[p].lchild == c){
                cd.bit[cd.start] = 0;
            }
            else
                cd.bit[cd.start] = 1;
            cd.start--;          /* start 向前移動一位 */
            c = p;               /* c、p 變數上移，準備下一迴圈 */
            p = HuffNode[c].parent;
        }
        /* 把葉子節點的編碼資訊從臨時編碼 cd 中複製出來，放入編碼結構體陣列 */
        for (j=cd.start+1; j<n; j++)
            HuffCode[i].bit[j] = cd.bit[j];
        HuffCode[i].start = cd.start;
    }
}
```

圖解：哈夫曼編碼陣列如圖 2-47 所示。

當 i=0 時，c=0；

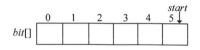

```
cd.start = n-1=5;
p = HuffNode[0].parent=6;//從哈夫曼樹建成後的表
                         //HuffNode[]中讀出 p 指向
                         //0 號節點的父親 6 號
```

圖 2-47　哈夫曼編碼陣列

建構完成的哈夫曼樹陣列如表 2-20 所示。

表 2-20　哈夫曼樹建構陣列

	weight	parent	lchild	rchild	value
0	5	6	−1	−1	a
1	32	9	−1	−1	b
2	18	8	−1	−1	c
3	7	6	−1	−1	d
4	25	8	−1	−1	e
5	13	7	−1	−1	f
6	12	7	0	3	
7	25	9	6	5	
8	43	10	2	4	
9	57	10	7	1	
10	100	−1	8	9	

如果 p != −1，那麼從表 *HuffNode*[]中讀出 6 號節點的左孩子和右孩子，判斷 0 號節點是它的左孩子還是右孩子，如果是左孩子編碼為 0；如果是右孩子編碼為 1。

從表 2-20 可以看出：

```
HuffNode[6].lchild=0;//0 號節點是其父親 6 號的左孩子
cd.bit[5] = 0;//編碼為 0
cd.start--=4; /* start 向前移動一位*/
```

哈夫曼編碼樹如圖 2-48 所示，哈夫曼編碼陣列如圖 2-49 所示。

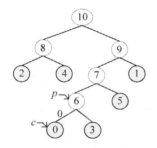

圖 2-48　哈夫曼編碼樹

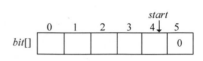

圖 2-49　哈夫曼編碼陣列

```
c = p=6;                 /* c、p 變數上移，準備下一迴圈 */
p = HuffNode[6].parent=7;
```

c、p 變數上移後如圖 2-50 所示。

```
p != -1;
HuffNode[7].lchild=6;//6 號節點是其父親 7 號的左孩子
cd.bit[4] = 0;//編碼為 0
cd.start--=3;          /* start 向前移動一位*/
c = p=7;               /* c、p 變數上移，準備下一迴圈 */
p = HuffNode[7].parent=9;
```

哈夫曼編碼樹如圖 2-51 所示，哈夫曼編碼陣列如圖 2-52 所示。

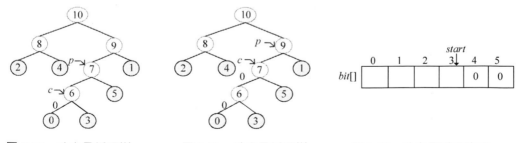

圖 2-50　哈夫曼編碼樹　　　圖 2-51　哈夫曼編碼樹　　　圖 2-52　哈夫曼編碼陣列

```
p != -1;
HuffNode[9].lchild=7;//7 號節點是其父親 9 號的左孩子
cd.bit[3] = 0;//編碼為 0
```

```
cd.start--=2;          /* start 向前移動一位*/
c = p=9;               /* c、p 變數上移，準備下一迴圈 */
p = HuffNode[9].parent=10;
```

哈夫曼編碼樹如圖 2-53 所示，哈夫曼編碼陣列如圖 2-54 所示。

```
p != -1;
HuffNode[10].lchild!=9;//9 號節點不是其父親 10 號的左孩子
cd.bit[2] = 1;//編碼為 1
cd.start--=1;          /* start 向前移動一位*/
c = p=10;              /* c、p 變數上移，準備下一迴圈 */
p = HuffNode[10].parent=-1;
```

哈夫曼編碼樹如圖 2-55 所示，哈夫曼編碼陣列如圖 2-56 所示。

```
p = -1;該葉子節點編碼結束。
/* 把葉子節點的編碼資訊從臨時編碼 cd 中複製出來，放入編碼結構體陣列 */
   for (j=cd.start+1; j<n; j++)
       HuffCode[i].bit[j] = cd.bit[j];
   HuffCode[i].start = cd.start;
```

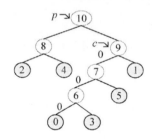

圖 2-53　哈夫曼編碼樹

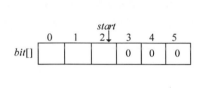

圖 2-54　哈夫曼編碼陣列

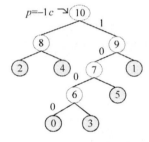

圖 2-55　哈夫曼編碼樹

HuffCode[] 陣列如圖 2-57 所示。

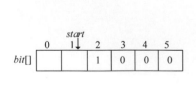

圖 2-56　哈夫曼編碼陣列

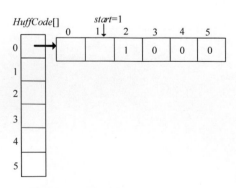

圖 2-57　哈夫曼編碼 *HuffCode*[] 陣列

請注意：圖中的箭頭不表示指標。

2.6.5　實戰演練

```cpp
//program 2-6
#include<iostream>
#include<algorithm>
#include<cstring>
#include<cstdlib>
using namespace std;
#define MAXBIT    100
#define MAXVALUE  10000
#define MAXLEAF   30
#define MAXNODE   MAXLEAF*2 -1
typedef struct
{
    double weight;
    int parent;
    int lchild;
    int rchild;
    char value;
} HNodeType;        /* 節點結構體 */
typedef struct
{
    int bit[MAXBIT];
    int start;
} HCodeType;        /* 編碼結構體 */
HNodeType HuffNode[MAXNODE]; /* 定義一個節點結構體陣列 */
HCodeType HuffCode[MAXLEAF];/* 定義一個編碼結構體陣列*/
/* 建構哈夫曼樹 */
void HuffmanTree (HNodeType HuffNode[MAXNODE],  int n)
{
    /* i、j: 迴圈變數，m1、m2：建構哈夫曼樹不同過程中兩個最小權值節點的權值，
       x1、x2：建構哈夫曼樹不同過程中兩個最小權值節點在陣列中的序號。
    */
    int i, j, x1, x2;
    double m1,m2;
    /* 初始化存放哈夫曼樹陣列 HuffNode[] 中的節點 */
    for (i=0; i<2*n-1; i++)
    {
        HuffNode[i].weight = 0;//權值
        HuffNode[i].parent =-1;
        HuffNode[i].lchild =-1;
        HuffNode[i].rchild =-1;
    }
    /* 輸入 n 個葉子節點的權值 */
    for (i=0; i<n; i++)
    {
        cout<<"Please input value and weight of leaf node "<<i + 1<<endl;
        cin>>HuffNode[i].value>>HuffNode[i].weight;
    }
    /* 建構 Huffman 樹 */
    for (i=0; i<n-1; i++)
    {//執行 n-1 次合併
        m1=m2=MAXVALUE;
        /* m1、m2 中存放兩個無父節點且節點權值最小的兩個節點 */
        x1=x2=-1;
```

```
        /* 找出所有節點中權值最小、無父節點的兩個節點，並合併之為一棵二元樹 */
        for (j=0; j<n+i; j++)
        {
            if (HuffNode[j].weight < m1 && HuffNode[j].parent==-1)
            {
                m2 = m1;
                x2 = x1;
                m1 = HuffNode[j].weight;
                x1 = j;
            }
            else if (HuffNode[j].weight < m2 && HuffNode[j].parent==-1)
            {
                m2=HuffNode[j].weight;
                x2=j;
            }
        }
        /* 設定找到的兩個子節點 x1、x2 的父節點信息 */
        HuffNode[x1].parent  = n+i;
        HuffNode[x2].parent  = n+i;
        HuffNode[n+i].weight = m1+m2;
        HuffNode[n+i].lchild = x1;
        HuffNode[n+i].rchild = x2;
        cout<<"x1.weight and x2.weight in round "
            <<i+1<<"\t"<<HuffNode[x1]. weight<<"\t"<<HuffNode[x2].weight<<endl; /* 用於測試 */
    }
}
/* 哈夫曼樹編碼 */
void HuffmanCode(HCodeType HuffCode[MAXLEAF],  int n)
{
    HCodeType cd;        /* 定義一個臨時變數來存放求解編碼時的資訊 */
    int i,j,c,p;
    for(i = 0;i < n; i++)
    {
        cd.start = n-1;
        c = i;
        p = HuffNode[c].parent;
        while(p != -1)
        {
            if(HuffNode[p].lchild == c)
                cd.bit[cd.start] = 0;
            else
                cd.bit[cd.start] = 1;
            cd.start--;          /* 求編碼的低一位元 */
            c = p;
            p = HuffNode[c].parent;    /* 設定下一迴圈條件 */
        }
        /* 把葉子節點的編碼資訊從臨時編碼 cd 中複製出來，放入編碼結構體陣列 */
        for (j=cd.start+1; j<n; j++)
            HuffCode[i].bit[j] = cd.bit[j];
        HuffCode[i].start = cd.start;
    }
}
int main()
{
    int i,j,n;
```

```
    cout<<"Please input n : "<<endl;
    cin>>n;
    HuffmanTree (HuffNode, n);   /* 建構哈夫曼樹 */
    HuffmanCode(HuffCode, n);   /* 哈夫曼樹編碼 */
    /* 輸出已保存好的所有存在編碼的哈夫曼編碼 */
    for(i = 0;i < n;i++)
    {
        cout<<HuffNode[i].value<<": Huffman code is: ";
        for(j=HuffCode[i].start+1; j < n; j++)
            cout<<HuffCode[i].bit[j];
        cout<<endl;
    }
    return 0;
}
```

演算法實作和測試

1) 執行環境

```
Code::Blocks
```

2) 輸入

```
Please input n :
6
Please input value and weight of leaf node 1
a 0.05
Please input value and weight of leaf node 2
b 0.32
Please input value and weight of leaf node 3
c 0.18
Please input value and weight of leaf node 4
d 0.07
Please input value and weight of leaf node 5
e 0.25
Please input value and weight of leaf node 6
f 0.13
```

3) 輸出

```
x1.weight and x2.weight in round 1     0.05    0.07
x1.weight and x2.weight in round 2     0.12    0.13
x1.weight and x2.weight in round 3     0.18    0.25
x1.weight and x2.weight in round 4     0.25    0.32
x1.weight and x2.weight in round 5     0.43    0.57
a: Huffman code is: 1000
b: Huffman code is: 11
c: Huffman code is: 00
d: Huffman code is: 1001
e: Huffman code is: 01
f: Huffman code is: 101
```

2.6.6　演算法解析及優化拓展

演算法複雜度分析

1） 時間複雜度：由程式可以看出，在函數 *HuffmanTree*() 中，if (HuffNode[j].weight< m1&& HuffNode[j].parent==−1) 為基本語句，外層 *i* 與 *j* 組成雙層迴圈：

i=0 時，該語句執行 n 次；

i=1 時，該語句執行 n+1 次；

i=2 時，該語句執行 n+2 次；

……

i=n−2 時，該語句執行 n+n−2 次；

則基本語句共執行 n+（n+1）+（n+2）+…+（n+（n−2））=（n−1）*（3n−2）/2 次（等差數列）；在函數 *HuffmanCode*() 中，編碼和輸出編碼時間複雜度都接近 n^2；則該演算法時間複雜度為 $O(n^2)$。

2） 空間複雜度：所需儲存空間為節點結構體陣列與編碼結構體陣列，哈夫曼樹陣列 *HuffNode*[] 中的節點為 n 個，每個節點包含 *bit*[MAXBIT] 和 *start* 兩個域，則該演算法空間複雜度為 $O(n$*MAXBIT)。

演算法優化拓展

該演算法可以從兩個方面優化：

1） 函數 *HuffmanTree*()中找兩個權值最小節點時使用優先佇列，時間複雜度為 $\log n$，執行 n−1 次，總時間複雜度為 $O(n\log n)$。

2） 函數 *HuffmanCode*()中，哈夫曼編碼陣列 *HuffNode*[] 中可以定義一個動態分配空間的線性表來儲存編碼，每個線性表的長度為實際的編碼長度，這樣可以大大節省空間。

2.7　溝通無限校園網一最小生成樹

校園網是為學校師生提供資源分享、資訊交流和協同工作的電腦網路。校園網是一個寬頻、具有交互功能和專業性很強的區域網路。如果一所學校包括多個學院及部門，也可以形成多個區域網路，並透過有線或無線方式連接起來。原來的網路系統只局限於以學院、圖書館為單位的區域網，不能形成集中管理以及各種資源的共用，個別學院還遠離大學本部，這些情況嚴重地阻礙了整個學校的網路化需求。現在需要設計網路電纜佈線，將各個單位的區域網路連通起來，如何設計能夠使費用最少呢？

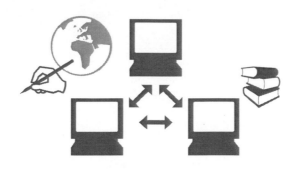

圖 2-58　校園網路

2.7.1　問題分析

某學校下設 10 個學院，3 個研究所，1 個大型圖書館，4 個實驗室。其中，1～10 號節點代表 10 個學院，11～13 號節點代表 3 個研究所，14 號節點代表圖書館，15～18 號節點代表 4 個實驗室。該問題用無向連通圖 G =(V, E) 來表示通訊網路，V 表示頂點集，E 表示邊集。把各個單位抽象為圖中的頂點，頂點與頂點之間的邊表示單位之間的通訊網路，邊的權值表示佈線的費用。如果兩個節點之間沒有連線，代表這兩個單位之間不能佈線，費用為無窮大。如圖 2-59 所示。

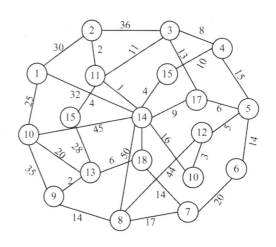

圖 2-59　校園網連通圖

那麼我們如何設計網路電纜佈線，將各個單位連通起來，並且費用最少呢？

對於 n 個頂點的連通圖，只需 $n-1$ 條邊就可以使這個圖連通，$n-1$ 條邊要想保證圖連通，就必須不含迴路，所以我們只需要找出 $n-1$ 條權值最小且無迴路的邊即可。

需要說明幾個概念。

1） 子圖：從原圖中選取一些頂點和邊組成的圖，稱為原圖的子圖。

2） 生成子圖：選取一些邊和所有頂點組成的圖，稱為原圖的生成子圖。

3） 生成樹：如果生成子圖恰好是一棵樹，則稱為生成樹。

4） 最小生成樹：權值之和最小的生成樹，則稱為最小生成樹。

本題就是最小生成樹求解問題。

2.7.2 演算法設計

找出 $n-1$ 條權值最小的邊很容易，那麼怎麼保證無迴路呢?

如果在一個圖中深度搜索或廣度搜索有沒有迴路，是一件繁重的工作。有一個很好的辦法—**避圈法**。在生成樹的過程中，我們把已經在生成樹中的節點看作一個集合，把剩下的節點看作另一個集合，從連接兩個集合的邊中選擇一條權值最小的邊即可。

首先任選一個節點，例如 1 號節點，把它放在集合 U 中，$U=\{1\}$，那麼剩下的節點即 $V-U=\{2, 3, 4, 5, 6, 7\}$，V 是圖的所有頂點集合。如圖 2-60 所示。

現在只需在連接兩個集合（V 和 $V-U$）的邊中看哪一條邊權值最小，把權值最小的邊關聯的節點加入到集合 U。從圖 2-68 可以看出，連接兩個集合的 3 條邊中，節點 1 到節點 2 的邊權值最小，選取此條邊，把 2 號節點加入 U 集合 $U=\{1, 2\}$，$V-U=\{3, 4, 5, 6, 7\}$。

再從連接兩個集合（V 和 $V-U$）的邊中選擇一條權值最小的邊。從圖 2-61 可以看出，連接兩個集合的 4 條邊中，節點 2 到節點 7 的邊權值最小，選取此條邊，把 7 號節點加入 U 集合 $U=\{1, 2, 7\}$，$V-U=\{3, 4, 5, 6\}$。

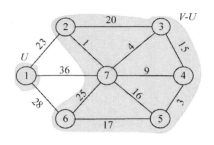

圖 2-60　最小生成樹求解過程

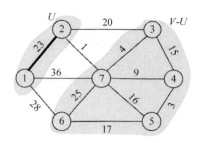

圖 2-61　最小生成樹求解過程

如此下去，直到 $U=V$ 結束，選取的邊和所有的節點組成的圖就是最小生成樹。

是不是非常簡單啊？

這就是 Prim 演算法，1957 年由美國電腦科學家 Robert C.Prim 發現的。那麼如何用演算法來實作呢？

首先，令 $U=\{u_0\}$，$u_0 \in V$，$TE=\{\}$。u_0 可以是任何一個節點，因為最小生成樹包含所有節點，所以從哪個節點出發都可以得到最小生成樹，不會影響最終結果。TE 為選取的邊集。

然後，做如下**貪心選擇**：選取連接 U 和 $V-U$ 的所有邊中的最短邊，即滿足條件 $i \in U$，$j \in V-U$，且邊 (i, j) 是連接 U 和 $V-U$ 的所有邊中的最短邊，即該邊的權值最小。

然後，將頂點 j 加入集合 U，邊 (i, j) 加入 TE。繼續上面的貪心選擇一直進行到 $U=V$ 為止，此時，選取到的所有邊恰好構成圖 G 的一棵最小生成樹 T。

演算法設計及步驟如下。

步驟 1：

確定合適的資料結構。設定帶權鄰接矩陣 C 儲存圖 G，如果圖 G 中存在邊 (u, x)，令 $C[u][x]$ 等於邊 (u, x) 上的權值，否則，$C[u][x]=\infty$；bool 陣列 $s[]$，如果 $s[i]=true$，說明頂點 i 已加入集合 U。

如圖 2-62 所示，直觀地看圖很容易找出 U 集合到 $V-U$ 集合的邊中哪條邊是最小的，但是程式中如果窮舉這些邊，再找最小值就太麻煩了，那怎麼辦呢？

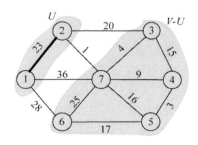

圖 2-62　最小生成樹求解過程

可以透過設定兩個陣列巧妙地解決這個問題，*closest*[*j*] 表示 *V–U* 中的頂點 *j* 到集合 *U* 中的最鄰近點，*lowcost*[*j*] 表示 *V–U* 中的頂點 *j* 到集合 *U* 中的最鄰近點的邊值，即邊 (*j*, *closest*[*j*]) 的權值。

例如，在圖 2-62 中，7 號節點到 *U* 集合中的最鄰近點是 2，*closest*[7]=2，如圖 2-63 所示。7 號節點到最鄰近點 2 的邊值為 1，即邊 (2, 7) 的權值，記為 *lowcost*[7]=1，如圖 2-64 所示。

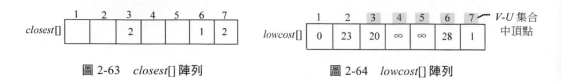

圖 2-63　　*closest*[] 陣列　　　　　　　　圖 2-64　　*lowcost*[] 陣列

只需要在 *V–U* 集合中找 *lowcost*[] 值最小的頂點即可。

步驟 2：
初始化。令集合 $U=\{u_0\}$，$u_0 \in V$，並初始化陣列 *closest*[]、*lowcost*[] 和 *s*[]。

步驟 3：
在 *V–U* 集合中找 *lowcost* 值最小的頂點 *t*，即 *lowcost*[*t*]=*min*{*lowcost*[*j*] | *j*∈*V–U*}，滿足該公式的頂點 *t* 就是集合 *V–U* 中連接集合 *U* 的最鄰近點。

步驟 4：
將頂點 *t* 加入集合 *U*。

步驟 5：
如果集合 *V–U* 為空，演算法結束，否則，轉步驟 6。

步驟 6：
對集合 *V–U* 中的所有頂點 *j*，更新其 *lowcost*[]和 *closest*[]。更新公式：if (*C*[*t*][*j*]< *lowcost*[*j*]) { *lowcost*[*j*]=*C*[*t*][*j*]; *closest*[*j*]=*t*; }，轉步驟 3。

按照上述步驟，最終可以得到一棵權值之和最小的生成樹。

2.7.3　完美圖解

設 *G* =(*V*, *E*) 是無向連通帶權圖，如圖 2-65 所示。

1）　資料結構

設定地圖的帶權鄰接矩陣為 $C[][]$，即如果從頂點 i 到頂點 j 有邊，就讓 $C[i][j]=<i,$ $j>$ 的權值，否則 $C[i][j]=\infty$（無窮大），如圖 2-66 所示。

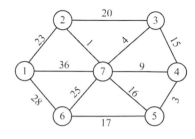

圖 2-65　無向連通帶權圖 G

$$\begin{bmatrix} \infty & 23 & \infty & \infty & \infty & 28 & 36 \\ 23 & \infty & 20 & \infty & \infty & \infty & 1 \\ \infty & 20 & \infty & 15 & \infty & \infty & 4 \\ \infty & \infty & 15 & \infty & 3 & \infty & 9 \\ \infty & \infty & \infty & 3 & \infty & 17 & 16 \\ 28 & \infty & \infty & \infty & 17 & \infty & 25 \\ 36 & 1 & 4 & 9 & 16 & 25 & \infty \end{bmatrix}$$

圖 2-66　鄰接矩陣 $C[][]$

2）　初始化

假設 $u_0=1$；令集合 $U=\{1\}$，$V-U=\{2, 3, 4, 5, 6, 7\}$，$TE=\{\}$，$s[1]=true$，初始化陣列 $closest[]$：除了 1 號節點外其餘節點均為 1，表示 $V-U$ 中的頂點到集合 U 的最臨近點均為 1，如圖 2-67 所示。$lowcost[]$：1 號節點到 $V-U$ 中的頂點的邊值，即讀取鄰接矩陣第 1 行，如圖 2-68 所示。

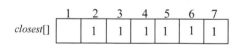

圖 2-67　$closest[]$ 陣列

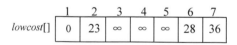

圖 2-68　$lowcost[]$ 陣列

初始化後如圖 2-69 所示。

3）　找最小

在集合 $V-U=\{2, 3, 4, 5, 6, 7\}$ 中，依照貪心策略尋找 $V-U$ 集合中 $lowcost$ 最小的頂點 t，如圖 2-70 所示。

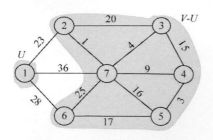

圖 2-69　最小生成樹求解過程

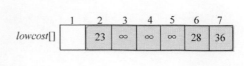

圖 2-70　*lowcost*[]陣列

找到最小值為 23，對應的節點 *t*=2。

選取的邊和節點如圖 2-71 所示。

4）加入 *U* 戰隊

　　將頂點 *t* 加入集合 *U*={1, 2}，同時更新 *V−U*= {3, 4, 5, 6, 7}。

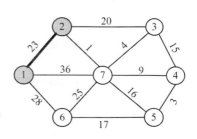

圖 2-71　最小生成樹求解過程

5）更新

　　剛找到了到 *U* 集合的最鄰近點 *t* = 2，那麼對 *t* 在集合 *V−U* 中每一個鄰接點 *j*，都可借助 *t* 更新。我們從圖或鄰接矩陣可看出，2 號節點的鄰接點是 3 和 7 號節點：

C[2][3]=20<*lowcost*[3]=∞，更新最鄰近距離 *lowcost*[3]=20，最鄰近點 *closest*[3]=2；

C[2][7]=1<*lowcost*[7]=36，更新最鄰近距離 *lowcost*[7]=1，最鄰近點 *closest*[7]=2；

更新後的 *closest*[*j*] 和 *lowcost*[*j*] 陣列如圖 2-72 和圖 2-73 所示。

圖 2-72　*closest*[]陣列　　　　　　　圖 2-73　*lowcost*[]陣列

更新後如圖 2-74 所示。

closest[*j*] 和 *lowcost*[*j*] 分別表示 *V−U* 集合中頂點 *j* 到 *U* 集合的最鄰近頂點和最鄰近距離。3 號頂點到 *U* 集合的最鄰近點為 2，最鄰近距離為 20；4、5 號頂點到 *U* 集

合的最鄰近點仍為初始化狀態 1，最鄰近距離
為∞；6 號頂點到 U 集合的最鄰近點為 1，最鄰
近距離為 28；7 號頂點到 U 集合的最鄰近點為
2，最鄰近距離為 1。

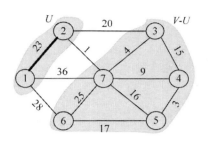

圖 2-74　最小生成樹求解過程

6）找最小

在集合 V–U={3, 4, 5, 6, 7} 中，依照貪心策略尋
找 V–U 集合中 *lowcost* 最小的頂點 *t*，如圖 2-75
所示。

找到最小值為 1，對應的節點 *t*=7。

選取的邊和節點如圖 2-76 所示。

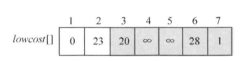

圖 2-75　*lowcost*[] 陣列

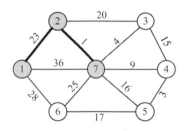

圖 2-76　最小生成樹求解過程

7）加入 U 戰隊

將頂點 *t* 加入集合 *U*={1, 2, 7}，同時更新 *V–U*={3, 4, 5, 6}。

8）更新

剛剛找到了到 U 集合的最鄰近點 *t* =7，那麼對 *t* 在集合 *V–U* 中每一個鄰接點 *j*，都
可以借 *t* 更新。我們從圖或鄰接矩陣可以看出，7 號節點在集合 *V–U* 中的鄰接點是
3、4、5、6 節點：

$C[7][3]=4<lowcost[3]=20$，更新最鄰近距離 *lowcost*[3]=4，最鄰近點 *closest*[3]=7；
$C[7][4]=9<lowcost[4]= \infty$，更新最鄰近距離 *lowcost*[4]=9，最鄰近點 *closest*[4]=7；
$C[7][5]=16<lowcost[5]= \infty$，更新最鄰近距離 *lowcost*[5]=16，最鄰近點 *closest*[5]=7；

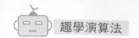

$C[7][6]=25<lowcost[6]=28$，更新最鄰近距離 $lowcost[6]=25$，最鄰近點 $closest[6]$ $=7$；

更新後的 $closest[j]$ 和 $lowcost[j]$ 陣列如圖 2-77 和圖 2-78 所示。

圖 2-77　$closest[]$陣列

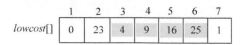

圖 2-78　$lowcost[]$陣列

更新後如圖 2-79 所示。

$closest[j]$ 和 $lowcost[j]$ 分別表示 $V-U$ 集合中頂點 j 到 U 集合的最鄰近頂點和最鄰近距離。3 號頂點 到 U 集合的最鄰近點為 7，最鄰近距離為 4；4 號 頂點到 U 集合的最鄰近點為 7，最鄰近距離為 9；5 號頂點到 U 集合的最鄰近點為 7，最鄰近距離 為 16；6 號頂點到 U 集合的最鄰近點為 7，最鄰 近距離為 25。

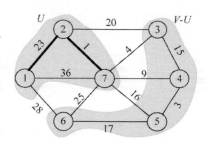

圖 2-79　最小生成樹求解過程

9）找最小

在集合 $V-U=\{3,4,5,6\}$ 中，依照貪心策略尋找 $V-U$ 集合中 $lowcost$ 最小的頂點 t，如圖 2-80 所示。

找到最小值為 4，對應的節點 $t=3$。

選取的邊和節點如圖 2-81 所示。

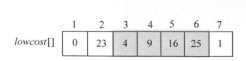

圖 2-80　$lowcost[]$陣列

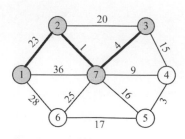

圖 2-81　最小生成樹求解過程

10）加入 *U* 戰隊

將頂點 *t* 加入集合 *U*={1，2，3，7}，同時更新 *V−U*={4，5，6}。

11）更新

剛剛找到了到 *U* 集合的最鄰近點 *t*=3，那麼對 *t* 在
集合 *V−U* 中每一個鄰接點 *j*，都可以借助 *t* 更新。
我們從圖或鄰接矩陣可以看出，3 號節點在集合
V−U 中的鄰接點是 4 號節點：

C[3][4]=15>*lowcost*[4]=9，不更新。

closest[*j*] 和 *lowcost*[*j*] 陣列不改變。

更新後如圖 2-82 所示。

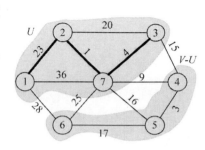

圖 2-82　最小生成樹求解過程

closest[*j*] 和 *lowcost*[*j*] 分別表示 *V−U* 集合中頂點 *j* 到 *U* 集合的最鄰近頂點和最鄰近
距離。4 號頂點到 *U* 集合的最鄰近點為 7，最鄰近距離為 9；5 號頂點到 *U* 集合的
最鄰近點為 7，最鄰近距離為 16；6 號頂點到 *U* 集合的最鄰近點為 7，最鄰近距離
為 25。

12）找最小

在集合 *V−U*={4, 5, 6} 中，依照貪心策略尋找 *V−U* 集合中 *lowcost* 最小的頂點 *t*，如
圖 2-83 所示。

找到最小值為 9，對應的節點 *t*=4。

選取的邊和節點如圖 2-84 所示。

圖 2-83　*lowcost*[] 陣列

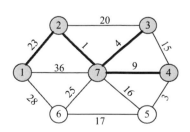

圖 2-84　最小生成樹求解過程

13）加入 *U* 戰隊

將頂點 *t* 加入集合 *U* ={1, 2, 3, 4, 7}，同時更新 *V–U*={5, 6}。

14）更新

剛剛找到了到 *U* 集合的最鄰近點 *t* =4，那麼對 *t* 在集合 *V–U* 中每一個鄰接點 *j*，都可以借助 *t* 更新。我們從圖或鄰接矩陣可以看出，4 號節點在集合 *V–U* 中的鄰接點是 5 號節點：

C[4][5]=3<*lowcost*[5]=16，更新最鄰近距離 *lowcost*[5]=3，最鄰近點 *closest*[5]=4；

更新後的 *closest*[*j*]和 *lowcost*[*j*]陣列如圖 2-85 和圖 2-86 所示。

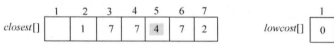

	1	2	3	4	5	6	7
closest[]		1	7	7	4	7	2

圖 2-85　*closest*[]陣列

	1	2	3	4	5	6	7
lowcost[]	0	23	4	9	3	25	1

圖 2-86　*lowcost*[]陣列

更新後如圖 2-87 所示。

closest[*j*] 和 *lowcost*[*j*] 分別表示 *V–U* 集合中頂點 *j* 到 *U* 集合的最鄰近頂點和最鄰近距離。5 號頂點到 *U* 集合的最鄰近點為 4，最鄰近距離為 3；6 號頂點到 *U* 集合的最鄰近點為 7，最鄰近距離為 25。

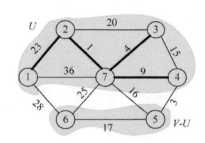

圖 2-87　最小生成樹求解過程

15）找最小

在集合 *V–U*={5, 6} 中，依照貪心策略尋找 *V–U* 集合中 *lowcost* 最小的頂點 *t*，如圖 2-88 所示。

找到最小值為 3，對應的節點 *t*=5。

選取的邊和節點如圖 2-89 所示。

	1	2	3	4	5	6	7
lowcost[]	0	23	4	9	3	25	1

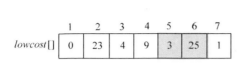

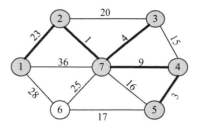

圖 2-88　*lowcost*[]陣列

圖 2-89　最小生成樹求解過程

16）加入 U 戰隊

將頂點 t 加入集合 U={1, 2, 3, 4, 5, 7}，同時更新 $V-U$={6}。

17）更新

剛剛找到了到 U 集合的最鄰近點 t=5，那麼對 t 在集合 $V-U$ 中每一個鄰接點 j，都可以借助 t 更新。我們從圖或鄰接矩陣可以看出，5 號節點在集合 $V-U$ 中的鄰接點是 6 號節點：

C[5][6]=17<*lowcost*[6]=25，更新最鄰近距離 *lowcost*[6]=17，最鄰近點 *closest*[6] =5；

更新後的 *closest*[*j*] 和 *lowcost*[*j*] 陣列如圖 2-90 和圖 2-91 所示。

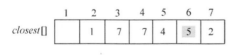

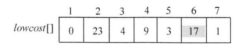

	1	2	3	4	5	6	7
closest[]		1	7	7	4	5	2

圖 2-90　*closest*[]陣列

	1	2	3	4	5	6	7
lowcost[]	0	23	4	9	3	17	1

圖 2-91　*lowcost*[]陣列

更新後如圖 2-92 所示。

closest[*j*] 和 *lowcost*[*j*] 分別表示 $V-U$ 集合中頂點 j 到 U 集合的最鄰近頂點和最鄰近距離。6 號頂點到 U 集合的最鄰近點為 5，最鄰近距離為 17。

圖 2-92　最小生成樹求解過程

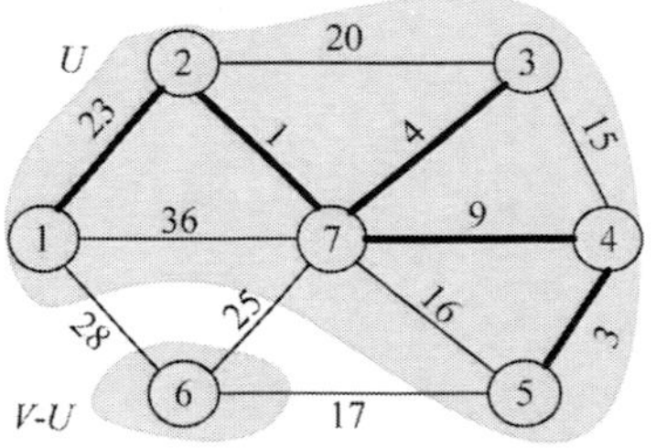

18）找最小

在集合 $V-U$={6} 中，依照貪心策略尋找 $V-U$ 集合中 *lowcost* 最小的頂點 t，如圖 2-93 所示。

找到最小值為 17，對應的節點 *t*=6。

選取的邊和節點如圖 2-94 所示。

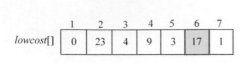

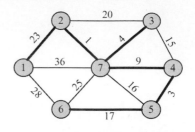

圖 2-93　*lowcost*[]陣列　　　　　圖 2-94　最小生成樹求解過程

19）加入 *U* 戰隊

將頂點 *t* 加入集合 *U* ={1, 2, 3, 4, 5, 6, 7}，同時更新 *V–U*={}。

20）更新

剛剛找到了到 *U* 集合的最鄰近點 *t* =6，那麼
對 *t* 在集合 *V–U* 中每一個鄰接點 *j*，都可以借
t 更新。我們從圖 2-94 可以看出，6 號節點在
集合 *V–U* 中無鄰接點，因為 *V–U*={}。

圖 2-95　*closest*[]陣列

closest[*j*]和 *lowcost*[*j*]陣列如圖 2-95 和圖 2-96 所示。

得到的最小生成樹如圖 2-97 所示。

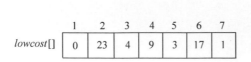

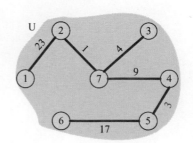

圖 2-96　*lowcost*[]陣列　　　　　圖 2-97　最小生成樹

最小生成樹權值之和為 57，即把 *lowcost* 陣列中的值全部加起來。

2.7.4　虛擬程式碼詳解

1）　初始化。$s[1]=true$，初始化陣列 *closest*，除了 u_0 外其餘頂點最鄰近點均為 u_0，表示
　　　$V{-}U$ 中的頂點到集合 U 的最臨近點均為 u_0；初始化陣列 *lowcost*，u_0 到 $V{-}U$ 中的
　　　頂點的邊值，無邊相連則為∞（無窮大）。

```
s[u0] = true; //初始時，集合中 U 只有一個元素，即頂點 u0
for(i = 1; i <= n; i++)
{
    if(i != u0) //除 u0 之外的頂點
    {
        lowcost[i] = c[u0][i];   //u0 到其他頂點的邊值
        closest[i] = u0;  //最鄰近點初始化為 u0
        s[i] = false;  //初始化 u0 之外的頂點不屬於 U 集合，即屬於 V-U 集合
    }
     else
        lowcost[i] =0;
}
```

2）　在集合 $V{-}U$ 中尋找距離集合 U 最近的頂點 t。

```
int temp = INF;
int t = u0;
for(j = 1; j <= n; j++) //在集合中 V-U 中尋找距離集合 U 最近的頂點 t
{
    if((!s[j]) && (lowcost[j] < temp)) //!s[j] 表示 j 節點在 V-U 集合中
    {
        t = j;
        temp = lowcost[j];
    }
}
if(t == u0) //找不到 t，跳出迴圈
    break;
```

3）　更新 *lowcost* 和 *closest* 陣列。

```
s[t] = true;     //否則，將 t 加入集合 U
for(j = 1; j <= n; j++)  //更新 lowcost 和 closest
{
    if((!s[j]) && (c[t][j] < lowcost[j])) //!s[j]表示 j 節點在 V-U 集合中
                            //t 到 j 的邊值小於目前的最鄰近值
    {
        lowcost[j] = c[t][j]; //更新 j 的最鄰近值為 t 到 j 的邊值
        closest[j] = t;       //更新 j 的最鄰近點為 t
    }
}
```

2.7.5　實戰演練

```
//program 2-7
#include <iostream>
using namespace std;
const int INF = 0x3fffffff;
const int N = 100;
bool s[N];
int closest[N];
int lowcost[N];

void Prim(int n, int u0, int c[N][N])
{ //頂點個數 n、開始頂點 u0、帶權鄰接矩陣 C[n][n]
    //如果 s[i]=true,說明頂點 i 已加入最小生成樹
    //的頂點集合 U；否則頂點 i 屬於集合 V-U
    //將最後的相關的最小權值傳遞到陣列 lowcost
    s[u0] = true; //初始時，集合中 U 只有一個元素，即頂點 u0
    int i;
    int j;
    for(i = 1; i <= n; i++)//①
    {
        if(i != u0)
        {
            lowcost[i] = c[u0][i];
            closest[i] = u0;
            s[i] = false;
        }
        else
            lowcost[i] =0;
    }
    for(i = 1; i <= n; i++)  //②
    {
        int temp = INF;
        int t = u0;
        for(j = 1; j <= n; j++) //③在集合中 V-u 中尋找距離集合 U 最近的頂點 t
        {
            if((!s[j]) && (lowcost[j] < temp))
            {
                t = j;
                temp = lowcost[j];
            }
        }
        if(t == u0)
            break;        //找不到 t,跳出迴圈
        s[t] = true;    //否則，講 t 加入集合 U
        for(j = 1; j <= n; j++)  //④更新 lowcost 和 closest
        {
            if((!s[j]) && (c[t][j] < lowcost[j]))
            {
                lowcost[j] = c[t][j];
                closest[j] = t;
            }
        }
    }
}
```

```
int main()
{
    int n, c[N][N], m, u, v, w;
    int u0;
    cout <<"輸入節點數 n 和邊數 m："<<endl;
    cin >> n >> m;
    int sumcost = 0;
    for(int i = 1; i <= n; i++)
        for(int j = 1; j <= n; j++)
            c[i][j] = INF;
    cout <<"輸入節點數 u、v 和邊值 w："<<endl;
    for(int i=1; i<=m; i++)
    {
        cin >> u >> v >> w;
        c[u][v] = c[v][u] = w;
    }
    cout <<"輸入任一節點 u0："<<endl;
    cin >> u0 ;
    //計算最後的 lowcost 的總和，即為最後要求的最小的費用之和
    Prim(n, u0, c);
    cout <<"陣列 lowcost 的內容為："<<endl;
    for(int i = 1; i <= n; i++)
        cout << lowcost[i] << " ";
    cout << endl;
    for(int i = 1; i <= n; i++)
                sumcost += lowcost[i];
    cout << "最小的花費是：" << sumcost << endl << endl;
    return 0;
}
```

演算法實作和測試

1） 執行環境

```
Code::Blocks
```

2） 輸入

```
輸入節點數 n 和邊數 m：
7 12
輸入節點數 u、v 和邊值 w：
1 2 23
1 6 28
1 7 36
2 3 20
2 7 1
3 4 15
3 7 4
4 5 3
4 7 9
5 6 17
5 7 16
6 7 25
```

```
輸入任一節點 u0：
1
```

3） 輸出

```
陣列 lowcost 的內容為：
0 23 4 9 3 17 1
最小的花費是：57
```

2.7.6　演算法解析

1） 時間複雜度：在 Prim(int *n*, int *u0*, int *c*[*N*][*N*]) 演算法中，一共有 4 個 for 語句，第①個 for 語句的執行次數為 *n*，第②個 for 語句裡面嵌套了兩個 for 語句③、④，它們的執行次數均為 *n*，對演算法的執行時間貢獻最大。當外層迴圈標號為 1 時，③、④語句在內層迴圈的控制下均執行 *n* 次，外層迴圈②從 1～*n*。因此，該語句的執行次數為 *n*n=n²*，演算法的時間複雜度為 $O(n^2)$。

2） 空間複雜度：演算法所需要的輔助空間包含 *i*、*j*、*lowcost* 和 *closest*，則演算法的空間複雜度是 $O(n)$。

2.7.7　演算法優化拓展

該演算法可以從兩個方面優化：

1） for 語句③找 *lowcost* 最小值時使用優先佇列，每次出隊一個最小值，時間複雜度為 log*n*，執行 *n* 次，總時間複雜度為 $O(n\log n)$。

2） for 語句④更新 *lowcost* 和 *closest* 資料時，如果圖採用鄰接串列儲存，每次只檢查 *t* 的鄰接邊，不用從 1～*n* 檢查，檢查更新的次數為 *E*（邊數），每次更新資料入隊，入隊的時間複雜度為 log*n*，這樣更新的時間複雜度為 $O(E\log n)$。

演算法設計

建構最小生成樹還有一種演算法，Kruskal 演算法：設 *G*=(*V*, *E*) 是無向連通帶權圖，*V*={1, 2, …, *n*}；設最小生成樹 *T*=(*V*, *TE*)，該樹的初始狀態為只有 *n* 個頂點而無邊的非連通圖 *T*=(*V*, {})，Kruskal 演算法將這 *n* 個頂點看成是 *n* 個孤立的連通分支。它首先將所有的邊按權值從小到大排序，然後只要 *T* 中選取的邊數不到 *n*−1，就做如下的貪心選擇：在邊集 *E* 中選取權值最小的邊 (*i*, *j*)，如果將邊 (*i*, *j*) 加入集合 *TE* 中不產生迴路

（圈），則將邊 (i, j) 加入邊集 TE 中，即用邊 (i, j) 將這兩個連通分支合併連接成一個連通分支；否則繼續選擇下一條最短邊。把邊 (i, j) 從集合 E 中刪去。繼續上面的貪心選擇，直到 T 中所有頂點都在同一個連通分支上為止。此時，選取到的 $n-1$ 條邊恰好構成 G 的一棵最小生成樹 T。

那麼，怎樣判斷加入某條邊後圖 T 會不會出現迴路呢？

該演算法對於手工計算十分方便，因為用肉眼可以很容易看到挑選哪些邊能夠避免構成迴路（避圈法），但使用電腦程式來實作時，還需要一種機制來進行判斷。Kruskal 演算法用了一個非常聰明的方法，就是運用集合避圈：如果所選擇加入的邊的起點和終點都在 T 的集合中，那麼就可以斷定一定會形成迴路（圈）。其實就是我們前面提到的「避圈法」：邊的兩個節點不能屬於同一集合。

步驟 1：
初始化。將圖 G 的邊集 E 中的所有邊按權值從小到大排序，邊集 $TE=\{\ \}$，把每個頂點都初始化為一個孤立的分支，即一個頂點對應一個集合。

步驟 2：
在 E 中尋找權值最小的邊邊 (i, j)。

步驟 3：
如果頂點 i 和 j 位於兩個不同連通分支，則將邊 (i, j) 加入邊集 TE，並執行合併操作，將兩個連通分支進行合併。

步驟 4：
將邊 (i, j) 從集合 E 中刪去，即 $E=E-\{(i, j)\}$。

步驟 5：
如果選取邊數小於 $n-1$，轉步驟 2；否則，演算法結束，生成最小生成樹 T。

完美圖解

設 $G = (V, E)$ 是無向連通帶權圖，如圖 2-98 所示。

1）　初始化

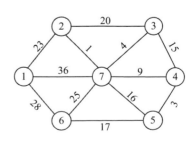

圖 2-98　無向連通帶權圖 G

將圖 **G** 的邊集 E 中的所有邊按權值從小到大排序，如圖 2-99 所示。

邊集初始化為空集，*TE*={ }，把每個節點都初始化為一個孤立的分支，即一個頂點對應一個集合，集合號為該節點的序號，如圖 2-100 所示。

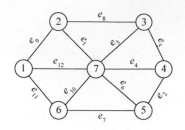

圖 2-99　按邊權值排序後的圖 **G**

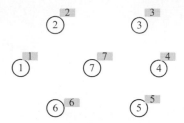

圖 2-100　每個節點初始化集合號

2） 找最小

在 E 中尋找權值最小的邊 e_1(2, 7)，邊值為 1。

3） 合併

節點 2 和節點 7 的集合號不同，即屬於兩個不同連通分支，則將邊 (2, 7) 加入邊集 *TE*，執行合併操作（將兩個連通分支所有節點合併為一個集合）；假設把小的集合號指定值給大的集合號，那麼 7 號節點的集合號也改為 2，如圖 2-101 所示。

4） 找最小

在 E 中尋找權值最小的邊 e_2(4, 5)，邊值為 3。

5） 合併

節點 4 和節點 5 集合號不同，即屬於兩個不同連通分支，則將邊 (4, 5) 加入邊集 *TE*，執行合併操作將兩個連通分支所有節點合併為一個集合；假設我們把小的集合號指定值給大的集合號，那麼 5 號節點的集合號也改為 4，如圖 2-102 所示。

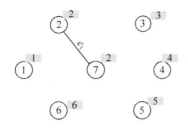

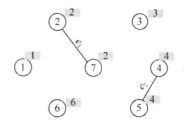

圖 2-101　最小生成樹求解過程　　　圖 2-102　最小生成樹求解過程

6）找最小

在 E 中尋找權值最小的邊 $e_3(3, 7)$，邊值為 4。

7）合併

節點 3 和節點 7 集合號不同，即屬於兩個不同連通分支，則將邊 $(3, 7)$ 加入邊集 TE，執行合併操作將兩個連通分支所有節點合併為一個集合；假設我們把小的集合號指定值給大的集合號，那麼 3 號節點的集合號也改為 2，如圖 2-103 所示。

8）找最小

在 E 中尋找權值最小的邊 $e_4(4, 7)$，邊值為 9。

9）合併

節點 4 和節點 7 集合號不同，即屬於兩個不同連通分支，則將邊 $(4, 7)$ 加入邊集 TE，執行合併操作將兩個連通分支所有節點合併為一個集合；假設我們把小的集合號指定值給大的集合號，那麼 4、5 號節點的集合號都改為 2，如圖 2-104 所示。

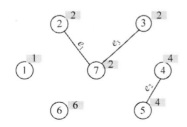

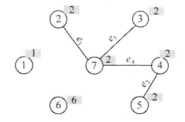

圖 2-103　最小生成樹求解過程　　　圖 2-104　最小生成樹求解過程

10）找最小

在 E 中尋找權值最小的邊 $e_5(3, 4)$，邊值為 15。

11）合併

節點 3 和節點 4 集合號相同，屬於同一連通分支，不能選擇，否則會形成迴路。

12）找最小

在 E 中尋找權值最小的邊 $e_6 (5, 7)$，邊值為 16。

13）合併

節點 5 和節點 7 集合號相同，屬於同一連通分支，不能選擇，否則會形成迴路。

14）找最小

在 E 中尋找權值最小的邊 $e_7 (5, 6)$，邊值為 17。

15）合併

節點 5 和節點 6 集合號不同，即屬於兩個不同連通分支，則將邊 (5, 6) 加入邊集 TE，執行合併操作將兩個連通分支所有節點合併為一個集合；假設我們把小的集合號指定值給大的集合號，那麼 6 號節點的集合號都改為 2，如圖 2-105 所示。

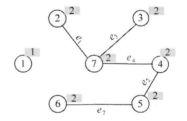

圖 2-105　最小生成樹求解過程

16）找最小

在 E 中尋找權值最小的邊 $e_8 (2, 3)$，邊值為 20。

17）合併

節點 2 和節點 3 集合號相同，屬於同一連通分支，不能選擇，否則會形成迴路。

18）找最小

在 E 中尋找權值最小的邊 $e_9 (1, 2)$，邊值為 23。

19）合併

節點 1 和節點 2 集合號不同，即屬於兩個不同連通分支，則將邊 (1, 2) 加入邊集 TE，執行合併操作將兩個連通分支所有節點合併為一個集合；假設我們把小的集

合號指定值給大的集合號，那麼 2、3、4、5、6、7
號節點的集合號都改為 1，如圖 2-106 所示。

20）選取的各邊和所有的頂點就是最小生成樹，各邊權
值之和就是最小生成樹的代價。

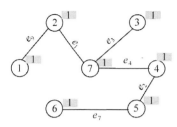

圖 2-106　最小生成樹

虛擬碼詳解

1）資料結構

```
int nodeset[N];//集合號陣列
struct Edge {//邊的儲存結構
    int u;
    int v;
    int w;
}e[N*N];
```

2）初始化

```
void Init(int n)
{
    for(int i = 1; i <= n; i++)
        nodeset[i] = i;//每個節點指定值一個集合號
}
```

3）對邊進行排序

```
bool comp(Edge x, Edge y)
{
    return x.w < y.w;//定義優先順序，按邊值進行昇冪排序
}
sort(e, e+m, comp);//呼叫系統排序函數
```

4）合併集合

```
int Merge(int a, int b)
{
    int p = nodeset[a];//p 為 a 節點的集合號
    int q = nodeset[b]; //q 為 b 節點的集合號
    if(p==q) return 0; //集合號相同，什麼也不做，返回
    for(int i=1;i<=n;i++)//檢查所有節點，把集合號是 q 的全部改為 p
    {
        if(nodeset[i]==q)
            nodeset[i] = p;//a 的集合號指定值給 b 集合號
    }
    return 1;
}
```

實戰演練

```
//program 2-8
#include <iostream>
#include <cstdio>
#include <algorithm>
using namespace std;
const int N = 100;
int nodeset[N];
int n, m;
struct Edge {
    int u;
    int v;
    int w;
}e[N*N];
bool comp(Edge x, Edge y)
{
    return x.w < y.w;
}
void Init(int n)
{
    for(int i = 1; i <= n; i++)
        nodeset[i] = i;
}
int Merge(int a, int b)
{
    int p = nodeset[a];
    int q = nodeset[b];
    if(p==q) return 0;
    for(int i=1;i<=n;i++)//檢查所有節點，把集合號是 q 的改為 p
    {
        if(nodeset[i]==q)
            nodeset[i] = p;//a 的集合號指定值給 b 集合號
    }
    return 1;
}
int Kruskal(int n)
{
    int ans = 0;
    for(int i=0;i<m;i++)
        if(Merge(e[i].u, e[i].v))
        {
            ans += e[i].w;
            n--;
            if(n==1)
                return ans;
        }
    return 0;
}
int main()
{
  cout <<"輸入節點數 n 和邊數 m : "<<endl;
  cin >> n >> m;
  Init(n);
  cout <<"輸入節點數 u,v 和邊值 w : "<<endl;
```

```
  for(int i=0;i<m;i++)
      cin >> e[i].u>> e[i].v >>e[i].w;
  sort(e, e+m, comp);
  int ans = Kruskal(n);
  cout << "最小的花費是：" << ans << endl;
 return 0;
}
```

演算法複雜度分析

1）　時間複雜度：演算法中，需要對邊進行排序，若使用快速排序，執行次數為 $e*\log e$，演算法的時間複雜度為 $O(e*\log e)$。而合併集合需要 $n-1$ 次合併，每次為 $O(n)$，合併集合的時間複雜度為 $O(n^2)$。

2）　空間複雜度：演算法所需要的輔助空間包含集合號陣列 $nodeset[n]$，則演算法的空間複雜度是 $O(n)$。

演算法優化拓展

該演算法合併集合的時間複雜度為 $O(n^2)$，我們可以用並查集（見附錄 E）的思維優化，使合併集合的時間複雜度降為 $O(e*\log n)$，優化後的程式如下。

```
//program 2-9
#include <iostream>
#include <cstdio>
#include <algorithm>
using namespace std;
const int N = 100;
int father[N];
int n, m;
struct Edge {
    int u;
    int v;
    int w;
}e[N*N];
bool comp(Edge x, Edge y) {
    return x.w < y.w;//排序優先順序，按邊的權值從小到大
}
void Init(int n)
{
    for(int i = 1; i <= n; i++)
        father[i] = i;//頂點所屬集合號，初始化每個頂點一個集合號
}
int Find(int x) //找祖宗
{
    if(x != father[x])
    father[x] = Find(father[x]);//把目前節點到其祖宗路徑上的所有節點的集合號改為祖宗集合號
    return father[x]; //返回其祖宗的集合號
```

```
}
int Merge(int a, int b) //兩節點合併集合號
{
    int p = Find(a); //找 a 的集合號
    int q = Find(b); //找 b 的集合號
    if(p==q) return 0;
    if(p > q)
            father[p] = q;//小的集合號指定值給大的集合號
    else
            father[q] = p;
    return 1;
}
int Kruskal(int n)
{
    int ans = 0;
    for(int i=0;i<m;i++)
        if(Merge(e[i].u, e[i].v))
        {
            ans += e[i].w;
            n--;
            if(n==1)
                return ans;
        }
    return 0;
}
int main()
{
    cout <<"輸入節點數 n 和邊數 m："<<endl;
    cin >> n >> m;
    Init(n);
    cout <<"輸入節點數 u、v 和邊值 w："<<endl;
    for(int i=0;i<m;i++)
        cin>>e[i].u>>e[i].v>>e[i].w;
    sort(e, e+m, comp);
    int ans = Kruskal(n);
    cout << "最小的花費是：" << ans << endl;
    return 0;
}
```

演算法實作和測試

1） 執行環境

```
Code::Blocks
```

2） 輸入

```
輸入節點數 n 和邊數 m：
7 12
輸入節點數 u、v 和邊值 w：
1 2 23
1 6 28
1 7 36
```

112

```
2 3 20
2 7 1
3 4 15
3 7 4
4 5 3
4 7 9
5 6 17
5 7 16
6 7 25
```

3） 輸出

最小的花費是：57

兩種演算法的比較

1） 從演算法的思考方式可以看出，如果圖 *G* 中的邊數較小時，可以採用 Kruskal 演算法，因為 Kruskal 演算法每次查找最短的邊；邊數較多可以用 Prim 演算法，因為它是每次加一個節點。可見，Kruskal 演算法適用於稀疏圖，而 Prim 演算法適用於稠密圖。

2） 從時間上講，Prim 演算法的時間複雜度為 $O(n^2)$，Kruskal 演算法的時間複雜度為 $O(eloge)$。

3） 從空間上講，顯然在 Prim 演算法中，只需要很小的空間就可以完成演算法，因為每一次都是從 *V–U* 集合出發進行掃描的，只掃描與目前節點集到 *U* 集合的最小邊。但在 Kruskal 演算法中，需要對所有的邊進行排序，對於大型圖而言，Kruskal 演算法需要佔用比 Prim 演算法大得多的空間。

Chapter 03

分治法

分而治之是一種很古老但很實用的策略，或者說戰略，本意是將一個較大的力量打碎分成小的力量，這樣每個小的力量都不足以對抗大的力量。在現實應用中，分而治之往往是將大片區域分成小塊區域治理。戰國時期，秦國破壞合縱連橫即是一種分而治之的手段。

3.1　天高皇帝遠

我們經常聽到一句話：「天高皇帝遠」，意思是山高路遠，皇帝管不了。實際上無論山多高，皇帝有多遠，都在朝庭的統治之下。皇帝一個人當然不可能管那麼多的事情，那麼怎麼統治天下呢？分而治之。我們現在的制度也採用了分而治之的辦法，國家分省、市、縣、鎮、村，層層管理，無論哪個偏遠角落，都不是無組織的。

3.1.1　治眾如治寡—分而治之

「凡治眾如治寡，分數是也。」

—《孫子兵法》

「分數」的「分」是指分各層次的部分，「數」是每部分的人數編制，意為透過把部隊分為各級組織，將帥就只需透過管理少數幾個人來達到管理全軍眾多組織。這樣，管理和指揮人數眾多的大軍，也如同管理和指揮人數少的部隊一樣容易。

在我們生活當中也有很多這樣的例子，例如電視節目歌唱比賽，如果全國各地的歌手都來報名參賽，那估計要累壞評審委員了，而且一個一個比賽需要很長的時間，怎麼辦呢？全國分賽區海選，每個賽區的前幾名再參加二次海選，最後選擇比較優秀的選手參加電視節目比賽。這樣既可以把最優秀的歌手呈現給觀眾，又節省了很多時間，因為全國各地分賽區的海選比賽是同步進行的，有點「並行」的意思。

在演算法設計中，我們也引入分而治之的策略，稱為分治演算法，其本質就是將一個大規模的問題分解為若干個規模較小的相同子問題，分而治之。

3.1.2　天時地利人和—分治演算法要素

「農夫樸力而寡能，則上不失天時，下不失地利，中得人和而百事不廢。」

—《荀子·王霸篇》

也就是說，做成一件事，需要天時地利人和。那麼在現實生活中，什麼樣的問題才能使用分治法解決呢？簡單來說，需要滿足以下 3 個條件。

1）　原問題可分解為若干個規模較小的相同子問題。

2）　子問題相互獨立。

3）　子問題的解可以合併為原問題的解。

3.1.3　分治演算法秘笈

分治法解題的一般步驟如下。

1）　分解：將要解決的問題分解為若干個規模較小、相互獨立、與原問題形式相同的子問題。

2）　治理：求解各個子問題。由於各個子問題與原問題形式相同，只是規模較小而已，而當子問題劃分得足夠小時，就可以用較簡單的方法解決。

3）　合併：按原問題的要求，將子問題的解逐層合併構成原問題的解。

一言以蔽之，分治法就是將一個難以直接解決的大問題，分割成一些規模較小的相同問題，以便各個擊破，分而治之。

在分治演算法中，各個子問題形式相同，解決的方法也一樣，因此我們可以使用遞迴演算法快速解決，遞迴是彰顯分治法優勢的利器。

3.2　猜數字遊戲—二元搜尋技術

一天晚上，我們在家裡看電視，某大型娛樂節目在玩猜數字遊戲。主持人在女嘉賓的手心上寫一個 10 以內的整數，讓女嘉賓的老公猜是多少，而女嘉賓只能提示大了，還是小了，並且只有 3 次機會。

主持人悄悄地在美女手心寫了一個8。

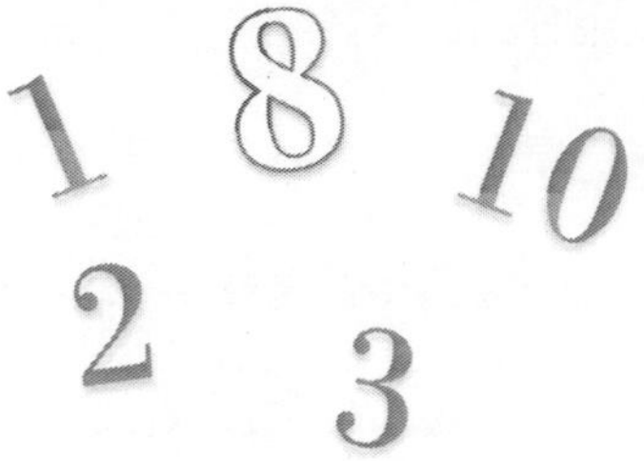

老公：「2。」
老婆：「小了。」
老公：「3。」
老婆：「小了。」
老公：「10。」
老婆：「暈了!」

圖 3-1　猜數字遊戲

孩子說：「天啊，怎麼還有這麼笨的人。」那麼，聰明的孩子，現在隨機寫 1～n 範圍內的整數，你有沒有辦法以最快的速度猜出來呢？

3.2.1　問題分析

從問題描述來看，如果是 n 個數，那麼最壞的情況要猜 n 次才能成功，其實我們沒有必要一個一個地猜，因為這些數是有序的，它是一個二元搜尋問題。我們可以使用折半尋找的策略，每次和中間的元素比較，如果比中間元素小，則在前半部分尋找（假定為昇冪），如果比中間元素大，則去後半部分尋找。

3.2.2　演算法設計

問題描述：給定 n 個元素，這些元素是有序的（假定為昇冪），從中尋找特定元素 x。

演算法思維：將有序序列分成規模大致相等的兩部分，然後取中間元素與特定尋找元素 x 進行比較，如果 x 等於中間元素，則尋找成功，演算法終止；如果 x 小於中間元素，則在序列的前半部分繼續尋找，即在序列的前半部分重複分解和治理操作；否則，在序列的後半部分繼續尋找，即在序列的後半部分重複分解和治理操作。

演算法設計：用一維陣列 *S*[] 儲存該有序序列，設變數 *low* 和 *high* 表示尋找範圍的下界和上界，*middle* 表示尋找範圍的中間位置，*x* 為特定的尋找元素。

1）　初始化。令 *low*=0，即指向有序陣列 *S*[] 的第一個元素；*high*=*n*−1，即指向有序陣列 *S*[] 的最後一個元素。

2）　*middle*=(*low*+*high*)/2，即指示尋找範圍的中間元素。

3）　判定 *low*≤*high* 是否成立，如果成立，轉第 4 步，否則，演算法結束。

4）　判斷 *x* 與 *S*[*middle*] 的關係。如果 *x*=*S*[*middle*]，則搜尋成功，演算法結束；如果 *x*>*S*[*middle*]，則令 *low*=*middle*+1；否則令 *high*=*middle*−1，轉為第 2 步。

3.2.3　完美圖解

用分治法在有序序列（5, 8, 15, 17, 25, 30, 34, 39, 45, 52, 60）中尋找元素 17。

1）　資料結構。用一維陣列 *S*[] 儲存該有序序列，*x*=17，如圖 3-2 所示。

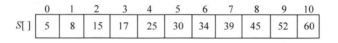

圖 3-2　*S*[]陣列

2）　初始化。*low*=0，*high*=10，計算 *middle*=(*low*+*high*)/2=5，如圖 3-3 所示。

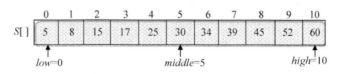

圖 3-3　搜尋初始化

3）　將 *x* 與 *S*[*middle*]比較。*x*=17<*S*[*middle*]=30，我們在序列的前半部分尋找，搜尋的範圍縮小到子問題 *S*[0..*middle*−1]，令 *high*=*middle*−1，如圖 3-4 所示。

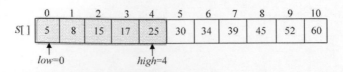

圖 3-4 搜尋過程

4）計算 *middle*=(*low*+*high*)/2=2，如圖 3-5 所示。

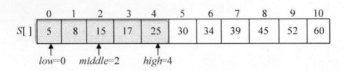

圖 3-5 搜尋過程

5）將 *x* 與 *S*[*middle*] 比較。*x*=17>*S*[*middle*]=15，我們在序列的後半部分尋找，搜尋的範圍縮小到子問題 *S*[*middle*+1..*low*]，令 *low*=*middle*+1，如圖 3-6 所示。

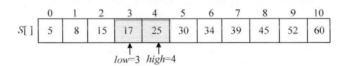

圖 3-6 搜尋過程

6）計算 *middle*=(*low*+*high*)/2=3，如圖 3-7 所示。

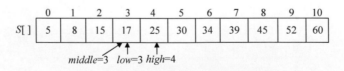

圖 3-7 搜尋過程

7）將 *x* 與 *S*[*middle*] 比較。*x*=17=*S*[*middle*]=17，尋找成功，演算法結束。

3.2.4 虛擬程式碼詳解

我們用 *BinarySearch*(int *n*, int *s*[], int *x*) 函數實作二元搜尋技術，其中 *n* 為元素個數，*s*[] 為有序陣列，*x* 為特定尋找元素。*low* 指向陣列的第一個元素，*high* 指向陣列的最後一

個元素。如果 *low≤high*，*middle=(low+high)/2*，即指向尋找範圍的中間元素。如果
x=S[middle]，搜尋成功，演算法結束；如果 *x>S[middle]*，則令 *low=middle+1*，去後半
部分搜尋；否則令 *high=middle−1*，去前半部分搜尋。

```c
int BinarySearch(int n,int s[],int x)
{
    int low=0,high=n-1;           //low 指向陣列的第一個元素，high 指向陣列的最後一個元素
    while(low<=high)              //設定判定條件
    {
        int middle=(low+high)/2; //計算 middle 值(尋找範圍的中間值)
        if(x==s[middle])          //x 等於 s[middle]，尋找成功，演算法結束
            return middle;
        else if(x<s[middle])     //x 小於 s[middle]，則從前半部分尋找
                high=middle-1;
            else                 //x 大於 s[middle]，則從後半部分尋找
                low=middle+1;
    }
    return -1;
}
```

3.2.5　實戰演練

```cpp
//program 3-1
#include <iostream>
#include <cstdlib>
#include <cstdio>
#include <algorithm>
using namespace std;
const int M=10000;
int x,n,i;
int s[M];
int BinarySearch(int n,int s[],int x)
{
    int low=0,high=n-1;            //low 指向陣列的第一個元素，high 指向陣列的最後一個元素
    while(low<=high)
    {
        int middle=(low+high)/2; //middle 為尋找範圍的中間值
        if(x==s[middle])          //x 等於尋找範圍的中間值，演算法結束
            return middle;
        else if(x<s[middle])     //x 小於尋找範圍的中間元素，則從前半部分尋找
                high=middle-1;
                else             //x 大於尋找範圍的中間元素，則從後半部分尋找
                low=middle+1;
    }
    return -1;
}
int main()
{
    cout<<"請輸入數列中的元素個數 n 為：";
    while(cin>>n)
    {
        cout<<"請依次輸入數列中的元素：";
```

```
        for(i=0;i<n;i++)
            cin>>s[i];
        sort(s,s+n);
        cout<<"排序後的陣列為：";
        for(i=0;i<n;i++)
        {
            cout<<s[i]<<" ";
        }
        cout<<endl;
        cout<<"請輸入要尋找的元素：";
        cin>>x;
        i=BinarySearch(n,s,x);
        if(i==-1)
            cout<<"該數列中沒有要尋找的元素"<<endl;
        else
            cout<<"要尋找的元素在第"<<i+1<<"位"<<endl;
    }
    return 0;
}
```

演算法實作和測試

1） 執行環境

```
Code::Blocks
```

2） 輸入

```
請輸入數列中的元素個數 n：11
請依次輸入數列中的元素：60 17 39 15 8 34 30 45 5 52 25
```

3） 輸出

```
排序後的陣列為：5 8 15 17 25 30 34 39 45 52 60
請輸入要尋找的元素：17
要尋找的元素在第 4 位
```

3.2.6　演算法解析與擴充

演算法複雜度分析

1） 時間複雜度：首先需要進行排序，呼叫 *sort* 函數，進行排序複雜度為 $O(n\log n)$，如果數列本身有序，那麼這部分不用考慮。

　　然後是二元尋找演算法，時間複雜度怎麼計算呢？如果我們用 $T(n)$ 來表示 n 個有序元素的二元尋找演算法時間複雜度，那麼：

◆ 當 $n=1$ 時，需要一次比較，$T(n)=O(1)$。

◆ 當 $n>1$ 時，特定元素和中間位置元素比較，需要 $O(1)$ 時間，如果比較不成功，那麼需要在前半部分或後半部分搜尋，問題的規模縮小了一半，時間複雜度變為 $T(n/2)$。

$$T(n) = \begin{cases} O(1) & , \quad n=1 \\ T(n/2)+O(1), & n>1 \end{cases}$$

◆ 當 $n>1$ 時，可以遞推求解如下。

$$\begin{aligned} T(n) &= T(n/2)+O(1) \\ &= T(n/2^2)+2O(1) \\ &= T(n/2^3)+3O(1) \\ & \quad\cdots\cdots \\ &= T(n/2^x)+xO(1) \end{aligned}$$

遞推最終的規模為 1，令 $n=2^x$，則 $x=\log n$。

$$\begin{aligned} T(n) &= T(1)+\log nO(1) \\ &= O(1)+\log nO(1) \\ &= O(\log n) \end{aligned}$$

二元尋找演算法的時間複雜度為 $O(\log n)$。

2） 空間複雜度：程式中變數佔用了一些輔助空間，這些輔助空間都是常數階的，因此空間複雜度為 $O(1)$。

優化擴充

在上面程式中，我們採用 *BinarySearch*(int n, int s[], int x) 函數來實作二元搜尋，那麼能不能用遞迴來實作呢？因為遞迴有自己呼叫自己的問題，那麼就需要增加兩個參數 *low* 和 *high* 來標記搜尋範圍的開始和結束。

```
int recursionBS (int s[],int x,int low,int high)
{
    //low 指向陣列的第一個元素，high 指向陣列的最後一個元素
    if(low>high)              //遞迴結束條件
        return -1;
    int middle=(low+high)/2;  //計算 middle 值(尋找範圍的中間值)
```

```
    if(x==s[middle])              //x 等於 s[middle]，尋找成功，演算法結束
        return middle;
    else if(x<s[middle])          //x 小於 s[middle]，則從前半部分尋找
            returnrecursionBS (s[],x, low, middle-1)
        else                      //x 大於 s[middle]，則從後半部分尋找
            returnrecursionBS (s[],x, middle+1, high)
}
```

在主函數 *main*() 的呼叫中，只需要把 *BinarySearch*(*n*, *s*, *x*) 換為 *recursionBS*(*s*[], *x*, 0, *n*−1) 即可完成二元尋找，遞迴演算法的時間複雜度未變，因為遞迴呼叫需要使用堆疊來實現，空間複雜度怎麼計算呢？

在遞迴演算法中，每一次遞迴呼叫都需要一個堆疊空間儲存，那麼我們只需要看看有多少次呼叫。假設原問題的規模為 *n*，那麼第一次遞迴就分為兩個規模為 *n*/2 的子問題，這兩個子問題並不是每個都執行，只會執行其中之一。因為我們和中間值比較後，要麼去前半部分尋找，要麼去後半部分尋找；然後再把規模為 *n*/2 的子問題繼續劃分為兩個規模為 *n*/4 的子問題，選擇其一；繼續分治下去，最壞的情況會分治到只剩下一個數值，那麼我們執行的節點數就是從樹根到葉子所經過的節點，每一層執行一個，直到最後一層，如圖 3-8 所示。

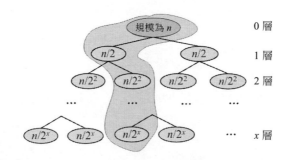

圖 3-8　遞迴求解樹

遞迴呼叫最終的規模為 1，即 $n/2^x=1$，則 $x=\log n$。假設陰影部分是搜尋經過的路徑，一共經過了 $\log n$ 個節點，也就是說遞迴呼叫了 $\log n$ 次。

因此，二元搜尋遞迴演算法的空間複雜度為 $O(\log n)$。

那麼，還有沒有更好的演算法來解決這個問題呢？

3.3　合久必分，分久必合—合併排序

在數列排序中，如果只有一個數，那麼它本身就是有序的；如果只有兩個數，那麼一次比較就可以完成排序。也就是說，數越少，排序越容易。那麼，如果有一個由大量資料組成的數列，我們很難快速地完成排序，該怎麼辦呢？可以考慮將其分解為很小的數列，直到只剩一個數時，本身已有序，再把這些有序的數列合併在一起，執行一個和分解相反的過程，從而完成整個數列的排序。

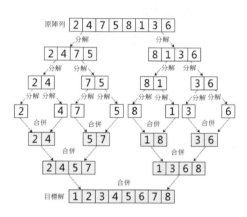

圖 3-9　合併排序

3.3.1　問題分析

合併排序就是採用分治的策略，將一個大的問題分成很多個小問題，先解決小問題，再透過小問題解決大問題。由於排序問題給定的是一個無序的序列，可以把待排序元素分解成兩個規模大致相等的子序列。如果不易解決，再將得到的子序列繼續分解，直到子序列中包含的元素個數為 1。因為單個元素的序列本身是有序的，此時便可以進行合併，從而得到一個完整的有序序列。

3.3.2　演算法設計

合併排序是採用分治策略實作出對 n 個元素進行排序的演算法，是分治法的一個典型應用和完美展現。它是一種平衡、簡單的二元分治策略，過程大致分為：

1）　分解—將待排序元素分成大小大致相同的兩個子序列。

2） 治理—對兩個子序列進行合併排序。

3） 合併—將排好序的有序子序列進行合併，得到最終的有序序列。

3.3.3 完美圖解

給定一個數列（42, 15, 20, 6, 8, 38, 50, 12），
我們執行合併排序的過程，如圖 3-10 所示。

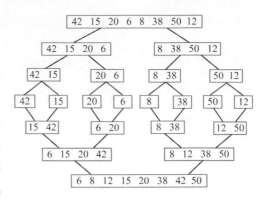

從上圖可以看出，首先將待排序元素分成大
小大致相同的兩個子序列，然後再把子序列
分成大小大致相同的兩個子序列，如此下
去，直到分解成一個元素停止，這時含有一
個元素的子序列都是有序的。然後執行合併
操作，將兩個有序的子序列合併為一個有序
序列，如此下去，直到所有的元素都合併為
一個有序序列。

圖 3-10　合併排序過程

合久必分，分久必合！合併排序就是這個策略。

3.3.4 虛擬程式碼詳解

1） 合併操作

為了進行合併，引入一個輔助合併函數
Merge(*A, low, mid, high*)，該函數將排好
序 的 兩 個 子 序 列 *A*[*low:mid*] 和
A[*mid*+1:*high*] 進行合併。其中，*low* 和
high 代表待合併的兩個子序列在陣列中

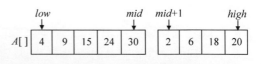

圖 3-11　合併操作原始陣列

的下界和上界，*mid* 代表下界和上界的中間位置，如圖 3-11 所示。

合併方法：設定 3 個工作指標 i、j、k（整型數）和一個輔助陣列 *B*[]。其中，i 和 j
分別指向兩個待排序子序列中目前待比較的元素，k 指向輔助陣列 *B*[] 中待放置元
素的位置。比較 *A*[*i*] 和 *A*[*j*]，將較小的指定值給 *B*[*k*]，同時相對應指標向後移動。

如此反覆，直到所有元素處理完畢。最後把輔助陣列 *B* 中排好序的元素複製到 *A* 陣列中，如圖 3-12 所示。

```
int *B = new int[high-low+1];//申請一個輔助陣列 B[]
int i = low, j = mid+1, k = 0;
```

現在，我們比較 *A*[*i*] 和 *A*[*j*]，將較小的元素放入 *B* 陣列中，相對應的指標向後移動，直到 *i*>*mid* 或者 *j*>*high* 時結束。

```
while(i <= mid && j <= high)//按從小到大順序存放到輔助陣列 B[]中
{
    if(A[i] <= A[j])
        B[k++] = A[i++];
    else
        B[k++] = A[j++];
}
```

第 1 次比較 *A*[*i*]=4 和 *A*[*j*]=2，將較小元素 2 放入 *B* 陣列中，*j*++，*k*++，如圖 3-13 所示。

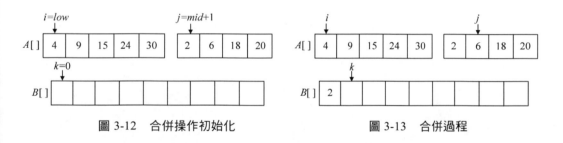

圖 3-12　合併操作初始化　　　　　　　圖 3-13　合併過程

第 2 次比較 *A*[*i*]=4 和 *A*[*j*]=6，將較小元素 4 放入 *B* 陣列中，*i*++，*k*++，如圖 3-14 所示。

第 3 次比較 *A*[*i*]=9 和 *A*[*j*]=6，將較小元素 6 放入 *B* 陣列中，*j*++，*k*++，如圖 3-15 所示。

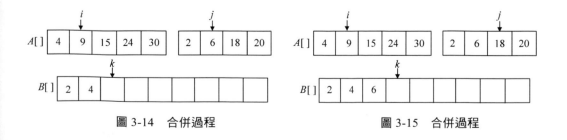

圖 3-14　合併過程　　　　　　　　　圖 3-15　合併過程

第 4 次比較 $A[i]$=9 和 $A[j]$=18，將較小元素 9 放入 B 陣列中，i++，k++，如圖 3-16 所示。

第 5 次比較 $A[i]$=15 和 $A[j]$=18，將較小元素 15 放入 B 陣列中，i++，k++，如圖 3-17 所示。

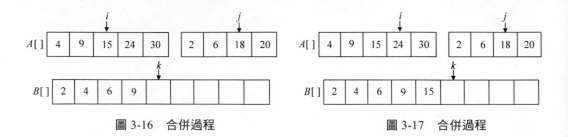

圖 3-16　合併過程　　　　　　　　圖 3-17　合併過程

第 6 次比較 $A[i]$=24 和 $A[j]$=18，將較小元素 18 放入 B 陣列中，j++，k++，如圖 3-18 所示。

第 7 次比較 $A[i]$=24 和 $A[j]$=20，將較小元素 20 放入 B 陣列中，j++，k++，如圖 3-19 所示。

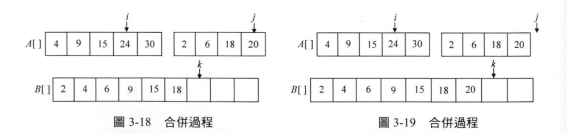

圖 3-18　合併過程　　　　　　　　圖 3-19　合併過程

此時，j>$high$ 了，while 迴圈結束，但 A 陣列還剩有元素（i≤mid）怎麼辦呢？直接放置到 B 陣列就可以了，如圖 3-20 所示。

```
while(i <= mid) B[k++] = A[i++];//對子序列 A[low:middle]剩餘的依次處理
```

現在已經完成了合併排序的過程，還需要把輔助陣列 B 中的元素複製到原來的 A 陣列中，如圖 3-21 所示。

```
for(i = low, k = 0; i <= high; i ++)//將合併後的有序序列複製到原來的A[]序列
    A[i] = B[k++];
```

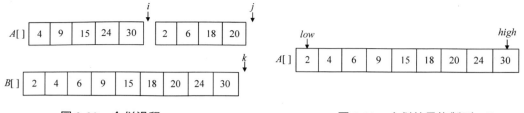

圖 3-20 合併過程   圖 3-21 合併結果複製到 A[]

完整的合併程式如下：

```
void Merge(int A[], int low, int mid, int high)
{
  int *B = new int[high-low+1];//申請一個輔助陣列
  int i = low, j = mid+1, k = 0;

  while(i <= mid && j <= high)
  {//按從小到大存放到輔助陣列 B[]中
    if(A[i] <= A[j])
        B[k++] = A[i++];
    else
        B[k++] = A[j++];
  }
  while(i <= mid) B[k++] = A[i++];      //對子序列 A[low:middle]剩餘的依次處理
  while(j <= high) B[k++] = A[j++];     //對子序列 A[middle+1:high]剩餘的依次處理
  for(i = low, k = 0; i <= high; i ++) //將合併後的序列複製到原來的 A[]序列
    A[i] = B[k++];
delete []B
}
```

2） 遞迴形式的合併排序演算法

將序列分為兩個子序列，然後對子序列進行遞迴排序，再把兩個已排好序的子序列合併成一個有序的序列。

```
void MergeSort(int A[], int low, int high)
{
  if(low < high)
  {
    int mid = (low+high)/2;
    MergeSort(A, low, mid);          //對 A[low:mid]中的元素合併排序
    MergeSort(A, mid+1, high);       //對 A[mid+1:high]中的元素合併排序
    Merge(A, low, mid, high);        //合併操作
  }
}
```

3.3.5 實戰演練

```
//program 3-2
#include <iostream>
#include <cstdlib>
#include <cstdio>

using namespace std;
void Merge(int A[], int low, int mid, int high)
{
    int *B = new int[high-low+1];      //申請一個輔助陣列
    int i = low, j = mid+1, k = 0;
    while(i <= mid && j <= high)
    {                                  //按從小到大存放到輔助陣列 B[]中
        if(A[i] <= A[j])
            B[k++] = A[i++];
        else
            B[k++] = A[j++];
    }
    while(i <= mid) B[k++] = A[i++];    //將陣列中剩下的元素複製到陣列 B 中
    while(j <= high) B[k++] = A[j++];
    for(i=low,k=0;i<=high;i++)
        A[i] = B[k++];
    delete []B;
}

void MergeSort(int A[], int low, int high)
{
    if(low < high)
    {
        int mid = (low+high) /2;       //取中點
        MergeSort(A, low, mid);        //對 A[low:mid]中的元素合併排序
        MergeSort(A, mid+1, high);     //對 A[mid+1:high]中的元素合併排序
        Merge(A, low, mid, high);      //合併
    }
}

int main()
{
    int n, A[100];
    cout<<"請輸入數列中的元素個數 n 為："<<endl;
    cin>>n;
    cout<<"請依次輸入數列中的元素："<<endl;
    for(int i=0; i<n; i++)
        cin>>A[i];
    MergeSort(A,0,n-1);
    cout<<"合併排序結果："<<endl;
    for(int i=0;i<n;i++)
        cout<<A[i]<<" ";
    cout<<endl;
    return 0;
}
```

演算法實作和測試

1）　執行環境

```
Code::Blocks
```

2）　輸入

```
請輸入數列中的元素個數 n 為：
8
請依次輸入數列中的元素：
42 15 20 6 8 38 50 12
```

3）　輸出

```
合併排序結果：
6 8 12 15 20 38 42 50
```

3.3.6　演算法解析與擴充

演算法複雜度分析

1）　時間複雜度

◆ 分解：這一步僅僅是計算出子序列的中間位置，需要常數時間 $O(1)$。

◆ 解決子問題：遞迴求解兩個規模為 $n/2$ 的子問題，所需時間為 $2T(n/2)$。

◆ 合併：Merge 演算法可以在 $O(n)$ 的時間內完成。

所以總執行時間為：

$$T(n) = \begin{cases} O(1) & , \quad n = 1 \\ 2T(n/2) + O(n), & n > 1 \end{cases}$$

當 $n>1$ 時，可以遞推求解：

$$\begin{aligned} T(n) &= 2T(n/2) + O(n) \\ &= 2(2T(n/4) + O(n/2)) + O(n) \\ &= 4T(n/4) + 2O(n) \\ &= 8T(n/8) + 3O(n) \\ &\qquad \cdots\cdots \\ &= 2^x T(n/2^x) + xO(n) \end{aligned}$$

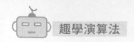

遞推最終的規模為 1，令 $n = 2^x$，則 $x = \log n$，那麼

$$
\begin{aligned}
T(n) &= nT(1) + \log n O(n) \\
&= n + \log n O(n) \\
&= O(n \log n)
\end{aligned}
$$

合併排序演算法的時間複雜度為 $O(n\log n)$。

2）空間複雜度：程式中變數佔用了一些輔助空間，這些輔助空間都是常數階的，每呼叫一個 *Merge*()，會分配一個適當大小的緩衝區，且退出時釋放。最多分配大小為 n，所以空間複雜度為 $O(n)$。遞迴呼叫所使用的堆疊空間是 $O(\log n)$，想一想為什麼？

合併排序遞迴樹如圖 3-22 所示。

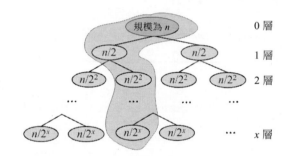

圖 3-22　合併排序遞迴樹

遞迴呼叫時佔用的堆疊空間是遞迴樹的深度，$n = 2^x$，則 $x = \log n$，遞迴樹的深度為 $\log n$。

優化擴充

上面的演算法我們是使用遞迴來實作，當然也可以使用非遞迴的方法，大家可以動手試試看。

那麼，還有沒有更好的演算法來解決這個問題呢？

3.4　兵貴神速—快速排序

未來的戰爭是科技的戰爭。假如 A 國受到 B 國的導彈威脅，那麼 A 國就要啟用導彈防禦系統，根據衛星、雷達資訊快速計算出敵方彈道導彈發射點和落點的資訊，將導彈的追蹤和評估資料轉告地基雷達，發射攔截導彈摧毀敵方導彈或使導彈失去攻擊能力。如果 A 國的導彈防禦系統處理速度緩慢，等算出結果時，導彈已經落地了，還談何攔截？

現代科技的發展，速度至關重要。

我們以最基本的排序為例，生活中到處都用到排序，例如各種比賽、獎學金評選、推薦系統等，排序演算法有很多種，能不能找到更快速高效的排序演算法呢？

圖 3-23　以 Google 搜尋「導彈防禦系統」可找到許多說明的示意圖

3.4.1　問題分析

曾經有人做過實驗，對各種排序演算法效率做了對比（單位：毫秒），如表 3-1 所示。

表 3-1 排序演算法效率

排序演算法 ＼ 資料規模	10	10^2	10^3	10^4	10^5	10^6
泡泡排序	0.000276	0.005643	0.545	61	8174	549432
選擇排序	0.000237	0.006438	0.488	47	4717	478694
插入排序	0.000258	0.008619	0.764	56	5145	515621
希爾排序（增量 3）	0.000522	0.003372	0.036	0.518	4.152	61
堆積排序	0.000450	0.002991	0.041	0.531	6.506	79
歸併排序	0.000723	0.006225	0.066	0.561	5.48	70
快速排序	0.000291	0.003051	0.030	0.311	3.634	39
基數排序（進制 100）	0.005181	0.021	0.165	1.65	11.428	117
基數排序（進制 1000）	0.016134	0.026	0.139	1.264	8.394	89

從上面的表中我們可以看出，如果對 10^5 個資料進行排序，泡泡排序需要 8174 毫秒，而快速排序只需要 3.634 毫秒！

快速排序（Quicksort）是比較快速的排序方法。快速排序由 C. A. R. Hoare 在 1962 年提出。它的基本思考方式是透過一組排序將要排序的資料分割成獨立的兩部分，其中一部分的所有資料都比另外一部分的所有資料要小，然後再按此方法對這兩部分資料分別進行快速排序，整個排序過程可以遞迴進行，以此使所有資料變成有序序列。

我們前面剛講過合併排序（又叫歸併排序），它每次從中間位置把問題一分為二，一直劃分到不能再分時，執行合併操作。合併排序的劃分很簡單，但合併操作就複雜了，需要額外的輔助空間（輔助陣列），在輔助陣列中完成合併排序後複製到原來的位置，它是一種異地排序的方法。合併排序分解容易，合併難，屬於「先易後難」。而快速排序是原地排序，不需要輔助陣列，但分解困難，合併容易，是「先苦後甜」型。

3.4.2　演算法設計

快速排序的基本思維是基於分治策略的，其演算法思考方式如下。

1） 分解：先從數列中取出一個元素作為基準元素。以基準元素為標準，將問題分解為兩個子序列，使小於或等於基準元素的子序列在左側，使大於基準元素的子序列在右側。

2） 治理：對兩個子序列進行快速排序。

3） 合併：將排好序的兩個子序列合併在一起，得到原問題的解。

設目前待排序的序列為 $R[low:high]$，其中 $low \leq high$，如果序列的規模足夠小，則直接進行排序，否則分 3 步處理。

1） 分解：在 $R[low: high]$ 中選定一個元素 $R[pivot]$，以此為標準將要排序的序列劃分為兩個序列 $R[low:pivot-1]$ 和 $R[pivot+1:high]$，並使用序列 $R[low:pivot-1]$ 中所有元素的值小於等於 $R[pivot]$，序列 $R[pivot+1:high]$ 中所有元素均大於 $R[pivot]$，此時基準元素已經位於正確的位置，它無需參加後面的排序，如圖 3-24 所示。

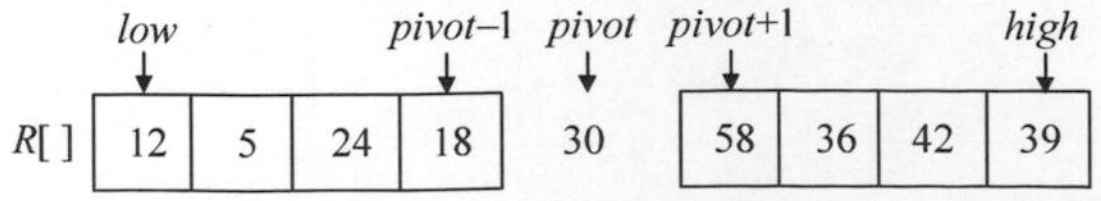

圖 3-24　快速排序分解

2）　治理：對於兩個子序列 R[low:pivot−1] 和 R[pivot+1:high]，分別透過遞迴呼叫快速
排序演算法來進行排序。

3）　合併：由於對 R[low:pivot−1] 和 R[pivot+1:high]的排序是原地進行的，所以在
R[low:pivot−1] 和 R[pivot+1:high] 都已經排好序後，合併步驟無需做什麼，序列
R[low:high] 就已經排好序了。

如何分解是一個難題，因為如果基準元素選取不當，有可能分解成規模為 0 和 n−1 的
兩個子序列，這樣快速排序就退化為泡泡排序了。

例如序列（30, 24, 5, 58, 18, 36, 12, 42, 39），第一次選取 5 做基準元素，分解後，如圖
3-25 所示。

第二次選取 12 做基準元素，分解後如圖 3-26 所示。

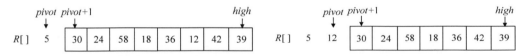

圖 3-25　選 5 做基準元素排序結果　　圖 3-26　繼續選 12 做基準元素排序結果

是不是有點像泡泡排序了呢？這樣做的效率是最差的，最理想的狀態是把序列分解為
兩個規模相當的子序列，那麼怎麼選擇基準元素呢？一般來說，基準元素選取有以下
幾種方法：

◆　取第一個元素。

◆　取最後一個元素。

◆　取中間位置元素。

◆　取第一個、最後一個、中間位置元素三者之中位數。

◆　取第一個和最後一個之間位置的亂數 k（low≤k≤high），選 R[k]做基準元素。

3.4.3 完美圖解

並沒有明確的方法說哪一種基準元素選取方案最好,在此以選取第一個元素做基準為例,說明快速排序的執行過程。

假設目前待排序的序列為 $R[low:high]$,其中 $low \leq high$。

步驟 1:
首先取陣列的第一個元素作為基準元素 $pivot=R[low]$。$i=low$,$j=high$。

步驟 2:
從右向左掃描,找小於等於 $pivot$ 的數,如果找到,$R[i]$ 和 $R[j]$ 交換,$i++$。

步驟 3:
從左向右掃描,找大於 $pivot$ 的數,如果找到,$R[i]$ 和 $R[j]$ 交換,$j--$。

步驟 4:
重複步驟 2~步驟 3,直到 i 和 j 指標重合,返回該位置 $mid=i$,該位置的數正好是 $pivot$ 元素。

至此完成一趟排序。此時以 mid 為界,將原資料分為兩個子序列,左側子序列元素都比 $pivot$ 小,右側子序列元素都比 $pivot$ 大,然後再分別對這兩個子序列進行快速排序。

以序列(30, 24, 5, 58, 18, 36, 12, 42, 39)為例,演示排序過程。

1) 初始化。$i=low$,$j=high$,$pivot=R[low]=30$,如圖 3-27 所示。

2) 向左走。從陣列的右邊位置向左找,一直找小於等於 $pivot$ 的數,找到 $R[j]=12$,如圖 3-28 所示。

圖 3-27　快速排序初始化　　　　圖 3-28　快速排序過程(交換元素)

$R[i]$ 和 $R[j]$ 交換,$i++$,如圖 3-29 所示。

3）　向右走。從陣列的左邊位置向右找，一直找比 *pivot* 大的數，找到 $R[i]$=58，如圖 3-30 所示。

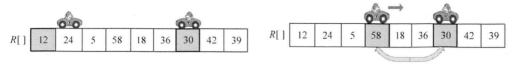

圖 3-29　快速排序過程（交換元素後）　　圖 3-30　快速排序過程（交換元素）

$R[i]$ 和 $R[j]$ 交換，*j*--，如圖 3-31 所示。

4）　向左走。從陣列的右邊位置向左找，一直找小於等於 *pivot* 的數，找到 $R[j]$=18，如圖 3-32 所示。

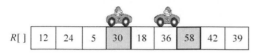
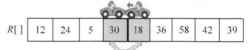

圖 3-31　快速排序過程（交換元素後）　　圖 3-32　快速排序過程（交換元素）

$R[i]$ 和 $R[j]$ 交換，*i*++，如圖 3-33 所示。

5）　向右走。從陣列的左邊位置向右找，一直找比 *pivot* 大的數，這時 *i*=*j*，第一輪排序結束，返回 *i* 的位置，*mid*=*i*，如圖 3-34 所示。

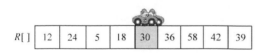
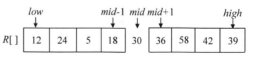

圖 3-33　快速排序過程（交換元素後）　　圖 3-34　第一趟快速排序（劃分）結果

至此完成一輪排序。此時以 *mid* 為界，將原資料分為兩個子序列，左側子序列都比 *pivot* 小，右側子序列都比 *pivot* 大。

然後再分別對這兩個子序列（12, 24, 5, 18）和（36, 58, 42, 39）進行快速排序。

大家可以動手寫一寫哦！

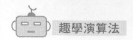

3.4.4 虛擬程式碼詳解

1) 劃分函數

我們編寫劃分函數對原序列進行分解,分解為兩個子序列,以基準元素 *pivot* 為界,左側子序列都比 *pivot* 小,右側子序列都比 *pivot* 大。先從右向左掃描,找小於等於 *pivot* 的數,找到後兩者交換($r[i]$ 和 $r[j]$ 交換後 i++);再從左向右掃描,找比基準元素大的數,找到後兩者交換($r[i]$ 和 $r[j]$ 交換後 j--)。掃描交替進行,直到 $i=j$ 停止,返回劃分的中間位置 i。

```
int Partition(int r[],int low,int high)    //劃分函數
{
    int i=low,j=high,pivot=r[low];         //基準元素
    while(i<j)
    {
        while(i<j&&r[j]>pivot)
            j--;                           //向左掃描
        if(i<j)
        {
            swap(r[i++],r[j]);             //r[i]和r[j]交換後i右移一位
        }
        while(i<j&&r[i]<=pivot)
            i++;                           //向右掃描
        if(i<j)
        {
            swap(r[i],r[j--]);             //r[i]和r[j]交換後j左移一位
        }
    }
    return i;                              //返回最終劃分完成後基準元素所在的位置
}
```

2) 快速排序遞迴演算法

首先對原序列執行劃分,得到劃分的中間位置 *mid*,然後以中間位置為界,分別對左半部分(*low, mid*-1)執行快速排序,右半部分(*mid*+1, *high*)執行快速排序。遞迴結束的條件是 *low*≥*high*。

```
void QuickSort(int R[],int low,int high){
    int mid;
    if(low<high)
    {
        mid=Partition(R,low,high);         //返回基準元素位置
        QuickSort(R,low,mid-1);            //左區間遞迴快速排序
        QuickSort(R,mid+1,high);           //右區間遞迴快速排序
    }
}
```

3.4.5　實戰演練

```cpp
//program 3-3
#include <iostream>
using namespace std;

int Partition(int r[],int low,int high)    //劃分函數
{
    int i=low,j=high,pivot=r[low];         //基準元素
    while(i<j)
    {
        while(i<j&&r[j]>pivot) j--;        //向左掃描
        if(i<j)
        {
            swap(r[i++],r[j]);             //r[i]和 r[j]交換後 i 右移一位
        }
        while(i<j&&r[i]<=pivot) i++;       //向右掃描
        if(i<j)
        {
            swap(r[i],r[j--]);             //r[i]和 r[j]交換後 j 左移一位
        }
    }
    return i;                             //返回最終劃分完成後基準元素所在的位置
}

void QuickSort(int R[],int low,int high)//快速排序遞迴演算法
{
    int mid;
    if(low<high)
    {
        mid=Partition(R,low,high);     //基準位置
        QuickSort(R,low,mid-1);         //左區間遞迴快速排序
        QuickSort(R,mid+1,high);        //右區間遞迴快速排序
    }
}

int main()
{
    int a[1000];
    int i,N;
    cout<<"請先輸入要排序的資料的個數：";
    cin>>N;
    cout<<"請輸入要排序的資料：";
    for(i=0;i<N;i++)
        cin>>a[i];
    cout<<endl;
    QuickSort(a,0,N-1);
    cout<<"排序後的序列為："<<endl;
    for(i=0;i<N;i++)
        cout<<a[i]<<" " ;
    cout<<endl;
    return 0;
}
```

演算法實作和測試

1） 執行環境

Code::Blocks

2） 輸入

請先輸入要排序的資料的個數：9
請輸入要排序的資料：30 24 5 58 18 36 12 42 39

3） 輸出

排序後的序列為：
5 12 18 24 30 36 39 42 58

3.4.6 演算法解析與擴充

演算法複雜度分析

1） 最好時間複雜度

◆ 分解：劃分函數 *Partition* 需要掃描每個元素，每次掃描的元素個數不超過 *n*，因此時間複雜度為 *O*(*n*)。

◆ 解決子問題：在最理想的情況下，每次劃分將問題分解為兩個規模為 *n*/2 的子問題，遞迴求解兩個規模為 *n*/2 的子問題，所需時間為 2*T*(*n*/2)，如圖 3-35 所示。

◆ 合併：因為是原地排序，合併操作不需要時間複雜度，如圖 3-36 所示。

圖 3-35　快速排序最好的劃分

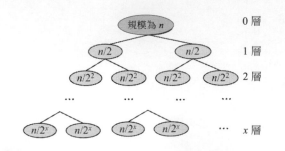

圖 3-36　快速排序最好情況遞迴樹

所以總執行時間為：

$$T(n) = \begin{cases} O(1) & , \quad n = 1 \\ 2T(n/2) + O(n), & n > 1 \end{cases}$$

當 $n>1$ 時，可以遞推求解：

$$\begin{aligned} T(n) &= 2T(n/2) + O(n) \\ &= 2(2T(n/4) + O(n/2)) + O(n) \\ &= 4T(n/4) + 2O(n) \\ &= 8T(n/8) + 3O(n) \\ & \quad \cdots\cdots \\ &= 2^x T(n/2^x) + xO(n) \end{aligned}$$

遞推最終的規模為 1，令 $n = 2^x$，則 $x = \log n$，那麼

$$\begin{aligned} T(n) &= nT(1) + \log n O(n) \\ &= n + \log n O(n) \\ &= O(n \log n) \end{aligned}$$

快速排序演算法最好的時間複雜度為 $O(n\log n)$。

◆ 空間複雜度：程式中變數佔用了一些輔助空間，這些輔助空間都是常數階的，遞迴呼叫所使用的堆疊空間是 $O(\log n)$，想一想為什麼？

2） 最壞時間複雜度

◆ 分解：劃分函數 *Partition* 需要掃描每個元素，每次掃描的元素個數不超過 n，因此時間複雜度為 $O(n)$。

◆ 解決子問題：在最壞的情況下，每次劃分將問題分解後，基準元素的左側（或者右側）沒有元素，基準元素的另一側為 1 個規模為 $n{-}1$ 的子問題，遞迴求解這個規模為 $n{-}1$ 的子問題，所需時間為 $T(n{-}1)$。如圖 3-37 所示。

◆ 合併：因為是原地排序，合併操作不需要時間複雜度。如圖 3-38 所示。

圖 3-37　快速排序最壞的劃分　　　　　圖 3-38　快速排序最壞情況遞迴樹

所以總執行時間為：

$$T(n) = \begin{cases} O(1) & , \quad n = 1 \\ T(n-1) + O(n), & \quad n > 1 \end{cases}$$

當 $n>1$ 時，可以遞推求解如下：

$$\begin{aligned} T(n) &= T(n-1) + O(n) \\ &= T(n-2) + O(n-1) + O(n) \\ &= T(n-3) + O(n-2) + O(n-1) + O(n) \\ &\quad \cdots\cdots \\ &= T(1) + O(2) + \cdots + O(n-1) + O(n) \\ &= O(1) + O(2) + \cdots + O(n-1) + O(n) \\ &= O(n(n+1)/2) \end{aligned}$$

快速排序演算法最壞的時間複雜度為 $O(n^2)$。

◆ 空間複雜度：程式中變數佔用了一些輔助空間，這些輔助空間都是常數階的，遞迴呼叫所使用的堆疊空間是 $O(n)$，想一想為什麼？

3）平均時間複雜度

假設我們劃分後基準元素的位置在第 k（k=1, 2, …, n）個，如圖 3-39 所示。

圖 3-39　快速排序平均情況的劃分

則：

$$T(n) = \frac{1}{n} \sum_{k=1}^{n} (T(n-k) + T(k-1)) + O(n)$$

$$= \frac{1}{n} (T(n-1) + T(0) + T(n-2) + T(1) + \cdots + T(1) + T(n-2) + T(0) + T(n-1)) + O(n)$$

$$= \frac{2}{n} \sum_{k=1}^{n-1} T(k) + O(n)$$

由歸納法可以得出，$T(n)$ 的數量級也為 $O(n\log n)$。快速排序演算法平均情況下，時間複雜度為 $O(n\log n)$，遞迴呼叫所使用的堆疊空間也是 $O(\log n)$。

優化擴充

從上述演算法可以看出，每次交換都是在和基準元素進行交換，實際上沒必要這樣做，我們的目的就是想把原序列分成以基準元素為界的兩個子序列，左側子序列小於等於基準元素，右側子序列大於基準元素。那麼有很多方法可以實作，我們可以從右向左掃描，找小於等於 $pivot$ 的數 $R[j]$，然後從左向右掃描，找大於 $pivot$ 的數 $R[i]$，讓 $R[i]$ 和 $R[j]$ 交換，一直交替進行，直到 i 和 j 碰頭為止，這時將基準元素與 $R[i]$ 交換即可。這樣就完成了一次劃分過程，但交換元素的個數少了很多。

假設目前待排序的序列為 $R[low: high]$，其中 $low \leq high$。

步驟 1：
首先取陣列的第一個元素作為基準元素 $pivot=R[low]$。$i=low$，$j=high$。

步驟 2：
從右向左掃描，找小於等於 $pivot$ 的數 $R[i]$。

步驟 3：
從左向右掃描，找大於 $pivot$ 的數 $R[j]$。

步驟 4：
$R[i]$ 和 $R[j]$ 交換，$i++$，$j--$。

步驟 5：
重複步驟 2～步驟 4，直到 i 和 j 相等，如果 $R[i]$ 大於 $pivot$，則 $R[i-1]$ 和基準元素 $R[low]$ 交換，返回該位置 $mid=i-1$；否則，$R[i]$ 和基準元素 $R[low]$ 交換，返回該位置 $mid=i$，該位置的數正好是基準元素。

至此完成一趟排序。此時以 *mid* 為界，將原資料分為兩個子序列，左側子序列元素都比 *pivot* 小，右側子序列元素都比 *pivot* 大。

然後再分別對這兩個子序列進行快速排序。

以序列（30, 24, 5, 58, 18, 36, 12, 42, 39）為例。

1） 初始化。*i= low*，*j= high*，*pivot= R[low]*=30，如圖 3-40 所示。

2） 向左走。從陣列的右邊位置向左找，一直找小於等於 *pivot* 的數，找到 *R[j]*=12，如圖 3-41 所示。

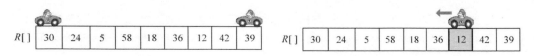

圖 3-40　快速排序初始化　　　　　　　圖 3-41　快速排序過程（向左走）

3） 向右走。從陣列的左邊位置向右找，一直找比 *pivot* 大的數，找到 *R[i]*=58，如圖 3-42 所示。

4） *R[i]* 和 *R[j]* 交換，*i++*，*j—*，如圖 3-43 所示。

圖 3-42　快速排序過程（向右走）　　　　圖 3-43　快速排序過程（交換元素）

5） 向左走。從陣列的右邊位置向左找，一直找小於等於 *pivot* 的數，找到 *R[j]*=18，如圖 3-44 所示。

6） 向右走。從陣列的左邊位置向右找，一直找比 *pivot* 大的數，這時 *i=j*，停止，如圖 3-45 所示。

圖 3-44　快速排序過程（向左走）　　　　圖 3-45　快速排序過程（向右走）

7）　R[i] 和 R[low] 交換，返回 i 的位置，mid=i，第一輪排序結束，如圖 3-46 所示。

至此完成一輪排序。此時以 mid 為界，將原資料分為兩個子序列，左側子序列都比
pivot 小，右側子序列都比 pivot 大，如圖 3-47 所示。

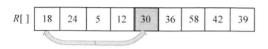

圖 3-46　快速排序過程（R[i] 和 R[low] 交換）

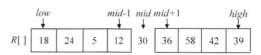

圖 3-47　快速排序第一次劃分結果

然後再分別對這兩個子序列（18, 24, 5, 12）和（36, 58, 42, 39）進行快速排序。

相比之下，上述的方法比每次和基準元素交換的方法更加快速高效！

優化後演算法：

```
int Partition2(int r[],int low,int high)//劃分函數
{
    int i=low,j=high,pivot=r[low];//基準元素
    while(i<j)
    {
        while(i<j&&r[j]>pivot) j--;//向左掃描
        while(i<j&&r[i]<=pivot) i++;//向右掃描
        if(i<j)
        {
            swap(r[i++],r[j--]);//r[i]和r[j]交換，交換後i++, j--
        }
    }
    if(r[i]>pivot)
    {
        swap(r[i-1],r[low]);//r[i-1]和r[low]交換
        return i-1;//返回最終劃分完成後基準元素所在的位置
    }
swap(r[i],r[low]);//r[i]和r[low]交換
    return i;//返回最終劃分完成後基準元素所在的位置
}
```

大家可以思考是否還有更好的演算法來解決這個問題呢？

3.5 效率至上—大整數乘法

在進行演算法分析時,我們往往將加法和乘法運算當作一次基本運算處理,這個假定是建立在進行運算的整數能在電腦硬體對整數的表示範圍內直接被處理的情況下,如果要處理很大的整數,則電腦硬體無法直接表示處理。那麼我們能否將一個大的整數乘法分而治之?將大問題變成小問題,變成簡單的小數乘法,這樣既解決了電腦硬體處理的問題,又能夠提高乘法的計算效率呢?

3.5.1 問題分析

有時,我們想要在電腦上處理一些大資料相乘時,由於電腦硬體的限制,不能直接進行相乘得到想要的結果。在解決兩個大的整數相乘時,我們可以將一個大的整數乘法分而治之,將大問題變成小問題,變成簡單的小數乘法再進行合併,從而解決上述問題。這樣既解決了電腦硬體處理的問題,又能夠提高乘法的計算效率。

$$3278 \times 41926$$

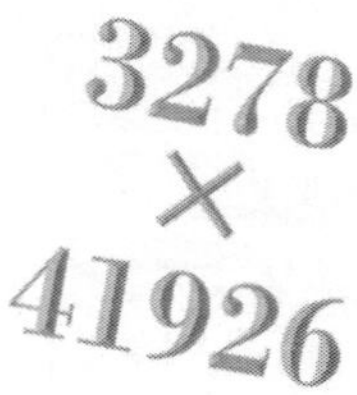

圖 3-48　大整數乘法

例如:

$$3278 \times 41926$$
$$=(32 \times 10^2 + 78) \times (419 \times 10^2 + 26)$$
$$=32 \times 419 \times 10^4 + 32 \times 26 \times 10^2 + 78 \times 419 \times 10^2 + 78 \times 26$$

繼續分治:

$$32 \times 419 \times 10^4$$
$$=(3 \times 10 + 2) \times (41 \times 10 + 9) \times 10^4$$
$$=3 \times 41 \times 10^6 + 3 \times 9 \times 10^5 + 2 \times 41 \times 10^5 + 2 \times 9 \times 10^4$$
$$=123 \times 10^6 + 27 \times 10^5 + 82 \times 10^5 + 18 \times 10^4$$
$$=13408 \times 10^4$$

我們可以看到當分解到只有一位數時,乘法就很簡單了,如圖 3-49 所示。

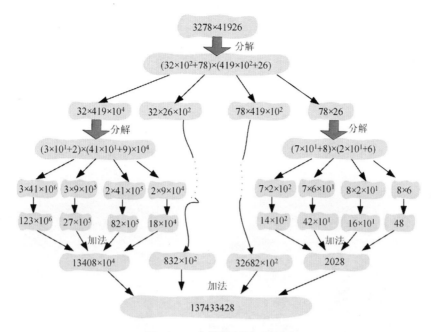

圖 3-49　大整數乘法分治圖

3.5.2　演算法設計

演算法思維：解決本問題可以使用分治策略。

1）分解

首先將 2 個大整數 a（n 位）、b（m 位）分解為兩部分，如圖 3-50 所示。

圖 3-50　大整數 a、b 分解為高位和低位

ah 表示大整數 a 的高位，al 表示大整數 a 的低位。bh 表示大整數 b 的高位，bl 表示大整數 b 的低位。

$$a = ah * 10^{\frac{n}{2}} + al$$

$$b = bh * 10^{\frac{m}{2}} + bl$$

$$a * b = ah * bh * 10^{\frac{n}{2} + \frac{m}{2}} + ah * bl * 10^{\frac{n}{2}} + al * bh * 10^{\frac{m}{2}} + al * bl$$

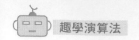

ah、*al* 為 *n*/2 位，*bh*、*bl* 為 *m*/2 位。

2 個大整數 *a*（*n* 位）、*b*（*m* 位）相乘轉換成了 4 個乘法運算 *ah*bh*、*ah*bl*、*al*bh*、*al*bl*，而**乘數的位數變為了原來的一半**。

2） 求解子問題

繼續分解每個乘法運算，直到分解有一個乘數為 1 位數時停止分解，進行乘法運算並記錄結果。

3） 合併

將計算出的結果相加並回溯，求出最終結果。

3.5.3　完美圖解

分治進行大整數乘法的道理非常簡單，但具體怎麼處理呢？

首先將兩個大數以字串的形式輸入，轉換成數字後，**倒序儲存**在陣列 *s*[] 中，*l* 用來表示數的長度，*c* 表示次冪。兩個大數的初始次冪為 0。

想一想，為什麼要倒序儲存，正序儲存會怎樣？

◆ *cp*() 函數：用於將一個 *n* 位的數分成兩個 *n*/2 的數並儲存，記錄它的長度和次冪。

◆ *mul*() 函數：用於將兩個數進行相乘，不斷地進行分解，直到有一個乘數為 1 位數時停止分解，進行乘法運算並記錄結果。

◆ *add*() 函數：將分解得到的數來進行相加合併。

例如：*a*=3278，*b*=41926，求 *a*b* 的值。

1） 初始化

將 *a*、*b* **倒序儲存**在陣列 *a.s*[]、*b.s*[] 中，如圖 3-51 所示。

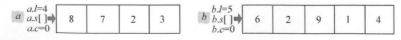

圖 3-51　大整數 *a*、*b* 儲存陣列（倒序）

2）　分解

cp() 函數用於將一個 n 位的數分成兩個 $n/2$ 的數並儲存，記錄它的長度和次冪。ah 表示高位，al 表示低位，l 用來表示數的長度，c 表示次冪，如圖 3-52 所示。

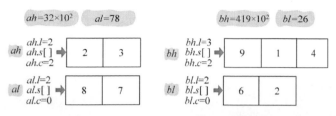

圖 3-52　大整數 a、b 分解為高位和低位

轉換為 4 次乘法運算：$ah*bh$、$ah*bl$、$al*bh$、$al*bl$。如圖 3-53 所示。

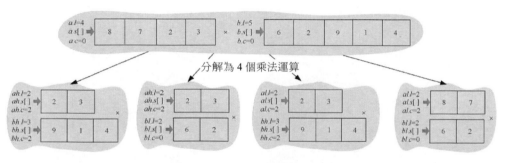

圖 3-53　原乘法分解為 4 次乘法

3）　求解子問題

$ah*bh$、$ah*bl$、$al*bh$、$al*bl$。下面以 $ah*bh$ 為例說明。如圖 3-54 所示。

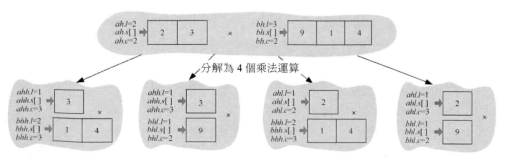

圖 3-54　$ah*bh$ 相乘分解

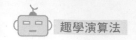

4） 繼續求解子問題

繼續求解上面 4 個乘法運算 *ahh*bhh*、*ahh*bhl*、*ahl*bhh*、*ahl*bhl*。可以看出這 4 個乘法運算都有一個乘數為 1 位數，可以直接進行乘法運算。

怎麼進行乘法運算呢？以圖 3-53 中 *ahh*bhh* 為例，如圖 3-55 所示。

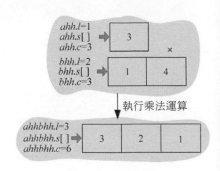

圖 3-55　乘法運算

3 首先和 1 相乘得到 3 儲存在下面陣列的第 0 位元，然後 3 和 4 相乘得到 12，那怎麼儲存呢，先儲存 12%10=2，然後儲存進位 12/10=1，這樣乘法運算的結果是 321，**注意是倒序**，實際含義是 3×41=123，還有一件事很重要，就是次冪！兩數相乘時，結果的次冪是兩個乘數次冪之和，3 $\times 10^3 \times 41 \times 10^3 = 123 \times 10^6$。

4 個乘法運算結果如圖 3-56 所示。

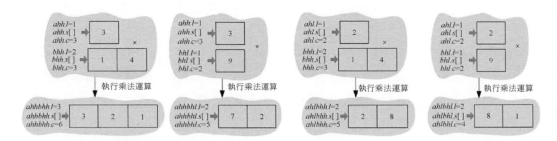

圖 3-56　4 個乘法運算

5） 合併

合併子問題結果，返回給 *ah*bh*，將上面 4 個乘法運算的結果加起來返回給 *ah*bh*。如圖 3-57 所示。

$$ah*bh = ahhbhh + ahhbhl + ahlbhh + ahlbhl$$

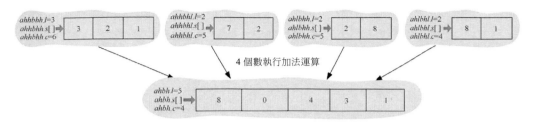

圖 3-57　4 個乘法運算結果相加

由此得到 $ah*bh=13408\times10^4$。

用同樣的方法求得　$ah*bl=832\times10^2$，$al*bh=32682\times10^2$，$al*bl=2028$。將這 4 個子問題結果加起來，合併得到原問題 $a*b=137433428$。

3.5.4　虛擬程式碼詳解

1) 資料結構

將兩個大數以字串的形式輸入，然後定義結構體 *Node*，其中 *s*[] 陣列用於儲存大數，**請留意這是倒序儲存！**（因為乘法加法運算中有可能產生進位，倒序儲存時可以讓進位儲存在陣列的末尾），*l* 用於表示長度，*c* 表示次冪。兩個大數的初始次冪為 0。

```
char sa[1000]; //接收大數的字串
char sb[1000]; //接收大數的字串
typedef struct _Node
{
    int s[M];   //陣列，倒序儲存大數
    int l;      //代表數的長度
    int c;      //代表數的次冪，例如32*10⁵，那麼將23儲存在s[]中，l=2，c=5
} Node,*pNode;
```

2) 劃分函數

其中，*cp*() 函數用於將一個 *n* 位的數分成兩個 *n*/2 的數並儲存，記錄它的次冪。

```
void cp(pNode src, pNode des, int st, int l)
{   //src表示待分解的數節點，des表示分解後得到的數節點
    //st表示從src節點陣列中取數的開始位置，l表示取數的長度
    int i, j;
    for(i=st, j=0; i<st+l; i++, j++) //從src節點陣列中st位置開始，取l個數
    {
        des->s[j] = src->s[i];       //將這些數放入到des節點的陣列中
```

151

```
    }
    des->l = l;              //des 長度等於取數的長度
    des->c = st + src->c;    //des 次冪等於開始取數的位置加上 src 次冪
}
```

舉例說明：如果有大數 43579，我們首先把該數儲存在節點 *a* 中，如圖 3-58 所示。

```
ma = a.l/2;                  //ma 表示 a 長度的一半，此例中 a.l=5，ma=2
```

分解得到 *a* 的高位 *ah*，如圖 3-59 所示。

```
cp(&a, &ah, ma, a.l-ma);     //相當於 cp(&a, &ah, 2, 3)；
        //即從 a 中陣列第 2 個字元位置開始取 3 個字元，指定值給 ah；
        //ah 的長度等於 3；ah 的次冪等於開始位置 2 加上 a 的次冪，即 2+a.c=2
```

| a | a.l=5
a.s[ ]
a.c=0 | 9 | 7 | 5 | 3 | 4 |

| ah | ah.l=3
ah.s[ ]
ah.c=2 | 5 | 3 | 4 |

圖 3-58　大整數 *a* 儲存陣列（倒序）　　圖 3-59　大整數 *a* 的高位（倒序真實含義是 435×10^2）

然後分解得到 *a* 的低位 *al*，如圖 3-60 所示。

| al | al.l=2
al.s[ ]
al.c=0 | 9 | 7 |

圖 3-60　大整數 *a* 的低位（倒序真實含義是 79）

```
cp(&a, &al, 0, ma);          //相當於 cp(&a, &al, 0, 2)；
        //即從 a 中陣列第 0 個字元位置開始取 2 個字元，指定值給 al；
        //al 的長度等於 2；al 的次冪等於開始位置 0 加上 a 的次冪，即 0+a.c=0
```

這樣兩次呼叫 *cp*() 函數，我們就把一個大的整數分解成了兩個長度約為原來一半的整數。

3）乘法運算

定義的 *mul*() 函數用於將兩個數進行相乘，不斷地進行分解，**直到有一個乘數為 1 位時停止**，讓這兩個數相乘，並記錄結果回溯。

```
ma = pa->l/2;  //ma 表示 a 長度的一半
mb = pb->l/2;  //mb 表示 b 長度的一半
if(!ma || !mb) //如果!ma 說明 ma=0，即 a 的長度為 1，該乘數為 1 位數
               //如果!mb 說明 mb=0，即 b 的長度為 1，該乘數為 1 位數
{
    if(!ma)    //!ma 說明 a 為 1 位數，a、b 交換，保證 a 的長度大於等於 b 的長度
    {
```

```
        temp =pa;
        pa = pb;
        pb = temp;
    }          //交換後 b 的長度為 1
    ans->c = pa->c + pb->c;          //結果的次冪等於兩乘數次冪之和
    w = pb->s[0]; //因為交換後 b 的長度為 1，用變數 w 記錄即可
    cc= 0;     //初始化進位 cc 為 0
    for(i=0; i <pa->l; i++)          //把 a 中的數依次取出與 w 相乘，記錄結果和進位
    {
        ans->s[i] = (w*pa->s[i] + cc)%10;//儲存相乘結果的個位，十位做進位處理
        cc = (w*pa->s[i] + cc)/10;   //處理進位
    }
```

舉例說明：兩個數 $a=9\times10^2$，$b=87\times10^3$ 相乘。a 的數字為 1 位，a、b 交換，保證 a 的長度大於等於 b 的長度，交換後 $a=87\times10^3$，$b=9\times10^2$，倒序儲存如圖 3-61 所示。

初始化進位 $cc=0$。

先計算 9×7=63，（63+cc）%10=3，$ans->s[0]=3$，進位 $cc=$（63+cc）/10=6。

再計算 9×8=72，（72+cc）%10=8，$ans->s[1]=8$，進位 $cc=$（72+cc）/10=7。

a 中的數處理完畢，退出 for 迴圈。

```
if(cc)              //上例中退出時 cc=7
    ans->s[i++] = cc;   //如果到最後還有進位，則存入陣列末尾 ans->s[2]=7
ans->l = i;         //記錄結果的長度，上例中最後 i=3
```

退出 for 迴圈時，cc 不為 0 說明仍有進位，記錄該進位，如圖 3-62 所示。

圖 3-61　大整數 a、b 儲存陣列（倒序）　　　圖 3-62　大整數 a、b 相乘結果（倒序）

ans 結果為 387，結果其實際含義是 $9\times10^2\times87\times10^3=783\times10^5$。

4）　合併函數

add() 函數將分解得到的數進行相加合併。

```
void add(pNode pa, pNode pb, pNode ans)
{   //程式呼叫時把 a、b 位址傳遞給 pa、pb 參數，表示待合併的兩個數
    //ans 記錄它們相加的結果
    int i, cc, k,alen,blen,len;
```

```
int ta, tb;          //ta、tb 分別記錄a、b 相加時對應位上的數
pNode temp;
if(pa->c <pb->c)     //交換以保證a 的次冪大
{
    temp = pa;
    pa = b;
    pb =temp;
}
ans->c = pb->c;   //結果的次冪為兩個數中小的次冪
cc = 0;           //初始化進位 cc 為 0
k=pa->c - pb->c   //k 為 a 左側需要補零的個數
```

舉例說明：兩個數 $a=673\times10^2$，$b=98\times10^4$ 相加。a 的次冪為 2，比 b 的次冪小，a、b 交換，保證 a 的次冪大於等於 b 的次冪，交換後 $a=98\times10^4$，$b=673\times10^2$，倒序儲存如圖 3-63 所示。

```
ans->c = pb->c;     //最低次冪作為結果的次冪，ans->c =pb->c=2
cc = 0;             //初始化進位 cc 為 0
k= pa->c - pb->c;   //k 為 a 左側需要補零的個數，k=4-2=2
```

如圖 3-64 所示。

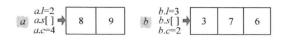

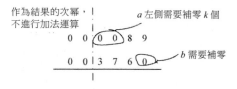

圖 3-63　大整數 a、b 儲存陣列（倒序）　　　圖 3-64　大整數 a、b 加法

```
alen=pa->l + pa->c;     //a 數加上次冪的總長度，上例中 alen=6
blen=pb->l + pb->c;     //b 數加上次冪的總長度，上例中 blen= 5
if(alen>blen)
        len=alen;       //取 a、b 總長度的最大值
else
        len=blen;
len=len-pb->c;          //結果的長度為 a、b 之中的最大值減去最低次冪，上例中 len= 4
                        //最低次冪是不進行加法運算的位數
for(i=0; i<len; i++)
{
    if(i <k)            //k 為 a 左側需要補零的個數
            ta = 0;     //a 左側補零
    else
            ta =pa->s[i-k];//i=k 時，補 0 結束，從 a 陣列中第 0 位開始取數字
    if(i <b->l)
            tb = pb->s[i]; //從 b 陣列中第 0 位開始取數字
    else
            tb = 0;        //b 數字先取完，b 右側補 0
    if(i>=pa->l+k)         //a 數字先取完，a 右側補 0
            ta = 0;
```

```
        ans->s[i] = (ta + tb + cc)%10;   //記錄兩位之和的個位數，十位做進位處理
        cc = (ta + tb + cc)/10;
    }
```

如圖 3-65 所示。

i=0 時，ta=0，tb=3，ans->$s[0]$ =（ta+tb+cc）%10=3，cc=（ta+tb+cc）/10=0。

i=1 時，ta=0，tb=7，ans->$s[1]$ =（ta+tb+cc）%10=7，cc=（ta+tb+cc）/10=0。

i=2 時，ta=8，tb=6，ans->$s[2]$ =（ta+tb+cc）%10=4，cc=（ta+tb+cc）/10=1。

i=3 時，ta=9，tb=0，ans->$s[3]$ =（ta+tb+cc）%10=0，cc=（ta+tb+cc）/10=1。

```
if(cc)     //如果上面退出時有進位，即 cc 不為 0
    ans->s[i++] = cc;//有進位，則存入陣列末尾 ans->s[4]=1
ans->l = i;//上例中 ans->l = 5;
```

如圖 3-66 所示。

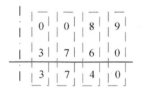

圖 3-65　大整數 a、b 加法結果　　　　　圖 3-66　大整數 a、b 加法結果儲存陣列

3.5.5　實戰演練

```
//program 3-4
#include <stdlib.h>
#include <cstring>
#include <iostream>
using namespace std;
#define M 100
char sa[1000];
char sb[1000];
typedef struct _Node
{
    int s[M];
    int l;                 //代表字串的長度
    int c;
} Node,*pNode;
void cp(pNode src, pNode des, int st, int l)
{
    int i, j;
    for(i=st, j=0; i<st+l; i++, j++)
    {
        des->s[j] = src->s[i];
    }
    des->l = l;
```

```
          des->c = st + src->c;   //次冪
}
void add(pNode pa, pNode pb, pNode ans)
{
    int i,cc,k,palen,pblen,len;
    int ta, tb;
    pNode temp;
    if((pa->c<pb->c))                    //保證 Pa 的次冪大
    {
        temp = pa;
        pa = pb;
        pb = temp;
    }
    ans->c = pb->c;
    cc = 0;
    palen=pa->l + pa->c;
    pblen=pb->l + pb->c;
    if(palen>pblen)
        len=palen;
    else
        len=pblen;
    k=pa->c - pb->c;
    for(i=0; i<len-ans->c; i++)          //結果的長度最長為 pa，pb 之中的最大長度減去最低次冪
    {
        if(i<k)
            ta = 0;
        else
            ta = pa->s[i-k];             //次冪高的補 0，大於低的長度後與 0 進行計算
        if(i<pb->l)
            tb = pb->s[i];
        else
            tb = 0;
        if(i>=pa->l+k)
            ta = 0;
        ans->s[i] = (ta + tb + cc)%10;
        cc = (ta + tb + cc)/10;
    }
    if(cc)
        ans->s[i++] = cc;
    ans->l = i;
}

void mul(pNode pa, pNode pb, pNode ans)
{
    int i, cc, w;
    int ma = pa->l>>1, mb = pb->l>>1;    //長度除 2
    Node ah, al, bh, bl;
    Node t1, t2, t3, t4, z;
    pNode temp;
    if(!ma || !mb)                       //如果其中個數為 1
    {
        if(!ma)   //如果 a 串的長度為 1，pa、pb 交換，pa 的長度大於等於 pb 的長度
        {
            temp = pa;
            pa = pb;
```

```
                    pb = temp;
            }
            ans->c = pa->c + pb->c;
            w = pb->s[0];
            cc = 0;                    //此時的進位為 c
            for(i=0; i < pa->l; i++)
            {
                ans->s[i] = (w*pa->s[i] + cc)%10;
                cc= (w*pa->s[i] + cc)/10;
            }
            if(cc)
                ans->s[i++] = cc;    //如果到最後還有進位，則存入結果
            ans->l = i;              //記錄結果的長度
            return;
        }
        //分治的核心
        cp(pa, &ah, ma, pa->l-ma);   //先分成 4 部分 al、ah、bl、bh
        cp(pa, &al, 0, ma);
        cp(pb, &bh, mb, pb->l-mb);
        cp(pb, &bl, 0, mb);

        mul(&ah, &bh, &t1);          //分成 4 部分相乘
        mul(&ah, &bl, &t2);
        mul(&al, &bh, &t3);
        mul(&al, &bl, &t4);

        add(&t3, &t4, ans);
        add(&t2, ans, &z);
        add(&t1, &z, ans);
}

int main()
{
        Node ans,a,b;
        cout << "輸入大整數 a : "<<endl;
        cin >> sa;
        cout << "輸入大整數 b : "<<endl;
        cin >> sb;
        a.l=strlen(sa);              //sa、sb 以字串進行處理
        b.l=strlen(sb);
        int z=0,i;
        for(i = a.l-1; i >= 0; i--)
            a.s[z++]=sa[i]-'0';      //倒向儲存
        a.c=0;
        z=0;
        for(i = b.l-1; i >= 0; i--)
            b.s[z++] = sb[i]-'0';
        b.c = 0;
        mul(&a, &b, &ans);
        cout << "最終結果為 : ";
        for(i = ans.l-1; i >= 0; i--)
            cout << ans.s[i];        //ans 用來儲存結果，倒向儲存
        cout << endl;
        return 0;
}
```

演算法實作和測試

1） 執行環境

```
Code::Blocks
Visual C++ 6.0
```

2） 輸入

```
輸入大整數 a：
123456789
輸入大整數 b：
123456789
```

3） 輸出

```
最終結果為：15241578750190521
```

3.5.6　演算法解析與擴充

演算法複雜度分析

1）　時間複雜度：我們假設大整數 a、b 都是 n 位數，根據分治策略，$a*b$ 相乘將轉換成了 4 個乘法運算 $ah*bh$、$ah*bl$、$al*bh$、$al*bl$，而**乘數的位數變為了原來的一半**。直到最後遞迴分解到其中一個乘數為 1 位為止，每次遞迴就會使資料規模減小為原來的一半。假設兩個 n 位大整數相乘的時間複雜度為 $T(n)$，則：

$$T(n) = \begin{cases} O(1), & n = 1 \\ 4T(n/2) + O(n), & n > 1 \end{cases}$$

當 $n>1$ 時，可以遞推求解如下：

$$\begin{aligned}
T(n) &= 4T(n/2) + O(n) \\
&= 4(4T(n/2^2) + O(n/2)) + O(n) \\
&= 4^2 T(n/2^2) + 2O(n) + O(n) \\
&= 4^2(4T(n/2^3) + O(n/2^2)) + 2O(n) + O(n) \\
&= 4^3 T(n/2^3) + 2^2 O(n) + 2O(n) + O(n) \\
&= 4^4 T(n/2^4) + 2^3 O(n) + 2^2 O(n) + 2O(n) + O(n) \\
&\quad \cdots\cdots \\
&= 4^x T(n/2^x) + (2^x - 1)O(n)
\end{aligned}$$

遞推最終的規模為 1，令 $n = 2^x$ 則 $x = \log n$，那麼有：

$$T(n) = n^2 T(1) + (n-1)O(n)$$
$$= O(n^2)$$

大整數乘法的時間複雜度為 $O(n^2)$。

2）空間複雜度：程式中變數佔用了一些輔助空間，都是常數階的，但合併時節點陣列佔用的輔助空間為 $O(n)$，遞迴呼叫所使用的堆疊空間是 $O(\log n)$，想一想為什麼？

大整數乘法的空間複雜度為 $O(n)$。

優化擴充

如果兩個大整數都是 n 位數，那麼有：

$$A*B = a*c*10^n + (a*d + c*b)*10^{n/2} + b*d$$

還記得快速算出 1+2+3+…+100 的小高斯嗎？這孩子長大以後更聰明，他把 4 次乘法運算變成了 3 次乘法：

$$a*d + c*b = (a-b)(d-c) + a*c + b*d$$

$$A*B = a*c*10^n + ((a-b)(d-c) + a*c + b*d)*10^{n/2} + b*d$$

這樣公式中，就只有 $a*c$、$(a-b)(d-c)$、$b*d$，**只需要進行 3 次乘法**。

那麼時間複雜度為：

$$T(n) = \begin{cases} O(1) & , \quad n = 1 \\ 3T(n/2) + O(n), & n > 1 \end{cases}$$

當 $n > 1$ 時，可以遞推求解如下：

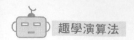

$$T(n) = 3T(n/2) + O(n)$$
$$= 3(3T(n/2^2) + O(n/2)) + O(n)$$
$$= 3^2 T(n/2^2) + \frac{3}{2}O(n) + O(n)$$
$$= 3^2(3T(n/2^3) + O(n/2^2)) + \frac{3}{2}O(n) + O(n)$$
$$= 3^3 T(n/2^3) + \left(\frac{3}{2}\right)^2 O(n) + \frac{3}{2}O(n) + O(n)$$
$$= 3^4 T(n/2^4) + \left(\frac{3}{2}\right)^3 O(n) + \left(\frac{3}{2}\right)^2 O(n) + \frac{3}{2}O(n) + O(n)$$
$$\cdots\cdots$$
$$= 3^x T(n/2^x) + \left(\left(\frac{3}{2}\right)^x - 1\right)O(n)$$

遞推最終的規模為 1，令 $n = 2^x$，則 $x = \log n$，那麼有：

$$T(n) = 3^{\log n} T(1) + \left(\left(\frac{3}{2}\right)^{\log n} - 1\right)O(n)$$
$$= O(3^{\log n})$$
$$= O(n^{\log 3})$$
$$= O(n^{1.59})$$

優化改進後的大整數乘法的時間複雜度從 $O(n^2)$ 降為 $O(n^{1.59})$，這是一個巨大的改進！

但是**需要注意**：在上面的公式中，A 和 B 必須 2^n 位。很容易證明，如果不為 2^n，那麼 A 或者 B 在分解過程中必會出現奇數，那麼 $a*c$ 和 $((a-b)(d-c)+a*c+b*d)$ 的次冪就有可能不同，無法變為 3 次乘法了，解決方法也很簡單，只需要補齊位數即可，在數前（高位）補 0。

3.6　分治演算法複雜度求解秘笈

分治法的道理非常簡單，就是把一個大的複雜問題分為 a（$a>1$）個形式相同的子問題，這些子問題的規模為 n/b，如果分解或者合併的複雜度為 $f(n)$，那麼總體時間複雜度可以表示為：

$$T(n) = \begin{cases} O(1) & , \quad n=1 \\ aT(n/b) + f(n), & n>1 \end{cases}$$

那麼如何求解時間複雜度呢？

上面的求解方式都是遞推求解，寫出其遞推式，最後求出結果。

例如，合併排序演算法的時間複雜度遞推求解如下：

$$\begin{aligned} T(n) &= 2T(n/2) + O(n) \\ &= 2(2T(n/4) + O(n/2)) + O(n) \\ &= 4T(n/4) + 2O(n) \\ &= 8T(n/8) + 3O(n) \\ &\cdots\cdots \\ &= 2^x T(n/2^x) + xO(n) \end{aligned}$$

遞推最終的規模為 1，令 $n=2^x$，則 $x = \log n$，那麼有：

$$\begin{aligned} T(n) &= nT(1) + \log n O(n) \\ &= n + \log n O(n) \\ &= O(n\log n) \end{aligned}$$

遞迴樹求解法

遞迴樹求解方式其實和遞推求解一樣，只是遞迴樹更清楚直觀地顯示出來，更能夠形象地表達每層分解的節點和每層產生的成本。例如：$T(n) = 2T(n/2) + O(n)$，如圖 3-67 所示。

時間複雜度=葉子數*$T(1)$+成本和=$2^x T(1) + xO(n)$。

因為 $n=2^x$，則 $x = \log n$，那麼時間複雜度=$2^x T(1)+xO(n)=n+\log n O(n)=O(n\log n)$。

大師解法

我們用遞迴樹來說明大師解法：

$$T(n) = aT(n/b) + f(n)$$

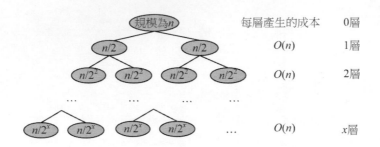

圖 3-67　分治遞迴樹

如果 $f(n)$ 的數量級是 $O(n^d)$，那麼原公式轉化為 $T(n) = aT(n/b) + O(n^d)$，如圖 3-68 所示。

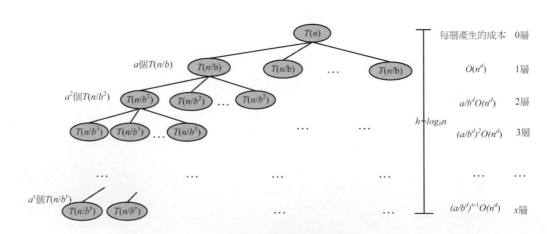

圖 3-68　大師解法遞迴樹

遞迴最終的規模為 1，令 $n/b^x = 1$，那麼 $x = \log_b n$，即樹高 $h = \log_b n$。

葉子數：$a^x = a^{\log_b n} = n^{\log_b a}$。

成本和：$O(n^d) + \dfrac{a}{b^d} O(n^d) + \left(\dfrac{a}{b^d}\right)^2 O(n^d) + \cdots + \left(\dfrac{a}{b^d}\right)^{x-1} O(n^d)$。

$$時間複雜度=葉子數*T(1)+成本和$$

第 1 層成本：$O(n^d)$。

最後 1 層成本：

$$\left(\frac{a}{b^d}\right)^{x-1} O(n^d) \approx \left(\frac{a}{b^d}\right)^{x} O(n^d) = \left(\frac{a}{b^d}\right)^{\log_b n} O(n^d)$$

$$= \frac{a^{\log_b n}}{(b^{\log_b n})^d} O(n^d) = \frac{a^{\log_b n}}{n^d} O(n^d)$$

$$= O(a^{\log_b n})$$

$$= O(n^{\log_b a})$$

最後 1 層成本約等於葉子數 $n^{\log_b a}$，既然最後一層成本約等於葉子數，那麼葉子數*$T(1)$就可以省略了，即**時間複雜度=成本和**。

現在我們只需要觀察每層產生的成本的發展趨勢，是遞減的還是遞增的，還是每層都一樣？每層成本的公比為 a/b^d。

1）　每層成本是遞減的（$a/b^d < 1$），那麼時間複雜度在漸進趨勢上，成本和可以按**第 1 層**計算，其他忽略不計，即**時間複雜度**為：

$$T(n) = O(n^d)$$

2）　每層成本是遞增的（$a/b^d > 1$），那麼時間複雜度在漸進趨勢上，成本和可以按**最後 1 層**計算，其他忽略不計，即**時間複雜度**為：

$$T(n) = O(n^{\log_b a})$$

3）　每層成本是相同的（$a/b^d = 1$），那麼時間複雜度在漸進趨勢上，每層成本都一樣，我們把**第一層的成本乘以樹高**即可。**時間複雜度**為：

$$T(n) = O(n^d) * h = O(n^d) * \log_b n = O(n^d \log_b n)$$

形如 $T(n) = aT(n/b) + O(n^d)$ 的時間複雜度**求解秘笈**：

$$T(n) = \begin{cases} O(n^d) & , \ 公比 a/b^d < 1 \\ O(n^{\log_b a}) & , \ 公比 a/b^d > 1 \\ O(n^d \log_b n), & 公比 a/b^d = 1 \end{cases}$$

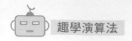

舉例如下。

◆ 猜數字遊戲

$$T(n) = T(n/2) + O(1)$$

a=1，b=2，d=0，公比 a/b^d=1，則 $T(n) = O(n^d \log_b n) = O(\log n)$。

◆ 快速排序

$$T(n) = 2T(n/2) + O(n)$$

a=2，b=2，d=1，公比 a/b^d=1，則 $T(n) = O(n^d \log_b n) = O(n \log n)$。

◆ 大整數乘法

$$T(n) = 4T(n/2) + O(n)$$

a=4，b=2，d=1，公比 a/b^d>1，則 $T(n) = O(n^{\log_b a}) = O(n^2)$。

◆ 大整數乘法改進演算法

$$T(n) = 3T(n/2) + O(n)$$

a=3，b=2，d=1，公比 a/b^d>1，則 $T(n) = O(n^{\log_b a}) = O(n^{1.59})$。

那麼，如果時間複雜度公式不是 $T(n) = aT(n/b) + O(n^d)$ 怎麼辦呢？

畫出遞迴樹，觀察每層產生的成本：

成本的公比小於 1，時間複雜度按**第 1 層**計算；

成本的公比大於 1，時間複雜度按**最後 1 層**計算；

成本的公比等於 1，時間複雜度按**第 1 層*樹高**計算。

以求解 $T(n) = T(n/4) + T(n/2) + n^2$ 為例。

遞推式解法如下：

$$T(n) = T(n/4) + T(n/2) + n^2$$
$$= T(n/4^2) + 2T(n/8) + T(n/4) + 5/16n^2 + n^2$$
$$= T(n/4^3) + 3T(n/32) + 3T(n/16) + T(n/8) + (5/16)^2 n^2 + 5/16n^2 + n^2$$
$$\cdots\cdots$$
$$= (1 + 5/16 + (5/16)^2 + \cdots)n^2$$
$$= O(n^2)$$

大師解法如下：

遞迴樹如圖 3-69 所示。

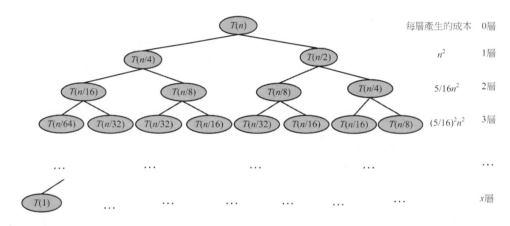

圖 3-69　大師解法遞迴樹

首先從遞迴樹中觀察每層產生的成本發展趨勢，每層的成本有時不是那麼有規律，需要仔細驗證。例如第 3 層是$(5/16)^2 n^2$，需要驗證第 4 層是$(5/16)^3 n^2$。經過驗證，我們發現每層成本是一個等比數列，公比為 5/16（小於 1），呈遞減趨勢，那麼只計算第 1 項即可，時間複雜度為 $T(n)=O(n^2)$。

Chapter 04

動態規劃

前面章節介紹的分治法是將原問題分解為若干個規模較小、形式相同的子問題，然後求解這些子問題，合併子問題的解得到原問題的解。在分治法中，各個子問題是互不相交的，即相互獨立。如果各個子問題有重疊，不是相互獨立的，那麼用分治法就重複求解了很多子問題，根本顯現不了分治的優勢，反而降低了演算法效率。那該怎麼辦呢？

動態規劃閃亮登場了！

4.1 神奇的兔子序列

西元 1202 年，義大利數學家列昂納多·費波那契（Leonardo Fibonacci）在《算盤全書》（Liber Abaci）中描述了一個神奇的兔子序列，這就是著名的費波那契序列。

假設第 1 個月有 1 對剛誕生的兔子，第 2 個月進入成熟期，第 3 個月開始生育兔子，而 1 對成熟的兔子每月會生 1 對兔子，兔子永不死去…那麼，由 1 對初生兔子開始，12 個月後會有多少對兔子呢？如果是 N 對初生的兔子開始，M 月後又會有多少對兔子呢？

第 1 個月，兔子①沒有繁殖能力，所以還是 **1 對**。
第 2 個月，兔子①進入成熟期，仍然是 **1 對**。
第 3 個月，兔子①生了 1 對小兔②，於是這個月共有 2 對（**1+1=2**）兔子。
第 4 個月，兔子①又生了 1 對小兔③。兔子②進入成熟期。共有 3 對（**1+2=3**）兔子。
第 5 個月，兔子①又生了 1 對小兔④，兔子②也生下了 1 對小兔⑤。兔子③進入成熟期。共有 5 對（**2+3=5**）兔子。
第 6 個月，兔子①②③各生下了 1 對小兔。兔子④⑤進入成熟期。新生 3 對兔子加上原有的 5 對兔子，這個月共有 8 對（**3+5=8**）兔子。
……

這個數列有十分明顯的特點，從第 3 個月開始，當月的兔子數=上月兔子數+本月新生小兔子數，而本月新生的兔子正好是上上月的兔子數，也就是當月的兔子數=前兩月兔子之和。

$$F(n)=\begin{cases}1 & ,n=1 \\ 1 & ,n=2 \\ F(n-1)+F(n-2) & ,n>2\end{cases}$$

我們僅以 $F(6)$ 為例，如圖 4-1 所示。

從圖 4-1 可以看出，有大量的節點重複（子問題重疊），$F(4)$、$F(3)$、$F(2)$、$F(1)$ 均重複計算多次。

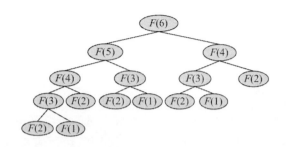

圖 4-1　$F(6)$ 的遞迴樹

4.2　動態規劃基礎

動態規劃是 1957 年理查・貝爾曼在《Dynamic Programming》一書中提出來的，可能有的讀者不知道這個人，但他的一個演算法你可能聽說過，他和萊斯特・福特一起提出了求解最短路徑的 Bellman-Ford 演算法，該演算法解決了 Dijkstra 演算法不能處理的負權值邊的問題。

《Dynamic Programming》中的「Programming」不是程式設計的意思，而是指一種表格處理法。我們把每一步得到的子問題結果儲存在表格裡，每次遇到該子問題時不需要再求解一遍，只需要查詢表格即可。

4.2.1　演算法思維

動態規劃也是一種分治思維，但與分治演算法不同的是，分治演算法是把原問題分解為若干子問題，由上而下求解各子問題，合併子問題的解，從而得到原問題的解。動態規劃也是把原問題分解為若干子問題，然後由下而上，先求解最小的子問題，把結果儲存在表格中，再求解大的子問題時，直接從表格中查詢小的子問題的解，避免重複計算，從而提高演算法效率。

4.2.2 演算法要素

什麼問題可以使用動態規劃呢？我們首先要分析問題是否具有以下兩個性質：

1) 最優子結構

   最優子結構性質是指問題的最優解包含其子問題的最優解。最優子結構是使用動態規劃的最基本條件，如果不具有最優子結構性質，就不能使用動態規劃解決。

2) 子問題重疊

   子問題重疊是指在求解子問題的過程中，有大量的子問題是重複的，那麼只需要求解一次，然後把結果儲存在表中，以後使用時可以直接查詢，不需要再次求解。子問題重疊不是使用動態規劃的必要條件，但問題存在子問題重疊更能夠充分彰顯動態規劃的優勢。

4.2.3 解題秘笈

遇到一個實際問題，如何採用動態規劃來解決呢？

1) 分析最優解的結構特徵。

2) 建立最優值的遞迴式。

3) 由下而上計算最優值，並記錄。

4) 建構最優解。

以神奇的兔子序列問題為例。

1) 分析最優解的結構特徵

   透過分析發現，前兩個月都是 1 對兔子，而從第 3 個月開始，當月的兔子數等於前兩個月的兔子數，如果把每個月的兔子數看作一個最小的子問題，那麼求解第 n 個月的兔子數，包含了第 n-1 個月的兔子數和第 n-2 個月的兔子數這兩個子問題。

2) 根據最優解結構特徵，建立遞迴式

$$F(n) = \begin{cases} 1 & ,n=1 \\ 1 & ,n=2 \\ F(n-1)+F(n-2) & ,n>2 \end{cases}$$

3） 由下而上計算最優值

看到遞迴式，我們也很難立即求解 $F(n)$，如果直接遞迴呼叫將會產生大量的子問題重複，那怎麼辦呢？動態規劃提供了一個好辦法，由下而上求解，記錄結果，重複的問題只需求解一次即可，如圖 4-2 所示。

例如：

$F(1)=1$

$F(2)=1$

$F(3)= F(2)+F(1)=2$

$F(4)= F(3)+F(2)=3$

$F(5)= F(4)+F(3)=5$

$F(6)= F(5)+F(4)=8$

```
int Fib2(int n)
{
  if(n<1)
     return -1;
  int F[n+1];
  F[1]=1 ;
  F[2]=1;
  for(int i=3;i<=n;i++)
     F[i]=F[i-1]+F[i-2];
  return F[n];
}
```

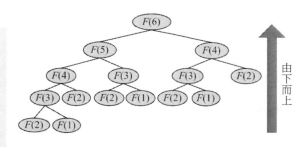

圖 4-2　$F(6)$ 的遞迴樹由下而上求解

4） 建構最優解

本題中由下而上求解到樹根就是我們要的最優解。

在眾多的演算法之中，很多讀者覺得動態規劃是比較難的演算法，為什麼呢？那就是難在遞迴式！

很多複雜問題，很難找到相對應的遞迴式。實際上，一旦得到遞迴式，那演算法就已經實現了 99%，剩下的程式實作就非常簡單了。那麼後面的例子就重點講解遇到一個問題怎麼找到它的遞迴式。

蛇打三寸，一招致命。

4.3 孩子有多像爸爸—最長的公共子序列

假設爸爸對應的基因序列為 $X=\{x_1, x_2, x_3, \cdots, x_m\}$，孩子對應的基因序列 $Y=\{y_1, y_2, y_3, \cdots, y_n\}$，那麼怎麼找到他們有多少相似的基因呢？

如果按照嚴格遞增的順序，從爸爸的基因序列 X 中取出一些值，組成序列 $Z=\{x_{i1}, x_{i2}, x_{i3}, \cdots, x_{ik}\}$，其中足標 $\{i_1, i_2, i_3, \cdots, i_k\}$ 是一個嚴格遞增的序列。那麼就說 Z 是 X 的子序列，Z 中元素的個數就是該子序列的長度。

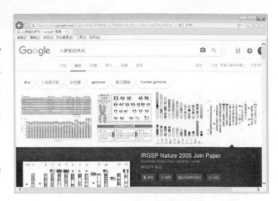

X 和 Y 的公共子序列是指該序列既是 X 的子序列，也是 Y 的子序列。

圖 4-3 人類基因序列

最長公共子序列問題是指：給定兩個序列 $X=\{x_1, x_2, x_3, \cdots, x_m\}$ 和 $Y=\{y_1, y_2, y_3, \cdots, y_n\}$，找出 X 和 Y 的一個最長的公共子序列。

4.3.1 問題分析

給定兩個序列 $X=\{x_1, x_2, x_3, \cdots, x_m\}$ 和 $Y=\{y_1, y_2, y_3, \cdots, y_n\}$，找出 X 和 Y 的一個最長的公共子序列。

例如：$X=(A, B, C, B, A, D, B)$，$Y=(B, C, B, A, A, C)$，那麼最長公共子序列是 B、C、B、A。

如何找到最長公共子序列呢？

如果使用暴力搜尋方法，需要窮舉 X 的所有子序列，檢查每個子序列是否也是 Y 的子序列，記錄找到的最長公共子序列。X 的子序列有 2^m 個，因此暴力求解的方法時間複雜度為指數階，這是我們避之不及的爆炸性時間複雜度。

那麼能不能用動態規劃演算法呢？

下面分析該問題是否具有最優子結構性質。

1）　分析最優解的結構特徵

假設已經知道 $Zk=\{z_1, z_2, z_3, \cdots, z_k\}$ 是 $Xm=\{x_1, x_2, x_3, \cdots, x_m\}$ 和 $Yn=\{y_1, y_2, y_3, \cdots, y_n\}$ 的最長公共子序列。這個假設很重要，我們都是這樣假設已經知道了最優解。

那麼可以分 3 種情況討論。

◆　$x_m= y_n= z_k$：那麼 $Z_{k-1}=\{z_1, z_2, z_3, \cdots, z_{k-1}\}$ 是 X_{m-1} 和 Y_{n-1} 的最長公共子序列，如圖 4-4 所示。

反證法證明：如果 $Z_{k-1}=\{z_1, z_2, z_3, \cdots, z_{k-1}\}$ 不是 X_{m-1} 和 Y_{n-1} 的最長公共子序列，那麼它們一定存在一個最長公共子序列。設 M 為 X_{m-1} 和 Y_{n-1} 的最長公共子序列，M 的長度大於 Z_{k-1} 的長度，即 $|M|>|Z_{k-1}|$。如果在 X_{m-1} 和 Y_{n-1} 的後面新增一個相同的字元 $x_m=y_n$，則 $z_k=x_m=y_n$，$|M+\{z_k\}|>|Z_{k-1}+\{z_k\}|=|Z_k|$，那麼 Z_k 不是 X_m 和 Y_n 的最長公共子序列，這與假設 Z_k 是 X_m 和 Y_n 的最長公共子序列矛盾，問題得證。

◆　$x_m \neq yn$，$x_m \neq z_k$：我們可以把 x_m 去掉，那麼 Z_k 是 X_{m-1} 和 Y_n 的最長公共子序列，如圖 4-5 所示。

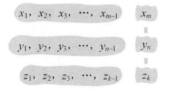

$x_1, x_2, x_3, \cdots, x_{m-1} \quad x_m$

$\|$

$y_1, y_2, y_3, \cdots, y_{n-1} \quad y_n$

$\|$

$z_1, z_2, z_3, \cdots, z_{k-1} \quad z_k$

圖 4-4　最長公共子序列

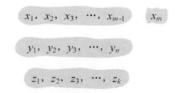

$x_1, x_2, x_3, \cdots, x_{m-1} \quad x_m$

$y_1, y_2, y_3, \cdots, y_n$

$z_1, z_2, z_3, \cdots, z_k$

圖 4-5　最長公共子序列

反證法證明：如果 Z_k 不是 X_{m-1} 和 Y_n 的最長公共子序列，那麼它們一定存在一個最長公共子序列。設 M 為 X_{m-1} 和 Y_n 的最長公共子序列，M 的長度大於 Z_k 的長度，即 $|M|>|Z_k|$。如果我們在 X_{m-1} 的後面新增一個字元 x_m，那麼 M 也是 X_m 和 Y_n 的最長公共子序列，因為 $|M|>|Z_k|$，那麼 Z_k 不是 X_m 和 Y_n 的最長公共子序列，這與假設 Z_k 是 X_m 和 Y_n 的最長公共子序列矛盾，問題得證。

◆　$x_m \neq y_n$，$y_n \neq z_k$：我們可以把 y_n 去掉，那麼 Z_k 是 X_m 和 Y_{n-1} 的最長公共子序列，如圖 4-6 所示。

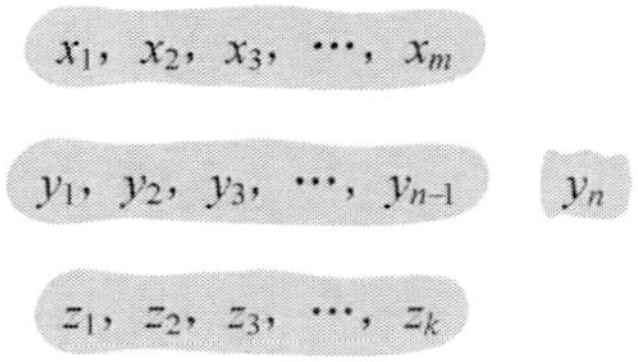

$x_1, x_2, x_3, \cdots, x_m$

$y_1, y_2, y_3, \cdots, y_{n-1} \quad y_n$

$z_1, z_2, z_3, \cdots, z_k$

圖 4-6　最長公共子序列

反證法證明：如果 Z_k 不是 X_m 和 Y_{n-1} 的最長公共子序列，那麼它們一定存在一個最長公共子序列。設 M 為 X_m 和 Y_{n-1} 的最長公共子序列，M 的長度大於 Z_k 的長度，即 $|M|>|Z_k|$。如果我們在 Y_{n-1} 的後面新增一個字元 y_n，那麼 M 也是 X_m 和 Y_n 的最長公共子序列，因為 $|M|>|Z_k|$，那麼 Z_k 不是 X_m 和 Y_n 的最長公共子序列，這與假設 Z_k 是 X_m 和 Y_n 的最長公共子序列矛盾，問題得證。

2） 建立最優值的遞迴式

設 $c[i][j]$ 表示 X_i 和 Y_j 的最長公共子序列長度。

◆ $x_m=y_n=z_k$：那麼 $c[i][j]=c[i-1][j-1]+1$。

◆ $x_m \neq y_n$：那麼我們只需要求解 X_i 和 Y_{j-1} 的最長公共子序列和 X_{i-1} 和 Y_j 的最長公共子序列，比較它們的長度哪一個更大，就取哪一個值。即 $c[i][j]=\max\{c[i][j-1], c[i-1][j]\}$。

◆ 最長公共子序列長度遞迴式：

$$c[i][j]=\begin{cases} 0 & ,i=0或j=0 \\ c[i-1][j-1]+1 & ,i、j>0且x_i=y_j \\ \max\{c[i][j-1],c[i-1][j]\} & ,i、j>0且x_i \neq y_j \end{cases}$$

3） 由下而上計算最優值，並記錄最優值和最優策略

$i=1$ 時：$\{x_1\}$ 和 $\{y_1, y_2, y_3, \cdots, y_n\}$ 中的字元一一比較，按遞迴式求解並記錄最長公共子序列長度。

$i=2$ 時：$\{x_2\}$ 和 $\{y_1, y_2, y_3, \cdots, y_n\}$ 中的字元一一比較，按遞迴式求解並記錄最長公共子序列長度。

……

$i=m$ 時：$\{x_m\}$ 和 $\{y_1, y_2, y_3, \cdots, y_n\}$ 中的字元一一比較，按遞迴式求解並記錄最長公共子序列長度。

4） 建構最優解

上面的求解過程只是得到了最長公共子序列長度，並不知道最長公共子序列是什麼，那怎麼辦呢？

例如，現在已經求出 $c[m][n]$=5，表示 X_m 和 Y_n 的最長公共子序列長度是 5，那麼這個 5 是怎麼得到的呢？我們可以反向追蹤 5 是從哪裡來的。根據遞推式，有如下列情況。

$x_i = y_j$ 時：$c[i][j] = c[i-1][j-1]+1$；
$x_i \neq y_j$ 時：$c[i][j] = \max\{c[i][j-1], c[i-1][j]\}$；

那麼 $c[i][j]$ 的來源一共有 3 個：$c[i][j]=c[i-1][j-1]+1$，$c[i][j]=c[i][j-1]$，$c[i][j]=c[i-1][j]$。在第 3 步由下而上計算最優值時，用一個輔助陣列 $b[i][j]$ 記錄這 3 個來源：

$c[i][j] = c[i-1][j-1]+1$，$b[i][j]$=1；
$c[i][j] = c[i][j-1]$，$b[i][j]$=2；
$c[i][j] = c[i-1][j]$，$b[i][j]$=3。

這樣就可以根據 $b[m][n]$ 反向追蹤最長公共子序列，當 $b[i][j]$=1 時，輸出 x_i；當 $b[i][j]$=2 時，追蹤 $c[i][j-1]$；當 $b[i][j]$=3 時，追蹤 $c[i-1][j]$，直到 i=0 或 j=0 停止。

4.3.2　演算法設計

最長公共子序列問題滿足動態規劃的最優子結構性質，可由下而上逐步得到最優解。

1）　確定合適的資料結構

採用二維陣列 $c[][]$ 來記錄最長公共子序列的長度，二維陣列 $b[][]$ 來記錄最長公共子序列的長度的來源，以便演算法結束時倒推求解得到該最長公共子序列。

2）　初始化

輸入兩個字串 s_1、s_2，初始化 $c[][]$ 第一行第一列元素為 0。

3）　迴圈階段

◆ i=1：$s_1[0]$ 與 $s_2[j-1]$ 比較，j=1，2，3，…，$len2$。

如果 $s_1[0]=s_2[j-1]$，$c[i][j]=c[i-1][j-1]+1$；並記錄最優策略來源 $b[i][j]$=1；

如果 $s_1[0] \neq s_2[j-1]$，則公共子序列的長度為 $c[i][j-1]$ 和 $c[i-1][j]$ 中的最大值，如果 $c[i][j-1] \geq c[i-1][j]$，則 $c[i][j]=c[i][j-1]$，最優策略來源 $b[i][j]=2$；否則 $c[i][j]=c[i-1][j]$，最優策略來源 $b[i][j]=3$。

◆ $i=2$：$s_1[1]$ 與 $s_2[j-1]$ 比較，$j=1$，2，3，$\cdots$，$len2$。

◆ 以此類推，直到 $i>len1$ 時，演算法結束，這時 $c[len1][len2]$ 就是最長公共序列的長度。

4） 建構最優解

根據最優決策資訊陣列 $b[][]$ 遞迴建構最優解，即輸出最長公共子序列。因為我們在求最長公共子序列長度 $c[i][j]$ 的過程中，用 $b[i][j]$ 記錄了 $c[i][j]$ 的來源，那麼就可以根據 $b[i][j]$ 陣列倒推最優解。

如果 $b[i][j]=1$，說明 $s_1[i-1]=s_2[j-1]$，那麼就可以遞迴求解 print($i-1$, $j-1$)；然後輸出 $s_1[i-1]$。

請注意：如果先輸出，後遞迴求解 print($i-1$, $j-1$)，則輸出的結果是倒序。

如果 $b[i][j]=2$，說明 $s_1[i-1] \neq s_2[j-1]$ 且最優解來源於 $c[i][j]=c[i][j-1]$，遞迴求解 print(i, $j-1$)。

如果 $b[i][j]=3$，說明 $s_1[i-1] \neq s_2[j-1]$ 且最優解來源於 $c[i][j]=c[i-1][j]$，遞迴求解 print($i-1$, j)。當 $i==0 \| j==0$ 時，遞迴結束。

4.3.3 完美圖解

以字串 s_1=「ABCADAB」，s_2=「BACDBA」為例。

1） 初始化

$len1=7$，$len2=6$，初始化 $c[][]$ 第一行、第一列元素為 0，如圖 4-7 所示。

$c[\ ][\ ]$	0	1	2	3	4	5	6
0	0	0	0	0	0	0	0
1	0						
2	0						
3	0						
4	0						
5	0						
6	0						
7	0						

圖 4-7　$c[\ ][\ ]$初始化

2） $i=1$：$s_1[0]$ 與 $s_2[j-1]$ 比較，$j=1$，2，3，$\cdots$，$len2$。即「A」與「BACDBA」分別比較一次。

如果字元相等，$c[i][j]$ 取左上角數值加 1，記錄最優值來源 $b[i][j]=1$。

如果字元不等，取左側和上面數值中的最大值。如果左側和上面數值相等，預設取左側數值。如果 $c[i][j]$ 的值來源於左側 $b[i][j]=2$，來源於上面 $b[i][j]=3$。

◆ $j=1$：A≠B，左側=上面，取左側數值，$c[1][1]=0$，最優策略來源 $b[1][1]=2$，如圖 4-8 所示。

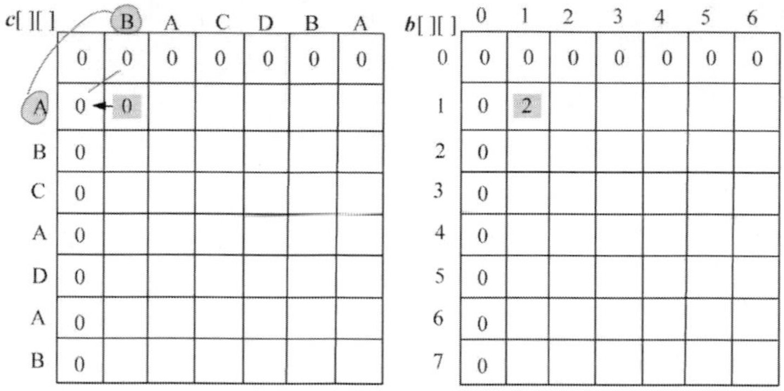

圖 4-8　最長公共子序列求解過程

◆ $j=2$：A=A，則取左上角數值加 1，$c[1][2]=c[0][1]+1=1$，最優策略來源 $b[1][2]=1$，如圖 4-9 所示。

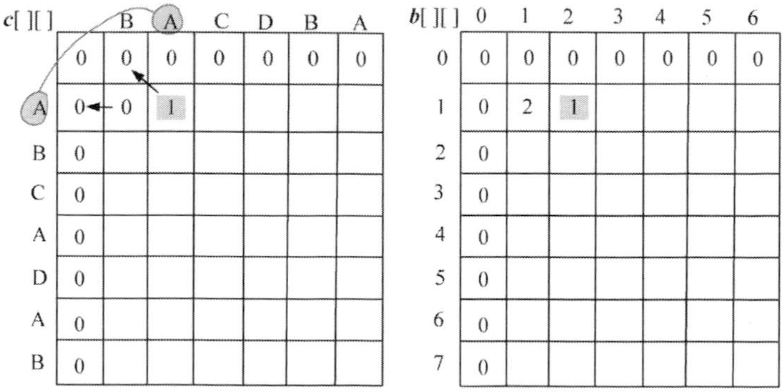

圖 4-9　最長公共子序列求解過程

趣學演算法

◆ *j*=3：A≠C，左側≥上面，取左側數值，*c*[1][3]=1，最優策略來源 *b*[1][3]=2，如圖 4-10 所示。

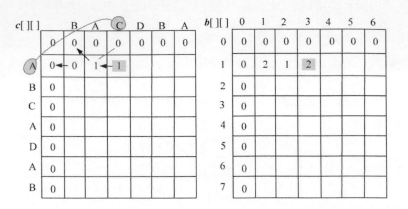

圖 4-10　最長公共子序列求解過程

◆ *j*=4：A≠D，左側≥上面，取左側數值，*c*[1][4]=1，最優策略來源 *b*[1][4]=2，如圖 4-11 所示。

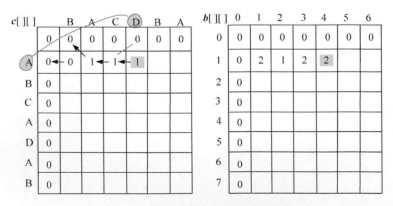

圖 4-11　最長公共子序列求解過程

◆ *j*=5：A≠B，左側≥上面，取左側數值，*c*[1][5]=1，最優策略來源 *b*[1][5]=2，如圖 4-12 所示。

178

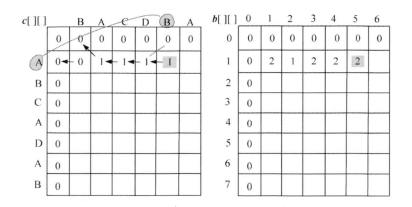

圖 4-12　最長公共子序列求解過程

◆ j=6：A=A，則取左上角數值加 1，c[1][6]=1，最優策略來源 b[1][6]=1，如圖 4-13 所示。

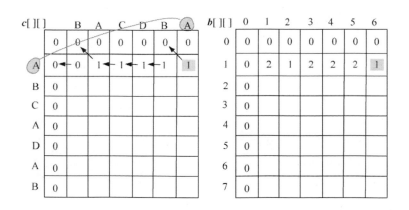

圖 4-13　最長公共子序列求解過程

3）　i=2：s_1[1] 與 s_2[j-1] 比較，j=1，2，3，…，$len2$。即「B」與「BACDBA」分別比較一次。

如果字元相等，c[i][j] 取左上角數值加 1，記錄最優值來源 b[i][j]=1。

如果字元不等，取左側和上面數值中的最大值。如果左側和上面數值相等，預設取左側數值。如果 c[i][j] 的值來源於左側 b[i][j]=2，來源於上面 b[i][j]=3，如圖 4-14 所示。

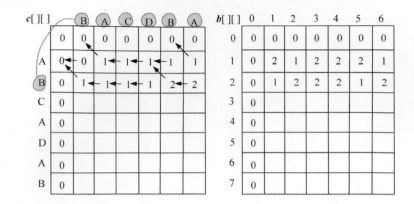

圖 4-14　最長公共子序列求解過程

4） 繼續處理 $i=2$，3，$\cdots$，$len1$：$s_1[i-1]$ 與 $s_2[j-1]$ 比較，$j=1$，2，3，$\cdots$，$len2$。處理結果如圖 4-15 所示。

$c[][]$ 右下角的值即為最長公共子序列的長度。$c[7][6]=4$，即字串 s_1=「ABCADAB」，s_2=「BACDBA」的最長公共子序列的長度為 4。

那麼最長公共子序列包含哪些字元呢？

5） 建構最優解

首先讀取 $b[7][6]=2$，說明來源為 2，向左找 $b[7][5]$；

$c[][]$		B	A	C	D	B	A
	0	0	0	0	0	0	0
A	0	0	1	1	1	1	1
B	0	1	1	1	1	2	2
C	0	1	1	2	2	2	2
A	0	1	2	2	2	2	3
D	0	1	2	2	3	3	3
A	0	1	2	2	3	3	4
B	0	1	2	2	3	4	4

$b[][]$	0	1	2	3	4	5	6
0	0	0	0	0	0	0	0
1	0	2	1	2	2	2	1
2	0	1	2	2	2	1	2
3	0	3	2	1	2	2	2
4	0	3	1	2	2	2	1
5	0	3	3	2	1	2	2
6	0	3	1	2	3	2	1
7	0	1	3	2	3	1	2

圖 4-15　最長公共子序列求解結果

b[7][5]=1，向左上角找 b[6][4]，返回時輸出 s[6]=「B」；

b[6][4]=3，向上找 b[5][4]；

b[5][4]=1，向左上角找 b[4][3]，返回時輸出 s[4]=「D」；

b[4][3]=2，向左找 b[4][2]；

b[4][2]=1，向左上角找 b[3][1]，返回時輸出 s[3]=「C」；

b[3][1]=3，向上找 b[2][1]；

b[2][1]=1，向左上角找，返回時輸出 s[1]=「B」；

b[1][0] 中列為 0，演算法停止，返回，輸出最長公共子序列為 BCDB，如圖 4-16 所示。

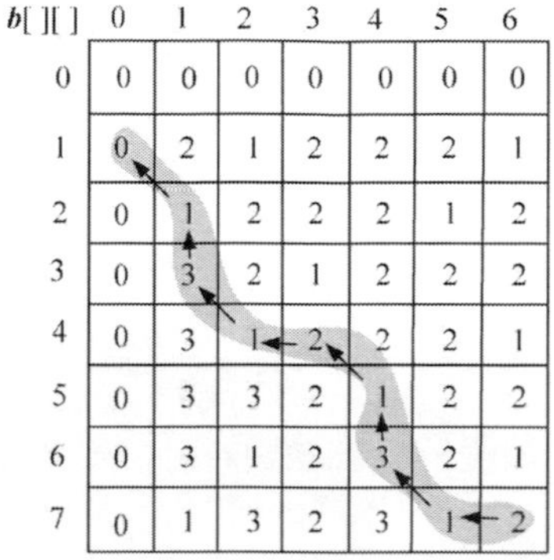

圖 4-16　最長公共子序列建構最優解

4.3.4 虛擬程式碼詳解

1）　最長公共子序列求解函數

首先計算兩個字串的長度，然後從 i=1 開始，s_1[0] 與 s_2 中的每一個字元比較。

如果目前字元相同，則公共子序列的長度為 c[i-1][j-1]+1，並記錄最優策略來源 b[i][j]=1。

如果目前字元不相同，則公共子序列的長度為 c[i][j-1] 和 c[i-1][j] 中的最大值，如果 c[i][j-1]≥c[i-1][j]，則最優策略來源 b[i][j]=2；如果 c[i][j-1]<c[i-1][j]，則最優策略來源 b[i][j]=3。直到 i>$len1$ 時，演算法結束，這時 c[$len1$][$len2$] 就是我們要的最長公共序列長度。

```
Void LCSL()
{
    int i,j;
    for(i = 1;i <= len1;i++)      //控制 s1 序列
      for(j = 1;j <= len2;j++)    //控制 s2 序列
      {
        if(s1[i-1]==s2[j-1])      //字元足標從 0 開始
        {   //如果目前字元相同，則公共子序列的長度為該字元前的最長公共序列+1
            c[i][j] = c[i-1][j-1]+1;
            b[i][j] = 1;
        }
        else
        {
```

```
            if(c[i][j-1]>=c[i-1][j]) //兩者找最大值，並記錄最優策略來源
            {
                    c[i][j] = c[i][j-1];
                    b[i][j] = 2;
            }
            else
            {
                    c[i][j] = c[i-1][j];
                    b[i][j] = 3;
            }
        }
    }
}
```

2） 最優解輸出函數

輸出最優解仍然使用倒推法。因為我們在求最長公共子序列長度 $c[i][j]$ 的過程中，用 $b[i][j]$ 記錄了 $c[i][j]$ 的來源，那麼就可以根據 $b[i][j]$ 陣列倒推最優解。

如果 $b[i][j]=1$，說明 $s_1[i-1]=s_2[j-1]$，那麼我們就可以遞迴輸出 print(i-1, j-1)；然後輸出 $s_1[i-1]$。

如果 $b[i][j]=2$，說明 $s_1[i-1] \neq s_2[j-1]$ 且最優解來源於 $c[i][j]=c[i][j-1]$，遞迴輸出 print(i, j-1)。

如果 $b[i][j]=3$，說明 $s_1[i-1] \neq s_2[j-1]$ 且最優解來源於 $c[i][j]=c[i-1][j]$，遞迴輸出 print(i-1, j)。當 i==0 $\|$ j==0 時，遞迴結束。

```
Void print(int i, int j)//根據記錄下來的資訊建構最長公共子序列（從 b[i][j]開始遞推）
{
    if(i==0 || j==0) return;
    if(b[i][j]==1)
    {
        print(i-1,j-1);
        cout<<s1[i-1];
    }
    else if(b[i][j]==2)
            print(i,j-1);
        else print(i-1,j);
}
```

4.3.5 實戰演練

```
//program 4-1
#include <iostream>
#include<cstring>
using namespace std;
const int N=1002;
int c[N][N],b[N][N];
```

```
char s1[N],s2[N];
int len1,len2;
void LCSL()
{
    int i,j;
    for(i = 1;i <= len1;i++)//控制 s1 序列
      for(j = 1;j <= len2;j++)//控制 s2 序列
      {
        if(s1[i-1]==s2[j-1])
        {//如果目前字元相同，則公共子序列的長度為該字元前的最長公共序列+1
            c[i][j] = c[i-1][j-1]+1;
            b[i][j] = 1;
        }
        else
        {
            if(c[i][j-1]>=c[i-1][j])
            {
                c[i][j] = c[i][j-1];
                b[i][j] = 2;
            }
            else
            {
                c[i][j] = c[i-1][j];
                b[i][j] = 3;
            }
        }
      }
}

void print(int i, int j)//根據記錄下來的資訊建構最長公共子序列（從 b[i][j]開始遞推）
{
    if(i==0 || j==0) return;
    if(b[i][j]==1)
    {
        print(i-1,j-1);
        cout<<s1[i-1];
    }
    else if(b[i][j]==2)
            print(i,j-1);
        else
            print(i-1,j);
}

int main()
{
    int i,j;
    cout << "輸入字串 s1 : "<<endl;
    cin >> s1;
    cout << "輸入字串 s2 : "<<endl;
    cin >> s2;
    len1 = strlen(s1);//計算兩個字串的長度
    len2 = strlen(s2);
    for(i = 0;i <= len1;i++)
    {
        c[i][0]=0;//初始化第一列為 0
```

```
    }
    for(j = 0;j<= len2;j++)
    {
        c[0][j]=0;//初始化第一行為0
    }
    LCSL();    //求解最長公共子序列
    cout << "s1 和 s2 的最長公共子序列長度是："<<c[len1][len2]<<endl;
    cout << "s1 和 s2 的最長公共子序列是：";
    print(len1,len2);    //遞迴建構最長公共子序列最優解
    return 0;
}
```

演算法實作和測試

1） 執行環境

```
Code::Blocks
```

2） 輸入

```
輸入字串 s1：
ABCADAB
輸入字串 s2：
BACDBA
```

3） 輸出

```
s1 和 s2 的最長公共子序列長度是：4
s1 和 s2 的最長公共子序列是：BADB
```

4.3.6 演算法解析及優化擴充

演算法複雜度分析

1） 時間複雜度：由於每個陣列單元的計算耗費 $O(1)$ 時間，如果兩個字串的長度分別是 m、n，那麼演算法時間複雜度為 $O(m*n)$。

2） 空間複雜度：空間複雜度主要為兩個二維陣列 $c[][]$，$b[][]$，佔用的空間為 $O(m*n)$。

演算法優化擴充

因為 $c[i][j]$ 有 3 種來源：$c[i-1][j-1]+1$、$c[i][j-1]$、$c[i-1][j]$。我們可以利用 c 陣列本身來判斷來源於哪個值，從而不用 $b[][]$，這樣可以節省 $O(m*n)$ 個空間。但因為 c 陣列還是

$O(m*n)$ 個空間，所有空間複雜度數量級仍然是 $O(m*n)$，只是從常數因數上的改進。仍然是倒推的辦法，如圖 4-17 所示，讀者可以想一想怎麼做？

c[ ][ ]		B	A	C	D	B	A
	0	0	0	0	0	0	0
A	0	0	1	1	1	1	1
B	0	1	1	1	1	2	2
C	0	1	1	2	2	2	2
A	0	1	2	2	2	2	3
D	0	1	2	2	3	3	3
A	0	1	2	2	3	3	4
B	0	1	2	2	3	4	4

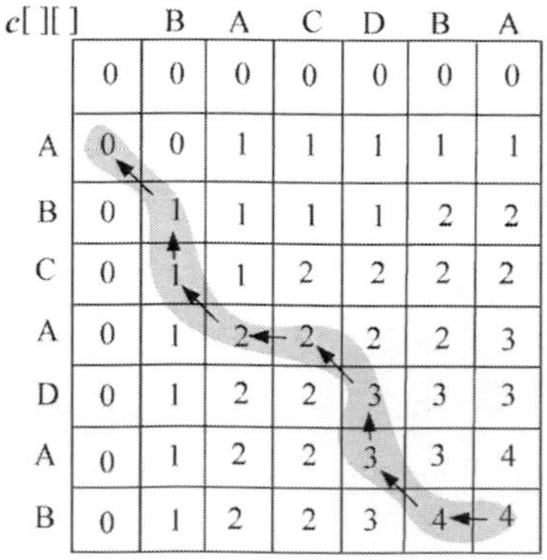

圖 4-17　最長公共子序列建構最優解（不用輔助陣列）

4.4 DNA 基因鑒定—編輯距離

我們經常會聽說 DNA 親子鑒定是怎麼回事呢？人類的 DNA 由 4 個基本字母{A，C，G，T}構成，包含了多達 30 億個字元。如果兩個人的 DNA 序列相差 0.1%，仍然意味著有 300 萬個位置不同，所以我們通常看到的 DNA 親子鑒定報告上結論有：相似度 99.99%，不排除親子關係。

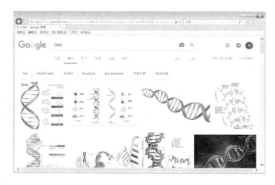

圖 4-18　DNA

怎麼判斷兩個基因的相似度呢？生物學上給出了一種編輯距離的概念。

例如兩個字串 FAMILY 和 FRAME，有多種對齊方式：

F - A M I L Y	- F A M I L Y	- F A M I L Y
F R A M E	F R A M E	F R A M - - E

第一種對齊需要付出的代價：4，插入 R，I 替換為 E，刪除 L、Y。

第二種對齊需要付出的代價：5，插入 F，F 替換為 R，I 替換為 E，刪除 L、Y。

第三種對齊需要付出的代價：5，插入 F，F 替換為 R，刪除 I、L，Y 替換為 E。

編輯距離是指將一個字串變換為另一個字串所需要的最小編輯操作。

怎麼找到兩個字串 $x[1, \cdots, m]$ 和 $y[1, \cdots, n]$ 的編輯距離呢？

4.4.1 問題分析

編輯距離是指將一個字串變換為另一個字串所需要的最小編輯操作。

給定兩個序列 $X=\{x_1, x_2, x_3, \cdots, x_m\}$ 和 $Y=\{y_1, y_2, y_3, \cdots, y_n\}$，找出 X 和 Y 的編輯距離。

例如：$X=(A, B, C, D, A, B)$，$Y=(B, D, C, A, B)$。如果用窮舉法，會有很多種對齊方式，暴力窮舉的方法是不可取的。那麼怎麼找到編輯距離呢？

首先考慮能不能把原問題變成規模更小的子問題，如果可以，那就會容易得多。

要求兩個字串 $X=\{x_1, x_2, x_3, \cdots, x_m\}$ 和 $Y=\{y_1, y_2, y_3, \cdots, y_n\}$ 的編輯距離，那麼可以求其首碼 $X_i=\{x_1, x_2, x_3, \cdots, x_i\}$ 和 $Y_j=\{y_1, y_2, y_3, \cdots, y_j\}$ 的編輯距離，當 $i=m$，$j=n$ 時就得到了所有字元的編輯距離。

那麼能不能用動態規劃演算法呢？

下面我們分析該問題是否具有最優子結構性質。

1）分析最優解的結構特徵

假設已經知道 $d[i][j]$ 是 $X_i=\{x_1, x_2, x_3, \cdots, x_i\}$ 和 $Y_j=\{y_1, y_2, y_3, \cdots, y_j\}$ 的編輯距離最優解。這個假設很重要，我們都是這樣假設已經知道了最優解。

那麼兩個序列無論怎麼對齊，其右側只可能有如下 3 種對齊方式：

◆ 如圖 4-19 所示。需要刪除 x_i，付出代價 1，那麼我們只需要求解子問題 $\{x_1, x_2, x_3, \cdots, x_{i-1}\}$ 和 $\{y_1, y_2, y_3, \cdots, y_j\}$ 的編輯距離再加 1 即可，即 $d[i][j]=d[i-1][j]+1$。$d[i-1][j]$ 是 X_{i-1} 和 Y_j 的最優解。

反證法證明：設 $d[i-1][j]$ 不是 X_{i-1} 和 Y_j 的最優解，那麼它們一定存在一個最優解 d'，$d' < d[i-1][j]$。如果在 X_{i-1} 的後面新增一個字元 x_i，$d'+1$ 也是 X_i 和 Y_j 的最優解，因為 $d'+1 < d[i-1][j]+1 = d[i][j]$，所以 $d[i][j]$ 不是 X_i 和 Y_j 的最優解，這與假設 $d[i][j]$ 是 X_i 和 Y_j 的最優解矛盾，問題得證。

◆ 如圖 4-20 所示。需要插入 y_j，付出代價 1，那麼我們只需要求解子問題 $\{x_1, x_2, x_3, \cdots, x_i\}$ 和 $\{y_1, y_2, y_3, \cdots, y_{j-1}\}$ 的編輯距離再加 1 即可，即 $d[i][j]=d[i][j-1]+1$。$d[i][j-1]$ 是 X_i 和 Y_{j-1} 的最優解。

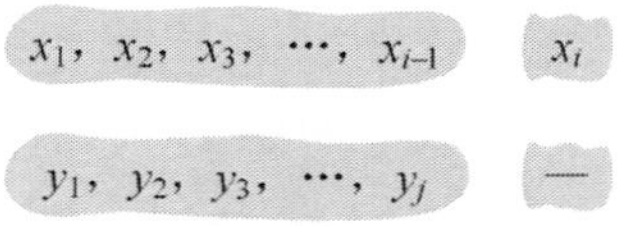

圖 4-19　編輯距離對齊方式 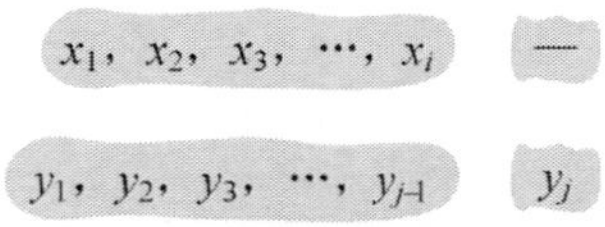　　　　圖 4-20　編輯距離對齊方式

同理可證。

◆ 如圖 4-21 所示。如果 $x_i=y_j$，付出代價 0，如果 $x_i \neq y_j$，需要替換，付出代價 1，我們用函數 $diff(i, j)$ 來表達，$x_i=y_j$ 時，$diff(i, j)=0$；$x_i \neq y_j$ 時，$diff(i, j)=1$。那麼我們只需要求解子問題 $\{x_1, x_2, x_3, \cdots, x_{i-1}\}$ 和 $\{y_1, y_2, y_3, \cdots, y_{j-1}\}$ 的編輯距離再加 $diff(i, j)$ 即可，即 $d[i][j]=d[i-1][j-1]+diff(i, j)$。$d[i-1][j-1]$ 是 X_{i-1} 和 Y_{j-1} 的最優解。

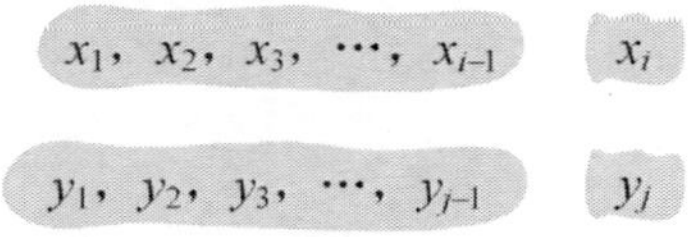

圖 4-21　編輯距離對齊方式

同理可證。

2）建立最優值遞迴式

設 $d[i][j]$ 表示 X_i 和 Y_j 的編輯距離，則 $d[i][j]$ 取以上三者對齊方式的最小值。

編輯距離遞迴式：

$$d[i][j] = \min\{d[i-1][j]+1, d[i][j-1]+1, d[i-1][j-1]+diff(i,j)\}$$

3）由下而上計算最優值，並記錄最優值和最優策略。

$i=1$ 時：$\{x_1\}$ 和 $\{y_1, y_2, y_3, \cdots, y_n\}$ 中的字元一一比較，按遞迴式求解並記錄編輯距離。

$i=2$ 時：$\{x_2\}$ 和 $\{y_1, y_2, y_3, \cdots, y_n\}$ 中的字元一一比較，按遞迴式求解並記錄編輯距離。

……

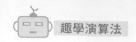

$i=m$ 時：$\{x_m\}$ 和 $\{y_1, y_2, y_3, \cdots, y_n\}$ 中的字元一一比較，按遞迴式求解並記錄編輯距離。

4） 建構最優解

如果僅僅需要知道編輯距離是多少，上面的求解過程得到的編輯距離就是最優值。如果還想知道插入、刪除、替換了哪些字母，就需要從 $d[i][j]$ 表格中倒推，輸出這些結果。

4.4.2 演算法設計

編輯距離問題滿足動態規劃的最優子結構性質，可以由下而上逐漸推出整體最優解。

1） 確定合適的資料結構

採用二維陣列 $d[][]$ 來記錄編輯距離。

2） 初始化

輸入兩個字串 s_1、s_2，初始化 $d[][]$ 第一行為 0，1，2，$\cdots$，$len2$，第一列元素為 0，1，2，$\cdots$，$len1$。

3） 迴圈階段

◆ $i=1$：$s_1[0]$ 與 $s_2[j-1]$ 比較，$j=1$，2，3，$\cdots$，$len2$。

如果 $s_1[0]=s_2[j-1]$，$\mathit{diff}[i][j]=0$。

如果 $s_1[0] \neq s_2[j-1]$，則 $\mathit{diff}[i][j]=1$。

$$d[i][j] = \min\{d[i-1][j]+1, d[i][j-1]+1, d[i-1][j-1]+\mathit{diff}(i,j)\}$$

◆ $i=2$：$s_1[1]$ 與 $s2[j-1]$ 比較，$j=1$，2，3，$\cdots$，$len2$。

◆ 以此類推，直到 $i>len1$ 時，演算法結束，這時 $d[len1][len2]$ 就是我們要的最優解。

4） 建構最優解

從 $d[i][j]$ 表格中倒推，輸出插入、刪除、替換了哪些字母。在此沒有使用輔助陣列，採用判斷的方式倒推。

4.4.3 完美圖解

以字串 s_1=「FAMILY」，s_2=「FRAME」為例。

1） 初始化

   $len1$=6，$len2$=5，初始化 d[][] 第一行為 0，1，2，…，5，第一列元素為 0，1，2，…，6，如圖 4-22 所示。

2） i=1：s_1[0] 與 s_2[j-1] 比較，j=1，2，3，…，$len2$。即「F」與「FRAME」分別比較一次。

   如果字元相等，$diff$[i][j]=0，否則 $diff$[i][j]=1。按照遞迴公式：

   $$d[i][j] = \min\{d[i-1][j]+1, d[i][j-1]+1, d[i-1][j-1]+diff(i,j)\}$$

   即取上面+1，左側+1，左上角數值加 $diff$[i][j] 這 3 個數當中的最小值，相等時取後者。

   ◆ j=1：F=F，$diff$[1][1]=0，左上角數值加 $diff$[1][1]=0，左側+1=上面+1=2，3 個數當中的最小值，d[1][1]=0，如圖 4-23 所示。

d[ ][ ]	F	R	A	M	E
	0	1	2	3	4	5
F	1					
A	2					
M	3					
I	4					
L	5					
Y	6					

圖 4-22　編輯距離求解初始化

d[ ][ ]		F	R	A	M	E
		0	1	2	3	4	5
F		1	0				
A		2					
M		3					
I		4					
L		5					
Y		6					

圖 4-23　編輯距離求解過程

   ◆ j=2：F≠R，$diff$[1][2]=1，左上角數值加 $diff$[1][2]=2，左側+1=1，上面+1=3，取 3 個數當中的最小值，d[1][2]=1，如圖 4-24 所示。

   ◆ j=3：F≠A，$diff$[1][3]=1，左上角數值加 $diff$[1][3]=3，左側+1=2，上面+1=4，取 3 個數當中的最小值，d[1][3]=2，如圖 4-25 所示。

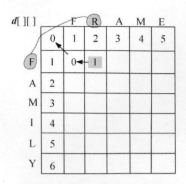

圖 4-24　編輯距離求解過程

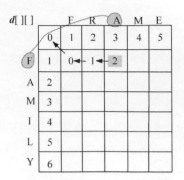

圖 4-25　編輯距離求解過程

◆ j=4：F≠M：$diff$[1][4]=1，左上角數值加 $diff$[1][4]=4，左側+1=3，上面+1=5，取 3 個數當中的最小值，d[1][4] =3，如圖 4-26 所示。

◆ j=5：F≠E，$diff$[1][5]=1，左上角數值加 $diff$[1][5]=5，左側+1=4，上面+1=6，取 3 個數當中的最小值，d[1][5] =4，如圖 4-27 所示。

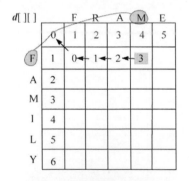

圖 4-26　編輯距離求解過程

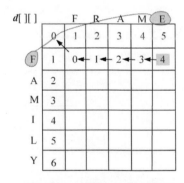

圖 4-27　編輯距離求解過程

3）i=2：s_1[1] 與 s_2[j-1] 比較，j=1，2，3，…，$len2$。即「A」與「FRAME」分別比較一次。

如果字元相等，$diff$[i][j]=0，否則 $diff$[i][j]=1。按照遞迴公式：

$$d[i][j] = \min\{d[i-1][j]+1, d[i][j-1]+1, d[i-1][j-1] + diff(i,j)\}$$

即取上面+1，左側+1，左上角數值加 $diff$[i][j] 3 個數當中的最小值，若是相等時取後者。

填寫完畢，如圖 4-28 所示。

4）繼續處理 $i=2$，3，…，$len1$：$s_1[i-1]$ 與 $s_2[j-1]$ 比較，$j=1$，2，3，…，$len2$，處理結果如圖 4-29 所示。

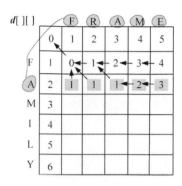

圖 4-28　編輯距離求解過程

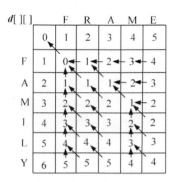

圖 4-29　編輯距離求解結果

5）建構最優解

從右下角開始，逆向尋找 $d[i][j]$ 的來源：**上面**（即 $d[i][j]=d[i-1][j]+1$）表示需要刪除，**左側**（即 $d[i][j]=d[i][j-1]+1$）表示需要插入，**左上角**（即 $d[i][j]=d[i-1][j-1]+$ $diff[i][j]$）要判斷是否字元相等，如果不相等則需要替換，如果字元相等什麼也不做，如圖 4-30 所示。為什麼是這樣呢？不清楚的讀者可以回看 4.4.1 節。

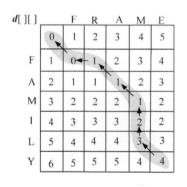

圖 4-30　編輯距離最優解建構過程

◆ 首先讀取右下角 $d[6][5]=4$，$s_1[5] \neq s_2[4]$，$d[6][5]$ 來源於 3 個數當中的最小值：上面 +1=4，左側+1=5，左上角數值+$diff[i][j]$=4，相等時取後者。來源於左上角，需要替換操作。返回時輸出 $s_1[5]$ 替換為 $s_2[4]$，即「Y」**替換**為「E」。

◆ 向左上角找 $d[5][4]=3$，$s_1[4] \neq s_2[3]$。$d[5][4]$ 來源於 3 個數當中的最小值：上面 +1=3，左側+1=5，左上角數值+$diff[i][j]$=4。來源於上面，需要刪除操作。返回時輸出刪除 $s_1[4]$，即**刪除**「L」。

◆ 向上面找 $d[4][4]=2$，$s_1[3] \neq s_2[3]$。$d[4][4]$ 來源於 3 個數當中的最小值：上面+1=2，左側+1=4，左上角數值+$diff[i][j]$=3。來源於上面，需要刪除操作。返回時輸出刪除 $s_1[3]$，即**刪除「I」**。

◆ 向上面找 $d[3][4]=1$，$s_1[2]=s_2[3]$，不需操作。$d[3][4]$ 來源於上面+1=3，左側+1=3，左上角數值+$diff[i][j]$=13 個數當中的最小值。來源於左上角，因為字元相等什麼也不做。返回時不輸出。

◆ 向左上角找 $d[2][3]=1$，$s_1[1]=s_2[2]$，不需操作。$d[2][3]$ 來源於 3 個數當中的最小值：上面+1=3，左側+1=2，左上角數值+$diff[i][j]$=1。來源於左上角，因為字元相等什麼也不做。返回時不輸出。

◆ 向左上角找 $d[1][2]=1$，$s_1[0] \neq s_2[1]$。$d[1][2]$ 來源於 3 個數當中的最小值：上面+1=3，左側+1=1，左上角數值+$diff[i][j]$=2。來源於左側，需要插入操作。返回時輸出在第 1 個字元之後插入 $s_2[1]$，即**插入「R」**。

◆ 向左側找 $d[1][1]=0$，$s_1[0]=s_2[0]$。$d[1][1]$ 來源於 3 個數當中的最小值：上面+1=2，左側+1=2，左上角數值+$diff[i][j]$=0。來源於左上角，因為字元相等什麼也不做。返回時不輸出。

◆ 行或列為 0 時，演算法停止。

4.4.4 虛擬程式碼詳解

編輯距離求解函數：首先計算兩個字串的長度，然後從 $i=1$ 開始，比較 $s_1[0]$ 和 $s_2[]$ 中的每一個字元，如果字元相等，$diff[i][j]=0$，否則 $diff[i][j]=1$。因為這個值不需要記錄，僅在公式表達時用陣列表示，在程式設計時只用一個變數 $diff$ 就可以了。

取上面+1（即 $d[i][j]=d[i-1][j]+1$），左側+1（即 $d[i][j]=d[i][j-1]+1$），左上角數值+$diff[i][j]$（即 $d[i][j]=d[i-1][j-1]+diff[i][j]$）三者當中的最小值，相等時取後者。

直到 $i>len1$ 時，演算法結束，這時 $d[len1][len2]$ 就是我們要的編輯距離。

```
int editdistance(char *str1, char *str2)
{
    int len1 = strlen(str1);        //計算字串長度
    int len2 = strlen(str2);
    for(int i=0;i<=len1;i++)        //當第二個串長度為0，編輯距離初始化為i
        d[i][0]= i;
    for(int j=0;j<=len2;j++)        //當第一個串長度為0，編輯距離初始化為j
```

```
            d[0][j]=j;
    for(int i=1;i <=len1;i++)      //遍訪兩個字串
    {
        for(int j=1;j<=len2;j++)
        {
            int diff;//判斷 str[i]是否等於 str2[j],相等為 0，不相等為 1
            if(str1[i-1] == str2[j-1]) //相等
                diff = 0 ;
            else
                diff = 1 ;
            int temp = min(d[i-1][j] + 1, d[i][j-1] + 1);//先兩者取最小值
            d[i][j] = min(temp, d[i-1][j-1] + diff);//再取最小值，
                    //相當於三者取最小值 d[i-1][j] + 1, d[i][j-1] + 1，d[i-1][j-1] + diff
        }
    }
    return d[len1][len2];
}
```

4.4.5　實戰演練

```
//program 4-2
#include <iostream>
#include <cstring>
using namespace std;
const int N=100;
char str1[N],str2[N];
int d[N][N]; //d[i][j]表示 str1 前 i 個字元和 str2 前 j 個字元的編輯距離。
int min(int a, int b)
{
    return a<b?a:b;//返回較小的值
}
int editdistance (char *str1, char *str2)
{
    int len1 = strlen(str1); //計算字串長度
    int len2 = strlen(str2);
    for(int i=0;i<=len1;i++)//當第二個串長度為 0，編輯距離初始化為 i
        d[i][0]= i;
    for(int j=0;j<=len2;j++)//當第一個串長度為 0，編輯距離初始化為 j
        d[0][j]=j;
    for(int i=1;i <=len1;i++)//遍訪兩個字串
    {
        for(int j=1;j<=len2;j++)
        {
            int diff;//判斷 str[i]是否等於 str2[j],相等為 0，不相等為 1
            if(str1[i-1] == str2[j-1])//相等
                diff = 0 ;
            else
                diff = 1 ;
            int temp = min(d[i-1][j] + 1, d[i][j-1] + 1);//先兩者取最小值
            d[i][j] = min(temp, d[i-1][j-1] + diff);//再取最小值，
                    //相當於三者取最小值 d[i-1][j] + 1, d[i][j-1] + 1，d[i-1][j-1] + diff
        }
    }
    return d[len1][len2];
```

```
}
int main()
{
    cout << "輸入字串 str1："<<endl;
    cin >> str1;
    cout << "輸入字串 str2："<<endl;
    cin >> str2;
    cout << str1<< "和"<<str2<<"的編輯距離是："<<editdistance (str1,str2);
    return 0;
}
```

演算法實作和測試

1) 執行環境

```
Code::Blocks
```

2) 輸入

```
輸入字串 str1：
family
輸入字串 str2：
frame
```

3) 輸出。

```
family 和 frame 的編輯距離是：4
```

4.4.6 演算法解析及優化擴充

演算法複雜度分析

1) 時間複雜度：演算法有兩個 for 迴圈，一個雙重 for 迴圈。如果兩個字串的長度分別是 m、n，前兩個 for 迴圈時間複雜度為 $O(n)$ 和 $O(m)$，雙重 for 迴圈時間複雜度為 $O(n*m)$，所以總體時間複雜度為 $O(n*m)$。

2) 空間複雜度：使用了 d[][] 陣列，空間複雜度為 $O(n*m)$。

演算法優化擴充

大家可以動手實作建構最優解部分，可以直接倒推，也可以在程式開始使用輔助陣列記錄來源，然後倒推。

想一想還有沒有更好的演算法求解呢？

4.5　長江一日遊—遊艇租賃

長江遊艇俱樂部在長江上設置了 n 個遊艇出租站，遊客可以在這些遊艇出租站租用遊艇，並在下游的任何一個遊艇出租站歸還遊艇。遊艇出租站 i 到遊艇出租站 j 之間的租金為 $r(i, j)$，$1 \leq i < j \leq n$。試設計一個演算法，計算從遊艇出租站 i 到出租站 j 所需的最少租金。

圖 4-31　遊艇

4.5.1　問題分析

長江遊艇俱樂部在長江上設置了 n 個遊艇出租站，遊客可以在這些出租站租用遊艇，並在下游的任何一個遊艇出租站歸還遊艇。遊艇出租站 i 到遊艇出租站 j 之間的租金為 $r(i, j)$。現在要求出從遊艇出租站 1 到遊艇出租站 n 所需的最少的租金。

當要租用遊艇從一個站到另外一個站時，中間可能經過很多站點，不同的停靠站策略就有不同的租金。那麼我們可以考慮該問題，從第 1 站到第 n 站的最優解是否一定包含前 n-1 的最優解，即是否具有最優子結構和重疊性。如果是，就可以利用動態規劃進行求解。

如果我們窮舉所有的停靠策略，例如一共有 10 個站點，當求子問題 4 個站點的停靠策略時，子問題有（1, 2, 3, 4）、（2, 3, 4, 5）、（3, 4, 5, 6）、（4, 5, 6, 7）、（5, 6, 7, 8）、（6, 7, 8, 9）、（7, 8, 9, 10）。如果再求其子問題 3 個站點的停靠策略，（1, 2, 3, 4）產生兩個子問題：（1, 2, 3）、（2, 3, 4）。（2, 3, 4, 5）產生兩個子問題：（2, 3, 4）、（3, 4, 5）。如果再繼

續求解子問題，會發現有大量的子問題重疊，其演算法時間複雜度為 2^n，暴力窮舉的辦法是很不可取的。

下面分析第 i 個站點到第 j 個站點（i, i+1, …, j）的最優解（最少租金）問題，查詢是否具有最優子結構性質。

1）分析最優解的結構特徵

◆ 假設我們已經知道了在第 k 個站點停靠會得到最優解，那麼原問題就變成了兩個子問題：（i, i+1, …, k）、（k, k+1, …, j）。如圖 4-32 所示。

$$i,\ i+1,\ \cdots,\ k \qquad k,\ k+1,\ \cdots,\ j$$

圖 4-32　分解為兩個子問題

◆ 那麼原問題的最優解是否包含子問題的最優解呢？

假設第 i 個站點到第 j 個站點（i, i+1, …, j）的最優解是 c，子問題（i, i+1, …, k）的最優解是 a，子問題（k, k+1, …, j）的最優解是 b，那麼 $c=a+b$，無論兩個子問題的停靠策略如何都不影響它們的結果，因此我們只需要證明如果 c 是最優的，則 a 和 b 一定是最優的（即原問題的最優解包含子問題的最優解）。

反證法：如果 a 不是最優的，子問題（i, i+1, …, k）存在一個最優解 a'，$a'<a$，那麼 $a'+b<c$，所以 c 不是最優的，這與假設 c 是最優的矛盾，因此如果 c 是最優的，則 a 一定是最優的。同理可證 b 也是最優的。因此如果 c 是最優的，則 a 和 b 一定是最優的。

因此，該問題具有最優子結構性質。

2）建立最優值的遞迴式

◆ 用 $m[i][j]$ 表示第 i 個站點到第 j 個站點（i, i+1, …, j）的最優值（最少租金），那麼兩個子問題：（i, i+1, …, k）、（k, k+1, …, j）對應的最優值分別是 $m[i][k]$、$m[k][j]$。

◆ 遊艇租金最優值遞迴式：

當 $j=i$ 時，只有 1 個站點，$m[i][j]=0$。
當 $j=i+1$ 時，只有 2 個站點，$m[i][j]=r[i][j]$。
當 $j>i+1$ 時，有 3 個以上站點，$m[i][j]=\min_{i<k<j}\{m[i][k]+m[k][j],r[i][j]\}$。

整理如下。

$$
m[i][j] = \begin{cases} 0 & ,j = i \\ r[i][j] & ,j = i+1 \\ \min_{i<k<j}\{m[i][k] + m[k][j], r[i][j]\} & ,j > i+1 \end{cases}
$$

3） 由下而上計算最優值，並記錄

先求兩個站點之間的最優值，再求 3 個站點之間的最優值，直到 n 個站點之間的最優值。

4） 建構最優解

上面得到的最優值只是第 1 個站點到第 n 個站點之間的最少租金，並不知道停靠了哪些站點，我們需要從記錄表中還原，逆向建構出最優解。

4.5.2 演算法設計

採用由下而上的方法求最優值，分為不同規模的子問題，對於每一個小的子問題都求最優值，記錄最優策略，具體策略如下。

1） 確定合適的資料結構

採用二維陣列 $r[][]$ 輸入資料，二維陣列 $m[][]$ 存放各個子問題的最優值，二維陣列 $s[][]$ 存放各個子問題的最優決策（停靠站點）。

2） 初始化

根據遞推公式，可以把 $m[i][j]$ 初始化為 $r[i][j]$，然後再找有沒有比 $m[i][j]$ 小的值，如果有，則記錄該最優值和最優解即可。初始化為：$m[i][j]=r[i][j]$，$s[i][j]=0$，其中，$i=1$，2，$\cdots$，n，$j=i+1$，$i+2$，$\cdots$，n。

3） 迴圈階段

◆ 按照遞迴關係式計算 3 個站點 i、$i+1$、j（$j=i+2$）的最優值，並將其存入 $m[i][j]$，同時將最優策略記入 $s[i][j]$，$i=1$，2，$\cdots$，$n-2$。

◆ 按照遞迴關係式計算 4 個站點 i、$i+1$、$i+2$、j（$j=i+3$）的最優值,並將其存入 $m[i][j]$,同時將最優策略記入 $s[i][j]$,$i=1$,2,$\cdots$,n-3。

◆ 以此類推,直到求出 n 個站點的最優值 $m[1][n]$。

4) 建構最優解

根據最優決策資訊陣列 $s[][]$ 遞迴建構最優解。$s[1][n]$ 是第 1 個站點到第 n 個站點（1, 2, $\cdots$, n）的最優解的停靠站點,即停靠了第 $s[1][n]$ 個站點,我們在遞迴建構兩個子問題（1, 2, $\cdots$, k）和（k, k +1, $\cdots$, n）的最優解停靠站點,一直遞迴到子問題只包含一個站點為止。

4.5.3 完美圖解

長江遊艇俱樂部在長江上設置了 6 個遊艇出租站,如圖 4-33 所示。遊客可以在這些出租站租用遊艇,並在下游的任何一個遊艇出租站歸還遊艇。遊艇出租站 i 到遊艇出租站 j 之間的租金為 r（i, j）,如圖 4-34 所示。

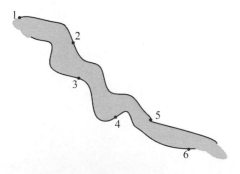

r[ ][ ]	1	2	3	4	5	6
1		2	6	9	15	20
2			3	5	11	18
3				3	6	12
4					5	8
5						6
6						

圖 4-33　遊艇租賃地圖　　　　　　　　　圖 4-34　各站點之間的遊艇租金

1) 初始化

節點數 n=6,$m[i][j]=r[i][j]$,$s[i][j]=0$,其中,$i=1$,2,$\cdots$,n,$j=i+1$,$i+2$,$\cdots$,n。如圖 4-35 所示。

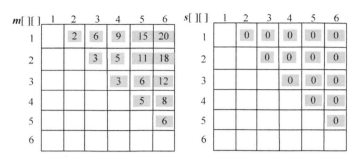

圖 4-35　遊艇租賃問題初始化

2）計算 3 個站點 i、$i+1$、j（$j=i+2$）的最優值，並將其存入 $m[i][j]$，同時將最優策略記入 $s[i][j]$，$i=1$，2，3，4。

◆ $i = 1$，$j=3$：$m[1][2]+ m[2][3]=5 < m[1][3]=6$，更新 $m[1][3]=5$，$s[1][3]=2$。

◆ $i = 2$，$j=4$：$m[2][3]+ m[3][4]=6 > m[2][4]=5$，不做改變。

◆ $i = 3$，$j=5$：$m[3][4]+ m[4][5]=8 > m[3][5]=6$，不做改變。

◆ $i = 4$，$j=6$：$m[4][5]+ m[5][6]=11 > m[4][6]=8$，不做改變。

如圖 4-36 所示。

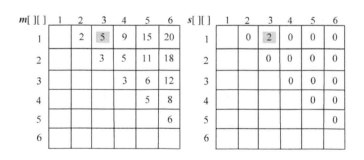

圖 4-36　遊艇租賃問題求解過程

3）計算 4 個站點 i、$i+1$、$i+2$、j（$j=i+3$）的最優值，並將其存入 $m[i][j]$，同時將最優策略記入 $s[i][j]$，$i=1$，2，3。

◆ $i = 1$，$j=4$：

$$\min \begin{cases} k=2 & m[1][2]+ m[2][4]=7 \\ k=3 & m[1][3]+ m[3][4]=8 \end{cases}$$ ；原值 $m[1][4]=9$，更新 $m[1][4]=7$，$s[1][4]=2$。

◆ $i=2$，$j=5$：

$$\min\begin{cases} k=3 & m[2][3]+m[3][5]=9 \\ k=4 & m[2][4]+m[4][5]=10 \end{cases}$$ ；原值 $m[2][5]=11$，更新 $m[2][5]=9$，$s[2][5]=3$。

◆ $i=3$，$j=6$：

$$\min\begin{cases} k=4 & m[3][4]+m[4][6]=11 \\ k=5 & m[3][5]+m[5][6]=12 \end{cases}$$ ；原值 $m[3][6]=12$，更新 $m[3][6]=11$，$s[3][6]=4$。

如圖 4-37 所示。

圖 4-37　遊艇租賃問題求解過程

4） 計算 5 個站點 i、$i+1$、$i+2$、$i+3$、j（$j=i+4$）的最優值，並將其存入 $m[i][j]$，同時將最優策略記入 $s[i][j]$，$i=1$，2。

◆ $i=1$，$j=5$：

$$\min\begin{cases} k=2 & m[1][2]+m[2][5]=11 \\ k=3 & m[1][3]+m[3][5]=11 \\ k=4 & m[1][4]+m[4][5]=12 \end{cases}$$ ；原值 $m[1][5]=15$，更新 $m[1][5]=11$，$s[1][5]=2$。

◆ $i=2$，$j=6$：

$$\min\begin{cases} k=3 & m[2][3]+m[3][6]=14 \\ k=4 & m[2][4]+m[4][6]=13 \\ k=5 & m[2][5]+m[5][6]=15 \end{cases}$$ ；原值 $m[2][6]=18$，更新 $m[1][5]=13$，$s[2][6]=4$。

如圖 4-38 所示。

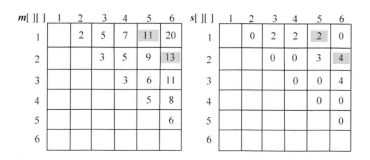

圖 4-38　遊艇租賃問題求解過程

5）計算 6 個站點 i、$i+1$、$i+2$、$i+3$、$i+4$、j（$j=i+4$）的最優值，並將其存入 $m[i][j]$，同時將最優策略記入 $s[i][j]$，$i=1$。

◆ $i=1$，$j=6$：

$$\min \begin{cases} k=2 & m[1][2]+m[2][6]=15 \\ k=3 & m[1][3]+m[3][6]=16 \\ k=4 & m[1][4]+m[4][6]=15 \\ k=5 & m[1][5]+m[5][6]=17 \end{cases} ; 原值 \ m[1][6]=20，更新 \ m[1][6]=15，s[1][6]=2。$$

如圖 4-39 所示。

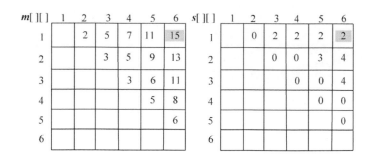

圖 4-39　遊艇租賃問題求解過程

6）建構最優解

根據儲存表格 $s[][]$ 中的資料來建構最優解，即停靠的站點。

首先輸出出發站點 1；讀取 $s[1][6]=2$，表示在 2 號站點停靠，即分解為兩個子問題：（1, 2）和（2, 3, 4, 5, 6）。

先看第一個子問題（1, 2）：讀取 $s[1][2]=0$，表示沒有停靠任何站點，直接到達 2，輸出 2。

再看第二個子問題（2, 3, 4, 5, 6）：讀取 $s[2][6]=4$，表示在 4 號站點停靠，即分解為兩個子問題：（2, 3, 4）和（4, 5, 6）。

先看子問題（2, 3, 4）：讀取 $s[2][4]=0$，表示沒有停靠任何站點，直接到達 4，輸出 4。

再看子問題（4, 5, 6）：讀取 $s[4][6]=0$，表示沒有停靠任何站點，直接到達 6，輸出 6。

最終答案是：1——2——4——6。

4.5.4 虛擬程式碼詳解

1）最少租金求解函數

設計中 n 表示有 n 個出租站，設置二維陣列 $m[][]$，初始化時用來記錄從 i 到 j 之間的租金 $r[][]$，在不同規模的子問題（d=3, 4, …, n）中，按照遞推公式計算，如果比原值 $m[][]$ 小，則更新 $m[][]$，同時用 $s[][]$ 記錄停靠的站點號，直接最後得到的 $r[1][n]$ 即為最後的結果。

```
void rent()
{
    int i,j,k,d;
    for(d=3;d<=n;d++) //將問題分為小規模 d
    {
        for(i=1;i<=n-d+1;i++)
            {
                j=i+d-1;
                for(k=i+1;k<j;k++)  //記錄每一個小規模內的最優解
                {
                    int temp;
                    temp=m[i][k]+m[k][j];
                    if(temp<m[i][j])
                        {
                            m[i][j]=temp;
                            s[i][j]=k;
                        }
                }
            }
    }
}
```

2）　最優解建構函數

根據 $s[][]$ 陣列建構最優解，$s[i][j]$ 將問題分解為兩個子問題（ $i,\cdots,\ s[i][j]$ ）、
（ $s[i][j],\ \cdots,\ j$ ），遞迴求解這兩個子問題。當 $s[i][j]=0$ 時，說明中間沒有經過任何
站點，直達站點 j，輸入 j，返回即可。

```cpp
void print(int i,int j)
{
    if(s[i][j]==0 )
    {
        cout << "--"<<j;
        return ;
    }
    print(i,s[i][j]);
    print(s[i][j],j);
}
```

4.5.5　實戰演練

```cpp
//program 4-3
#include<iostream>
using namespace std;
const int ms = 1000;
int r[ms][ms],m[ms][ms],s[ms][ms];    //i 到 j 站的租金
int n;              //共有 n 個站點

void rent()
{
    int i,j,k,d;
    for(d=3;d<=n;d++) //將問題分為小規模為 d
    {
        for(i=1;i<=n-d+1;i++)
        {
            j=i+d-1;
            for(k=i+1;k<j;k++)   //記錄每一個小規模內的最優解
            {
                int temp;
                temp=m[i][k]+m[k][j];
                if(temp<m[i][j])
                {
                    m[i][j]=temp;
                    s[i][j]=k;
                }
            }
        }
    }
}

void print(int i,int j)
{
    if(s[i][j]==0 )
    {
```

```
                cout << "--"<<j;
                return ;
            }
        print(i,s[i][j]);
        print(s[i][j],j);
}

int main()
{
    int i,j;
    cout << "請輸入站點的個數 n：";
    cin >> n;
    cout << "請依次輸入各站點之間的租金：";
    for(i=1;i<=n;i++)
        for(j=i+1;j<=n;++j)
        {
            cin>>r[i][j];
            m[i][j]=r[i][j];
        }
    rent();
    cout << "花費的最少租金為：" <<m[1][n] << endl;
    cout <<"最少租金經過的站點："<<1;
    print(1,n);
    return 0;
}
```

演算法實作和測試

1） 執行環境

```
Code::Blocks
Visual C++ 6.0
```

2） 輸入

```
請輸入站點的個數 n：6
請依次輸入各站點之間的租金：2 6 9 15 20 3 5 11 18 3 6 12 5 8 6
```

3） 輸出

```
花費的最少租金為：15
最少租金經過的站點：1--2--4--6
```

4.5.6　演算法解析及優化擴充

演算法複雜度分析

1）　時間複雜度：由程式可以得出：語句 $temp=m[i][k]+m[k][j]$，它是演算法的基本語句，在 3 層 for 迴圈中巢狀嵌套，最壞情況下該語句的執行次數為 $O(n^3)$，$print()$ 函數演算法的時間主要取決於遞迴，最壞情況下時間複雜度為 $O(n)$。故該程式的時間複雜度為 $O(n^3)$。

2）　空間複雜度：該程式的輸入資料的陣列為 $r[][]$，輔助變數為 i、j、r、t、k、$m[][]$、$s[][]$，空間複雜度取決於輔助空間，該程式的空間複雜度為 $O(n^2)$。

演算法優化擴充

如果只是想得到最優值（最少的租金），則不需要 $s[][]$ 陣列；$m[][]$ 陣列也可以省略，直接在 $r[][]$ 陣列上更新即可，這樣空間複雜度減少為 $O(1)$。

4.6　快速計算一矩陣連乘

給定 n 個矩陣 $\{A_1, A_2, A_3, \cdots, A_n\}$，其中，$A_i$ 和 A_{i+1}（$i=1, 2, \cdots, n-1$）是可乘的。矩陣乘法如圖 4-40 所示。用加括弧的方法表示矩陣連乘的次序，不同的計算次序計算量（乘法次數）是不同的，找出一種加括弧的方法，使得矩陣連乘的計算量最小。

例如：

A_1 是 $M_{5\times10}$ 的矩陣；
A_2 是 $M_{10\times100}$ 的矩陣；
A_3 是 $M_{100\times2}$ 的矩陣。

那麼有兩種加括弧的方法：

1）　$(A_1 A_2) A_3$；
2）　$A_1 (A_2 A_3)$。

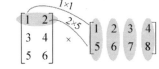

$$\begin{bmatrix} 1 & 2 \\ 3 & 4 \\ 5 & 6 \end{bmatrix} \times \begin{bmatrix} 1 & 2 & 3 & 4 \\ 5 & 6 & 7 & 8 \end{bmatrix}$$

$$= \begin{bmatrix} 1\times1+2\times5 & 1\times2+2\times6 & 1\times3+2\times7 & 1\times4+2\times8 \\ 3\times1+4\times5 & 3\times2+4\times6 & 3\times3+4\times7 & 3\times4+4\times8 \\ 5\times1+6\times5 & 5\times2+6\times6 & 5\times3+6\times7 & 5\times4+6\times8 \end{bmatrix}$$

圖 4-40　矩陣乘法

第 1 種加括弧方法運算量：5×10×100+5×100×2=6000。

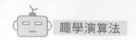

第 2 種加括弧方法運算量：10×100×2+5×10×2=2100。

可以看出，不同的加括弧辦法，矩陣乘法的運算次數可能有巨大的差別！

4.6.1 問題分析

矩陣連乘問題就是對於給定 n 個連乘的矩陣，找出一種加括弧的方法，使得矩陣連乘的計算量（乘法次數）最小。

看到這個問題，我們需要瞭解以下內容。

1） 什麼是矩陣可乘？

如果兩個矩陣，**第 1 個矩陣的列等於第 2 個矩陣的行時，那麼這兩個矩陣是可乘的**。如圖 4-41 所示。

2） 矩陣相乘後的結果是什麼？

從圖 4-41 可以看出，兩個矩陣相乘的結果矩陣，其行、列分別等於第 1 個矩陣的行、第 2 個矩陣的列。如果有很多矩陣相乘呢？如圖 4-42 所示。

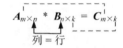

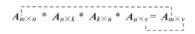

圖 4-41　兩個矩陣相乘　　　　　　　　　　圖 4-42　多個矩陣相乘

多個矩陣相乘的結果矩陣，其行、列分別等於第 1 個矩陣的行、最後 1 個矩陣的列。而且無論矩陣的計算次序如何都不影響它們的結果矩陣。

3） 兩個矩陣相乘需要多少次乘法？

例如兩個矩陣 $A_{3×2}$、$B_{2×4}$ 相乘，結果為 $C_{3×4}$ 要怎麼計算呢？

A 矩陣第 1 行第 1 個數 * B 矩陣第 1 列第 1 個數：1×2；
A 矩陣第 1 行第 2 個數 * B 矩陣第 1 列第 2 個數：2×3；
兩者相加存放在 C 矩陣第 1 行第 1 列：1×2+2×3。
A 矩陣第 1 行第 1 個數 * B 矩陣第 2 列第 1 個數：1×4；
A 矩陣第 1 行第 2 個數 * B 矩陣第 2 列第 2 個數：2×6；

兩者相加存放在 *C* 矩陣第 1 行第 2 列：1×4+2×6。

A 矩陣第 1 行第 1 個數 ＊*B* 矩陣第 3 列第 1 個數：1×5；

A 矩陣第 1 行第 2 個數 ＊*B* 矩陣第 3 列第 2 個數：2×9；

兩者相加存放在 *C* 矩陣第 1 行第 3 列：1×5+2×9。

A 矩陣第 1 行第 1 個數 ＊*B* 矩陣第 4 列第 1 個數：1×8；

A 矩陣第 1 行第 2 個數 ＊*B* 矩陣第 4 列第 2 個數：2×10；

兩者相加存放在 *C* 矩陣第 1 行第 4 列：1×8+2×10。

其他行以此類推。

計算結果如圖 4-43 所示。

可以看出，結果矩陣中每個數都執行了兩次乘法運算，有 3×4=12 個數，一共需要執行 2×3×4=24 次，兩個矩陣 $A_{3×2}$、$A_{2×4}$ 相乘執行乘法運算的次數為 3×2×4。因此，$A_{m×n}$、$A_{n×k}$ 相乘執行乘法運算的次數為 $m*n*k$。

如果窮舉所有的加括弧方法，那麼加括弧的所有方案是一個卡特蘭數序列，其演算法時間複雜度為 2^n，是指數階。因此窮舉的辦法是很糟的，那麼能不能用動態規劃呢？

下面分析矩陣連乘問題 $A_iA_{i+1}\cdots A_j$ 是否具有最優子結構性質。

1）　分析最優解的結構特徵

◆　假設我們已經知道了在第 *k* 個位置加括弧會得到最優解，那麼原問題就變成了兩個子問題：$(A_iA_{i+1}\cdots A_k)$，$(A_{k+1}A_{k+2}\cdots A_j)$，如圖 4-44 所示。

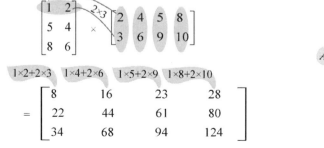

圖 4-43　矩陣相乘運算　　　　圖 4-44　分解為兩個子問題

原問題的最優解是否包含子問題的最優解呢？

◆ 假設 $A_iA_{i+1}\cdots A_j$ 的乘法次數是 c，$(A_iA_{i+1}\cdots A_k)$ 的乘法次數是 a，$(A_{k+1}A_{k+2}\cdots A_j)$ 的乘法次數是 b，$(A_iA_{i+1}\cdots A_k)$ 和 $(A_{k+1}A_{k+2}\cdots A_j)$ 的結果矩陣相乘的乘法次數是 d，那麼 $c=a+b+d$，無論兩個子問題 $(A_iA_{i+1}\cdots A_k)$、$(A_{k+1}A_{k+2}\cdots A_j)$ 的計算次序如何，都不影響它們結果矩陣，兩個結果矩陣相乘的乘法次數 d 不變。因此我們只需要證明如果 c 是最優的，則 a 和 b 一定是最優的（即原問題的最優解包含子問題的最優解）。

反證法：如果 a 不是最優的，$(A_iA_{i+1}\cdots A_k)$ 存在一個最優解 a'，$a'<a$，那麼，$a'+b+d<c$，所以 c 不是最優的，這與假設 c 是最優的矛盾，因此如果 c 是最優的，則 a 一定是最優的。同理可證 b 也是最優的。因此如果 c 是最優的，則 a 和 b 一定是最優的。

因此，矩陣連乘問題具有最優子結構性質。

2） 建立最優值遞迴式

◆ 用 $m[i][j]$ 表示 $A_iA_{i+1}\cdots A_j$ 矩陣連乘的最優值，那麼兩個子問題 $(A_iA_{i+1}\cdots A_k)$、$(A_{k+1}A_{k+2}\cdots A_j)$ 對應的最優值分別是 $m[i][k]$、$m[k+1][j]$。剩下的只需要查詢 $(A_iA_{i+1}\cdots A_k)$ 和 $(A_{k+1}A_{k+2}\cdots A_j)$ 的結果矩陣相乘的乘法次數了。

◆ 設矩陣 A_m 的行數為 p_m，列數為 q_m，$m=i$，$i+1$，$\cdots$，j，且矩陣是可乘的，即相鄰矩陣前一個矩陣的列等於下一個矩陣的行（$q_m=p_{m+1}$）。$(A_iA_{i+1}\cdots A_k)$ 的結果是一個 $p_i\times q_k$ 矩陣，$(A_{k+1}A_{k+2}\cdots A_j)$ 的結果是一個 $p_{k+1}*q_j$ 矩陣，$q_k=p_{k+1}$，兩個結果矩陣相乘的乘法次數是 $p_i*p_{k+1}*q_j$。如圖 4-45 所示。

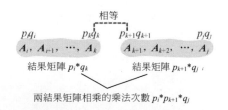

圖 4-45　結果矩陣乘法次數

◆ 矩陣連乘最優值遞迴式：

當 $i=j$ 時，只有一個矩陣，$m[i][j]=0$；

當 $i<j$ 時，$m[i][j] = \min\limits_{i \leq k < j}\{m[i][k] + m[k+1][j] + p_i p_{k+1} q_j\}$。

如果用一維陣列 $p[]$ 來記錄矩陣的行和列，第 i 個矩陣的行數儲存在陣列的第 i-1 位置，列數儲存在陣列的第 i 位置，那麼 $p_i*p_{k+1}*q_j$ 對應的陣列元素相乘為 $p[i-1]*$ $p[k]*p[j]$，原遞迴式變為：

$$m[i][j] = \begin{cases} 0 & , \ i = j \\ \min_{i \leqslant k < j}\{m[i][k] + m[k+1][j] + p[i-1]*p[k]*p[j]\} & , \ i < j \end{cases}$$

3）　由下而上計算並記錄最優值

先求兩個矩陣相乘的最優值，再求 3 個矩陣相乘的最優值，直到 n 個矩陣連乘的最優值。

4）　建構最優解

上面得到的最優值只是矩陣連乘的最小的乘法次數，並不知道加括弧的次序，需要從記錄表中還原加括弧次序，建構出最優解，例如 A_1（A_2A_3）。

這個問題是一個動態規劃求矩陣連乘最小計算量的問題，將問題分為小規模的問題，由下而上，將規模放大，直到得到所求規模的問題的解。

4.6.2 演算法設計

採用由下而上的方法求最優值，對於每一個小規模的子問題都求最優值，並記錄最優策略（加括弧位置），具體演算法設計如下。

1）　確定合適的資料結構

採用一維陣列 $p[]$ 來記錄矩陣的行和列，第 i 個矩陣的行數儲存在陣列的第 i-1 位置，列數儲存在陣列的第 i 位置。二維陣列 $m[][]$ 來存放各個子問題的最優值，二維陣列 $s[][]$ 來存放各個子問題的最優決策（加括弧的位置）。

2）　初始化

採用一維陣列 $p[]$ 來記錄矩陣的行和列，$m[i][i]=0$，$s[i][i]=0$，其中 i=1，2，3，…，n。

3）　迴圈階段

◆ 按照遞迴關係式計算 2 個矩陣 A_i、A_{i+1} 相乘時的最優值，$j=i+1$，並將其存入 $m[i][j]$，同時將最優策略記入 $s[i][j]$，$i=1$，2，3，$\cdots$，n-1。

◆ 按照遞迴關係式計算 3 個矩陣相乘 A_i、A_{i+1}、A_{i+2} 相乘時的最優值，$j=i+2$，並將其存入 $m[i][j]$，同時將最優策略記入 $s[i][j]$，$i=1$，2，3，$\cdots$，n-2。

◆ 以此類推，直到求出 n 個矩陣相乘的最優值 $m[1][n]$。

4）建構最優解

根據最優決策資訊陣列 $s[][]$ 遞迴建構最優解。$s[1][n]$表示 $A_1A_2\cdots A_n$ 最優解的加括弧位置，即（$A_1A_2\cdots A_{s[1][n]}$）（$A_{s[1][n]+1}\cdots A_n$），我們在遞迴建構兩個子問題（$A_1A_2\cdots A_{s[1][n]}$）、（$A_{s[1][n]+1}\cdots A_n$）的最優解加括弧位置，一直遞迴到子問題只包含一個矩陣為止。

4.6.3 完美圖解

現在我們假設有 5 個矩陣，如表 4-1 所示。

表 4-1　矩陣的規模

矩陣	A_1	A_2	A_3	A_4	A_5
規模	3×5	5×10	10×8	8×2	2×4

1）初始化

採用一維陣列 $p[]$ 記錄矩陣的行和列，實際上只需記錄每個矩陣的行，再加上最後一個矩陣的列即可，如圖 4-46 所示。$m[i][i]=0$，$s[i][i]=0$，其中 $i=1$，2，3，4，5。

最優值陣列 $m[i][i]=0$，最優決策陣列 $s[i][i]=0$，其中 $i=1$，2，3，4，5。如圖 4-47 所示。

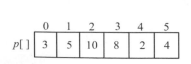

圖 4-46　記錄行列的陣列 $p[]$　　　　　　　　圖 4-47　$m[][]$和 $s[][]$初始化

2）　計算兩個矩陣相乘的最優值

規模 $r=2$。根據遞迴式：

$$m[i][j] = \min_{i \le k < j}\{m[i][k] + m[k+1][j] + p[i-1]*p[k]*p[j]\}$$

◆　A_1*A_2：$k=1$，$m[1][2]=\min\{m[1][1]+m[2][2]+p_0p_1p_2\}=150$；$s[1][2]=1$。

◆　A_2*A_3：$k=2$，$m[2][3]=\min\{m[2][2]+m[3][3]+p_1p_2p_3\}=400$；$s[2][3]=2$。

◆　A_3*A_4：$k=3$，$m[3][4]=\min\{m[3][3]+m[4][4]+p_2p_3p_4\}=160$；$s[3][4]=3$。

◆　A_4*A_5：$k=4$，$m[4][5]=\min\{m[4][4]+m[5][5]+p_3p_4p_5\}=64$；　$s[4][5]=4$。

計算完畢，如圖 4-48 所示。

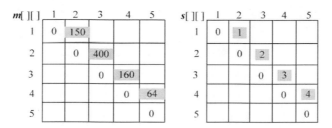

圖 4-48　$m[][]$ 和 $s[][]$ 計算過程

3）　計算 3 個矩陣相乘的最優值

規模 $r=3$。根據遞迴式：

$$m[i][j] = \min_{i \le k < j}\{m[i][k] + m[k+1][j] + p[i-1]*p[k]*p[j]\}$$

◆　$A_1*A_2*A_3$：

$$m[1][3] = \min\begin{cases} k=1 & m[1][1]+m[2][3]+p_0p_1p_3=0+400+120=520 \\ k=2 & m[1][2]+m[3][3]+p_0p_2p_3=150+0+240=390 \end{cases};$$

$s[1][3]=2$。

◆　$A_2*A_3*A_4$：

$$m[2][4] = \min \begin{cases} k = 2 & m[2][2]+ m[3][4]+p_1p_2p_4=0+160+100=260 \\ k = 3 & m[2][3]+ m[4][4]+p_1p_3p_4=400+0+80=480 \end{cases} ;$$

$s[2][4]=2$。

◆ $A_3*A_4*A_5$：

$$m[3][5] = \min \begin{cases} k = 3 & m[3][3]+ m[4][5]+p_2p_3p_5=0+64+320=384 \\ k = 4 & m[3][4]+ m[5][5]+p_2p_4p_5=160+0+80=240 \end{cases} ;$$

$s[3][5]=4$。

計算完畢，如圖 4-49 所示。

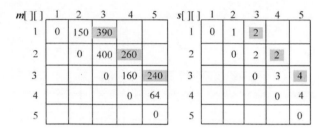

$m[$][ ]	1	2	3	4	5
1	0	150	390		
2		0	400	260	
3			0	160	240
4				0	64
5					0

$s[$][ ]	1	2	3	4	5
1	0	1	2		
2		0	2	2	
3			0	3	4
4				0	4
5					0

圖 4-49　$m[][]$ 和 $s[][]$ 計算過程

4) 計算 4 個矩陣相乘的最優值

規模 $r=4$。根據遞迴式：

$$m[i][j] = \min_{i \leq k < j}\{m[i][k] + m[k+1][j] + p[i-1] * p[k] * p[j]\}$$

◆ $A_1*A_2*A_3*A_4$：

$$m[1][4] = \min \begin{cases} k = 1 & m[1][1]+ m[2][4]+p_0p_1p_4=0+260+30=290 \\ k = 2 & m[1][2]+ m[3][4]+p_0p_2p_4=150+160+60=370 \\ k = 3 & m[1][3]+ m[4][4]+p_0p_3p_4=390+0+48=438 \end{cases} ;$$

$s[1][4]=1$。

◆ $A_2*A_3*A_4*A_5$：

$$m[2][5] = \min \begin{cases} k=2 & m[2][2]+ m[3][5]+p_1p_2p_5=0+240+200=440 \\ k=3 & m[2][3]+ m[4][5]+p_1p_3p_5=400+64+160=604 \\ k=4 & m[2][4]+ m[5][5]+p_1p_4p_5=260+0+40=300 \end{cases} ;$$

$s[2][5]=4$。

計算完畢，如圖 4-50 所示。

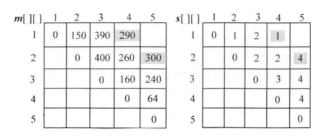

圖 4-50　$m[][]$ 和 $s[][]$ 計算過程

5）　計算 5 個矩陣相乘的最優值

規模 $r=5$。根據遞迴式：

$$m[i][j] = \min_{i \leqslant k < j}\{m[i][k] + m[k+1][j] + p[i-1]*p[k]*p[j]\}$$

◆ $A_1*A_2*A_3*A_4*A_5$：

$$m[1][5] = \min \begin{cases} k=1 & m[1][1]+ m[2][5]+p_0p_1p_5=0+300+60=360 \\ k=2 & m[1][2]+ m[3][5]+p_0p_2p_5=150+240+120=510 \\ k=3 & m[1][3]+ m[4][5]+p_0p_3p_5=390+64+96=550 \\ k=4 & m[1][4]+ m[5][5]+p_0p_4p_5=290+0+24=314 \end{cases} ;$$

$s[1][5]=4$。

計算完畢，如圖 4-51 所示。

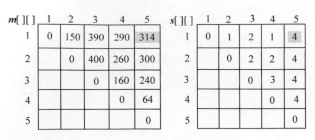

圖 4-51　$m[\,][\,]$和 $s[\,][\,]$計算過程

6）建構最優解

根據最優決策陣列 $s[\,][\,]$中的資料來建構最優解，即加括弧的位置。

首先讀取 $s[1][5]=4$，表示在 $k=4$ 的位置把矩陣分為兩個子問題：$(A_1A_2A_3A_4)$、A_5。

再看第一個子問題 $(A_1A_2A_3A_4)$，讀取 $s[1][4]=1$，表示在 $k=1$ 的位置把矩陣分為兩個子問題：A_1、$(A_2A_3A_4)$。

子問題 A_1 不用再分解，輸出；子問題 $(A_2A_3A_4)$，讀取 $s[2][4]=2$，表示在 $k=2$ 的位置把矩陣分為兩個子問題：A_2、(A_3A_4)。

子問題 A_2 不用再分解，輸出；子問題 (A_3A_4)，讀取 $s[3][4]=3$，表示在 $k=3$ 的位置把矩陣分為兩個子問題：A_3、A_4。這兩個子問題都不用再分解，輸出。

子問題 A_5 不用再分解，輸出。

最優解建構過程如圖 4-52 所示。

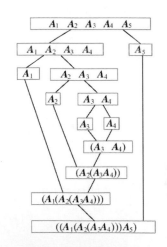

圖 4-52　最優解建構過程

最優解為：$((A_1\,(A_2\,(A_3A_4)))\,A_5)$。

最優值為：314。

4.6.4 虛擬程式碼詳解

按照演算法思維和設計，以下程式將矩陣的行和列儲存在一維陣列 $p[\,]$，$m[\,][\,]$ 陣列用於儲存分成的各個子問題的最優值，$s[\,][\,]$ 陣列用於儲存各個子問題的決策點，然後在一個 for 迴圈裡，將問題分為規模為 r 的子問題，求每個規模子問題的最優解，那麼得到的 $m[1][n]$ 就是最小的計算量。

1）　矩陣連乘求解函數

首先將陣列 $m[][]$，$s[][]$ 初始化為 0，然後由下而上處理不同規模的子問題，r 為問題的規模，$r=2$；$r<=n$；$r++$，當 $r=2$ 時，表示矩陣連乘的規模為 2，即兩個矩陣連乘。求解兩個矩陣連乘的最優值和最優策略，根據遞迴式：

$$m[i][j] = \min_{i \leqslant k < j}\{m[i][k] + m[k+1][j] + p[i-1]*p[k]*p[j]\}$$

對每一個 k 值，求解 $m[i][k] + m[k+1][j] + p[i-1]*p[k]*p[j]$，找到最小值用 $m[i][j]$ 記錄，並用 $s[i][j]$ 記錄取得最小值的 k 值。

```
void matrixchain()
{
    int i,j,r,k;
    memset(m,0,sizeof(m));    // m[][]初始化所有元素為0，實際只需要對角線為0即可
    memset(s,0,sizeof(s));    // s[][]初始化所有元素為0，實際只需要對角線為0即可
    for(r = 2; r <= n; r++)  //r為問題的規模，處理不同規模的子問題
    {
        for(i = 1; i <= n-r+1; i++)
        {
            j = i + r - 1;
            m[i][j] = m[i+1][j] + p[i-1] * p[i] * p[j];//決策為k=i的乘法次數
            s[i][j] = i;                //子問題的最優策略是i;
            for(k = i+1 ; k < j; k++) //對從 i+1 到 j 的所有決策，求最優值
            {
                int t = m[i][k] + m[k+1][j] + p[i-1] * p[k] * p[j];
                if(t < m[i][j])
                {
                    m[i][j] = t;
                    s[i][j] = k;
                }
            }
        }
    }
}
```

2）　最優解輸出函數

根據儲存表格 $s[][]$ 中的資料來建構最優解，即加括弧的位置。首先列印一個左括弧，然後遞迴求解子問題 $print(i, s[i][j])$，$print(s[i][j]+1, j)$，再列印右括弧，當 $i=j$ 即只剩下一個矩陣時輸出該矩陣即可。

```
void print(int i,int j)
{
    if( i == j )
    {
        cout <<"A[" << i << "]";
        return ;
    }
    cout << "(";
    print(i,s[i][j]);
    print(s[i][j]+1,j);
    cout << ")";
}
```

4.6.5 實戰演練

```
//program 4-4
#include<cstdio>
#include<cstring>
#include<iostream>
using namespace std;
const int msize = 100;
int p[msize];
int m[msize][msize],s[msize][msize];
int n;
void matrixchain()
{
    int i,j,r,k;
    memset(m,0,sizeof(m));
    memset(s,0,sizeof(s));
    for(r = 2; r <= n; r++)          //不同規模的子問題
    {
        for(i = 1; i <= n-r+1; i++)
        {
            j = i + r - 1;
            m[i][j] = m[i+1][j] + p[i-1] * p[i] * p[j];   //決策為 k=i 的乘法次數
            s[i][j] = i;              //子問題的最優策略是 i;
            for(k = i+1; k < j; k++) //對從 i 到 j 的所有決策，求最優值，記錄最優策略
             {
                int t = m[i][k] + m[k+1][j] + p[i-1] * p[k] * p[j];
                if(t < m[i][j])
                {
                    m[i][j] = t;
                    s[i][j] = k;
                }
            }
        }
    }
}
void print(int i,int j)
{
    if( i == j )
    {
        cout <<"A[" << i << "]";
        return ;
```

```
    }
    cout << "(";
    print(i,s[i][j]);
    print(s[i][j]+1,j);
    cout << ")";
}
int main()
{
    cout << "請輸入矩陣的個數 n：";
    cin >> n;
    int i ,j;
    cout << "請依次輸入每個矩陣的行數和最後一個矩陣的列數：";
    for (i = 0; i <= n; i++ )
        cin >> p[i];
    matrixchain();
    print(1,n);
    cout << endl;
    cout << "最小計算量的值為：" << m[1][n] << endl;
}
```

演算法實作和測試

1） 執行環境

```
Code::Blocks
Visual C++ 6.0
```

2） 輸入

```
請輸入矩陣的個數 n：5
請依次輸入每個矩陣的行數和最後一個矩陣的列數：3 5 10 8 2 4
```

3） 輸出

```
((A[1](A[2](A[3]A[4])))A[5])
最小計算量的值為：314
```

4.6.6 演算法解析及優化擴充

演算法複雜度分析

1） 時間複雜度：由程式可以得出：語句 $t=m[i][k]+m[k+1][j]+p[i-1]*p[k]*p[j]$，它是演算法的基本語句，在 3 層 for 迴圈中巢狀嵌套。最壞情況下，該語句的執行次數為 $O(n^3)$，$print()$ 函數演算法的時間主要取決於遞迴，時間複雜度為 $O(n)$。故該程式的時間複雜度為 $O(n^3)$。

2) 空間複雜度：該程式的輸入資料的陣列為 $p[]$，輔助變數為 i、j、r、t、k、$m[][]$、$s[][]$，空間複雜度取決於輔助空間，因此空間複雜度為 $O(n^2)$。

演算法優化擴充

想一想，還有什麼辦法對演算法進行改進，或者有什麼更好的演算法實作？

4.7 切呀切披薩一最優三角剖分

有一塊多邊形的披薩餅，上面有很多蔬菜和肉片，我們希望沿著兩個不相鄰的頂點切成小三角形，並且盡可能少地切碎披薩上面的蔬菜和肉片。

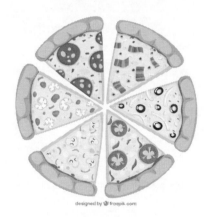

圖 4-53　披薩（插圖 Designed by Freepik）

4.7.1 問題分析

我們可以把披薩餅看作一個凸多邊形，凸多邊形是指多邊形的任意兩點的連線均落在多邊形的內部或邊界上。

1) 什麼是凸多邊形？

圖 4-54 所示是一個凸多邊形，圖 4-55 所示不是凸多邊形，因為 $v1v3$ 的連線落在了多邊形的外部。

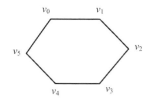

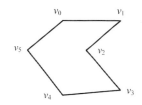

圖 4-54　凸多邊形　　　　　　　圖 4-55　非凸多邊形

凸多邊形不相鄰的兩個頂點的連線稱為凸多邊形的弦。

2）　什麼是凸多邊形三角剖分？

凸多邊形的三角剖分是指將一個凸多邊形**分割成互不相交的三角形的弦的集合**。圖 4-56 所示的一個三角剖分是 $\{v_0v_4, v_1v_3, v_1v_4\}$，另一個三角剖分是 $\{v_0v_2, v_0v_3, v_0v_4\}$，一個凸多邊形的三角剖分有很多種。

如果我們給定凸多邊形及定義在邊、弦上的權值，即任意兩點之間定義一個數值作為權值。如圖 4-57 所示。

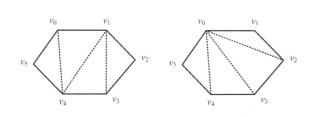

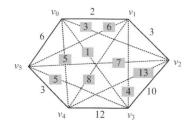

圖 4-56　凸多邊形三角剖分　　　　　　圖 4-57　帶權值的凸多邊形

三角形上權值之和是指三角形的 3 條邊上權值之和：

$$w(v_iv_kv_j) = |v_iv_k| + |v_kv_j| + |v_iv_j|$$

如圖 4-58 所示，

$$w(v_0v_1v_4) = |v_0v_1| + |v_1v_4| + |v_0v_4| = 2 + 8 + 5 = 15 \text{ 。}$$

3）　什麼是凸多邊形最優三角剖分？

一個凸多邊形的三角剖分有很多種，最優三角剖分就是劃分的各三角形上權函數之和最小的三角剖分。

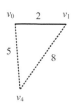

圖 4-58　三角形權值之和

再回到切披薩的問題上來,我們可以把披薩看作一個凸多邊形,任何兩個頂點的連線對應的權值代表上面的蔬菜和肉片數,我們希望沿著兩個不相鄰的頂點切成小三角形,盡可能少地切碎披薩上面的蔬菜和肉片。那麼,該問題可以歸結為凸多邊形的最優三角剖分問題。

假設把披薩看作一個凸多邊形,標注各頂點為 $\{v_0, v_1, \cdots, v_n\}$。那麼怎麼得到它的最優三角剖分呢?

首先分析該問題是否具有最優子結構性質。

1) 分析最優解的結構特徵

◆ 假設已經知道了在第 k 個頂點切開會得到最優解,那麼原問題就變成了兩個子問題和一個三角形,子問題分別是 $\{v_0, v_1, \cdots, v_k\}$ 和 $\{v_k, v_{k+1}, \cdots, v_n\}$,三角形為 $v_0 v_k v_n$,如圖 4-59 所示。

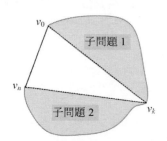

圖 4-59 凸多邊形三角剖分子問題

那麼原問題的最優解是否包含子問題的最優解呢?

◆ 假設 $\{v_0, v_1, \cdots, v_n\}$ 三角剖分的權值之和是 c,$\{v_0, v_1, \cdots, v_k\}$ 三角剖分的權值之和是 a,$\{v_k, v_{k+1}, \cdots, v_n\}$ 三角剖分的權函數之和是 b,三角形 $v_0 v_k v_n$ 的權值之和是 $w(v_0 v_k v_n)$,那麼 $c=a+b+w(v_0 v_k v_n)$。因此我們只需要證明如果 c 是最優的,則 a 和 b 一定是最優的(即原問題的最優解包含子問題的最優解)。

反證法:如果 a 不是最優的,$\{v_0, v_1, \cdots, v_k\}$ 三角剖分一定存在一個最優解 a',$a'<a$,那麼 $a'+b+w(v_0 v_k v_n)<c$,所以 c 不是最優的,這與假設 c 是最優的矛盾,因此如果 c 是最優的,則 a 一定是最優的。同理可證 b 也是最優的。因此如果 c 是最優的,則 a 和 b 一定是最優的。

因此，凸多邊形的最優三角剖分問題具有最優子結構性質。

2） 建立最優值的遞迴式

· 用 $m[i][j]$ 表示凸多邊形 $\{v_{i-1}, v_i, \cdots, v_j\}$ 三角剖分的最優值，那麼兩個子問題 $\{v_{i-1}, v_i, \cdots, v_k\}$、$\{v_k, v_{k+1}, \cdots, v_j\}$ 對應的最優值分別是 $m[i][k]$、$m[k+1][j]$，如圖 4-60 所示，剩下的就是三角形 $v_{i-1}v_kv_j$ 的權值之和是 $w(v_{i-1}v_kv_j)$。

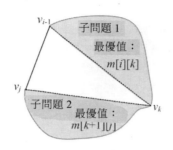

圖 4-60　凸多邊形三角剖分最優值

當 $i=j$ 時，$\{v_{i-1}, v_i, \cdots, v_j\}$ 就變成了 $\{v_{i-1}, v_i\}$，是一條線段，不能形成一個三角形剖分，我們可以將其看作退化的多邊形，其權值設置為 0。

· 凸多邊形三角剖分最優解遞迴式：

當 $i=j$ 時，只是一個線段，$m[i][j]=0$。

當 $i<j$ 時，$m[i][j] = \min\limits_{i \leq k < j}\{m[i][k] + m[k+1][j] + w(v_{i-1}v_kv_j)\}$，

$$m[i][j] = \begin{cases} 0 & , \ i = j \\ \min\limits_{i \leq k < j}\{m[i][k] + m[k+1][j] + w(v_{i-1}v_kv_j)\} & , \ i < j \end{cases}$$

3） 由下而上計算並記錄最優值

先求只有 3 個頂點凸多邊形三角剖分的最優值，再求 4 個頂點凸多邊形三角剖分的最優值，直到 n 個頂點凸多邊形三角剖分的最優值。

4）建構最優解

上面得到的最優值只是凸多邊形三角剖分的三角形權值之和最小值，並不知道是怎樣剖分的。我們需要從記錄表中還原剖分次序，找到最優剖分的弦，由這些弦建構出最優解。

如圖 4-61 所示，如果 v_k 能夠得到凸多邊形 $\{v_{i-1}, v_i, \cdots, v_j\}$ 的最優三角剖分，那麼我們就找到兩條弦 $v_{i-1}v_k$ 和 v_kv_j，把這兩條弦放在最優解集合裡面，繼續求解兩個子問題最優三角剖分的弦。

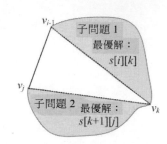

圖 4-61　凸多邊形三角剖分建構最優解

凸多邊形最優三角剖分的問題，首先判斷該問題是否具有最優子結構性質，有了這個性質就可以使用動態規劃，然後分析問題找最優解的遞迴式，根據遞迴式由下而上求解，最後根據最優決策表格，建構出最優解。

4.7.2　演算法設計

凸多邊形最優三角剖分滿足動態規劃的最優子結構性質，可以從由下而上逐漸推出整體的最優。

1）　確定合適的資料結構

採用二維陣列 $g[][]$ 記錄各個頂點之間的連接權值，二維陣列 $m[][]$ 存放各個子問題的最優值，二維陣列 $s[][]$ 存放各個子問題的最優決策。

2）　初始化

輸入頂點數 n，然後依次輸入各個頂點之間的連接權值儲存在二維陣列 $g[][]$ 中，令 $n=n-1$（頂點標號從 v_0 開始），$m[i][i]=0$，$s[i][i]=0$，其中 $i=1，2，3，\cdots，n$。

3）　迴圈階段

◆　按照遞迴關係式計算 3 個頂點 $\{v_{i-1}, v_i, v_{i+1}\}$ 的最優三角剖分，$j=i+1$，將最優值存入 $m[i][j]$，同時將最優策略記入 $s[i][j]$，$i=1，2，3，\cdots，n-1$。

◆　按照遞迴關係式計算 4 個頂點 $\{v_{i-1}, v_i, v_{i+1}, v_{i+2}\}$ 的最優三角剖分，$j=i+2$，將最優值存入 $m[i][j]$，同時將最優策略記入 $s[i][j]$，$i=1，2，3，\cdots，n-2$。

◆ 以此類推，直到求出所有頂點 $\{v_0, v_1, \cdots, v_n\}$ 的最優三角剖分，並將最優值存入 $m[1][n]$，將最優策略記入 $s[1][n]$。

4）建構最優解

根據最優決策資訊陣列 $s[][]$ 遞迴建構最優解，即輸出凸多邊形最優剖分的所有弦。$s[1][n]$ 表示凸多邊形 $\{v_0, v_1, \cdots, v_n\}$ 的最優三角剖分位置，如圖 4-62 所示。

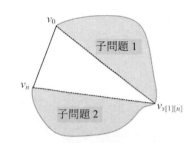

圖 4-62　凸多邊形三角剖分建構最優解

◆ 如果子問題 1 為空，即沒有一個頂點，說明 $v_0v_{s[1][n]}$ 是一條邊，不是弦，不需輸出，否則，輸出該弦 $v_0v_{s[1][n]}$。

◆ 如果子問題 2 為空，即沒有一個頂點，說明 $v_{s[1][n]} v_n$ 是一條邊，不是弦，不需輸出，否則，輸出該弦 $v_{s[1][n]} v_n$。

◆ 遞迴建構兩個子問題 $\{v_0, v_1, \cdots, v_{s[1][n]}\}$ 和 $\{vs_{[1][n]}, v_1, \cdots, v_n\}$，一直遞迴到子問題為空停止。

4.7.3 完美圖解

以圖 4-63 的凸多邊形為例。

1）初始化

頂點數 $n=6$，令 $n=n-1=5$（頂點標號從 v_0 開始），然後依次輸入各個頂點之間的連接權值儲存在鄰接矩陣 $g[i][j]$ 中，其中 $i，j=0，1，2，3，4，5$，如圖 4-64 所示。$m[i][i]=0，s[i][i]=0$，其中 $i=1，2，3，4，5$，如圖 4-65 所示。

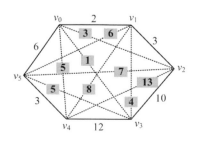

圖 4-63　凸多邊形

$g[][]$	0	1	2	3	4	5
0	0	2	3	1	5	6
1	2	0	3	4	8	6
2	3	3	0	10	13	7
3	1	4	10	0	12	5
4	5	8	13	12	0	3
5	6	6	7	5	3	0

圖 4-64　凸多邊形鄰接矩陣

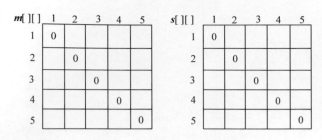

圖 4-65　最優值和最優策略

2）計算 3 個頂點 $\{v_{i-1}, v_i, v_{i+1}\}$ 的最優三角剖分，將最優值存入 $m[i][j]$，同時將最優策略記入 $s[i][j]$，$i=1$，2，3，4。

根據遞迴式：

$$m[i][j] = \min_{i \leqslant k < j}\{m[i][k] + m[k+1][j] + w(v_{i-1}v_kv_j)\}$$

◆ $i=1$，$j=2$：$\{v_0, v_1, v_2\}$

　 $k=1$：$m[1][2]=\min\{m[1][1]+m[2][2]+w(v_0v_1v_2)\}=8$；$s[1][2]=1$。

◆ $i=2$，$j=3$：$\{v_1, v_2, v_3\}$

　 $k=2$：$m[2][3]=\min\{m[2][2]+m[3][3]+w(v_1v_2v_3)\}=17$；$s[2][3]=2$。

◆ $i=3$，$j=4$：$\{v_2, v_3, v_4\}$

　 $k=3$：$m[3][4]=\min\{m[3][3]+m[4][4]+w(v_2v_3v_4)\}=35$；$s[3][4]=3$。

◆ $i=4$，$j=5$：$\{v_3, v_4, v_5\}$

　 $k=4$：$m[4][5]=\min\{m[4][4]+m[5][5]+w(v_3v_4v_5)\}=20$；$s[4][5]=4$。

計算完畢，如圖 4-66 所示。

$m[\ ][\ ]$	1	2	3	4	5		$s[\ ][\ ]$	1	2	3	4	5
1	0	8					1	0	1			
2		0	17				2		0	2		
3			0	35			3			0	3	
4				0	20		4				0	4
5					0		5					0

圖 4-66　最優值和最優策略

3）計算 4 個頂點 $\{v_{i-1}, v_i, v_{i+1}, v_{i+2}\}$ 的最優三角剖分，將最優值存入 $m[i][j]$，同時將最優策略記入 $s[i][j]$，i=1，2，3。

根據遞迴式：

$$m[i][j] = \min_{i \leq k < j}\{m[i][k] + m[k+1][j] + w(v_{i-1}v_kv_j)\}$$

◆ i=1，j=3：$\{v0, v1, v2, v3\}$

$$m[1][3] = \min \begin{cases} k = 1, & m[1][1] + m[2][3] + w(v_0v_1v_3) = 0+17+7=24 \\ k = 2, & m[1][2] + m[3][3] + w(v_0v_2v_3) = 8+0+14=22 \end{cases}；$$

$s[1][3]$=2。

◆ i=2，j=4：$\{v1, v2, v3, v4\}$

$$m[2][4] = \min \begin{cases} k = 2, & m[2][2] + m[3][4] + w(v_1v_2v_4) = 0+35+24=59 \\ k = 3, & m[2][3] + m[4][4] + w(v_1v_3v_4) = 17+0+24=41 \end{cases}；$$

$s[2][4]$=3。

◆ i=3，j=5：$\{v2, v3, v4, v5\}$

$$m[3][5] = \min \begin{cases} k = 3, & m[3][3] + m[4][5] + w(v_2v_3v_5) = 0+20+22=42 \\ k = 4, & m[3][4] + m[5][5] + w(v_2v_4v_5) = 35+0+23=58 \end{cases}；$$

$s[3][5]$=3。

計算完畢，如圖 4-67 所示：

$m[\ ][\ ]$	1	2	3	4	5
1	0	8	22		
2		0	17	41	
3			0	35	42
4				0	20
5					0

$s[\ ][\ ]$	1	2	3	4	5
1	0	1	2		
2		0	2	3	
3			0	3	3
4				0	4
5					0

圖 4-67　最優值和最優策略

4）計算 5 個頂點 $\{v_{i-1}, v_i, v_{i+1}, v_{i+2}, v_{i+3}\}$ 的最優三角剖分，將最優值存入 $m[i][j]$，同時將最優策略記入 $s[i][j]$，i=1，2。

根據遞迴式：

$$m[i][j] = \min_{i \leqslant k < j}\{m[i][k] + m[k+1][j] + w(v_{i-1}, v_k v_j)\}$$

◆ $i=1$，$j=4$：$\{v_0, v_1, v_2, v_3, v_4\}$

$$m[1][4] = \min \begin{cases} k = 1, & m[1][1]+ m[2][4]+w(v_0 v_1 v_4)=0+41+15=56 \\ k = 2, & m[1][2]+ m[3][4]+w(v_0 v_2 v_4)=8+35+21=64 \\ k = 3, & m[1][3]+ m[4][4]+w(v_0 v_3 v_4)=22+0+18=40 \end{cases}$$

$s[1][4]=3$。

◆ $i=2$，$j=5$：$\{v_1, v_2, v_3, v_4, v_5\}$

$$m[2][5] = \min \begin{cases} k = 2, & m[2][2]+ m[3][5]+w(v_1 v_2 v_5)=0+42+16=58 \\ k = 3, & m[2][3]+ m[4][5]+w(v_1 v_3 v_5)=17+20+15=52 \\ k = 4, & m[2][4]+ m[5][5]+w(v_1 v_4 v_5)=41+0+17=58 \end{cases}$$

$s[2][5]=3$。

計算完畢，如圖 4-68 所示。

$m[\ ][\ ]$	1	2	3	4	5
1	0	8	22	40	
2		0	17	41	52
3			0	35	42
4				0	20
5					0

$s[\ ][\ ]$	1	2	3	4	5
1	0	1	2	3	
2		0	2	3	3
3			0	3	3
4				0	4
5					0

圖 4-68　最優值和最優策略

5）計算 6 個頂點 $\{v_{i-1}, v_i, v_{i+1}, v_{i+2}, v_{i+3}, v_{i+4}\}$ 的最優三角剖分，$j=i+4$，將最優值存入 $m[i][j]$，同時將最優策略記入 $s[i][j]$，$i=1$。

根據遞迴式：

$$m[i][j] = \min_{i \leqslant k < j}\{m[i][k] + m[k+1][j] + w(v_{i-1}, v_k v_j)\}$$

◆ $i=1$，$j=5$：$\{v0, v1, v2, v3, v4, v5\}$

$$m[1][5] = \min \begin{cases} k=1, & m[1][1]+m[2][5]+w(v_0v_1v_5)=0+52+14=66 \\ k=2, & m[1][2]+m[3][5]+w(v_0v_2v_5)=8+42+16=66 \\ k=3, & m[1][3]+m[4][5]+w(v_0v_3v_5)=22+20+12=54 \\ k=4 & m[1][4]+m[5][5]+w(v_0v_4v_5)=40+0+14=54 \end{cases} ;$$

$s[1][5]=3$。

計算完畢，如圖 4-69 所示。

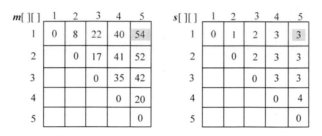

m[ ][ ]	1	2	3	4	5
1	0	8	22	40	54
2		0	17	41	52
3			0	35	42
4				0	20
5					0

s[ ][ ]	1	2	3	4	5
1	0	1	2	3	3
2		0	2	3	3
3			0	3	3
4				0	4
5					0

圖 4-69　最優值和最優策略

6）建構最優解

根據最優決策資訊陣列 *s*[][] 遞迴建構最優解，即輸出凸多邊形最優剖分的所有弦。*s*[1][5] 表示凸多邊形 {v_0, v_1, …, v_5} 的最優三角剖分位置，從圖 4-69 最優決策陣列可以看出，*s*[1][5]=3，如圖 4-70 所示。

◆ 因為 v_0～v_3 中有節點，所以子問題 1 不為空，輸出該弦 v_0v_3。

◆ 因為 v_3～v_5 中有節點，所以子問題 2 不為空，輸出該弦 v_3v_5。

◆ 遞迴建構子問題 1：{v_0, v_1, v_2, v_3}，讀取 *s*[1][3]=2，如圖 4-71 所示。

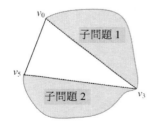

圖 4-70　建構最優解過程（原問題）

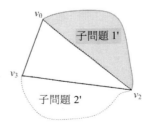

圖 4-71　建構最優解過程（子問題 1）

因為 $v0 \sim v2$ 中有節點，所以子問題 1' 不為空，輸出該弦 v_0v_2。

遞迴建構子問題 1'：$\{v_0, v_1, v_2\}$，讀取 $s[1][2]=1$，如圖 4-72 所示。

因為 $v_0 \sim v_1$ 中沒有節點，子問題 1''' 為空，v_0v_1 是一條邊，不是弦，不輸出。

因為 $v_1 \sim v_2$ 中沒有節點，子問題 2''' 為空，v_1v_2 是一條邊，不是弦，不輸出。

遞迴建構子問題 2'：$\{v_2, v_3\}$。

因為 $v_2 \sim v_3$ 中沒有節點，子問題 2' 為空，v_2v_3 是一條邊，不是弦，不輸出。

◆ 遞迴建構子問題 2：$\{v_3, v_4, v_5\}$，讀取 $s[4][5]=4$，如圖 4-73 所示。

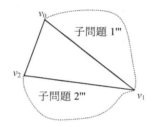

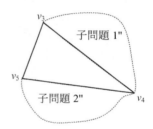

圖 4-72　建構最優解過程（子問題 1'）　　圖 4-73　建構最優解過程（子問題 2）

因為 $v_3 \sim v_4$ 中沒有節點，子問題 1'' 為空，v_3v_4 是一條邊，不是弦，不輸出。

因為 $v_4 \sim v_5$ 中沒有節點，子問題 2'' 為空，v_4v_5 是一條邊，不是弦，不輸出。

因此，該凸多邊形三角剖分最優解為：v_0v_3，v_3v_5，v_0v_2。

4.7.4　虛擬程式碼詳解

1）凸多邊形三角剖分求解函數

首先將陣列 $m[][]$、$s[][]$ 初始化為 0，然後由下而上處理不同規模的子問題，d 為 i 到 j 的規模，$d=2$；$d<=n$；$d++$，當 $d=2$ 時，實際上是 3 個點，因為 $m[i][j]$ 表示的是 $\{v_{i-1}, v_i, v_j\}$。請求解 3 個頂點凸多邊形三角剖分的最優值和最優策略，根據遞迴式：

$$m[i][j] = \min_{i \leqslant k < j}\{m[i][k] + m[k+1][j] + w(v_{i-1}v_kv_j)\}$$

對每一個 k 值，求解 $m[i][k] + m[k+1][j] + w(v_{i-1}v_kv_j)$，找到最小值後用 $m[i][j]$ 來記錄，並用 $s[i][j]$ 記錄取得最小值的 k 值。

```cpp
void Convexpolygontriangulation()
{
    for(int i = 1 ;i <= n ; i++) // 初始化
    {
        m[i][i] = 0 ;
        s[i][i] = 0 ;
    }
    for(int d = 2 ;d <= n ; d++)  //d 為 i 到 j 的規模，d=2 時，實際上是三個點
                                  //因為我們的 m[i][j]表示的是{vi-1，vi，vj}
      for(int i = 1 ;i <= n - d + 1 ; i++) //控制 i 值
      {
          int j = i + d - 1 ;           // j 值
          m[i][j] = m[i+1][j] + g[i-1][i] + g[i][j] + g[i-1][j] ;
          s[i][j] = i ;
          for(int k = i + 1 ;k < j ; k++) // 列舉劃分點
          {
              double temp = m[i][k] + m[k+1][j] + g[i-1][k] + g[k][j] + g[i-1][j] ;
              if(m[i][j] > temp)
              {
                  m[i][j] = temp ;        // 更新最優值
                  s[i][j] = k ;           // 記錄劃分點
              }
          }
      }
}
```

2） 最優解輸出函數

我們首先從 $s[][]$ 陣列中讀取 $s[i][j]$，然後判斷子問題 1 是否為空。若 $s[i][j]>i$，表示 i 到 $s[i][j]$ 之間存在頂點，子問題 1 不為空，那麼 $v_{i-1}v_{s[i][j]}$ 是一條弦，輸出 $\{v_{i-1}$ $v_{s[i][j]}\}$；判斷子問題 2 是否為空，若 $j>s[i][j]+1$，表示 $s[i][j]+1$ 到 j 之間存在頂點，子問題 2 不為空，那麼 $v_{s[i][j]+1}$ v_j 是一條弦，輸出 $\{v_{s[i][j]+1}$ $v_j\}$。遞迴求解子問題 1 和子問題 2，直到 $i=j$ 時停止。

```cpp
void print(int i , int j)                // 輸出所有的弦
{
    if(i == j)  return ;
    if(s[i][j]>i)
       cout<<"{v"<<i-1<<"v"<<s[i][j]<<"}"<<endl;
    if(j>s[i][j]+1)
       cout<<"{v"<<s[i][j]<<"v"<<j<<"}"<<endl;
    print(i ,s[i][j]);
    print(s[i][j]+1 ,j);
}
```

4.7.5 實戰演練

```
//program 4-5
#include<iostream>
#include<sstream>
#include<cmath>
#include<algorithm>
using namespace std;
const int M= 1000 + 5 ;
int n ;
int s[M][M] ;
double m[M][M],g[M][M];
void Convexpolygontriangulation()
{
    for(int i = 1 ;i <= n ; i++)           // 初始化
    {
        m[i][i] = 0 ;
        s[i][i] = 0 ;
    }
    for(int d = 2 ;d <= n ; d++)           //d 為問題規模，d=2 時，實際上是三個點
                                           //因為我們的 m[i][j]表示的是{vᵢ₋₁，vᵢ，vⱼ}
      for(int i = 1 ;i <= n - d + 1 ; i++)   // 控制 i 值
      {
          int j = i + d - 1 ;              // j 值
          m[i][j] = m[i+1][j] + g[i-1][i] + g[i][j] + g[i-1][j] ;
          s[i][j] = i ;
          for(int k = i + 1 ;k < j ; k++)   // 列舉劃分點
          {
              double temp = m[i][k] + m[k+1][j] + g[i-1][k] + g[k][j] + g[i-1][j] ;
              if(m[i][j] > temp)
              {
                  m[i][j] = temp ;          // 更新最優值
                  s[i][j] = k ;             // 記錄劃分點
              }
          }
      }
}
void print(int i , int j)                  // 輸出所有的弦
{
    if(i == j)  return ;
    if(s[i][j]>i)
       cout<<"{v"<<i-1<<"v"<<s[i][j]<<"}"<<endl;
    if(j>s[i][j]+1)
       cout<<"{v"<<s[i][j]<<"v"<<j<<"}"<<endl;
    print(i ,s[i][j]);
    print(s[i][j]+1 ,j);
 }
int main()
{
    int i,j;
    cout << "請輸入頂點的個數 n:";
    cin >> n;
    n-- ;
    cout << "請依次輸入各頂點的連接權值:";
    for(i = 0 ;i <= n ; ++i)               // 輸入各個頂點之間的連接權值
```

```
        for( j = 0 ;j <= n ; ++j)
            cin>>g[i][j] ;
    Convexpolygontriangulation ();
    cout<<m[1][n]<<endl;
    print(1 ,n);                        // 列印路徑
    return 0 ;
}
```

演算法實作和測試

1）　執行環境

```
Code::Blocks
Visual C++ 6.0
```

2）　輸入

```
6
0   2   3   1   5   6
2   0   3   4   8   6
3   3   0   10  13  7
1   4   10  0   12  5
5   8   13  12  0   3
6   6   7   5   3   0
```

3）　輸出

```
54
{ v0  v3 }
{ v3  v5 }
{ v0  v2 }
```

4.7.6　演算法解析及優化擴充

演算法複雜度分析

1）　時間複雜度：由程式可以得出語句　$t = m[i][k] + m[k+1][j] + g[i-1][i] + g[i][j] + g[i-1][j]$，它是演算法的基本語句，在 3 層 for 迴圈中巢狀嵌套，最壞情況下該語句的執行次數為　$O(n^3)$，$print()$ 函數演算法的時間主要取決於遞迴，最壞情況下時間複雜度為 $O(n)$。故該程式的時間複雜度為 $O(n^3)$。

2）　空間複雜度：該程式的輸入資料的陣列為　$g[][]$，輔助變數為　i、j、r、t、k、$m[][]$、$s[][]$，空間複雜度取決於輔助空間，因此空間複雜度為 $O(n^2)$。

演算法優化擴充

這個問題儘管和矩陣連乘問題表達的含義不同，但遞迴式是完全相同的，那麼程式碼就可以參考矩陣連乘的程式碼了。

想一想，還有什麼辦法對演算法進行改進，或者有什麼更好的演算法實作？

4.8 小石子遊戲－石子合併

一群小孩子在玩小石子遊戲，遊戲有兩種玩法。

1）路邊玩法

有 n 堆石子堆放在路邊，現要將石子有序地合併成一堆，規定每次只能移動相鄰的兩堆石子合併，合併花費為新合成的一堆石子的數量。求將這 N 堆石子合併成一堆的總花費（最小或最大）。

2）操場玩法

一個圓形操場周圍擺放著 n 堆石子，現要將石子有序地合併成一堆，規定每次只能移動相鄰的兩堆石子合併，合併花費為新合成的一堆石子的數量。求將這 N 堆石子合併成一堆的總花費（最小或最大）。

圖 4-74　小石子遊戲

4.8.1 問題分析

本題初看可以使用貪心法來解決，但是因為有必須相鄰兩堆才能合併這個條件在，用貪心法就無法保證每次都能取到所有堆中石子數最少（最多）的兩堆。

232

下面以操場玩法為例：

假設有 $n=6$ 堆石子，每堆的石子個數分別為 3、4、6、5、4、2。

如果使用貪心法求最小花費，應該是如下的合併步驟：

第 1 次合併 3 4 6 5 4 2　　　2，3 合併花費是 5
第 2 次合併 5 4 6 5 4　　　　5，4 合併花費是 9
第 3 次合併 9 6 5 4　　　　　5，4 合併花費是 9
第 4 次合併 9 6 9　　　　　　9，6 合併花費是 15
第 5 次合併 15 9　　　　　　15，9 合併花費是 24
總得分＝5＋9＋9＋15＋24＝62

但是如果採用如下合併方法，卻可以得到比上面花費更少的方法：

第 1 次合併 3 4 6 5 4 2　　　3，4 合併花費是 7
第 2 次合併 7 6 5 4 2　　　　7，6 合併花費是 13
第 3 次合併 13 5 4 2　　　　4，2 合併花費是 6
第 4 次合併 13 5 6　　　　　5，6 合併花費是 11
第 5 次合併 13 11　　　　　13，11 合併花費是 24
總花費＝7＋13＋6＋11＋24＝61

顯然利用貪心法來求解錯誤的，貪心演算法在子過程中得出的解只是局部最優，而不能保證全域的值最優，因此本題不可以使用貪心法求解。

如果使用暴力窮舉的辦法，會有大量的子問題重複，這種做法是不可取的，那麼是否可以使用動態規劃呢？我們要分析該問題是否具有最優子結構性質，它是使用動態規劃的必要條件。

路邊玩法

如果 n-1 次合併的全域最優解包含了每一次合併的子問題的最優解，那麼經這樣的 n-1 次合併後的花費總和必然是最優的，因此就可以透過動態規劃演算法來求出最優解。

首先分析該問題是否具有最優子結構性質。

1）　分析最優解的結構特徵

◆　假設已經知道了在第 k 堆石子分開可以得到最優解，那麼原問題就變成了兩個子問題，子問題分別是 $\{a_i, a_2, \cdots, a_k\}$ 和 $\{a_{k+1}, \cdots, a_j\}$，如圖 4-75 所示。

子問題 1　　　　　　　　子問題 2

a_i a_2 ⋯ a_k　　　　a_k a_{k+1} ⋯ a_j

圖 4-75　原問題分解為子問題

那麼原問題的最優解是否包含子問題的最優解呢？

◆ 假設已經知道了 n 堆石子合併起來的花費是 c，子問題 1 $\{a_i, a_2, \cdots, a_k\}$ 石子合併起來的花費是 a，子問題 2 $\{a_{k+1}, \cdots, a_j\}$ 石子合併起來的花費是 b，$\{a_i, a_2, \cdots, a_j\}$ 石子數量之和是 $w(i, j)$，那麼 $c=a+b+w(i, j)$。因此我們只需要證明如果 c 是最優的，則 a 和 b 一定是最優的（即原問題的最優解包含子問題的最優解）。

反證法：如果 a 不是最優的，子問題 1 $\{a_i, a_2, \cdots, a_k\}$ 一定存在一個最優解 a'，$a'<a$，那麼 $a'+b+w(i, j)<c$，這與我們的假設 c 是最優的矛盾，因此如果 c 是最優的，則 a 一定是最優的。同理可證 b 也是最優的。因此如果 c 是最優的，則 a 和 b 一定是最優的。

因此，路邊玩法小石子合併遊戲問題具有最優子結構性質。

2）　建立最優值遞迴式

設 $Min[i][j]$ 代表從第 i 堆石子到第 j 堆石子合併的最小花費，$Min[i][k]$ 代表從第 i 堆石子到第 k 堆石子合併的最小花費，$Min[k+1][j]$ 代表從第 $k+1$ 堆石子到第 j 堆石子合併的最小花費，$w(i, j)$ 代表從 i 堆到 j 堆的石子數量之和。列出遞迴式：

$$Min[i][j]=\begin{cases} 0 & ,i=j \\ \min_{i \leqslant k < j}(Min[i][k]+Min[k+1][j]+w(i, j)) & ,i<j \end{cases}$$

$Max[i][j]$ 代表從第 i 堆石子到第 j 堆石子合併的最大花費，$Max[i][k]$ 代表從第 i 堆石子到第 k 堆石子合併的最大花費，$Max[k+1][j]$ 代表從第 $k+1$ 堆石子到第 j 堆石子合併的最大花費，$w(i, j)$ 代表從 i 堆到 j 堆的石子數量之和。列出遞迴式：

$$Max[i][j]=\begin{cases} 0 & ,i=j \\ \max_{i \leqslant k < j}(Max[i][k]+Max[k+1][j]+w(i, j)) & ,i<j \end{cases}$$

操場玩法

如果把路邊玩法看作直線型石子合併問題,那麼操場玩法就屬於圓型石子合併問題。圓型石子合併經常轉化為直線型來求。也就是說,把圓形結構看成是長度為原規模兩倍的直線結構來處理。如果操場玩法原問題規模為 n,所以相當於有一排石子 a_1,a_2,…,a_n,a_1,a_2,…,a_{n-1},該問題規模為 $2n-1$,如圖 4-76 所示。然後就可以用線性的石子合併問題的方法求解,求最大值的方法和求最小值的方法是一樣的。最後,從**規模是 n 的最優值**找出**最小值或最大值**即可。

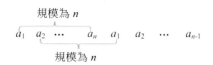

圖 4-76　轉化為規模為 $2n-1$ 的直線型

4.8.2 演算法設計

路邊玩法

假設有 n 堆石子,一字排開,合併相鄰兩堆的石子,每合併兩堆石子有一個花費,最終合併後的最小花費和最大花費。

1)　確定合適的資料結構

採用一維陣列 $a[i]$ 來記錄第 i 堆石子(a_i)的數量;$sum[i]$ 來記錄前 i 堆(a_1, a_2, …, a_i)石子的總數量;二維陣列 **$Min[i][j]$**、**$Max[i][j]$** 來記錄第 i 堆到第 j 堆 a_i,a_{i+1},…,a_i 堆石子合併的最小花費和最大花費。

2)　初始化

輸入石子的堆數 n,然後依次輸入各堆石子的數量儲存在 $a[i]$ 中,令 **$Min[i][i]$**=0,**$Max[i][i]$**=0,$sum[0]$=0,計算 $sum[i]$,其中 i= 1,2,3,…,n。

3)　迴圈階段

◆　按照遞迴式計算 2 堆石子合併 $\{a_i, a_{i+1}\}$ 的最小花費和最大花費,i=1,2,3,…,$n-1$。

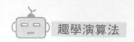

◆ 按照遞迴式計算 3 堆石子合併 {a_i, a_{i+1}, a_{i+2}} 的最小花費和最大花費，i=1，2，3，…，n-2。

◆ 以此類推，直到求出所有堆 {a_1, …, a_n} 的最小花費和最大花費。

4) 建構最優解

Min[1][n] 和 **Max**[1][n] 是 n 堆石子合併的最小花費和最大花費。如果還想知道具體的合併順序，需要在求解的過程中記錄最優決策，然後逆向建構最優解，可以使用類似矩陣連乘的建構方法，用括弧來表達合併的先後順序。

操場玩法

圓型石子合併經常轉化為直線型來求，也就是說，把圓形結構看成是長度為原規模兩倍的直線結構來處理。如果操場玩法原問題規模為 n，所以相當於有一排石子 a_1，a_2，…，a_n，a_1，a_2，…，a_{n-1}，該問題規模為 2n-1，然後就可以用線性的石子合併問題的方法求解，求最小花費和最大花費的方法是一樣的。最後，從規模是 n 的最優值找出最小值即可。即要從規模為 n 的最優值 **Min**[1][n]，**Min**[2][$n+1$]，**Min**[3][$n+2$]，…，**Min**[n][2n-1] 中找最小值作為圓型石子合併的最小花費。

從規模是 n 的最優值 *Max*[1][n]，*Max*[2][$n+1$]，*Max*[3][$n+2$]，…，*Max*[n][2n-1] 中找最大值作為圓型石子合併的最大花費。

4.8.3 完美圖解

如圖 4-77 所示，以 6 堆石子的路邊玩法為例。

1) 初始化

輸入石子的堆數 n，然後依次輸入各堆石子的數量儲存在 $a[i]$ 中，如圖 4-78 所示。

	1	2	3	4	5	6
$a[\ ]$	5	8	6	9	2	3

圖 4-77　6 堆石子　　　　　　　　　　　　　　　　圖 4-78　石子數量

$Min[i][j]$和 $Max[i][j]$來記錄第 i 堆到第 j 堆 a_i，a_{i+1}，$\cdots$，a_i 堆石子合併的最小花費和最大花費。令 $Min[i][i]=0$，$Max[i][i]=0$，如圖 4-79 所示。

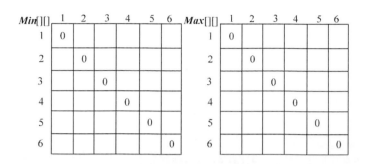

圖 4-79　最小花費和最大花費

$sum[i]$ 為前 i 堆石子數量總和，$sum[0]=0$，計算 $sum[i]$，其中 $i=1$，2，3，$\cdots$，n，如圖 4-80 所示。

原遞迴公式中的 $w(i, j)$ 代表從 i 堆到 j 堆的石子數量之和，可以用直接查表法 $sum[j]$ -$sum[i-1]$ 求解，如圖 4-81 所示。這樣就不用每次遇到 $w(i, j)$ 都計算一遍了，這也是動態規劃思維的顯現！

	0	1	2	3	4	5	6
$sum[]$	0	5	13	19	28	30	33

圖 4-80　前 i 堆石子數量總和

$\overbrace{a_1 \quad a_2 \quad \cdots \quad a_{i-1}}^{sum[i-1]} \quad \underbrace{\overbrace{a_i \quad a_{i+1} \quad \cdots \quad a_j}^{w(i,j)}}_{sum[j]} \quad \cdots \quad a_n$

圖 4-81　$sum[j]$-$sum[i-1]$即為 $w(i, j)$

2） 按照遞迴式計算兩堆石子合併 $\{a_i, a_{i+1}\}$ 的最小花費和最大花費，$i=1$，2，3，4，5。如圖 4-82 所示。

Min[][]

	1	2	3	4	5	6
1	0	13				
2		0	14			
3			0	15		
4				0	11	
5					0	5
6						0

Max[][]

	1	2	3	4	5	6
1	0	13				
2		0	14			
3			0	15		
4				0	11	
5					0	5
6						0

圖 4-82　最小花費和最大花費

◆ i=1，j=2：$\{a_1, a_2\}$

k=1：$\boldsymbol{Min}[1][2]=\boldsymbol{Min}[1][1]+\boldsymbol{Min}[2][2]+sum[2]-sum[0]=13$；

$\boldsymbol{Max}[1][2]=\boldsymbol{Max}[1][1]+\boldsymbol{Max}[2][2]+sum[2]-sum[0]=13$。

◆ i=2，j=3：$\{a_2, a_3\}$

k=2：$\boldsymbol{Min}[2][3]=\boldsymbol{Min}[2][2]+\boldsymbol{Min}[3][3]+sum[3]-sum[1]=14$；

$\boldsymbol{Max}[2][3]=\boldsymbol{Max}[2][2]+\boldsymbol{Max}[3][3]+sum[3]-sum[1]=14$。

◆ i=3，j=4：$\{a_3, a_4\}$

k=3：$\boldsymbol{Min}[3][4]=\boldsymbol{Min}[3][3]+\boldsymbol{Min}[4][4]+sum[4]-sum[2]=15$；

$\boldsymbol{Max}[3][4]=\boldsymbol{Max}[3][3]+\boldsymbol{Max}[4][4]+sum[4]-sum[2]=15$。

◆ i=4，j=5：$\{a_4, a_5\}$

k=4：$\boldsymbol{Min}[4][5]=\boldsymbol{Min}[4][4]+\boldsymbol{Min}[5][5]+sum[5]-sum[3]=11$；

$\boldsymbol{Max}[4][5]=\boldsymbol{Max}[4][4]+\boldsymbol{Max}[5][5]+sum[5]-sum[3]=11$。

◆ i=5，j=6：$\{a_5, a_6\}$

k=5：$\boldsymbol{Min}[5][6]=\boldsymbol{Min}[5][5]+\boldsymbol{Min}[6][6]+sum[6]-sum[4]=5$；

$\boldsymbol{Max}[5][6]=\boldsymbol{Max}[5][5]+\boldsymbol{Max}[6][6]+sum[6]-sum[4]=5$。

3） 按照遞迴式計算 3 堆石子合併 $\{a_i, a_{i+1}, a_{i+2}\}$ 的最小花費和最大花費，i=1，2，3，4，如圖 4-83 所示。

Min[][]	1	2	3	4	5	6
1	0	13	32			
2		0	14	37		
3			0	15	28	
4				0	11	19
5					0	5
6						0

Max[][]	1	2	3	4	5	6
1	0	13	33			
2		0	14	38		
3			0	15	32	
4				0	11	25
5					0	5
6						0

圖 4-83　最小花費和最大花費

◆ i=1，j=3：$\{a_1, a_2, a_3\}$

$$Min[1][3] = \min \begin{cases} k=1, & Min[1][1]+Min[2][3]+sum[3]-sum[0]=0+14+19=33 \\ k=2, & Min[1][2]+Min[3][3]+sum[3]-sum[0]=13+0+19=32 \end{cases}$$

$$Max[1][3] = \max \begin{cases} k=1, & Max[1][1]+Max[2][3]+sum[3]-sum[0]=0+14+19=33 \\ k=2, & Max[1][2]+Max[3][3]+sum[3]-sum[0]=13+0+19=32 \end{cases}$$

$Min[1][3]= 32$；$Max[1][3]=33$。

◆ $i=2$，$j=4$：$\{a_2, a_3, a_4\}$

$$Min[2][4] = \min \begin{cases} k=2, & Min[2][2]+Min[3][4]+sum[4]-sum[1]=0+15+23=38 \\ k=3, & Min[2][3]+Min[4][4]+sum[4]-sum[1]=14+0+23=37 \end{cases}$$

$$Max[2][4] = \max \begin{cases} k=2, & Max[2][2]+Max[3][4]+sum[4]-sum[1]=0+15+23=38 \\ k=3, & Max[2][3]+Max[4][4]+sum[4]-sum[1]=14+0+23=37 \end{cases}$$

$Min[2][4]= 37$；$Max[2][4]=38$。

◆ $i=3$，$j=5$：$\{a_3, a_4, a_5\}$

$$Min[3][5] = \min \begin{cases} k=3, & Min[3][3]+Min[4][5]+sum[5]-sum[2]=0+11+17=28 \\ k=4, & Min[3][4]+Min[5][5]+sum[5]-sum[2]=15+0+17=32 \end{cases}$$

$$Max[3][5] = \max \begin{cases} k=3, & Max[3][3]+Max[4][5]+sum[5]-sum[2]=0+11+17=28 \\ k=4, & Max[3][4]+Max[5][5]+sum[5]-sum[2]=15+0+17=32 \end{cases}$$

$Min[3][5]= 28$；$Max[3][5]=32$。

◆ $i=4$，$j=6$：$\{a_4, a_5, a_6\}$

$$Min[4][6] = \min \begin{cases} k=4, & Min[4][4]+Min[5][6]+sum[6]-sum[3]=0+5+14=19 \\ k=5, & Min[4][5]+Min[6][6]+sum[6]-sum[3]=11+0+14=25 \end{cases}$$

$$Max[4][6] = \max \begin{cases} k=4, & Max[4][4]+Max[5][6]+sum[6]-sum[3]=0+5+14=19 \\ k=5, & Max[4][5]+Max[6][6]+sum[6]-sum[3]=11+0+14=25 \end{cases}$$

$Min[4][6]= 19$；$Max[4][6]=25$。

4) 按照遞迴式計算 4 堆石子合併 $\{a_i, a_{i+1}, a_{i+2}, a_{i+3}\}$ 的最小花費和最大花費，$i=1$，2，3，如圖 4-84 所示。

Min[][]	1	2	3	4	5	6
1	0	13	32	56		
2		0	14	37	50	
3			0	15	28	39
4				0	11	19
5					0	5
6						0

Max[][]	1	2	3	4	5	6
1	0	13	33	66		
2		0	14	38	63	
3			0	15	32	52
4				0	11	25
5					0	5
6						0

圖 4-84　最小花費和最大花費

◆ $i=1$，$j=4$：$\{a_1, a_2, a_3, a4\}$

$$Min[1][4] = \min \begin{cases} k=1, & Min[1][1]+Min[2][4]+sum[4]-sum[0]=0+37+28=65 \\ k=2, & Min[1][2]+Min[3][4]+sum[4]-sum[0]=13+15+28=56 \\ k=3, & Min[1][3]+Min[4][4]+sum[4]-sum[0]=32+0+28=60 \end{cases}$$

$$Max[1][4] = \max \begin{cases} k=1, & Max[1][1]+Max[2][4]+sum[4]-sum[0]=0+38+28=66 \\ k=2, & Max[1][2]+Max[3][4]+sum[4]-sum[0]=13+15+28=56 \\ k=3, & Max[1][3]+Max[4][4]+sum[4]-sum[0]=33+0+28=61 \end{cases}$$

$Min[1][4]= 56$；$Max[1][4]=66$。

◆ $i=2$，$j=5$：$\{a_2, a_3, a_4, a5\}$

$$Min[2][5] = \min \begin{cases} k=2, & Min[2][2]+Min[3][5]+sum[5]-sum[1]=0+28+25=53 \\ k=3, & Min[2][3]+Min[4][5]+sum[5]-sum[1]=14+11+25=50 \\ k=4, & Min[2][4]+Min[5][5]+sum[5]-sum[1]=37+0+25=62 \end{cases}$$

$$Max[2][5] = \max \begin{cases} k=2, & Max[2][2]+Max[3][5]+sum[5]-sum[1]=0+32+25=57 \\ k=3, & Max[2][3]+Max[4][5]+sum[5]-sum[1]=14+11+25=50 \\ k=4, & Max[2][4]+Max[5][5]+sum[5]-sum[1]=38+0+25=63 \end{cases}$$

$Min[2][5]=50$；$Max[2][5]=63$。

◆ $i=3$，$j=6$：$\{a_3, a_4, a_5, a_6\}$

$$Min[3][6] = \min \begin{cases} k=3, & Min[3][3]+Min[4][6]+sum[6]-sum[2]=0+19+20=39 \\ k=4, & Min[3][4]+Min[5][6]+sum[6]-sum[2]=15+5+20=40 \\ k=5, & Min[3][5]+Min[6][6]+sum[6]-sum[2]=28+0+20=48 \end{cases}$$

$$Max[3][6] = \max \begin{cases} k = 3, & Max[3][3]+Max[4][6]+sum[6]-sum[2]=0+25+20=45 \\ k = 4, & Max[3][4]+Max[5][6]+sum[6]-sum[2]=15+5+20=40 \\ k = 5, & Max[3][5]+Max[6][6]+sum[6]-sum[2]=32+0+20=52 \end{cases}$$

$Min[3][6]=39$；$Max[3][6]=52$。

5）按照遞迴式計算 5 堆石子合併 $\{a_i, a_{i+1}, a_{i+2}, a_{i+3}, a_{i+4}\}$ 的最小花費和最大花費，$i=1$，2，如圖 4-85 所示。

Min[][]	1	2	3	4	5	6
1	0	13	32	56	71	
2		0	14	37	50	61
3			0	15	28	39
4				0	11	19
5					0	5
6						0

Max[][]	1	2	3	4	5	6
1	0	13	33	66	96	
2		0	14	38	63	91
3			0	15	32	52
4				0	11	25
5					0	5
6						0

圖 4-85　最小花費和最大花費

◆ $i=1$，$j=5$：$\{a_1, a_2, a_3, a_4, a_5\}$

$$Min[1][5] = \min \begin{cases} k = 1, & Min[1][1]+Min[2][5]+sum[5]-sum[0]=0+50+30=80 \\ k = 2, & Min[1][2]+Min[3][5]+sum[5]-sum[0]=13+28+30=71 \\ k = 3, & Min[1][3]+Min[4][5]+sum[5]-sum[0]=32+11+30=73 \\ k = 4, & Min[1][4]+Min[5][5]+sum[5]-sum[0]=56+0+30=86 \end{cases}$$

$$Max[1][5] = \max \begin{cases} k = 1, & Max[1][1]+Max[2][5]+sum[5]-sum[0]=0+63+30=93 \\ k = 2, & Max[1][2]+Max[3][5]+sum[5]-sum[0]=13+32+30=75 \\ k = 3, & Max[1][3]+Max[4][5]+sum[5]-sum[0]=33+11+30=74 \\ k = 4, & Max[1][4]+Max[5][5]+sum[5]-sum[0]=66+0+30=96 \end{cases}$$

$Min[1][5]=71$；$Max[1][5]=96$。

◆ $i=2$，$j=6$：$\{a_2, a_3, a_4, a_5, a_6\}$

$$Min[2][6] = \min \begin{cases} k = 2, & Min[2][2]+ Min[3][6]+sum[6] - sum[1]=0+39+28=67 \\ k = 3, & Min[2][3]+ Min[4][6]+sum[6] - sum[1]=14+19+28=61 \\ k = 4, & Min[2][4]+ Min[5][6]+sum[6] - sum[1]=37+5+28=70 \\ k = 5, & Min[2][5]+ Min[6][6]+sum[6] - sum[1]=50+0+28=78 \end{cases}$$

$$Max[2][6] = \max \begin{cases} k = 2, & Max[2][2]+ Max[3][6]+sum[6] - sum[1]=0+52+28=80 \\ k = 3, & Max[2][3]+ Max[4][6]+sum[6] - sum[1]=14+25+28=67 \\ k = 4, & Max[2][4]+ Max[5][6]+sum[6] - sum[1]=38+5+28=71 \\ k = 5, & Max[2][5]+ Max[6][6]+sum[6] - sum[1]=63+0+28=91 \end{cases}$$

$Min[2][6]=61$；$Max[3][6]=9$。

6） 按照遞迴式計算 6 堆石子合併 $\{a_1, a_2, a_3, a_4, a_5, a_6\}$ 的最小花費和最大花費，如圖 4-86 所示。

$Min[][]$	1	2	3	4	5	6
1	0	13	32	56	71	84
2		0	14	37	50	61
3			0	15	28	39
4				0	11	19
5					0	5
6						0

$Max[][]$	1	2	3	4	5	6
1	0	13	33	66	96	129
2		0	14	38	63	91
3			0	15	32	52
4				0	11	25
5					0	5
6						0

圖 4-86 最小花費和最大花費

◆ $i=1$，$j=6$：$\{a_1, a_2, a_3, a_4, a_5, a_6\}$

$$Min[1][6] = \min \begin{cases} k = 1, & Min[1][1]+ Min[2][6]+sum[6] - sum[0]=0+61+33=94 \\ k = 2, & Min[1][2]+ Min[3][6]+sum[6] - sum[0]=13+39+33=85 \\ k = 3, & Min[1][3]+ Min[4][6]+sum[6] - sum[0]=32+19+33=84 \\ k = 4, & Min[1][4]+ Min[5][6]+sum[6] - sum[0]=56+5+33=94 \\ k = 5, & Min[1][5]+ Min[6][6]+sum[6] - sum[0]=71+0+33=104 \end{cases}$$

$$Max[1][6] = \max \begin{cases} k=1, & Max[1][1]+ Max[2][6]+sum[6]-sum[0]=0+91+33=124 \\ k=2, & Max[1][2]+ Max[3][6]+sum[6]-sum[0]=13+52+33=98 \\ k=3, & Max[1][3]+ Max[4][6]+sum[6]-sum[0]=33+25+33=91 \\ k=4, & Max[1][4]+ Max[5][6]+sum[6]-sum[0]=66+5+33=104 \\ k=5, & Max[1][5]+ Max[6][6]+sum[6]-sum[0]=96+0+33=129 \end{cases}$$

$Min[1][6]=84$；$Max[1][6]=129$。

4.8.4　虛擬程式碼詳解

路邊玩法

首先初始化 $Min[i][i]=0$，$Max[i][i]=0$，$sum[0]=0$，計算 $sum[i]$，其中 $i=1$，2，3，$\cdots$，n。

迴圈階段：

按照遞迴式計算 2 堆石子合併 $\{a_i, a_{i+1}\}$ 的最小花費和最大花費，$i=1$，2，3，$\cdots$，$n-1$。
按照遞迴式計算 3 堆石子合併 $\{a_i, a_{i+1}, a_{i+2}\}$ 的最小花費和最大花費，$i=1$，2，3，$\cdots$，$n-2$。
以此類推，直到求出所有堆 $\{a_1, \cdots, a_n\}$ 的最小花費和最大花費。

```
void straight(int a[],int n)
{
    for(int i=1;i<=n;i++)              // 初始化
        Min[i][i]=0, Max[i][i]=0;
    sum[0]=0;
    for(int i=1;i<=n;i++)
        sum[i]=sum[i-1]+a[i];
    for(int v=2; v<=n; v++)           // 列舉合併的堆數規模
    {
        for(int i=1; i<=n-v+1; i++)   //列舉起始點 i
        {
            int j = i + v-1;          //列舉終點 j
            Min[i][j] = INF;          //初始化為最大值
            Max[i][j] = -1;           //初始化為-1
            int tmp = sum[j]-sum[i-1];//記錄 i...j 之間的石子數之和
            for(int k=i; k<j; k++) {  //列舉中間分隔點
                Min[i][j] = min(Min[i][j], Min[i][k] + Min[k+1][j] + tmp);
                Max[i][j] = max(Max[i][j], Max[i][k] + Max[k+1][j] + tmp);
            }
        }
    }
}
```

操場玩法

圓型石子合併經常轉化為直線型來求，也就是說，把圓形結構看成是長度為原規模兩倍的直線結構來處理。如果操場玩法原問題規模為 n，所以相當於有一排石子 a_1，a_2，$\cdots$，a_n，a_1，a_2，$\cdots$，a_{n-1}，該問題規模為 $2n-1$，然後就可以用線性的石子合併問題的方法求解，求最小花費和最大花費的方法是一樣的。最後，從最優解中找出規模是 n 的最優解即可。

即要從規模為 n 的最優解 $Min[1][n]$，$Min[2][n+1]$，$Min[3][n+2]$，$\cdots$，$Min[n][2n-1]$ 中找最小值作為圓型石子合併的最小花費。

從 $Max[1][n]$，$Max[2][n+1]$，$Max[3][n+2]$，$\cdots$，$Max[n][2n-1]$ 中找出最大值作為圓型石子合併的最大花費。

```cpp
void Circular(int a[],int n)
{
    for(int i=1;i<=n-1;i++)
        a[n+i]=a[i];
    n=2*n-1;
    straight(a, n);
    n=(n+1)/2;
    min_Circular=Min[1][n];
    max_Circular=Max[1][n];
    for(int i=2;i<=n;i++)
    {
        if(Min[i][n+i-1]<min_Circular)
            min_Circular=Min[i][n+i-1];
        if(Max[i][n+i-1]>max_Circular)
            max_Circular=Max[i][n+i-1];
    }
}
```

4.8.5 實戰演練

```cpp
//program 4-6
#include <iostream>
#include <string>
using namespace std;
const int INF = 1 << 30;
const int N = 205;
int Min[N][N], Max[N][N];
int sum[N];
int a[N];
int min_Circular,max_Circular;

void straight(int a[],int n)
{
    for(int i=1;i<=n;i++)  // 初始化
```

```
            Min[i][i]=0, Max[i][i]=0;
        sum[0]=0;
        for(int i=1;i<=n;i++)
            sum[i]=sum[i-1]+a[i];
        for(int v=2; v<=n; v++)                // 列舉合併的堆數規模
        {
            for(int i=1; i<=n-v+1; i++)        //列舉起始點 i
            {
                int j = i + v-1;               //列舉終點 j
                Min[i][j] = INF;               //初始化為最大值
                Max[i][j] = -1;                //初始化為-1
                int tmp = sum[j]-sum[i-1];//記錄 i...j 之間的石子數之和
                for(int k=i; k<j; k++) {   //列舉中間分隔點
                    Min[i][j] = min(Min[i][j], Min[i][k] + Min[k+1][j] + tmp);
                    Max[i][j] = max(Max[i][j], Max[i][k] + Max[k+1][j] + tmp);
                }
            }
        }
}
void Circular(int a[],int n)
{
    for(int i=1;i<=n-1;i++)
        a[n+i]=a[i];
    n=2*n-1;
    straight(a, n);
    n=(n+1)/2;
    min_Circular=Min[1][n];
    max_Circular=Max[1][n];
    for(int i=2;i<=n;i++)
    {
        if(Min[i][n+i-1]<min_Circular)
            min_Circular=Min[i][n+i-1];
        if(Max[i][n+i-1]>max_Circular)
            max_Circular=Max[i][n+i-1];
    }
}

int main()
{
    int n;
    cout << "請輸入石子的堆數 n:";
    cin >> n;
    cout << "請依次輸入各堆的石子數:";
    for(int i=1;i<=n;i++)
        cin>>a[i];
    straight(a, n);
    cout<<"路邊玩法（直線型）最小花費為："<<Min[1][n]<<endl;
    cout<<"路邊玩法（直線型）最大花費為："<<Max[1][n]<<endl;
    Circular(a,n);
    cout<<"操場玩法（圓型）最小花費為："<<min_Circular<<endl;
    cout<<"操場玩法（圓型）最大花費為："<<max_Circular<<endl;
    return 0;
}
```

演算法實作和測試

1） 執行環境

```
Code::Blocks
```

2） 輸入

```
請輸入石子的堆數 n：
6
請依次輸入各堆的石子數：
5 8 6 9 2 3
```

3） 輸出

```
路邊玩法（直線型）最小花費為：84
路邊玩法（直線型）最大花費為：129
操場玩法（圓型）最小花費為：81
操場玩法（圓型）最大花費為：130
```

4.8.6 演算法解析及優化擴充

演算法複雜度分析

1） 時間複雜度：由程式可以得出語句 $Min[i][j] = min(Min[i][j], Min[i][k] + Min[k+1][j] + tmp)$，它是演算法的基本語句，在 3 層 for 迴圈中巢狀嵌套，最壞情況下該語句的執行次數為 $O(n^3)$，故該程式的時間複雜度為 $O(n^3)$。

2） 空間複雜度：該程式的輔助變數為 $Min[][]$、$Max[][]$，空間複雜度取決於輔助空間，故空間複雜度為 $O(n^2)$。

演算法優化擴充

對於石子合併問題，如果按照一般的區間動態規劃進行求解，時間複雜度是 $O(n^3)$，但最小值可以用四邊形不等式（見附錄 F）優化。

$$Min[i][j] = \begin{cases} 0 & ,i = j \\ \min_{s[i][j-1] \leqslant k \leqslant s[i+1][j]} (Min[i][k] + Min[k+1][j] + w(i,j)) & ,i < j \end{cases}$$

$s[i][j]$ 表示取得最優解 $Min[i][j]$ 的最優策略位置。

k 的取值範圍縮小了很多，原來是區間 $[i, j)$，現在
變為區間 $[s[i][j-1], s[i+1][j])$。如圖 4-87 所示。

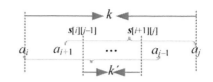

經過優化，演算法時間複雜度可以減少至 $O(n^2)$。

請注意：最大值有一個性質，即總是在兩個端點的
最大者中取到。

圖 4-87　k 的取值範圍縮小

即 $Max[i][j] = max(Max[i][j-1], Max[i+1][j]) + sum[i][j]$

經過優化，演算法時間複雜度也可以減少至 $O(n^2)$。

優化後演算法：

```
//program 4-6-1
#include <iostream>
#include <string>

using namespace std;
const int INF = 1 << 30;
const int N = 205;
int Min[N][N], Max[N][N],s[N][N];
int sum[N];
int a[N];
int min_Circular,max_Circular;

void get_Min(int n)
{
    for(int v=2; v<=n; v++)            // 列舉合併的堆數規模
    {
        for(int i=1; i<=n-v+1; i++)        //列舉起始點 i
        {
            int j = i + v-1;            //列舉終點 j
            int tmp = sum[j]-sum[i-1];  //記錄 i...j 之間的石子數之和
            int i1=s[i][j-1]>i?s[i][j-1]:i;
            int j1=s[i+1][j]<j?s[i+1][j]:j;
            Min[i][j]=Min[i][i1]+Min[i1+1][j];
            s[i][j]=i1;
            for(int k=i1+1; k<=j1; k++) //列舉中間分隔點
                if(Min[i][k]+ Min[k+1][j]<Min[i][j])
                {
                    Min[i][j]=Min[i][k]+Min[k+1][j];
                    s[i][j]=k;
                }
            Min[i][j]+=tmp;
        }
    }
}

void get_Max(int n)
```

```
{
    for(int v=2; v<=n; v++)              // 列舉合併的堆數規模
    {
        for(int i=1; i<=n-v+1; i++)      //列舉起始點 i
        {
            int j = i + v-1;             //列舉終點 j
            Max[i][j] = -1;              //初始化為-1
            int tmp = sum[j]-sum[i-1];//記錄 i...j 之間的石子數之和
            if(Max[i+1][j]>Max[i][j-1])
                Max[i][j]=Max[i+1][j]+tmp;
            else
                Max[i][j]=Max[i][j-1]+tmp;
        }
    }
}

void straight(int a[],int n)
{
    for(int i=1;i<=n;i++)                // 初始化
        Min[i][i]=0, Max[i][i]=0, s[i][i]=0;
    sum[0]=0;
    for(int i=1;i<=n;i++)
        sum[i]=sum[i-1]+a[i];
    get_Min(n);
    get_Max(n);
}

void Circular(int a[],int n)
{
    for(int i=1;i<=n-1;i++)
        a[n+i]=a[i];
    n=2*n-1;
    straight(a, n);
    n=(n+1)/2;
    min_Circular=Min[1][n];
    max_Circular=Max[1][n];
    for(int i=2;i<=n;i++)
    {
        if(Min[i][n+i-1]<min_Circular)
            min_Circular=Min[i][n+i-1];
        if(Max[i][n+i-1]>max_Circular)
            max_Circular=Max[i][n+i-1];
    }
}

int main()
{
    int n;
    cout << "請輸入石子的堆數 n:";
    cin >> n;
    cout << "請依次輸入各堆的石子數:";
    for(int i=1;i<=n;i++)
        cin>>a[i];
    straight(a, n);
    cout<<"路邊玩法(直線型)最小花費為："<<Min[1][n]<<endl;
```

```
    cout<<"路邊玩法(直線型)最大花費為："<<Max[1][n]<<endl;
    Circular(a,n);
    cout<<"操場玩法(圓型)最小花費為："<<min_Circular<<endl;
    cout<<"操場玩法(圓型)最大花費為："<<max_Circular<<endl;
    return 0;
}
```

1）時間複雜度：在 $get\_Min()$ 函數中，雖然有 3 層 for 迴圈語句，但並不是有 3 層 for 語句的執行次數就是 $O(n^3)$，我們分析其執行次數為：

$$\sum_{v=2}^{n}\sum_{i=1}^{n-v+1}(s[i+1][j]-s[i][j-1]+1)$$

因為公式中的 $j=i+v-1$，所以：

$$\sum_{v=2}^{n}\sum_{i=1}^{n-v+1}(s[i+1][i+v-1]-s[i][i+v-2]+1)$$

$$=\sum_{v=2}^{n}\left\{\begin{array}{l}(s[2][v]-s[1][v-1]+1\\+s[3][v+1]-s[2][v]+1\\+s[4][v+2]-s[3][v+1]+1\\+\cdots\\+s[n-v+2][n]-s[n-v+1][n-1]+1)\end{array}\right\}$$

$$=\sum_{v=2}^{n}(s[n-v+2][n]-s[1][v-1]+n-v+1)$$

$$\leqslant\sum_{v=2}^{n}(n-1+n-v+1)$$

$$=\sum_{v=2}^{n}(2n-v)$$

$$\approx O(n^2)$$

故 $get\_Min()$ 的時間複雜度為 $O(n^2)$。

在 $get\_Max()$ 函數中，有兩層 for 迴圈語句巢狀嵌套，時間複雜度也是 $O(n^2)$。

2）空間複雜度：空間複雜度取決於輔助空間，空間複雜度為 $O(n^2)$。

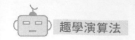

4.9　大賣場購物車 1—0-1 背包問題

央視有一個大型娛樂節目—購物街，舞臺上模擬超市大賣場，有很多貨物，每個嘉賓分配一個購物車，可以盡情地裝滿購物車，購物車中裝的貨物價值最高者取勝。假設有 n 個物品和 1 個購物車，每個物品 i 對應價值為 v_i，重量 w_i，購物車的容量為 W（你也可以將重量設定為體積）。每個物品只有 1 件，要麼裝入，要麼不裝入，不可拆分。在購物車不超重的情況下，如何選取物品裝入購物車，使所裝入的物品的總價值最大？最大價值是多少？裝入了哪些物品？

圖 4-88　購物車示意（插圖 Designed by Freepik）

4.9.1　問題分析

有 n 個物品和購物車的容量，每個物品的重量為 $w[i]$，價值為 $v[i]$，購物車的容量為 W。選若干個物品放入購物車，使價值最大，可表示如下。

$$限制條件：\begin{cases} \sum_{i=1}^{n} w_i x_i \leqslant W \\ x_i \in \{0,1\} \ ,1 \leqslant i \leqslant n \end{cases}$$

$$目標函數：\max \sum_{i=1}^{n} v_i x_i$$

問題歸結為求解滿足限制條件，使目標函數達到最大值的解向量 $X=\{x_1, x_2, \cdots, x_n\}$。

該問題就是經典的 0-1 背包問題，我們在第 2 章貪心演算法中已經知道背包問題（可切割）可以用貪心演算法求解，而 0-1 背包問題使用貪心演算法有可能得不到最優解（參看 2.3.6 節）。因為物品的不可切割性，無法保證能夠裝滿背包，所以採用每次裝價值/重量比最高的貪心策略是不可行的。

那麼是否能夠使用動態規劃呢？

首先分析該問題是否具有最優子結構性質。

1）分析最優解的結構特徵

◆ 假設已經知道了 $X=\{x_1, x_2, \cdots, x_n\}$ 是原問題 $\{a_1, a_2, \cdots, a_n\}$ 的最優解，那麼原問題去掉第一個物品就變成了子問題 $\{a_2, a_3, \cdots, a_n\}$，如圖 4-89 所示。

子問題的限制條件和目標函數如下。

限制條件：$\begin{cases} \sum\limits_{i=2}^{n} w_i x_i \leqslant W - w_1 x_1 \\ x_i \in \{0,1\},\ 2 \leqslant i \leqslant n \end{cases}$

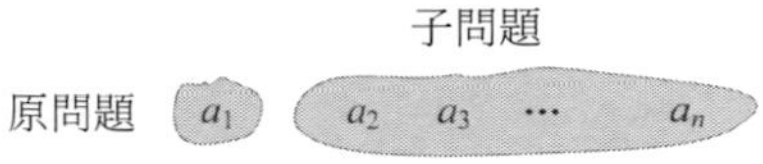

圖 4-89　原問題和子問題

目標函數：$\max \sum\limits_{i=2}^{n} v_i x_i$

◆ 我們只需要證明：$X'=\{x_2, \cdots, x_n\}$ 是子問題 $\{a_2, \cdots, a_n\}$ 的最優解，即證明了最優子結構性質。

反證法：假設 $X'=\{x_2, \cdots, x_n\}$ 不是子問題 $\{a_2, \cdots, a_n\}$ 的最優解，$\{y_2, \cdots, y_n\}$ 是子問題的最優解，$\sum\limits_{i=2}^{n} v_i y_i > \sum\limits_{i=2}^{n} v_i x_i$，且滿足限制條件 $\sum\limits_{i=2}^{n} w_i y_i \leqslant W - w_1 x_1$，我們將限制條件兩邊同時加上 $w_1 x_1$，則變為 $w_1 x_1 + \sum\limits_{i=2}^{n} w_i y_i \leqslant W$，目標函數兩邊同時加上 $v_1 x_1$，則變為 $v_1 x_1 + \sum\limits_{i=2}^{n} v_i y_i > \sum\limits_{i=1}^{n} v_i x_i$，說明 $\{x_1, y_2, \cdots, y_n\}$ 比 $\{x_1, x_2, \cdots, x_n\}$ 更優，$\{x_1, x_2, \cdots, x_n\}$ 不是原問題 $\{a_1, a_2, \cdots, a_n\}$ 的最優解，與假設 $X=\{x_1, x_2, \cdots, x_n\}$ 是原問題 $\{a_1, a_2, \cdots, a_n\}$ 的最優解矛盾。問題得證。

該問題具有最優子結構性質。

2）建立最優值的遞迴式

可以對每個物品依次檢查是否放入或者不放入，對於第 i 個物品的處理狀態：

用 $c[i][j]$ 表示前 i 件物品放入一個容量為 j 的購物車可以獲得的最大價值。

◆ 不放入第 i 件物品，$x_i=0$，裝入購物車的價值不增加。那麼問題就轉化為「前 $i-1$ 件物品放入容量為 j 的背包中」，最大價值為 $c[i-1][j]$。

◆ 放入第 i 件物品，$x_i=1$，裝入購物車的價值增加 v_i。

那麼問題就轉化為「前 $i-1$ 件物品放入容量為 $j-w[i]$ 的購物車中」，此時能獲得的最大價值就是 $c[i-1][j-w[i]]$，再加上放入第 i 件物品獲得的價值 $v[i]$。即 $c[i-1][j-w[i]]+v[i]$。

購物車容量不足，肯定不能放入；購物車容量足，我們要看放入、不放入哪種情況獲得的價值更大。

$$c[i][j]=\begin{cases} c[i-1][j] & ,j<w_i \\ \max\{c[i-1][j],c[i-1][j-w[i]]+v[i]\} & ,j\geqslant w_i \end{cases}$$

4.9.2 演算法設計

有 n 個物品，每個物品的重量為 $w[i]$，價值為 $v[i]$，購物車的容量為 W。選若干個物品放入購物車，在不超過容量的前提下使獲得的價值最大。

1） 確定合適的資料結構

採用一維陣列 $w[i]$、$v[i]$ 來記錄第 i 個物品的重量和價值；二維陣列用 $c[i][j]$ 表示前 i 件物品放入一個容量為 j 的購物車可以獲得的最大價值。

2） 初始化

初始化 $c[][]$ 陣列 0 行 0 列為 0：$c[0][j]=0$，$c[i][0]=0$，其中 $i=0$，1，2，…，n，$j=0$，1，2，…，W。

3） 迴圈階段

◆ 按照遞迴式計算第 1 個物品的處理情況，得到 $c[1][j]$，$j=1$，2，…，W。
◆ 按照遞迴式計算第 2 個物品的處理情況，得到 $c[2][j]$，$j=1$，2，…，W。

◆ 以此類推，按照遞迴式計算第 n 個物品的處理情況，得到 $c[n][j]$，j=1，2，…，W。

4）建構最優解

$c[n][W]$ 就是不超過購物車容量能放入物品的最大價值。如果還想知道具體放入了哪些物品，就需要根據 $c[][]$ 陣列逆向建構最優解。我們可以用一維陣列 $x[i]$ 來儲存解向量。

◆ 首先 i=n，j=W，如果 $c[i][j]>c[i-1][j]$，則說明第 n 個物品放入了購物車，令 $x[n]$=1，j-=$w[n]$；如果 $c[i][j]\leq c[i-1][j]$，則說明第 n 個物品沒有放入購物車，令 $x[n]$=0。

◆ i--，繼續尋找答案。

◆ 直到 i=1 處理完畢。

這時已經得到了解向量（$x[1]$, $x[2]$, …, $x[n]$），可以直接輸出該解向量，也可以僅把 $x[i]$=1 的貨物序號 i 輸出。

4.9.3 完美圖解

假設現在有 5 個物品，每個物品的重量為（2，5，4，2，3），價值為（6，3，5，4，6），如圖 4-90 所示。購物車的容量為 10，求在不超過購物車容量的前提下，把哪些物品放入購物車，才能獲得最大價值。

圖 4-90　物品的重量和價值

1）初始化

$c[i][j]$ 表示前 i 件物品放入一個容量為 j 的購物車可以獲得的最大價值。初始化 $c[][]$ 陣列 0 行 0 列為 0：$c[0][j]$=0，$c[i][0]$=0，其中 i=0，1，2，…，n，j=0，1，2，…，W。如圖 4-91 所示。

按照遞迴式計算第 1 個物品（i=1）的處理情況，得到 $c[1][j]$，j=1，2，…，W。

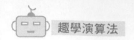

$$c[i][j] = \begin{cases} c[i-1][j] & , j < w_i \\ \max\{c[i-1][j], c[i-1][j-w[i]] + v[i]\} & , j \geq w_i \end{cases}$$

$w[1]=2$，$v[1]=6$，如圖 4-92 所示。

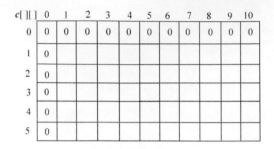

圖 4-91　最大價值陣列　　　　　　　　圖 4-92　最大價值陣列

◆ $j=1$ 時，$c[1][1]=c[0][1]=0$；

◆ $j=2$ 時，$c[1][2]=\max\{c[0][2]$，$c[0][0]+6\}=6$；

◆ $j=3$ 時，$c[1][3]=\max\{c[0][3]$，$c[0][1]+6\}=6$；

◆ $j=4$ 時，$c[1][4]=\max\{c[0][4]$，$c[0][2]+6\}=6$；

◆ $j=5$ 時，$c[1][5]=\max\{c[0][5]$，$c[0][3]+6\}=6$；

◆ $j=6$ 時，$c[1][6]=\max\{c[0][6]$，$c[0][4]+6\}=6$；

◆ $j=7$ 時，$c[1][7]=\max\{c[0][7]$，$c[0][5]+6\}=6$；

◆ $j=8$ 時，$c[1][8]=\max\{c[0][8]$，$c[0][6]+6\}=6$；

◆ $j=9$ 時，$c[1][9]=\max\{c[0][9]$，$c[0][7]+6\}=6$；

◆ $j=10$ 時，$c[1][10]=\max\{c[0][10]$，$c[0][8]+6\}=6$。

2） 按照遞迴式計算第 1 個物品（$i=2$）的處理情況，得到 $c[2][j]$，$j=1$，2，…，W。

$$c[i][j] = \begin{cases} c[i-1][j] & , j < w_i \\ \max\{c[i-1][j], c[i-1][j-w[i]] + v[i]\} & , j \geq w_i \end{cases}$$

$w[2]=5$，$v[2]=3$，如圖 4-93 所示。

◆ $j=1$ 時，$c[2][1]=c[1][1]=0$；

◆ $j=2$ 時，$c[2][2]=c[1][2]=6$；

$j=3$ 時，$c[2][3]=c[1][3]=6$；

$j=4$ 時，$c[2][4]=c[1][4]=6$；

$j=5$ 時，$c[2][5]=\max\{c[1][5]，c[1][0]+3\}=6$；

$j=6$ 時，$c[2][6]=\max\{c[1][6]，c[1][1]+3\}=6$；

$j=7$ 時，$c[2][7]=\max\{c[1][7]，c[1][2]+3\}=9$；

$j=8$ 時，$c[2][8]=\max\{c[1][8]，c[1][3]+3\}=9$；

$j=9$ 時，$c[2][9]=\max\{c[1][9]，c[1][4]+3\}=9$；

$j=10$ 時，$c[1][10]=\max\{c[1][10]，c[1][5]+3\}=9$。

3）　按照遞迴式計算第 1 個物品（$i=3$）的處理情況，得到 $c[3][j]$，$j=1$，2，$\cdots$，W。

$$c[i][j]=\begin{cases} c[i-1][j] & ,j<w_i \\ \max\{c[i-1][j],c[i-1][j-w[i]]+v[i]\} & ,j\geqslant w_i \end{cases}$$

$w[3]=4$，$v[3]=5$，如圖 4-94 所示。

$c[\ ][\ ]$	0	1	2	3	4	5	6	7	8	9	10
0	0	0	0	0	0	0	0	0	0	0	0
1	0	0	6	6	6	6	6	6	6	6	6
2	0	0	6	6	6	6	6	9	9	9	9
3	0										
4	0										
5	0										

圖 4-93　最大價值陣列

$c[\ ][\ ]$	0	1	2	3	4	5	6	7	8	9	10
0	0	0	0	0	0	0	0	0	0	0	0
1	0	0	6	6	6	6	6	6	6	6	6
2	0	0	6	6	6	6	6	9	9	9	9
3	0	0	6	6	6	6	11	11	11	11	11
4	0										
5	0										

圖 4-94　最大價值陣列

$j=1$ 時，$c[3][1]=c[2][1]=0$；

$j=2$ 時，$c[3][2]=c[2][2]=6$；

$j=3$ 時，$c[3][3]=c[2][3]=6$；

$j=4$ 時，$c[3][4]=\max\{c[2][4]，c[2][0]+5\}=6$；

$j=5$ 時，$c[3][5]=\max\{c[2][5]，c[2][1]+5\}=6$；

◆ j=6 時，$c[3][6]$=max$\{c[2][6]$，$c[2][2]+5\}$=11；

◆ j=7 時，$c[3][7]$=max$\{c[2][7]$，$c[2][3]+5\}$=11；

◆ j=8 時，$c[3][8]$=max$\{c[2][8]$，$c[2][4]+5\}$=11；

◆ j=9 時，$c[3][9]$=max$\{c[2][9]$，$c[2][5]+5\}$=11；

◆ j=10 時，$c[3][10]$=max$\{c[2][10]$，$c[2][6]+5\}$=11。

4）按照遞迴式計算第 1 個物品（i=4）的處理情況，得到 $c[4][j]$，j=1，2，$\cdots$，W。

$$c[i][j] = \begin{cases} c[i-1][j] & ,j < w_i \\ \max\{c[i-1][j], c[i-1][j-w[i]] + v[i]\} & ,j \geqslant w_i \end{cases}$$

$w[4]$=2，$v[4]$=4，如圖 4-95 所示。

◆ j=1 時，$c[4][1]$=$c[3][1]$=0；

◆ j=2 時，$c[4][2]$=max$\{c[3][2]$，$c[3][0]+4\}$=6；

◆ j=3 時，$c[4][3]$=max$\{c[3][3]$，$c[3][1]+4\}$=6；

◆ j=4 時，$c[4][4]$=max$\{c[3][4]$，$c[3][2]+4\}$=10；

◆ j=5 時，$c[4][5]$=max$\{c[3][5]$，$c[3][3]+4\}$=10；

◆ j=6 時，$c[4][6]$=max$\{c[3][6]$，$c[3][4]+4\}$=11；

◆ j=7 時，$c[4][7]$=max$\{c[3][7]$，$c[3][5]+4\}$=11；

◆ j=8 時，$c[4][8]$=max$\{c[3][8]$，$c[3][6]+4\}$=15；

◆ j=9 時，$c[4][9]$=max$\{c[3][9]$，$c[3][7]+4\}$=15；

◆ j=10 時，$c[4][10]$=max$\{c[3][10]$，$c[3][8]+4\}$=15。

5）按照遞迴式計算第 1 個物品（i=5）的處理情況，得到 $c[5][j]$，j=1，2，$\cdots$，W。

$$c[i][j] = \begin{cases} c[i-1][j] & ,j < w_i \\ \max\{c[i-1][j], c[i-1][j-w[i]] + v[i]\} & ,j \geqslant w_i \end{cases}$$

$w[5]$=3，$v[5]$=6，如圖 4-96 所示。

c[ ][ ]	0	1	2	3	4	5	6	7	8	9	10
0	0	0	0	0	0	0	0	0	0	0	0
1	0	0	6	6	6	6	6	6	6	6	6
2	0	0	6	6	6	6	6	9	9	9	9
3	0	0	6	6	6	6	11	11	11	11	11
4	0	0	6	6	10	10	11	11	15	15	15
5	0										

圖 4-95　最大價值陣列

c[ ][ ]	0	1	2	3	4	5	6	7	8	9	10
0	0	0	0	0	0	0	0	0	0	0	0
1	0	0	6	6	6	6	6	6	6	6	6
2	0	0	6	6	6	6	6	9	9	9	9
3	0	0	6	6	6	6	11	11	11	11	11
4	0	0	6	6	10	10	11	11	15	15	15
5	0	0	6	6	10	12	12	16	16	17	17

圖 4-96　最大價值陣列

◇ $j=1$ 時，$c[5][1]=c[4][1]=0$；

◇ $j=2$ 時，$c[5][2]=c[4][2]=6$；

◇ $j=3$ 時，$c[5][3]=\max\{c[4][3]，c[4][0]+6\}=6$；

◇ $j=4$ 時，$c[5][4]=\max\{c[4][4]，c[4][1]+6\}=10$；

◇ $j=5$ 時，$c[5][5]=\max\{c[4][5]，c[4][2]+6\}=12$；

◇ $j=6$ 時，$c[5][6]=\max\{c[4][6]，c[4][3]+6\}=12$；

◆ $j=7$ 時，$c[5][7]=\max\{c[4][7]，c[4][4]+6\}=16$；

◇ $j=8$ 時，$c[5][8]=\max\{c[4][8]，c[4][5]+6\}=16$；

◆ $j=9$ 時，$c[5][9]=\max\{c[4][9]，c[4][6]+6\}=17$；

◇ $j=10$ 時，$c[5][10]=\max\{c[4][10]，c[4][7]+6\}=17$。

6）建構最優解

首先讀取 $c[5][10]>c[4][10]$，說明第 5 個物品裝入了購物車，即 $x[5]=1$，$j=10-w[5]=7$；

去找 $c[4][7]=c[3][7]$，說明第 4 個物品沒裝入購物車，即 $x[4]=0$；

去找 $c[3][7]>c[2][7]$，說明第 3 個物品裝入了購物車，即 $x[3]=1$，$j=j-w[3]=3$；

去找 $c[2][3]=c[1][3]$，說明第 2 個物品沒裝入購物車，即 $x[2]=0$；

去找 $c[1][3]>c[0][3]$，說明第 1 個物品裝入了購物車，即 $x[1]=1$，$j=j-w[1]=1$。

如圖 4-97 所示。

c[ ][ ]	0	1	2	3	4	5	6	7	8	9	10
0	0	0	0	0	0	0	0	0	0	0	0
1	0	0	6	6	6	6	6	6	6	6	6
2	0	0	6	6	6	6	6	9	9	9	9
3	0	0	6	6	6	6	11	11	11	11	11
4	0	0	6	6	10	10	11	11	15	15	15
5	0	0	6	6	10	12	12	16	16	17	17

圖 4-97　最大價值陣列

4.9.4 虛擬程式碼詳解

1） 裝入購物車最大價值求解

$c[i][j]$表示前 i 件物品放入一個容量為 j 的購物車可以獲得的最大價值。

對每一個物品進行計算，購物車容量 j 從 1 遞增到 W，當物品的重量大於購物車的容量，則不放此物品，$c[i][j]=c[i-1][j]$，否則比較放與不放此物品是否能使得購物車內的物品價值最大，即 $c[i][j]=\max(c[i-1][j], c[i-1][j-w[i]]+v(i))$。

```
for(i=1;i<= n;i++)          //計算 c[i][j]
        for(j=1;j<=W;j++)
             if(j<w[i])     //當物品的重量大於購物車的容量，則不放此物品
                  c[i][j] = c[i-1][j];
             else           //否則比較此物品放與不放是否能使得購物車內的價值最大
                  c[i][j] = max(c[i-1][j],c[i-1][j-w[i]] + v[i]);
    cout<<"裝入購物車的最大價值為:"<<c[n][W]<<endl;
```

2） 最優解建構

根據 c[][]陣列的計算結果逆向遞推最優解，可以用一個一維陣列 x[] 記錄解向量，$x[i]=1$ 表示第 i 個物品放入了購物車，$x[i]=0$ 表示第 i 個物品沒放入購物車。

首先 $i=n$，$j=W$：如果 $c[i][j]>c[i-1][j]$，說明第 i 個物品放入了購物車，$x[i]=1$，$j-=w[i]$；否則 $x[i]=0$。

$i=n-1$：如果 $c[i][j]>c[i-1][j]$，說明第 i 個物品放入了購物車，$x[i]=1$，$j-=w[i]$；否則 $x[i]=0$。

……

$i=1$：如果 $c[i][j]>c[i-1][j]$，說明第 i 個物品放入了購物車，$x[i]=1$，$j-=w[i]$；否則 $x[i]=0$。

我們可以直接輸出 $x[i]$ 解向量，也可以只輸出放入購物車的物品序號。

```
//逆向建構最優解
j=W;
for(i=n;i>0;i--)
    if(c[i][j]>c[i-1][j])
    {
        x[i]=1;
        j-=w[i];
    }
    else
        x[i]=0;
cout<<"裝入購物車的物品為:";
for(i=1;i<=n;i++)
    if(x[i]==1)
        cout<<i<<"  ";
```

4.9.5 實戰演練

```
//program 4-7
#include <iostream>
#include<cstring>
using namespace std;
#define maxn 10005
#define M 105
int c[M][maxn];          //c[i][j] 表示前 i 個物品放入容量為 j 購物車獲得的最大價值
int w[M],v[M];           //w[i] 表示第 i 個物品的重量，v[i] 表示第 i 個物品的價值
int x[M];                //x[i]表示第 i 個物品是否放入購物車
int main(){
    int i,j,n,W;         //n 表示 n 個物品，W 表示購物車的容量
    cout << "請輸入物品的個數 n：";
    cin >> n;
    cout << "請輸入購物車的容量 W：";
    cin >> W;
    cout << "請依次輸入每個物品的重量 w 和價值 v，用空格分開：";
    for(i=1;i<=n;i++)
        cin>>w[i]>>v[i];
    for(i=0;i<=n;i++)  //初始化第 0 列為 0
        c[i][0]=0;
    for(j=0;j<=W;j++)  //初始化第 0 行為 0
        c[0][j]=0;
    for(i=1;i<= n;i++) //計算 c[i][j]
        for(j=1;j<=W;j++)
            if(j<w[i])  //當物品的重量大於購物車的容量，則不放此物品
                c[i][j] = c[i-1][j];
            else    //否則比較此物品放與不放是否能使得購物車內的價值最大
                c[i][j] = max(c[i-1][j],c[i-1][j-w[i]] + v[i]);
    cout<<"裝入購物車的最大價值為: "<<c[n][W]<<endl;
    //逆向建構最優解
    j=W;
    for(i=n;i>0;i--)
        if(c[i][j]>c[i-1][j])
        {
            x[i]=1;
```

```
            j-=w[i];
        }
        else
            x[i]=0;
    cout<<"裝入購物車的物品為：";
    for(i=1;i<=n;i++)
        if(x[i]==1)
            cout<<i<<"  ";
    return 0;
}
```

演算法實作和測試

1） 執行環境

```
Code::Blocks
Visual C++ 6.0
```

2） 輸入

```
請輸入物品的個數 n：5
請輸入購物車的容量 W：10
請依次輸入每個物品的重量 w 和價值 v，用空格分開：
2 6 5 3 4 5 2 4 3 6
```

3） 輸出

```
裝入購物車的最大價值為：17
裝入購物車的物品為：1  3  5
```

4.9.6 演算法解析及優化擴充

演算法複雜度分析

1） 時間複雜度：演算法中有主要的是兩層巢狀嵌套的 for 迴圈，其時間複雜度為 $O(n*W)$。

2） 空間複雜度：由於二維陣列 $c[n][W]$，所以空間複雜度為 $O(n*W)$。

演算法優化擴充

如何實作出優化的改進呢？首先有一個主迴圈 $i=1$，2，$\cdots$，N，每次算出來二維陣列 $c[i][0\sim W]$ 的所有值。那麼，如果只用一個陣列 $dp[0\sim W]$，能不能保證第 i 次迴圈結束後 $dp[j]$ 中表示的就是我們定義的狀態 $c[i][j]$ 呢？$c[i][j]$ 由 $c[i-1][j]$ 和 $c[i-1][j-w[i]]$ 兩個子問題遞推而來，能否保證在遞推 $c[i][j]$ 時（也即在第 i 次主迴圈中遞推 $dp[j]$ 時）能夠得到 $c[i-1][j]$ 和 $c[i-1][j-w[i]]$ 的值呢？事實上，這要求在每次主迴圈中以 $j=W$，$W-1$，…，1，0 的順序倒推 $dp[j]$，這樣才能確保遞推 $dp[j]$ 時 $dp[j-c[i]]$ 保存的是狀態 $c[i-1][j-w[i]]$ 的值。

虛擬程式碼如下：

```
for i=1..n
  for j=W..0
      dp[j]=max{dp[j],dp[j-w[i]]+v[i]};
```

其中，$dp[j]=max\{dp[j], dp[j-w[i]]\}$ 就相當於轉移方程式 $c[i][j]=max\{c[i-1][j], c[i-1][j-w[i]]\}$，因為這裡的 $dp[j-w[i]]$ 就相當於原來的 $c[i-1][j-w[i]]$。

```cpp
//program 4-7-1
#include <iostream>
#include<cstring>
using namespace std;
#define maxn 10005
#dcfine M 105
int dp[maxn];     //dp[j] 表示目前已放入容量為 j 的購物車獲得的最大價值
int w[M],v[M];    //w[i] 表示第 i 個物品的重量，v[i] 表示第 i 個物品的價值
int x[M];         //x[i]表示第 i 個物品是否放入購物車
int i,j,n,W;      //n 表示 n 個物品，W 表示購物車的容量
void opt1(int n,int W)
{
    for(i=1;i<=n;i++)
        for(j=W;j>0;j--)
            if(j>=w[i])   //當購物車的容量大於等於物品的重量，比較此物品放與不放
                          //是否能使得購物車內的價值最大
            dp[j] = max(dp[j],dp[j-w[i]]+v[i]);
}
int main()
{
    cout << "請輸入物品的個數 n:";
    cin >> n;
    cout << "請輸入購物車的容量 W:";
    cin >> W;
    cout << "請依次輸入每個物品的重量 w 和價值 v,用空格分開:";
    for(i=1;i<=n;i++)
        cin>>w[i]>>v[i];
    for(j=1;j<=W;j++)//初始化第 0 行為 0
        dp[j]=0;
    opt1(n,W);
    //opt2(n,W);
    //opt3(n,W);
    cout<<"裝入購物車的最大價值為:"<<dp[W]<<endl;
    //測試 dp[]陣列結果
    for(j=1;j<=W;j++)
        cout<<dp[j]<<"  ";
    cout<<endl;
```

```
        return 0;
}
```

其實我們可以縮小範圍，因為只有當購物車的容量大於等於物品的重量時才要更新
（$dp[j]$=max($dp[j]$, $dp[j-w[i]]$+$v[i]$)），如果當購物車的容量小於物品的重量時，則保持原
來的值（相當於原來的 $c[i-1][j]$）即可。因此第 2 個 for 語法可用 for(j=W;j>=$w[i]$;j--)，
而不必搜尋到 j=0。

```
void opt2(int n,int W)
{
    for(i=1;i<= n;i++)
        for(j=W;j>=w[i];j--)
            //當購物車的容量大於等於物品的重量，比較此物品放與不放是否能使得購物車內
              的價值最大
            dp[j] = max(dp[j],dp[j-w[i]]+v[i]);
}
```

我們還可以再縮小範圍，確定搜尋的下界 bound，搜尋下界取 $w[i]$ 與剩餘容量的最大
值，$sum[n]$-$sum[i-1]$ 表示 i～n 的物品重量之和。W-($sum[n]$-$sum[i-1]$)表示剩餘容量。

因為只有購物車容量超過下界時才要更新（$dp[j]$=max($dp[j]$, $dp[j-w[i]]$+$v[i]$)），如果購物
車容量小於下界，則保持原來的值（相當於原來的 $c[i-1][j]$）即可。因此第 2 個 for 語
句可以是 for(j=W; j>=bound; j--)，而不必搜尋到 j=0。

```
void opt3(int n,int W)
{
    int sum[n];//sum[i]表示從 1~i 的物品重量之和
    sum[0]=0;
    for(i=1;i<=n;i++)
        sum[i]=sum[i-1]+w[i];
    for(i=1;i<=n;i++)
    {
        int bound=max(w[i],W-(sum[n]-sum[i-1]));//搜尋下界，w[i]與剩餘容量取最大值，
                                    //sum[n]-sum[i-1]表示從 i...n 的物品重量之和
        for(j=W;j>=bound;j--)
            //購物車容量大於等於下界，比較此物品放與不放是否能使得購物車內的價值最大
            dp[j] = max(dp[j],dp[j-w[i]]+v[i]);
    }
}
```

4.10　快速定位—最優二元搜尋樹

給定 n 個關鍵字組成的有序序列 $S=\{s_1, s_2, \cdots, s_n\}$，關鍵字節點稱為實節點。對每個關鍵字尋找的機率是 p_i，尋找不成功的節點稱為虛節點，對應 $\{e_0, e_1, \cdots, e_n\}$，每個虛節點的尋找機率為 q_i。e_0 表示小於 s_1 的值，e_n 大於 s_n 的值。所有節點尋找機率之和為 1。求最小平均比較次數的二元搜尋樹（最優二元搜尋樹）。

舉例說明：給定一個有序序列 $S=\{5, 9, 12, 15, 20, 24\}$，這些數的尋找機率分別是 p_1、p_2、p_3、p_4、p_5、p_6。在實際中，有可能有尋找不成功的情況，例如要在序列中尋找 $x=2$，那麼我們就會定位在 5 的前面，尋找不成功，相當於落在了虛節點 e_0 的位置。要在序列中尋找 $x=18$，那麼就會定位在 15～20，尋找不成功，相當於落在了虛節點 e_4 的位置。

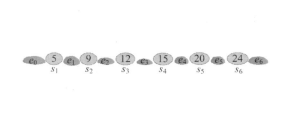

圖 4-98　尋找關鍵字

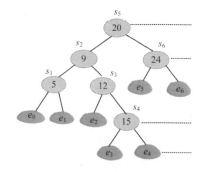

圖 4-99　快速定位的二元搜尋樹

4.10.1　問題分析

無論是尋找成功還是尋找不成功，都需要若干次比較才能判斷出結果，那麼如何尋找才能使平均比較次數最小呢？

◆ 如果使用順序尋找，能不能使平均尋找次數最小呢？

◆ 因為序列是有序的，順序尋找有點笨，折半尋找怎樣呢？

◆ 折半尋找是在尋找機率相等的情況下折半的，尋找機率不等的情況又如何呢？

◆ 在有序、尋找機率不同的情況下，採用二元搜尋樹能否使平均比較次數最小呢？

◆ 如何建構最優二元搜尋樹？

首先我們要瞭解二元搜尋樹。

二元搜尋樹（Binary Search Tree，BST），又稱為二元尋找樹，它是一棵二元樹（每個節點最多有兩個孩子），而且左子樹節點<根節點，右子樹節點>根節點。

最優二元搜尋樹（Optimal Binary Search Tree，OBST）是搜尋成本最低的二元搜尋樹，即平均比較次數最少。

例如，關鍵字 $\{s_1, s_2, \cdots, s_6\}$ 的搜尋機率是 $\{p_1, p_2, \cdots, p_6\}$，尋找不成功的節點 $\{e_0, e_1, \cdots, e_6\}$ 的搜尋機率為 $\{q_0, q_1, \cdots, q_6\}$，其對應的數值如表 4-2 所示。

表 4-2　尋找機率

q_0	p_1	q_1	p_2	q_2	p_3	q_3	p_4	q_4	p_5	q_5	p_6	q_6
0.06	0.04	0.08	0.09	0.10	0.08	0.07	0.02	0.05	0.12	0.05	0.14	0.10

接下來，我們透過建構不同的二元搜尋樹來分別看其搜尋成本（平均比較次數）。

第 1 種二元搜尋樹如圖 4-100 所示。

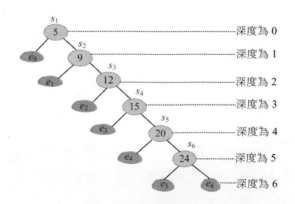

圖 4-100　二元搜尋樹 1

首先分析關鍵字節點的搜尋成本，搜尋每一個關鍵字需要**比較的次數是其所在的深度+1**。例如關鍵字 5，需要比較 1 次（深度為 0），尋找成功；關鍵字 12，需要首先和樹根 5 比較，比 5 大，找其右子樹，和右子樹的根 9 比較，比 9 大，找其右子樹，和右子樹的根 12 比較，相等，尋找成功，比較了 3 次（節點 12 的深度為 2）。因此每個關鍵字節點的搜尋成本=(節點的深度+1)*搜尋機率=$(\text{depth}(s_i)+1)*p_i$。

我們再看虛節點，即尋找不成功的情況的搜尋成本，每一個虛節點需要**比較的次數是其所在的深度**。虛節點 e_0 需要比較 1 次（深度為 1），即和資料 5 比較，如果小於 5，則落入虛節點 e_0 位置，尋找失敗。虛節點 e_1 需要比較 2 次（深度為 2），需要首先和樹根 5 比較，比 5 大，找其右子樹，和右子樹的根 9 比較，比 9 小，找其左子樹，則落入虛節點 e_1 位置，尋找失敗，比較了 2 次（虛節點 e_1 的深度為 2）。因此每個虛節點的搜尋成本=節點的深度*搜尋機率=$(depth(e_i))*q_i$。

二元搜尋樹 1 的搜尋成本為：

$$\sum_{i=1}^{n}(depth(s_i)+1)*p_i+\sum_{i=0}^{n}depth(e_i)*q_i$$

圖 4-100 的搜尋成本為：

$$\left\{\begin{matrix}0.06\times1\\0.04\times1\end{matrix}\right\}+\left\{\begin{matrix}0.09\times2\\0.08\times2\end{matrix}\right\}+\left\{\begin{matrix}0.10\times3\\0.08\times3\end{matrix}\right\}+\left\{\begin{matrix}0.07\times4\\0.02\times4\end{matrix}\right\}+\left\{\begin{matrix}0.05\times5\\0.12\times5\end{matrix}\right\}+\left\{\begin{matrix}0.05\times6\\0.14\times6\end{matrix}\right\}+0.10\times6=3.93$$

接下來看第 2 個二元搜尋樹，如圖 4-101 所示。

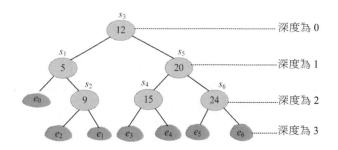

圖 4-101　　二元搜尋樹 2

圖 4-101 的搜尋成本為：

$$0.08\times1+\left\{\begin{matrix}0.06\times2\\0.04\times2\\0.12\times2\end{matrix}\right\}+\left\{\begin{matrix}0.09\times3\\0.02\times3\\0.14\times3\end{matrix}\right\}+\left\{\begin{matrix}0.08\times3\\0.10\times3\\0.07\times3\end{matrix}\right\}+\left\{\begin{matrix}0.05\times3\\0.05\times3\\0.10\times3\end{matrix}\right\}=2.62$$

第 1 個二元搜尋樹相當於順序尋找（高度最大），第 2 個二元搜尋樹相當於折半尋找（平衡樹），我們再看第 3 個二元搜尋樹，如圖 4-102 所示。

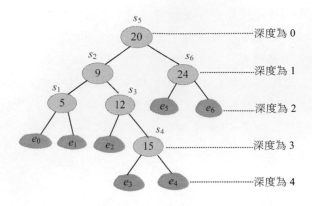

圖 4-102　二元搜尋樹 3

圖 4-102 的搜尋成本為：

$$0.12 \times 1 + \begin{Bmatrix} 0.09 \times 2 \\ 0.14 \times 2 \\ 0.05 \times 2 \\ 0.10 \times 2 \end{Bmatrix} + \begin{Bmatrix} 0.04 \times 3 \\ 0.08 \times 3 \\ 0.06 \times 3 \\ 0.08 \times 3 \\ 0.10 \times 3 \end{Bmatrix} + \begin{Bmatrix} 0.02 \times 4 \\ 0.07 \times 4 \\ 0.05 \times 4 \end{Bmatrix} = 2.52$$

第 3 個圖搜尋成本又降到了 2.52，有沒有可能繼續降低呢？

可能很多人會想到，搜尋機率大的離根越近，那麼總體成本就會更低，這其實就是哈夫曼思維。但是因為二元搜尋樹需要滿足（左子樹<根，右子樹>根）的性質，那麼每次選取時就不能保證一定搜尋機率大的節點。所以哈夫曼思維無法建構最優二元搜尋樹。那麼怎麼找到最優解呢？我們很難確定目前得到的就是最優解，如果採用暴力窮舉所有的情況，一共有 $O(4^n/n^{3/2})$ 棵不同的二元搜尋樹，這可是指數級的數量！顯然是不可取的。

那麼如何才能建構一棵最優二元搜尋樹呢？

我們來分析該問題是否具有最優子結構性質：

1）分析最優解的結構特徵

◆ 原問題為有序序列 $\{s_1, s_2, \cdots, s_n\}$，對應虛節點是 $\{e_0, e_1, \cdots, e_n\}$。假設我們已經知道了 s_k 是二元搜尋樹 $T(1, n)$ 的根，那麼原問題就變成了兩個子問題：$\{s_1, s_2, \cdots,$

s_{k-1}} 和 {$e_0, e_1, \cdots, e_{k-1}$} 構成的左子樹 $T(1, k-1)$，{$s_{k+1}, s_{k+2}, \cdots, s_n$} 和 {$e_k, e_{k+1}, \cdots, e_n$} 構成的右子樹 $T(k+1, n)$。如圖 4-103 所示。

◆ 我們只需要證明：如果 $T(1, n)$ 是最優二元搜尋樹，那麼它的左子樹 $T(1, k-1)$ 和右子樹 $T(k+1, n)$ 也是最優二元搜尋樹。即證明了最優子結構性質。

反證法：假設 $T'(1, k-1)$ 是比 $T(1, k-1)$ 更優的二元搜尋樹，則 $T'(1, k-1)$ 的搜尋成本比 $T(1, k-1)$ 的搜尋成本小，因此由 $T'(1, k-1)$、sk、$T(k+1, n)$ 組成的二元搜尋樹 $T'(1, n)$ 的搜尋成本比 $T(1, n)$ 的搜尋成本小。$T'(1, n)$ 是最優二元搜尋樹，與假設 $T(1, n)$ 是最優二元搜尋樹矛盾。問題得證。

2）建立最優值的遞迴式

先看看原問題最優解和子問題最優解的關係：用 $c[i][j]$ 表示 {$s_i, s_{i+1}, \cdots, s_j$} 和 {$e_{i-1}, e_i, \cdots, e_j$} 構成的最優二元搜尋樹的搜尋成本。

◆ 兩個子問題（如圖 4-104 所示）的搜尋成本分別是 $c[i][k-1]$ 和 $c[k+1][j]$。

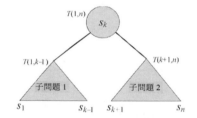

圖 4-103　原問題分解為子問題

圖 4-104　兩個子問題

子問題 1 包含的節點：{$s_i, s_{i+1}, \cdots, s_{k-1}$} 和 {$e_{i-1}, e_i, \cdots, e_{k-1}$}。

子問題 2 包含的節點：{$s_{k+1}, s_{k+2}, \cdots, s_j$} 和 {$e_k, e_{k+1}, \cdots, e_j$}。

◆ 把兩個子問題和 s_k 一起建構成一棵二元搜尋樹，如圖 4-105 所示。

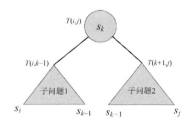

圖 4-105　原問題和子問題

在建構的新樹中，左子樹和右子樹中所有的節點深度增加了 1，因為實節點搜尋成本=(深度+1)*搜尋機率 p，虛節點搜尋成本=深度*搜尋機率 q。

左子樹和右子樹中所有的節點深度增加了 1，相當於搜尋成本**增加了**這些節點的搜尋機率之和，**加上** s_k 節點的搜尋成本 p_k，總體增加成本用 $w[i][j]$ 表示。

子問題 1 包含的節點：$\{s_i, s_{i+1}, ..., s_{k-1}\}$ 和 $\{e_{i-1}, e_i, ..., e_{k-1}\}$。
樹根節點：$\{s_k\}$。
子問題 2 包含的節點：$\{s_{k+1}, s_{k+2}, ..., s_j\}$ 和 $\{e_k, e_{k+1}, ..., e_j\}$。

所有節點順序排列一起：$\{e_{i-1}, s_i, e_i, ..., s_k, e_k, ..., s_j, e_j\}$，它們的機率之和為：

$$w[i][j]=q_{i-1}+p_i+q_i+...+p_k+q_k+...+p_j+q_j$$

最優二元搜尋樹的搜尋成本為：

$$c[i][j]=c[i][k-1]+c[k+1][j]+w[i][j]$$

因為我們並不確定 k 的值到底是多少，因此在 $i \leqslant k \leqslant j$ 的範圍內找最小值即可。

3） 因此最優二元搜尋樹的最優值遞迴式：

$$c[i][j] = \begin{cases} 0 & ,j = i-1 \\ \min_{i \leqslant k \leqslant j}\{c[i][k-1]+c[k+1][j]\}+w[i][j] & ,j \geqslant i \end{cases}$$

$w[i][j]$ 也可以使用遞推的形式，而沒有必要每次都從 q_{i-1} 加到 q_j。

$$w[i][j] = \begin{cases} q_{i-1} & ,j = i-1 \\ w[i][j-1]+p_j+q_j & ,j \geqslant i \end{cases}$$

這同樣也是動態規劃的查表法。

4.10.2 演算法設計

採用由下而上的方法求最優解，分為不同規模的子問題，對於每一個小的決策都求最優解。

1） 確定合適的資料結構

採用一維陣列 $p[]$、$q[]$ 分別記錄實節點和虛節點的搜尋機率，$c[i][j]$ 表示最優二元搜尋樹 $T(i, j)$ 的搜尋成本，$w[i][j]$ 表示最優二元搜尋樹 $T(i, j)$ 中的所有實節點和虛節點的搜尋機率之和，$s[i][j]$ 表示最優二元搜尋樹 $T(i, j)$ 的根節點序號。

2）初始化

輸入實節點的個數 n，然後依次輸入實節點的搜尋機率儲存在 $p[i]$ 中，依次輸入虛節點的搜尋機率儲存在 $q[i]$ 中。令 $c[i][i-1]=0.0$，$w[i][i-1]=q[i-1]$，其中 $i=1$，2，3，…，$n+1$。

3）迴圈階段

◆ 按照遞迴式計算元素規模是 1 的 $\{s_i\}$($j=i$) 的最優二元搜尋樹搜尋成本 $c[i][j]$，並記錄最優策略，即樹根 $s[i][j]$，$i=1$，2，3，…，n。

◆ 按照遞迴式計算元素規模是 2 的 $\{s_i, s_{i+1}\}$($j=i+1$) 的最優二元搜尋樹搜尋成本 $c[i][j]$，並記錄最優策略，即樹根 $s[i][j]$，$i=1$，2，3，…，$n-1$。

◆ 以此類推，直到求出所有元素 $\{s_1, …, s_n\}$ 的最優二元搜尋樹搜尋成本 $c[1][n]$ 和最優策略 $s[1][n]$。

4）建構最優解

◆ 首先讀取 $s[1][n]$，令 $k=s[1][n]$，輸出 s_k 為最優二元搜尋樹的根。

◆ 判斷如果 $k-1<1$，表示虛節點 e_{k-1} 是 s_k 的左子樹；否則，遞迴求解左子樹 Construct_Optimal_BST(1,$k-1$,1)。

◆ 判斷如果 $k≥n$，輸出虛節點 e_k 是 s_k 的右孩子；否則，輸出 $s[k+1][n]$ 是 s_k 的右孩子，遞迴求解右子樹 Construct_Optimal_BST($k+1$, n, 1)。

4.10.3　完美圖解

假設我們現在有 6 個關鍵字 $\{s_1, s_2, …, s_6\}$ 的搜尋機率是 $\{p_1, p_2, …, p_6\}$，尋找不成功的節點 $\{e_0, e_1, …, e_6\}$ 的搜尋機率為 $\{q_0, q_1, …, q_6\}$，其對應的數值如圖 4-106 和圖 4-107 所示。

	p_1	p_2	p_3	p_4	p_5	p_6
$p[]$	0.04	0.09	0.08	0.02	0.12	0.14

圖 4-106　實節點的搜尋機率

	q_0	q_1	q_2	q_3	q_4	q_5	q_6
$q[]$	0.06	0.08	0.10	0.07	0.05	0.05	0.10

圖 4-107　虛節點的搜尋機率

採用一維陣列 $p[]$、$q[]$ 分別記錄實節點和虛節點的搜尋機率，$c[i][j]$ 表示最優二元搜尋樹 $T(i, j)$ 的搜尋成本，$w[i][j]$ 表示最優二元搜尋樹 $T(i, j)$ 中的所有實節點和虛節點的搜尋機率之和，$s[i][j]$ 表示最優二元搜尋樹 $T(i, j)$ 的根節點序號，即取得最小值時的 k 值。

1）初始化

$n=6$，令 $c[i][i-1]=0.0$，$w[i][i-1]=q[i-1]$，其中 $i=1$，2，3，$\cdots$，$n+1$，如圖 4-108 所示。

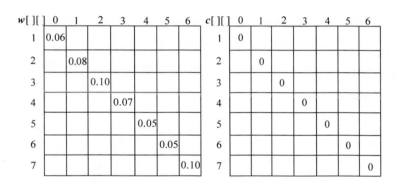

圖 4-108　機率之和以及最優二元樹搜尋成本

2）按照遞迴式計算元素規模是 1 的 $\{s_i\}$ $(j=i)$ 的最優二元搜尋樹搜尋成本 $c[i][j]$，並記錄最優策略，即樹根 $s[i][j]$，$i=1$，2，3，$\cdots$，n。

$$w[i][j] = w[i][j-1] + p_j + q_j$$

$$c[i][j] = \min_{i \leqslant k \leqslant j} \{c[i][k-1] + c[k+1][j]\} + w[i][j]$$

◆ $i=1$，$j=1$：$k=1$。

為了形象表達，我們把虛節點和實節點的搜尋機率按順序放在一起，用圓圈和陰影部分表示 $w[][]$，如圖 4-109 所示。

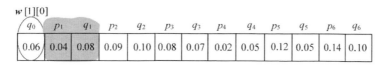

圖 4-109　機率之和 $w[1][1]$

$w[1][1]=w[1][0]+p_1+q_1=0.06+0.04+0.08=0.18$ ；

$c[1][1]=\min\{c[1][0]+c[2][1]\}+w[1][1]=0.18$ ；

$s[1][1]=1$ 。

◆ $i=2$ ， $j=2$ ： $k=2$ 。如圖 4-110 所示。

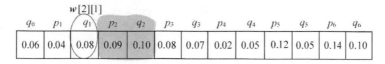

圖 4-110　機率之和 $w[2][2]$

$w[2][2]=w[2][1]+p_2+q_2=0.08+0.09+0.10=0.27$ ；

$c[2][2]=\min\{c[2][1]+c[3][2]\}+w[2][2]=0.27$ ；

$s[2][2]=2$ 。

◆ $i=3$ ， $j=3$ ： $k=3$ 。如圖 4-111 所示。

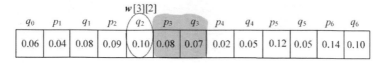

圖 4-111　機率之和 $w[3][3]$

$w[3][3]=w[3][2]+p_3+q_3=0.10+0.08+0.07=0.25$ ；

$c[3][3]=\min\{c[3][2]+c[4][3]\}+w[3][3]=0.25$ ；

$s[3][3]=3$ 。

◆ $i=4$ ， $j=4$ ： $k=4$ 。如圖 4-112 所示。

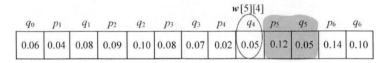

						$w[4][3]$						
q_0	p_1	q_1	p_2	q_2	p_3	q_3	p_4	q_4	p_5	q_5	p_6	q_6
0.06	0.04	0.08	0.09	0.10	0.08	0.07	0.02	0.05	0.12	0.05	0.14	0.10

圖 4-112　機率之和 $w[4][4]$

$w[4][4]=w[4][3]+p_4+q_4=0.07+0.02+0.05=0.14$；

$c[1][1]=\min\{c[1][0]+c[2][1]\}+w[1][1]=0.14$；

$s[4][4]=4$。

◆ $i=5$，$j=5$：$k=5$。如圖 4-113 所示。

								$w[5][4]$				
q_0	p_1	q_1	p_2	q_2	p_3	q_3	p_4	q_4	p_5	q_5	p_6	q_6
0.06	0.04	0.08	0.09	0.10	0.08	0.07	0.02	0.05	0.12	0.05	0.14	0.10

圖 4-113　機率之和 $w[5][5]$

$w[5][5]=w[5][4]+p_5+q_5=0.05+0.12+0.05=0.22$；

$c[5][5]=\min\{c[5][4]+c[6][5]\}+w[5][5]=0.22$；

$s[5][5]=5$。

◆ $i=6$，$j=6$：$k=6$。如圖 4-114 所示。

										$w[6][5]$		
q_0	p_1	q_1	p_2	q_2	p_3	q_3	p_4	q_4	p_5	q_5	p_6	q_6
0.06	0.04	0.08	0.09	0.10	0.08	0.07	0.02	0.05	0.12	0.05	0.14	0.10

圖 4-114　機率之和 $w[6][6]$

$w[6][6]=w[6][5]+p_6+q_6=0.05+0.14+0.10=0.29$；

$c[6][6]=\min\{c[6][5]+c[7][6]\}+w[6][6]=0.29$；

$s[6][6]=6$。

計算完畢，機率之和以及最優二元樹搜尋成本如圖 4-115 所示。最優策略如圖 4-116 所示。

w[ ][ ]	0	1	2	3	4	5	6
1	0.06	0.18					
2		0.08	0.27				
3			0.10	0.25			
4				0.07	0.14		
5					0.05	0.22	
6						0.05	0.29
7							0.10

c[ ][ ]	0	1	2	3	4	5	6
1	0	0.18					
2		0	0.27				
3			0	0.25			
4				0	0.14		
5					0	0.22	
6						0	0.29
7							0

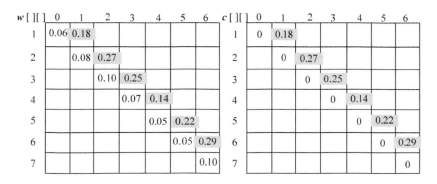

圖 4-115　機率之和以及最優二元樹搜尋成本

3）　按照遞迴式計算元素規模是 2 的 $\{s_i, s_{i+1}\}$ (j=i+1) 的最優二元搜尋樹搜尋成本 **c**[i][j]，並記錄最優策略，即樹根 **s**[i][j]，i=1，2，3，…，n-1。

s[ ][ ]	0	1	2	3	4	5	6
1		1					
2			2				
3				3			
4					4		
5						5	
6							6
7							

圖 4-116　最優二元樹的最優策略

$$\boldsymbol{w}[i][j] = \boldsymbol{w}[i][j-1] + p_j + q_j$$

$$\boldsymbol{c}[i][j] = \min_{i \leqslant k \leqslant j}\{\boldsymbol{c}[i][k-1] + \boldsymbol{c}[k+1][j]\} + \boldsymbol{w}[i][j]$$

◆ i=1，j=2。如圖 4-117 所示。

w[1][1]

q_0	p_1	q_1	p_2	q_2	p_3	q_3	p_4	q_4	p_5	q_5	p_6	q_6
0.06	0.04	0.08	0.09	0.10	0.08	0.07	0.02	0.05	0.12	0.05	0.14	0.10

圖 4-117　機率之和 **w**[1][2]

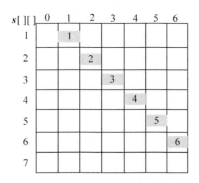

$w[1][2]=w[1][1]+p_2+q_2=0.18+0.09+0.10=0.37$；

$$c[1][2] = w[1][2] + \min \begin{cases} k=1, & c[1][0]+ c[2][2]=0.27 \\ k=2, & c[1][1]+ c[3][2]=0.18 \end{cases} = 0.55 \; ;$$

$s[1][2]=2$。

◆ $i=2$，$j=3$。如圖 4-118 所示。

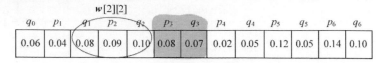

圖 4-118　機率之和 $w[2][3]$

$w[2][3]=w[2][2]+p_3+q_3=0.27+0.08+0.07=0.42$；

$$c[2][3] = w[2][3] + \min \begin{cases} k=2, & c[2][1]+ c[3][3]=0.25 \\ k=3, & c[2][2]+ c[4][3]=0.27 \end{cases} = 0.67 \; ;$$

$s[2][3]=2$。

◆ $i=3$，$j=4$。如圖 4-119 所示。

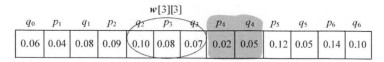

圖 4-119　機率之和 $w[3][4]$

$w[3][4]=w[3][3]+p_4+q_4=0.25+0.02+0.05=0.32$；

$$c[3][4] = w[3][4] + \min \begin{cases} k=3, & c[3][2]+ c[4][4]=0.14 \\ k=4, & c[3][3]+ c[5][4]=0.25 \end{cases} = 0.46 \; ;$$

$s[3][4]=3$。

◆ $i=4$，$j=5$。如圖 4-120 所示。

q_0	p_1	q_1	p_2	q_2	p_3	q_3	p_4	q_4	p_5	q_5	p_6	q_6
0.06	0.04	0.08	0.09	0.10	0.08	0.07	0.02	0.05	0.12	0.05	0.14	0.10

圖 4-120　機率之和 $w[4][5]$

$w[4][5]=w[4][4]+p_5+q_5=0.14+0.12+0.05=0.31$；

$$c[4][5] = w[4][5] + \min \begin{cases} k = 4, & c[4][3]+ c[5][5]=0.22 \\ k = 5, & c[4][4]+ c[6][5]=0.14 \end{cases} = 0.45 \ ;$$

$s[4][5]=5$。

◆ $i=5$，$j=6$。如圖 4-121 所示。

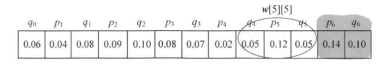

圖 4-121　機率之和 $w[5][6]$

$w[5][6]=w[5][5]+p_6+q_6=0.22+0.14+0.10=0.46$；

$$c[5][6] = w[5][6] + \min \begin{cases} k = 5, & c[5][4]+ c[6][6]=0.29 \\ k = 6, & c[5][5]+ c[7][6]=0.22 \end{cases} = 0.68 \ ;$$

$s[5][6]=6$。

計算完畢。機率之和以及最優二元樹搜尋成本如圖 4-122 所示，最優策略如圖 4-123 所示。

4） 按照遞迴式計算元素規模是 3 的 {s_i, s_{i+1}, s_{i+2}} ($j=i+2$) 的最優二元搜尋樹搜尋成本 $c[i][j]$，並記錄最優策略，即樹根 $s[i][j]$，$i=1$，2，3，4。

$$w[i][j] = w[i][j-1] + p_j + q_j$$

$w[\ ][\ ]$	0	1	2	3	4	5	6	$c[\ ][\ ]$	0	1	2	3	4	5	6
1	0.06	0.18	0.37					1	0	0.18	0.55				
2		0.08	0.27	0.42				2		0	0.27	0.67			
3			0.10	0.25	0.32			3			0	0.25	0.46		
4				0.07	0.14	0.31		4				0	0.14	0.45	
5					0.05	0.22	0.46	5					0	0.22	0.68
6						0.05	0.29	6						0	0.29
7							0.10	7							0

圖 4-122　機率之和以及最優二元樹搜尋成本

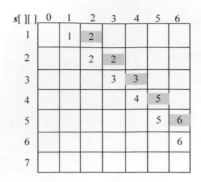

圖 4-123　最優策略

$$c[i][j] = \min_{i \leqslant k \leqslant j} \{c[i][k-1] + c[k+1][j]\} + w[i][j]$$

◆ i=1，j=3。如圖 4-124 所示。

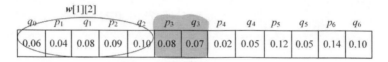

圖 4-124　機率之和 $w[1][3]$

$w[1][3]=w[1][2]+p_3+q_3=0.37+0.08+0.07=0.52$；

$$c[1][3] = w[1][3] + \min \begin{cases} k=1, & c[1][0]+c[2][3]=0.67 \\ k=2, & c[1][1]+c[3][3]=0.43 = 0.95 \\ k=3, & c[1][2]+c[4][3]=0.55 \end{cases} ;$$

$s[1][3]=2$。

◆ i=2，j=4。如圖 4-125 所示。

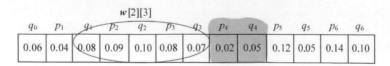

圖 4-125　機率之和 $w[2][4]$

$w[2][4]=w[2][3]+p_4+q_4=0.42+0.02+0.05=0.49$；

$$c[2][4] = w[2][4] + \min\begin{cases} k=2, & c[2][1]+c[3][4]=0.46 \\ k=3, & c[2][2]+c[4][4]=0.41 \\ k=4, & c[2][3]+c[5][4]=0.67 \end{cases}=0.90 \quad ；$$

$s[2][4]=3$。

◆ $i=3$，$j=5$。如圖 4-126 所示。

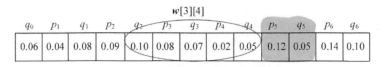

圖 4-126　機率之和 $w[3][5]$

$w[3][5]=w[3][4]+p_5+q_5=0.32+0.12+0.05=0.49$；

$$c[3][5] = w[3][5] + \min\begin{cases} k=3, & c[3][2]+c[4][5]=0.45 \\ k=4, & c[3][3]+c[5][5]=0.47 \\ k=5, & c[3][4]+c[6][5]=0.46 \end{cases}=0.94 \quad ；$$

$s[3][5]=3$。

◆ $i=4$，$j=6$。如圖 4-127 所示。

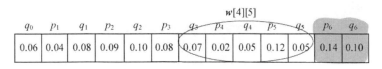

圖 4-127　機率之和 $w[4][6]$

$w[4][6]=w[4][5]+p_6+q_6=0.31+0.14+0.10=0.55$；

$$c[4][6] = w[4][6] + \min\begin{cases} k=4, & c[4][3]+c[5][6]=0.68 \\ k=5, & c[4][4]+c[6][6]=0.43 \\ k=6, & c[4][5]+c[7][6]=0.45 \end{cases}=0.98 \quad ；$$

$s[4][6]=5$。

計算完畢。機率之和以及最優二元樹搜尋成本如圖 4-128 所示，最優策略如圖 4-129 所示。

5） 按照遞迴式計算元素規模是 4 的 $\{s_i, s_{i+1}, s_{i+2}, s_{i+3}\}$ $(j=i+3)$ 的最優二元搜尋樹搜尋成本 $c[i][j]$，並記錄最優策略，即樹根 $s[i][j]$，$i=1$，2，3。

$w[\ ][\ ]$	0	1	2	3	4	5	6
1	0.06	0.18	0.37	0.52			
2		0.08	0.27	0.42	0.49		
3			0.10	0.25	0.32	0.49	
4				0.07	0.14	0.31	0.55
5					0.05	0.22	0.46
6						0.05	0.29
7							0.10

$c[\ ][\ ]$	0	1	2	3	4	5	6
1	0	0.18	0.55	0.95			
2		0	0.27	0.67	0.90		
3			0	0.25	0.46	0.94	
4				0	0.14	0.45	0.98
5					0	0.22	0.68
6						0	0.29
7							0

圖 4-128　機率之和以及最優二元樹搜尋成本

$s[\ ][\ ]$	0	1	2	3	4	5	6
1		1	2	2			
2			2	2	3		
3				3	3	3	
4					4	5	5
5						5	6
6							6
7							

圖 4-129　最優策略

$$w[i][j] = w[i][j-1] + p_j + q_j$$

$$c[i][j] = \min_{i \leq k \leq j} \{c[i][k-1] + c[k+1][j]\} + w[i][j]$$

◆ $i=1$，$j=4$。如圖 4-130 所示。

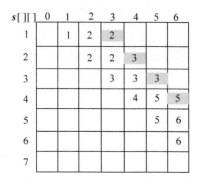

圖 4-130　機率之和 $w[1][4]$

278

$w[1][4]=w[1][3]+p_4+q_4=0.52+0.02+0.05=0.59$；

$$c[1][4] = w[1][4] + \min \begin{cases} k=1, & c[1][0]+c[2][4]=0.90 \\ k=2, & c[1][1]+c[3][4]=0.64 \\ k=3, & c[1][2]+c[4][4]=0.69 \\ k=4, & c[1][3]+c[5][4]=0.95 \end{cases} =1.23$$；

$s[1][4]=2$。

◆ $i=2$，$j=5$。如圖 4-131 所示。

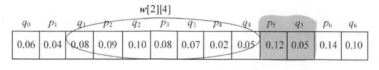

圖 4-131　機率之和 $w[2][5]$

$w[2][5]=w[2][4]+p_5+q_5=0.49+0.12+0.05=0.66$；

$$c[2][5] = w[2][5] + \min \begin{cases} k=2, & c[2][1]+c[3][5]=0.94 \\ k=3, & c[2][2]+c[4][5]=0.72 \\ k=4, & c[2][3]+c[5][5]=0.89 \\ k=5, & c[2][4]+c[6][5]=0.90 \end{cases} =1.38$$；

$s[2][5]=3$。

◆ $i=3$，$j=6$。如圖 4-132 所示。

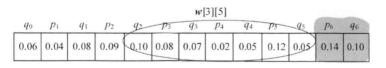

圖 4-132　機率之和 $w[3][6]$

$w[3][6]=w[3][5]+p_6+q_6=0.49+0.14+0.10=0.73$；

$$c[3][6] = w[3][6] + \min \begin{cases} k=3, & c[3][2]+c[4][6]=0.98 \\ k=4, & c[3][3]+c[5][6]=0.93 \\ k=5, & c[3][4]+c[6][6]=0.75 \\ k=6, & c[3][5]+c[7][6]=0.94 \end{cases} =1.48$$；

$s[3][6]=5$。

計算完畢。機率之和以及最優二元樹搜尋成本如圖 4-133 所示，最優策略如圖 4-134 所示。

w[ ][ ]	0	1	2	3	4	5	6
1	0.06	0.18	0.37	0.52	0.59		
2		0.08	0.27	0.42	0.49	0.66	
3			0.10	0.25	0.32	0.49	0.73
4				0.07	0.14	0.31	0.55
5					0.05	0.22	0.46
6						0.05	0.29
7							0.10

c[ ][ ]	0	1	2	3	4	5	6
1	0	0.18	0.55	0.95	1.23		
2		0	0.27	0.67	0.90	1.38	
3			0	0.25	0.46	0.94	1.48
4				0	0.14	0.45	0.98
5					0	0.22	0.68
6						0	0.29
7							0

圖 4-133　機率之和以及最優二元樹搜尋成本

s[ ][ ]	0	1	2	3	4	5	6
1		1	2	2	2		
2			2	2	3	3	
3				3	3	3	5
4					4	5	5
5						5	6
6							6
7							

圖 4-134　最優策略

6）按照遞迴式計算元素規模是 5 的 $\{s_i, s_{i+1}, s_{i+2}, s_{i+3}, s_{i+4}\}$ $(j=i+4)$ 的最優二元搜尋樹搜尋成本 $c[i][j]$，並記錄最優策略，即樹根 $s[i][j]$，$i=1$，2。

$$w[i][j] = w[i][j-1] + p_j + q_j$$

$$c[i][j] = \min_{i \leqslant k \leqslant j}\{c[i][k-1] + c[k+1][j]\} + w[i][j]$$

◆ $i=1$，$j=5$。如圖 4-135 所示。

	q_0	p_1	q_1	p_2	q_2	p_3	q_3	p_4	q_4	p_5	q_5	p_6	q_6
	0.06	0.04	0.08	0.09	0.10	0.08	0.07	0.02	0.05	0.12	0.05	0.14	0.10

圖 4-135　機率之和 $w[1][5]$

$$w[1][5]=w[1][4]+p_5+q_5=0.59+0.12+0.05=0.76 \;；$$

$$c[1][5] = w[1][5] + \min \begin{cases} k=1, & c[1][0]+c[2][5]=1.38 \\ k=2, & c[1][1]+c[3][5]=1.12 \\ k=3, & c[1][2]+c[4][5]=1.00 =1.76 \;；\\ k=4, & c[1][3]+c[5][5]=1.17 \\ k=5, & c[1][4]+c[6][5]=1.23 \end{cases}$$

$$s[1][5]=3 \;。$$

◆ $i=2$，$j=6$。如圖 4-136 所示。

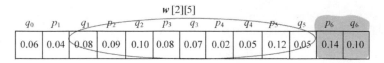

圖 4-136　機率之和 $w[2][6]$

$$w[2][6]=w[2][5]+p_6+q_6=0.66+0.14+0.10=0.90 \;；$$

$$c[2][6] = w[2][6] + \min \begin{cases} k=2, & c[2][1]+c[3][6]=1.48 \\ k=3, & c[2][2]+c[4][6]=1.25 \\ k=4, & c[2][3]+c[5][6]=1.35 =2.09 \;；\\ k=5, & c[2][4]+c[6][6]=1.19 \\ k=6, & c[2][5]+c[7][6]=1.38 \end{cases}$$

$$s[2][6]=5 \;。$$

計算完畢。機率之和以及最優二元樹搜尋成本如圖 4-137 所示，最優策略如圖 4-138 所示。

$w[\ ][\ ]$	0	1	2	3	4	5	6
1	0.06	0.18	0.37	0.52	0.59	0.76	
2		0.08	0.27	0.42	0.49	0.66	0.90
3			0.10	0.25	0.32	0.49	0.73
4				0.07	0.14	0.31	0.55
5					0.05	0.22	0.46
6						0.05	0.29
7							0.10

$c[\ ][\ ]$	0	1	2	3	4	5	6
1	0	0.18	0.55	0.95	1.23	1.76	
2		0	0.27	0.67	0.90	1.38	2.09
3			0	0.25	0.46	0.94	1.48
4				0	0.14	0.45	0.98
5					0	0.22	0.68
6						0	0.29
7							0

圖 4-137　機率之和以及最優二元樹搜尋成本

s[ ][ ]	0	1	2	3	4	5	6
1		1	2	2	2	3	
2			2	2	3	3	5
3				3	3	3	5
4					4	5	5
5						5	6
6							6
7							

圖 4-138　最優策略

7) 按照遞迴式計算元素規模是 6 的 $\{s_i, s_{i+1}, s_{i+2}, s_{i+3}, s_{i+4}, s_{i+5}\}$ ($j=i+5$) 的最優二元搜尋樹搜尋成本 $c[i][j]$，並記錄最優策略，即樹根 $s[i][j]$，$i=1$。

$$w[i][j] = w[i][j-1] + p_j + q_j$$

$$c[i][j] = \min_{i \leqslant k \leqslant j} \{c[i][k-1] + c[k+1][j]\} + w[i][j]$$

◆ $i=1$，$j=6$。如圖 4-139 所示。

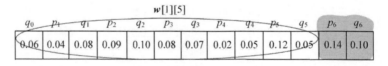

圖 4-139　機率之和 $w[1][6]$

$w[1][6]=w[1][5]+p_6+q_6=0.76+0.14+0.10=1.00$；

$$c[1][6] = w[1][6] + \min \begin{cases} k=1, & c[1][0]+c[2][6]=2.09 \\ k=2, & c[1][1]+c[3][6]=1.66 \\ k=3, & c[1][2]+c[4][6]=1.53 \\ k=4, & c[1][3]+c[5][6]=1.63 \\ k=5, & c[1][4]+c[6][6]=1.52 \\ k=6, & c[1][5]+c[7][6]=1.76 \end{cases} = 2.52 ；$$

$s[1][6]=5$。

計算完畢。機率之和以及最優二元樹搜尋成本如圖 4-140 所示，最優策略如圖 4-141 所示。

w [ ][ ]	0	1	2	3	4	5	6
1	0.06	0.18	0.37	0.52	0.59	0.76	1.00
2		0.08	0.27	0.42	0.49	0.66	0.90
3			0.10	0.25	0.32	0.49	0.73
4				0.07	0.14	0.31	0.55
5					0.05	0.22	0.46
6						0.05	0.29
7							0.10

c [ ][ ]	0	1	2	3	4	5	6
1	0	0.18	0.55	0.95	1.23	1.76	2.52
2		0	0.27	0.67	0.90	1.38	2.09
3			0	0.25	0.46	0.94	1.48
4				0	0.14	0.45	0.98
5					0	0.22	0.68
6						0	0.29
7							0

圖 4-140　機率之和和最優二元樹搜尋成本

s [ ][ ]	0	1	2	3	4	5	6
1		1	2	2	2	3	5
2			2	2	3	3	5
3				3	3	3	5
4					4	5	5
5						5	6
6							6
7							

圖 4-141　最優決策

8）建構最優解

◆ 首先讀取 $s[1][6]=5$，$k=5$，輸出 s_5 為最優二元搜尋樹的根。

判斷如果 $k-1 \geq 1$，讀取 $s[1][4]=2$，輸出 s_2 為 s_5 的左孩子；遞迴求解左子樹 $T(1,4)$；判斷如果 $k<6$，讀取 $s[6][6]=6$，輸出 s_6 為 s_5 的右孩子；遞迴求解右子樹 $T(6,6)$，如圖 4-142 所示。

◆ 遞迴求解左子樹 $T(1,4)$。

首先讀取 $s[1][4]=2$，$k=2$。

判斷如果 $k-1 \geq 1$，讀取 $s[1][1]=1$，輸出 s_1 為 s_2 的左孩子；判斷如果 $k<4$，讀取 $s[3][4]=3$，輸出 s_3 為 s_2 的右孩子；遞迴求解右子樹 $T(3,4)$，如圖 4-143 所示。

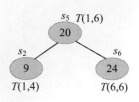

圖 4-142　最優解建構過程

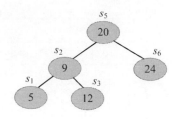

圖 4-143　最優解建構過程

◆ 遞迴求解左子樹 $T(1, 1)$。

首先讀取 $s[1][1]=1$，$k=1$。

判斷如果 $k-1<1$，輸出 e_0 為 s_1 的左孩子；判斷如果 $k≥1$，輸出 e_1 為 s_1 的右孩子，如圖 4-144 所示。

◆ 遞迴求解右子樹 $T(3, 4)$。

首先讀取 $s[3][4]=3$，$k=3$。

判斷如果 $k-1<3$，輸出 e_2 為 s_3 的左孩子；判斷如果 $k<4$，讀取 $s[4][4]=4$，輸出 s_4 為 s_3 的右孩子；遞迴求解右子樹 $T(4, 4)$，如圖 4-145 所示。

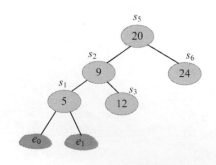

圖 4-144　最優解建構過程

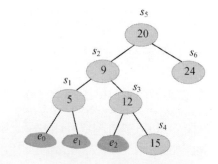

圖 4-145　最優解建構過程

◆ 遞迴求解右子樹 $T(4, 4)$。

首先讀取 $s[4][4]=4$，$k=4$。

判斷如果 $k-1<4$，輸出 e_3 為 s_4 的左孩子；判斷如果 $k≥4$，輸出 e_4 為 s_4 的右孩子，如圖 4-146 所示。

◆ 遞迴求解右子樹 $T(6, 6)$。

首先讀取 $s[6][6]=6$，$k=6$。

判斷如果 $k-1<6$，輸出 e_5 為 s_6 的左孩子；判斷如果 $k≥6$，輸出 e_6 為 s_6 的右孩子，如圖 4-147 所示。

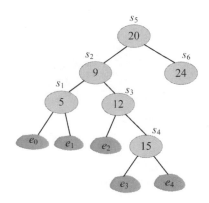

圖 4-146　最優解建構過程

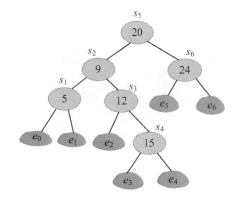

圖 4-147　最優解建構過程

4.10.4 虛擬程式碼詳解

1）建構最優二元搜尋樹

採用一維陣列 $p[]$、$q[]$ 分別記錄實節點和虛節點的搜尋機率，$c[i][j]$ 表示最優二元搜尋樹 $T(i, j)$ 的搜尋成本，$w[i][j]$ 表示最優二元搜尋樹 $T(i, j)$ 中的所有實節點和虛節點的搜尋機率之和，$s[i][j]$ 表示最優二元搜尋樹 $T(i, j)$ 的根節點序號。首先初始化，令 $c[i][i-1]=0.0$，$w[i][i-1]=q[i-1]$，其中 $i=1$，2，3，$\cdots$，$n+1$。按照遞迴式計算元素規模是 1 的 $\{s_i\}$ $(j=i)$ 的最優二元搜尋樹搜尋成本 $c[i][j]$，並記錄最優策略，即樹根 $s[i][j]$，$i=1$，2，3，$\cdots$，n。按照遞迴式計算元素規模是 2 的$\{s_i, s_{i+1}\}$ $(j=i+1)$ 的最優二元搜尋樹搜尋成本 $c[i][j]$，並記錄最優策略，即樹根 $s[i][j]$，$i=1$，2，3，$\cdots$，$n-1$。以此類推，直到求出所有元素 $\{s_1, \cdots, s_n\}$ 的最優二元搜尋樹搜尋成本 $c[1][n]$ 和最優策略 $s[1][n]$。

```
void Optimal_BST()
{
    for(i=1;i<=n+1;i++)
    {
        c[i][i-1]=0.0;
```

```
            w[i][i-1]=q[i-1];
    }
    for(int t=1;t<=n;t++)                //t 為關鍵字的規模
        //從足標為 i 開始的關鍵字到足標為 j 的關鍵字
        for(i=1;i<=n-t+1;i++)
        {
            j=i+t-1;
            w[i][j]=w[i][j-1]+p[j]+q[j];
            c[i][j]=c[i][i-1]+c[i+1][j];//初始化
            s[i][j]=i;                  //初始化
            for(k=i+1;k<=j;k++) //選取 i+1 到 i 之間的某個足標的關鍵字作為從 i 到 j 的根,
                               //如果組成的樹的期望值目前最小,則 k 為從 i 到 j 的根節點
            {
                double temp=c[i][k-1]+c[k+1][j];
                if(temp<c[i][j]&&fabs(temp-c[i][j])>1E-6)//C++中浮點數因為精度問題不可以直接
                                   //比較,fabs(temp-c[i][j])>1E-6 表示兩者不相等
                {
                    c[i][j]=temp;
                    s[i][j]=k;          //k 即為從足標 i 到 j 的根節點
                }
            }
            c[i][j]+=w[i][j];
        }
}
```

2） 建構最優解

Construct_Optimal_BST(int *i*,int *j*,bool *flag*) 表示建構從節點 *i* 到節點 *j* 的最優二元搜尋樹。首次調用時,*flag*=0、*i*=1、*j*=n,表示首次建構,讀取的第一個數值 *s*[1][*n*] 為樹根,其他遞迴呼叫 *flag*=1。

Construct_Optimal_BST(int *i*,int *j*,bool *flag*):首先讀取 *s*[*i*][*j*],令 *k*=*s*[*i*][*j*],判斷如果 *k*-1 <*i*,表示虛節點 e_{k-1} 是 s_k 的左子樹;否則,遞迴求解左子樹 Construct_Optimal_BST(*i*, *k*-1, 1)。判斷如果 *k*≥*j*,輸出虛節點 e_k 是 s_k 的右孩子;否則,輸出 *s*[*k*+1][*j*] 是 s_k 的右孩子,遞迴求解右子樹 Construct_Optimal_BST(*k* +1, *j*, 1)。

```
void Construct_Optimal_BST(int i,int j,bool flag)
{
    if(flag==0)
    {
        cout<<"S"<<s[i][j]<<" 是根"<<endl;
        flag=1;
    }
    int k=s[i][j];
    //如果左子樹是葉子
    if(k-1<i)
    {
        cout<<"e"<<k-1<<" is the left child of "<<"S"<<k<<endl;
    }
    //如果左子樹不是葉子
```

```
    else
    {
        cout<<"S"<<s[i][k-1]<<" is the left child of "<<"S"<<k<<endl;
        Construct_Optimal_BST(i,k-1,1);
    }
    //如果右子樹是葉子
    if(k>=j)
    {
        cout<<"e"<<j<<" is the right child of "<<"S"<<k<<endl;
    }
    //如果右子樹不是葉子
    else
    {
        cout<<"S"<<s[k+1][j]<<" is the right child of "<<"S"<<k<<endl;
        Construct_Optimal_BST(k+1,j,1);
    }
}
```

4.10.5 實戰演練

```
//program 4-8
#include<iostream>
#include<cmath>                        //求絕對值函數需要引入該標頭檔

using namespace std;
const int M=1000+5;
double c[M][M],w[M][M],p[M],q[M];
int s[M][M];
int n,i,j,k;

void Optimal_BST()
{
    for(i=1;i<=n+1;i++)
    {
        c[i][i-1]=0.0;
        w[i][i-1]=q[i-1];
    }
    for(int t=1;t<=n;t++)               //t 為關鍵字的規模
        //從足標為 i 開始的關鍵字到足標為 j 的關鍵字
        for(i=1;i<=n-t+1;i++)
        {
            j=i+t-1;
            w[i][j]=w[i][j-1]+p[j]+q[j];
            c[i][j]=c[i][i-1]+c[i+1][j];//初始化
            s[i][j]=i;                  //初始化
            //選取 i+1 到 j 之間的某個足標的關鍵字作為從 i 到 j 的根，
            //如果組成的樹的期望值目前最小，則 k 為從 i 到 j 的根節點
            for(k=i+1;k<=j;k++)
            {
                double temp=c[i][k-1]+c[k+1][j];
                if(temp<c[i][j]&&fabs(temp-c[i][j])>1E-6)//C++中浮點數因為精度問題
                //不可以直接比較，fabs(temp-c[i][j])>1E-6 表示兩者不相等
                {
                    c[i][j]=temp;
```

```
                            s[i][j]=k;//k 即為從足標 i 到 j 的根節點
                    }
                }
                c[i][j]+=w[i][j];
            }
    }
}

void Construct_Optimal_BST(int i,int j,bool flag)
{
    if(flag==0)
    {
        cout<<"S"<<s[i][j]<<" 是根"<<endl;
        flag=1;
    }
    int k=s[i][j];
    //如果左子樹是葉子
    if(k-1<i)
    {
        cout<<"e"<<k-1<<" is the left child of "<<"S"<<k<<endl;
    }
    //如果左子樹不是葉子
    else
    {
        cout<<"S"<<s[i][k-1]<<" is the left child of "<<"S"<<k<<endl;
        Construct_Optimal_BST(i,k-1,1);
    }
    //如果右子樹是葉子
    if(k>=j)
    {
        cout<<"e"<<j<<" is the right child of "<<"S"<<k<<endl;
    }
    //如果右子樹不是葉子
    else
    {
        cout<<"S"<<s[k+1][j]<<" is the right child of "<<"S"<<k<<endl;
        Construct_Optimal_BST(k+1,j,1);
    }
}

int main()
{
    cout << "請輸入關鍵字的個數 n：";
    cin >> n;
    cout<<"請依次輸入每個關鍵字的搜尋機率：";
    for (i=1; i<=n; i++ )
        cin>>p[i];
    cout << "請依次輸入每個虛節點的搜尋機率：";
    for (i=0; i<=n; i++)
        cin>>q[i];
    Optimal_BST();
    cout<<"最小的搜尋成本為："<<c[1][n]<<endl;
    cout<<"最優二元搜尋樹為：";
    Construct_Optimal_BST(1,n,0);
    return 0;
}
```

演算法實作和測試

1） 執行環境

```
Code::Blocks
Visual C++ 6.0
```

2） 輸入

```
請輸入關鍵字的個數 n：6
請依次輸入每個關鍵字的搜尋機率：
0.04 0.09 0.08 0.02 0.12 0.14
請依次輸入每個虛節點的搜尋機率：
0.06 0.08 0.10 0.07 0.05 0.05 0.10
```

3） 輸出

```
最小的搜尋成本為：2.52
最優二元搜尋樹為：
S5 是根
S2 is the left child of S5
S1 is the left child of S2
e0 is the left child of S1
e1 is the right child of S1
S3 is the right child of S2
e2 is the left child of S3
S4 is the right child of S3
e3 is the left child of S4
e4 is the right child of S4
S6 is the right child of S5
e5 is the left child of S6
e6 is the right child of S6
```

4.10.6 演算法解析及優化擴充

演算法複雜度分析

1） 時間複雜度：演算法中有 3 層巢狀嵌套的 for 迴圈，其時間複雜度為 $O(n^3)$。

2） 空間複雜度：使用了 3 個二維陣列求解 $c[i][j]$、$w[i][j]$、$s[i][j]$，所以空間複雜度為 $O(n^2)$。

演算法優化擴充

如果按照一般的區間動態規劃進行求解，時間複雜度是 $O(n^3)$，但可以用四邊形不等式優化。

$$c[i][j]=\begin{cases} 0 & ,j=i-1 \\ \min_{s[i][j-1]\leqslant k\leqslant s[i+1][j]}\{c[i][k-1]+c[k+1][j]\}+w[i][j] & ,j\geqslant i \end{cases}$$

$s[i][j]$ 表示取得最優解 $c[i][j]$ 的最優策略位置。

k 的取值範圍縮小了很多,原來是區間 $[i, j]$,現在變為區間 $[s[i][j-1],\ s[i+1][j]]$。經過優化,演算法時間複雜度可以減少至 $O(n^2)$,時間複雜度的計算可參看 4.8.6 節。

優化後演算法:

```
//program 4-8-1
#include<iostream>
#include<cmath>            //求絕對值函數需要引入該標頭檔
using namespace std;
const int M=1000+5;
double c[M][M],w[M][M],p[M],q[M];
int s[M][M];
int n,i,j,k;

void Optimal_BST()
{
    for(i=1;i<=n+1;i++)
    {
        c[i][i-1]=0.0;
        w[i][i-1]=q[i-1];
    }
    for(int t=1;t<=n;t++)//t 為關鍵字的規模
        //從足標為 i 開始的關鍵字到足標為 j 的關鍵字
        for(i=1;i<=n-t+1;i++)
        {
            j=i+t-1;
            w[i][j]=w[i][j-1]+p[j]+q[j];
            int i1=s[i][j-1]>i?s[i][j-1]:i;
            int j1=s[i+1][j]<j?s[i+1][j]:j;
            c[i][j]=c[i][i1-1]+c[i1+1][j];//初始化
            s[i][j]=i1;//初始化
            //選取 i1+1 到 j1 之間的某個足標的關鍵字作為從 i 到 j 的根,
            //如果組成的樹的期望值目前最小,則 k 為從 i 到 j 的根節點
            for(k=i1+1;k<=j1;k++)
            {
                double temp=c[i][k-1]+c[k+1][j];
                if(temp<c[i][j]&&fabs(temp-c[i][j])>1E-6)//C++中浮點數因為精度問題
                                                        //不可以直接比較
                {
                    c[i][j]=temp;
                    s[i][j]=k;//k 即為從足標 i 到 j 的根節點
                }
            }
            c[i][j]+=w[i][j];
        }
}
```

```cpp
void Construct_Optimal_BST(int i,int j,bool flag)
{
    if(flag==0)
    {
        cout<<"S"<<s[i][j]<<" 是根"<<endl;
        flag=1;
    }
    int k=s[i][j];
    //如果左子樹是葉子
    if(k-1<i)
    {
        cout<<"e"<<k-1<<" is the left child of "<<"S"<<k<<endl;
    }
    //如果左子樹不是葉子
    else
    {
        cout<<"S"<<s[i][k-1]<<" is the left child of "<<"S"<<k<<endl;
        Construct_Optimal_BST(i,k-1,1);
    }
    //如果右子樹是葉子
    if(k>=j)
    {
        cout<<"e"<<j<<" is the right child of "<<"S"<<k<<endl;
    }
    //如果右子樹不是葉子
    else
    {
        cout<<"S"<<s[k+1][j]<<" is the right child of "<<"S"<<k<<endl;
        Construct_Optimal_BST(k+1,j,1);
    }
}

int main()
{
    cout << "請輸入關鍵字的個數 n:";
    cin >> n;
    cout<<"請依次輸入每個關鍵字的搜尋機率:";
    for (i=1; i<=n; i++ )
        cin>>p[i];
    cout << "請依次輸入每個虛節點的搜尋機率:";
    for (i=0; i<=n; i++)
        cin>>q[i];
    Optimal_BST();
    // /*用於測試
    for(i=1; i<=n+1;i++)
    {
        for (j=1; j<i;j++)
            cout <<"\t" ;
        for(j=i-1;j<=n;j++)
            cout << w[i][j]<<"\t" ;
        cout << endl;
    }
    for(i=1; i<=n+1;i++)
    {
        for (j=1; j<i;j++)
```

```
                cout <<"\t" ;
            for(j=i-1; j<=n;j++)
              cout << c[i][j]<<"\t" ;
            cout << endl;
    }
    for(i=1; i<=n;i++)
    {
            for (j=1; j<i;j++)
              cout << "\t" ;
            for(j=i-1; j<=n;j++)
              cout << s[i][j]<<"\t" ;
            cout << endl;
    }
    cout << endl;
    // */用於測試
    cout<<"最小的搜尋成本為 : "<<c[1][n]<<endl;
    cout<<"最優二元搜尋樹為 : ";
    Construct_Optimal_BST(1,n,0);
    return 0;
}
```

4.11 動態規劃演算法秘笈

本章透過 8 個實例講解了動態規劃的解題過程。動態規劃求解最優化問題時需要考慮兩個性質：最優子結構和子問題重疊。只要滿足最優子結構性質就可以使用動態規劃，如果還具有子問題重疊，則更能彰顯動態規劃的優勢。判斷可以使用動態規劃後，就可以分析其最優子結構特徵，找到原問題和子問題的關係，從而得到最優解遞迴式。然後按照最優解遞迴式由下而上求解，採用備忘機制（查表法）有效解決子問題重疊，重複的子問題不需要重複求解，只需查表即可。

動態規劃的關鍵總結如下。

1) 最優子結構判定

◆ 作出一個選擇。

◆ 假定已經知道了哪種選擇是最優的。

例如矩陣連乘問題，我們假設已經知道在第 k 個矩陣加括弧是最優的，即 $(A_iA_{i+1}\cdots A_k)(A_{k+1}A_{k+2}\cdots A_j)$。

◆ 最優選擇後會產生哪些子問題。

例如矩陣連乘問題，我們作出最優選擇後產生兩個子問題：$(A_iA_{i+1}\cdots A_k)$，$(A_{k+1}A_{k+2}\cdots A_j)$。

◆ 證明原問題的最優解包含其子問題的最優解。

通常使用「剪下─貼上」反證法。證明如果原問題的解是最優解，那麼子問題的解也是最優解。反證：假定子問題的解不是最優解，那麼就可以將它「剪下」，把最優解「貼上」，從而得到一個比原問題最優解更優的解，這與前提原問題的解是最優解矛盾，因此得證。

例如：矩陣連乘問題，$c=a+b+d$，我們只需要證明如果 c 是最優的，則 a 和 b 一定是最優的（即原問題的最優解包含子問題的最優解）。

反證法：如果 a 不是最優的，$(A_iA_{i+1}\cdots A_k)$ 存在一個最優解 a'，$a'<a$，那麼，$a'+b+d<c$，這與假設 c 是最優的矛盾，因此如果 c 是最優的，則 a 一定是最優的。同理可證 b 也是最優的。因此如果 c 是最優的，則 a 和 b 一定是最優的。因此，矩陣連乘問題具有最優子結構性質。

2)　如何得到最優解遞迴式

◆ 分析原問題最優解和子問題最優解的關係。

例如矩陣連乘問題，我們假設已經知道在第 k 個矩陣加括弧是最優的，即$(A_iA_{i+1}\cdots A_k)(A_{k+1}A_{k+2}\cdots A_j)$。作出最優選擇後產生兩個子問題：$(A_iA_{i+1}\cdots A_k)$，$(A_{k+1}A_{k+2}\cdots A_j)$。如果我們用 $m[i][j]$ 表示 $A_iA_{i+1}\cdots A_j$ 矩陣連乘的最優解，那麼兩個子問題 $(A_iA_{i+1}\cdots A_k)$、$(A_{k+1}A_{k+2}\cdots A_j)$ 對應的最優解分別是 $m[i][k]$、$m[k+1][j]$。剩下的只需要查詢 $(A_iA_{i+1}\cdots A_k)$ 和 $(A_{k+1}A_{k+2}\cdots A_j)$ 的結果矩陣相乘的乘法次數了，兩個結果矩陣相乘的乘法次數是 $p_i*p_{k+1}*q_j$。

因此，原問題和子問題最優解的關係為 $m[i][j]=m[i][k]+m[k+1][j]+p_i*p_{k+1}*q_j$。

◆ 查詢有多少種選擇。

實質上，我們並不知道哪種選擇是最優的，因此就需要查詢有多少種選擇，然後從這些選擇中找到最優解。

例如矩陣連乘問題，加括弧的位置 k $(A_iA_{i+1}...A_k)(A_{k+1}A_{k+2}...A_j)$，$k$ 的取值範圍是 $\{i, i+1, \cdots, j-1\}$，即 $i\le k<j$，那麼我們查詢每一種選擇，找到最優值。

◆ 得到最優解遞迴式。

例如矩陣連乘問題，$m[i][j]$ 表示 $A_iA_{i+1}\cdots A_j$ 矩陣連乘的最優解，根據最優解和子問題最優解的關係，並查詢所有的選擇，找到最小值即為最優解。

$$m[i][j]=\begin{cases} 0 & ,i=j \\ \min_{i\leqslant k<j}\{m[i][k]+m[k+1][j]+p[i-1]*p[k]*p[j]\} & ,i<j \end{cases}$$

Chapter 05

回溯法

「不進則退，不喜則憂，不得則亡，此世人之常。」

—《鄧析子·無後篇》

從小到大，我們聽了很多「不進則退」的故事，這些故事告誡人們如果不進步，就會倒退。但在這裡，我們卻採用了「不進則退」的另一層積極含義—「退一步海闊天空」、「不必在一棵樹上吊死」。如果一條路無法走下去，退回去，換條路走也不失一個很好的辦法，這正是回溯法的初衷。

5.1 回溯法基礎

回溯法是一種選優搜尋法，按照選優條件深度優先搜尋，以達到目標。當搜尋到某一步時，發現原先選擇並不是最優或達不到目標，就退回一步重新選擇，這種走不通就退回再走的技術稱為回溯法，而滿足回溯條件的某個狀態稱為「回溯點」。

5.1.1 演算法思維

回溯法是從初始狀態出發，按照深度優先搜尋的方式，根據產生子節點的條件限制，搜尋問題的解。當發現目前節點不滿足求解條件時，就回溯，嘗試其他的路徑。回溯法是一種「**能進則進，進不了則換，換不了則退**」的搜尋方法。

5.1.2 演算法要素

用回溯法解決實際問題時，首先要確定解的形式，定義問題的解空間。

什麼是解空間呢？

1） 解空間

◆ 解的組織形式：回溯法解的組織形式可以規範為一個 n 元組 $\{x_1, x_2, \cdots, x_n\}$，例如 3 個物品的 0-1 背包問題，解的組織形式為 $\{x_1, x_2, x_3\}$。

◆ 顯式限制：對解分量的取值範圍的限定。

例如有 3 個物品的 0-1 背包問題，解的組織形式為 $\{x_1, x_2, x_3\}$。它的解分量 x_i 的取值範圍很簡單，$x_i=0$ 或者 $x_i=1$。$x_i=0$ 表示第 i 個物品不放入背包，$x_i=1$ 表示第 i 個物品放入背包，因此 $x_i \in \{0, 1\}$。

3 個物品的 0-1 背包問題，其所有可能解有：$\{0, 0, 0\}$，$\{0, 0, 1\}$，$\{0, 1, 0\}$，$\{0, 1, 1\}$，$\{1, 0, 0\}$，$\{1, 0, 1\}$，$\{1, 1, 0\}$，$\{1, 1, 1\}$。

◆ 解空間：顧名思義，就是由所有可能解組成的空間。二維解空間如圖 5-1 所示。

假設圖 5-1 中的每一個點都有可能是我們要的解，這些可能解就組成了解空間，而我們需要根據問題的限制條件，在解空間中尋找最優解。

解空間越小，搜尋效率越高。解空間越大，搜尋的效率越低。猶如大海撈針，在海裡撈針相當困難，如果把解空間縮小到一平方公尺的海底就容易很多了。

2） 解空間的組織結構

一個問題的解空間通常由很多可能解組成，我們不可能毫無章法，像無頭蒼蠅一樣亂飛亂撞去尋找最優解，盲目搜尋的效率太低了。需要按照一定的套路，即一定的組織結構搜尋最優解，如果把這種組織結構用樹樣貌地表達出來，就是解空間樹。例如 3 個物品的 0-1 背包問題，解空間樹如圖 5-2 所示。

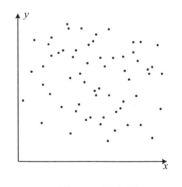

圖 5-1　解空間

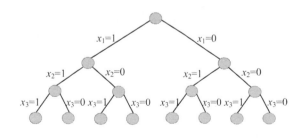

圖 5-2　解空間樹

解空間樹只是解空間的樣貌表示，有利於解題時對搜尋過程的直觀理解，並不是真的要生成一棵樹。有了解空間樹，不管是寫代碼還是手工搜尋求解，都能看得非常清楚，更能直觀看到整個搜尋空間的大小。

3） 搜尋解空間

隱式限制指對能否得到問題的可行解或最優解做出的限制。

如果不滿足隱式限制，就說明得不到問題的可行解或最優解，那就沒必要再沿著該節點的分支進行搜尋了，相當於把這個分支剪掉了。因此，**隱式限制也稱為剪枝函數**，實質上不是剪掉該分支，而是不再搜尋該分支。

例如 3 個物品的 0-1 背包問題，如果前 2 個物品放入（$x_1=1$，$x_2=1$）後，背包超重了，那麼就沒必要再考慮第 3 個物品是否放入背包的問題，如圖 5-3 所示。即圈中的分支不再搜尋了，相當於剪枝了。

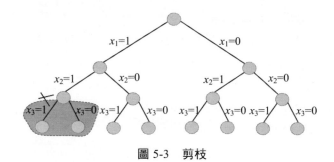

圖 5-3 剪枝

隱式限制（剪枝函數）包括限制函數和限界函數。

對能否得到問題的可行解的限制稱為限制函數，對能否得到最優解的限制稱為限界函數。有了剪枝函數，我們就可以剪掉得不到可行解或最優解的分支，避免無效搜尋，提高搜尋的效率。剪枝函數設計得好，搜尋效率就高。

解空間的大小和剪枝函數的好壞都直接影響搜尋效率，因此這兩項是搜尋演算法的關鍵。

在搜尋解空間時，有幾個術語需要說明。

◆ 擴展節點：一個正在生成孩子的節點。

◆ 活節點：一個自身已生成，但孩子還沒有全部生成的節點。

◆ 死節點：一個所有孩子都已經生成的節點。

◆ 子孫：節點 E 的子樹上所有節點都是 E 的子孫。

◆ 祖宗：從節點 E 到樹根路徑上的所有節點都是 E 的祖宗。

5.1.3 解題秘笈

1） 定義解空間

因為解空間的大小對搜尋效率有很大的影響，因此使用回溯法首先要定義合適的解空間，確定解空間包括解的組織形式和顯式限制。

◆ 解的組織形式：解的組織形式都規範為一個 n 元組 $\{x_1, x_2, \ldots, x_n\}$，只是具體問題表達的含義不同而已。

◆ 顯式限制：顯式限制是對解分量的取值範圍的限定，透過顯式限制可以控制解空間的大小。

2） 確定解空間的組織結構

解空間的組織結構通常用解空間樹樣貌的表達，根據解空間樹的不同，解空間分為子集樹、排列樹、m 元樹等。

3） 搜尋解空間

回溯法是按照深度優先搜尋策略，根據隱式限制（限制函數和限界函數），在解空間中搜尋問題的可行解或最優解，當發現目前節點不滿足求解條件時，就回溯嘗試其他的路徑。

如果問題只是要求可行解，則只需要設定限制函數即可，如果要求最優解，則需要設定限制函數和限界函數。

解的組織形式都是通用的 n 元組形式，解的組織結構是解空間的樣貌表達。解空間和隱式限制是控制搜尋效率的關鍵。顯式限制可以控制解空間的大小，限制函數決定剪枝的效率，限界函數決定是否得到最優解。

所以**回溯法解題的關鍵是設計有效的顯式限制和隱式限制**。

後面我們透過幾個實例，深刻體會回溯法的解題策略。

5.2 大賣場購物車 2─0-1 背包問題

央視有一個大型娛樂節目─購物街，舞臺上模擬超市大賣場，有很多貨物，每個嘉賓分配一個購物車，可以盡情的裝滿購物車，購物車裝的價值最高者取勝。假設 n 個物品和 1 個購物車，每個物品 i 對應價值為 v_i，重量 w_i，購物車的容量為 W（你也可以將重量設定為體積）。每個物品只有一件，要麼裝入，要麼不裝入，不可拆分。如何選取物品裝入購物車，使購物車所裝入的物品的總價值最大？要求輸出最優值（裝入的最大價值）和最優解（裝入了哪些物品）。

圖 5-4　購物車示意（插圖 *Designed by Freepik*）

5.2.1 問題分析

根據題意，從 n 個物品中選擇一些物品，相當於從 n 個物品組成的集合 S 中找到一個子集，這個子集內所有物品的總重量不超過購物車容量，並且這些物品的總價值最大。S 的所有的子集都是問題的可能解，這些可能解組成了解空間，我們在解空間中找總重量不超過購物車容量且價值最大的物品集作為最優解。

這些由問題的子集組成的解空間，其解空間樹稱為**子集樹**。

5.2.2 演算法設計

1）　定義問題的解空間

　　購物車問題屬於典型的 0-1 背包問題，問題的解是從 n 個物品中選擇一些物品使其在不超過容量的情況下價值最大。每個物品有且只有兩種狀態，要麼裝入購物車，要不不裝入。那麼第 i 個物品裝入購物車，能夠達到目標要求，還是不裝入購物車能夠達到目標要求呢？很顯然，目前還不確定。因此，可以用變數 x_i 表示第 i 種物品是否被裝入購物車的行為，如果用「0」表示不被裝入背包，用「1」表示裝入背包，則 x_i 的取值為 0 或 1。$i=1，2，\cdots，n$ 第 i 個物品裝入購物車，$x_i=1$；不裝入購物車，$x_i=0$。該問題解的形式是一個 n 元組，且每個分量的取值為 0 或 1。

由此可得，問題的解空間為 $\{x_1, x_2, \cdots, x_i, \cdots, x_n\}$，其中，顯式限制 $x_i =0$ 或 1，$i=1，2，\cdots，n$。

2）　確定解空間的組織結構

問題的解空間描述了 2^n 種可能解，也可以說是 n 個元素組成的集合所有子集個數。例如 3 個物品的購物車問題，解空間是：$\{0, 0, 0\}$，$\{0, 0, 1\}$，$\{0, 1, 0\}$，$\{0, 1, 1\}$，$\{1, 0, 0\}$，$\{1, 0, 1\}$，$\{1, 1, 0\}$，$\{1, 1, 1\}$。該問題有 2^3 個可能解。

可見問題的解空間樹為子集樹，解空間樹的深度為問題的規模 n，如圖 5-5 所示。

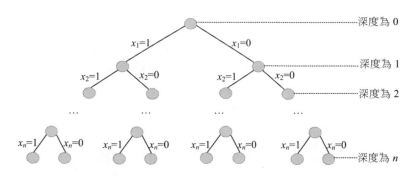

圖 5-5　解空間樹（子集樹）

3）　搜尋解空間

◆　限制條件

購物車問題的解空間包含 2^n 種可能解，存在某種或某些物品無法裝入購物車的情況，因此需要設定限制條件，判斷裝入購物車的物品總重量是否超出購物車容量，如果超出，為不可行解；否則為可行解。搜尋過程不再搜尋那些導致不可行解的節點及其孩子節點。

限制條件為：

$$\sum_{i=1}^{n} w_i x_i \leqslant W$$

◆ 限界條件

購物車問題的可行解可能不只一個，問題的目標是找一個裝入購物車的物品總價值最大的可行解，即最優解。因此，需要設定限界條件來加速提升找出該最優解的速度。

根據解空間的組織結構，對於任何一個中間節點 z（中間狀態），從根節點到 z 節點的分支所代表的狀態（是否裝入購物車）已經確定，從 z 到其子孫節點的分支的狀態是不確定的。也就是說，如果 z 在解空間樹中所處的層次是 t，說明第 1 種物品到第 $t-1$ 種物品的狀態已經確定了。我們只需要沿著 z 的分支擴展很容易確定第 t 種物品的狀態。那麼前 t 種物品的狀態就確定了。但第 $t+1$ 種物品到第 n 種物品的狀態還不確定。這樣，前 t 種物品的狀態確定後，目前已裝入購物車的物品的總價值，用 cp 表示。已裝入物品的價值高不一定就是最優的，因為還有剩餘物品未確定。

我們還不確定第 $t+1$ 種物品到第 n 種物品的實際狀態，因此只能用估計值。假設第 $t+1$ 種物品到第 n 種物品都裝入購物車，第 $t+1$ 種物品到第 n 種物品的總價值用 rp 來表示，因此 $cp+rp$ 是所有從根出發經過中間節點 z 的可行解的價值上界，如圖 5-6 所示。

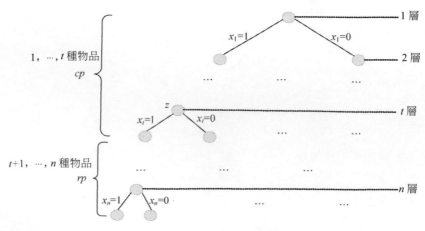

圖 5-6　解空間樹（$cp+rp$）

如果價值上界小於或等於目前搜尋到的最優值（最優值用 *bestp* 表示，初始值為0），則說明從中間節點 *z* 繼續向子孫節點搜尋不可能得到一個比目前更優的可行解，沒有繼續搜尋的必要，反之，則繼續向 *z* 的子孫節點搜尋。

限界條件為：

$$cp+rp>bestp$$

◆ 搜尋過程

從根節點開始，以深度優先的方式進行搜尋。根節點首先成為活節點，也是目前的擴展節點。由於子集樹中約定左分支上的值為「1」，因此沿著擴展節點的左分支擴展，則代表裝入物品。此時，需要判斷是否能夠裝入該物品，即判斷限制條件成立與否，如果成立，即生成左孩子節點，左孩子節點成為活節點，並且成為目前的擴展節點，繼續向縱深節點擴展；如果不成立，則剪掉擴展節點的左分支，沿著其右分支擴展，右分支代表物品不裝入購物車，肯定有可能導致可行解。但是沿著右分支擴展有沒有可能得到最優解呢？這一點需要由限界條件來判斷。如果限界條件滿足，說明有可能導致最優解，即生成右孩子節點，右孩子節點成為活節點，並成為目前的擴展節點，繼續向縱深節點擴展；如果不滿足限界條件，則剪掉擴展節點的右分支，向最近的祖宗活節點回溯。搜尋過程直到所有活節點變成死節點結束。

5.2.3 完美圖解

假設現在有 4 個物品和一個購物車，每個物品的重量 *w* 為（2，5，4，2），價值 *v* 為（6，3，5，4），購物車的容量 *W* 為 10，如圖 5-7 所示。求在不超過購物車容量的前提下，把哪些物品放入購物車，才能獲得最大價值。

1）初始化

sumw 和 *sumv* 分別用來統計所有物品的總重量和總價值。*sumw*=13，*sumv*=18，*sumw*>*W*，因此不能全部裝完，需要搜尋求解。初始化目前放入購物車的物品重量 *cw*=0；目前放入購物車的物品價值 *cp*=0；目前最優值 *bestp*=0。

2）開始搜尋第一層（*t*=1）

擴展 1 號節點，首先判斷 $cw+w[1]=2<W$，滿足限制條件，擴展左分支，令 $x[1]=1$，$cw=cw+w[1]=2$，$cp=cp+v[1]=6$，生成 2 號節點，如圖 5-8 所示。

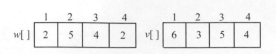

圖 5-7　物品的重量和價值　　　　　　　　　圖 5-8　搜尋過程

3）　擴展 2 號節點（$t=2$）

首先判斷 $cw+w[2]=7<W$，滿足限制條件，擴展左分支，令 $x[2]=1$，$cw=cw+w[2]=7$，$cp=cp+v[2]=9$，生成 3 號節點，如圖 5-9 所示。

4）　擴展 3 號節點（$t=3$）

首先判斷 $cw+w[3]=11>W$，超過了購物車容量，第 3 個物品不能放入。那麼判斷 $bound(t+1)$ 是否大於 $bestp$。$bound(4)$ 中剩餘物品只有第 4 個，$rp=4$，$cp+rp=13$，$bestp=0$，因此滿足限界條件，擴展右子樹。令 $x[3]=0$，生成 4 號節點，如圖 5-10 所示。

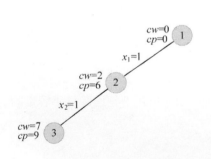

圖 5-9　搜尋過程

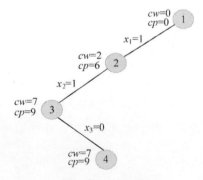

圖 5-10　搜尋過程

5）　擴展 4 號節點（$t=4$）

首先判斷 $cw+w[4]=9<W$，滿足限制條件，擴展左分支，令 $x[4]=1$，$cw=cw+w[4]=9$，$cp=cp+v[4]=13$，生成 5 號節點，如圖 5-11 所示。

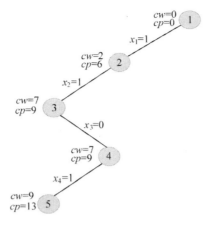

圖 5-11　搜尋過程

6）擴展 5 號節點（$t=5$）

$t>n$，找到一個目前最優解，用 $bestx[]$ 保存目前最優解 $\{1, 1, 0, 1\}$，保存目前最優值 $bestp=cp=13$，5 號節點成為死節點。

7）回溯到 4 號節點（$t=4$），一直向上回溯到 2 號節點。

向上回溯到 4 號節點，回溯時 $cw=cw-w[4]=7$，$cp=cp-v[4]=9$。怎麼加上的，怎麼減回去。4 號節點右子樹還未生成，考查 $bound(t+1)$ 是否大於 $bestp$，$bound(5)$ 中沒有剩餘物品，$rp=0$，$cp+rp=9$，$bestp=13$，因此不滿足限界條件，不再擴展 4 號節點右子樹。4 號節點成為死節點。向上回溯，回溯到 3 號節點，3 號節點的左右孩子均已考查過，是死節點，繼續向上回溯到 2 號節點。回溯時 $cw=cw-w[2]=2$，$cp=cp-v[2]=6$。怎麼加上的，怎麼減回去，如圖 5-12 所示。

8）擴展 2 號節點（$t=2$）

2 號節點右子樹還未生成，考查 $bound(t+1)$ 是否大於 $bestp$，$bound(3)$ 中剩餘物品為第 3、4 個，$rp=9$，$cp+rp=15$，$bestp=13$，因此滿足限界條件，擴展右子樹。令 $x[2]=0$，生成 6 號節點，如圖 5-13 所示。

9）擴展 6 號節點（$t=3$）

首先判斷 $cw+w[3]=6<W$，滿足限制條件，擴展左分支，令 $x[3]=1$，$cw=cw+w[3]=6$，$cp=cp+v[3]=11$，生成 7 號節點，如圖 5-14 所示。

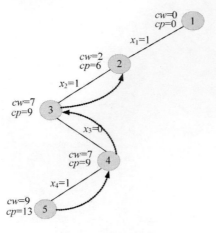

圖 5-12　搜尋過程

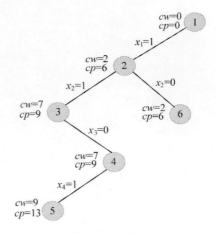

圖 5-13　搜尋過程

10）擴展 7 號節點（t=4）

首先判斷 $cw+w[4]$=8<W，滿足限制條件，擴展左分支，令 $x[4]$=1，$cw=cw+w[4]$=8，$cp=cp+v[4]$=15，生成 8 號節點，如圖 5-15 所示。

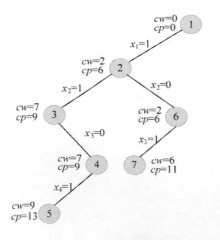

圖 5-14　搜尋過程

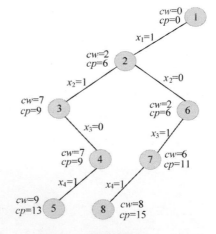

圖 5-15　搜尋過程

11）擴展 8 號節點（t=5）

$t>n$，找到一個目前最優解，用 $bestx[]$ 保存目前最優解 {1, 0, 1, 1}，保存目前最優值 $bestp=cp$=15，8 號節點成為死節點。向上回溯到 7 號節點，回溯時 $cw=cw-w[4]$=6，$cp=cp-v[4]$=11。怎麼加上的，怎麼減回去，如圖 5-16 所示。

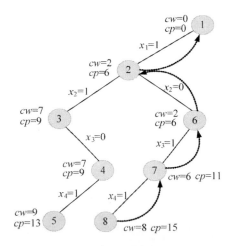

圖 5-16　搜尋過程

12）擴展 7 號節點（$t=4$）

7 號節點的右子樹還未生成，考查 $bound(t+1)$ 是否大於 $bestp$，$bound(5)$ 中沒有剩餘物品，$rp=0$，$cp+rp=11$，$bestp=15$，因此不滿足限界條件，不再擴展 7 號節點的右子樹。7 號節點成為死節點。向上回溯，回溯到 6 號節點，回溯時 $cw=cw-w[3]=2$，$cp=cp-v[3]=6$，怎麼加上的，怎麼減回去。

13）擴展 6 號節點（$t=3$）

6 號節點的右子樹還未生成，考查 $bound(t+1)$ 是否大於 $bestp$，$bound(4)$ 中剩餘物品是第 4 個，$rp=4$，$cp+rp=10$，$bestp=15$，因此不滿足限界條件，不再擴展 6 號節點的右子樹。6 號節點成為死節點。向上回溯，回溯到 2 號節點，2 號節點的左右孩子均已考查過，是死節點，繼續向上回溯到 1 號節點。回溯時 $cw=cw-w[1]=0$，$cp=cp-v[1]=0$。怎麼加上的，怎麼減回去。

14）擴展 1 號節點（$t=1$）

1 號節點的右子樹還未生成，考查 $bound(t+1)$ 是否大於 $bestp$，$bound(2)$ 中剩餘物品是第 2、3、4 個，$rp=12$，$cp+rp=12$，$bestp=15$，因此不滿足限界條件，不再擴展 1 號節點的右子樹，1 號節點成為死節點。所有的節點都是死節點，演算法結束。

5.2.4 虛擬程式碼詳解

1） 計算上界

計算上界是指計算已裝入物品價值 *cp* 與剩餘物品的總價值 *rp* 之和。我們已經知道
已裝入購物車的物品價值 *cp*，剩餘物品我們不確定要裝入哪些，我們按照假設都
裝入的情況估算，即按最大值計算（剩餘物品的總價值），因此得到的值是可裝入
物品價值的上界。

```
double Bound(int i)//計算上界（即已裝入物品價值+剩餘物品的總價值）
{
    int rp=0; //剩餘物品為第 i~n 種物品
    while(i<=n)//依次計算剩餘物品的價值
    {
        rp+=v[i];
        i++;
    }
    return cp+rp;//返回上界
}
```

2） 按限制條件和限界條件搜尋求解

t 表示目前擴展節點在第 *t* 層，*cw* 表示目前已放入物品的重量，*cp* 表示目前已放入
物品的價值。

如果 *t>n*，表示已經到達葉子節點，記錄最優值最優解，返回。否則，判斷是否滿
足限制條件，滿足則搜尋左子樹。因為左子樹表示放入該物品，所以令 *x*[*t*]=1，表
示放入第 *t* 個該物品。*cw*+=*w*[*t*]，表示目前已放入物品的重量增加 *w*[*t*]。*cp*+=*v*[*t*]，
表示目前已放入物品的價值增加 *v*[*t*]。*Backtrack*(*t*+1) 表示遞推，深度優先搜尋第
t+1 層。回歸時即向上回溯時，要把增加的值減去，*cw*-=*w*[*t*]，*cp*-=*v*[*t*]。

判斷是否滿足限界條件，滿足則搜尋右子樹。因為右子樹表示不放入該物品，所
以令 *x*[*t*]=0。目前已放入物品的重量、價值均不改變。*Backtrack*(*t*+1) 表示遞推，
深度優先搜尋第 *t*+1 層。

```
void Backtrack(int t)      //t 表示目前擴展節點在第 t 層
{
    if(t>n)                //已經到達葉子節點
    {
        for(j=1;j<=n;j++)
        {
            bestx[j]=x[j];
        }
        bestp=cp;          //保存目前最優解
```

```
        return ;
    }
    if(cw+w[t]<=W)          //如果滿足限制條件則搜尋左子樹
    {
        x[t]=1;
        cw+=w[t];
        cp+=v[t];
        Backtrack(t+1);
        cw-=w[t];
        cp-=v[t];
    }
    if(Bound(t+1)>bestp) //如果滿足限界條件則搜尋右子樹
    {
        x[t]=0;
        Backtrack(t+1);
    }
}
```

5.2.5　實戰演練

```
//program 5-1
#include <iostream>
#include <string>
#include <algorithm>
#define M 105
using namespace std;

int i,j,n,W;                //n 表示 n 個物品，W 表示購物車的容量
double w[M],v[M];           //w[i] 表示第 i 個物品的重量，v[i] 表示第 i 個物品的價值
bool x[M];                  //x[i]表示第 i 個物品是否放入購物車
double cw;                  //目前重量
double cp;                  //目前價值
double bestp;               //目前最優價值
bool bestx[M];              //目前最優解

double Bound(int i)         //計算上界（即剩餘物品的總價值）
{
    //剩餘物品為第 i~n 種物品
    int rp=0;
    while(i<=n)             //以物品單位重量價值遞減的順序裝入物品
    {
        rp+=v[i];
        i++;
    }
    return cp+rp;
}

void Backtrack(int t)       //用於搜尋空間數，t 表示目前擴展節點在第 t 層
{
    if(t>n)//已經到達葉子節點
    {
        for(j=1;j<=n;j++)
        {
            bestx[j]=x[j];//保存目前最優解
```

309

```
        }
        bestp=cp;           //保存目前最優值
        return ;
    }
    if(cw+w[t]<=W)          //如果滿足限制條件則搜尋左子樹
    {
        x[t]=1;
        cw+=w[t];
        cp+=v[t];
        Backtrack(t+1);
        cw-=w[t];
        cp-=v[t];
    }
    if(Bound(t+1)>bestp)    //如果滿足限制條件則搜尋右子樹
    {
        x[t]=0;
        Backtrack(t+1);
    }
}

void Knapsack(double W, int n)
{
    //初始化
    cw=0;                //初始化目前放入購物車的物品重量為0
    cp=0;                //初始化目前放入購物車的物品價值為0
    bestp=0;             //初始化目前最優值為0
    double sumw=0.0;     //用來統計所有物品的總重量
    double sumv=0.0;     //用來統計所有物品的總價值
    for(i=1; i<=n; i++)
    {
        sumv+=v[i];
        sumw+=w[i];
    }
    if(sumw<=W)
    {
        bestp=sumv;
        cout<<"放入購物車的物品最大價值為："<<bestp<<endl;
        cout<<"所有的物品均放入購物車。";
        return;
    }
    Backtrack(1);
    cout<<"放入購物車的物品最大價值為："<<bestp<<endl;
    cout<<"放入購物車的物品序號為：";
    for(i=1;i<=n;i++) //輸出最優解
    {
        if(bestx[i]==1)
        cout<<i<<" ";
    }
    cout<<endl;
}

int main()
{
    cout << "請輸入物品的個數 n：";
    cin >> n;
```

```
    cout << "請輸入購物車的容量 W：";
    cin >> W;
    cout << "請依次輸入每個物品的重量 w 和價值 v，用空格分開：";
    for(i=1;i<=n;i++)
        cin>>w[i]>>v[i];
    Knapsack(W,n);
    return 0;
}
```

演算法實作和測試

1）　執行環境

```
Code::Blocks
Visual C++ 6.0
```

2）　輸入

```
請輸入物品的個數 n：4
請輸入購物車的容量 W：10
請依次輸入每個物品的重量 w 和價值 v，用空格分開：2 6 5 3 4 5 2 4
```

3）　輸出

```
放入購物車的物品最大價值為：15
放入購物車的物品序號為：1 3 4
```

5.2.6　演算法解析

1）　時間複雜度

回溯法的執行時間取決於它在搜尋過程中生成的節點數。而限界函數可以大大減少所生成的的節點個數，避免無效搜尋，加快搜尋速度。

左孩子需要判斷限制函數，右孩子需要判斷限界函數，那麼最壞有多少個左孩子和右孩子呢？我們看規模為 n 的子集樹，最壞情況下的狀態如圖 5-17 所示。

總體節點個數有 $2^0 +2^1+...+2^n =2^{n+1}-1$，減去樹根節點再除 2 就得到了左右孩子節點的個數，左右孩子節點的個數=（$2^{n+1}-1-1$）/2=2^n-1。

限制函數時間複雜度為 $O(1)$，限界函數時間複雜度為 $O(n)$。最壞情況下有 $O(2^n)$ 個左孩子節點呼叫限制函數，有 $O(2^n)$ 個右孩子節點需要呼叫限界函數，故回溯法解決購物車問題的時間複雜度為 $O(1*2^n+n*2^n)=O(n*2^n)$。

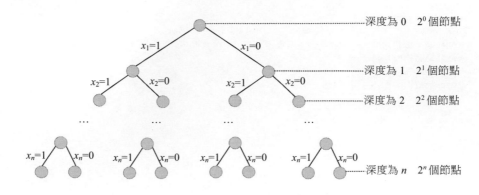

圖 5-17　解空間樹

2）空間複雜度

回溯法的另一個重要特性就是在搜尋執行的同時產生解空間。在所搜尋過程中的任何時刻，僅保留從開始節點到目前擴展節點的路徑，從開始節點起最長的路徑為 n。程式中我們使用 $bestp[]$ 陣列記錄該最長路徑作為最優解，所以該演算法的空間複雜度為 $O(n)$。

5.2.7　演算法優化擴充

我們在上面的程式中上界函數是目前價值 cp 與剩餘物品的總價值 rp 之和，這個估值過高了，因為剩餘物品的重量很有可能是超過購物車容量的。因此我們可以縮小上界，從而加快剪枝速度，提高搜尋效率。

上界函數 $bound()$：目前價值 cp+ 剩餘容量可容納的剩餘物品的最大價值 brp。

為了更好地計算和運用上界函數剪枝，先將物品按照其單位重量價值（價值/重量）從大到小排序，然後按照排序後的順序考查各個物品。

```cpp
//program 5-1-1
#include <iostream>
#include <string>
#include <algorithm>
#define M 105
using namespace std;
int i,j,n,W;        //n 表示物品個數，W 表示購物車的容量
double w[M],v[M];   //w[i] 表示第 i 個物品的重量，v[i] 表示第 i 個物品的價值
bool x[M];          //x[i]=1 表示第 i 個物品放入購物車
double cw;          //目前重量
double cp;          //目前價值
```

```
double bestp;        //目前最優值
bool bestx[M];       //目前最優解
double Bound(int i)//計算上界（即將剩餘物品裝滿剩餘的背包容量時所能獲得的最大價值）
{
    //剩餘物品為第 i~n 種物品
    double cleft=W-cw;//剩餘容量
    double brp=0.0;
    while(i<=n &&w[i]<cleft)
    {
        cleft-=w[i];
        brp+=v[i];
        i++;
    }
    if(i<=n) //採用切割的方式裝滿背包，這裡是在求上界，求解時不允許切割
    {
        brp+=v[i]/w[i] *cleft;
    }
    return cp+brp;
}
void Backtrack(int t)//用於搜尋空間數，t 表示目前擴展節點在第 t 層
{
    if(t>n)//已經到達葉子節點
    {
        for(j=1;j<=n;j++)
        {
            bestx[j]=x[j];
        }
        bestp=cp;//保存目前最優解
        return ;
    }
    if(cw+w[t]<=W)//如果滿足限制條件則搜尋左子樹
    {
        x[t]=1;
        cw+=w[t];
        cp+=v[t];
        Backtrack(t+1);
        cw-=w[t];
        cp-=v[t];
    }
    if(Bound(t+1)>bestp)//如果滿足限制條件則搜尋右子樹
    {
        x[t]=0;
        Backtrack(t+1);
    }
}

struct Object           //定義物品結構體，包含物品序號和單位重量價值
{
    int id;             //物品序號
    double d;           //單位重量價值
};

bool cmp(Object a1,Object a2)//按照物品單位重量價值由大到小排序
{
    return a1.d>a2.d;
```

```cpp
}

void Knapsack(int W, int n)
{
    //初始化
    cw=0;                   //初始化目前放入購物車的物品重量為0
    cp=0;                   //初始化目前放入購物車的物品價值為0
    bestp=0;                //初始化目前最優值為0
    double sumw=0;          //用來統計所有物品的總重量
    double sumv=0;          //用來統計所有物品的總價值
    Object Q[n];            //物品結構體類型,用於按單位重量價值(價值/重量比)排序
    double a[n+1],b[n+1];   //輔助陣列,用於把排序後的重量和價值傳遞給原來的重量價值陣列
    for(i=1;i<=n;i++)
    {
        Q[i-1].id=i;
        Q[i-1].d=1.0*v[i]/w[i];
        sumv+=v[i];
        sumw+=w[i];
    }
    if(sumw<=W)
    {
        bestp=sumv;
        cout<<"放入購物車的物品最大價值為: "<<bestp<<endl;
        cout<<"所有的物品均放入購物車.";
        return;
    }
    sort(Q,Q+n,cmp);        // 按單位重量價值(價值/重量比)從大到小排序
    for(i=1;i<=n;i++)
    {
        a[i]=w[Q[i-1].id];  //把排序後的資料傳遞給輔助陣列
        b[i]=v[Q[i-1].id];
    }
    for(i=1;i<=n;i++)
    {
        w[i]=a[i];          //把排序後的資料傳遞給w[i]
        v[i]=b[i];
    }
    Backtrack(1);
    cout<<"放入購物車的物品最大價值為: "<<bestp<<endl;
    cout<<"放入購物車的物品序號為: ";
    for(i=1; i<=n; i++)
    {
        if(bestx[i]==1)
            cout<<Q[i-1].id<<" ";
    }
    cout<<endl;
}

int main()
{
    cout << "請輸入物品的個數 n:";
    cin >> n;
    cout << "請輸入購物車的容量 W:";
    cin >> W;
    cout << "請依次輸入每個物品的重量 w 和價值 v,用空格分開:";
```

```
    for(i=1;i<=n;i++)
        cin>>w[i]>>v[i];
    Knapsack(W,n);
    return 0;
}
```

1） 時間複雜度：限制函數時間複雜度為 $O(1)$，限界函數時間複雜度為 $O(n)$。最壞情況下有 $O(2^n)$ 個左孩子節點呼叫限制函數，有 $O(2^n)$ 個右孩子節點需要呼叫限界函數，回溯演算法 Backtrack 需要的計算時間為 $O(n2^n)$。排序函數時間複雜度為 $O(n\log n)$，這是考慮最壞的情況，實際上，經過上界函數優化後，剪枝的速度很快，根本不需要生成所有的節點。

2） 空間複雜度：除了記錄最優解陣列外，還使用了一個結構體陣列用於排序，兩個輔助陣列傳遞排序後的結果，這些陣列的規模都是 n，因此空間複雜度仍是 $O(n)$。

5.3　部落護衛隊一最大團

在原始部落中，由於食物缺乏，部落居民經常因為爭奪獵物發生衝突，幾乎每個居民都有自己的仇敵。部落酋長為了組織一支保衛部落的衛隊，希望從居民中選出最多的居民加入衛隊，並保證衛隊中任何兩個人都不是仇敵。假設已給定部落中居民間的仇敵關係圖，以程式設計來計算建構部落護衛隊的最佳方案。

圖 5-18　部落護衛示意

5.3.1　問題分析

以部落中的 5 個居民為例，我們把每個居民編號作為一個節點，凡是關係友好的兩個居民，就用線連起來，是仇敵的不連線，如圖 5-19 所示。國王護衛隊問題就轉化為從圖中找出最多的節點，這些節點相互均有連線（任何兩個人都不是仇敵）。

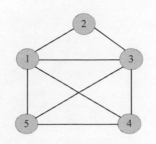

圖 5-19　部落居民關係圖 *G*

國王護衛隊問題屬於典型的最大團問題。什麼是最大團呢？首先來看什麼是團。

完全子圖：給定無向圖 *G*=(*V*, *E*)，其中 *V* 是節點集，*E* 是邊集。*G′*=(*V′*, *E′*) 如果節點集 *V′*⊆*V*，*E′*⊆*E*，且 *G′* 中任意兩個節點有邊相連，則稱 *G′* 是 *G* 的完全子圖。其實很簡單，*G′* 是 *G* 的子圖，正好 *G′* 又是一個完全圖，所以稱為完全子圖。

例如下面幾個圖都是圖 5-19 的完全子圖，如圖 5-20 所示。

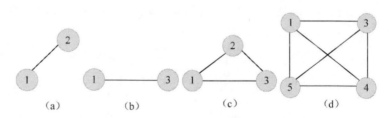

圖 5-20　*G* 的完全子圖

1）　**團**：*G* 的完全子圖 *G′* 是 *G* 的團，當且僅當 *G′* 不包含在 *G* 的更大的完全子圖中，也就是說 *G′* 是 *G* 的極大完全子圖。圖 5-20 中（c）、（d）是 *G* 的團，而（a）、（b）不是 *G* 的團，因為它們包含在 *G* 的更大的完全子圖（c）中。

2）　**最大團**：*G* 的最大團是指 *G* 的所有團中，含節點數最多的團。圖 5-20 中的（d）是 *G* 的最大團。

根據問題描述可知，我們將國王護衛隊問題轉化為從無向圖 *G*=(*V*, *E*)，頂點集是由 *n* 個節點組成的集合 {1, 2, 3, …, *n*}，選擇一部分節點集 *V′*，即 *n* 個節點集合 {1, 2, 3, …, *n*} 的一個子集，這個子集中的任意兩個節點在無向圖 *G* 中都有邊相連，且包含節點個數是 *n* 個節點集合 {1, 2, 3, …, *n*} 所有同類子集中包含節點個數最多的。顯然，問題的解空間是一棵子集樹，解決方法與解決購物車問題類似。

5.3.2　演算法設計

1）　定義問題的解空間

問題解的形式為 n 元組，每一個分量的取值為 0 或 1，即問題的解是一個 n 元 0-1
向量。由此可得，問題的解空間為 $\{x_1, x_2, \cdots, x_i, \cdots, x_n\}$，其中顯式限制 x_i =0 或
1，（i=1，2，3，$\cdots$，n）。

x_i=1 表示圖 G 中第 i 個節點在最大團裡，x_i=0 表示圖 **G** 中第 i 個節點不在最大團
裡。

2）　解空間的組織結構

解空間是一棵子集樹，樹的深度為 n，如圖 5-21 所示。

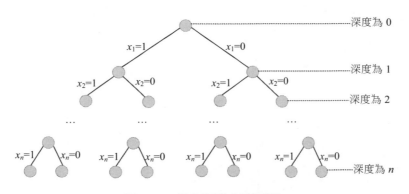

圖 5-21　解空間樹（子集樹）

3）　搜尋解空間

◆　限制條件

最大團問題的解空間包含 2^n 個子集，這些子集存在集合中的某兩個節點沒邊相連
的情況。顯然，這種情況下的可能解不是問題的可行解，故需要設定限制條件來
判斷是否有情況可能導致問題的可行解。

假設目前擴展節點處於解空間樹的第 t 層，那麼從第一個節點到第 t-1 個節點的狀
態（是否在團裡）已經確定。接下來沿著擴展節點的左分支進行擴展，此時需要
判斷是否將第 t 個節點放入團裡。只要第 t 個節點與前 t-1 個節點中**被選取的節點**

（在團裡的那些節點）均有邊相連，則能放入團裡，即 $x[t]=1$；否則，就不能放入團中，即 $x[t]=0$，如圖 5-22 所示。

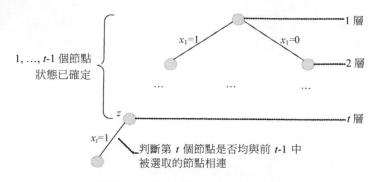

圖 5-22　解空間樹（限制條件判斷）

例如，假設目前擴展節點是第 4 個，說明前 3 個節點的狀態（是否選取）已確定。

如果前 3 個節點中，我們選取了 1 號節點和 2 號節點，4 號節點不可以加入到團中，因為 4 號節點和已經選取的 2 號節點沒有邊相連，如圖 5-23 所示。

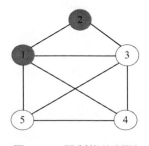

圖 5-23　限制條件判斷

◆ 限界條件

假設目前的擴展節點為 z，如果 z 處於第 t 層，從第 1 個節點到第 $t-1$ 個節點的狀態已經確定。接下來要確定第 t 個節點的狀態，無論沿著 z 的哪一個分支進行擴展，第 t 個節點的狀態就確定了。那麼，從第 $t+1$ 個節點到第 n 個節點的狀態還不確定。這樣，可以根據前 t 個節點的狀態確定目前已放入團內的節點個數（用 cn 表示），假想從第 $t+1$ 個節點到第 n 節點全部放入團內，放入的節點個數（用 fn 表示）$fn=n-t$，則 $cn+fn$ 是所有從根出發的路徑中經過中間節點 z 的可行解所包含節點個數的上界，如圖 5-24 所示。

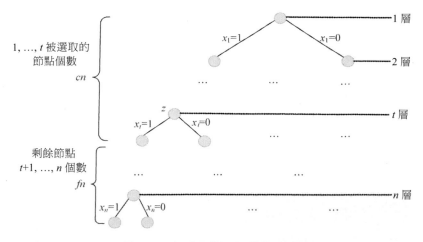

圖 5-24　解空間樹（限界條件判斷）

如果 $cn+fn$ 小於或等於目前最優解包含的節點個數 $bestn$，則說明不需要再從中間節點 z 繼續向子孫節點搜尋。因此，限界條件可描述為：$cn+fn>bestn$。

◆ 搜尋過程

國王護衛隊問題的搜尋和購物車問題的搜尋相似，只是進行判斷的限制條件和限界條件不同而已。從根節點開始，以深度優先的方式進行。每次搜尋到一個節點時，判斷限制條件，看是否可以將目前節點加入到護衛隊中。如果可以，則沿著目前節點的左分支繼續向下搜尋；如果不可以加入，判斷限界條件，如果滿足則沿著目前節點的右分支繼續向下搜尋。

5.3.3　完美圖解

部落首長為了組織一支保衛部落的衛隊，希望從居民中選出最多的居民加入衛隊，並保證衛隊中任何兩個人都不是仇敵。以部落中的 5 個居民為例，我們給每個居民編號作為一個節點，凡是關係友好的兩個居民，就用線連起來，是仇敵的不連線，如圖 5-25 所示。

國王護衛隊問題就轉化為從圖中找出最多的節點，這些節點相互均有連線（任何兩個人都不是仇敵）。

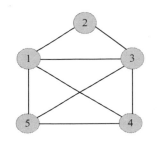

圖 5-25　部落護衛隊關係圖

1） 初始化

目前已加入衛隊的人數 cn=0；目前最優值 $bestn$=0。

2） 開始搜尋第 1 層（t=1）

擴展 A 節點，首先判斷是否滿足限制條件，因為之前還
未選取任何節點，滿足限制條件。擴展左分支，令
$x[1]$=1，cn++，cn=1，生成 B 節點，如圖 5-26 所示。

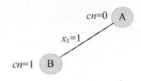

圖 5-26　搜尋過程

3） 擴展 B 節點（t=2）

首先判斷 t 號節點是否和前面已選取的節點（1 號）有邊相連，滿足限制條件，擴
展左分支，令 $x[2]$=1，cn++，cn=2，生成 C 節點，如圖 5-27 所示。

4） 擴展 C 節點（t=3）

首先判斷 t 號節點是否和前面已選取的節點（1、2 號）有邊相連，滿足限制條件，
擴展左分支，令 $x[3]$=1，cn++，cn=3，生成 D 節點，如圖 5-28 所示。

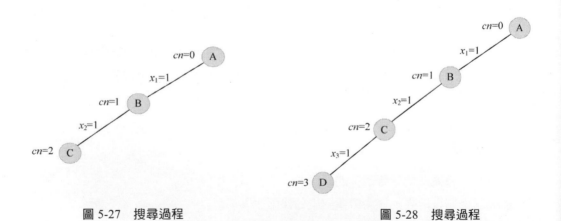

圖 5-27　搜尋過程　　　　　　　　　　　　　圖 5-28　搜尋過程

5） 擴展 D 節點（t=4）

首先判斷 t 號節點是否和前面已選取的節點（1、2、3 號）有邊相連，4 號和 2 號
沒有邊相連，不滿足限制條件，不能擴展左分支。判斷限界條件 cn+fn>$bestn$，cn=
3，fn=n-t=1，$bestn$=0，滿足限界條件，令 $x[4]$=0，生成 E 節點，如圖 5-29 所示。

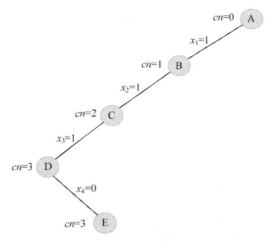

圖 5-29　搜尋過程

6）　擴展 E 節點（$t=5$）

首先判斷 t 號節點是否和前面已選取的節點（1、2、3 號）有邊相連，5 號和 2 號沒有邊相連，不滿足限制條件，不能擴展左分支。判斷限界條件 $cn+fn>bestn$，$cn=$ 3，$fn=n-t=0$，$bestn=0$，滿足限界條件，令 $x[5]=0$，生成 F 節點，如圖 5-30 所示。

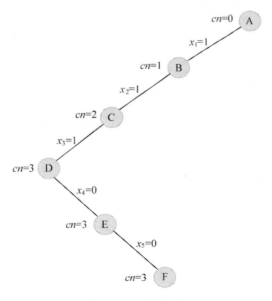

圖 5-30　搜尋過程

7) 擴展 F 節點（*t*=6）

   t>*n*，找到一個目前最優，用 *bestx*[] 保存目前最優解 {1, 1, 1, 0, 0}，保存目前最優值 *bestn*=*cn*=3，F 節點成為死節點。

8) 向上回溯到 E 節點（*t*=5）

   E 節點的左右孩子均已考查，繼續向上回溯到 D 節點，D 節點的左右孩子均已考查，繼續向上回溯到 C 節點，回溯時，*cn*--，*cn*=2。因為 C 節點生成 D 節點時，執行了 *cn*++，怎麼加上的，怎麼減回去，如圖 5-31 所示。

9) 重新擴展 C 節點（*t*=3）

   C 節點右子樹還未生成，判斷限界條件 *cn*+*fn*>*bestn*，*cn*=2，*fn*=*n*-*t*=2，*bestn*=3，滿足限界條件，擴展右子樹。令 *x*[3]=0，生成 G 節點，如圖 5-32 所示。

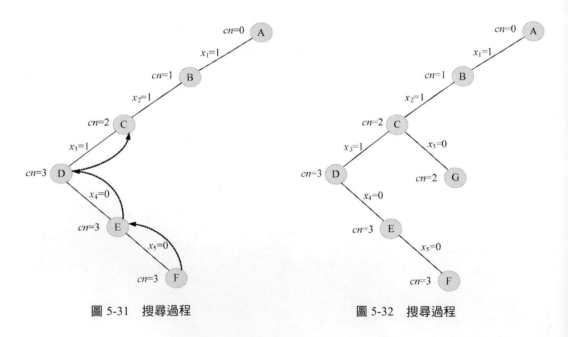

圖 5-31　搜尋過程　　　　　　　　圖 5-32　搜尋過程

10) 擴展 G 節點（*t*=4）

   首先判斷 *t* 號節點是否和前面已選取的節點（1、2 號）有邊相連，4 號和 2 號沒有邊相連，不滿足限制條件，不能擴展左分支。判斷限界條件 *cn*+*fn*>*bestn*，*cn*=2，*fn*=*n*-*t*=1，*bestn*=3，不滿足限界條件，不能擴展右分支，G 節點稱為死節點。

11）向上回溯到 C 節點（*t*=3）

C 節點左右孩子均已考查是死節點，向上回溯到最近的活節點 B。C 節點向 B 節點回溯時，*cn*--，*cn*=1。因為 B 節點生成 C 節點時，執行了 *cn*++，怎麼加上的，怎麼減回去，如圖 5-33 所示。

12）重新擴展 B 節點（*t*=2）

B 節點左分支已經生成，判斷限界條件，*cn*+*fn*>*bestn*，*cn*=1，*fn*=*n*-*t*=3，*bestn*=3，滿足限界條件，擴展右分支。令 *x*[2]=0，生成 H 節點，如圖 5-34 所示。

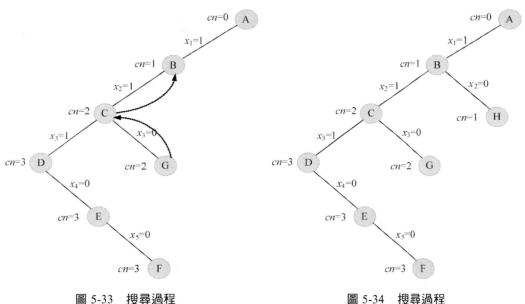

圖 5-33　搜尋過程　　　　　　　　圖 5-34　搜尋過程

13）擴展 H 節點（*t*=3）

首先判斷 *t* 號節點是否和前面已選取的節點（1 號）有邊相連，滿足限制條件，擴展左分支，令 *x*[3]=1，*cn*++，*cn*=2，生成 I 節點，如圖 5-35 所示。

14）擴展 I 節點（*t*=4）

首先判斷 *t* 號節點是否和前面已選取的節點（1、3 號）有邊相連，滿足限制條件，擴展左分支，令 *x*[4]=1，*cn*++，*cn*=3，生成 J 節點，如圖 5-36 所示。

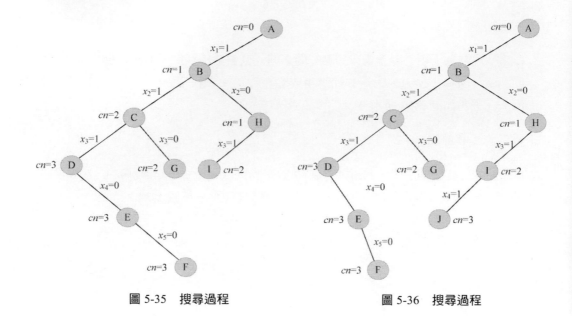

圖 5-35　搜尋過程　　　　　　　　　圖 5-36　搜尋過程

15）擴展 J 節點（$t=5$）

首先判斷 t 號節點是否和前面已選取的節點（1、3、4 號）有邊相連，滿足限制條件，擴展左分支，令 $x[5]=1$，$cn++$，$cn=4$，生成 K 節點，如圖 5-37 所示。

16）擴展 K 節點（$t=6$）

$t>n$，找到一個目前最優解，用 $bestx[]$ 保存目前最優解 {1, 0, 1, 1, 1}，更新目前最優值 $bestn=cn=4$，K 節點成為死節點。向上回溯到 J 節點，回溯時，$cn--$，$cn=3$。

17）重新擴展 J 節點（$t=5$）

J 節點的右孩子未生成，判斷限界條件 $cn+fn>bestn$，$cn=3$，$fn=n-t=0$，$bestn=4$，不滿足限界條件，不能擴展右分支。繼續向上回溯到 I 節點，回溯時，$cn--$，$cn=2$。

18）重新擴展 I 節點（$t=4$）

I 節點的右孩子未生成，判斷限界條件 $cn+fn>bestn$，$cn=2$，$fn=n-t=1$，$bestn=4$，不滿足限界條件，不能擴展右分支。繼續向上回溯到 H 節點，回溯時，$cn--$，$cn=1$。

19）重新擴展 H 節點（$t=3$）

H 節點的右孩子未生成，判斷限界條件 $cn+fn>bestn$，$cn=1$，$fn=n-t=2$，$bestn=4$，不滿足限界條件，不能擴展右分支。

20）回溯到 B 節點（$t=2$）

B 節點左右孩子均已考查是死節點，向上回溯到最近的活節點 A。回溯時，$cn--$，$cn=0$。A 節點（$t=1$）的右孩子未生成，判斷限界條件 $cn+fn>bestn$，$cn=0$，$fn=n-t=4$，$bestn=4$，不滿足限界條件，不能擴展右分支。A 節點稱為死節點，演算法結束，如圖 5-38 所示。

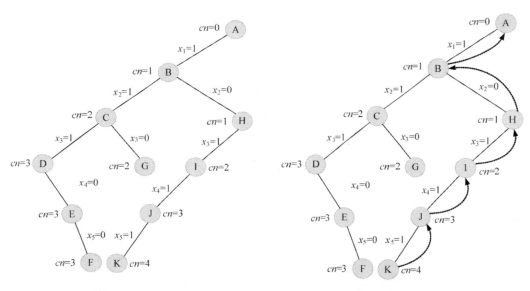

圖 5-37　搜尋過程　　　　　　　　圖 5-38　搜尋過程

5.3.4 虛擬程式碼詳解

1）限制函數

因為國王護衛隊中任何兩個人都不是仇敵，也就是說被選取的節點相互均有連線。要判斷第 t 個節點是否可以加入護衛隊，第 t 個節點與前 $t-1$ 個節點中被選取的節點是否均有邊相連。如果有一個不成立，則第 t 個節點不可以加入護衛隊，如圖 5-39 所示。

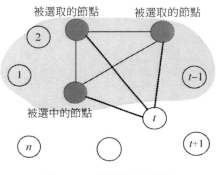

圖 5-39　限制函數判斷

```
bool Place(int t) //判斷是否可以把節點 t 加入圈中
{
    bool ok=true;
    for(int j=1;j<t; j++)   //節點 t 與前 t-1 個節點中被選取的節點是否均相連
    {
        if(x[j]&&a[t][j]==0) //x[j]表示 j 是被選取的節點，a[t][j]==0 表示 t 和 j 沒邊相連
        {
            ok = false;
            break;
        }
    }
    return ok;
}
```

2） 按限制條件和限界條件搜尋求解

　　t 表示目前擴展節點在第 *t* 層，*cn* 表示目前已加入護衛隊的人數。

　　如果 *t*>*n*，表示已經到達葉子節點，記錄最優值和最優解，返回。否則，判斷是否滿足限制條件，滿足則搜尋左子樹。因為左子樹表示該節點可以加入護衛隊，所以令 *x*[*t*]=1，*cn*++，表示目前已加入護衛隊的人數增加 1。*Backtrack*(*t*+1) 表示遞推，深度優先搜尋第 *t*+1 層。回歸時，即向上回溯時，要把增加的值減去，*cn*--。

　　判斷是否滿足限界條件，滿足則搜尋右子樹。因為右子樹表示該節點不可以加入護衛隊，所以令 *x*[*t*]=0，目前加入護衛隊的人數不變。*Backtrack*(*t*+1) 表示遞推，深度優先搜尋第 *t*+1 層。

```
void Backtrack(int t)
{
    if(t>n) //到達葉節點
    {
        for(int i=1; i<=n; i++)
            bestx[i]=x[i];
        bestn=cn;
        return ;
    }
    if(Place(t)) //滿足限制條件，進入左子樹，即把節點 t 加入圈中
    {
        x[t]=1;
        cn++;
        Backtrack(t+1);
        cn--;
    }
    if(cn+n-t>bestn) //滿足限界條件，進入右子樹
    {
        x[t] = 0;
        Backtrack(t + 1);
    }
}
```

5.3.5 實戰演練

```
//program 5-2
#include <iostream>
#include <string.h>
using namespace std;
const int N = 100;
int a[N][N];        //圖用鄰接矩陣表示
bool x[N];          //是否將第 i 個節點加入團中
bool bestx[N];      //記錄最優解
int bestn;          //記錄最優值
int cn;             //目前已放入團中的節點數量
int n,m;            //n 為圖中節點數，m 為圖中邊數

bool Place(int t) //判斷是否可以把節點 t 加入團中
{
    bool ok=true;
    for(int j=1;j<t; j++)   //節點 t 與前 t-1 個節點中被選取的節點是否相連
    {
        if(x[j]&&a[t][j]==0) //x[j]表示 j 是被選取的節點，a[t][j]==0 表示 t 和 j 沒有邊相連
        {
            ok = false;
            break;
        }
    }
    return ok;
}

void Backtrack(int t)
{
    if(t>n) //到達葉節點
    {
        for(int i=1; i<=n; i++)
            bestx[i]=x[i];
        bestn=cn;
        return ;
    }
    if(Place(t)) //滿足限制條件，進入左子樹，即把節點 t 加入團中
    {
        x[t]=1;
        cn++;
        Backtrack(t+1);
        cn--;
    }
    if(cn+n-t>bestn) //滿足限界條件，進入右子樹
    {
        x[t] = 0;
        Backtrack(t + 1);
    }
}

int main()
{
    int u, v;
    cout << "請輸入部落的人數 n（節點數）:";
```

```
    cin >> n;
    cout << "請輸入人與人的友好關係數（邊數）: ";
    cin >> m;
    memset(a,0,sizeof(a));//鄰接矩陣裡面的資料初始化為0，需要引入#include <string.h>
    cout << "請依次輸入有友好關係的兩個人（有邊相連的兩個節點u和v）用空格分開: ";
    for(int i=1;i<=m;i++)
    {
        cin>>u>>v;
        a[u][v]=a[v][u]=1;
    }
    bestn=0;
    cn=0;
    Backtrack(1);
    cout<<"國王護衛隊的最大人數為: "<<bestn<<endl;
    cout<<"國王護衛隊的成員為: ";
    for(int i=1;i<=n;i++)
        if(bestx[i])
            cout<<i<<"   ";
    return 0;
}
```

演算法實作和測試

1） 執行環境

```
Code::Blocks
```

2） 輸入

```
請輸入部落的人數n（節點數）: 5
請輸入人與人的友好關係數（邊數）: 8
請依次輸入有友好關係的兩個人（有邊相連的兩個節點u和v）用空格分開:
1 2
1 3
1 4
1 5
2 3
3 4
3 5
4 5
```

3） 輸出

```
國王護衛隊的最大人數為: 4
國王護衛隊的成員為: 1   3   4   5
```

5.3.6 演算法解析及優化擴充

演算法複雜度分析

1) 時間複雜度

限制函數時間複雜度為 $O(n)$，限界函數時間複雜度為 $O(1)$。最壞情況下有 $O(2^n)$ 個左孩子節點呼叫限制函數，有 $O(2^n)$ 個右孩子節點需要呼叫限界函數，故國王護衛隊問題回溯法求解的時間複雜度為 $O(n*2^n+1*2^n)= O(n*2^n)$，如圖 5-40 所示。

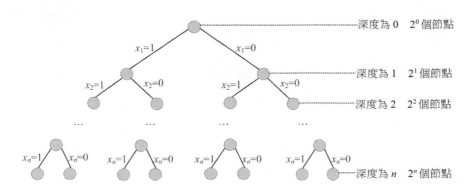

圖 5-40　解空間樹

2) 空間複雜度

回溯法的另一個重要特性就是在搜尋執行的同時產生解空間。在所搜尋過程中的任何時刻，僅保留從開始節點到目前擴展節點的路徑，從開始節點起最長的路徑為 n。程式中我們使用 $bestp[]$ 陣列記錄該最長路徑作為最優解，所以該演算法的空間複雜度為 $O(n)$。

演算法優化擴充

因為解空間的子集樹規模是確定的，我們改進優化只能從限制函數和限界函數著手，透過這兩個函數提高剪枝的效率。在上述演算法中，限界函數時間複雜度為 $O(1)$，已經沒有改進的餘地。而限制函數時間複雜度為 $O(n)$，是否可以改進呢？

5.4 地圖調色板—地圖著色

我買了一個世界地圖掛在家裡。

孩子說：「花花綠綠的挺好看呢！」

「你看看顏色有什麼不同嗎？」

「相鄰的國家顏色不同！」

「是啊，如果把兩個相鄰的國家塗成相同的顏色，可能會引起嚴正抗議，甚至戰爭！」。

在地圖著色中，為了區分邊界，相鄰區域是不能有相同顏色的。

如果我們有一張沒塗色的地圖和 m 種顏色，怎麼塗色才能使相鄰區域是不同的顏色呢？

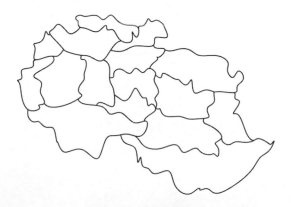

圖 5-41　地圖著色

5.4.1 問題分析

如果我們把地圖上的每一個區域退化成一個點，相鄰的區域用連線連接起來，那麼地圖就變成了一個無向連通圖，我們給地圖著色就相當於給該無向連通圖的每個點著色，要求有連線的點不能有相同顏色。這就是經典的圖的 m 著色問題。給定無向連通圖 G 和 m 種顏色，找出所有不同的著色方案，使相鄰的區域有不同的顏色。

下面以圖 5-42 為例，該地圖一共有 7 個區域，分別是 A、B、C、D、E、F、G，我們現在按上面順序進行編號 1～7，每個區域用一個節點表示，相鄰的區域有連線。那麼地圖就轉化成了一個無向連通圖，如圖 5-43 所示。

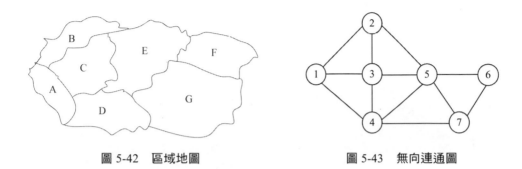

圖 5-42　區域地圖　　　　　　　　圖 5-43　無向連通圖

如果用 3 種顏色給該地圖著色，那麼該問題中每個節點所著的顏色均有 3 種選擇，7 個節點所著的顏色號組合是一個可能解，例如：{1, 2, 3, 2, 1, 2, 3}。

每個節點有 m 種選擇，即解空間樹中每個節點有 m 個分支，稱為 m 元樹。

5.4.2　演算法設計

1）　定義問題的解空間

　　定義問題的解空間及其組織結構式很容易的。圖的 m 著色問題的解空間形式為 n 元組 $\{x_1, x_2, \cdots, x_i, \cdots, x_n\}$，每一個分量的取值為 1，2，$\cdots$，$m$，即問題的解是一個 n 元向量。由此可得，問題的解空間為 $\{x_1, x_2, \cdots, x_i, \cdots, x_n\}$，其中顯式限制 x_i= 1，2，$\cdots$，m（i=1，2，3，$\cdots$，n）。

　　x_i=2 表示圖 G 中第 i 個節點著色為 2 號色。

2）　確定解空間的組織結構

　　問題的解空間組織結構是一棵滿 m 元樹，樹的深度為 n，如圖 5-44 所示。

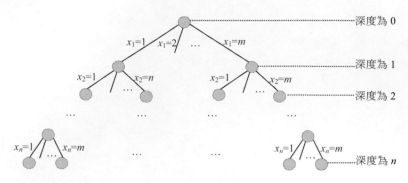

圖 5-44　解空間樹（m 元樹）

3）　搜尋解空間

◆　限制條件

假設目前擴展節點處於解空間樹的第 t 層，那麼從第 1 個節點到第 $t-1$ 個節點的狀態（著色的色號）已經確定。接下來沿著擴展節點的第一個分支進行擴展，此時需要判斷第 t 個節點的著色情況。第 t 個節點的顏色號要與前 $t-1$ 個節點中與其有邊相連的節點顏色不同，如果有顏色相同的，則第 t 個節點不能用這個色號，換下一個色號嘗試，如圖 5-45 所示。

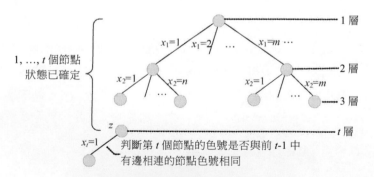

圖 5-45　解空間樹（限制條件判斷）

例如：假設目前擴展節點 z 是在第 4 層，說明前 3 個節點的狀態（色號）已經確定，如圖 5-46 所示。

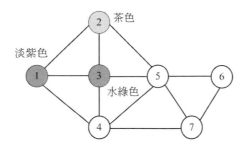

圖 5-46　限制條件判斷

在前 3 個已著色的節點中，4 號節點和 1 號、3 號節點有邊相連，那麼 4 號節點的色號不可以和 1 號、3 號節點的色號相同。

◆ 限界條件

因為只是找可行解就可以了，不是求最優解，因此不需要限界條件。

◆ 搜尋過程

擴展節點沿著第一個分支擴展，判斷限制條件，如果滿足，則進入深一層繼續搜尋；如果不滿足，則擴展生成的節點被剪掉，換下一個色號嘗試。如果所有的色號都嘗試完畢，該節點就變成死節點，向上回溯到離其最近的活節點，繼續搜尋。搜尋到葉子節點時，找到一種著色方案，搜尋過程直到全部活節點變成死節點為止。

5.4.3 完美圖解

地圖的 7 個區域轉化成的無向連通圖，如圖 5-47 所示。

如果現在用 3 種顏色（淡紫，茶色，水綠色）給該地圖著色，那麼該問題中每個節點所著的顏色均有 3 種選擇（$m=3$），7 個節點所著的顏色組合是一個可能解。

1）開始搜尋第 1 層（$t=1$）

擴展 A 節點第一個分支，首先判斷是否滿足限制條件，因為之前還未著色任何節點，滿足限制條件。擴展該分支，令 1 號節點著 1 號色（淡紫），即 $x[1]=1$，生成 B。搜尋過程和著色方案如圖 5-48 和圖 5-49 所示。

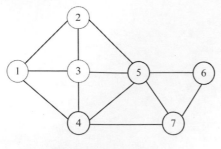

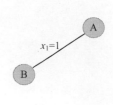

圖 5-47　無向連通圖　　　　　　　　　　　　圖 5-48　搜尋過程

2）　擴展 B 節點（$t=2$）

擴展第一個分支 $x[2]=1$，首先判斷 2 號節點是否和前面已確定色號的節點（1 號）有邊相連且色號相同，不滿足限制條件，剪掉該分支。然後沿著 $x[2]=2$ 擴展，2 號節點和前面已確定色號的節點（1 號）有邊相連，但色號不相同，滿足限制條件，擴展該分支，令 2 號節點著 2 號色（茶色），即 $x[2]=2$，生成 C。搜尋過程和著色方案如圖 5-50 和圖 5-51 所示。

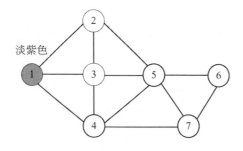

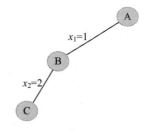

圖 5-49　著色方案　　　　　　　　　　　　　圖 5-50　搜尋過程

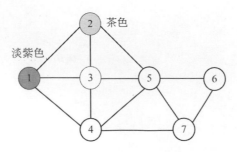

圖 5-51　著色方案

3） 擴展 C 節點（$t=3$）

擴展第一個分支 $x[3]=1$，首先判斷 3 號節點是否和前面已確定的節點（1、2 號）有邊相連且色號相同，3 號節點和 1 節點有邊相連且色號相同，不滿足限制條件，剪掉該分支。然後沿著 $x[3]=2$ 擴展，3 號節點和前面已確定色號的節點（2 號）有邊相連且色號相同，不滿足限制條件，剪掉該分支。然後沿著 $x[3]=3$ 擴展，3 號節點和前面已確定色號的節點（1、2 號）有邊相連且色號均不相同，滿足限制條件，擴展該分支，令 3 號節點著 3 號色（水綠色），即令 $x[3]=3$，生成 D。搜尋過程和著色方案如圖 5-52 和圖 5-53 所示。

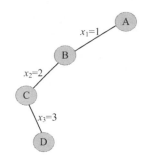

圖 5-52　搜尋過程

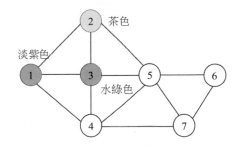

圖 5-53　著色方案

4） 擴展 D 節點（$t=4$）

擴展第一個分支 $x[4]=1$，首先判斷 4 號節點是否和前面已確定的節點（1、2、3 號）有邊相連且色號相同，4 號節點和 1 節點有邊相連且色號相同，不滿足限制條件，剪掉該分支。然後沿著 $x[4]=2$ 擴展，4 號節點和前面已確定色號的節點（1、3 號）有邊相連，但色號均不同，滿足限制條件，擴展該分支，令 4 號節點著 2 號色（茶色），令 $x[4]=2$，生成 E。搜尋過程和著色方案如圖 5-54 和圖 5-55 所示。

5） 擴展 E 節點（$t=5$）

擴展第一個分支 $x[5]=1$，首先判斷 5 號節點是否和前面已確定的節點（1、2、3、4 號）有邊相連且色號相同，5 號節點和前面已確定色號的節點（2、3、4 號）有邊相連，但色號均不同，滿足限制條件，擴展該分支，令 5 號節點著 1 號色（淡紫色），令 $x[5]=1$，生成 F。搜尋過程和著色方案如圖 5-56 和圖 5-57 所示。

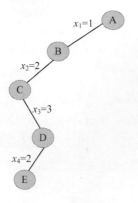

圖 5-54　搜尋過程

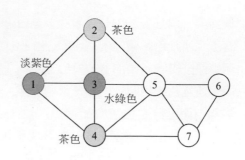

圖 5-55　著色方案

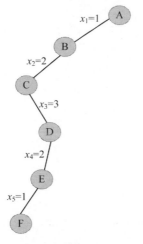

圖 5-56　搜尋過程

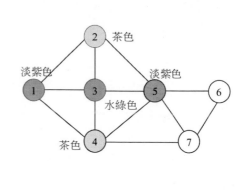

圖 5-57　著色方案

6）　擴展 F 節點（$t=6$）

擴展第一個分支 $x[6]=1$，首先判斷 6 號節點是否和前面已確定的節點（1、2、3、4、5 號）有邊相連且色號相同，6 號節點和前面已確定色號的節點（5 號）有邊相連，且色號相同，不滿足限制條件，剪掉該分支。然後沿著 $x[6]=2$ 擴展，6 號節點和前面已確定色號的節點（5 號）有邊相連，但色號不同，滿足限制條件，擴展該分支，令 6 號節點著 2 號色（茶色），令 $x[6]=2$，生成 G。搜尋過程和著色方案如圖 5-58 和圖 5-59 所示。

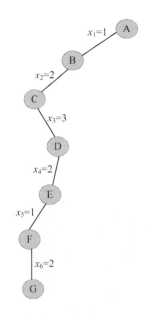

圖 5-58 搜尋過程

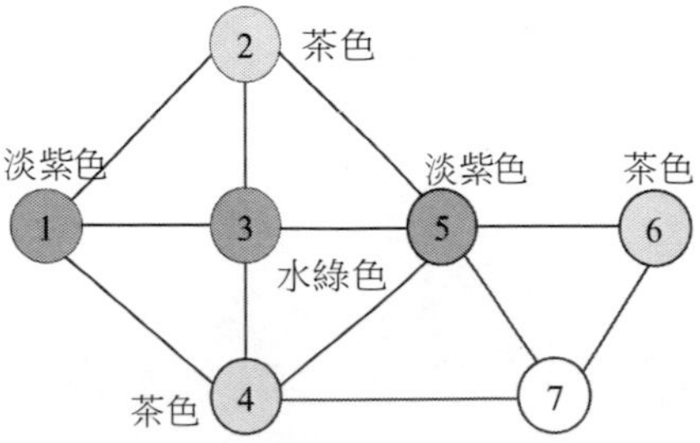

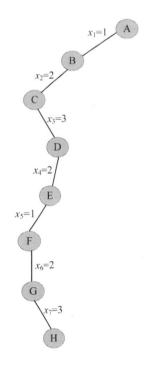

圖 5-59 著色方案

7）擴展 G 節點（$t=7$）

擴展第一個分支 $x[7]=1$，首先判斷 7 號節點是否和前面
已確定的節點（1、2、3、4、5、6 號）有邊相連且色
號相同，7 號節點和前面已確定色號的節點（5 號）有
邊相連，且色號相同，不滿足限制條件，剪掉該分
支。然後沿著 $x[7]=2$ 擴展，7 號節點和前面已確定色號
的節點（4、6 號）有邊相連，且色號相同，不滿足限
制條件，剪掉該分支。然後沿著 $x[7]=3$ 擴展，7 號節點
和前面已確定色號的節點（4、5、6 號）有邊相連，但
色號不同，滿足限制條件，擴展該分支，令 7 號節點著
3 號色（水綠色），令 $x[7]=3$，生成 H。搜尋過程和著色
方案如圖 5-60 和 5-61 所示。

8）擴展 H 節點（$t=8$）。$t>n$，找到一個可行解，輸出該可
行解 {1, 2, 3, 2, 1, 2, 3}，回溯到最近的活節點 G。

9）重新擴展 G 節點（$t=7$）。G 的 m（$m=3$）個孩子均已考
查完畢，成為死節點，回溯到最近的活節點 F。

圖 5-60 搜尋過程

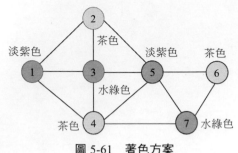

圖 5-61　著色方案

10）繼續搜尋，又找到第二種著色方案，輸出該可行解{1, 3, 2, 3, 1, 3, 2}。搜尋過程和著色方案如圖 5-62 和圖 5-63 所示。

11）繼續搜尋，又找到 4 個可行解，分別是{2, 1, 3, 1, 2, 1, 3}、{2, 3, 1, 3, 2, 3, 1}、{3, 1, 2, 1, 3, 1, 2}、{3, 2, 1, 2, 3, 2, 1}。

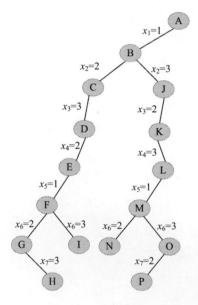

圖 5-62　搜尋過程

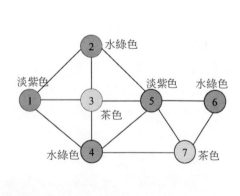

圖 5-63　著色方案

5.4.4　虛擬程式碼詳解

1）　限制函數

假設目前擴展節點處於解空間樹的第 t 層，那麼從第一個節點到第 $t-1$ 個節點的狀態（著色的色號）已經確定。接下來沿著擴展節點的第一個分支進行擴展，此時需要判斷第 t 個節點的著色情況。第 t 個節點的顏色號要與前 $t-1$ 個節點中與其有邊相連的節點顏色不同，如果有一個顏色相同的，則第 t 個節點不能用這個色號，換下一個色號嘗試，如圖 5-64 所示。

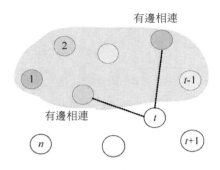

圖 5-64　限制條件判斷

```
//限制條件
bool OK(int t)
{
    for(int j=1;j<t;j++) //依次判斷前 t-1 個節點(已確定色號)
    {
        if(map[t][j])  //如果 t 與 j 鄰接(有邊相連)
        {
            if(x[j]==x[t]) //判斷 t 與 j 的著色號是否相同
                return false; //有相同色號,立即
        }
    }
    return true; //與前 t-1 個節點中與其有邊相連的節點顏色均不同,返回 true
}
```

2）　按限制條件搜尋求解

t 表示目前擴展節點在第 t 層。如果 $t>n$，表示已經到達葉子節點，sum 累計第幾個著色方案，輸出可行解。否則，擴展節點沿著第一個分支擴展，判斷是否滿足限制條件，如果滿足，則進入深一層繼續搜尋；如果不滿足，則擴展生成的節點被剪掉，換下一個色號嘗試。如果所有的色號都嘗試完畢，該節點變成死節點，向上回溯到離其最近的活節點，繼續搜尋。搜尋到葉子節點時，找到一種著色方案。搜尋過程直到全部活節點變成死節點為止。

```
//搜尋函數
void Backtrack(int t)
{
    if(t>n) //到達葉子,找到一個著色方案
    {
        sum++;
        cout<<"第"<<sum<<"種方案:";
```

```
                    for(int i=1;i<=n;i++) //輸出該著色方案
                            cout<<x[i]<<" ";
                    cout<<endl;
        }
        else
{
            for(int i=1;i<=m;i++) //每個節點嘗試 m 種顏色
            {
                    x[t]=i;
                    if(OK(t))
                            Backtrack(t+1);
            }
        }
}
```

5.4.5 實戰演練

```
//program 5-3
#include <iostream>
#include <string.h>

#define MX 50
using namespace std;
int x[MX];                      //解分量
int map[MX][MX];                //圖的鄰接矩陣
int sum=0;                      //記錄解的個數
int n,m,edge;                   //節點數和顏色數

//創建鄰接矩陣
void CreatMap()
{
    int u,v;
    cout << "請輸入邊數：";
    cin >> edge;
    memset(map,0,sizeof(map));//鄰接矩陣裡面的資料初始化為 0，
                              //meset 函數需要引入#include <string.h>
    cout << "請依次輸入有邊相連的兩個節點 u 和 v，用空格分開：";
    for(int i=1;i<=edge;i++)
    {
        cin>>u>>v;
        map[u][v]=map[v][u]=1;
    }
}

//限制條件
bool OK(int t)
{
    for(int j=1;j<t;j++)
    {
        if(map[t][j])           //如果 t 與 j 鄰接
        {
            if(x[j]==x[t])      //判斷 t 與 j 的著色號是否相同
                    return false;
        }
```

```
    }
    return true;
}

//搜尋函數
void Backtrack(int t)
{

    if(t>n) //到達葉子，找到一個著色方案
    {
        sum++;
        cout<<"第"<<sum<<"種方案："";
        for(int i=1;i<=n;i++)//輸出該著色方案
            cout<<x[i]<<" ";
        cout<<endl;
    }
    else{
        for(int i=1;i<=m;i++)//每個節點嘗試 m 種顏色
        {
            x[t]=i;
            if(OK(t))
                Backtrack(t+1);
        }
    }
}

int main()
{
    cout<<"輸入節點數： ";
    cin>>n;
    cout<<"輸入顏色數： ";
    cin>>m;
    cout<<"輸入無向圖的鄰接矩陣："<<endl;
    CreatMap();
    Backtrack(1);
}
```

演算法實作和測試

1） 執行環境

```
Code::Blocks
```

2） 輸入

```
輸入節點數：7
輸入顏色數：3
輸入無向圖的鄰接矩陣：
請輸入邊數：12
請依次輸入有邊相連的兩個節點 u 和 v，用空格分開：
1 2
1 3
1 4
```

```
2 3
2 5
3 4
3 5
4 5
4 7
5 6
5 7
6 7
```

3）輸出

```
第1種方案：1 2 3 2 1 2 3
第2種方案：1 3 2 3 1 3 2
第3種方案：2 1 3 1 2 1 3
第4種方案：2 3 1 3 2 3 1
第5種方案：3 1 2 1 3 1 2
第6種方案：3 2 1 2 3 2 1
```

5.4.6 演算法解析及優化擴充

演算法複雜度分析

1）時間複雜度

最壞情況下，除了最後一層外，有 $1+m+m^2+\ldots+m^{n-1}=(m^n-1)/(m-1)\approx m^{n-1}$ 個節點需要擴展，而這些節點每個都要擴展 m 個分支，總體分支個數為 m^n，每個分支都判斷限制函數，判斷限制條件需要 $O(n)$ 的時間，因此耗時 $O(nm^n)$。在葉子節點處輸出可行解需要耗時 $O(n)$，在最壞情況下回搜尋到每一個葉子節點，葉子個數為 m^n，故耗時為 $O(nm^n)$。因此，時間複雜度為 $O(nm^n)$，如圖 5-65 所示。

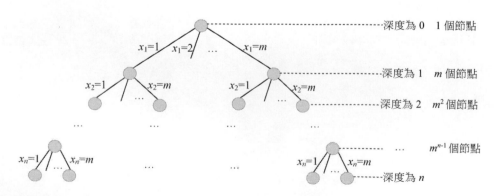

圖 5-65　解空間樹（m 元樹）

2）空間複雜度

回溯法的另一個重要特性就是在搜尋執行的同時產生解空間。在搜尋過程中的任何時刻，僅保留從開始節點到目前擴展節點的路徑，從開始節點起最長的路徑為 n。程式中我們使用 $x[]$ 陣列記錄該最長路徑作為可行解，所以該演算法的空間複雜度為 $O(n)$。

演算法優化擴充

在上面的求解過程中，我們的解空間 m 元樹的規模是確定的，我們改進優化只能從限制函數和限界函數著手，透過這兩個函數提高剪枝的效率。在上述演算法中，沒有限界函數，而限制函數時間複雜度為 $O(n)$，是否可以改進呢？

讀者可以分析一下：在處理第 t 個節點時，要依次判斷前 $t-1$ 個節點是否有鄰接且色號相同，如果採用鄰接表儲存又會如何呢？是不是只需要判斷 t 節點鄰接表中序號小於 t 的節點色號是否相同呢？時間複雜度是否有減少？

5.5　一山不容二虎—n 皇后問題

在 $n \times n$ 的棋盤上放置彼此不受攻擊的 n 個皇后。按照國際象棋的規則，皇后可以攻擊與之在同一行、同一列、同一斜線上的棋子。設計演算法在 $n \times n$ 的棋盤上放置 n 個皇后，使其彼此不受攻擊。（這裡的「行」是橫向的一行，「列」是直向的一列）

圖 5-66　n 皇后問題

5.5.1 問題分析

在 $n \times n$ 的棋盤上放置彼此不受攻擊的 n 個皇后。按照國際象棋的規則,皇后可以攻擊與之在同一行、同一列、同一斜線上的棋子。現在在 $n \times n$ 的棋盤上放置 n 個皇后,使彼此不受攻擊。

如果棋盤如圖 5-67 所示,我們在第 i 行第 j 列放置一個皇后,那麼第 i 行的其他位置(同行),那麼第 j 列的其他位置(同列),同一斜線上的其他位置,都不能再放置皇后。

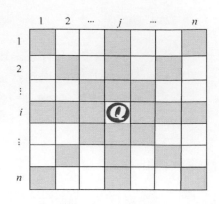

圖 5-67　n 皇后問題

條件是這樣要求的,但是我們不可能雜亂無章地嘗試每個位置,要有求解策略。我們可以**以行為主導**:

◆ 在第 1 行第 1 列放置第 1 個皇后。

◆ 在第 2 行放置第 2 個皇后。第 2 個皇后的位置不能和第 1 個皇后同列、同斜線,不用再判斷是否同行了,因為我們每行只放置一個,本來就已經不同行。

◆ 在第 3 行放置第 3 個皇后,第 3 個皇后的位置不能和前 2 個皇后同列、同斜線。……

◆ 在第 t 行放置第 t 個皇后,第 t 個皇后的位置不能和前 $t-1$ 個皇后同列、同斜線。……

◆ 在第 n 行放置第 n 個皇后,第 n 個皇后的位置不能和前 $n-1$ 個皇后同列、同斜線。

5.5.2 演算法設計

1) 定義問題的解空間

n 皇后問題解的形式為 n 元組:$\{x_1, x_2, \cdots, x_i, \cdots, x_n\}$,分量 x_i 表示第 i 個皇后放置在第 i 行第 x_i 列,x_i 的取值為 1,2,$\cdots$,n。例如 $x_2=5$,表示第 2 個皇后放置在第 2 行第 5 列。顯式限制為不同行。

2）　解空間的組織結構

n 皇后問題的解空間是一棵 m（$m=n$）元樹，樹的深度為 n，如圖 5-68 所示。

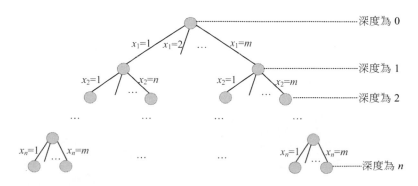

圖 5-68　解空間樹（m 元樹）

3）　搜尋解空間

◆　限制條件

在第 t 行放置第 t 個皇后時，第 t 個皇后的位置不能和前 $t-1$ 個皇后同列、同斜線。第 i 個皇后和第 j 個皇后不同列，即 $x_i!=x_j$，並且不同斜線 $|i-j| != |x_i-x_j|$。

◆　限界條件

該問題不存在放置方案好壞的情況，所以不需要設定限界條件。

◆　搜尋過程

從根開始，以深度優先搜尋的方式進行搜尋。根節點是活節點，並且是目前的擴展節點。在搜尋過程中，目前的擴展節點沿縱深方向移向一個新節點，判斷該新節點是否滿足隱式限制。如果滿足，則新節點成為活節點，並且成為目前的擴展節點，繼續深一層的搜尋；如果不滿足，則換到該新節點的兄弟節點繼續搜尋；如果新節點沒有兄弟節點，或其兄弟節點已全部搜尋完畢，則擴展節點成為死節點，搜尋回溯到其父節點處繼續進行。搜尋過程直到找到問題的根節點變成死節點為止。

5.5.3 完美圖解

在 $n \times n$ 的棋盤上放置彼此不受攻擊的 n 個皇后。按照國際象棋的規則，皇后可以攻擊與之在同一行、同一列、同一斜線上的棋子。為了簡單明瞭，我們在 4×4 的棋盤上放置 4 個皇后，使其彼此不受攻擊，如圖 5-69 所示。

1） 開始搜尋第 1 層（$t=1$）

擴展 1 號節點，首先判斷 $x_1=1$ 是否滿足限制條件，因為之前還未選取任何節點，滿足限制條件。令 $x[1]=1$，生成 2 號節點，如圖 5-70 所示。

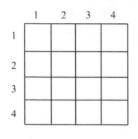

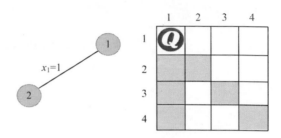

圖 5-69　4 皇后問題　　　　圖 5-70　搜尋過程和放置方案

2） 擴展 2 號節點（$t=2$）

首先判斷 $x_2=1$ 不滿足限制條件，因為和之前放置的第 1 個皇后同列；考查 $x_2=2$ 也不滿足限制條件，因為和之前放置的第 1 個皇后同斜線；考查 $x_2=3$ 滿足限制條件，和之前放置的皇后不同列、不同斜線，令 $x[2]=3$，生成 3 號節點，如圖 5-71 所示。

3） 擴展 3 號節點（$t=3$）

首先判斷 $x_3=1$ 不滿足限制條件，因為和之前放置的第 1 個皇后同列；考查 $x_3=2$ 也不滿足限制條件，因為和之前放置的第 2 個皇后同斜線；考查 $x_2=3$ 不滿足限制條件，因為和之前放置的第 2 個皇后同列；考查 $x_3=4$ 也不滿足限制條件，因為和之前放置的第 2 個皇后同斜線；3 號節點的所有孩子均已考查完畢，3 號節點成為死節點。向上回溯到 2 號節點，如圖 5-72 所示。

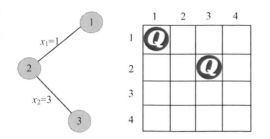

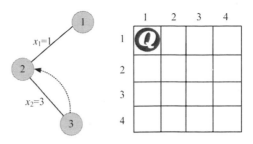

圖 5-71　搜尋過程和放置方案　　　　　　　　圖 5-72　搜尋過程和放置方案

4）　重新擴展 2 號節點（$t=2$）

判斷 $x_2=4$ 滿足限制條件，因為和之前放置的第 1 個皇后不同列、不同斜線，令 $x[2]=4$，生成 4 號節點，如圖 5-73 所示。

5）　擴展 4 號節點（$t=3$）

首先判斷 $x_3=1$ 不滿足限制條件，因為和之前放置的第 1 個皇后同列；考查 $x_3=2$ 滿足限制條件，因為和之前放置的第 1、2 個皇后不同列、不同斜線，令 $x[3]=2$，生成 5 號節點，如圖 5-74 所示。

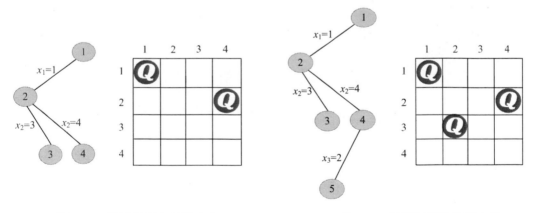

圖 5-73　搜尋過程和放置方案　　　　　　　　圖 5-74　搜尋過程和放置方案

6）　擴展 5 號節點（$t=4$）

首先判斷 $x_4=1$ 不滿足限制條件，因為和之前放置的第 1 個皇后同列；考查 $x_4=2$ 也不滿足限制條件，因為和之前放置的第 3 個皇后同列；考查 $x_4=3$ 不滿足限制條件，因為和之前放置的第 3 個皇后同斜線；考查 $x_4=4$ 也不滿足限制條件，因為和之前放置的第 2 個皇后同列；5 號節點的所有孩子均已考查完畢，5 號節點成為死節點。向上回溯到 4 號節點，如圖 5-75 所示。

7）繼續擴展 4 號節點（t=3）

判斷 x_3=3 不滿足限制條件，因為和之前放置的第 2 個皇后同斜線；考查 x_3=4 也不滿足限制條件，因為和之前放置的第 2 個皇后同列；4 號節點的所有孩子均已考查完畢，4 號節點成為死節點。向上回溯到 2 號節點。2 號節點的所有孩子均已考查完畢，2 號節點成為死節點。向上回溯到 1 號節點，如圖 5-76 所示。

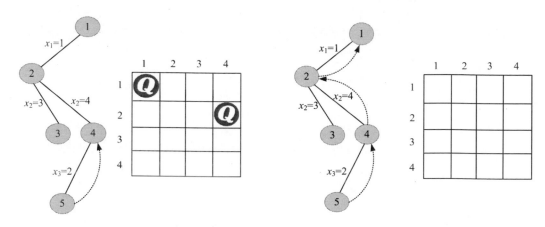

圖 5-75　搜尋過程和放置方案　　　　圖 5-76　搜尋過程和放置方案

8）繼續擴展 1 號節點（t=1）

判斷 x_1=2 是否滿足限制條件，因為之前還未選取任何節點，滿足限制條件。令 $x[1]$=2，生成 6 號節點，如圖 5-77 所示。

9）擴展 6 號節點（t=2）

判斷 x_2=1 不滿足限制條件，因為和之前放置的第 1 個皇后同斜線；考查 x_2=2 也不滿足限制條件，因為和之前放置的第 1 個皇后同列；考查 x_2=3 不滿足限制條件，因為和之前放置的第 1 個皇后同斜線；考查 x_2=4 滿足限制條件，因為和之前放置的第 1 個皇后不同列、不同斜線，令 $x[2]$=4，生成 7 號節點，如圖 5-78 所示。

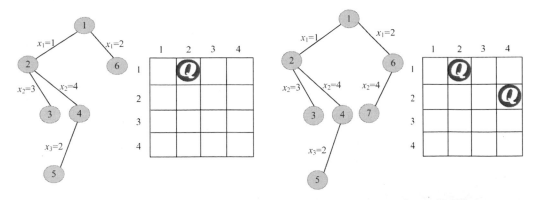

圖 5-77 搜尋過程和放置方案　　　　圖 5-78 搜尋過程和放置方案

10）擴展 7 號節點（$t=3$）

判斷 $x_3=1$ 滿足限制條件，因為和之前放置的第 1、2 個皇后不同列、不同斜線，令 $x[3]=1$，生成 8 號節點，如圖 5-79 所示。

11）擴展 8 號節點（$t=4$）

判斷 $x_4=1$ 不滿足限制條件，因為和之前放置的第 3 個皇后同列；考查 $x_4=2$ 也不滿足限制條件，因為和之前放置的第 1 個皇后同列；考查 $x_4=3$ 滿足限制條件，因為和之前放置的第 1、2、3 個皇后不同列、不同斜線，令 $x[4]=3$，生成 9 號節點，如圖 5-80 所示。

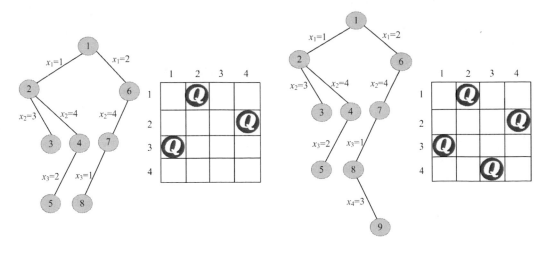

圖 5-79 搜尋過程和放置方案　　　　圖 5-80 搜尋過程和放置方案

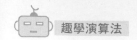
12）擴展 9 號節點（t=5）

$t>n$，找到一個可行解，用 $bestx[]$ 保存目前可行解 {2, 4, 1, 3}。9 號節點成為死節點。向上回溯到 8 號節點。

13）繼續擴展 8 號節點（t=4）

判斷 x_4=4 不滿足限制條件，因為和之前放置的第 2 個皇后同列；8 號節點的所有孩子均已考查完畢成為死節點。向上回溯到 7 號節點。

14）繼續擴展 7 號節點（t=3）

判斷 x_3=2 不滿足限制條件，因為和之前放置的第 1 個皇后同列；判斷 x_3=3 不滿足限制條件，因為和之前放置的第 2 個皇后同斜線；判斷 x_3=4 不滿足限制條件，因為和之前放置的第 2 個皇后同列；7 號節點的所有孩子均已考查完畢成為死節點。向上回溯到 6 號節點。6 號節點的所有孩子均已考查完畢，成為死節點。向上回溯到 1 號節點，如圖 5-81 所示。

15）繼續擴展 1 號節點（t=1）

判斷 x_1=3 是否滿足限制條件，因為之前還未選取任何節點，滿足限制條件。令 $x[1]$=3，生成 10 號節點，如圖 5-82 所示。

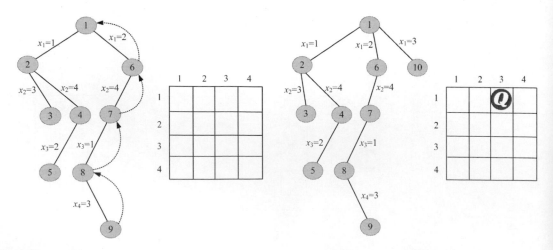

圖 5-81　搜尋過程和放置方案　　　　圖 5-82　搜尋過程和放置方案

16）擴展 10 號節點（$t=2$）

首先判斷 $x_2=1$ 滿足限制條件，因為和之前放置的第 1 個皇后不同列、不同斜線，令 $x[2]=1$，生成 11 號節點，如圖 5-83 所示。

17）擴展 11 號節點（$t=3$）

判斷 $x_3=1$ 不滿足限制條件，因為和之前放置的第 2 個皇后同列；考查 $x_3=2$ 也不滿足限制條件，因為和之前放置的第 2 個皇后同斜線；考查 $x_3=3$ 不滿足限制條件，因為和之前放置的第 1 個皇后同列；考查 $x_3=4$ 滿足限制條件，因為和之前放置的第 1、2 個皇后不同列、不同斜線，令 $x[3]=4$，生成 12 號節點，如圖 5-84 所示。

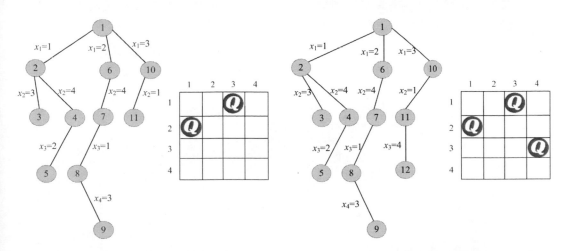

圖 5-83　搜尋過程和放置方案　　　　　圖 5-84　搜尋過程和放置方案

18）擴展 12 號節點（$t=4$）

判斷 $x_4=1$ 不滿足限制條件，因為和之前放置的第 2 個皇后同列；考查 $x_4=2$ 滿足限制條件，因為和之前放置的第 1、2、3 個皇后不同列、不同斜線，令 $x[4]=2$，生成 13 號節點，如圖 5-85 所示。

19）擴展 13 號節點（$t=5$）

$t>n$，找到一個可行解，用 $bestx[]$ 保存目前可行解 {3, 1, 4, 2}。13 號節點成為死節點。向上回溯到 12 號節點。

20）繼續擴展 12 號節點（$t=4$）

判斷 $x_4=3$ 不滿足限制條件，因為和之前放置的第 1 個皇后同列；判斷 $x_4=4$ 不滿足限制條件，因為和之前放置的第 3 個皇后同列；12 號節點的所有孩子均已考查完畢成為死節點。向上回溯到 11 號節點。11 號節點的所有孩子均已考查完畢，成為死節點。向上回溯到 10 號節點。

21）繼續擴展 10 號節點（$t=2$）

判斷 $x_2=2$ 不滿足限制條件，因為和之前放置的第 1 個皇后同斜線；判斷 $x_2=3$ 不滿足限制條件，因為和之前放置的第 1 個皇后同列；判斷 $x_2=4$ 不滿足限制條件，因為和之前放置的第 1 個皇后同斜線；10 號節點的所有孩子均已考查完畢，成為死節點。向上回溯到 1 號節點，如圖 5-86 所示。

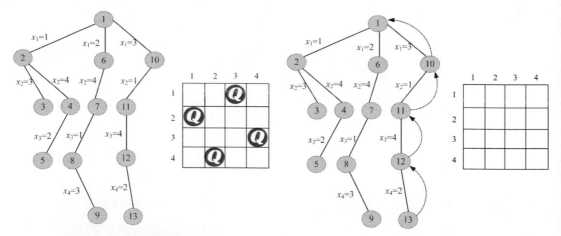

圖 5-85　搜尋過程和放置方案　　　　　圖 5-86　搜尋過程和放置方案

22）繼續擴展 1 號節點（$t=1$）

判斷 $x_1=4$ 是否滿足限制條件，因為之前還未選取任何節點，滿足限制條件。令 $x[1]=4$，生成 14 號節點，如圖 5-87 所示。

23）擴展 14 號節點（$t=2$）

首先判斷 $x_2=1$ 滿足限制條件，因為和之前放置的第 1 個皇后不同列、不同斜線，令 $x[2]=1$，生成 15 號節點，如圖 5-88 所示。

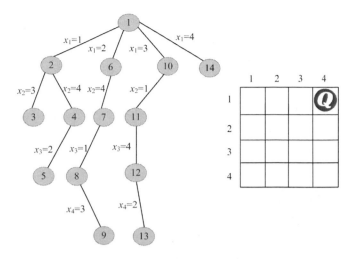

圖 5-87　搜尋過程和放置方案

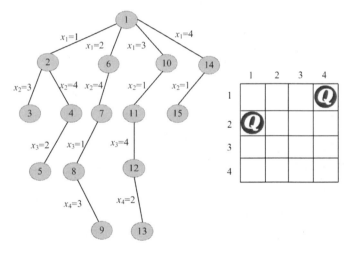

圖 5-88　搜尋過程和放置方案

24）擴展 15 號節點（t=3）

判斷 x_3=1 不滿足限制條件，因為和之前放置的第 2 個皇后同列；考查 x_3=2 也不滿
足限制條件，因為和之前放置的第 2 個皇后同斜線；考查 x_3=3 滿足限制條件，因
為和之前放置的第 1、2 個皇后不同列、不同斜線，令 $x[3]$=3，生成 16 號節點，如
圖 5-89 所示。

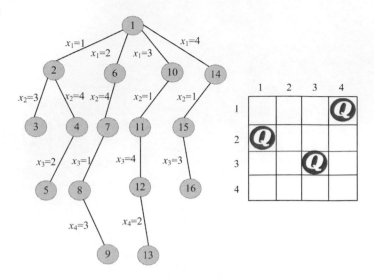

圖 5-89　搜尋過程和放置方案

25）擴展 16 號節點（$t=4$）

首先判斷 $x_4=1$ 不滿足限制條件，因為和之前放置的第 2 個皇后同列；考查 $x_4=2$ 也不滿足限制條件，因為和之前放置的第 3 個皇后同斜線；考查 $x_4=3$ 不滿足限制條件，因為和之前放置的第 3 個皇后同列；考查 $x_4=4$ 也不滿足限制條件，因為和之前放置的第 1 個皇后同列；16 號節點的所有孩子均已考查完畢成為死節點。向上回溯到 15 號節點。

26）繼續擴展 15 號節點（$t=3$）

判斷 $x_3=4$ 不滿足限制條件，因為和之前放置的第 1 個皇后同列；15 號節點的所有孩子均已考查完畢成為死節點。向上回溯到 14 號節點。

27）繼續擴展 14 號節點（$t=2$）

判斷 $x_2=2$ 滿足限制條件，因為和之前放置的第 1 個皇后不同列、不同斜線，令 $x[2]=2$，生成 17 號節點，如圖 5-90 所示。

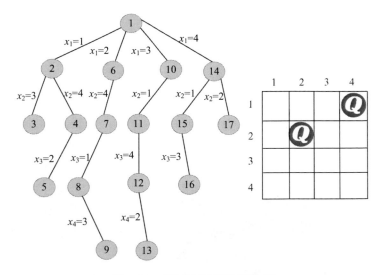

圖 5-90　搜尋過程和放置方案

28）擴展 17 號節點（$t=3$）

首先判斷 $x_3=1$ 不滿足限制條件，因為和之前放置的第 2 個皇后同斜線；考查 $x_3=2$ 也不滿足限制條件，因為和之前放置的第 2 個皇后同列；考查 $x_3=3$ 不滿足限制條件，因為和之前放置的第 2 個皇后同斜線；考查 $x_3=4$ 也不滿足限制條件，因為和之前放置的第 1 個皇后同列；17 號節點的所有孩子均已考查完畢成為死節點。向上回溯到 14 號節點。

29）繼續擴展 14 號節點（$t=2$）

判斷 $x_3=3$ 不滿足限制條件，因為和之前放置的第 2 個皇后同斜線；判斷 $x_3=4$ 不滿足限制條件，因為和之前放置的第 1 個皇后同列；14 號節點的所有孩子均已考查完畢成為死節點。向上回溯到 1 號節點。

30）1 號節點的所有孩子均已考查完畢成為死節點。演算法結束，如圖 5-91 所示。

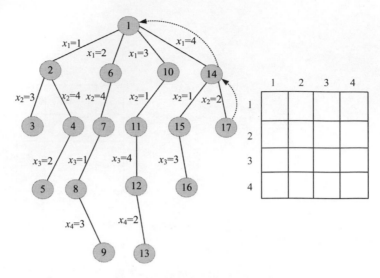

圖 5-91　搜尋過程和放置方案

5.5.4 虛擬程式碼詳解

1） 限制函數

在第 *t* 行放置第 *t* 個皇后時，第 *t* 個皇后與前 *t*–1 個已放置好的皇后不能在同一列或同一斜線。如果有一個成立，則第 *t* 個皇后不可以放置在該位置。

$x[t]==x[j]$ 表示第 *t* 個皇后和第 *j* 個皇后位置在同一列，$t–j==fabs(x[t]–x[j])$ 表示第 *t* 個皇后和第 *j* 個皇后位置在同一斜線。*fabs* 是求絕對值函數，使用該函數要引入標頭檔 #include<cmath>。

```
bool Place(int t) //判斷第 t 個皇后能否放置在第 i 個位置
{
    bool ok=true;
    for(int j=1;j<t;j++) //判斷該位置的皇后是否與前面 t-1 個已經放置的皇后衝突
    {
        if(x[t]==x[j]||t-j==fabs(x[t]-x[j]))//判斷列、對角線是否衝突
        {
            ok=false;
            break;
        }
    }
    return ok;
}
```

2）　按限制條件搜尋求解

　　t 表示目前擴展節點在第 *t* 層。如果 *t>n*，表示已經到達葉子節點，記錄最優值和最優解，返回。否則，分別判斷 *n*（*i*=1，…，*n*）個分支，*x*[*t*]=*i*；判斷每個分支是否滿足限制條件，如果滿足則進入下一層 *Backtrack*(*t*+1)；如果不滿足則考查下一個分支（兄弟節點）。

```
void Backtrack(int t)
{
    if(t>n)  //如果目前位置為 n，則表示已經找到了問題的一個解
    {
        countn++;
        for(int i=1; i<=n;i++) //列印選擇的路徑
          cout<<x[i]<<" ";
        cout<<endl;
        cout<<"----------"<<endl;
    }
    else
        for(int i=1;i<=n;i++)
        //分別判斷 n 個分支，特別注意 i 不要定義為全域變數，否則遞迴呼叫有問題
        {
            x[t]=i;
            if(Place(t))
                Backtrack(t+1); //如果不衝突的話進行下一行的搜尋
        }
}
```

5.5.5　實戰演練

```
//program 5-4
#include <iostream>
#include<cmath>                 //求絕對值函數需要引入該標頭檔
#define M 105
using namespace std;

int n;                          //n 表示 n 個皇后
int x[M];                       //x[i]表示第 i 個皇后放置在第 i 行第 x[i]列
int countn;                     //countn 表示 n 皇后問題可行解的個數

bool Place(int t)               //判斷第 t 個皇后能否放置在第 i 個位置
{
    bool ok=true;
    for(int j=1;j<t;j++)        //判斷該位置的皇后是否與前面 t-1 個已經放置的皇后衝突
    {
        if(x[t]==x[j]||t-j==fabs(x[t]-x[j]))//判斷列、對角線是否衝突
        {
            ok=false;
            break;
        }
    }
    return ok;
```

```
}
void Backtrack(int t)
{
    if(t>n)                   //如果目前位置為n，則表示已經找到了問題的一個解
    {
        countn++;
        for(int i=1; i<=n;i++) //列印選擇的路徑
          cout<<x[i]<<" ";
        cout<<endl;
        cout<<"----------"<<endl;
    }
    else
        for(int i=1;i<=n;i++)
        //分別判斷n個分支，特別注意i不要定義為全域變數，否則遞迴呼叫有問題
        {
            x[t]=i;
            if(Place(t))
                    Backtrack(t+1); //如果不衝突的話進行下一行的搜尋
        }
}
int main()
{
    cout<<"請輸入皇后的個數 n：";
    cin>>n;
    countn=0;
    Backtrack(1);
    cout <<"答案的個數是："<<countn<< endl;
    return 0;
}
```

演算法實作和測試

1） 執行環境

Code::Blocks

2） 輸入

請輸入皇后的個數n：4

3） 輸出

```
2 4 1 3
-----------------
3 1 4 2
-----------------
答案的個數是：2
```

5.5.6 演算法解析及優化擴充

演算法複雜度分析

1) 時間複雜度

n 皇后問題的解空間是一棵 $m(m=n)$ 元樹，樹的深度為 n。最壞情況下，解空間樹如圖 5-92 所示。除了最後一層外，有 $1+n+n^2+...+n^{n-1}=(n^n-1)/(n-1)\approx n^{n-1}$ 個節點需要擴展，而這些節點每個都要擴展 n 個分支，總體分支個數為 n^n，每個分支都判斷限制函數，判斷限制條件需要 $O(n)$ 的時間，因此耗時 $O(n^{n+1})$。在葉子節點處輸出目前最優解需要耗時 $O(n)$，在最壞情況下回搜尋到每一個葉子節點，葉子個數為 n^n，故耗時為 $O(n^{n+1})$。因此，時間複雜度為 $O(n^{n+1})$。

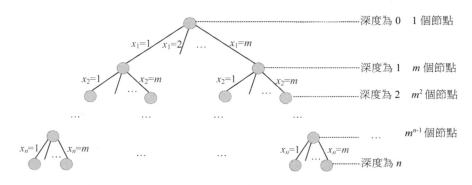

圖 5-92　解空間樹（m 元樹）

2) 空間複雜度

回溯法的另一個重要特性就是在搜尋執行的同時產生解空間。在所搜尋過程中的任何時刻，僅保留從開始節點到目前擴展節點的路徑，從開始節點起最長的路徑為 n。程式中我們使用 $x[]$ 陣列記錄該最長路徑作為可行解，所以該演算法的空間複雜度為 $O(n)$。

演算法優化擴充

在上面的求解過程中，我們的解空間過於龐大，所以時間複雜度很高，演算法效率當然會降低。解空間越小，演算法效率越高。因為解空間是我們要搜尋解的範圍，就像大海撈針，難度很大，在一個水盆裡撈針，難度就小了，如果在一個碗裡撈針，就更容易了。

那麼我們能不能把解空間縮小呢？

n 皇后問題要求每一個皇后不同行、不同列、不同斜線。圖 5-92 的解空間我們使用了不同行作為顯式限制。隱式限制為不同列、不同斜線。4 皇后問題，顯式限制為不同行的解空間樹如圖 5-93 所示。

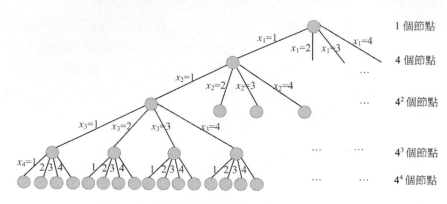

圖 5-93　顯式限制為不同行的解空間樹（$m=4$）

顯式限制可以控制解空間大小，隱式限制是在搜尋解空間過程中判定可行解或最優解的。如果我們把顯式限制定為不同行、不同列，隱式限制不同斜線，那解空間是怎樣的呢？

例如 $x_1=1$ 的分支，x_2 就不能再等於 1，因為這樣就同列了。如果 $x_1=1$、$x_2=2$，x_3 就不能再等於 1、2，也就是說 x_t 的值不能與前 $t-1$ 個解的取值相同。每層節點產生的孩子數比上一層少一個。4 皇后問題，顯式限制為不同行、不同列的解空間樹如圖 5-94 所示。

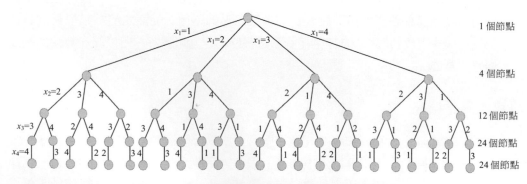

圖 5-94　顯式限制為不同行、不同列的解空間樹

我們可以清楚地看到解空間變小了好多，仔細觀察你就會發現，在圖 5-94 中，從根到葉子的每一個可能解其實是一個排列：

1 2 3 4，1 2 4 3，1 3 2 4，1 3 4 2，1 4 3 2，1 4 2 3
2 1 3 4，2 1 4 3，2 3 1 4，2 3 4 1，2 4 3 1，2 4 1 3
3 2 1 4，3 2 4 1，3 1 2 4，3 1 4 2，3 4 1 2，3 4 2 1
4 2 3 1，4 2 1 3，4 3 2 1，4 3 1 2，4 1 3 2，4 1 2 3

那麼如何用程式來實作呢？且看下回分解。

5.6　機器零件加工－最優加工順序

有 n 個機器零件 $\{J_1, J_2, \cdots, J_n\}$，每個零件必須先由機器 1 處理，再由機器 2 處理。零件 J_i 需要機器 1、機器 2 的處理時間為 t_{1i}、t_{2i}。如何安排零件加工順序，使第一個零件從機器 1 上加工開始到最後一個零件在機器 2 上加工完成，所需的總加工時間最短？

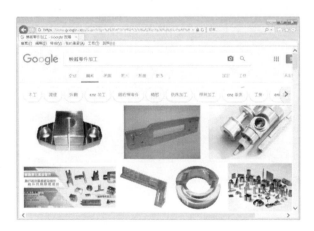

圖 5-95　機器零件示意圖

5.6.1　問題分析

根據問題的描述，不同的加工順序，加工完所有零件所需的時間不同。

例如：現在有 3 個機器零件 $\{J_1, J_2, J_3\}$，在第一台機器上的加工時間分別為 2、5、4，在第二台機器上的加工時間分別為 3、1、6。

1） 如果按照 $\{J_1, J_2, J_3\}$ 的順序加工，如圖 5-96 所示。

圖 5-96　機器零件加工順序 1

J_{11}、J_{21}、J_{31} 分別表示第 1、2、3 個零件在第一台機器上的加工時間。J_{12}、J_{22}、J_{32} 分別表示第 1、2、3 個零件在第二台機器上的加工時間。

第一台機器先加工第 1 個零件，需要加工時間為 $J_{11}=2$，$t=2$ 時結束，交給第二台機器加工，此時第二台機器處於空閒狀態，需要加工時間為 $J_{12}=3$，$t=5$ 時結束；這時第二台機器處於空閒狀態，等待第 2 個零件在第一台機器上下線。

第一台機器接著加工第 2 個零件，需要 $J_{21}=5$，$t=7$ 時結束，交給第二台機器加工，此時第二台機器處於空閒狀態，需要加工時間為 $J_{22}=1$，$t=8$ 時結束；這時第二台機器處於空閒狀態，等待第 3 個零件在第一台機器上下線。

第一台機器接著加工第 3 個零件，需要 $J_{31}=4$，$t=11$ 時結束，交給第二台機器加工，此時第二台機器處於空閒狀態，需要加工時間為 $J_{32}=6$，$t=17$ 時結束。

2） 如果按照 $\{J_1, J_3, J_2\}$ 的順序加工，如圖 5-97 所示。

圖 5-97　機器零件加工順序 2

第一台機器先加工第 1 個零件，需要加工時間為 $J_{11}=2$，$t=2$ 時結束，交給第二台機器加工，此時第二台機器處於空閒狀態，需要加工時間為 $J_{12}=3$，$t=5$ 時結束；此時第二台機器處於空閒狀態，等待第 3 個零件在第一台機器上下線。

第一台機器接著加工第 3 個零件，需要 $J_{31}=4$，$t=6$ 時結束，交給第二台機器加工，此時第二台機器處於空閒狀態，需要加工時間為 $J_{32}=6$，$t=12$ 時結束。

第一台機器接著加工第 2 個零件，需要 $J_{21}=5$，$t=11$ 時結束，交給第二台機器加工，此時第二台機器處於繁忙狀態，需要等待其空閒下來，$t=12$ 時才能加工；加工時間為 $J_{22}=1$，$t=13$ 時結束。

我們可以看出一個有趣的現象：第一台機器可以連續加工，而第二台機器開始加工的時間是**目前第一台機器的下線時間**和**第二台機器下線時間**的**最大值**。就是圖中連線的兩個數值中的最大值。

3 個機器零件有多少種加工順序呢？即 3 個機器零件的全排列，共有 6 種：

1 2 3
1 3 2
2 1 3
2 3 1
3 2 1
3 1 2

我們要找的就是其中一個加工順序，使第一個零件從機器 1 上加工開始到最後一個零件在機器 2 上加工完成所需的總加工時間最短。

實際上就是找到 n 個機器零件 $\{J_1, J_2, \cdots, J_n\}$ 的一個排列，使總體加工時間最短。那麼 n 個機器零件 $\{J_1, J_2, \cdots, J_n\}$ 一共有多少個排列呢？有 $n!$ 種排列順序，每一個排列都是一個可行解。解空間是一棵排列樹，如圖 5-98 所示。

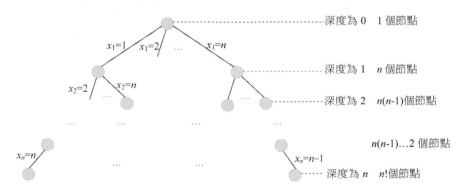

圖 5-98　解空間樹（排列樹）

例如 3 個機器零件的解空間樹，如圖 5-99 所示。

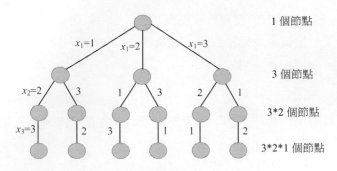

圖 5-99　3 個機器零件的解空間樹

從根到葉子的路徑就是機器零件的一個加工順序,例如最右側路徑(3, 1, 2),表示先加工 3 號零件,再加工 1 號零件,最後加工 2 號零件。

那麼是如何得到這 n 個機器零件的排列呢?(見附錄 G)。

現在已經知道了這個解空間是一個排列樹,排列樹中從根到葉子的每一個排列都是一個可行解,而不一定是最優解,如何得到最優解呢?這就需要我們在搜尋排列樹的時候,定義限界函數得到最優解。

5.6.2　演算法設計

1)　定義問題的解空間

機器零件加工問題解的形式為 n 元組:$\{x_1, x_2, \cdots, x_i, \cdots, x_n\}$。分量 x_i 表示第 i 個加工的零件號,n 個零件組成的集合為 $S=\{1, 2, \cdots, n\}$,x_i 的取值為 $S-\{x_1, x_2, \cdots, x_{i-1}\}$,$i=1$,$2$,$\cdots$,$n$。

2)　解空間的組織結構

機器零件加工問題解空間是一棵排列樹,樹的深度為 n,如圖 5-100 所示。

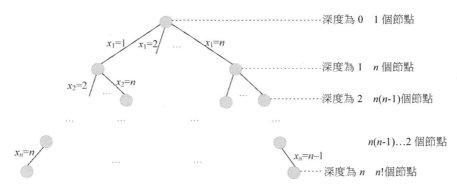

圖 5-100　解空間樹（排列樹）

3）搜尋解空間

◆ 限制條件

由於任何一種零件加工次序不存在無法調度的情況，均是合法的。因此，任何一個排列都表示問題的一個可行解，故不需要限制條件。

◆ 限界條件

用 f_2 表示目前已完成的零件在第二台機器加工結束所用的時間，用 $bestf$ 表示目前找到的最優加工方案的完成時間。顯然，繼續向深處搜尋時，f_2 不會減少，只會增加。因此，當 $f_2 \geq bestf$ 時，沒有繼續向深處搜尋的必要。限界條件可描述為：$f_2 < bestf$，f_2 的初值為 0，$bestf$ 的初值為無窮大。

◆ 搜尋過程

擴展節點沿著某個分支擴展時需要判斷限界條件，如果滿足，則進入深一層繼續搜尋；如果不滿足，則剪掉該分支。搜尋到葉子節點時，即找到目前最優解。搜尋直到全部的活節點變成死節點為止。

5.6.3 完美圖解

現在有 3 個機器零件 $\{J_1, J_2, J_3\}$，在第一台機器上的加工時間分別為 2，5，4，在第二台機器上的加工時間分別為 3，1，6。f_1 表示目前第一台機器上加工的完成時間，f_2 表示目前第二台機器上加工的完成時間。

3 個機器零件的解空間樹如圖 5-101 所示。

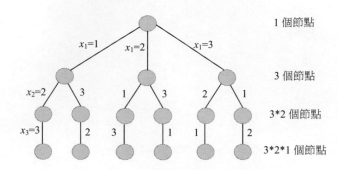

圖 5-101　3 個機器零件的解空間樹

1）　開始搜尋第 1 層（$t=1$）

擴展 A 節點的分支 $x_1=1$，$f_2=5$，$bestf$ 的初值為無窮大，$f_2<bestf$，滿足限界條件，令 $x[1]=1$，生成 B 節點，如圖 5-102 所示。

圖 5-102　搜尋過程和加工順序

2）　擴展 B 節點（$t=2$）

擴展 B 節點的分支 $x_2=2$，$f_2=8$，$bestf$ 的初值為無窮大，$f_2<bestf$，滿足限界條件，令 $x[2]=2$，生成 C 節點，如圖 5-103 所示。

圖 5-103　搜尋過程和加工順序

3) 擴展 C 節點（$t=3$）

擴展 C 節點的分支 $x_3=3$，$f_2=17$，$bestf$ 的初值為無窮大，$f_2<bestf$，滿足限界條件，令 $x[3]=3$，生成 D 節點，如圖 5-104 所示。

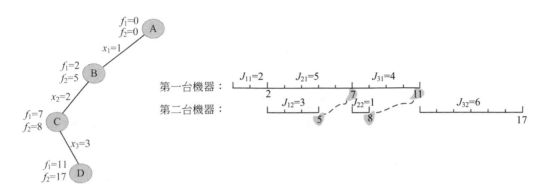

圖 5-104　搜尋過程和加工順序

4) 擴展 D 節點（$t=4$）

$t>n$，找到一個目前最優解，記錄最優值 $bestf=f_2=17$，用 $bestx[]$ 保存目前最優解 {1, 2, 3}。回溯到最近節點 C。

5) 重新擴展 C 節點（$t=3$）

C 節點的孩子已生成完，成為死節點，回溯到最近的活節點 B。

6) 重新擴展 B 節點（$t=2$）

擴展 B 節點的分支 $x_2=3$，$f_2=12$，$bestf=17$，$f_2<bestf$，滿足限界條件，令 $x[2]=3$，生成 E 節點，如圖 5-105 所示。

7) 擴展 E 節點（$t=3$）

擴展 E 節點的分支 $x_3=2$，$f_2=13$，$bestf=17$，$f_2<bestf$，滿足限界條件，令 $x[3]=2$，生成 F 節點，如圖 5-106 所示。

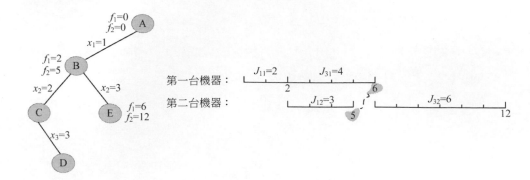

圖 5-105　搜尋過程和加工順序

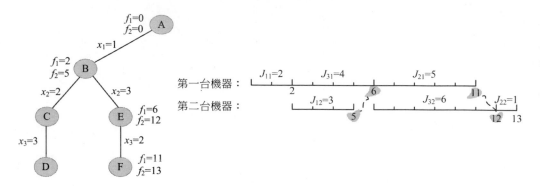

圖 5-106　搜尋過程和加工順序

8）擴展 F 節點（t=4）

t>n，找到一個目前最優解，記錄最優值 $bestf$=f_2=13，用 $bestx$[] 保存目前最優解 {1, 3, 2}。回溯到最近節點 E。

9）擴展 E 節點（t=3）

E 節點的孩子已生成，成為死節點，回溯到最近的節點 B。E 節點的孩子已生成完，成為死節點，回溯到最近的活節點 A。

10）重新擴展 A 節點（t=1）

擴展 A 節點的分支 x_1=2，f_2=6，$bestf$=13，f_2<$bestf$，滿足限界條件，令 x[1]=2，生成 G 節點，如圖 5-107 所示。

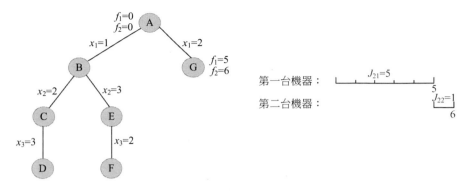

圖 5-107　搜尋過程和加工順序

11）擴展 G 節點（$t=2$）

擴展 G 節點的分支 $x_2=1$，$f_2=10$，$bestf=13$，$f_2<bestf$，滿足限界條件，令 $x[2]=1$，生成 H 節點，如圖 5-108 所示。

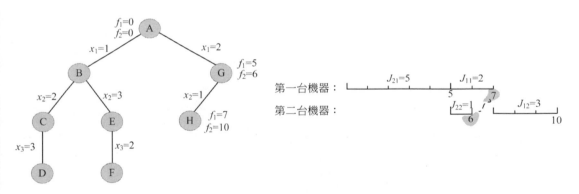

圖 5-108　搜尋過程和加工順序

12）擴展 H 節點（$t=3$）

擴展 H 節點的分支 $x_3=3$，$f_2=17$，$bestf=13$，$f_2>bestf$，不滿足限界條件，剪掉該分支。H 節點沒有其他可擴展分支，成為死節點。回溯到 G 節點。

13）重新擴展 G 節點（$t=2$）

擴展 G 節點的分支 $x_2=3$，$f2=15$，$bestf=13$，$f_2>bestf$，不滿足限界條件，剪掉該分支。G 節點沒有其他可擴展分支，成為死節點。回溯到 A 節點。

14）重新擴展 A 節點（$t=1$）

擴展 A 節點的分支 $x_1=3$，$f_2=10$，$bestf=13$，$f_2<bestf$，滿足限界條件，令 $x[1]=3$，生成 I 節點，如圖 5-109 所示。

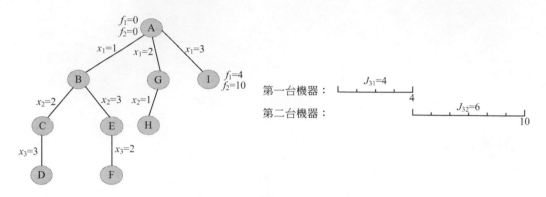

圖 5-109　搜尋過程和加工順序

15）擴展 I 節點（$t=2$）

擴展 I 節點的分支 $x_2=2$，$f_2=11$，$bestf=13$，$f_2<bestf$，滿足限界條件，令 $x[2]=2$，生成 J 節點，如圖 5-110 所示。

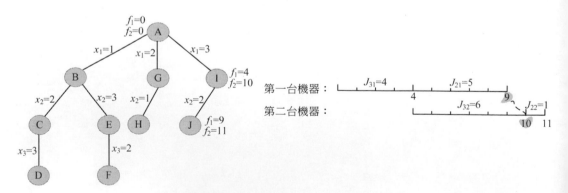

圖 5-110　搜尋過程和加工順序

16）擴展 J 節點（$t=3$）

擴展 J 節點的分支 $x_3=1$，$f_2=14$，$bestf=13$，$f_2>bestf$，不滿足限界條件，剪掉該分支。J 節點沒有其他可擴展分支，成為死節點。回溯到 I 節點。

17）重新擴展 I 節點（*t*=2）

擴展 I 節點的分支 x_2=1，f_2=13，*bestf*=13，f_2=*bestf*，不滿足限界條件，剪掉該分支。I 節點沒有其他可擴展分支，成為死節點。回溯到 A 節點。A 節點沒有其他可擴展分支，成為死節點，演算法結束。

5.6.4 虛擬程式碼詳解

1）資料結構

我們用一個結構體 *node* 來儲存機器零件在第一台機器上的加工時間 *x* 和第二台機器上的加工時間 *y*。定義一個結構體陣列 *T*[] 來儲存所有的機器零件加工時間。

例如第 3 個機器零件在一台機器上的加工時間為 5，在第二台機器上的加工時間為 2，則 *T*[3].*x*=5，*T*[3].*y*=2。

```
struct node
{
    int x,y;//機器零件在第一台機器上的加工時間 x 和第二台機器上的加工時間 y
}T[MX];
```

2）按限界條件搜尋求解

t 表示目前擴展節點在第 *t* 層。f_1 表示目前第一台機器上加工的完成時間，f_2 表示目前第二台機器上加工的完成時間。

如果 *t*>*n*，表示已經到達葉子節點，記錄最優值和最優解，返回。否則，分別判斷每個分支是否滿足限制條件，如果滿足則進入下一層 *Backtrack*(*t*+1)；如果不滿足則反操作重定，考查下一個分支（兄弟節點）。

```
void Backtrack(int t)
{
    if(t>n)
    {
        for(int i=1;i<=n;i++)      //記錄最優排列
            bestx[i]=x[i] ;
        bestf=f2;                  //更新最優值
        return ;
    }
    for(int i=t;i<=n;i++)          //列舉
    {
        f1+=T[x[i]].x;
        int temp=f2;
        f2=max(f1,f2)+T[x[i]].y;
```

```
            if(f2<bestf)              //限界條件
            {
                swap(x[t] ,x[i]);     //交換
                Backtrack(t+1);       //繼續深搜
                swap(x[t],x[i]);      //復位，反操作
            }
            f1-=T[x[i]].x ;           //復位，反操作
            f2=temp ;                 //復位，反操作
        }
}
```

5.6.5 實戰演練

```
//program 5-5
#include<iostream>
#include<cstring>
#include<algorithm>

using namespace std;
const int INF=0x3f3f3f3f;
const int MX=10000+5;
int n,bestf,f1,f2;
//f1 表示目前第一台機器上加工的完成時間，f2 表示目前第二台機器上加工的完成時間
int x[MX],bestx[MX];
struct node
{
    int x,y;//機器零件在第一台機器上的加工時間 x 和第二台機器上的加工時間 y
}T[MX];

void Backtrack(int t)
{
    if(t>n)
    {
        for(int i=1;i<=n;i++)       //記錄最優排列
            bestx[i]=x[i] ;
        bestf=f2;                   //更新最優值
        return ;
    }
    for(int i=t;i<=n;i++)           // 列舉
    {
        f1+=T[x[i]].x;
        int temp=f2;
        f2=max(f1,f2)+T[x[i]].y;
        if(f2<bestf)                //限界條件
        {
            swap(x[t] ,x[i]);       // 交換
            Backtrack(t+1);         // 繼續深搜
            swap(x[t],x[i]);        // 復位，反操作
        }
        f1-=T[x[i]].x ;
        f2=temp ;
    }
}
```

```
int main()
{
    cout<<"請輸入機器零件的個數 n：";
    cin>>n;
    cout<<"請依次輸入每個機器零件在第一台機器上的加工時間 x 和第二台機器上的加工時間 y：";
    for(int i=1;i<=n;i++)
    {
        cin>>T[i].x>>T[i].y;
        x[i]=i;
    }
    bestf=INF;                    // 初始化
    f1=f2=0;
    memset(bestx,0,sizeof(bestx));
    Backtrack(1);                 // 深搜排列樹
    cout<<"最優的機器零件加工順序為：";
    for(int i=1;i<=n;i++)         //輸出最優加工順序
        cout<<bestx[i]<<" ";
    cout<<endl;
    cout<<"最優的機器零件加工的時間為：";
    cout<<bestf<<endl;
    return 0 ;
}
```

演算法實作和測試

1) 執行環境

Code::Blocks

2) 輸入

請輸入機器零件的個數 n：6
請輸入每個機器零件在第一台機器上的加工時間 x 和第二台機器上的加工時間 y：
5 7
1 2
8 2
5 4
3 7
4 4

3) 輸出

最優的機器零件加工順序為：2 5 4 1 6 3
最優的機器零件加工的時間為：28

5.6.6　演算法解析

1）　時間複雜度

最壞的情況下，如圖 5-111 所示。除了最後一層外，有 $1+n+n(n-1)+...+n(n-1)$ $(n-2)...2 \leq nn!$ 個節點需要判斷限界函數，判斷限界函數需要 $O(1)$ 的時間，因此耗時 $O(nn!)$。在葉子節點處記錄目前最優解需要耗時 $O(n)$，在最壞情況下回搜尋到每一個葉子節點，葉子個數為 $n！$，故耗時為 $O(nn!)$。因此，時間複雜度為 $O(nn!)$ $\approx O((n+1)!)$。

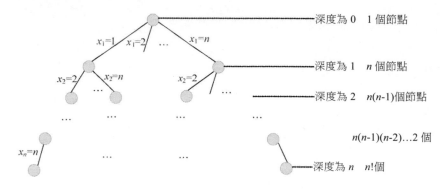

圖 5-111　解空間樹（排列樹）

2）　空間複雜度

回溯法的另一個重要特性就是在搜尋執行的同時產生解空間。在所搜尋過程中的任何時刻，僅保留從開始節點到目前擴展節點的路徑，從開始節點起最長的路徑為 n。程式中我們使用 $x[]$ 陣列記錄該最長路徑作為可行解，所以該演算法的空間複雜度為 $O(n)$。

5.6.7　演算法優化擴充

使用貝爾曼規則（見附錄 H）進行優化，演算法時間複雜度提高到 $O(n\log n)$。

假設在集合 S 的 $n!$ 種加工順序中，最優加工方案為以下兩種方案之一：

◆ 先加工 S 中的 i 號工件，再加工 j 號工件，其他工件的加工順序為最優順序。

◆ 先加工 S 中的 j 號工件，再加工 i 號工件，其他工件的加工順序為最優順序。

根據貝爾曼的推導公式，方案 1 不比方案 2 壞的充分必要條件是：

$$\min\{\,t_{1j},t_{2i}\,\} \geqslant \min\{\,t_{1i},t_{2j}\,\}$$

繼續分析：

$$\min\{t_{1j},t_{2i}\} \geqslant \min\{t_{1i},t_{2j}\} \Leftrightarrow \begin{cases} t_{1j} \geqslant t_{2i}\ \text{且}\ t_{1i} \geqslant t_{2j} &, \quad \text{則}\ t_{2i} \geqslant t_{2j} \\ t_{1j} \geqslant t_{2i}\ \text{且}\ t_{1i} < t_{2j} &, \quad \text{則}\ t_{2i} \geqslant t_{1i} \\ t_{1j} < t_{2i}\ \text{且}\ t_{1i} \geqslant t_{2j} &, \quad \text{則}\ t_{1j} \geqslant t_{2j} \\ t_{1j} < t_{2i}\ \text{且}\ t_{1i} < t_{2j} &, \quad \text{則}\ t_{1j} \geqslant t_{1i} \end{cases}$$

$$\Rightarrow \begin{cases} t_{1j} \geqslant t_{2j} & t_{2j}\text{最小} \\ t_{2i} \geqslant t_{1i} & t_{1i}\text{最小} \\ t_{1j} \geqslant t_{2j} & t_{2j}\text{最小} \\ t_{2i} > t_{1i} & t_{1i}\text{最小} \end{cases} \Rightarrow \begin{cases} t_{1j} \geqslant t_{2j} & t_{2j}\text{最小} \\ t_{2i} > t_{1i} & t_{1i}\text{最小} \end{cases}$$

由此可得貝爾曼規則：

◆ 第一台機器上加工時間越短的工件越先加工。

◆ 第二台機器上加工時間越短的工件越後加工。

◆ 第一個機器上加工時間小於第二台機器上加工時間的先加工。

◆ 第一個機器上加工時間大於等於第二台機器上加工時間的後加工。

演算法設計一

1） 根據貝爾曼規則可以把零件分成兩個集合：$N_1=\{i|t_{1i}<t_{2i}\}$，即第一個機器上加工時間小於第二台機器上加工時間；$N_2=\{i|t_{1i}\geq t_{2i}\}$，即第一個機器上加工時間大於等於第二台機器上加工時間。

2） 將 N_1 中工件按 t_{1i} 非遞減排序；將 N_2 中工件按 t_{2i} 非遞增排序。

3） N_1 中工件接 N_2 中工件，即 N_1N_2 就是所求的滿足貝爾曼規則的最優加工順序。

演算法設計二

因為 C++ 中可以自訂排序函數的優先順序，因此也可以定義一個優先順序 *cmp*，然後呼叫系統排序函數 *sort* 即可。這樣要簡單得多！

```
bool cmp(node a ,node b)
{
    return min(b.x ,a.y) > =min(b.y ,a.x) ;
 }
sort(T ,T+n ,cmp) ;    //按照貝爾曼規則排序
```

這個優先順序是什麼意思呢？

例如 a、b 兩個零件，在第一台機器的加工時間 x 和第二台機器的加工時間 y，如圖 5-112 所示。

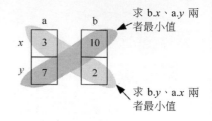
求 b.x、a.y 兩者最小值

求 b.y、a.x 兩者最小值

圖 5-112　貝爾曼規則

$\min(b.x ,a.y)= \min(10 ,7)=7$ ；

$\min(b.y ,a.x) = \min(2 ,3)=2$ ；

$\min(b.x ,a.y)\geq \min(b.y ,a.x)$，則 a 排在 b 的前面。

排序後的機器零件序號就是最優的機器零件加工順序，如果還想得到最優的加工時間，則需要寫 for 語句計算總加工時間。

```
for(int i=0;i<n;i++)  //計算總時間
    {
        f1+=T[i].x;
        f2=max(f1,f2)+T[i].y;
    }
```

虛擬程式碼詳解

```
//program 5-5-2
#include<iostream>
#include<algorithm>
using namespace std ;
const int MX=10000+5 ;
int n;
struct node
{
    int id;
    int x,y;
}T[MX] ;
bool cmp(node a,node b)
{
    return min(b.x,a.y)>=min(b.y,a.x);//按照貝爾曼規則排序
}
int main()
{
    cout<<"請輸入機器零件的個數 n：";
    cin>>n;
    cout<<"請依次輸入每個機器零件在第一台機器上的加工時間 x 和第二台機器上的加工時間 y：";
    for(int i=0;i<n;i++)
    {
        cin>>T[i].x>>T[i].y;
        T[i].id=i+1;
```

```
    }
    sort(T,T+n,cmp);        //排序
    int f1=0,f2=0;
    for(int i=0;i<n;i++)    //計算總時間
    {
        f1+=T[i].x;
        f2=max(f1,f2)+T[i].y;
    }
    cout<<"最優的機器零件加工順序為：";
     for(int i=0;i<n;i++)   //輸出最優加工順序
        cout<<T[i].id<<" ";
    cout<<endl;
    cout<<"最優的機器零件加工的時間為：";
    cout<<f2<<endl;
    return 0 ;
}
```

演算法實作和測試

1） 執行環境

```
Code::Blocks
```

2） 輸入

```
請輸入機器零件的個數 n：7
請依次輸入每個機器零件在第一台機器上的加工時間 x 和第二台機器上的加工時間 y：
3 7
8 2
10 6
12 18
6 3
9 10
15 4
```

3） 輸出

```
最優的機器零件加工順序為：1 6 4 3 7 5 2
最優的機器零件加工的時間為：65
```

演算法複雜度分析

1） 時間複雜度：排序的時間複雜度是 $O(n\log n)$，最後計算加工時間和輸出最優解的時間複雜度是 $O(n)$，所以總體時間複雜度為 $O(n\log n)$。

2） 空間複雜度：使用了結構體陣列 T，規模為 n，因此空間複雜度為 $O(n)$。

5.7 奇妙之旅 1—旅行商問題

終於有一個盼望已久的假期！立刻拿出地圖，標出最想去的 *n* 個景點，以及兩個景點之間的距離 d_{ij}，為了節省時間，我們希望在最短的時間內看遍所有的景點，而且同一個景點只經過一次。怎麼計畫行程，才能在最短的時間內不重複地旅遊完所有景點並回到家呢？

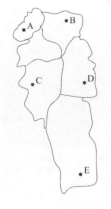

5.7.1 問題分析

圖 5-113　旅遊景點地圖

現在我們從景點 A 出發，要去 B、C、D、E 共 4 個景點，按上面順序給景點編號 1～5，每個景點用一個節點表示，可以直接到達的景點有連線，連線上的數字代表兩個景點之間的路程（時間）。那麼要去的景點地圖就轉化成了一個無向帶權圖，如圖 5-114 所示。

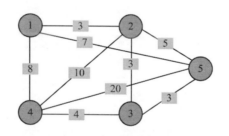

圖 5-114　無向帶權圖

在無向帶權圖 **G**=(*V*, *E*) 中，節點代表景點，連線上的數位代表景點之間的路徑長度。我們從 1 號節點出發，先走哪些景點，後走哪些景點呢？只要是可以直接到達的，即有邊相連的，都是可以走的。問題就是要找出從出發地開始的一個景點排列，按照這個順序旅行，不重複地走遍所有景點回到出發地，所經過的路徑長度是最短的。

因此，問題的解空間是一棵排列樹。顯然，對於任意給定的一個無向帶權圖，存在某兩個景點之間沒有直接路徑的情況。也就是說，並不是任何一個景點排列都是一條可行路徑（問題的可行解），因此需要設定限制條件，判斷排列中相鄰的兩個景點之間是否有邊相連，有邊的則可以走通；反之，不是可行路徑。另外，在所有的可行路徑中，要求找出一條最短路徑，因此需要設定限界條件。

5.7.2　演算法設計

1）　定義問題的解空間

奇妙之旅問題解的形式為 n 元組：$\{x_1, x_2, \cdots, x_i, \cdots, x_n\}$，分量 x_i 表示第 i 個要去的旅遊景點編號，景點的集合為 $S=\{1, 2, \cdots, n\}$。因為景點不可重複走，因此在確定 xi 時，前面走過的景點 $\{x_1, x_2, \cdots, x_{i-1}\}$ 不可以再走，x_i 的取值為 $S-\{x_1, x_2, \cdots, x_{i-1}\}$，$i=1$，$2$，$\cdots$，$n$。

2）　解空間的組織結構

問題解空間是一棵排列樹，樹的深度為 $n=5$，如圖 5-115 所示。

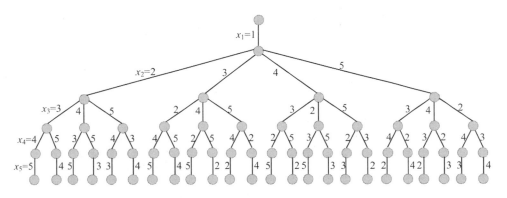

圖 5-115　解空間樹（排列樹）

除了開始節點 1 之外，其他的節點排列有 24 種：

```
2345   2354   2435   2453   2543   2534
3245   3254   3425   3452   3542   3524
4325   4352   4235   4253   4523   4532
5342   5324   5432   5423   5243   5234
```

3）　搜尋解空間

　　◆　限制條件

用二維陣列 $g[][]$ 儲存無向帶權圖的鄰接矩陣，如果 $g[i][j] \neq \infty$ 表示城市 i 和城市 j 有邊相連，能走通。

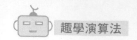

◆ 限界條件

cl<*bestl*，*cl* 的初始值為 0，*bestf* 的初始值為+∞。

cl：目前已走過的城市所用的路徑長度。

bestl：表示目前找到的最短路徑的路徑長度。

◆ 搜尋過程

擴展節點沿著某個分支擴展時需要判斷限制條件和限界條件，如果滿足，則進入深一層繼續搜尋；如果不滿足，則剪掉該分支。搜尋到葉子節點時，即找到目前最優解。搜尋直到全部的活節點變成死節點為止。

5.7.3 完美圖解

現在我們從桃園機場出發，要去臺北、日月潭、阿里山、澎湖這 4 個景點，按上面順序給景點編號 1～5，每個景點用一個節點表示，可以直接到達的景點有連線，連線上的數字代表兩個景點之間的路程（時間）。把景點地圖轉化成一個無向帶權圖，如圖 5-116 所示。

1） 資料結構

設定地圖的帶權鄰接矩陣為 *g*[][]，即如果從頂點 *i* 到頂點 *j* 有邊，就讓 *g*[*i*][*j*]=<*i,j*> 的權值，否則 *g*[*i*][*j*]=∞（無窮大），如圖 5-117 所示。

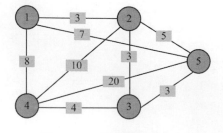

$$\begin{bmatrix} \infty & 3 & \infty & 8 & 9 \\ 3 & \infty & 3 & 10 & 5 \\ \infty & 3 & \infty & 4 & 3 \\ 8 & 10 & 4 & \infty & 20 \\ 9 & 5 & 3 & 20 & \infty \end{bmatrix}$$

圖 5-116　無向帶權圖　　　　　　　圖 5-117　鄰接矩陣

2） 初始化

目前已走過的路徑長度 *cl*=0，目前最優值 *bestl*=∞。解分量 *x*[*i*] 和最優解 *bestx*[*i*] 初始化，如圖 5-118 和圖 5-119 所示。

	1	2	3	4	5
$x[i]$	1	2	3	4	5

圖 5-118　解分量 $x[i]$初始化

	1	2	3	4	5
$bestx[i]$	0	0	0	0	0

圖 5-119　最優解 $bestx[i]$初始化

3）開始搜尋第一層（$t=1$）

擴展 A_0節點，因為我們是從 1 號節點出發，因此 $x[1]=1$，生成 A 節點，如圖 5-120 所示。

4）擴展 A 節點（$t=2$）

沿著 $x[2]=2$ 分支擴展，因為 1 號節點和 2 號節點有邊相連，且 $cl+g[1][2]=0+3=3<bestl=\infty$，滿足限界條件，生成 B 節點，如圖 5-121 所示。

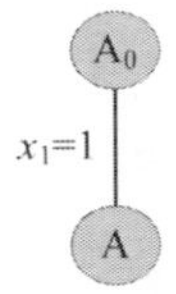

圖 5-120　搜尋過程

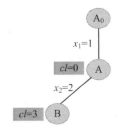

圖 5-121　搜尋過程

5）擴展 B 節點（$t=3$）

沿著 $x[3]=3$ 分支擴展，因為 2 號節點和 3 號節點有邊相連，且 $cl+g[2][3]=3+3=6<bestl=\infty$，滿足限界條件，生成 C 節點，如圖 5-122 所示。

6）擴展 C 節點（$t=4$）

沿著 $x[4]=4$ 分支擴展，因為 3 號節點和 4 號節點有邊相連，且 $cl+g[3][4]=6+4=10<bestl=\infty$，滿足限界條件，生成 D 節點，如圖 5-123 所示。

7）擴展 D 節點（$t=5$）

沿著 $x[5]=5$ 分支擴展，因為 4 號節點和 5 號節點有邊相連，且 $cl+g[4][5]=10+20=30<bestl=\infty$，滿足限界條件，生成 E 節點，如圖 5-124 所示。

8） 擴展 E 節點（$t=6$）

$t>n$，判斷 5 號節點和 1 號節點是否有邊相連，有邊相連且 $cl+g[5][1]=30+9=39<$ $bestl=\infty$，找到一個目前最優解（1, 2, 3, 4, 5, 1），更新目前最優值 $bestl=39$。

9） 向上回溯到 D，D 節點孩子已生成完畢，成為死節點，繼續向上回溯到 C，C 節點還有一個孩子未生成。

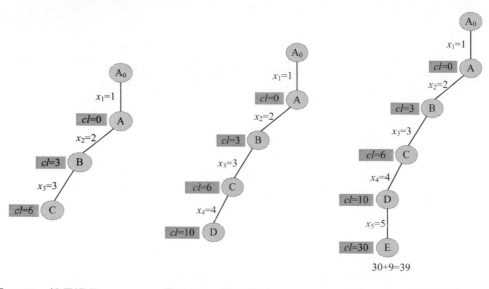

圖 5-122　搜尋過程　　　圖 5-123　搜尋過程　　　圖 5-124　搜尋過程

10）重新擴展 C 節點（$t=4$）

沿著 $x[4]=5$ 分支擴展，因為 3 號節點和 5 號節點有邊相連，且 $cl+g[3][5]=6+3=9<$ $bestl=39$，滿足限界條件，生成 F 節點，如圖 5-125 所示。

11）擴展 F 節點（$t=5$）

沿著 $x[5]=4$ 分支擴展，因為 5 號節點和 4 號節點有邊相連，且 $cl+g[5][4]=9+20=29<$ $bestl=39$，滿足限界條件，生成 G 節點，如圖 5-126 所示。

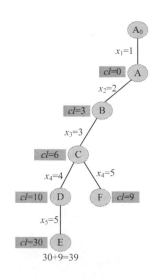

圖 5-125　搜尋過程

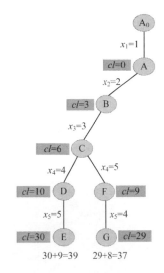

圖 5-126　搜尋過程

12）擴展 G 節點（$t=6$）

$t>n$，判斷 4 號節點和 1 號節點是否有邊相連，有邊相連且 $cl+g[4][1]=29+8=37<bestl=39$，更新目前最優解（1, 2, 3, 5, 4, 1），更新目前最優值 $bestl=37$。

13）向上回溯到 F，F 節點孩子已生成完畢，成為死節點，繼續向上回溯到 C，C 節點孩子已生成完畢，成為死節點，繼續向上回溯到 B，B 節點還有 2 個孩子未生成。

14）重新擴展 B 節點（$t=3$）

沿著 $x[3]=4$ 分支擴展，因為 2 號節點和 4 號節點有邊相連，且 $cl+g[2][4]=3+10=13<bestl=37$，滿足限界條件，生成 H 節點，如圖 5-127 所示。

15）擴展 H 節點（$t=4$）

沿著 $x[4]=3$ 分支擴展，因為 4 號節點和 3 號節點有邊相連，且 $cl+g[4][3]=13+4=17<bestl=37$，滿足限界條件，生成 I 節點。

16）擴展 I 節點（$t=5$）

沿著 $x[4]=5$ 分支擴展，因為 3 號節點和 5 號節點有邊相連，且 $cl+g[3][5]=17+3=20<bestl=37$，滿足限界條件，生成 J 節點。

17）擴展 J 節點（$t=6$）。

$t>n$，判斷 5 號節點和 1 號節點是否有邊相連，有邊相連且 $cl+g[5][1]=20+9=29<bestl=37$，更新目前最優解（1, 2, 4, 3, 5, 1），更新目前最優值 $bestl=29$，如圖 5-128 所示。

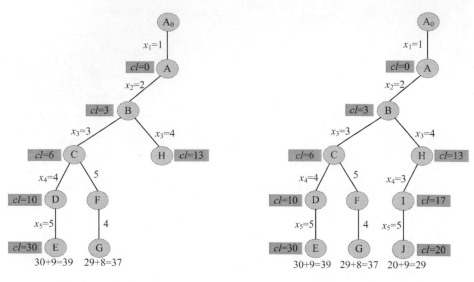

圖 5-127　搜尋過程　　　　　　　　圖 5-128　搜尋過程

18）向上回溯到 I，I 節點孩子已生成完畢，成為死節點，繼續向上回溯到 H，H 節點還有 1 個孩子未生成。

19）重新擴展 H 節點（$t=4$）

沿著 $x[4]=5$ 分支擴展，因為 4 號節點和 5 號節點有邊相連，且 $cl+g[4][5]=13+20=33>bestl=29$，不滿足限界條件，剪掉該分支。H 節點孩子已生成完畢，成為死節點，繼續向上回溯到 B，B 節點還有 1 個孩子未生成。

20）重新擴展 B 節點（$t=3$）

沿著 $x[3]=5$ 分支擴展，因為 2 號節點和 5 號節點有邊相連，且 $cl+g[2][5]=3+5=8<bestl=29$，滿足限界條件，生成 K 節點。

21）擴展 K 節點（$t=4$）

沿著 $x[4]=4$ 分支擴展，因為 5 號節點和 4 號節點有邊相連，且 $cl+g[5][4]=8+20=28<bestl=29$，滿足限界條件，生成 L 節點，如圖 5-129 所示。

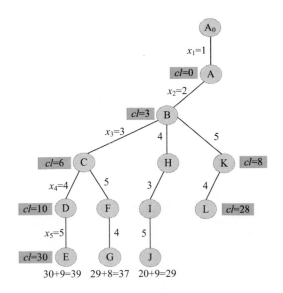

圖 5-129　搜尋過程

22）擴展 L 節點（t=5）

沿著 $x[5]$=3 分支擴展，因為 4 號節點和 3 號節點有邊相連，且 cl+g[4][3]=28+4=32>$bestl$=29，不滿足限界條件，剪掉該分支。L 節點孩子已生成完畢，成為死節點，繼續向上回溯到 K，K 節點還有 1 個孩子未生成。

23）重新擴展 K 節點（t=4）

沿著 $x[4]$=3 分支擴展，因為 5 號節點和 3 號節點有邊相連，且 cl+g[5][3]=8+3=11<$bestl$=29，滿足限界條件，生成 M 節點。

24）擴展 M 節點（t=5）

沿著 $x[5]$=4 分支擴展，因為 3 號節點和 4 號節點有邊相連，且 cl+g[3][4]=11+4=15<$bestl$= 29，滿足限界條件，生成 N 節點，如圖 5-130 所示。

25）擴展 N 節點（t=6）

t>n，判斷 4 號節點和 1 號節點是否有邊相連，有邊相連且 cl+g[4][1]=15+8=23<$bestl$=29，更新目前最優解（1, 2, 5, 3, 4, 1），更新目前最優值 $bestl$=23。向上回溯到 M，M 所有孩子生成完畢，成為死節點，繼續向上回溯到 K、B，K 和 B 均為死節點，繼續向上回溯到 A，A 還有 3 個孩子未生成。

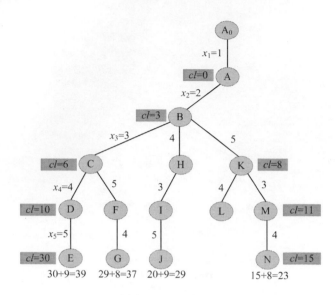

圖 5-130　搜尋過程

26）重新擴展 A 節點（*t*=2）

沿著 *x*[2]=3 分支擴展，因為 1 號節點和 3 號節點沒有邊相連，不滿足限制條件，因此剪掉該分支。沿著 *x*[2]=4 分支擴展，因為 1 號節點和 4 號節點有邊相連且 *cl*+*g*[1][4]=0+8=8<*bestl*=23，滿足限界條件，生成 O 節點。

27）擴展 O 節點（*t*=3）

沿著 *x*[3]=3 分支擴展，因為 4 號節點和 3 號節點有邊相連，且 *cl*+*g*[4][3]=8+4=12<*bestl*=23，滿足限界條件，生成 P 節點。

28）擴展 P 節點（*t*=4）

沿著 *x*[4]=2 分支擴展，因為 3 號節點和 2 號節點有邊相連，且 *cl*+*g*[3][2]=12+3=15<*bestl*=23，滿足限界條件，生成 Q 節點。

29）擴展 Q 節點（*t*=5）

沿著 *x*[5]=5 分支擴展，因為 2 號節點和 5 號節點有邊相連，且 *cl*+*g*[2][5]=15+5=20<*bestl*=23，滿足限界條件，生成 R 節點。

30）擴展 R 節點（*t*=6）

$t>n$，判斷 5 號節點和 1 號節點是否有邊相連，有邊相連且 $cl+g[5][1]=20+9=29>$ $bestl=23$，不滿足限界條件，不更新最優解，如圖 5-131 所示。

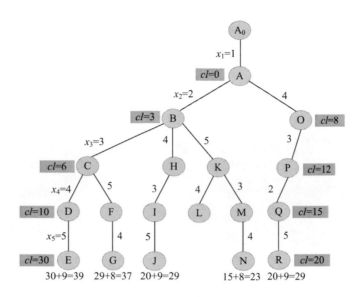

圖 5-131　搜尋過程

31）向上回溯到 Q，Q 所有孩子生成完畢，成為死節點，繼續向上回溯到 P，P 還有 1 個孩子未生成。

32）重新擴展 P 節點（$t=4$）

　　沿著 $x[4]=5$ 分支擴展，因為 3 號節點和 5 號節點有邊相連，且 $cl+g[3][5]=12+3=15<$ $bestl=23$，滿足限界條件，生成 S 節點。

33）擴展 S 節點（$t=5$）

　　沿著 $x[5]=2$ 分支擴展，因為 5 號節點和 2 號節點有邊相連，且 $cl+g[3][5]=15+5=20<$ $bestl=23$，滿足限界條件，生成 T 節點。

34）擴展 T 節點（$t=6$）

　　$t>n$，判斷 2 號節點和 1 號節點是否有邊相連，有邊相連且 $cl+g[2][1]=20+3=23=$ $bestl=23$，不滿足限界條件，不更新最優解，如圖 5-132 所示。

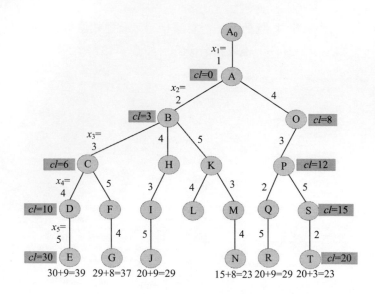

圖 5-132　搜尋過程

35）向上回溯到 S、P，S、P 所有孩子生成完畢，成為死節點，繼續向上回溯到 O，O 還有兩個孩子未生成。

36）重新擴展 O 節點（$t=3$）

沿著 $x[3]=2$ 分支擴展，因為 4 號節點和 2 號節點有邊相連，且 $cl+g[4][2]=8+10=18<bestl=23$，滿足限界條件，生成 U 節點。

37）擴展 U 節點（$t=4$）

沿著 $x[4]=3$ 分支擴展，因為 2 號節點和 3 號節點有邊相連，且 $cl+g[2][3]=18+3=21<bestl=23$，滿足限界條件，生成 V 節點。

38）擴展 V 節點（$t=5$）

沿著 $x[5]=5$ 分支擴展，因為 3 號節點和 5 號節點有邊相連，且 $cl+g[3][5]=21+3=24>bestl=23$，不滿足限界條件，剪掉該分支。向上回溯到 U，U 還有 1 個孩子未生成，如圖 5-133 所示。

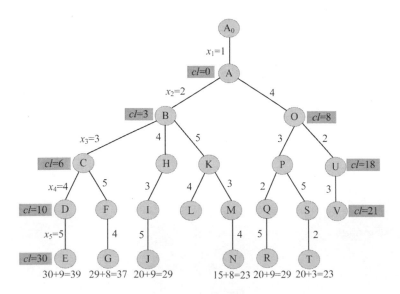

圖 5-133　搜尋過程

39）重新擴展 U 節點（*t*=4）

沿著 *x*[4]=5 分支擴展，因為 2 號節點和 5 號節點有邊相連，且 *cl*+*g*[2][5]=18+5=23= *bestl*=23，不滿足限界條件，剪掉該分支。向上回溯到 O，O 還有 1 個孩子未生成。

40）重新擴展 O 節點（*t*=3）

沿著 *x*[3]=5 分支擴展，因為 4 號節點和 5 號節點有邊相連，且 *cl*+*g*[4][5]=8+20=28> *bestl*=23，不滿足限界條件，剪掉該分支。向上回溯到 A，A 還有 1 個孩子未生成。

41）重新擴展 A 節點（*t*=2）

沿著 *x*[2]=5 分支擴展，因為 1 號節點和 5 號節點有邊相連且 *cl*+*g*[1][5]=0+9=9< *bestl*=23，滿足限界條件，生成 W 節點。

42）擴展 W 節點（*t*=3）

沿著 *x*[3]=3 分支擴展，因為 5 號節點和 3 號節點有邊相連，且 *cl*+*g*[5][3]=9+3=12< *bestl*=23，滿足限界條件，生成 X 節點。

43）擴展 X 節點（ $t=4$ ）

沿著 $x[4]=4$ 分支擴展，因為 3 號節點和 4 號節點有邊相連，且 $cl+g[3][4]=12+4=16<bestl=23$，滿足限界條件，生成 Y 節點。

44）擴展 Y 節點（ $t=5$ ）

沿著 $x[5]=2$ 分支擴展，因為 4 號節點和 2 號節點有邊相連，且 $cl+g[4][2]=16+10=26>bestl=23$，不滿足限界條件，剪掉該分支。向上回溯到 X，X 還有 1 個孩子未生成。

45）重新擴展 X 節點（ $t=4$ ）

沿著 $x[4]=2$ 分支擴展，因為 3 號節點和 2 號節點有邊相連，且 $cl+g[3][2]=12+3=15<bestl=23$，滿足限界條件，生成 Z 節點。

46）擴展 Z 節點（ $t=5$ ）

沿著 $x[5]=4$ 分支擴展，因為 2 號節點和 4 號節點有邊相連，且 $cl+g[2][4]=15+10=25>bestl=23$，不滿足限界條件，剪掉該分支。向上回溯到 W，W 還有兩個孩子未生成。

47）重新擴展 W 節點（ $t=3$ ）

沿著 $x[3]=4$ 分支擴展，因為 5 號節點和 4 號節點有邊相連，且 $cl+g[5][4]=9+20=29>bestl=23$，不滿足限界條件，剪掉該分支。沿著 $x[3]=2$ 分支擴展，因為 5 號節點和 2 號節點有邊相連，且 $cl+g[5][2]=9+5=14<bestl=23$，滿足限界條件，生成 X_1 節點。

48）擴展 X1 節點（ $t=4$ ）

沿著 $x[4]=4$ 分支擴展，因為 2 號節點和 4 號節點有邊相連，且 $cl+g[2][4]=14+10=24>bestl=23$，不滿足限界條件，剪掉該分支。沿著 $x[4]=3$ 分支擴展，因為 2 號節點和 3 號節點有邊相連，且 $cl+g[2][3]=14+3=17<bestl=23$，滿足限界條件，生成 X_2 節點。

49）擴展 X_2 節點（ $t=5$ ）

沿著 $x[5]=4$ 分支擴展，因為 3 號節點和 4 號節點有邊相連，且 $cl+g[3][4]=17+4=21<bestl=23$，滿足限界條件，生成 X_3 節點。

50）擴展 X3 節點（$t=6$）

$t>n$，判斷 4 號節點和 1 號節點是否有邊相連，有邊相連且 $cl+g[4][1]=21+8=29>bestl=23$，不滿足限界條件，不更新最優解。所有的節點變成死節點，演算法結束，如圖 5-134 所示。

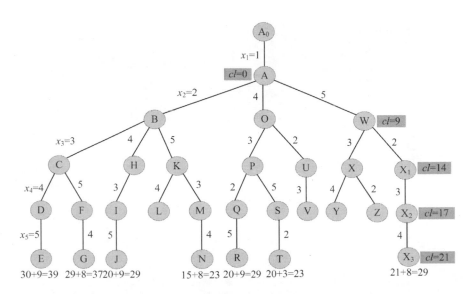

圖 5-134　搜尋過程

5.7.4 虛擬程式碼詳解

1） 資料結構

我們用二維陣列 $g[][]$ 表示地圖的帶權鄰接矩陣，即如果從頂點 i 到頂點 j 有邊，就讓 $g[i][j]=<i, j>$的權值，否則 $g[i][j]=\infty$（無窮大）。$x[]$ 記錄目前路徑，$bestx[]$ 記錄目前最優路徑。

2） 按限界條件搜尋求解

t 表示目前擴展節點在第 t 層，cl 表示目前已走過的城市所用的路徑長度，$bestl$ 表示目前找到的最短路徑的路徑長度。

如果 *t>n*，表示已經到達葉子節點，記錄最優值和最優解，返回。否則，擴展節點沿著排列樹的某個分支擴展時需要判斷限制條件和限界條件，如果滿足，則進入深一層繼續搜尋；如果不滿足，則剪掉該分支。搜尋到葉子節點時，即找到目前最優解。搜尋直到全部的活節點變成死節點為止。

```
void Traveling(int t)
{
    if(t>n)
    {   //到達葉子節點
        //推銷貨物的最後一個城市與住地城市有邊相連並且路徑長度比目前最優值小
        //說明找到了一條更好的路徑，記錄相關資訊
        if(g[x[n]][1]!=INF && (cl+g[x[n]][1]<bestl))
        {
            for(int j=1;j<=n;j++)
                bestx[j]=x[j];
            bestl=cl+g[x[n]][1];
        }
    }
    else
    {
        //沒有到達葉子節點
        for(int j=t; j<=n; j++)
        {
            //搜尋擴展節點的所有分支
            //如果第 t-1 個城市與第 j 個城市有邊相連並且有可能得到更短的路線
            if(g[x[t-1]][x[j]]!=INF&&(cl+g[x[t-1]][x[j]]<bestl))
            {
                //保存第 t 個要去的城市編號到 x[t]中，進入到第 t+1 層
                swap(x[t], x[j]);//交換兩個元素的值
                cl=cl+g[x[t-1]][x[t]];
                Traveling(t+1); //從第 t+1 層的擴展節點繼續搜尋
                //第 t+1 層搜尋完畢，回溯到第 t 層
                cl=cl-g[x[t-1]][x[t]];
                swap(x[t], x[j]);
            }
        }
    }
}
```

5.7.5 實戰演練

```
//program 5-6
#include <iostream>
#include <cstring>
#include <algorithm>
using namespace std;
const int INF=1e7;   //設定無窮大的值為10⁷
const int N=100;
int g[N][N];
int x[N];            //記錄目前路徑
int bestx[N];        //記錄目前最優路徑
int cl;              //目前路徑長度
```

```
int bestl;          //目前最短路徑長度
int n,m;            //城市個數 n，邊數 m

void Traveling(int t)
{
    if(t>n)
    {   //到達葉子節點
        //推銷貨物的最後一個城市與住地城市有邊相連並且路徑長度比目前最優值小
        //說明找到了一條更好的路徑，記錄相關資訊
        if(g[x[n]][1]!=INF && (cl+g[x[n]][1]<bestl))
        {
            for(int j=1;j<=n;j++)
                bestx[j]=x[j];
            bestl=cl+g[x[n]][1];
        }
    }
    else
    {
        //沒有到達葉子節點
        for(int j=t; j<=n; j++)
        {
            //搜尋擴展節點的所有分支
            //如果第 t-1 個城市與第 t 個城市有邊相連並且有可能得到更短的路線
            if(g[x[t-1]][x[j]]!=INF&&(cl+g[x[t-1]][x[j]]<bestl))
            {
                //保存第 t 個要去的城市編號到 x[t]中，進入到第 t+1 層
                swap(x[t], x[j]);//交換兩個元素的值
                cl=cl+g[x[t-1]][x[t]];
                Traveling(t+1); //從第 t+1 層的擴展節點繼續搜尋
                //第 t+1 層搜尋完畢，回溯到第 t 層
                cl=cl-g[x[t-1]][x[t]];
                swap(x[t], x[j]);
            }
        }
    }
}

void init()//初始化
{
    bestl=INF;
    cl=0;
    for(int i=1;i<=n;i++)
        for(int j=i;j<=n;j++)
            g[i][j]=g[j][i]=INF;//表示路徑不可達
    for(int i=0; i<=n; i++)
    {
        x[i]=i;
        bestx[i]=0;
    }
}

void print()//列印路徑
{
    cout<<"最短路徑: ";
    for(int i=1;i<=n; i++)
```

```
            cout<<bestx[i]<<"--->";
        cout<<"1"<<endl;
        cout<<"最短路徑長度："<<bestl;
}

int main()
{
    int u, v, w;       //u、v代表城市，w代表u和v城市之間路的長度
    cout << "請輸入景點數 n（節點數）：";
    cin >> n;
    init();
    cout << "請輸入景點之間的連線數（邊數）：";
    cin >> m;
    cout << "請依次輸入兩個景點u和v之間的距離w，格式：景點u 景點v 距離w\n";
    for(int i=1;i<=m;i++)
    {
        cin>>u>>v>>w;
        g[u][v]=g[v][u]=w;
    }
    Traveling(2);
    print();
    return 0;
}
```

演算法實作和測試

1） 執行環境

```
Code::Blocks
Visual C++ 6.0
```

2） 輸入

```
請輸入景點數 n（節點數）：5
請輸入景點之間的連線數（邊數）：9
請依次輸入兩個景點u和v之間的距離w，格式：景點u 景點v 距離w
1 2 3
1 4 8
1 5 9
2 3 3
2 4 10
2 5 5
3 4 4
3 5 3
4 5 20
```

3） 輸出

```
最短路徑：1--->2--->5--->3--->4--->1
最短路徑長度：23
```

5.7.6 演算法解析及優化擴充

演算法複雜度分析

1）時間複雜度

最壞情況下，如圖 5-135 所示。除了最後一層外，有 $1+n+n(n-1)+...+(n-1)$ $(n-2)...2 \leq n(n-1)!$ 個節點需要判斷限制函數和限界函數，判斷兩個函數需要 $O(1)$ 的時間，因此耗時 $O(n!)$。在葉子節點處記錄目前最優解需要耗時 $O(n)$，在最壞情況下回搜尋到每一個葉子節點，葉子個數為 $(n-1)$，故耗時為 $O(n!)$。因此，時間複雜度為 $O(n!)$。

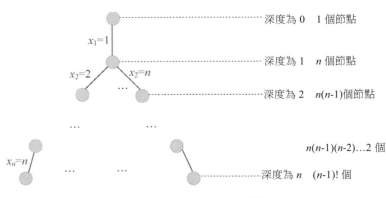

圖 5-135　解空間樹（排列樹）

2）空間複雜度

回溯法的另一個重要特性就是在搜尋執行的同時產生解空間。在所搜尋過程中的任何時刻，僅保留從開始節點到目前擴展節點的路徑，從開始節點起最長的路徑為 n。程式中我們使用 $x[]$ 陣列記錄該最長路徑作為可行解，所以該演算法的空間複雜度為 $O(n)$。

演算法優化擴充

旅行商問題也可以使用動態規劃演算法，如 program 5-6-1 所示，僅作參考。

請注意：動態規劃方法並不是解決 TSP 問題的一個好方法，因其佔用空間和時間複雜度均較大。

```
//program 5-6-1
#include<cstring>
#include<iostream>
#include<cstdlib>
#include<algorithm>
using namespace std;
const int M = 1<<13;
#define INF 0x3f3f3f3f
int dp[M+2][20];        //dp[i][j] 表示第 i 個狀態，到達第 j 個城市的最短路徑
int g[15][15];
int path[M+2][15];      //最優路徑
int n,m;                //n 個城市，m 條路
int bestl;              //最短路徑長度
int sx,S;
void Init()             //初始化
{
    memset(dp,INF,sizeof(dp));
    memset(path,0,sizeof(path));
    memset(g,INF,sizeof(g));
    bestl = INF;
}
void Traveling()//計算 dp[i][j]
{
    dp[1][0]=0;
    S=1<<n; //S=2^n
    for(int i=0; i<S; i++)
    {
        for(int j=0; j<n; j++)
        {
            if(!(i&(1<<j))) continue;
            for(int k = 0; k<n; k++)
            {
                if(i&(1<<k)) continue;
                if(dp[i|(1<<k)][k] > dp[i][j] + g[j][k])
                {
                    dp[i|(1<<k)][k] = dp[i][j] + g[j][k];
                    path[i|(1<<k)][k] = j ;
                }
            }
        }
    }
    for(int i=0; i<n; i++)      //查找最短路徑長度
    {
        if(bestl>dp[S-1][i]+g[i][0])
        {
            bestl=dp[S-1][i]+g[i][0] ;
            sx=i ;
        }
    }
}
void print(int S ,int value)        //列印路徑
{
    if(!S)  return ;
    for(int i=0; i<n ; i++)
    {
```

```
            if(dp[S][i]==value)
            {
                print(S^(1<<i) ,value - g[i][path[S][i]]) ;
                cout<<i+1<<"--->";
                break ;
            }
        }
}
int main()
{
    int u, v, w;//u,v 代表城市，w 代表 u 和 v 城市之間路的長度
    cout << "請輸入景點數 n（節點數）: ";
    cin >> n;
    cout << "請輸入景點之間的連線數（邊數）: ";
    cin >> m;
    Init();
    cout << "請依次輸入兩個景點 u 和 v 之間的距離 w，格式：景點 u 景點 v 距離 w\n";
    for(int i=0; i<m; i++)
    {
        cin >> u >> v >> w;
        g[u-1][v-1] = g[v-1][u-1] = w;
    }
    Traveling();
    cout<<"最短路徑：";
    print(S-1 ,bestl-g[sx][0]) ;
    cout << 1 << endl;
    cout<<"最短路徑長度：" ;
    cout << bestl << endl;
    return 0;
}
```

演算法實作和測試

1）　執行環境

```
Code::Blocks
```

2）　輸入

```
請輸入景點數 n（節點數）: 5
請輸入景點之間的連線數（邊數）: 9
請依次輸入兩個景點 u 和 v 之間的距離 w，格式：景點 u 景點 v 距離 w
1 2 3
1 4 8
1 5 9
2 3 3
2 4 10
2 5 5
3 4 4
3 5 3
4 5 20
```

3）　輸出

> 最短路徑：1--->4--->3--->5--->2--->1
> 最短路徑長度：23

上述動態規劃演算法的時間複雜度為 $O(2^n*n^2)$，空間複雜度為 $O(2^n)$。

5.8 回溯法演算法秘笈

用回溯法解決問題時，首先要考慮如下 3 個問題。

1） 定義合適的解空間

因為解空間的大小對搜尋效率有很大的影響，因此使用回溯法首先要定義合適的解空間，確定解空間包括解的組織形式和顯式限制。

◆ 解的組織形式：解的組織形式都規範為一個 n 位元組 $\{x_1，x_2，\cdots，x_n\}$，只是具體問題表達的含義不同而已。

◆ 顯式限制：顯式限制是對解分量的取值範圍的限定，顯式限制可以控制解空間的大小。

2） 確定解空間的組織結構

解空間的組織結構通常用解空間樹樣貌的表達，根據解空間樹的不同，解空間分為子集樹、排列樹、m 元樹等。

3） 搜尋解空間

回溯法是按照深度優先搜尋策略，根據隱式限制（限制函數和限界函數），在解空間中搜尋問題的可行解或最優解。當發現目前節點不滿足求解條件時，就回溯，嘗試其他的路徑。「能進則進，進不了則換，換不了則退」。

如果問題只是要求可行解，則只需要設定限制函數即可；如果要求最優解，則需要設定限制函數和限界函數。

解空間的大小和剪枝函數的好壞是影響搜尋效率的關鍵。

顯式限制可以控制解空間的大小，剪枝函數決定剪枝的效率。

所以**回溯法解題的關鍵是設計有效的顯式限制和隱式限制。**

Chapter 06

分支限界法

「縱橫間之,舉兵而相角。」

　　　　　　　　　　　　　　　　　　　　　　　　　—《淮南子·覽冥訓》

高誘注:「蘇秦約縱,張儀連橫。南與北合為縱,西與東合為橫,故曰縱成則楚王,橫
成則秦帝也。」

在樹搜尋法中,從上到下為縱,從左向右為橫,縱向搜尋是深度優先,而橫向搜尋是
廣度優先。前面講的回溯法就是一種深度優先的演算法。「橫看成嶺側成峰,遠近高低
各不同。」殺豬殺尾巴,各有各的殺法,既然有可以深度優先,當然也可以用廣度優
先的辦法,這裡要講的分支限界法就是以廣(寬)度優先的樹搜尋方法。

6.1　橫行天下—廣度優先

「體恭敬而心忠信,術禮義而情愛人,橫行天下,雖困四夷,人莫不貴。」

　　　　　　　　　　　　　　　　　　　　　　　　　—《荀子·修身》

那麼如何橫行天下呢?例如有一棵樹,如圖 6-1 所示。

對這樣一棵樹,我們要想橫行(廣度優先),那麼首先搜尋第 1 層 A,然後搜尋第 2
層,從左向右 B、C,再搜尋第 3 層,從左向右 D、E、F、G,再搜尋第 4 層,從左向
右 H、I、J,很簡單吧,其實就是層次遍訪。

程式用佇列實作層次遍訪。很多同學覺得資料結構沒有用處,其實資料結構類似九九
乘法表,你有時根本感覺不到它的存在,但卻無時無刻不在用它!

首先建立一個佇列 Q:

1)　令樹根入佇列,如圖 6-2 所示。

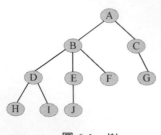

圖 6-1　樹

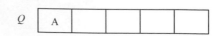

圖 6-2　佇列

2）　佇列頭元素出佇列，輸出 A，同時令 A 的所有孩子（從左向右順序）入佇列，如圖 6-3 所示。

3）　佇列頭元素出佇列，輸出 B，同時令 B 的所有孩子（從左向右順序）入佇列，如圖 6-4 所示。

Q	B	C			

圖 6-3　佇列

Q	C	D	E	F	

圖 6-4　佇列

4）　佇列頭元素出佇列，輸出 C，同時令 C 的所有孩子（從左向右順序）入佇列，如圖 6-5 所示。

5）　佇列頭元素出佇列，輸出 D，同時令 D 的所有孩子（從左向右順序）入佇列，如圖 6-6 所示。

Q	D	E	F	G	

圖 6-5　佇列

Q	E	F	G	H	I

圖 6-6　佇列

6）　佇列頭元素出佇列，輸出 E，同時令 E 的所有孩子（從左向右順序）入佇列，如圖 6-7 所示。

Q	F	G	H	I	J

圖 6-7　佇列

7）　佇列頭元素出佇列，輸出 F，同時令 F 的所有孩子入佇列。F 沒有孩子，不操作。

8）　佇列頭元素出佇列，輸出 G，同時令 G 的所有孩子入佇列。G 沒有孩子，不操作。

9）　佇列頭元素出佇列，輸出 H，同時令 H 的所有孩子入佇列。H 沒有孩子，不操作。

10）佇列頭元素出佇列，輸出 I，同時令 I 的所有孩子入佇列。I 沒有孩子，不操作。

11）佇列頭元素出佇列，輸出 J，同時令 J 的所有孩子入佇列。J 沒有孩子，不操作。

12）佇列為空，結束。輸出的順序為 A，B，C，D，E，F，G，H，I，J。

6.1.1 演算法思維

從根開始，常以廣度優先或以最小耗費（最大效益）優先的方式搜尋問題的解空間樹。首先將根節點加入活節點表（用於存放活節點的資料結構），接著從活節點表中取出根節點，使其成為目前擴展節點，一次性生成其所有孩子節點，判斷孩子節點是捨棄還是保留，捨棄那些導致不可行解或導致非最優解的孩子節點，其餘的被保留在活節點表中。再從活節點表中取出一個活節點作為目前擴展節點，重複上述擴展過程，直到找到所需的解或活節點表為空時為止。由此可見，每一個活節點最多只有一次機會成為擴展節點。

活節點表的實作通常有兩種形式：一是普通的佇列，即先進先出佇列；一種是優先順序佇列，按照某種優先順序決定哪個節點為目前擴展節點，優先佇列一般使用二元堆積來實作，最大堆積實作最大優先佇列，即優先順序數值越大越優先，通常表示最大效益優先；最小堆積實作最小優先佇列，即優先順序數值越小越優先，通常表示最小耗費優先。因此分支限界法也分為兩種：

◆ 佇列式分支限界法。

◆ 優先佇列式分支限界法。

6.1.2 演算法步驟

分支限界法的一般解題步驟為：

1) 定義問題的解空間。

2) 確定問題的解空間組織結構。

3) 搜尋解空間。搜尋前要定義判斷標準（限制函數或限界函數），如果選用優先佇列式分支限界法，則必須確定優先順序。

6.1.3 解題秘笈

1) 定義解空間

因為解空間的大小對搜尋效率有很大的影響，因此使用回溯法首先要定義合適的解空間，確定解空間包括解的組織形式和顯式限制。

◆ 解的組織形式：解的組織形式都規範為一個 n 元組，$\{x_1, x_2, \cdots, x_n\}$，只是具體問題表達的含義不同而已。

◆ 顯式限制：顯式限制是對解分量的取值範圍的限定，透過顯式限制可以控制解空間的大小。

2） 確定解空間的組織結構

解空間的組織結構通常用解空間樹的樣貌來表現，根據解空間樹的不同，解空間分為子集樹、排列樹、m 元樹等。

3） 搜尋解空間

分支限界法是按照廣度優先搜尋策略，一次性生成所有孩子節點，根據隱式限制（限制函數和限界函數）判定孩子節點是捨棄還是保留，如果保留則依次放入活節點表中，活節點表是普通（先進先出）佇列或者是優先順序佇列。然後從活節點表中取出一個節點，繼續擴展，直到找到所需的解或活節點表為空時為止。每一個活節點最多只有一次機會成為擴展節點。

如果問題只是要求可行解，則只需要設定限制函數即可，如果要求最優解，則需要設定限制函數和限界函數。

解的組織形式都是通用的 n 元組形式，解的組織結構是解空間的樣貌表達而已。而解空間和隱式限制是控制搜尋效率的關鍵。顯式限制可以控制解空間的大小，限制函數決定剪枝的效率，限界函數決定是否得到最優解。

在優先佇列分支限界法中，還有一個關鍵的問題是優先順序的設定：選什麼值作為優先順序？如何定義優先順序？優先順序的設計直接決定演算法的效率。因此在本章中，我們重點介紹如何設定高效的優先順序問題。

後面我們透過幾個實例，深刻體會分支限界法的解題策略。

6.2 大賣場購物車 3—0-1 背包問題

央視有一個大型娛樂節目—購物街，舞臺上模擬超市大賣場，有很多貨物，每個嘉賓分配一個購物車，可以盡情地裝滿購物車，購物車裝的價值最高者取勝。假設現在有 n 個物品和 1 個購物車，每個物品 i 對應價值為 v_i，重量 w_i，購物車的容量為 W（你也可以將重量設定為體積）。每個物品只有一件，要麼裝入，要麼不裝入，不可拆分。如何選取物品裝入購物車，使購物車所裝入的物品的總價值最大？要求輸出最優值（裝入的最大價值）和最優解（裝入了哪些物品）。

圖 6-8　購物車示意（插圖 Designed by Freepik）

6.2.1 問題分析

n 個物品和 1 個購物車，每個物品 i 對應價值為 v_i，重量 w_i，購物車的容量為 W（你也可以將重量設定為體積）。每個物品只有一件，要麼裝入，要麼不裝入，不可拆分。如何選取物品裝入購物車，使購物車所裝入的物品的總價值最大？

我們可以嘗試貪心的策略：

1）　每次挑選價值最大的物品裝入背包，得到的結果是否最優？

2）　每次挑選所占空間最小的物品裝入，能否得到最優解？

3）　每次選取單位重量價值最大的物品，能否得到價值最高？

思考一下，如果選價值最大的物品，但重量非常大，也是不行的，因為運載能力有限，所以第（1）種策略捨棄；如果選所占空間最小的物品裝入，佔用空間小不一定重量就輕，也有可能空間小，特別重，所以不能在總重限制的情況下保證價值最高，第（2）種策略捨棄；而第（3）種是每次選取單位重量價值最大的物品，也就是說每次選擇性價比最高的物品，如果可以達到運載重量 m，那麼一定能得到價值最高？不一定。因為物品不可分割，有可能存在購物車沒裝滿，卻不能再裝剩下的物品，這樣價值不一定達到最高。

因此採用貪心策略解決此問題不一定能得到最優解。

我們可以先用普通佇列式分支限界法求解，然後在 6.3.6 節中用優先佇列式分支限界法求解，大家可以對比體會有何不同。

6.2.2　演算法設計

1）　定義問題的解空間

購物車問題屬於典型的 0-1 背包問題，問題的解是從 n 個物品中選擇一些物品使其在不超過容量的情況下價值最大。每個物品有且只有兩種狀態，要麼裝入購物車，要麼不裝入。那麼第 i 個物品裝入購物車，能夠達到目標要求，還是不裝入購物車能夠達到目標要求呢？很顯然目前還不確定。因此，可以用變數 x_i 表示第 i 種物品是否被裝入購物車的行為，如果用「0」表示不被裝入背包，用「1」表示裝入背包，則 x_i 的取值為 0 或 1。第 i 個物品裝入購物車，$x_i=1$，$i=1$，2，$\cdots$，n；不裝入購物車，$x_i=0$。該問題解的形式是一個 n 元組，且每個分量的取值為 0 或 1。

由此可得，問題的解空間為：$\{x_1, x_2, \cdots, x_i, \cdots, x_n\}$，其中，顯式限制 $x_i = 0$ 或 1，$i=1$，2，$\cdots$，n。

2）　確定解空間的組織結構

問題的解空間描述了 2^n 種可能的解，也可以說是 n 個元素組成的集合所有子集個數。例如 3 個物品的購物車問題，解空間是：$\{0, 0, 0\}$，$\{0, 0, 1\}$，$\{0, 1, 0\}$，$\{0, 1, 1\}$，$\{1, 0, 0\}$，$\{1, 0, 1\}$，$\{1, 1, 0\}$，$\{1, 1, 1\}$。該問題有 2^3 個可行解。

如圖 6-9 所示，問題的解空間樹為子集樹，解空間樹的深度為問題的規模 n。

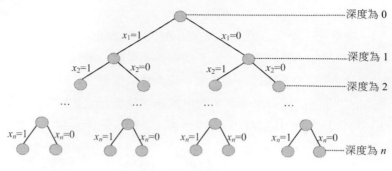

圖 6-9　解空間樹（子集樹）

3）　搜尋解空間

◆　限制條件

購物車問題的解空間包含 2^n 種可能的解，存在某種或某些物品無法裝入購物車的情況，因此需要設定限制條件，來判斷所有可能的解裝入背包的物品的總重量是否超出購物車的容量，如果超出，為不可行解；否則為可行解。搜尋過程不再搜尋那些導致不可行解的節點及其孩子節點。

限制條件為：

$$\sum_{i=1}^{n} w_i x_i \leqslant W$$

◆　限界條件

購物車問題的可行解可能不只一個，問題的目標是找一個裝入購物車的物品總價值最大的可行解，即最優解。因此，需要設定限界條件來加速找出該最優解的速度。

如圖 6-10 所示，根據解空間的組織結構可知，對於任何一個中間節點 z（中間狀態），從根節點到 z 節點的分支所代表的行為已經確定，從 z 到其子孫節點的分支的行為是不確定的。也就是說，如果 z 在解空間樹中所處的層次是 t，說明第 1 種物品到第 $t-1$ 種物品的狀態已經確定了。我們只需要沿著 z 的分支擴展很容易確定第 t 種物品的狀態。那麼前 t 種物品的狀態就確定了。但第 $t+1$ 種物品到第 n 種物品的狀態還不確定。這樣，前 t 種物品的狀態確定後，目前已裝入購物車的物品的總價值，用 cp 表示。已裝入物品的價值高並一定就是最優解，因為還有剩餘物品未確定。

我們還不確定第 $t+1$ 種物品到第 n 種物品的實際狀態，因此只能用估計值。假設第 $t+1$ 種物品到第 n 種物品都裝入購物車，第 $t+1$ 種物品到第 n 種物品的總價值用 rp 來表示。因此 $cp+rp$ 是所有從根出發經過中間節點 z 的可行解的價值上界。

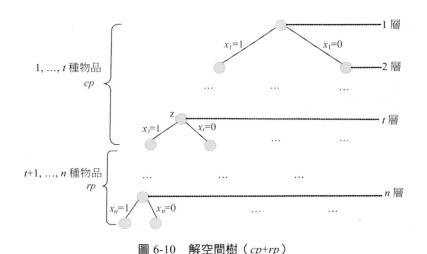

圖 6-10　解空間樹（$cp+rp$）

如果價值上界小於或等於目前搜尋到的最優值（最優值用 $bestp$ 表示，初始值為 0），則說明從中間節點 z 繼續向子孫節點搜尋不可能得到一個比目前更優的可行解，沒有繼續搜尋的必要，反之，則繼續向 z 的子孫節點搜尋。

限界條件為：

$$cp+rp>=bestp$$

請注意：回溯法中的購物車問題，限界條件不帶等號，因為 $bestp$ 初始化為 0，首次到達葉子時才會更新 $bestp$，因此只要有解，必然存在至少到達葉子節點一次。而在分支限界法中，只要 $cp>bestp$，就立即更新 $bestp$，如果限界條件中不帶等號，則會出現無法到達葉子的情況，例如解的最後一位是 0 時，如（1，1，1，0），就無法找到這個的解向量。因為最後一位是 0 時，$cp+rp=bestp$，而不是 $cp+rp>bestp$，如果限界條件不帶等號，就無法到達葉子，得不到解（1，1，1，0）。演算法均設定了到葉子節點判斷更新最優解和最優值。

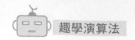

◆ 搜尋過程

從根節點開始，以廣度優先的方式進行搜尋。根節點首先成為活節點，也是目前的擴展節點。一次性生成所有孩子節點，由於子集樹中約定左分支上的值為「1」，因此沿著擴展節點的左分支擴展，則代表裝入物品；由於子集樹中約定右分支上的值為「0」，因此沿著擴展節點的右分支擴展，則代表不裝入物品。此時，判斷是否滿足限制條件和限界條件，如果滿足，則將其加入佇列中；反之，捨棄。然後再從佇列中取出一個元素，作為目前擴展節點，搜尋過程佇列為空時為止。

6.2.3 完美圖解

假設現在有 4 個物品和購物車的容量，每個物品的重量 w 為（2, 5, 4, 2），價值 v 為（6, 3, 5, 4），購物車的容量為 10（W=10），如圖 6-11 所示。求在不超過購物車容量的前提下，把哪些物品放入購物車，才能獲得最大價值。

1) 初始化

$sumw$ 和 $sumv$ 分別用來統計所有物品的總重量和總價值。$sumw$=13，$sumv$=18，$sumw>W$，因此不能全部裝完，需要搜尋求解。初始化目前放入購物車的物品價值 cp=0；目前剩餘物品價值 $rp=sumv$；目前剩餘容量 $rw=W$；目前處理物品序號為 1；目前最優值 $bestp$=0。解向量為 $x[]$=(0, 0, 0, 0)，建立一個根節點 $Node(cp, rp, rw, id)$，標記為 A，加入先進先出佇列 q 中。cp 為裝入購物車的物品價值，rp 剩餘物品的總價值，rw 為剩餘容量，id 為物品號，$x[]$ 為目前解向量，如圖 6-12 所示。

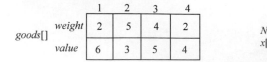

圖 6-11　物品的重量和價值

圖 6-12　搜尋過程及佇列狀態

2) 擴展 A 節點

佇列頭元素 A 出佇列，該節點的 $cp+rp≥bestp$，滿足限界條件，可以擴展。rw=10>$goods[1].weight$=2，剩餘容量大於 1 號物品重量，滿足限制條件，可以放入購物車，$cp=0+6=6$，$rp=18-6=12$，$rw=10-2=8$，$t=2$，$x[1]=1$，解向量更新為 $x[]=(1, 0, 0, 0)$，生成左孩子 B，加入 q 佇列，更新 $bestp=6$，如圖 6-13 所示。

再擴展右分支，$cp=0$，$rp=18-6=12$，$cp+rp \geq bestp=6$，滿足限界條件，不放入 1 號物品，$cp=0$，$rp=12$，$rw=10$，$t=2$，$x[1]=0$，解向量為 $x[]=(0, 0, 0, 0)$，建立新節點 C，加入 q 佇列，如圖 6-14 所示。

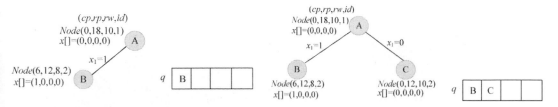

圖 6-13　搜尋過程及佇列狀態　　　　圖 6-14　搜尋過程及佇列狀態

3）擴展 B 節點

佇列頭元素 B 出佇列，該節點的 $cp+rp \geq bestp$，滿足限界條件，可以擴展。$rw=8 > goods[2].weight=5$，剩餘容量大於 2 號物品重量，滿足限制條件，$cp=6+3=9$，$rp=12-3=9$，$rw=8-5=3$，$t=3$，$x[2]=1$，解向量更新為 $x[]=(1, 1, 0, 0)$，生成左孩子 D，加入 q 佇列，更新 $bestp=9$。

再擴展右分支，$cp=6$，$rp=12-3=9$，$cp+rp \geq bestp=9$，滿足限界條件，$t=3$，$x[2]=0$，解向量為 $x[]=(1, 0, 0, 0)$，生成右孩子 E，加入 q 佇列，如圖 6-15 所示。

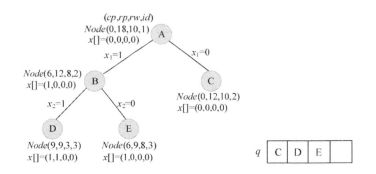

圖 6-15　搜尋過程及佇列狀態

4）擴展 C 節點

佇列頭元素 C 出佇列，該節點的 $cp+rp \geq bestp$，滿足限界條件，可以擴展。$rw=10>$ $goods[2].weight=5$，剩餘容量大於 2 號物品重量，滿足限制條件，$cp=0+3=3$，$rp=12-3=9$，$rw=10-5=5$，$t=3$，$x[2]=1$，解向量更新為 $x[]=(0, 1, 0, 0)$，生成左孩子 F，加入 q 佇列。

再擴展右分支，$cp=0$，$rp=12-3=9$，$cp+rp \geq bestp=9$，滿足限界條件，$rw=10$，$t=3$，$x[2]=0$，解向量為 $x[]=(0, 0, 0, 0)$，生成右孩子 G，加入 q 佇列，如圖 6-16 所示。

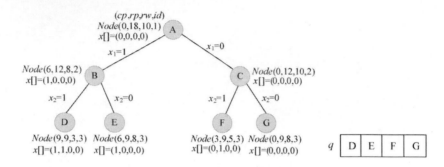

圖 6-16　搜尋過程及佇列狀態

5）　擴展 D 節點

佇列頭元素 D 出佇列，該節點的 $cp+rp \geq bestp$，滿足限界條件，可以擴展。$rw=3>$ $goods[3].weight=4$，剩餘容量小於 3 號物品重量，不滿足限制條件，捨棄左分支。

再擴展右分支，$cp=9$，$rp=9-5=4$，$cp+rp \geq bestp=9$，滿足限界條件，$t=4$，$x[3]=0$，解向量為 $x[]=(1, 1, 0, 0)$，生成右孩子 H，加入 q 佇列，如圖 6-17 所示。

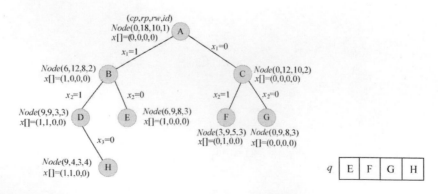

圖 6-17　搜尋過程及佇列狀態

6） 擴展 E 節點

佇列頭元素 E 出佇列，該節點的 $cp+rp \geq bestp$，滿足限界條件，可以擴展。$rw=8>goods[3].weight=4$，剩餘容量大於 3 號物品重量，滿足限制條件，$cp=6+5=11$，$rp=9-5=4$，$rw=8-4=4$，$t=4$，$x[3]=1$，解向量更新為 $x[]=(1, 0, 1, 0)$，生成左孩子 I，加入 q 佇列，更新 $bestp=11$。

再擴展右分支，$cp=6$，$rp=9-5=4$，$cp+rp<bestp=11$，不滿足限界條件，捨棄，如圖 6-18 所示。

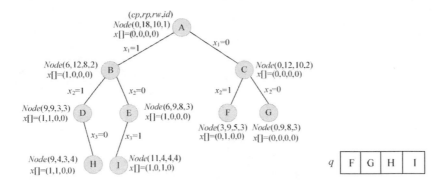

圖 6-18　搜尋過程及佇列狀態

7） 擴展 F 節點

佇列頭元素 F 出佇列，該節點的 $cp+rp \geq bestp$，滿足限界條件，可以擴展。$rw=5>goods[3].weight=4$，剩餘容量大於 3 號物品重量，滿足限制條件，$cp=3+5=8$，$rp=9-5=4$，$rw=5-4=1$，$t=4$，$x[3]=1$，解向量更新為 $x[]=(0, 1, 1, 0)$，生成左孩子 J，加入 q 佇列。

再擴展右分支，$cp=3$，$rp=9-5=4$，$cp+rp<bestp=11$，不滿足限界條件，捨棄，如圖 6-19 所示。

8） 擴展 G 節點

佇列頭元素 G 出佇列，該節點的 $cp+rp<bestp=11$，不滿足限界條件，不再擴展。

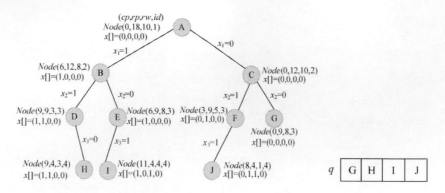

圖 6-19　搜尋過程及佇列狀態

9）擴展 H 節點

佇列頭元素 H 出佇列，該節點的 *cp+rp≥bestp*，滿足限界條件，可以擴展。*rw*=3> *goods*[4].*weight*=2，剩餘容量大於 4 號物品重量，滿足限制條件，令 *cp*=9+4=13， *rp*=4−4=0，*rw*=3−2=1，*t*=5，*x*[4]=1，解向量更新為 *x*[]=(1, 1, 0, 1)，生成左孩子 K，加入 *q* 佇列，更新 *bestp*=13。

再擴展右分支，*cp*=9，*rp*=4−4=0，*cp+rp<bestp*，不滿足限界條件，捨棄，如圖 6-20 所示。

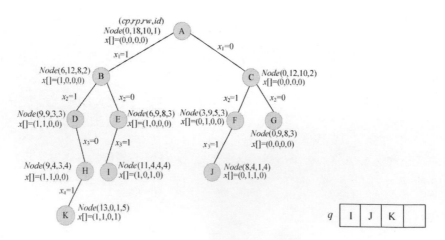

圖 6-20　搜尋過程及佇列狀態

10）擴展 I 節點

佇列頭元素 I 出佇列，該節點的 $cp+rp \geq bestp$，滿足限界條件，可以擴展。$rw=4>$ $goods[4].weight=2$，剩餘容量大於 4 號物品重量，滿足限制條件，$cp=11+4=15$，$rp=4-4=0$，$rw=4-2=2$，$t=5$，$x[4]=1$，解向量更新為 $x[]=(1, 1, 0, 1)$，生成左孩子 L，加入 q 佇列，更新 $bestp=15$。

再擴展右分支，$cp=11$，$rp=4-4=0$，$cp+rp<bestp$，不滿足限界條件，捨棄，如圖 6-21 所示。

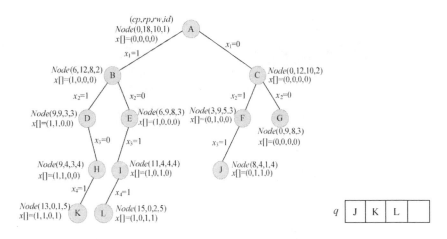

圖 6-21　搜尋過程及佇列狀態

11）佇列頭元素 J 出佇列，該節點的 $cp+rp<bestp=15$，不滿足限界條件，不再擴展。

12）佇列頭元素 K 出佇列，擴展 K 節點：$t=5$，已經處理完畢，$cp<bestp$，不是最優解。

13）佇列頭元素 L 出佇列，擴展 L 節點：$t=5$，已經處理完畢，$cp=bestp$，是最優解，輸出該解向量 $(1, 0, 1, 1)$。

14）佇列為空，演算法結束。

6.2.4　虛擬程式碼詳解

1）　根據演算法設計中的資料結構，我們首先定義一個節點結構體 *Node*。

```
struct Node        //定義節點。每個節點來記錄目前的解資訊。
{
    int cp, rp; //cp 背包的物品總價值，rp 剩餘物品的總價值
    int rw;     //剩餘容量
```

```
    int id;      //物品號
    bool x[N];   //解向量
    Node() { memset(x, 0, sizeof(x)); }//解向量初始化為0
    Node(int _cp, int _rp, int _rw, int _id){
        cp = _cp;
        rp = _rp;
        rw = _rw;
        id = _id;
    }
};
```

在結構體中建構函數 *Node*(int _cp, int _rp, int _rw, int _id) 是為了傳遞參數方便，可以參考 2.6.6 節明確為什麼要使用建構函數。

2）再定義一個物品結構體 *Goods*

我們在前面處理購物車問題時，使用了兩個一維陣列 w[]、v[] 分別儲存物品的重量和價值，在此我們使用一個結構體陣列來儲存。

```
struct Goods
{
    int weight;
    int value;
} goods[N];
```

3）建構函數 *bfs* 進行子集樹的搜尋

首先建立一個普通佇列（先進先出），然後將根節點加入佇列中，如果佇列不空，取出佇列頭元素 *livenode*，得到目前處理的物品序號，如果目前處理的物品序號大於 *n*，說明搜尋到最後一個物品了，不需要往下搜尋。如果目前的購物車沒有剩餘容量（已經裝滿）了，也不再擴展。如果目前放入購物車的物品價值大於等於最優值（*livenode.cp≥bestp*），則更新最優解和最優值。

判斷是否限制條件，滿足則生成左孩子，判斷是否更新最優值，左孩子入佇列，不滿足限制條件則捨棄左孩子；判斷是否滿足限界條件，滿足則生成右孩子，右孩子入佇列，不滿足限界條件則捨棄右孩子。

```
int bfs()
{
    int t,tcp,trp,trw;          //目前處理的物品序號t,目前裝入購物車物品價值tcp,
                                //目前剩餘物品價值trp,目前剩餘容量trw
    queue<Node> q;              //建立一個普通佇列（先進先出）
    q.push(Node(0, sumv, W, 1)); //壓入一個初始節點
    while(!q.empty())           //如果佇列不空
    {
        Node livenode, lchild, rchild;//定義3個節點型變數
```

```
        livenode=q.front();    //取出佇列頭元素作為目前擴展節點 livenode
        q.pop();               //佇列頭元素出佇列
        t=livenode.id;         //目前處理的物品序號
        // 搜尋到最後一個物品的時候不需要往下搜尋
        // 如果目前的購物車沒有剩餘容量（已經裝滿）了，不再擴展
        if(t>n||livenode.rw==0)
        {
            if(livenode.cp>=bestp)//更新最優解和最優值
            {
                for(int i=1; i<=n; i++)
                {
                  bestx[i]=livenode.x[i];
                }
                bestp=livenode.cp;
            }
            continue;
        }
        //判斷目前節點是否滿足限界條件，如果不滿足不再擴展
        if(livenode.cp+livenode.rp<bestp)
            continue;
        //擴展左孩子
        tcp=livenode.cp;       //目前購物車中的價值
        trp=livenode.rp-goods[t].value; //不管目前物品裝入與否，剩餘價值都會減少。
        trw=livenode.rw;       //購物車剩餘容量
        if(trw>=goods[t].weight) //滿足限制條件，可以放入購物車
        {
            lchild.rw=trw-goods[t].weight;
            lchild.cp=tcp+goods[t].value;
            lchild=Node(lchild.cp,trp,lchild.rw,t+1);//建立左孩子節點，傳遞參數
            for(int i=1;i<t;i++)
            {
              lchild.x[i]=livenode.x[i];//複製父親節點的解向量
            }
            lchild.x[t]=true;
            if(lchild.cp>bestp)//比最優值大才更新
                bestp=lchild.cp;
            q.push(lchild);//左孩子入佇列
        }
        //擴展右孩子
        if(tcp+trp>=bestp)//滿足限界條件，不放入購物車
        {
            rchild=Node(tcp,trp,trw,t+1);//建立右孩子節點，傳遞參數
            for(int i=1;i<t;i++)
            {
              rchild.x[i]=livenode.x[i];//複製父親節點的解向量
            }
            rchild.x[t]=false;
            q.push(rchild);//右孩子入佇列
        }
    }
    return bestp;  //返回最優值
}
```

6.2.5 實戰演練

```cpp
//program 6-1
#include <iostream>
#include <algorithm>
#include <cstring>
#include <cmath>
#include <queue>
using namespace std;
const int N = 10;
bool bestx[N];
struct Node            //定義節點
{
    int cp, rp;        //cp 背包的物品總價值，rp 剩餘物品的總價值
    int rw;            //剩餘容量
    int id;            //物品號
    bool x[N];         //解向量
    Node() { memset(x, 0, sizeof(x)); }//解向量初始化為 0
    Node(int _cp, int _rp, int _rw, int _id){
        cp = _cp;
        rp = _rp;
        rw = _rw;
        id = _id;
    }
};
struct Goods
{
    int value;
    int weight;
} goods[N];
int bestp,W,n,sumw,sumv;
/*
  bestp 用來記錄最優值
  W 為購物車最大容量
  n 為物品的個數
  sumw 為所有物品的總重量
  sumv 為所有物品的總價值
*/
//bfs 來進行子集樹的搜尋
int bfs()
{
    int t,tcp,trp,trw;
    queue<Node> q;              //建立一個普通佇列（先進先出）
    q.push(Node(0, sumv, W, 1)); //壓入一個初始節點
    while(!q.empty())           //如果佇列不空
    {
        Node livenode, lchild, rchild;//定義 3 個節點型變數
        livenode=q.front();     //取出佇列頭元素作為目前擴展節點 livenode
        q.pop();                //佇列頭元素出佇列
        t=livenode.id;          //目前處理的物品序號
        // 搜尋到最後一個物品的時候不需要往下搜尋
        // 如果目前的購物車沒有剩餘容量（已經裝滿）了，不再擴展
        if(t>n||livenode.rw==0)
        {
            if(livenode.cp>=bestp)//更新最優解和最優值
```

```
                    {
                        for(int i=1; i<=n; i++)
                        {
                            bestx[i]=livenode.x[i];
                        }
                        bestp=livenode.cp;
                    }
                    continue;
                }
                //判斷目前節點是否滿足限界條件，如果不滿足不再擴展
                if(livenode.cp+livenode.rp<bestp)
                    continue;
                //擴展左孩子
                tcp=livenode.cp;            //目前購物車中的價值
                trp=livenode.rp-goods[t].value; //不管目前物品裝入與否，剩餘價值都會減少。
                trw=livenode.rw;            //購物車剩餘容量
                if(trw>=goods[t].weight)//滿足限制條件，可以放入購物車
                {
                    lchild.rw=trw-goods[t].weight;
                    lchild.cp=tcp+goods[t].value;
                    lchild=Node(lchild.cp,trp,lchild.rw,t+1);//傳遞參數
                    for(int i=1;i<t;i++)
                    {
                        lchild.x[i]=livenode.x[i];//複製以前的解向量
                    }
                    lchild.x[t]=true;
                    if(lchild.cp>bestp)//比最優值大才更新
                        bestp=lchild.cp;
                    q.push(lchild);     //左孩子入佇列
                }
                //擴展右孩子
                if(tcp+trp>=bestp)        //滿足限界條件，不放入購物車
                {
                    rchild=Node(tcp,trp,trw,t+1);//傳遞參數
                    for(int i=1;i<t;i++)
                    {
                        rchild.x[i]=livenode.x[i];//複製以前的解向量
                    }
                    rchild.x[t]=false;
                    q.push(rchild);//右孩子入佇列
                }
            }
    }
    return bestp;               //返回最優值
}
int main()
{
    //輸入物品的個數和背包的容量
    cout << "請輸入物品的個數 n：";
    cin >> n;
    cout << "請輸入購物車的容量 W：";
    cin >> W;
    cout << "請依次輸入每個物品的重量 w 和價值 v，用空格分開：";
    bestp=0;                    //bestv 用來記錄最優解
    sumw=0;                     //sumw 為所有物品的總重量
    sumv=0;                     //sum 為所有物品的總價值
```

```
    for(int i=1; i<=n; i++)
    {
        cin >> goods[i].weight >> goods[i].value;//輸入第 i 件物品的體積和價值
        sumw+= goods[i].weight;
        sumv+= goods[i].value;
    }
    if(sumw<=W)
    {
        bestp=sumv;
        cout<<"放入購物車的物品最大價值為："<<bestp<<endl;
        cout<<"所有的物品均放入購物車。";
        return 0;
    }
    bfs();
    cout<<"放入購物車的物品最大價值為："<<bestp<<endl;
    cout<<"放入購物車的物品序號為：";
    // 輸出最優解
    for(int i=1; i<=n; i++)
    {
        if(bestx[i])
            cout<<i<<"  ";
    }
    return 0;
}
```

演算法實作和測試

1）執行環境

Code::Blocks

2）輸入

請輸入物品的個數 n：4
請輸入購物車的容量 W：10
請依次輸入每個物品的重量 w 和價值 v，用空格分開：
2 6 5 3 4 5 2 4

3）輸出

放入購物車的物品最大價值為：15
放入購物車的物品序號為：1 3 4

6.2.6 演算法解析

1）時間複雜度

演算法的執行時間取決於它在搜尋過程中生成的節點數，而限界函數可以大大減少所生成的節點個數，避免無效搜尋，加快搜尋速度。

左孩子需要判斷限制函數，右孩子需要判斷限界函數，那麼最壞有多少個左孩子和右孩子呢？我們看規模為 n 的子集樹，最壞情況下的狀態如圖 6-22 所示。

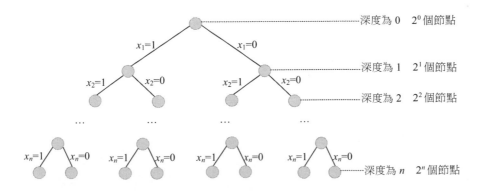

圖 6-22　解空間樹（子集樹）

總體節點個數有 $2^0+2^1+...+2^n=2^{n+1}-1$，減去樹根節點再除 2 就得到了左右孩子節點的個數，左右孩子節點的個數$=(2^{n+1}-1-1)/2=2^n-1$。

限制函數時間複雜度為 $O(1)$，限界函數時間複雜度為 $O(1)$。最壞情況下有 $O(2^n)$ 個左孩子節點調用限制函數，有 $O(2^n)$ 個右孩子節點需要調用限界函數，故計算購物車問題的分支限界法的時間複雜度為 $O(2^{n+1})$。

2）　空間複雜度

空間主要耗費在 $Node$ 節點裡面儲存的變數和解向量，因為最多有 $O(2^{n+1})$ 個節點，而每個節點的解向量需要 $O(n)$ 個空間，則空間複雜度為 $O(n*2^{n+1})$。其實每個節點都記錄解向量的辦法是很笨的噢，我們可以用指標記錄目前節點的左右孩子和父親，到達葉子時逆向找其父親節點，直到根節點，就得到了解向量，這樣空間複雜度降為 $O(n)$，大家不妨動手寫寫看。

6.2.7　演算法優化擴充—優先佇列式分支限界法

優先佇列優化，簡單來說就是以目前節點的上界為優先值，把普通佇列改成優先佇列，這樣就得到了優先佇列式分支限界法。

演算法設計

優先順序定義為活節點代表的部分解所描述的裝入的物品價值上界,該價值上界越大,優先順序越高。活節點的價值上界 up= 活節點的 cp+ 剩餘物品裝滿購物車剩餘容量的最大價值 rp′。

限制條件:

$$\sum_{i=1}^{n} w_i x_i \leqslant W$$

限界條件:

$$up = cp + rp' \geq bestp$$

完美圖解

假設我們現在有 4 個物品和購物車的容量,每個物品的重量 w 為 (2, 5, 4, 2),價值 v 為 (6, 3, 5, 4),購物車的容量為 10 (W=10),如圖 6-23 所示。求在不超過購物車容量的前提下,把哪些物品放入購物車,才能獲得最大價值。

1) 初始化

sumw 和 sumv 分別用來統計所有物品的總重量和總價值。sumw=13,sumv=18,sumw>W,因此不能全部裝完,需要搜尋求解。

2) 按價值重量比非遞增排序

把序號和價值重量比儲存在輔助陣列中,按價值重量比非遞增排序,排序後的結果如圖 6-24 所示。

goods[]		1	2	3	4
	weight	2	5	4	2
	value	6	3	5	4

圖 6-23　物品的重量和價值

goods[]		1	4	3	2
	weight	2	2	4	5
	value	6	4	5	3

圖 6-24　物品的重量和價值(排序後)

為了程式處理方便,把排序後的資料儲存在 w[] 和 v[] 陣列中。後面的程式在該陣列上操作即可,如圖 6-25 所示。

3）建立根節點 A

初始化目前放入購物車的物品重量 cp=0；目前價值上界 up=$sumv$；目前剩餘容量 rw=W；目前處理物品序號為 1；目前最優值 $bestp$=0。最優解初始化為 $x[]$=(0, 0, 0, 0)，建立一個根節點 $Node(cp, up, rw, id)$，標記為 A，加入優先佇列 q 中，如圖 6-26 所示。

圖 6-25　物品的重量和價值　　　　　圖 6-26　搜尋過程及優先佇列狀態

4）擴展 A 節點

佇列頭元素 A 出佇列，該節點的 $up \geq bestp$，滿足限界條件，可以擴展。rw=10>$w[1]$=2，剩餘容量大於 1 號物品重量，滿足限制條件，可以放入購物車，生成左孩子，令 cp=0+6=6，rw=10-2=8。

那麼上界怎麼算呢？up=cp+rp'=cp+ 剩餘物品裝滿購物車剩餘容量的最大價值 rp'。剩餘容量還有 8，可以裝入 2、3 號物品，裝入後還有剩餘容量 2，只能裝入 4 號物品的一部分，裝入的價值為剩餘容量*單位重量價值，即 $2 \times 3/5$=1.2，rp'=4+5+1.2=10.2，up=cp+rp'=16.2，在此需要注意，購物車問題屬於 0-1 背包問題，物品要麼裝入，要麼不裝入，是不可以分割，這裡為什麼還會有部分裝入的問題呢？很多讀者看到這裡都有這樣的疑問，在此不是真的部分裝入了，只是算上界而已。

令 t=2，$x[1]$=1，解向量更新為 $x[]$=(1, 0, 0, 0)，建立新節點 B，加入 q 佇列，更新 $bestp$=6，如圖 6-27 所示。

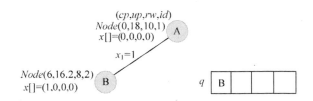

圖 6-27　搜尋過程及優先佇列狀態

再擴展右分支，$cp=0$，$rw=10$，剩餘容量可以裝入 2、3 號物品，裝入後還有剩餘容量 4，只能裝入 4 號物品的一部分，裝入的價值為剩餘容量*單位重量價值，即 4 $\times$ 3/5=2.4，$rp'=4+5+2.4=11.4$，$up=cp+rp'=11.4$，$up>bestp$，滿足限界條件，令 $t=2$，$x[1]=0$，解向量更新為 $x[]=(0, 0, 0, 0)$，生成右孩子 C，加入 q 佇列，如圖 6-28 所示。

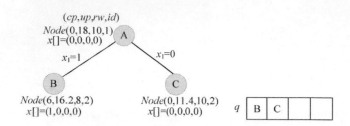

圖 6-28　搜尋過程及優先佇列狀態

5）擴展 B 節點

佇列頭元素 B 出佇列，該節點的 $up \geq bestp$，滿足限界條件，可以擴展。剩餘容量 $rw=8>w[2]=2$，大於 2 號物品重量，滿足限制條件，令 $cp=6+4=10$，$rw=8-2=6$，$up=cp+rp'=10+5+2\times3/5=16.2$，$t=3$，$x[2]=1$，解向量更新為 $x[]=(1, 1, 0, 0)$，生成左孩子 D，加入 q 佇列，更新 $bestp=10$。

再擴展右分支，$cp=6$，$rw=8$，剩餘容量可以裝入 3 號物品，4 號物品部分裝入，$up=cp+rp'=6+5+3\times4/5=13.4$，$up>bestp$，滿足限界條件，令 $t=3$，$x[2]=0$，解向量為 $x[]=(1, 0, 0, 0)$，生成右孩子 E，加入 q 佇列。注意：q 為優先佇列，其實是堆積實作的，如果不想搞清楚，只需要知道每次 up 值最大的節點出佇列即可，如圖 6-29 所示。

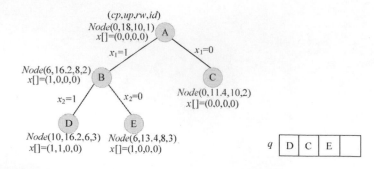

圖 6-29　搜尋過程及優先佇列狀態

6）擴展 D 節點

佇列頭元素 D 出佇列，該節點的 $up \geq bestp$，滿足限界條件，可以擴展。剩餘容量 $rw=6>w[3]=4$，大於 3 號物品重量，滿足限制條件，令 $cp=10+5=15$，$rw=6-4=2$，$up=cp+rp'=10+5+2\times3/5=16.2$，$t=4$，$x[3]=1$，解向量更新為 $x[]=(1, 1, 1, 0)$，生成左孩子 F，加入 q 佇列，更新 $bestp=15$。

再擴展右分支，$cp=10$，$rw=8$，剩餘容量可以裝入 4 號物品，$up=cp+rp'=10+3=13$，$up<bestp$，不滿足限界條件，捨棄右孩子，如圖 6-30 所示。

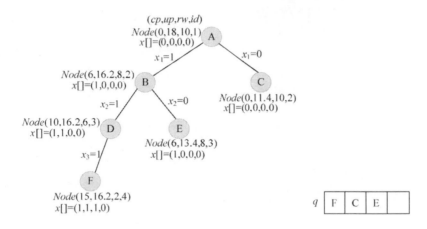

圖 6-30　搜尋過程及優先佇列狀態

7）擴展 F 節點

佇列頭元素 F 出佇列，該節點的 $up \geq bestp$，滿足限界條件，可以擴展。剩餘容量 $rw=2<w[4]=5$，不滿足限制條件，捨棄左孩子。

再擴展右分支，$cp=15$，$rw=2$，雖然有剩餘容量，但物品已經處理完畢，已沒有物品可以裝入，$up=cp+rp'=15+0=15$，$up \geq bestp$，滿足限界條件，令 $t=5$，$x[4]=0$，解向量為 $x[]=(1, 1, 1, 0)$，生成右孩子 G，加入 q 佇列，如圖 6-31 所示。

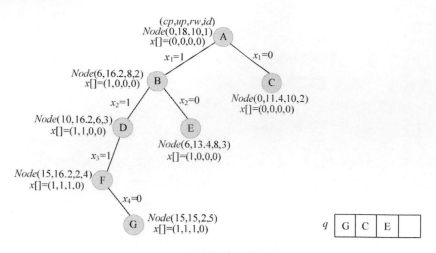

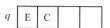

圖 6-31　搜尋過程及優先佇列狀態

8）擴展 G 節點

佇列頭元素 G 出佇列，該節點的 *up*≥*bestp*，滿足限界條件，可以擴展。*t*=5，已經處理完畢，*bestp*=*cp*=15，是最優解，解向量(1, 1, 1, 0)。請注意：雖然解是(1, 1, 1, 0)，但對應的物品原來的序號是1、4、3。G 出佇列後佇列，如圖 6-32 所示。

圖 6-32　優先佇列狀態

9）佇列頭元素 E 出佇列，該節點的 *up*<*bestp*，不滿足限界條件，不再擴展。

10）佇列頭元素 C 出佇列，該節點的 *up*<*bestp*，不滿足限界條件，不再擴展。

11）佇列為空，演算法結束。

虛擬程式碼詳解

1）定義節點和物品結構體

```
struct Node       //定義節點，記錄目前節點的解資訊
{
    int cp;       //cp 裝入購物車的物品價值
    double up;    //價值上界
    int rw;       //背包剩餘容量
    int id;       //物品號
    bool x[N];
    Node() { memset(bestx, 0, sizeof(bestx)); }
    Node(int _cp, double _up, int _rw, int _id)
```

```
    {
        cp = _cp;
        up = _up;
        rw = _rw;
        id = _id;
    }
};
struct Goods    //定義物品結構體，包含物品重量、價值
{
    int weight;
    int value;
}goods[N];
```

2）　定義輔助結構體和排序優先順序（從大到小排序）

```
struct Object    //包含物品序號和單位重量價值，用於按單位重量價值（價值/重量比）排序
{
    int id;     //物品序號
    double d;   //單位重量價值
}S[N];
//定義排序優先順序按照物品單位重量價值由大到小排序
bool cmp(Object a1,Object a2)
{
    return a1.d>a2.d;
}
```

3）　定義佇列的優先順序

以 *up* 為優先順序，*up* 值越大，越優先。

```
bool operator <(const Node &a, const Node &b)
{
    return a.up<b.up;
}
```

4）　計算節點的上界

```
double Bound(Node tnode)
{
    double maxvalue=tnode.cp;//已裝入購物車物品價值
    int t=tnode.id;//排序後序號
    double left=tnode.rw;//剩餘容量
    while(t<=n&&w[t]<=left)
    {
        maxvalue+=v[t];
        left-=w[t];
    }
    if(t<=n)
        maxvalue+=1.0*v[t]/w[t] *left;
    return maxvalue;
}
```

5）　優先佇列分支限界法搜尋函數

```
int priorbfs()
{
    int t,tcp,tup,trw;      //目前處理的物品序號 t，目前裝入購物車物品價值 tcp，
    //目前裝入購物車物品價值上界 tup，目前剩餘容量 trw
    priority_queue<Node> q; //建立一個優先佇列，優先順序為裝入購物車的物品價值上界 up
    q.push(Node(0, sumv, W, 1));//初始化，根節點加入優先佇列
    while(!q.empty())
    {
        Node livenode, lchild, rchild;//定義 3 個節點型變數
        livenode=q.top();   //取出佇列頭元素作為目前擴展節點 livenode
        q.pop();            //佇列頭元素出佇列
        t=livenode.id;      //目前處理的物品序號
        // 搜尋到最後一個物品的時候不需要往下搜尋
        // 如果目前的購物車沒有剩餘容量（已經裝滿）了，不再擴展
        if(t>n||livenode.rw==0)
        {
            if(livenode.cp>=bestp)//更新最優解和最優值
            {
                for(int i=1; i<=n; i++)
                {
                    bestx[i]=livenode.x[i];
                }
                bestp=livenode.cp;
            }
            continue;
        }
        //判斷目前節點是否滿足限界條件，如果不滿足不再擴展
        if(livenode.up <bestp)
            continue;
        //擴展左孩子
        tcp=livenode.cp;    //目前購物車中的價值
        trw=livenode.rw;    //購物車剩餘容量
        if(trw>=w[t])       //滿足限制條件，可以放入購物車
        {
            lchild.cp=tcp+v[t];
            lchild.rw=trw-w[t];
            lchild.id=t+1;
            tup=Bound(lchild); //計算左孩子上界
            lchild=Node(lchild.cp,tup,lchild.rw,t+1);//傳遞參數
            for(int i=1;i<t;i++)
            {
                lchild.x[i]=livenode.x[i];//複製以前的解向量
            }
            lchild.x[t]=true;
            if(lchild.cp>bestp)//比最優值大才更新
                bestp=lchild.cp;
            q.push(lchild);//左孩子入佇列
        }
        //擴展右孩子
        rchild.cp=tcp;
        rchild.rw=trw;
        rchild.id=t+1;
        tup=Bound(rchild);  //右孩子計算上界
        if(tup>=bestp)      //滿足限界條件，不放入購物車
        {
```

```
                rchild=Node(tcp,tup,trw,t+1);//傳遞參數
                for(int i=1;i<t;i++)
                {
                    rchild.x[i]=livenode.x[i];//複製以前的解向量
                }
                rchild.x[t]=false;
                q.push(rchild);//右孩子入佇列
            }
        }
    return bestp;                //返回最優值
}
```

實戰演練

```
//program 6-1-1
#include <iostream>
#include <algorithm>
#include <cstring>
#include <cmath>
#include <queue>
using namespace std;
const int N = 10;
bool bestx[N];                //記錄最優解
int w[N],v[N];                //輔助陣列，用於儲存排序後的重量和價值
struct Node                   //定義節點，記錄目前節點的解資訊
{
    int cp;                   //cp 裝入購物車的物品價值
    double up;                //價值上界
    int rw;                   //背包剩餘容量
    int id;                   //物品號
    bool x[N];
    Node() { memset(x, 0, sizeof(x)); }
    Node(int _cp, double _up, int _rw, int _id)
    {
        cp = _cp;
        up = _up;
        rw = _rw;
        id = _id;
    }
};

struct Goods                  //定義物品結構體，包含物品重量、價值
{
    int weight;
    int value;
}goods[N];

struct Object//定義輔助物品結構體，包含物品序號和單位重量價值，用於按單位重量價值(價值/重量比)
排序
{
    int id; //物品序號
    double d;//單位重量價值
}S[N];

//定義排序優先順序按照物品單位重量價值由大到小排序
```

```
bool cmp(Object a1,Object a2)
{
     return a1.d>a2.d;
}

//定義佇列的優先順序。以 up 為優先順序,up 值越大,也就越優先
bool operator <(const Node &a, const Node &b)
{
     return a.up<b.up;
}

int bestp,W,n,sumw,sumv;
/*
  bestv 用來記錄最優解
  W 為背包的最大容量
  n 為物品的個數
  sumw 為所有物品的總重量
  sumv 為所有物品的總價值
*/

double Bound(Node tnode)
{
     double maxvalue=tnode.cp;//已裝入購物車物品價值
     int t=tnode.id;//排序後序號
     double left=tnode.rw;//剩餘容量
     while(t<=n&&w[t]<=left)
     {
          maxvalue+=v[t];
          left-=w[t];
     }
     if(t<=n)
          maxvalue+=1.0*v[t]/w[t] *left;
     return maxvalue;
}
//priorbfs 為優先佇列式分支限界法搜尋
int priorbfs()
{
      int t,tcp,tup,trw; //目前處理的物品序號 t,目前裝入購物車物品價值 tcp,
     //目前裝入購物車物品價值上界 tup,目前剩餘容量 trw
     priority_queue<Node> q; //建立一個優先佇列,優先順序為裝入購物車的物品價值上界 up
     q.push(Node(0, sumv, W, 1));//初始化,根節點加入優先佇列
     while(!q.empty())
     {
          Node livenode, lchild, rchild;//定義 3 個節點型變數
          livenode=q.top();              //取出佇列頭元素作為目前擴展節點 livenode
          q.pop();                       //佇列頭元素出佇列
          t=livenode.id;                 //目前處理的物品序號
          // 搜尋到最後一個物品的時候不需要往下搜尋
          // 如果目前的購物車沒有剩餘容量 (已經裝滿) 了,不再擴展
          if(t>n||livenode.rw==0)
          {
               if(livenode.cp>=bestp)    //更新最優解和最優值
               {
                    for(int i=1; i<=n; i++)
                    {
```

428

```
                            bestx[i]=livenode.x[i];
                    }
                    bestp=livenode.cp;
                }
                continue;
            }
            //判斷目前節點是否滿足限界條件，如果不滿足不再擴展
            if(livenode.up <bestp)
                continue;
            //擴展左孩子
            tcp=livenode.cp;            //目前購物車中的價值
            trw=livenode.rw;           //購物車剩餘容量
            if(trw>=w[t])              //滿足限制條件，可以放入購物車
            {
                lchild.cp=tcp+v[t];
                lchild.rw=trw-w[t];
                lchild.id=t+1;
                tup=Bound(lchild);      //計算左孩子上界
                lchild=Node(lchild.cp,tup,lchild.rw,t+1);//傳遞參數
                for(int i=1;i<t;i++)
                {
                    lchild.x[i]=livenode.x[i];//複製以前的解向量
                }
                lchild.x[t]=true;
                if(lchild.cp>bestp)      //比最優值大才更新
                    bestp=lchild.cp;
                q.push(lchild);          //左孩子入佇列
            }
            //擴展右孩子
            rchild.cp=tcp;
            rchild.rw=trw;
            rchild.id=t+1;
            tup=Bound(rchild);          //右孩子計算上界
            if(tup>=bestp)              //滿足限界條件，不放入購物車
            {
                rchild=Node(tcp,tup,trw,t+1);//傳遞參數
                for(int i=1;i<t;i++)
                {
                    rchild.x[i]=livenode.x[i];//複製以前的解向量
                }
                rchild.x[t]=false;
                q.push(rchild);          //右孩子入佇列
            }
        }
    }
    return bestp;                        //返回最優值。
}

int main()
{
    bestp=0;                            //bestv 用來記錄最優解
    sumw=0;                             //sumw 為所有物品的總重量
    sumv=0;                             //sum 為所有物品的總價值
    cout << "請輸入物品的個數 n：";
    cin >> n;
    cout << "請輸入購物車的容量 W：";
```

```
    cin >> W;
    cout << "請依次輸入每個物品的重量 w 和價值 v，用空格分開：";
    for(int i=1; i<=n; i++)
    {
        cin >> goods[i].weight >> goods[i].value;//輸入第 i 件物品的體積和價值。
        sumw+= goods[i].weight;
        sumv+= goods[i].value;
        S[i-1].id=i;
        S[i-1].d=1.0*goods[i].value/goods[i].weight;
    }
    if(sumw<=W)
    {
        bestp=sumv;
        cout<<"放入購物車的物品最大價值為："<<bestp<<endl;
        cout<<"所有的物品均放入購物車。";
        return 0;
    }
    sort(S, S+n, cmp);          //按價值重量比非遞增排序
    cout<<"排序後的物品重量和價值："<<endl;
    for(int i=1;i<=n;i++)
    {
        w[i]=goods[S[i-1].id].weight;//把排序後的資料傳遞給輔助陣列
        v[i]=goods[S[i-1].id].value;
        cout<<w[i]<<"   "<<v[i]<<endl;
    }
    priorbfs();                 //優先佇列分支限界法搜尋
    // 輸出最優解
    cout<<"放入購物車的物品最大價值為："<<bestp<<endl;
    cout<<"放入購物車的物品序號為：";
    //輸出最優解
    for(int i=1;i<=n;i++)
    {
        if(bestx[i])
            cout<<S[i-1].id<<" ";//輸出原物品序號（排序前的）
    }
    return 0;
}
```

演算法實作和測試

1） 執行環境

> Code::Blocks

2） 輸入

```
請輸入物品的個數 n：4
請輸入購物車的容量 W：10
請依次輸入每個物品的重量 w 和價值 v，用空格分開：
2 6 5 3 4 5 2 4
```

3） 輸出

```
排序後的物品重量和價值：
2 6
2 4
4 5
5 3
放入購物車的物品最大價值為：15
放入購物車的物品序號為：1 4 3
```

演算法複雜度分析

雖然在演算法複雜度數量級上，優先佇列的分支限界法演算法和普通佇列的演算法相同，但從圖解可以看出，優先佇列式的分支限界法演算法生成的節點數更少，找到最優解的速度更快。

6.3　奇妙之旅 2一旅行商問題

終於有一個盼望已久的假期！立刻拿出地圖，標出最想去的 n 個景點，以及兩個景點之間的距離 d_{ij}，為了節省時間，我們希望在最短的時間內看遍所有的景點，而且同一個景點只經過一次。怎麼計畫行程，才能在最短的時間內不重複地旅遊完所有景點回到家呢？

圖 6-33　旅遊景點地圖

6.3.1 問題分析

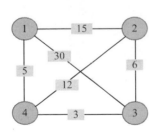

圖 6-34　無向帶權圖

現在我們從 1 號景點出發，遊覽其他 3 個景點，先給景點編號 1~4，每個景點用一個節點表示，可以直接到達的景點有連線，連線上的數字代表兩個景點之間的路程（時間）。那麼要去的景點地圖就轉化成了一個無向帶權圖，如圖 6-34 所示。

在無向帶權圖 $G=(V, E)$ 中，節點代表景點，連線上的數位代表景點之間的路徑長度。我們從 1 號節點出發，先走哪些景點，後走哪些景點呢？只要是可以直接到達的，即有邊相連的，都是可以走的。問題就是要找出從出發地開始的一個景點排列，按照這個順序旅行，不重複地走遍所有景點回到出發地，所經過的路徑長度最短。

431

因此，問題的解空間是一棵排列樹。顯然，對於任意給定的一個無向帶權圖，存在某兩個景點之間沒有直接路徑的情況。也就是說，並不是任何一個景點排列都是一條可行路徑（問題的可行解），因此需要設定限制條件，判斷排列中相鄰的兩個景點之間是否有邊相連，有邊的則可以走通；反之，不是可行路徑。另外，在所有的可行路徑中，要求找出一條最短路徑，因此需要設定限界條件。

6.3.2 演算法設計

1） 定義問題的解空間

奇妙之旅問題解的形式為 n 位元組：$\{x_1, x_2, \cdots, x_i, \cdots, x_n\}$，分量 x_i 表示第 i 個要去的旅遊景點編號，景點的集合為 $S=\{1, 2, \cdots, n\}$。因為景點不可重複走，因此在確定 x_i 時，前面走過的景點 $\{x_1, x_2, \cdots, x_{i-1}\}$ 不可以再走，x_i 的取值為 $S-\{x_1, x_2, \cdots, x_{i-1}\}$，$i=1$，$2$，$\cdots$，$n$。

2） 解空間的組織結構

問題解空間是一棵排列樹，樹的深度為 $n=4$，如圖 6-35 所示。

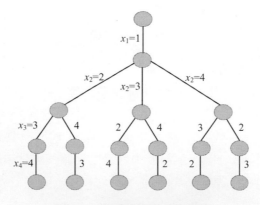

圖 6-35　解空間樹（排列樹）

3） 搜尋解空間

◆ 限制條件

用二維陣列 $g[][]$ 儲存無向帶權圖的鄰接矩陣，如果 $g[i][j]\neq\infty$ 表示城市 i 和城市 j 有邊相連，能走通。

◆ 限界條件

cl<*bestl*，*cl* 的初始值為 0，*bestl* 的初始值為 +∞。

cl：目前已走過的城市所用的路徑長度。

bestl：表示目前找到的最短路徑的路徑長度。

◆ 搜尋過程

如果採用普通佇列（先進先出）式的分支限界法，那麼除了最後一層之外，所有的節點都會生成，這顯然不是我們想要的，因此想要解決該問題，普通佇列式的分支限界法是不可行的。因此可以使用「優先佇列式」分支限界法，加速演算法的搜尋速度。

設定優先順序：目前已走過的城市所用的路徑長度 *cl*。*cl* 越小，優先順序越高。

從根節點開始，以廣度優先的方式進行搜尋。根節點首先成為活節點，也是目前的擴展節點。一次性生成所有孩子節點，判斷孩子節點是否滿足限制條件和限界條件，如果滿足，則將其加入佇列中；反之，捨棄。然後再從佇列中取出一個元素，作為目前擴展節點，搜尋過程佇列為空時為止。

6.3.3　完美圖解

例如，一個景點地圖就轉化成無向帶權圖後，如圖 6-36 所示。

1）資料結構

設定地圖的帶權鄰接矩陣為 *g*[][]，即如果從頂點 *i* 到頂點 *j* 有邊，就讓 *g*[*i*][*j*] 等於 <*i*, *j*> 的權值，否則 *g*[*i*][*j*]=∞（無窮大），如圖 6-37 所示。

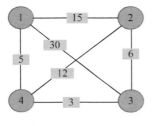

$$\begin{bmatrix} \infty & 15 & 30 & 5 \\ 15 & \infty & 6 & 12 \\ 30 & 6 & \infty & 3 \\ 5 & 12 & 3 & \infty \end{bmatrix}$$

圖 6-36　無向帶權圖　　　　　　　　圖 6-37　鄰接矩陣

2） 初始化

目前已走過的路徑長度 $cl=0$，目前最優值 $bestl=\infty$。初始化解向量 $x[i]$ 和最優解 $bestx[i]$，如圖 6-38 和圖 6-39 所示。

圖 6-38　解向量 $x[i]$　　　　　　　　圖 6-39　最優解 $bestx[i]$

3） 建立 A 節點

A_0 作為初始節點，因為我們是從 1 號節點出發，因此 $x[1]=1$，生成 A 節點。建立 A 節點 $Node(cl, id)$，$cl=0$，$id=2$；cl 表示目前已走過的城市所用的路徑長度，id 展示層號；解向量 $x[]=(1, 2, 3, 4)$，A 加入優先佇列 q 中，如圖 6-40 所示。

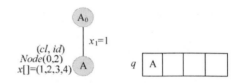

圖 6-40　搜尋過程及優先佇列狀態

4） 擴展 A 節點

佇列頭元素 A 出佇列，一次性生成 A 節點的所有孩子，用 t 記錄 A 節點的 id，$t=2$。

搜尋 A 節點的所有分支，for($j=t$; $j<=n$; $j++$)。對每一個 j，判斷 $x[t-1]$ 節點和 $x[j]$ 節點是否有邊相連，且 $cl+g[x[t-1]][x[j]]<bestl$，即判定是否滿足限制條件和限界條件。如果滿足則生成新節點 $Node(cl, id)$，新節點的 $cl=cl+g[x[t-1]][x[j]]$，新節點的 $id=t+1$，複製父節點 A 的解向量，並執行交換操作 $swap(x[t], x[j])$，剛生成的新節點加入優先佇列；如果不滿足，則捨棄。

◆ $j=2$：因為 $x[1]$ 節點和 $x[2]$ 節點有邊相連，且 $cl+g[1][2]=0+15=15<bestl=\infty$，滿足限制條件和限界條件，生成 B 節點 $Node(15, 3)$。複製父節點 A 的解向量 $x[]=(1, 2, 3, 4)$，並執行交換操作 $swap(x[t], x[j])$，即 $x[2]$ 和 $x[2]$ 交換，解向量 $x[]=(1, 2, 3, 4)$。B 加入優先佇列。

◆ $j=3$：因為 $x[1]$ 節點和 $x[3]$ 節點有邊相連，且 $cl+g[1][3]=0+30=30<bestl=\infty$，滿足限制條件和限界條件，生成 C 節點 $Node(30, 3)$。複製父節點 A 的解向量 $x[]=(1,

2, 3, 4)，並執行交換操作 $swap(x[t], x[j])$，即 $x[2]$ 和 $x[3]$ 交換，解向量 $x[]=(1, 3, 2, 4)$。C 加入優先佇列。

◆ $j=4$：因為 $x[1]$ 節點和 $x[4]$ 節點有邊相連，且 $cl+g[1][4]=0+5=5<bestl=\infty$，滿足限制條件和限界條件，生成 D 節點 $Node(8, 3)$。複製父節點 A 的解向量 $x[]=(1, 2, 3, 4)$，並執行交換操作 $swap(x[t], x[j])$，即 $x[2]$ 和 $x[4]$ 交換，解向量 $x[]=(1, 4, 3, 2)$。D 加入優先佇列。

結果如圖 6-41 所示。

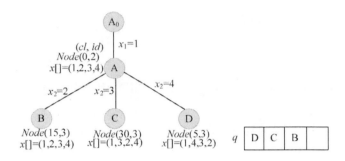

圖 6-41　搜尋過程及優先佇列狀態

5）佇列頭元素 D 出佇列

一次性生成 D 節點的所有孩子，$x[]=(1, 4, 3, 2)$，用 t 記錄 D 節點的 id，$t=3$。搜尋 D 節點的所有分支，for($j=t; j<=n; j++$)。

◆ $j=3$：因為 $x[2]$ 節點和 $x[3]$ 節點有邊相連，且 $cl+g[4][3]=5+3=8<bestl=\infty$，滿足限制條件和限界條件，生成 E 節點 $Node(8, 4)$。複製父節點 D 的解向量 $x[]=(1, 4, 3, 2)$，並執行交換操作 $swap(x[t], x[j])$，即 $x[3]$ 和 $x[3]$ 交換，解向量 $x[]=(1, 4, 3, 2)$。E 加入優先佇列。

◆ $j=4$：因為 $x[2]$ 節點和 $x[4]$ 節點有邊相連，且 $cl+g[4][2]=5+12=17<bestl=\infty$，滿足限制條件和限界條件，生成 F 節點 $Node(17, 4)$。複製父節點 D 的解向量 $x[]=(1, 4, 3, 2)$，並執行交換操作 $swap(x[t], x[j])$，即 $x[3]$ 和 $x[4]$ 交換，解向量 $x[]= (1, 4, 2, 3)$。F 加入優先佇列。

結果如圖 6-42 所示。

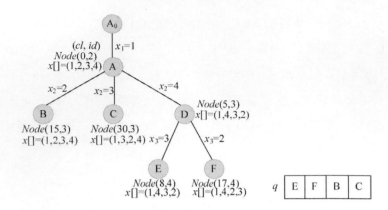

圖 6-42　搜尋過程及優先佇列狀態

6）佇列頭元素 E 出佇列

$x[]=(1, 4, 3, 2)$，用 t 記錄 E 節點的 id，$t=4$。

◆ $j=n$，立即判斷因為 $x[3]=3$ 節點和 $x[4]=2$ 節點有邊相連，以及 $x[4]=2$ 節點和 $x[1]=1$ 節點有邊相連，如果滿足，則判斷 $cl+g[3][2]+g[2][1]=8+6+15=29<bestl=\infty$，立即更新最優值 $bestl=29$，更新最優解向量 $x[]=(1, 4, 3, 2)$。

目前優先佇列元素，如圖 6-43 所示。

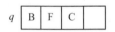

圖 6-43　優先佇列狀態

7）佇列頭元素 B 出佇列

一次性生成 B 節點的所有孩子，$x[]=(1, 2, 3, 4)$，用 t 記錄 B 節點的 id，$t=3$。搜尋 B 節點的所有分支，for($j=t; j<=n; j++$)。

◆ $j=3$：因為 $x[2]$ 節點和 $x[3]$ 節點有邊相連，且 $cl+g[2][3]=15+6=21<bestl=29$，滿足限制條件和限界條件，生成 G 節點 $Node(21, 4)$。複製父節點 B 的解向量 $x[]=(1, 2, 3, 4)$，並執行交換操作 $swap(x[t], x[j])$，即 $x[3]$ 和 $x[3]$ 交換，解向量 $x[]=(1, 2, 3, 4)$。G 加入優先佇列。

◆ *j*=4：因為 *x*[2] 節點和 *x*[4] 節點有邊相連，且 *cl*+*g*[2][4]=15+12=27<*bestl*=29，滿足限制條件和限界條件，生成 H 節點 *Node*(27, 4)。複製父節點 B 的解向量 *x*[]=(1, 2, 3, 4)，並執行交換操作 *swap*(*x*[*t*], *x*[*j*])，即 *x*[3] 和 *x*[4] 交換，解向量 *x*[]=(1, 2, 4, 3)。H 加入優先佇列。

結果如圖 6-44 所示。

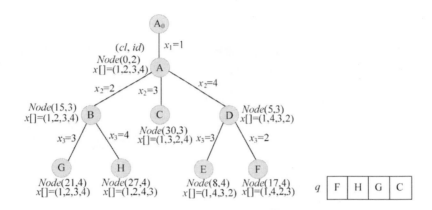

圖 6-44　搜尋過程及優先佇列狀態

8）佇列頭元素 F 出佇列

　x[]=(1, 4, 2, 3)，用 *t* 記錄 E 節點的 *id*，*t*=4。

◆ *j*=*n*，立即判斷因為 *x*[3]=2 節點和 *x*[4]=3 節點有邊相連，以及 *x*[4]=3 節點和 *x*[1]=1 節點有邊相連，如果滿足，則判斷 *cl*+*g*[2][3]+*g*[3][1]=17+6+30>*bestl*=29，不更新。

目前優先佇列元素，如圖 6-45 所示。

圖 6-45　優先佇列狀態

9）佇列頭元素 G 出佇列

　x[]=(1, 2, 3, 4)，用 *t* 記錄 G 節點的 *id*，*t*=4。

◆ *j*=*n*，立即判斷因為 *x*[3]=3 節點和 *x*[4]=4 節點有邊相連，以及 *x*[4]=4 節點和 *x*[1]=1 節點有邊相連，如果滿足，則判斷 *cl*+*g*[3][4]+*g*[4][1]=21+3+5=*bestl*=29，不更新。

10）佇列頭元素 H 出佇列

x[]=(1, 2, 4, 3)，用 *t* 記錄 H 節點的 *id*，*t*=4。

◆ *j*=*n*，立即判斷因為 *x*[3]=4 節點和 *x*[4]=3 節點有邊相連，以及 *x*[4]=3 節點和 *x*[1]=1 節點有邊相連，如果滿足，則判斷 *cl*+*g*[4][3]+*g*[3][1]=27+3+30>*bestl*=29，不更新。

11）佇列頭元素 C 出佇列

C 節點的 *cl*=30>*bestl*=29，不再擴展。佇列為空，演算法結束。

6.3.4 虛擬程式碼詳解

1） 定義節點結構體

```
struct Node      //定義節點，記錄目前節點的解資訊
{
    double cl;  //目前已走過的路徑長度
    int id;     //景點序號
    int x[N];   //記錄目前路徑
    Node() {}
    Node(double _cl,int _id)
    {
        cl = _cl;
        id = _id;
    }
};
```

2） 定義優先佇列的優先順序

以 *cl* 為優先順序，*cl* 值越小，越優先。

```
bool operator <(const Node &a, const Node &b)
{
    return a.cl>b.cl;
}
```

3）　優先佇列式分支限界法搜尋函數

```
//Travelingbfs 為優先佇列式分支限界法搜尋
double Travelingbfs()
{
    int t;                    //目前處理的景點序號 t
    Node livenode,newnode;    //定義目前擴展節點 livenode，生成新節點 newnode
    priority_queue<Node> q;   //建立優先佇列，優先順序為已經走過的路徑長度 cl，cl 值越小，越優先
    newnode=Node(0,2);        //建立根節點
    for(int i=1;i<=n;i++)
    {
        newnode.x[i]=i;       //初時化根節點的解向量
    }
    q.push(newnode);          //根節點加入優先佇列
    while(!q.empty())
    {
        livenode=q.top();     //取出佇列頭元素作為目前擴展節點 livenode
        q.pop();              //佇列頭元素出佇列
        t=livenode.id;        //目前處理的景點序號
        //搜尋到倒數第 2 個節點的景點時不需要往下搜尋
        if(t==n)              //立即判斷是否更新最優解，
        //例如目前找到一個路徑（1243），到達 4 號節點時，立即判斷 g[4][3]和 g[3][1]是否有邊相
        //連，如果有邊則判斷目前路徑長度 cl+g[4][3]+g[3][1]<bestl，滿足則更新最優值和最優解
        {
            //說明找到了一條更好的路徑，記錄相關資訊
            if(g[livenode.x[n-1]][livenode.x[n]]!=INF&&g[livenode.x[n]][1]!=INF)
              if(livenode.cl+g[livenode.x[n-1]][livenode.x[n]]+g[livenode.x[n]][1]<bestl)
              {
                  bestl=livenode.cl+g[livenode.x[n-1]][livenode.x[n]]+g[livenode.x[n]][1];
                  for(int i=1;i<=n;i++)
                  {
                      bestx[i]=livenode.x[i];//記錄最優解
                  }
              }
            continue;
        }
        //判斷目前節點是否滿足限界條件，如果不滿足不再擴展
        if(livenode.cl>=bestl)
            continue;
        //擴展
        //沒有到達葉子節點
        for(int j=t; j<=n; j++)//搜尋擴展節點的所有分支
        {
          if(g[livenode.x[t-1]][livenode.x[j]]!=INF)//如果 x[t-1]景點與 x[j]景點有邊相連
          {
              double cl=livenode.cl+g[livenode.x[t-1]][livenode.x[j]];
              if(cl<bestl)//有可能得到更短的路線
              {
                  newnode=Node(cl,t+1);
                  for(int i=1;i<=n;i++)
                  {
                      newnode.x[i]=livenode.x[i];//複製以前的解向量
                  }
                  swap(newnode.x[t], newnode.x[j]);//交換 x[t]、x[j]兩個元素的值
                  q.push(newnode);//新節點入佇列
```

```
            }
        }
    }
    return bestl;                    //返回最優值
}
```

6.3.5 實戰演練

```cpp
//program 6-2
#include <iostream>
#include <algorithm>
#include <cstring>
#include <cmath>
#include <queue>
using namespace std;
const int INF=1e7;                   //設定無窮大的值為10^7
const int N=100;
double g[N][N];                      //景點地圖鄰接矩陣
int bestx[N];                        //記錄目前最優路徑
double bestl;                        //目前最優路徑長度
int n,m;                             //景點個數n，邊數m
struct Node                          //定義節點，記錄目前節點的解資訊
{
    double cl;                       //目前已走過的路徑長度
    int id;                          //景點序號
    int x[N];                        //記錄目前路徑
    Node() {}
    Node(double _cl,int _id)
    {
        cl = _cl;
        id = _id;
    }
};
//定義佇列的優先順序。以cl為優先順序，cl值越小，越優先
bool operator <(const Node &a, const Node &b)
{
    return a.cl>b.cl;
}
//Travelingbfs 為優先佇列式分支限界法搜尋
double Travelingbfs()
{
    int t;                           //目前處理的景點序號t
    Node livenode,newnode;           //定義目前擴展節點livenode，生成新節點newnode
    priority_queue<Node> q;          //建立一個優先佇列，優先順序為已經走過的路徑長度cl，cl值越
                                     //小，越優先
    newnode=Node(0,2);               //建立根節點
    for(int i=1;i<=n;i++)
    {
        newnode.x[i]=i;              //初時化根節點的解向量
    }
    q.push(newnode);                 //根節點加入優先佇列
    while(!q.empty())
    {
```

```
        livenode=q.top();        //取出佇列頭元素作為目前擴展節點 livenode
        q.pop();                 //佇列頭元素出佇列
        t=livenode.id;           //目前處理的景點序號
        // 搜尋到倒數第 2 個節點的景點時不需要往下搜尋
        if(t==n)                 //立即判斷是否更新最優解
//例如目前找到一個路徑（1243），到達 4 號節點時，立即判斷 g[4][3]和 g[3][1]是否有邊相
//連，如果有邊則判斷目前路徑長度 cl+g[4][3]+g[3][1]<bestl，滿足則更新最優值和最優解
        {
            //說明找到了一條更好的路徑，記錄相關資訊
            if(g[livenode.x[n-1]][livenode.x[n]]!=INF&&g[livenode.x[n]][1]!=INF)
                if(livenode.cl+g[livenode.x[n-1]][livenode.x[n]]+g[livenode.x[n]][1]<bestl)
                {
                    bestl=livenode.cl+g[livenode.x[n-1]][livenode.x[n]]+g[livenode.x[n]][1];
                    cout<<endl;
                    //記錄目前最優的解向量
                    for(int i=1;i<=n;i++)
                    {
                      bestx[i]=livenode.x[i];
                     }
                }
            continue;
        }
        //判斷目前節點是否滿足限界條件，如果不滿足不再擴展
        if(livenode.cl>=bestl)
            continue;
        //擴展
        //沒有到達葉子節點
        for(int j=t; j<=n; j++)//搜尋擴展節點的所有分支
        {
          if(g[livenode.x[t-1]][livenode.x[j]]!=INF)//如果 x[t-1]景點與 x[j]景點有邊相連
            {
                double cl=livenode.cl+g[livenode.x[t-1]][livenode.x[j]];
                if(cl<bestl)//有可能得到更短的路線
                {
                    newnode=Node(cl,t+1);
                    for(int i=1;i<=n;i++)
                    {
                      newnode.x[i]=livenode.x[i];//複製以前的解向量
                    }
                    swap(newnode.x[t], newnode.x[j]);//交換 x[t]、x[j]兩個元素的值
                    q.push(newnode);//新節點入佇列
                }
            }
        }
    }
    return bestl;//返回最優值
}
void init()//初始化
{
    bestl=INF;
    for(int i=0; i<=n; i++)
    {
        bestx[i]=0;
    }
    for(int i=1;i<=n;i++)
```

```
            for(int j=i;j<=n;j++)
                g[i][j]=g[j][i]=INF;//表示路徑不可達
}
void print()//列印路徑
{
    cout<<endl;
    cout<<"最短路徑：";
    for(int i=1;i<=n;i++)
        cout<<bestx[i]<<"--->";
    cout<<"1"<<endl;
    cout<<"最短路徑長度："<<bestl;
}
int main()
{
    int u, v, w;//u,v代表城市，w代表u和v城市之間路的長度
    cout << "請輸入景點數n（節點數）：";
    cin >> n;
    init();
    cout << "請輸入景點之間的連線數（邊數）：";
    cin >> m;
    cout << "請依次輸入兩個景點u和v之間的距離w，格式：景點u 景點v 距離w："<<endl;
    for(int i=1;i<=m;i++)
    {
        cin>>u>>v>>w;
        g[u][v]=g[v][u]=w;
    }
    Travelingbfs();
    print();
    return 0;
}
```

演算法實作和測試

1） 執行環境

```
Code::Blocks
```

2） 輸入

```
請輸入景點數n（節點數）：4
請輸入景點之間的連線數（邊數）：6
請依次輸入兩個景點u和v之間的距離w，格式：景點u 景點v 距離w：
1 2 15
1 3 30
1 4 5
2 3 6
2 4 12
3 4 3
```

3） 輸出

```
最短路徑：1--->4--->3--->2--->1
最短路徑長度：29
```

6.3.6　演算法解析

1）　時間複雜度

最壞情況下，如圖 6-46 所示。除了最後一層外，有 $1+n+n(n-1)+\ldots+(n-1)(n-2)\ldots2$ $\leq n(n-1)!$ 個節點需要判斷限制函數和限界函數，判斷兩個函數需要 $O(1)$ 的時間，因此耗時 $O(n!)$，時間複雜度為 $O(n!)$。

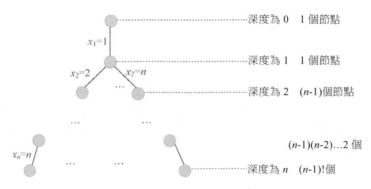

圖 6-46　解空間樹（排列樹）

2）　空間複雜度

程式中我們設定了每個節點都要記錄目前的解向量 $x[]$ 陣列，佔用空間為 $O(n)$，節點的個數最壞為 $O(n!)$，所以該演算法的空間複雜度為 $O(n*n!)$。

6.3.7　演算法優化擴充

演算法設計

演算法開始時建立一個用於表示活節點優先佇列。每個節點的花費下界 $zl=cl+rl$ 值作為優先順序。cl 表示已經走過的路徑長度，rl 表示剩餘路徑長度的下界，rl 用剩餘每個節點的最小出邊之和來計算。初始時先計算圖中每個頂點 i 的最小出邊並用 $minout[i]$ 陣列記錄，$minsum$ 記錄所有節點的最小出邊之和。如果所給的有向圖中某個頂點沒有出邊，則該圖不可能有迴路，演算法立即結束。

1）　限制條件

用二維陣列 $g[][]$ 儲存無向帶權圖的鄰接矩陣，如果 $g[i][j]\neq\infty$ 表示城市 i 和城市 j 有邊相連，能走通。

2） 限界條件

zl<*bestl*。

zl=*cl*+*rl*。

cl：目前已走過的城市所用的路徑長度。

rl：目前剩餘路徑長度的下界。

bestl：目前找到的最短路徑的路徑長度。

3） 優先順序

設定優先順序：*zl* 指已經走過的路徑長度+剩餘路徑長度的下界。*zl* 越小，優先順序越高。

完美圖解

例如，一個景點地圖就轉化成無向帶權圖後，如圖 6-47 所示。

1） 資料結構

設定地圖的帶權鄰接矩陣為 *g*[][]，即如果從頂點 *i* 到頂點 *j* 有邊，就讓 *g*[*i*][*j*]=<*i*, *j*>的權值，否則 *g*[*i*][*j*]=∞（無窮大）。如圖 6-48 所示。

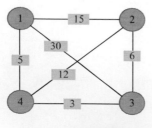

圖 6-47　無向帶權圖

$$\begin{bmatrix} \infty & 15 & 30 & 5 \\ 15 & \infty & 6 & 12 \\ 30 & 6 & \infty & 3 \\ 5 & 12 & 3 & \infty \end{bmatrix}$$

圖 6-48　鄰接矩陣

2） 初始化

目前已走過的路徑長度 *cl*=0，*rl*=*minsum*=17=*cl*+*rl*=*minsum*，目前最優值 *bestl*=∞。初始化解向量 *x*[*i*]、最優解 *bestx*[*i*] 和最小出邊 *minout*[*i*]，如圖 6-49～6-51 所示。

圖 6-49　解向量 $x[i]$

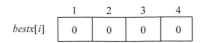

圖 6-50　最優解 $bestx[i]$

3) 建立 A 節點

A_0 作為初始節點，因為我們是從 1 號節點出發，因此 $x[1]=1$，生成 A 節點。建立 A 節點 $Node(zl, cl, rl, id)$，$cl=0$，$rl=minsum=17$，$zl=cl+rl=17$，$id=2$；cl 表示目前已走過的城市的路徑長度，rl 表示剩餘路徑長度的下界，$zl=cl+rl$ 作為優先順序，id 表示層號；解向量 $x[]=(1, 2, 3, 4)$，A 加入優先佇列 q 中，如圖 6-52 所示。

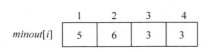

圖 6-51　最小出邊 $minout[i]$

圖 6-52　搜尋過程及優先佇列狀態

4) 擴展 A 節點

佇列頭元素 A 出佇列，一次性生成 A 節點的所有孩子，A 的解向量 $x[]=(1, 2, 3, 4)$，用 t 記錄 A 節點的 id，$t=2$。

搜尋 A 節點的所有分支，for($j=t$; $j<=n$; $j++$)。對每一個 j，判斷 $x[t-1]$ 節點和 $x[j]$ 節點是否有邊相連，且 $cl=cl+g[x[t-1]][[x[j]]$，$rl=rl-minout[x[j]]$，$zl=cl+rl$，$zl<bestl$，即判定是否滿足限制條件和限界條件，如果滿足則生成新節點 $NodeNode(zl, cl, rl, id)$，新節點的 $id=t+1$，複製父節點 A 的解向量，並執行交換操作 $swap(x[t], x[j])$，剛生成的新節點加入優先佇列；如果不滿足，則捨棄。

◆ $j=2$：因為 $x[1]$ 節點和 $x[2]$ 節點有邊相連，且 $cl+g[1][2]=0+15=15$，$rl=rl-minout[2]$ $=11$，$zl=cl+rl=26$，$zl<bestl=\infty$，滿足限制條件和限界條件，生成 B 節點 $Node(26,$ $15, 11, 3)$。複製父節點 A 的解向量 $x[]=(1, 2, 3, 4)$，並執行交換操作 $swap(x[t],$ $x[j])$，即 $x[2]$ 和 $x[2]$ 交換，解向量 $x[]=(1, 2, 3, 4)$。B 加入優先佇列。

◆ $j=3$：因為 $x[1]$ 節點和 $x[3]$ 節點有邊相連，且 $cl+g[1][3]=0+30=30$，$rl=rl-minout[3]$ $=14$，$zl=cl+rl=44$，$zl<bestl=\infty$，滿足限制條件和限界條件，生成 C 節點 $Node(44,$

30, 14, 3)。複製父節點 A 的解向量 $x[]=(1, 2, 3, 4)$，並執行交換操作 $swap(x[t], x[j])$，即 $x[2]$ 和 $x[3]$ 交換，解向量 $x[]=(1, 3, 2, 4)$。C 加入優先佇列。

◆ $j=4$：因為 $x[1]$ 節點和 $x[4]$ 節點有邊相連，且 $cl+g[1][4]=0+5=5$，$rl=rl-minout[4]=$ 14，$zl=cl+rl=19$，$zl<bestl=\infty$，滿足限制條件和限界條件，生成 D 節點 $Node(19,$ 5, 14, 3)。複製父節點 A 的解向量 $x[]=(1, 2, 3, 4)$，並執行交換操作 $swap(x[t], x[j])$，即 $x[2]$ 和 $x[4]$ 交換，解向量 $x[]=(1, 4, 3, 2)$。D 加入優先佇列。

結果如圖 6-53 所示。

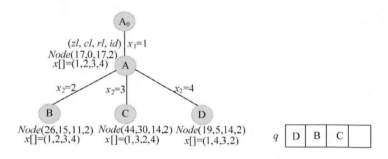

圖 6-53　搜尋過程及優先佇列狀態

5）佇列頭元素 D 出佇列

一次性生成 D 節點的所有孩子，D 的解向量 $x[]=(1, 4, 3, 2)$，用 t 記錄 D 節點的 id，$t=3$。搜尋 D 節點的所有分支，for($j=t; j<=n; j++$)。

◆ $j=3$：因為 $x[2]=4$ 節點和 $x[3]=3$ 節點有邊相連，且 $cl+g[4][3]=5+3=8$，$rl=rl-minout[3]=11$，$zl=cl+rl=19$，$zl<bestl=\infty$，滿足限制條件和限界條件，生成 E 節點 $Node(19, 8, 11, 4)$。複製父節點 D 的解向量 $x[]=(1, 4, 3, 2)$，並執行交換操作 $swap(x[t], x[j])$，即 $x[3]$ 和 $x[3]$ 交換，解向量 $x[]=(1, 4, 3, 2)$。E 加入優先佇列。

◆ $j=4$：因為 $x[2]=4$ 節點和 $x[4]=2$ 節點有邊相連，且 $cl+g[4][2]=5+12=17$，$rl=rl-minout[2]= 8$，$zl=cl+rl=25$，$zl<bestl=\infty$，滿足限制條件和限界條件，生成 F 節點 $Node(25, 17, 8, 4)$。複製父節點 D 的解向量 $x[]=(1, 4, 3, 2)$，並執行交換操作 $swap(x[t], x[j])$，即 $x[3]$和 $x[4]$交換，解向量 $x[]=(1, 4, 2, 3)$。F 加入優先佇列。

結果如圖 6-54 所示。

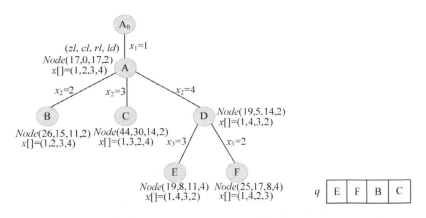

圖 6-54　搜尋過程及優先佇列狀態

6）佇列頭元素 E 出佇列

E 的解向量 $x[]=(1, 4, 3, 2)$，用 t 記錄 E 節點的 id，$t=4$。

◆ $j=n$，立即判斷 $x[3]=3$ 節點和 $x[4]=2$ 節點有邊相連，以及 $x[4]=2$ 節點和 $x[1]=1$ 節點有邊相連，如果滿足，則判斷 $cl+g[3][2]+g[2][1]=8+6+15=29<bestl=\infty$，立即更新最優值 $bestl=29$，更新最優解向量 $x[]=(1, 4, 3, 2)$。

目前優先佇列元素，如圖 6-55 所示。

7）佇列頭元素 F 出佇列

F 的解向量 $x[]=(1, 4, 2, 3)$，用 t 記錄 E 節點的 id，$t=4$。

◆ $j=n$，立即判斷 $x[3]=2$ 節點和 $x[4]=3$ 節點有邊相連，以及 $x[4]=3$ 節點和 $x[1]=1$ 節點有邊相連，如果滿足，則判斷 $cl+g[2][3]+g[3][1]=17+6+30=53>bestl=29$，不更新最優解。

目前優先佇列元素，如圖 6-56 所示。

圖 6-55　優先佇列狀態　　　　　　　圖 6-56　優先佇列狀態

8）佇列頭元素 B 出佇列

一次性生成 B 節點的所有孩子，B 的解向量 $x[]=(1, 2, 3, 4)$，用 t 記錄 B 節點的 id，$t=3$。搜尋 B 節點的所有分支，for($j=t$; $j<=n$; $j++$)。

◆ $j=3$：因為 $x[2]$ 節點和 $x[3]$ 節點有邊相連，且 $cl+g[2][3]=15+6=21$，$rl=rl-minout[3]$ $=8$，$zl=cl+rl=29$，$zl=bestl=29$，不滿足限界條件，捨棄。

◆ $j=4$：因為 $x[2]$ 節點和 $x[4]$ 節點有邊相連，且 $cl+g[2][4]=15+12=27$，$rl=rl-minout[4]$ $=8$，$zl=cl+rl=35$，$zl>bestl=29$，不滿足限界條件，捨棄。

9） 佇列頭元素 C 出佇列

C 節點的 $cl=30>bestl=29$，不再擴展。佇列為空，演算法結束。

虛擬碼詳解

1） 定義節點結構體

```
struct Node              //定義節點，記錄目前節點的解資訊
{
    double cl;           //目前已走過的路徑長度
    double rl;           //剩餘路徑長度的下界
    double zl;           //目前路徑長度的下界 zl=rl+cl
    int id;              //景點序號
    int x[N];            //記錄目前解向量
};
```

2） 定義佇列優先順序

```
//定義佇列的優先順序。 以 zl 為優先順序，zl 值越小，越優先
bool operator <(const Node &a, const Node &b)
{
    return a.zl>b.zl;
}
```

3） 計算下界

```
bool Bound()             //計算下界（即每個景點最小出邊權值之和）
{
    for(int i=1;i<=n;i++)
    {
        double minl=INF;     //初時化景點，點出邊最小值
        for(int j=1;j<=n;j++)//找每個景點的最小出邊
          if(g[i][j]!=INF&&g[i][j]<minl)
                minl=g[i][j];
        if(minl==INF)
            return false;    //表示無迴路
        minout[i]=minl;      //記錄每個景點的最少出邊
        cout<<"第"<<i<<"個景點的最少出邊:"<<minout[i]<<" "<<endl;
```

```
            minsum+=minl;            //記錄所有景點的最少出邊之和
    }
    cout<<"每個景點的最少出邊之和:"""minsum= "<<minsum<<endl;
    return true;
}
```

實戰演練

```cpp
//program 6-2-1
#include <iostream>
#include <algorithm>
#include <cstring>
#include <cmath>
#include <queue>
using namespace std;
const int INF=1e7;              //設定無窮大的值為107
const int N=100;
double g[N][N];                 //景點地圖鄰接矩陣
double minout[N];               //記錄每個景點的最少出邊
double minsum;                  //記錄所有景點的最少出邊之和
int bestx[N];                   //記錄目前最優路徑
double bestl;                   //目前最優路徑長度
int n,m;                        //景點個數 n，邊數 m
struct Node                     //定義節點，記錄目前節點的解資訊
{
    double cl;                  //目前已走過的路徑長度
    double rl;                  //剩餘路徑長度的下界
    double zl;                  //目前路徑長度的下界 zl=rl+cl
    int id;                     //景點序號
    int x[N];                   //記錄目前解向量
    Node() {}
    Node(double _cl,double _rl,double _zl,int _id)
    {
        cl = _cl;
        rl = _rl;
        zl = _zl;
        id = _id;
    }
};

//定義佇列的優先順序。 以 zl 為優先順序，zl 值越小，越優先
bool operator <(const Node &a, const Node &b)
{
    return a.zl>b.zl;
}

bool Bound()                    //計算下界（即每個景點最小出邊權值之和）
{
    for(int i=1;i<=n;i++)
    {
        double minl=INF;        //初時化景點的出邊最小值
        for(int j=1;j<=n;j++)//找每個景點的最小出邊
          if(g[i][j]!=INF&&g[i][j]<minl)
              minl=g[i][j];
        if(minl==INF)
```

```
            return false;      //表示無迴路
        minout[i]=minl;        //記錄每個景點的最少出邊
        minsum+=minl;          //記錄所有景點的最少出邊之和
    }
    return true;
}

//Travelingbfsopt 為優化的優先佇列式分支限界法
double Travelingbfsopt()
{
    if(!Bound())
        return -1;             //表示無迴路
    Node livenode,newnode;     //定義目前擴展節點 livenode，生成新節點 newnode
    priority_queue<Node> q;    //建立一個優先佇列，優先順序為目前路徑長度的下界 zl=rl+cl，
                               //zl 值越小，越優先
    newnode=Node(0,minsum,minsum,2);//建立根節點
    for(int i=1;i<=n;i++)
    {
        newnode.x[i]=i;        //初始化根節點的解向量
    }
    q.push(newnode);           //根節點加入優先佇列
    while(!q.empty())
    {
        livenode=q.top();      //取出佇列頭元素作為目前擴展節點 livenode
        q.pop();               //佇列頭元素出佇列
        int t=livenode.id;     //目前處理的景點序號
        //搜尋到倒數第 2 個節點的景點時不需要往下搜尋
        if(t==n)               //立即判斷是否更新最優解，
        //例如目前找到一個路徑(1243)，到達 4 號節點時，立即判斷 g[4][3]和 g[3][1]是否有邊相
        //連，如果有邊則判斷目前路徑長度 cl+g[4][3]+g[3][1]<bestl，滿足則更新最優值和最優解
        {
            //說明找到了一條更好的路徑，記錄相關資訊
            if(g[livenode.x[n-1]][livenode.x[n]]!=INF&&g[livenode.x[n]][1]!=INF)
                if(livenode.cl+g[livenode.x[n-1]][livenode.x[n]]+g[livenode.x[n]][1]<bestl)
                {
                    bestl=livenode.cl+g[livenode.x[n-1]][livenode.x[n]]+g[livenode.x[n]][1];
                    //記錄目前最優的解向量:";
                    for(int i=1;i<=n;i++)
                    {
                        bestx[i]=livenode.x[i];
                    }
                }
            continue;
        }
        //判斷目前節點是否滿足限界條件，如果不滿足不再擴展
        if(livenode.cl>=bestl)
            continue;
        //擴展
        //沒有到達葉子節點
        for(int j=t; j<=n; j++)//搜尋擴展節點的所有分支
        {
            if(g[livenode.x[t-1]][livenode.x[j]]!=INF)//如果 x[t-1]景點與 x[j]景點有邊相連
            {
                double cl=livenode.cl+g[livenode.x[t-1]][livenode.x[j]];
                double rl=livenode.rl-minout[livenode.x[j]];
```

```
                        double zl=cl+rl;
                        if(zl<bestl)//有可能得到更短的路線
                        {
                            newnode=Node(cl,rl,zl,t+1);
                            for(int i=1;i<=n;i++)
                            {
                                newnode.x[i]=livenode.x[i];//複製以前的解向量
                            }
                            swap(newnode.x[t], newnode.x[j]);//交換兩個元素的值
                            q.push(newnode);//新節點入佇列
                        }
                    }
                }
        }
    return bestl;//返回最優值
}

void init()//初始化
{
    bestl=INF;
    minsum=0;
    for(int i=0; i<=n; i++)
    {
        bestx[i]=0;
    }
    for(int i=1;i<=n;i++)
        for(int j=i;j<=n;j++)
            g[i][j]=g[j][i]=INF;//表示路徑不可達
}

void print()//列印路徑
{
    cout<<endl;
    cout<<"最短路徑：";
    for(int i=1;i<=n; i++)
        cout<<bestx[i]<<"--->";
    cout<<"1"<<endl;
    cout<<"最短路徑長度："<<bestl;
}

int main()
{
    int u, v, w;//u,v 代表城市，w 代表 u 和 v 城市之間路的長度
    cout << "請輸入景點數 n（節點數）：";
    cin >> n;
    init();
    cout << "請輸入景點之間的連線數（邊數）：";
    cin >> m;
    cout << "請依次輸入兩個景點 u 和 v 之間的距離 w，格式：景點 u 景點 v 距離 w："<<endl;
    for(int i=1;i<=m;i++)
    {
        cin>>u>>v>>w;
        g[u][v]=g[v][u]=w;
    }
    Travelingbfsopt();
```

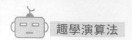

```
        print();
        return 0;
}
```

演算法實作和測試

1） 執行環境

```
Code::Blocks
```

2） 輸入

```
請輸入景點數 n（節點數）：4
請輸入景點之間的連線數（邊數）：6
請依次輸入兩個景點 u 和 v 之間的距離 w，格式：景點 u 景點 v 距離 w：
1 2 15
1 3 30
1 4 5
2 3 6
2 4 12
3 4 3
```

3） 輸出

```
最短路徑：1--->4--->3--->2--->1
最短路徑長度：29
```

演算法複雜度分析

1） 時間複雜度：此演算法的時間複雜度最壞為 $O(nn!)$。

2） 空間複雜度：程式中我們設定了每個節點都要記錄目前的解向量 $x[]$陣列，佔用空間為 $O(n)$，節點的個數最壞為 $O(nn!)$，所以該演算法的空間複雜度為 $O(n^2*(n+1)!)$。

雖然在演算法複雜度數量級上，cl 優先佇列的分支限界法演算法和 zl 優先佇列的演算法相同，但從圖解我們可以看出，zl 優先佇列式的分支限界法演算法生成的節點數更少，找到最優解的速度更快。

6.4　鋪設電纜—最優工程佈線

在實際工程中，鋪設電纜等設施時，既要考慮障礙物的問題，也要考慮造價成本最低。隨著電子裝置的普及，工程中需要大量的電路板。每個電路板上有很多線路，我們在設計電路時，盡可能地節約成本，如果一個電路板省下一分錢，也將是一筆很大的財富。佈線問題就是在 mxn 的方格陣列中，指定一個方格的中點 a，另一個方格的中點 b，問題要求找出 a 到 b 的最短佈線方案。佈線時只能沿直線或直角，不能走斜線。為了避免線路相交，已佈過線的方格做了封鎖標記（灰色），其他線路不允許穿過被封鎖的方格。

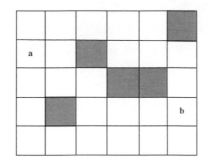

圖 6-57　最優工程佈線

6.4.1　問題分析

如圖 6-58 所示，3×3 的方格陣列，其中灰色方格表示封鎖，不能通過。將每個方格抽象為一個節點，方格和相鄰 4 個方向（上、下、左、右）中能通過的方格用一條邊連起來，不能通過的方格不連線。這樣，可以把**問題的解空間定義為一個圖**，如圖 6-59所示。

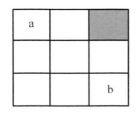

圖 6-58　3×3 的方格陣列

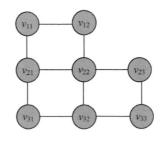

圖 6-59　解空間圖

該問題是特殊的最短路徑問題，特殊之處在於用佈線走過的方格數代表佈線的長度，佈線時每佈一個方格，佈線長度累加 1。我們可以從圖中看出，從 a 到 b 有多種佈線方案，最短的佈線長度即從 a 到 b 的最短路徑長度為 4。

既然只能朝上、下、左、右 4 個方向進行佈線，也就是說如果從樹型搜尋的角度來看，我們把它看作 m 元樹，又如何？那麼問題的解空間就變成了一棵 m 元樹，$m=4$。

6.4.2 演算法設計

1）定義問題的解空間

可以把最優工程佈線問題解的形式為 n 元組：$\{x_1, x_2, \cdots, x_i, \cdots, x_n\}$，分量 x_i 表示最優佈線方案經過的第 i 個方格，而方格也可以用 (x, y) 表示第 x 行第 y 列。因為方格不可重複佈線，因此在確定 x_i 時，前面走過的方格 $\{x_1, x_2, \cdots, x_{i-1}\}$ 不可以再走，x_i 的取值為 $S-\{x_1, x_2, \cdots, x_{i-1}\}$，$S$ 為可佈線的方格集合。

特別注意：和前面的問題不同，因為不知道最優佈線的長度，因此 n 是未知的。

2）解空間的組織結構

問題的解空間是一棵 m 元樹，$m=4$。樹的深度 n 是未知的。如圖 6-60 所示。

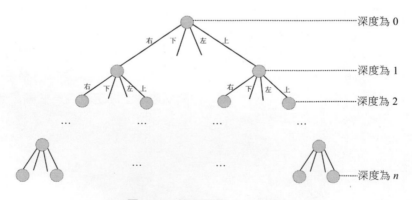

圖 6-60 解空間樹（m 元樹）

3）搜尋解空間

搜尋從起始節點 a 開始，到目標節點 b 結束。

◆ 限制條件：非障礙物或邊界且未曾佈線。

◆ 限界條件：最先碰到的一定是距離最短的，因此無限界條件。

◆ 搜尋過程：從 a 開始將其作為第一個擴展節點，沿 a 的右、下、左、上 4 個方向的相鄰節點擴展。判斷限制條件是否成立，如果成立，則放入活節點表中，並將這個方格標記為 1。接著從活節點佇列中取出佇列首節點作為下一個擴展節點，並沿目前擴展節點的右、下、左、上 4 個方向的相鄰節點擴展，將滿足限制條件的方格記為 2。依此類推，一直繼續搜尋到目標方格或活節點表為空為止，目標方格裡的資料就是最優的佈線長度。

建構最優解過程從目標節點開始，沿著右、下、左、上 4 個方向。判斷如果某個方向方格裡的資料比擴展節點方格裡的資料小 1，則進入該方向方格，使其成為目前的擴展節點。依此類推，搜尋過程一直持續到起始節點結束。

6.4.3 完美圖解

在實作該問題時，需要儲存方格陣列、封鎖標記、起點、終點位置 4 個方向的相對位置、邊界。用二維陣列 *grid* 表示給定的方格，−1 表示未佈線，−2 表示封鎖圍牆（或者障礙物），大於 0 表示已佈線。

如圖 6-61 所示，以此圖為例。

1） 資料結構及初始化

設定方格陣列為二維陣列 *grid*[][]，我們對其四周封鎖，並將封鎖和障礙物標記為 −2，未佈線標記為 −1。對應的數值如圖 6-62 所示。

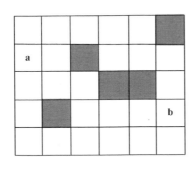

圖 6-61 最優工程佈線 　　　　圖 6-62 最優工程佈線封鎖圍牆

2） 建立並擴展 A 節點

初始節點 a 所在的位置，即目前位置 *here*=(2, 1)，標記初始節點的 ***grid***=(2, 1)=0。
我們從目前節點出發，按照順行進行擴展，左側是封鎖狀態不可行，右、下、上 3
個方向可行，因此生成 B、C、D 這 3 個節點，並加入先進先出佇列 *q*，如圖 6-63
所示，對應的數值如圖 6-64 所示。

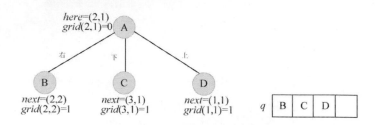

圖 6-63　搜尋過程及佇列狀態

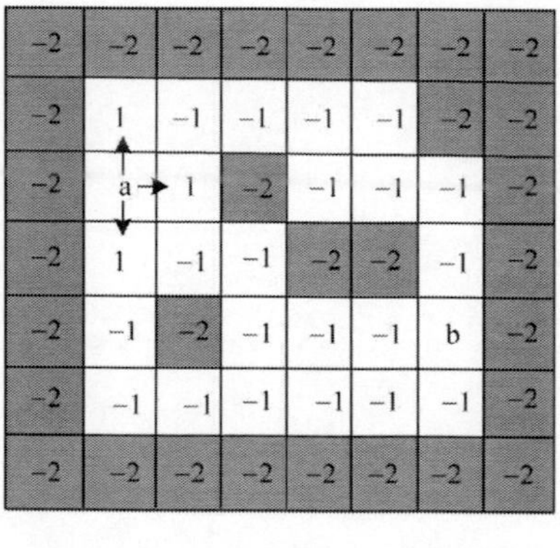

圖 6-64　最優工程佈線方案

3） 擴展 B 節點

B 節點出佇列，B 所在的位置，即目前位置 *here*=(2, 2)，***grid***(2, 2)=1。我們從目前
節點出發，按照右、下、左、上的順序進行擴展，右側是障礙物不可行，左側是
初始狀態不可行，下面和上面可行，因此生成 E、F 兩個節點，並加入先進先出佇
列 *q*，如圖 6-65 所示，對應的數值如圖 6-66 所示。

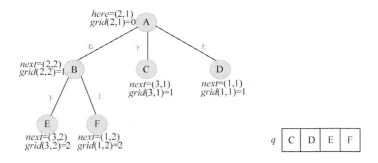

圖 6-65　搜尋過程及佇列狀態

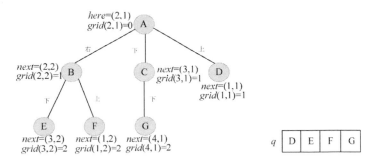

圖 6-66　最優工程佈線方案

4）擴展 C 節點

C 節點出佇列，C 所在的位置，即目前位置 *here*=(3, 1)，**grid**(3, 1)=1。我們從目前節點出發，按照右、下、左、上的順序進行擴展，右側已佈線，左側是封鎖，上面是初始狀態不可行，只有下面可行，因此生成 G 節點，並加入先進先出佇列 *q*，如圖 6-67 所示。對應的數值如圖 6-68 所示。

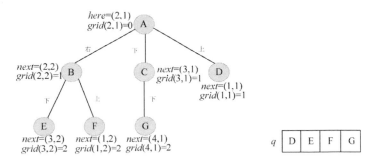

圖 6-67　搜尋過程及佇列狀態

-2	-2	-2	-2	-2	-2	-2	-2
-2	1	2	-1	-1	-1	-2	-2
-2	a	1	-2	-1	-1	-1	-2
-2	1	2	-1	-2	-2	-1	-2
-2	2	-2	-1	-1	-1	b	-2
-2	-1	-1	-1	-1	-1	-1	-2
-2	-2	-2	-2	-2	-2	-2	-2

圖 6-68　最優工程佈線方案

5）　擴展 D 節點

D 節點出佇列，D 所在的位置，即目前位置 *here*=(1, 1)，*grid*(1, 1)=1。我們從目前節點出發，按照右、下、左、上的順序進行擴展，右側已佈線，上面是初始狀態，左側上面是封鎖，4 個方向都不可行，因此不生成節點。

6）　擴展 E 節點

E 節點出佇列，E 所在的位置，即目前位置 *here*=(3, 2)，*grid*(3, 2)=2。我們從目前節點出發，按照右、下、左、上的順序進行擴展，左側上面已佈線，下面是封鎖，不可行，只有右側可行，因此生成 H 節點，並加入先進先出佇列 *q*，如圖 6-69 所示，對應的數值如圖 6-70 所示。

7）　擴展 F 節點

F 節點出佇列，F 所在的位置，即目前位置 *here*=(1, 2)，*grid*(1, 2)=2。我們從目前節點出發，按照右、下、左、上的順序進行擴展，左側下面已佈線，上面是封鎖，不可行，只有右側可行，因此生成 I 節點，並加入先進先出佇列 *q*，如圖 6-71 所示，對應的數值如圖 6-72 所示。

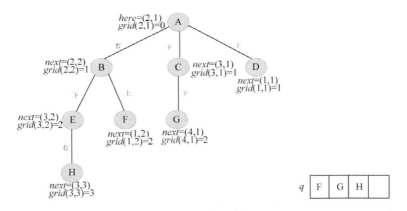

圖 6-69　搜尋過程及佇列狀態

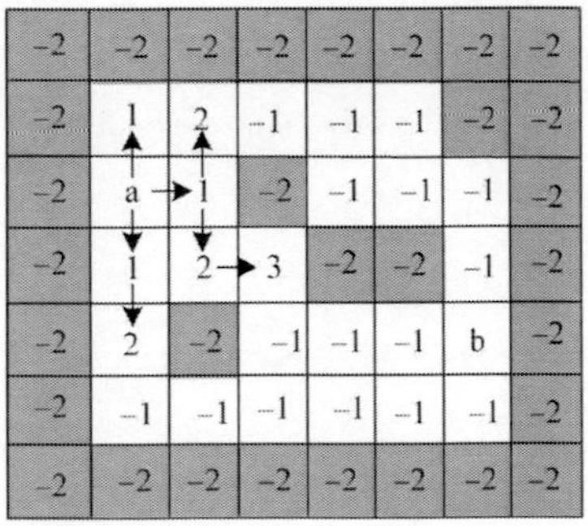

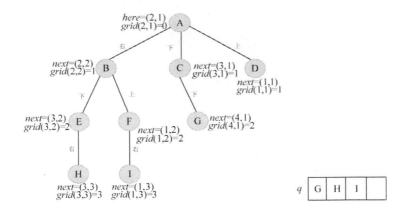

圖 6-70　最優工程佈線方案

圖 6-71　搜尋過程及佇列狀態

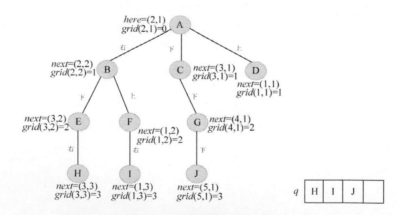

圖 6-72　最優工程佈線方案

8）擴展 G 節點

G 節點出佇列，G 所在的位置，即目前位置 here=(4, 1)，grid(4, 1)=2。我們從目前節點出發，按照右、下、左、上的順序進行擴展，右側是障礙物，左側是封鎖，上面已佈線，不可行，只有下面可行，因此生成 J 節點，並加入先進先出佇列 q，如圖 6-73 所示，對應的數值如圖 6-74 所示。

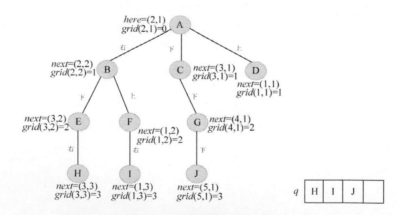

圖 6-73　搜尋過程及佇列狀態

9）擴展 H 節點

H 節點出佇列，H 所在的位置，即目前位置 here=(3, 3)，grid(3, 3)=3。我們從目前節點出發，按照右、下、左、上的順序進行擴展，右側上面是障礙物，左側已佈線，不可行，只有下面可行，因此生成 K 節點，並加入先進先出佇列 q，如圖 6-75 所示，對應的數值如圖 6-76 所示。

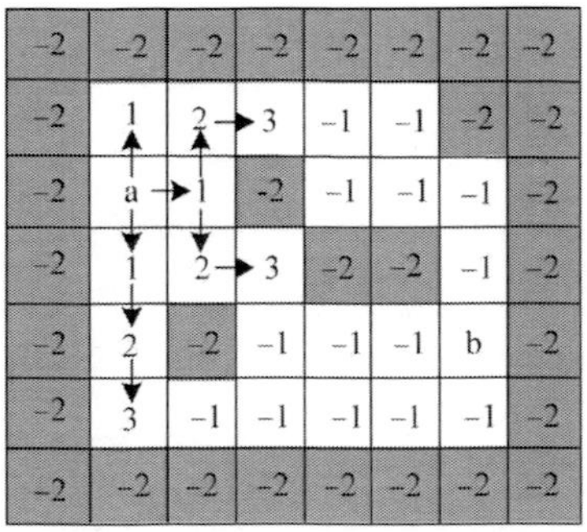

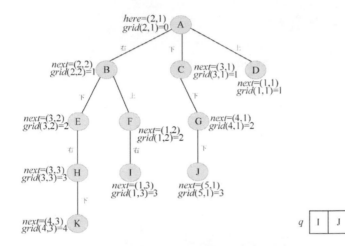

圖 6-74　最優工程佈線方案

圖 6-75　搜尋過程及佇列狀態

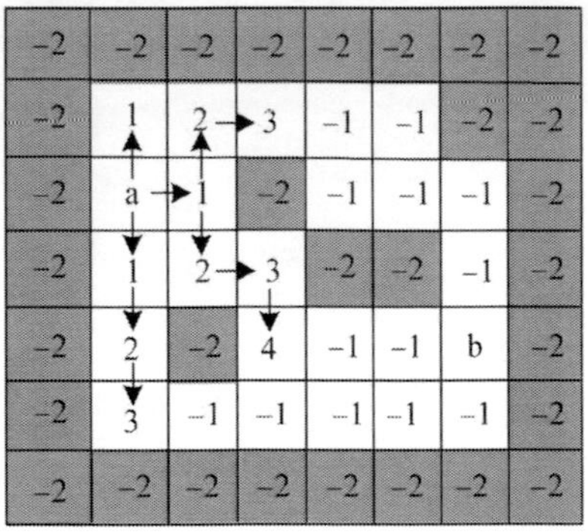

圖 6-76　最優工程佈線方案

461

10）擴展 I 節點

I 節點出佇列，I 所在的位置，即目前位置 *here*=(1, 3)，**grid**(1, 3)=3。我們從目前節點出發，按照右、下、左、上的順序進行擴展，上面封鎖，下面是障礙物，左側已佈線，不可行，只有右側可行，因此生成 L 節點，並加入先進先出佇列 *q*，如圖 6-77 所示，對應的數值如圖 6-78 所示。

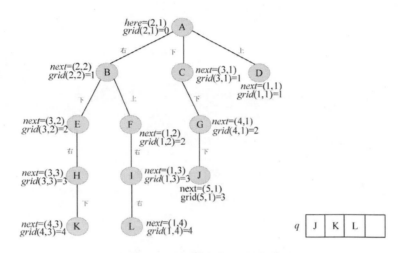

圖 6-77　搜尋過程及佇列狀態

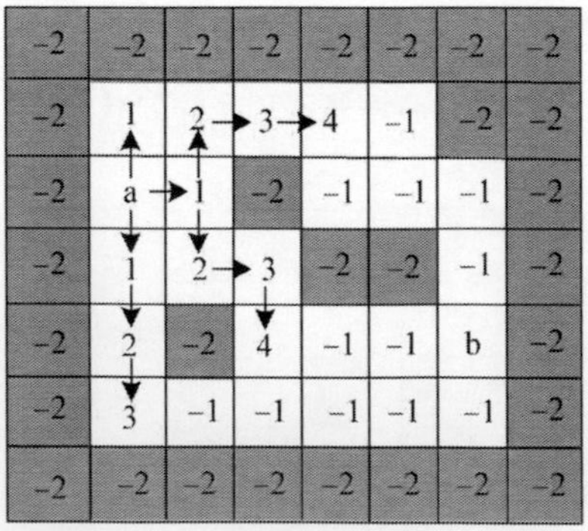

圖 6-78　最優工程佈線方案

11）擴展 J 節點

J 節點出佇列，J 所在的位置，即目前位置 *here*=(5, 1)，**grid**(5, 1)=3。我們從目前節點出發，按照右、下、左、上的順序進行擴展，上面已佈線，左側下面封鎖，不可行，只有右側可行，因此生成 M 節點，並加入先進先出佇列 *q*，如圖 6-79 所示，對應的數值如圖 6-80 所示。

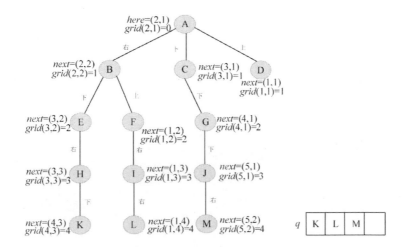

圖 6-79　搜尋過程及佇列狀態

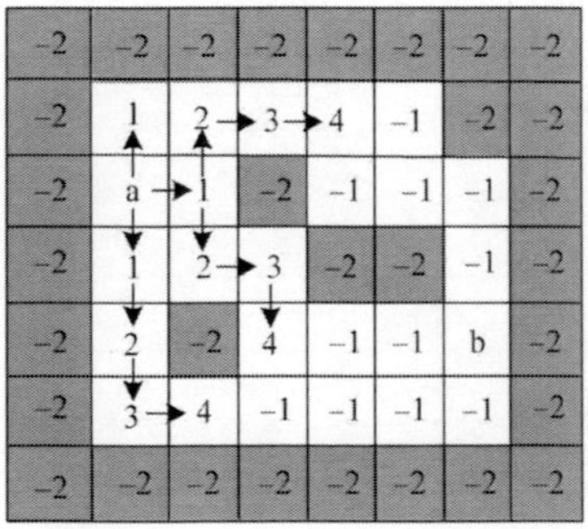

圖 6-80　最優工程佈線方案

12）擴展 K 節點

K 節點出佇列，K 所在的位置，即目前位置 *here*=(4, 3)，**grid**(4, 3)=4。我們從目前節點出發，按照右、下、左、上的順序進行擴展，上面已佈線，左側是障礙物，不可行，只有右側和下面可行，因此生成 N、O 兩個節點，並加入先進先出佇列 *q*，如圖 6-81 所示，對應的數值如圖 6-82 所示。

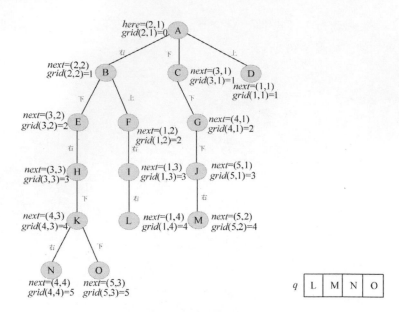

圖 6-81　搜尋過程及佇列狀態

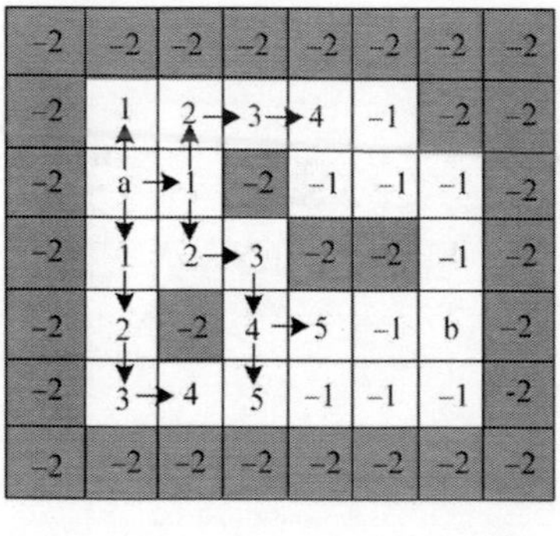

圖 6-82　最優工程佈線方案

13）擴展 L 節點

　　L 節點出佇列，L 所在的位置，即目前位置 *here*=(1, 4)，**grid**(1, 4)=4。我們從目前
節點出發，按照右、下、左、上的順序進行擴展，左側已佈線，上面是封鎖，不
可行，只有右側和下面可行，因此生成 P、Q 兩個節點，並加入先進先出佇列 *q*，
如圖 6-83 所示，對應的數值如圖 6-84 所示。

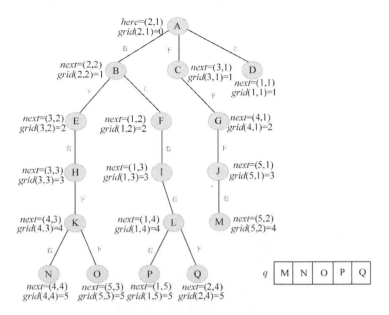

圖 6-83　搜尋過程及佇列狀態

圖 6-84　最優工程佈線方案

14）擴展 M 節點

M 節點出佇列，M 所在的位置，即目前位置 *here*=(5, 2)，**grid**(5, 2)=4。我們從目前節點出發，按照右、下、左、上的順序進行擴展，左右側已佈線，上面障礙物，下面是封鎖，4 個方向都不可行，因此不生成節點。

15）擴展 N 節點

N 節點出佇列，N 所在的位置，即目前位置 *here*=(4, 4)，**grid**(4, 4)=5。我們從目前節點出發，按照右、下、左、上的順序進行擴展，左側已佈線，上面是障礙物，不可行，只有右側和下面可行，因此生成 R、S 兩個節點，並加入先進先出佇列 q，如圖 6-85 所示，對應的數值如圖 6-86 所示。

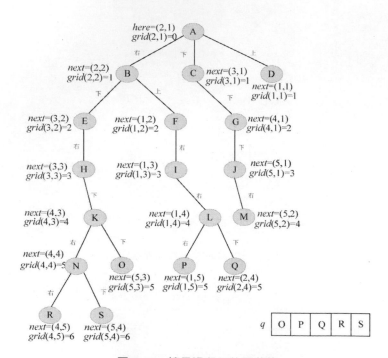

圖 6-85　搜尋過程及佇列狀態

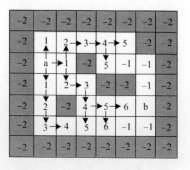

圖 6-86　最優工程佈線方案

16）擴展 O 節點

O 節點出佇列，O 所在的位置，即目前位置 *here*=(5, 3)，***grid***(5, 3)=5。我們從目前節點出發，按照右、下、左、上的順序進行擴展，左右側及上面已佈線，下面是封鎖，4 個方向都不可行，因此不生成節點。

17）擴展 P 節點

　　P 節點出佇列，P 所在的位置，即目前位置 $here$=(1, 5)，$grid$(1, 5)=5。我們從目前節點出發，按照右、下、左、上的順序進行擴展，右側障礙物，左側已佈線，上面是封鎖，不可行，只有下面可行，因此生成 T 節點，並加入先進先出佇列 q，如圖 6-87 所示，對應的數值如圖 6-88 所示。

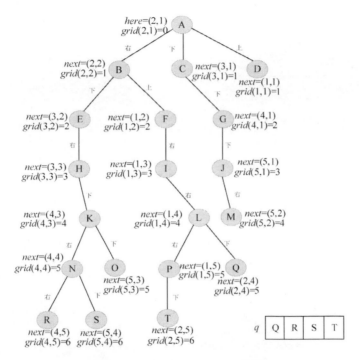

圖 6-87　搜尋過程及佇列狀態

18）擴展 Q 節點

　　Q 節點出佇列，Q 所在的位置，即目前位置 $here$=(2, 4)，$grid$(2, 4)=5。我們從目前節點出發，按照右、下、左、上的順序進行擴展，右側上面已佈線，左側下面障礙物，4 個方向都不可行，因此不生成節點。

19）擴展 R 節點

　　R 節點出佇列，R 所在的位置，即目前位置 $here$=(4, 5)，$grid$(4, 5)=6。我們從目前節點出發，按照右、下、左、上的順序進行擴展，右側位置 $next$=(4, 6)，$grid$(4,

6)=7，此位置正好是終點 b 的位置，演算法結束，最優佈線長度為 7。如圖 6-89 所示，逆向求路徑即可。

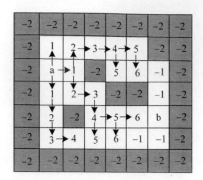

圖 6-88　最優工程佈線方案

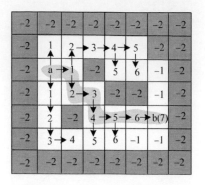

圖 6-89　最優工程佈線方案

6.4.4 虛擬程式碼詳解

1）根據演算法設計中的資料結構，首先定義一個結構體 Position

```
typedef struct
{
    int x;
    int y;
} Position;//位置
```

2）再定義一個方向陣列

```
Position DIR[4],here,next;// 定義方向陣列 DIR[4]，目前格 here，下一格 next;
DIR[0].x=0;
DIR[0].y=1;
DIR[1].x=1;
DIR[1].y=0;
DIR[2].x=0;
DIR[2].y=-1;
DIR[3].x=-1;
DIR[3].y=0;
```

3）按 4 個方向進行搜尋

```
for(;;)
    {
        for(int i=0; i<4; i++)//四個方向的前進,右下左上
        {
            next.x=here.x+DIR[i].x;
            next.y=here.y+DIR[i].y;
            if(grid[next.x][next.y]==-1)//尚未佈線
            {
```

```
                            grid[next.x][next.y]=grid[here.x][here.y]+1;
                            Q.push(next);
                        }
                        if((next.x==e.x)&&(next.y==e.y))break;//找到目標
                    }
                    if((next.x==e.x)&&(next.y==e.y))break;//找到目標
                    if(Q.empty()) return false;
                    else
                    {
                        here=Q.front();
                        Q.pop();
                    }
            }
```

4）　逆向找回最短佈線方案

```
PathLen=grid[e.x][e.y];//逆向找回最短佈線方案
    path=new Position[PathLen];
    here=e;
    for(int j=PathLen-1; j>=0; j--)
    {
        path[j]=here;
        for(int i=0; i<4; i++)//沿四個方向尋找，右下左上
        {
            next.x=here.x+DIR[i].x;
            next.y=here.y+DIR[i].y;
            if(grid[next.x][next.y]==j)break;//找到相同數字
        }
        here=next;
    }
```

6.4.5 實戰演練

```
//program 6-3
#include <iostream>
#include<queue>
#include <iomanip>//I/O串流控制標頭檔，就像 C 裡面的格式化輸出一樣
using namespace std;

typedef struct
{
    int x;
    int y;
} Position;//位置
int grid[100][100];//地圖
bool findpath(Position s,Position e,Position *&path,int &PathLen)
{
    if((s.x==e.x)&&(s.y==e.y))   //判定開始位置是否就是目標位置
    {
        PathLen=0;
        return true;
    }
    Position DIR[4],here,next;   //定義方向陣列 DIR[4]，目前格 here，下一格 next;
    DIR[0].x=0;
```

```
        DIR[0].y=1;
        DIR[1].x=1;
        DIR[1].y=0;
        DIR[2].x=0;
        DIR[2].y=-1;
        DIR[3].x=-1;
        DIR[3].y=0;
        here=s;
        grid[s.x][s.y]=0;           //標記初始為0，未佈線-1，牆壁-2
        queue<Position>Q;
        for(;;)
        {
            for(int i=0; i<4; i++) //4個方向的前進，右下左上
            {
                next.x=here.x+DIR[i].x;
                next.y=here.y+DIR[i].y;
                if(grid[next.x][next.y]==-1)//尚未佈線
                {
                    grid[next.x][next.y]=grid[here.x][here.y]+1;
                    Q.push(next);
                }
                if((next.x==e.x)&&(next.y==e.y))break;//找到目標
            }
            if((next.x==e.x)&&(next.y==e.y))break;//找到目標
            if(Q.empty()) return false;
            else
            {
                here=Q.front();
                Q.pop();
            }
        }
        PathLen=grid[e.x][e.y];//逆向找回最短佈線方案
        path=new Position[PathLen];
        here=e;
        for(int j=PathLen-1; j>=0; j--)
        {
            path[j]=here;
            for(int i=0; i<4; i++)//沿4個方向尋找，右下左上
            {
                next.x=here.x+DIR[i].x;
                next.y=here.y+DIR[i].y;
                if(grid[next.x][next.y]==j)break;//找到相同數字
            }
            here=next;
        }
        return true;
}

void init(int m,int n)//初始化地圖，標記大於0表示已佈線，未佈線-1，牆壁-2
{
    for(int i=1; i<=m; i++)   //方格陣列初始化為-1
        for(int j=1; j<=n; j++)
            grid[i][j]=-1;
    for(int i=0; i<=n+1; i++) //方格陣列上下圍牆
        grid[0][i]=grid[m+1][i]=-2;
```

```
        for(int i=0; i<=m+1; i++) //方格陣列左右圍牆
            grid[i][0]=grid[i][n+1]=-2;
}
int main()
{
    Position a,b, *way;
    int Len,m,n;
    cout<<"請輸入方陣大小 M，N\n"<<endl;
    cin>>m>>n;
    init(m,n);
    while(!(m==0&&n==0))
    {
        cout<<"請輸入障礙物座標 x，y（輸入 0 0 結束）"<<endl;
        cin>>m>>n;
        grid[m][n]=-2;
    }
    cout<<"請輸入起點座標："<<endl;
    cin>>a.x>>a.y;
    cout<<"請輸入終點座標："<<endl;
    cin>>b.x>>b.y;
    if(findpath(a,b,way,Len))
    {
        cout<<"該條最短路徑的長度為："<<Len<<endl;
        cout<<"最佳路徑座標為：\n"<<endl;
        for(int i=0;i<Len;i++)
            cout<<setw(2)<<way[i].x<<setw(2)<<way[i].y<<endl;//setw(n) 設域寬為 n 個字元
    }
    else cout<<"任務無法達成"<<endl;

}
```

演算法實作和測試

1）　執行環境

```
Code::Blocks
```

2）　輸入

```
請輸入方陣大小 M，N
5 6
請輸入障礙物座標 x，y（輸入 0 0 結束）
1 6
請輸入障礙物座標 x，y（輸入 0 0 結束）
2 3
請輸入障礙物座標 x，y（輸入 0 0 結束）
3 4
請輸入障礙物座標 x，y（輸入 0 0 結束）
3 5
請輸入障礙物座標 x，y（輸入 0 0 結束）
5 1
請輸入障礙物座標 x，y（輸入 0 0 結束）
0 0
```

```
請輸入起點座標：
2 1
請輸入終點座標：
4 6
```

3） 輸出

```
該條最短路徑的長度為：7
最佳路徑座標為：
 3 1
 4 1
 4 2
 4 3
 4 4
 4 5
 4 6
```

6.4.6 演算法解析及優化擴充

演算法複雜度分析

1） 時間複雜度

分支限界法求佈線問題，按照 m 元樹（$m=4$）的分析，空間樹最壞情況下的節點為 4^n 個，而空間樹的深度 n 卻是未知的，因此透過這種方法很難確定該演算法的時間複雜度。那怎麼辦呢？我們要看看到底生成了多少個節點。

實際上，每個方格進入活節點佇列最多 1 次，不會重複進入，因此對於 $m \times n$ 的方格陣列，活節點佇列最多處理 $O(mn)$ 個活節點，生成每個活節點需要 $O(1)$ 的時間，因此演算法時間複雜度為 $O(mn)$。建構最短佈線路徑需要 $O(L)$ 時間，其中 L 為最短佈線路徑長度。

2） 空間複雜度

空間複雜度為 $O(n)$。

演算法優化擴充

大家可以動手寫寫，如果不用分支限界法，而是按照求特殊的最短路徑問題，演算法的複雜度如何呢？是不是比單源最短路徑 Dijkstra 演算法簡單多了？

6.5　回溯法與分支限界法的異同

回溯法與分支限界法的比較如下。

相同點

1) 均需要先定義問題的解空間，確定的解空間組織結構一般都是樹或圖。

2) 在問題的解空間樹上搜尋問題解。

3) 搜尋前均需要確定判斷條件，該判斷條件用於判斷擴展生成的節點是否為可行的節點。

4) 搜尋過程中必須判斷擴展生成的節點是否滿足判斷條件，如果滿足，則保留該擴展生成的節點，否則捨棄。

不同點

1) 搜尋目標：回溯法的求解目標是找出解空間樹中滿足限制條件的所有解，而分支限界法的求解目標則是找出滿足限制條件的一個解，或是在滿足限制條件的解中找出在某種意義下的最優解。

2) 搜尋方式不同：回溯法以深度優先的方式搜尋解空間樹，而分支限界法則以廣度優先或以最小耗費優先的方式搜尋解空間樹。

3) 擴展方式不同：在回溯法搜尋中，擴展節點一次生成一個孩子節點，而在分支限界法搜尋中，擴展節點一次生成它所有的孩子節點。

Chapter 07

線性規劃
網路流

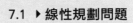

在科學研究、工程設計、經濟管理等方面,我們都會碰到最優化決策的實際問題,而解決這類問題的理論基礎是線性規劃。利用線性規劃研究的問題,大致可歸納為兩種類型:第一種類型是給定一定數量的人力、物力資源,求怎樣安排運用這些資源,能使完成的任務量最大或效益最大;第二種類型是給定一項任務,求怎樣統籌安排,能使完成這項任務的人力、物力資源量最小。

7.1 線性規劃問題

線性規劃(Linear programming,LP)是運籌學中研究較早、發展較快、應用廣泛、方法較成熟的一個重要分支,它是輔助人們進行科學管理的一種數學方法,是研究線性限制條件下線性目標函數的極值問題的數學理論和方法。線性規劃廣泛應用於軍事作戰、經濟分析、經營管理和工程技術等方面。為合理地利用有限的人力、物力、財力等資源做出最優決策,提供了科學的依據。在企業的各項管理活動中,例如計畫、生產、運輸、技術等問題,線性規劃是指從各種限制條件的組合中,選擇出最為合理的計算方法,建立線性規劃模型,從而求得最佳結果。

遇到一個線性規劃問題,該如何解決呢?

1) **確定決策變數**。也就是哪些變數對決策目標有影響。

2) **確定目標函數**。把目標表示為含有決策變數的線性函數,通常目標函數是求最大值或最小值。

3) **找出限制條件**。將對決策變數的限制表示為線性方程式或不等式(≤,=,≥)。

4) **求最優解**。求解的方法有很多,例如圖解法、單純形法。

例如,某木器廠生產圓桌和衣櫃兩種產品,現有兩種木料,第一種有 72m³,第二種有 56m³。假設生產每種產品都需要用兩種木料,生產一張圓桌和一個衣櫃分別所需木料如表 7-1 所示。每生產一張圓桌可獲利 6 元,生產一個衣櫃可獲利 10 元。木器廠在現有木料條件下,圓桌和衣櫃各生產多少,才使獲得利潤最多?

表 7-1　產品需要的木料

產品	木料(單位:m³)	
	第一種	第二種
圓桌	0.18	0.08
衣櫃	0.09	0.28

解：設生產圓桌 x 張，生產衣櫃 y 個，利潤總額為 z 元。

1）　確定決策變數：x、y 分別為生產圓桌、衣櫃的數量。

2）　明確目標函數：獲利最大，即求 $6x+10y$ 最大值。

3）　找出限制條件：

$$\begin{cases} 0.18x + 0.09y \leqslant 72 \\ 0.08x + 0.28y \leqslant 56 \\ x \geqslant 0 \\ y \geqslant 0 \end{cases}$$

如果採用畫圖求解法：首先畫出 x、y 座標，再畫出兩條直線 $0.18x+0.09y \leqslant 72$ 和 $0.08x+0.28y \leqslant 56$，這兩條直線和 $x \geqslant 0$、$y \geqslant 0$ 構成了可行解區間，如圖 7-1 陰影部分所示。然後畫出目標函數 $6x+10y=0$，使其從原點開始平移，直到**直線與陰影區域恰好不再有交點為止**，此時目標函數達到最大值，如圖 7-1 所示。

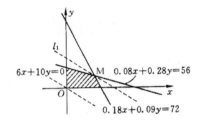

圖 7-1　圖解法平移線

這個交點正好是兩條直線 $0.18x+0.09y \leqslant 72$ 和 $0.08x+0.28y \leqslant 56$ 的交叉點 M，解方程組：

$$\begin{cases} 0.18x + 0.09y = 72 \\ 0.08x + 0.28y = 56 \end{cases}$$

得 M 點座標（350, 100）。因此應生產圓桌 350 張，生產衣櫃 100 個，能使利潤總額達到最大。

一般線性規劃問題可表示為如下形式。

目標函數：$\max(\min)z = c_0 + c_1 x_1 + c_2 x_2 + \cdots + c_n x_n = \max \sum_{i=1}^{n} c_i x_i$

限制條件：$\begin{cases} a_{11}x_1 + a_{12}x_2 + \cdots + a_{1n}x_n \leqslant (=, \geqslant) b_1 \\ a_{21}x_1 + a_{22}x_2 + \cdots + a_{2n}x_n \leqslant (=, \geqslant) b_2 \\ \quad\quad\quad\quad\quad\quad \vdots \\ a_{m1}x_1 + a_{m2}x_2 + \cdots + a_{mn}x_n \leqslant (=, \geqslant) b_m \\ x_i \geqslant 0 \,(x_i \leqslant 0,\ x_i \text{無限制}),\ i = 1, 2, \cdots,\ n \end{cases}$

◇ 變數滿足限制條件的一組值（$x_1, x_2, \cdots, x_n$）稱為線性規劃問題的一個可行解。

◇ 所有可行解構成的集合稱為線性規劃問題的**可行區域**。

◇ 使目標函數取得極值的可行解稱為**最優解**。

◆ 在最優解處目標函數的值稱為**最優值**。

線性規劃問題解的情況：

◇ 有唯一最優解。

◇ 有無數多個最優解。

◇ 沒有最優解（問題根本無解或者目標函數沒有極值，即無界解）。

7.1.1　線性規劃標準型

圖解法只能解決簡單的線性規劃問題，因為二維圖形很容易畫出來，三維就需要一定空間想像能力了，四維以上就很難用圖形表達，因此圖解法只能解決一些簡單的低維問題，複雜的線性規劃問題還需要更好的辦法來解決。

首先我們要把一般的線性規劃問題轉化為如下**線性規劃標準型**。

目標函數：$\max z = c_0 + c_1 x_1 + c_2 x_2 + \cdots + c_n x_n$

$$限制條件：\begin{cases} a_{11}x_1 + a_{12}x_2 + \cdots + a_{1n}x_n = b_1 \\ a_{21}x_1 + a_{22}x_2 + \cdots + a_{2n}x_n = b_2 \\ \qquad\qquad\qquad\vdots \\ a_{m1}x_1 + a_{m2}x_2 + \cdots + a_{mn}x_n = b_m \\ \quad x_i \geqslant 0 \, (i=1, 2, \cdots, \ n) \end{cases}$$

標準型 4 要求：

最大值

目標函數：$\max z = c_0 + c_1 x_1 + c_2 x_2 + \cdots + c_n x_n$

$$限制條件：\begin{cases} a_{11}x_1 + a_{12}x_2 + \cdots + a_{1n}x_n = b_1 \\ a_{21}x_1 + a_{22}x_2 + \cdots + a_{2n}x_n = b_2 \\ \qquad\qquad\qquad\qquad\vdots \\ a_{m1}x_1 + a_{m2}x_2 + \cdots + a_{mn}x_n = b_m \\ \quad x_i \geqslant 0 \, (i=1, 2, \cdots, \ n) \end{cases}$$

常數項　$b_i \geqslant 0$

決策變數非負限制　　全部為等式限制

線性規劃標準型轉化方法：

1）　一般線性規劃形式中目標函數如果求最小值，即 $\min z = \sum\limits_{i=1}^{n} c_i x_i$ 那麼，令 $z' = -z$，

則 $z = -z'$，$\min z = \min(-z') = -\max z'$。求解 $\max z' = -\sum\limits_{j=1}^{n} c_j x_j$，得到最優解後，加

負號 $\min z = -\max z'$ 即可。

2）　右端常數項小於零時，則不等式兩邊同乘以−1，將其變成大於零；同時改變不等
號的方向，保證恆等變形。例如 $2x_1+x_2 \geq -5$，$-2x_1-x_2 \leq 5$。

3）　限制條件為大於等於限制時，則在不等式左邊減去一個新的非負變數將不等式限
制改為等式限制。例如 $2x_1-3x_2 \geq 10$，$2x_1-3x_2-x_3 = 10$，$x_3 \geq 0$；

4）　限制條件為小於等於限制時，則在左邊加上一個新的非負變數將不等式限制改為
等式限制。例如 $3x_1-5x_2 \leq 9$，$3x_1-5x_2+x_3 = 9$，$x_3 \geq 0$；

5）　無限制的決策變數 x，即可正可負的變數，則引入兩個新的非負變數 x' 和 x''，令
$x=x'-x''$，其中 $x' \geq 0$，$x'' \geq 0$，將 x 代入線性規劃模型。例如 $2x_1-3x_2+x_3 \geq 10$，x_3 無限
制，令 $x_3=x_4-x_5$，$x_4 \geq 0$，$x_5 \geq 0$，代入方程式，$2x_1-3x_2+x_4-x_5 \geq 10$，$x_4 \geq 0$，$x_5 \geq 0$。

6）　決策變數 x 小於等於 0 時，令 $x'=-x$，顯然 $x' \geq 0$，將 x' 代入線性規劃模型。例如
$2x_1-3x_2 \geq 5$，$x_2 \leq 0$，令 $x_3=-x_2$，將 $x_2=-x_3$ 代入線性方程式，$2x_1+3x_3 \geq 5$，$x_3 \geq 0$。

請注意：引入的新的非負變數稱為**鬆弛變數**。

以一般的線性規劃問題為例：

$$\min z = x_2 - 3x_3 + 2x_4$$
$$\begin{cases} x_1 + 3x_2 - x_3 + 2x_4 = 7 \\ -2x_2 + 4x_3 \leqslant 12 \\ -4x_2 + 3x_3 + 8x_4 \leqslant 10 \\ x_i \geqslant 0\,(i = 1,\ 2,\ 3,\ 4) \end{cases}$$

將其轉化為線性規劃標準型：$z' = -z$。

$$\max z' = -x_2 + 3x_3 - 2x_4$$

$$\begin{cases} x_1 + 3x_2 - x_3 + 2x_4 = 7 \\ -2x_2 + 4x_3 + x_5 = 12 \\ -4x_2 + 3x_3 + 8x_4 + x_6 = 10 \\ x_i \geqslant 0\,(i = 1,\ 2,\ 3,\ 4,\ 5,\ 6) \end{cases}$$

7.1.2 單純形演算法圖解

單純形法是 1947 年數學家喬治·丹齊格（George Dantzing）發明的一種求解線性規劃模型的一般性方法。

為了便於討論，先考查一類特殊的標準形式的線性規劃問題。在這類問題中，每個等式限制條件中均至少含有一個正係數的變數，且這個變數只出現在一個限制條件中。將每個限制條件中這樣的變數作為非 0 變數來求解該限制方程式，這類特殊的標準形式線性規劃問題稱為限制標準型線性規劃問題。

首先介紹一些基本概念。

◆ **基本變數**：每個限制條件中的係數為正且只出現在一個限制條件中的變數。

◆ **非基本變數**：除基本變數外的變數全部為非基本變數。

◆ **基本可行解**：滿足標準形式限制條件的可行解稱為基本可行解。由此可知，如果令 $n-m$ 個非基本變數等於 0，那麼根據限制條件求出 m 個基本變數的值，它們組成的一組可行解為一個基本可行解。

◆ **檢驗數**：目標函數中非基本變數的係數。

線性規劃基本定理如下。

◆ **定理 1**：最優解判別定理

若目標函數中關於非基本變數的所有係數（檢驗數 c_j）小於等於 0，則目前基本可行解就是最優解。

◆ **定理 2**：無窮多最優解判別定理

若目標函數中關於非基本變數的所有檢驗數小於等於 0，同時存在某個非基本變數的檢驗數等於 0，則線性規劃問題有無窮多個最優解。

◆ **定理 3**：無界解定理

如果某個檢驗數 c_j 大於 0，而 c_j 所對應的列向量的各分量 a_{1j}，a_{2j}，$\cdots$，a_{mj} 都小於等於 0，則該線性規劃問題有無界解。

限制標準型線性規劃問題單純形演算法步驟如下。

1） 建立初始單純形表

找出基本和非基本變數，**將目標函數由非基本變數表示**，建立初始單純形表。

請注意：如果目標函數含有基本變數，要透過限制條件方程式來轉換成為非基本變數。

例如：

$$\max z' = -x_2 + 3x_3 - 2x_4$$

$$\begin{cases} x_1 + 3x_2 - x_3 + 2x_4 = 7 \\ -2x_2 + 4x_3 + x_5 = 12 \\ -4x_2 + 3x_3 + 8x_4 + x_6 = 10 \\ x_i \geqslant 0 \, (i = 1, \ 2, \ 3, \ 4, \ 5, \ 6) \end{cases}$$

基本變數（係數為正且只出現在一個限制條件中的變數）為 x_1、x_5、x_6。

請注意：基本變數的係數要轉化為 1，否則不能按下面計算方法，其餘的 x_2、x_3、x_4 都是非基本變數。基本變數做行，非基本變數做列，檢驗數放第一行，常數項放第一列，限制條件中非基本變數的係數作為值，建構初始單純形表，如圖 7-2 所示。

2） 判斷是否得到最優解

判別並檢查目標函數的所有係數，即檢驗數 c_j（$j=1$，2，$\cdots$，n）。

◆ 如果所有的 $c_j \leq 0$，則已獲得最優解，演算法結束。

◆ 若在檢驗數 c_j 中，有些為正數，但其中某一正的檢驗數所對應的列向量的各分量均小於等於 0，則線性規劃問題無界，演算法結束。

◆ 若在檢驗數 c_j 中，有些為正數且它們對應的列向量中有正的分量，則請跳轉到第 3）步。

3） 選入基變數

選取所有正檢驗數中最大的一個，記為 c_e，其對應的非基本變數為 x_e 稱為入基變數，x_e 對應的列向量 $[a_{1e}, a_{2e}, \cdots, a_{me}]^T$ 為入基列。

在圖 7-2 中，正檢驗數中最大的一個為 3，其對應的非基本變數為 x_3 稱為入基變數。x_3 對應的列向量為入基列，如圖 7-3 所示。

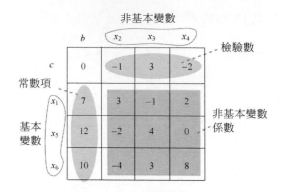

圖 7-2　初始單純形表

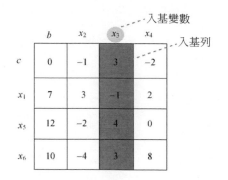

圖 7-3　單純形表（選入基列）

4） 選離基變數

選取「常數列元素/入基列元素」正比值的最小者，所對應的非基本變數 x_k 為離基變數。x_k 對應的行向量 $[a_{k1}, a_{k2}, \cdots, a_{kn}]$ 為離基行。

在圖 7-3 中，「常數列元素/入基列元素」正比值的最小者，所對應的基本變數 x_5 為入基變數。x_5 對應的行向量為離基行，如圖 7-4 所示。

5） 換基變換

在單純形表上將入基變數和離基變數互換位置，即 x_3 和 x_5 交換位置，換基變換之後如圖 7-5 所示。

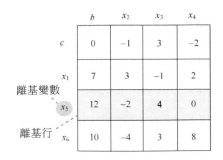

圖 7-4　單純形表（選離基行）

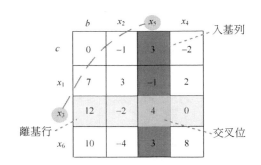

圖 7-5　單純形表（換基變換）

6）　計算新的單純形表

按以下方法計算新的單純形表，轉第 2）步。

4 個特殊位置如下：

◆　**入基列**=−原值/交叉位值（不包括交叉位）。

◆　**離基行**=原值/交叉位值（不包括交叉位）。

◆　**交叉位**=原值取倒數。

◆　c_0 **位**=原值+同行入基列元素*同列離基行元素/交叉位值。

如圖 7-6 所示。

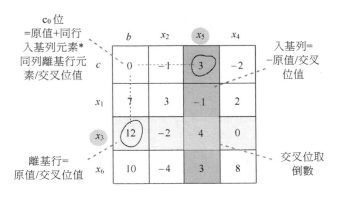

圖 7-6　單純形表（4 個特殊位置）

一般位置元素=原值−同行入基列元素*同列離基行元素/交叉位值，如圖 7-7 所示。

計算後得到新的單純形表，如圖 7-8 所示。

一般位置=原值−
同行入基列元素*
同列離基行元素/
交叉位值

	b	x_2	x_5	x_4
c	0	−1	3	−2
x_1	7	−3	−1	2
x_3	12	−2	4	0
x_6	10	−4	3	8

圖 7-7　單純形表（一般位置）

	b	x_2	x_5	x_4
c	9	0.5	−0.75	−2
x_1	10	2.5	0.25	2
x_3	3	−0.5	0.25	0
x_6	1	−2.5	−0.75	8

圖 7-8　新的單純形表

7) 判斷是否得到最優解，如果沒有，繼續第 3）～6）步，直到找到最優解或判定無界解停止。

再次選定基列變數 x_2 和離基變數 x_1，將入基變數和離基變數互換位置，重新計算新的單純形表，如圖 7-9 所示。

判斷是否得到最優解，因為檢驗數全部小於 0，因此得到最優解。c_0 位就是我們要的最優值 11，而最優解是由基本變數對應的常數項組成的，即 $x_2=4$、$x_3=5$、$x_6=11$，非基本變數全部置零，得到唯一的最優解向量（0, 4, 5, 0, 0, 11）。

	b	x_1	x_5	x_4
c	11	−0.2	−0.8	−2.4
x_2	4	0.4	0.1	0.8
x_3	5	0.2	0.3	0.4
x_6	11	1	−0.5	10

圖 7-9　新的單純形表

以上演算法獲得最優值是 max z'，而本題要求的是 min z，$z = -z'$，因此本題的最優值為 −11。

7.1.3　解題秘笈

一般線性規劃問題的解題秘訣：

1) 首先把原問題表示為一般線性規劃運算式。

2) 轉化為線性規劃標準型。

3) 利用單純形演算法求解。

在單純形演算法中，建立初始單純形表時，要注意找出基本變數和非基本變數，**將目標函數由非基本變數表示**。計算單純形表時，要注意 4 個特殊位置的計算方法，以及最優解、無界解的判定方法。

7.1.4　練習

利用單純形演算法，練習下面這道題：

$$\max z = 2x_1 - x_2 + x_3$$

$$\begin{cases} 3x_1 + x_2 + x_3 \leqslant 60 \\ x_1 - x_2 + 2x_3 \leqslant 10 \\ x_1 + x_2 - x_3 \leqslant 20 \\ x_i \geqslant 0\,(i = 1,\ 2,\ 3) \end{cases}$$

參考答案：

```
----------單純形表如下：----------
        b       x1      x2      x3
c       0       2       -1      1
x4      60      3       1       1
x5      10      1       -1      2
x6      20      1       1       -1
基列變數：x1 離基變數：x5
----------單純形表如下：----------
        b       x5      x2      x3
c       20      -2      1       -3
x4      30      -3      4       -5
x1      10      1       -1      2
x6      10      -1      2       -3
基列變數：x2 離基變數：x6
----------單純形表如下：----------
        b       x5      x6      x3
c       25      -1.5    -0.5    -1.5
x4      10      -1      -2      1
x1      15      0.5     0.5     0.5
x2      5       -0.5    0.5     -1.5
獲得最優解：25
```

7.2　工廠最大效益—單純形演算法

某食品加工廠一共有三個車間，第一車間用 1 個單位的原料 N 可以加工 5 個單位的產品 A 或 2 個單位的產品 B。產品 A 如果直接售出，售價為 10 元，如果在第二車間繼續加工，則需要額外加工費 5 元，加工後售價為 19 元。產品 B 如果直接售出，售價 16 元，如果在第三車間繼續加工，則需要額外加工費 4 元，加工後售價為 24 元。原材料 N 的單位購入價為 5 元，每工時的薪資是 15 元，第一車間加工一個單位的 N，需要 0.05 個工時，第二車間加工一個單位需要 0.1 工時，第三車間加工一個單位需要 0.08 工時。每個月最多能得到 12000 單位的原材料 N，工時最多為 1000 工時。如何安排生產，才能使工廠的效益最大呢？

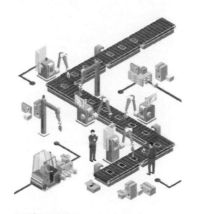

圖 7-10　工廠示意圖（插圖 Designed by vectorpouch / Freepik）

7.2.1　問題分析

很明顯，這是一個資源有限求最大效益問題，是典型的線性規劃問題，我們先假設幾個變數。

x_1：產品 A 的售出量。

x_2：產品 A 在第二車間加工後的售出量。

x_3：產品 B 的售出量。

x_4：產品 B 在第三車間加工後的售出量。

x_5：第一車間所用原材料數量。

那麼收益怎麼計算呢？

就是產品的售價減去成本，成本除了原材料，還有人工薪資費用。

◆ 第一車間所有原材料費和人工費為：$5x_5+0.05\times15x_5=5.75x_5$，下面計算盈利時，均已除去第一車間的材料和人工費。

◆ A 直接售出，盈利：$10x_1$。

◆ A 加工後售出，因為有額外加工費、人工費：$5+0.1\times15=6.5$，售價－額外成本$=19-6.5$，盈利：$12.5x_2$。

◆ B 直接售出，盈利：$16x_3$。

◆ B 加工後售出，因為有額外加工費、人工費：$4+0.08\times15=5.2$，售價－額外成本$=24-5.2$，盈利：$18.8x_4$。

總盈利：$z=10x_1+12.5x_2+16x_3+18.8x_4-5.75x_5$。

目標函數和限制條件如下：

$$\max z=10x_1+12.5x_2+16x_3+18.8x_4-5.75x_5$$
$$\begin{cases} x_1+x_2-5x_5=0 \\ x_3+x_4-2x_5=0 \\ x_5\leqslant12000 \\ 0.1x_2+0.08x_4+0.05x_5\leqslant1000 \\ x_i\geqslant0\ (i=1,\ 2,\ 3,\ 4,\ 5) \end{cases}$$

7.2.2　完美圖解

首先將線性規劃形式**轉化為標準型**：把兩個不等式增加兩個非負變數，轉化為等式。

$$\max z=10x_1+12.5x_2+16x_3+18.8x_4-5.75x_5$$
$$\begin{cases} x_1+x_2-5x_5=0 \\ x_3+x_4-2x_5=0 \\ x_5+x_6=12000 \\ 0.1x_2+0.08x_4+0.05x_5+x_7=1000 \\ x_i\geqslant0\ (i=1,\ 2,\ 3,\ 4,\ 5,\ 6,\ 7) \end{cases}$$

然後使用單純形演算法求解。

1） 建立初始單純形表

找出基本和非基本變數，**將目標函數由非基本變數表示**，建立初始單純形表。

基本變數：x_1，x_3，x_6，x_7。

非基本變數：x_2，x_4，x_5。

將目標函數由非基本變數表示，目標函數裡面含有基本變數 x_1、x_3，因此利用限制條件的 1、2 式替換，將下面兩個公式代入目標函數：

$$x_1 = 5x_5 - x_2 \text{，} x_3 = 2x_5 - x_4$$

目標函數：

$$z = 10(5x_5 - x_2) + 12.5x_2 + 16(2x_5 - x_4) + 18.8x_4 - 5.75x_5$$
$$= 2.5x_2 + 2.8x_4 + 76.25x_5$$

基本變數做行，非基本變數做列，檢驗數放第一行，常數項放第一列，非基本變數的係數作為值，建構初始單純形表，如圖 7-11 所示。

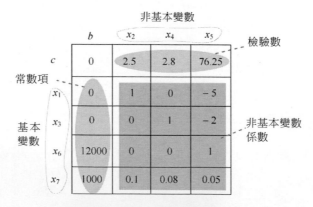

圖 7-11　初始單純形表

2） 判斷是否得到最優解

判別並檢查目標函數的所有係數，即檢驗數 c_j（$j=1$，2，$\cdots$，n）。

◆ 如果所有的 $c_j \leq 0$，則已獲得最優解，演算法結束。

◆ 若在檢驗數 c_j 中，有些為正數，但其中某一正的檢驗數所對應的列向量的各分量均小於等於 0，則線性規劃問題無界，演算法結束。

◆ 若在檢驗數 c_j 中，有些為正數且它們對應的列向量中有正的分量，則繼續計算。

3） 選入基變數

正檢驗數中最大的一個 76.25 對應的非基本變數為 x_5 為入基變數，x_5 對應的列為入基列。

4） 選離基變數

選取「常數列元素/入基列元素」正比值的最小者，所對應的非基本變數 x_6 為離基變數，x_6 對應的行為離基行。

5） 換基變換

在單純形表上將入基變數 x_5 和離基變數 x_6 互換位置，換基變換後如圖 7-12 所示。

6） 新的單純形表

按以下方法計算新的單純形表，轉第 2）步。

4 個特殊位置如下：

◆ **入基列**＝–原值/交叉位值（不包括交叉位）。

◆ **離基行**＝原值/交叉位值（不包括交叉位）。

◆ **交叉位**＝原值取倒數。

◆ c_0 **位**＝原值+同行入基列元素*同列離基行元素/交叉位值。

如圖 7-13 所示。

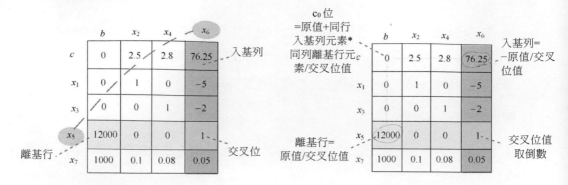

	b	x_2	x_4	x_6
c	0	2.5	2.8	76.25
x_1	0	1	0	−5
x_3	0	0	1	−2
x_5	12000	0	0	1
x_7	1000	0.1	0.08	0.05

入基列

離基行

交叉位

圖 7-12　單純形表（換基變換後）

	b	x_2	x_4	x_6
c	0	2.5	2.8	76.25
x_1	0	1	0	−5
x_3	0	0	1	−2
x_5	12000	0	0	1
x_7	1000	0.1	0.08	0.05

c_0位=原值+同行入基列元素*同列離基行元素/交叉位值

入基列=−原值/交叉位值

離基行=原值/交叉位值

交叉位值取倒數

圖 7-13　單純形表（4 個特殊位置）

一般位置元素=原值−同行入基列元素*同列離基行元素/交叉位值，如圖 7-14 所示。

計算後得到新的單純形表，如圖 7-15 所示。

	b	x_2	x_4	x_6
c	0	2.5	2.8	76.25
x_1	0	1	0	-5
x_3	0	0	1	−2
x_5	12000	0	0	1
x_7	1000	0.1	0.08	0.05

一般位置=原值−同行入基列元素*同列離基行元素/交叉位值

入基列

離基行

交叉位

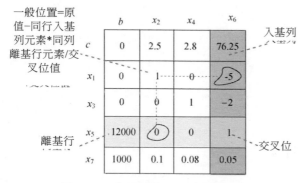

圖 7-14　單純形表（一般位置）

	b	x_2	x_4	x_6
c	915000	2.5	2.8	−76.25
x_1	60000	1	0	5
x_3	24000	0	1	2
x_5	12000	0	0	1
x_7	400	0.1	0.08	−0.05

圖 7-15　新的單純形表

7）判斷是否得到最優解，若沒有，則繼續第 3）～6）步

再次選定基列變數 x_4 和離基變數 x_7，將入基變數和離基變數互換位置，重新計算新的單純形表，如圖 7-16 所示。

	b	x_2	x_4	x_6
c	929000	-1	-35	-74.5
x_1	60000	1	0	5
x_3	19000	-1.25	-1.25	2.625
x_5	12000	0	0	1
x_7	5000	1.25	1.25	-0.625

圖 7-16　新的單純形表

判斷是否得到最優解，因為檢驗數全部小於 0，因此得到最優解，c_0 位就是最優值 929000，而最優解是由基本變數對應的常數項組成的，即 x_1=60000、x_3=19000、x_4=5000、x_5=12000，非基本變數全部置

零，得到唯一的最優解向量（60000, 0, 19000, 5000, 12000, 0, 0）。

產品 A 的售出量：x_1=60000。

產品 A 在第二車間加工後的售出量：x_2=0。

產品 B 的售出量：x_3=19000。

產品 B 在第三車間加工後的售出量：x_4=5000。

第一車間所用原材料數量：x_5=12000。

從最優解可以看到 x_2=0，也就是說產品 A 在第二車間加工後的售出量為 0，顯然產品 A 在第二車間加工後再售出賺取的效益不大，也是不划算的，可以取消第二車間加工對產品 A 的再加工，其他的按最優解數量生產，工廠即可獲得最大效益。

7.2.3　虛擬程式碼詳解

1）　找入基列

檢驗數是在第 0 行，第 1～m 列的元素，先令 max1=0，然後用 for 迴圈尋找所有的檢驗數，找到最大的正檢驗數，並用 e 記錄該列，即入基列。

```
for(j=1;j<=m;j++)          //找入基列(最大正檢驗數對應的列)
{
    if(max1<kernel[0][j])
    {
        max1=kernel[0][j];
        e=j;
    }
}
```

2）　找離基行

找**常數列/入基列正比值**最小對應的行，即離基行。在找離基行迴圈裡，檢查入基列中除檢驗數外所有元素是否都小於 0，如果是，則線性規劃問題有無界解。

```
for(i=1;i<=n;i++)          //找離基行(常數列/入基列正比值最小對應的行)
{
    if(max2<kernel[i][e])
    {
        max2=kernel[i][e];
    }
    float temp=kernel[i][0]/kernel[i][e]; //常數項在前,temp=fabs(temp);
```

```
        if(temp>0&&temp<min) //找離基變數
        {
            min=temp;
            k=i;
        }
    }
    if(max2==0)
    {
        cout<<"解無界"<<endl;
        break;
    }
```

3) 換基變換

換基變換（轉軸變換），即將入基變數和離基變數交換位置。

```
char temp=FJL[e];
FJL[e]=JL[k];
L[k]=temp;
```

4) 計算單純形表

計算 4 個特殊位（入基列、離基行、c_0 位、交叉位），其餘的一般位採用十字交叉計算新值。

```
for(i=0;i<=n;i++)              //計算除入基列和離基行的所有位置的元素
{
    if(i!=k)
    {
        for(j=0;j<=m;j++)
        {
            if(j!=e)
            {
              if(i==0&&j==0)  //計算特殊位 c0 位，即目標函數的值
                  kernel[i][j]=kernel[i][j]+kernel[i][e]*kernel[k][j]/kernel [k][e];
              else            //一般位置
                  kernel[i][j]=kernel[i][j]-kernel[i][e]*kernel[k][j]/kernel [k][e];
            }
        }
    }
}
for(i=0;i<=n;i++)             //計算特殊位，離基行的元素
{
    if(i!=k)
        kernel[i][e]=-kernel[i][e]/kernel[k][e];
}
for(j=0;j<=m;j++)             //計算特殊位，入基列的元素
{
    if(j!=e)
        kernel[k][j]=kernel[k][j]/kernel[k][e];
}
//計算特殊位，交叉位置
```

```
kernel[k][e]=1/kernel[k][e];
```

7.2.4 實戰演練

根據以上的演算法設計步驟，可以編寫程式。在該程式中，用 *kernel*[][] 記錄儲存的單
純形表值，用 *FJL*[] 記錄非基本變數足標，用 *FL*[] 記錄基本變數足標。

```cpp
//program 7-1
#include <iostream>
#include<math.h>
#include<iomanip>
#include<stdio.h>
using namespace std;
float kernel[100][100];      //儲存非單純形表
char  FJL[100]={};           //非基本變數
char  JL[100]={};            //基本變數
int n,m,i,j;

void print()                 //輸出單純形表
{
    cout<<endl;
    cout<<"----------單純形表如下：----------"<<endl;
    cout<<"   ";
    cout<<setw(7)<<"b ";
    for(i=1;i<=n;i++)
        cout<<setw(7)<<"x"<<FJL[i];
    cout<<endl;
    cout<<"c ";
    for(i=0;i<=n;i++)
    {
        if(i>=1)
            cout<<"x"<<JL[i];
        for(j=0;j<=m;j++)
            cout<<setw(7)<<kernel[i][j]<<" ";
        cout<<endl;
    }
}

void DCXA()
{
    float max1;          //max1 用於存放最大的檢驗數
    float max2;          //max2 用於存放最大正檢驗數對應的基本變數的最大係數
    int e=-1;            //記錄入基列
    int k=-1;            //記錄離基行
    float min;
    //迴圈反覆運算，直到找到問題的解或無解為止
    while(true)
    {
        max1=0;
        max2=0;
        min=100000000;
        for(j=1;j<=m;j++)  //找入基列（最大正檢驗數對應的列）
```

```
{
    if(max1<kernel[0][j])
    {
        max1=kernel[0][j];
        e=j;
    }
}
if(max1<=0)          //最大值<=0,即所有檢驗數<=0,滿足獲得最優解的條件
{
    cout<<endl;
    cout<<"獲得最優解:"<<kernel[0][0]<< endl;
    print();
    break;
}
for(j=1;j<=m;j++) //判斷正檢驗數對應的列如果都小於等於0,則無界解
{
        max2=0;
        if(kernel[0][j]>0)
        {
            for(i=1;i<=n;i++) //搜尋正檢驗數對應的列
              if(max2<kernel[i][j])
                max2=kernel[i][j];
            if(max2==0)
            {
                cout<<"解無界"<<endl;
                return; //退出函數,不能用 break,因為它只是退出目前迴圈
            }
        }
}
for(i=1;i<=n;i++)   //找離基行(常數列/入基列正比值最小對應的行)
{
    float temp=kernel[i][0]/kernel[i][e]; //常數項在前,temp=fabs(temp);
    if(temp>0&&temp<min)                //找離基變數
    {
        min=temp;
        k=i;
    }
}
cout<<"入基變數:"<<"x"<<FJL[e]<<" ";
cout<<"離基變數:"<<"x"<<JL[k]<<endl;
//變基變換(轉軸變換)
 char temp=FJL[e];
 FJL[e]=JL[k];
 JL[k]=temp;
 for(i=0;i<=n;i++) //計算除入基列和出基行的所有位置的元素
 {
    if(i!=k)
    {
        for(j=0;j<=m;j++)
        {
            if(j!=e)
            {
                if(i==0&&j==0) //計算特殊位元 c0,即目標函數的值
                kernel[i][j]=kernel[i][j]+kernel[i][e]
                    *kernel[k][j]/kernel[k][e];
```

494

```
                    else            //一般位置
                        kernel[i][j]=kernel[i][j]-kernel[i][e]
                            *kernel[k][j]/kernel[k][e];
                }
            }
        }
        for(i=0;i<=n;i++)              //計算特殊位,入基列的元素
        {
            if(i!=k)
                kernel[i][e]=-kernel[i][e]/kernel[k][e];
        }
        for(j=0;j<=m;j++)              //計算特殊位,離基行的元素
        {
            if(j!=e)
                kernel[k][j]=kernel[k][j]/kernel[k][e];
        }
        kernel[k][e]=1/kernel[k][e];  //計算特殊位,交叉位置
        print();
    }
}

int main()
{
    int i,j;
    cout<<"輸入非基本變數個數和非基本變數足標:"<< endl;
    cin>>m;
    for(i=1;i<=m;i++)
        cin>>FJL[i] ;
    cout<<"輸入基本變數個數和基本變數足標:"<<endl;
    cin>>n ;
    for(i=1;i<=n;i++)
        cin>>JL[i];
    cout<<"輸入限制標準型初始單純形表參數:"<<endl;
    for(i=0;i<=n;i++)
    {
        for(j=0;j<=m;j++)
        cin>>kernel[i][j];
    }
    print();
    DCXA();
    return 0;
}
```

演算法實作和測試

1） 執行環境

Code::Blocks

2） 輸入

輸入非基本變數個數和非基本變數足標:

```
3
245
輸入基本變數個數和基本變數足標:
4
1367
輸入限制標準型初始單純形表參數:
0 2.5 2.8 76.25
0 1 0 -5
0 0 1 -2
12000 0 0 1
1000 0.1 0.08 0.05
```

3） 輸出

```
----------單純形表如下：----------
      b      x2      x4      x5
c      0     2.5     2.8   76.25
x1     0      1       0      -5
x3     0      0       1      -2
x6 12000      0       0       1
x7  1000     0.1    0.08    0.05
入基變數：x5 離基變數：x6

----------單純形表如下：----------
      b      x2      x4      x6
c 915000     2.5     2.8  -76.25
x1 60000      1       0       5
x3 24000      0       1       2
x5 12000      0       0       1
x7   400     0.1    0.08   -0.05
入基變數：x4 離基變數：x7

----------單純形表如下：----------
      b      x2      x7      x6
c 929000     -1     -35    -74.5
x1 60000      1      -0       5
x3 19000   -1.25   -12.5   2.625
x5 12000      0      -0       1
x4  5000    1.25    12.5  -0.625

獲得最優解：929000
```

7.2.5　演算法解析及優化擴充

演算法複雜度分析

1） 時間複雜度：在輸入基本變數和非基本變數中用了 $n+m$ 的迴圈次數，在輸入單純形表時有 $n*m$ 次迴圈，在列印最優解時有 $n+n*m$ 次的時間列印結果，在尋找入基列和離基行中，最壞的情況下有 $O(n*m)$ 次迴圈，在迴圈反覆運算中最壞情況下需要 2^n 反覆運算，則時間複雜度為 $O(2^n)$。

496

2） 空間複雜度：計算空間複雜度時只計算輔助空間，在該程式中 **kernel**[][] 用來記錄
輸入的單純形表，用 *FJL*[] 來記錄輸入的非基本變數的值，用 *JL*[] 來記錄輸入的
JL[] 基本變數的值，輔助空間為一些變數和換基變換時的輔助變數，所以空間複
雜度為 $O(1)$。

演算法優化擴充

想一想，還有沒有更好的演算法呢？

7.3　最大網路流─最短增廣路演算法

在日常生活中有大量的網路，如電網、水管網、交通運輸網、通信網及生產管理網
等，網路流正是從這些實際問題中提煉出來的，目的是求網路最大流。

圖 7-17　管道網路

7.3.1　問題分析

無論是電網、水管網、交通運輸網，還是其他的一些網路，都有一個共同點：在網路
中傳輸都是有方向和容量的。所以設有向帶權圖 $G=(V, E)$，$V=\{s, v_1, v_2, v_3, \cdots, t\}$。在圖
G 中有兩個特殊的節點 s 和 t，s 稱為源點，t 稱為匯點。圖中各邊的方向表示允許的流
向，邊上的權值表示該邊允許通過的最大可能流量 cap，且 $cap \geq 0$，稱它為邊的容量。
而且如果邊集合 E 含有一條邊 (u, v)，必然不存在反方向的邊 (v, u)，我們稱這樣的有向
帶權圖為**網路**。

網路是一個有向帶權圖，包含一個源點和一個匯點，沒有反平行邊。

反平行邊如圖 7-18 所示。就是說如果 v_1 和 v_3 之間有邊，要麼是 v_1—v_3，要麼是 v_3—v_1，但兩個不會同時存在。

例如：一家鄭州電子產品製造公司要把一批貨物從工廠（s）運往北京倉庫（t），找到一家貨運代理公司，代理公司安排了若干貨車和運輸線路，中間要經過若干個城市，邊上的數值代表兩個城市之間每天最多運送的產品數量。電子公司不管貨運代理是怎麼運輸的，只需要知道每天從工廠最多發出去多少貨。而且從工廠發出多少貨物，在北京倉庫就要收到多少貨物，否則由貨運代理照價賠償，因此中間的城市是沒有存貨的，該運輸網路如圖 7-19 所示。

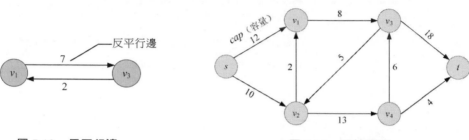

圖 7-18　反平行邊　　　　　　　　圖 7-19　運輸網路

這就像一個地下水管網路，我們看不到水在地下管道內是怎麼流動的，但是知道從進水口流進去多少水，就從出水口流出來多少水，如圖 7-20 所示。

網路流：網路流即網路上的流，是定義在網路邊集 E 上的一個非負函數 $flow=\{flow(u, v)\}$，$flow(u, v)$ 是邊上的流量。

可行流：滿足以下兩個性質的網路流 $flow$ 稱為可行流。

1）容量限制

　　每個管道的實際流量 $flow$ 不能超過該管道的最大容量 cap。每個管道粗細不同，因此管道的最大容量也是不同的。例如：從節點 u 到節點 v 的管道容量是 10，那麼從節點 u 到節點 v 的實際流量不能大於 10，如圖 7-21 所示。

　　對所有的節點 u 和 v，滿足容量限制：$0 \leqslant flow(x, y) \leqslant cap(x, y)$。

2）流量守恆

　　除了源點 s 和匯點 t 之外，所有內部節點流入量等於流出量。即：

$$\sum_{(x,u)\in E} flow(x,u) = \sum_{(u,y)\in E} flow(u,y)$$

圖 7-20　地下水管網路　　　　　　　　　　圖 7-21　容量限制

例如：流入 u 節點的流量之和是 10，那麼從 u 節點流出的流量之和也是 10，如圖 7-22 所示。

◆ 源點 s

源點主要是流出，但也有可能流入，例如貨物運出後檢測出一些不合格產品需要返廠，對源點來說就是流入量。因此，源點的淨輸出值 f=流出量之和−流入量之和。即：

$$f = \sum_{(s,x)\in E} flow(s,x) - \sum_{(y,s)\in E} flow(y,s)$$

例如：源點 s 的流出量之和是 10，流入量之和是 2，那麼淨輸出是 8，如圖 7-23。

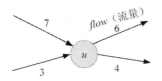

圖 7-22　流量守恆（中間節點）

圖 7-23　流量守恆（源點）

◆ 匯點 t

匯點主要是流入，但也有可能流出，例如貨物到達倉庫後檢測出一些不合格產品需要返廠，對匯點來說是流出量。因此，匯點的淨輸入值 f=流入量之和−流出量之和。即：

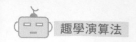

$$f = \sum_{(x,t) \in E} flow(x,t) - \sum_{(t,y) \in E} flow(t,y)$$

例如：源點 t 的流入量之和是 9，流出量之和是 1，那麼淨輸入是 8，如圖 7-24。

請注意：對於一個網路可行流 $flow$，淨輸出等於淨輸入，這仍然是流量守恆，如圖 7-25 所示。

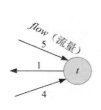

圖 7-24　流量守恆（匯點）

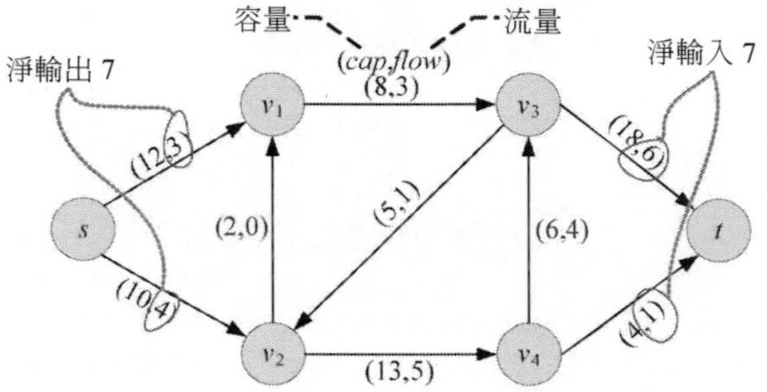

圖 7-25　網路 G 及其上的一個流 $flow$

網路最大流：在滿足容量限制和流量守恆的前提下，在流的網路中找到一個淨輸出最大的網路流。

那麼如何找到最大流呢？接下來看 Ford-Fulkerson 方法。

7.3.2　增廣路演算法

1957 年，Ford 和 Fullkerson 提出了求解網路最大流的方法。該方法的基本思維是在殘餘網路中找可增廣路，然後在實流網路中沿可增廣路增流，直到不存在可增廣路為止。

基本概念

1）實流網路

　　為了更清楚地表達，我們引入實流網路的概念，即只顯示實際流量的網路。

　　例如：網路 G 及其上的一個流 $flow$，如圖 7-26 所示。

　　我們只顯示每條邊實際流量，不顯示容量，圖 7-26 對應的實流網路如圖 7-27。

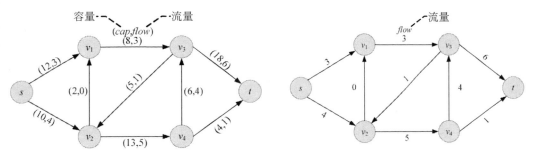

圖 7-26　網路 **G** 及其上的一個流 *flow*　　　　圖 7-27　實流網路 **G'**

2）殘餘網路

每個網路 **G** 及其上的一個流 *flow*，都對應一個殘餘網路 **G***。**G*** 和 **G** 節點集相同，而網路 **G** 中的每條邊對應 **G*** 中的一條邊或兩條邊，如圖 7-28 和圖 7-29 所示。

在殘餘網路中，與網路邊對應的同向邊是可增量（即還可以增加多少流量），反向邊是實際流量。

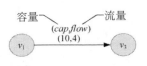

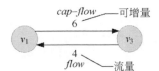

圖 7-28　網路 **G** 的邊　　　　　　　　圖 7-29　殘餘網路 **G*** 對應的邊

殘餘網路中沒有 0 流邊，因此如果網路中的邊實際流量是 0，則在殘餘網路中只對應一條同向邊，沒有反向邊，如圖 7-30 和圖 7-31 所示。

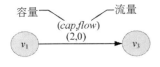

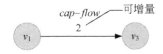

圖 7-30　網路 **G** 的邊　　　　　　　　圖 7-31　殘餘網路 **G*** 對應的邊

網路 **G** 及可行流如圖 7-32 所示，對應的殘餘網路 **G*** 如圖 7-33 所示。

可增廣路是殘餘網路 **G*** 中一條從源點 s 到匯點 t 的簡單路徑。例如：s—v_1—v_3—t 就是一條可增廣路，如圖 7-34 所示。

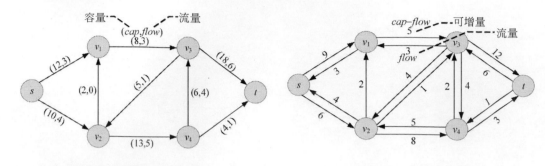

圖 7-32　網路 *G* 及可行流　　　　圖 7-33　殘餘網路 *G**

可增廣量是指在可增廣路 *p* 上每條邊可以增加的流量最小值。那麼對於一條可增廣路 *s*—*v₁*—*v₃*—*t*，可以增加的最大流量是多少呢？*s*—*v₁* 最多可以增加的流量為 9，*v₁*—*v₃* 最多可以增加的流量為 5，*v₃*—*t* 最多可以增加的流量為 12，如果超出這個值就不滿足流量限制了，因此這條可增廣路最多可以增加的流量是 5。

可增廣量 *d* 等於可增廣路 *p* 上每條邊值的最小值，如圖 7-35 所示。

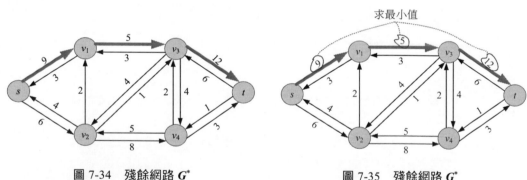

圖 7-34　殘餘網路 *G**　　　　圖 7-35　殘餘網路 *G**

求網路 *G* 的最大流，首先在殘餘網路中找可增廣路，然後在實流網路 *G'* 中沿可增廣路增流，直到不存在可增廣路為止。這時實流網路 *G'* 就是最大流網路。

可增廣路增流

增流操作分為兩個過程：一是在實流網路中增流，二是在殘餘網路中減流。因為殘餘網路中可增廣路上的邊值表示可增量，在實流網路中流量增加了，那麼可增量就會減少了。

1）　實流網路增流

仍以圖 7-35 為例，我們已經找到一條可增廣路 $s—v_1—v_3—t$，並且知道可增廣量 $d=5$。那麼首先在實流網路中沿著可增廣路增流：可增廣路上同向邊增加流量 d，反向邊減少流量 d。本例中都是和可增廣路同向的邊，因此每條邊上增加流量 5，增流前後的實流網路如圖 7-36 和圖 7-37 所示。

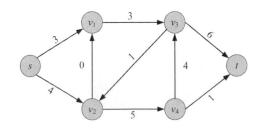

圖 7-36　實流網路 G'（增流前）

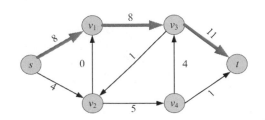

圖 7-37　實流網路 G'（增流後）

2）　殘餘網路減流

在殘餘網路中沿著可增廣路減流：可增廣路上的同向邊減少流量 d，反向邊增加流量 d。沿著可增廣路 $s—v_1—v_3—t$，同向邊（可增量）減少流量 5，反向邊增加流量 5。如果一條邊流量為 0，則刪除這條邊。減流後 $v_1—v_3$ 流量為 0，刪除這條邊，減流前後的殘餘網路如圖 7-38 和圖 7-39 所示。

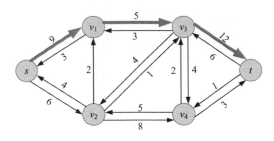

圖 7-38　殘餘網路 G^*（減流前）

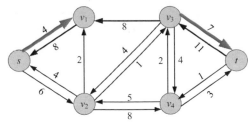

圖 7-39　殘餘網路 G^*（減流後）

增廣路演算法

增廣路定理：設 $flow$ 是網路 G 的一個可行流，如果不存在從源點 s 到匯點 t 關於 $flow$ 的可增廣路 p，則 $flow$ 是 G 的一個最大流。

增廣路演算法的基本思維是在殘餘網路中找到可增廣路，然後在實流網路中沿可增廣路增流，在殘餘網路中沿可增廣路減流；繼續在殘餘網路中找可增廣路，直到不存在可增廣路為止。此時，實流網路中的可行流就是所求的最大流。

增廣路演算法其實不是一種演算法，而是一種方法，因為 Ford-Fullkerson 並沒有說明如何找可增廣路，而找增廣路的演算法不同，演算法的時間複雜度相差很大。

如果採用隨意找可增廣路的方式，我們看一個例子：網路 G 及可行流如圖 7-40 所示。

圖 7-40 對應的實流網路和殘餘網路如圖 7-41 和圖 7-42 所示。

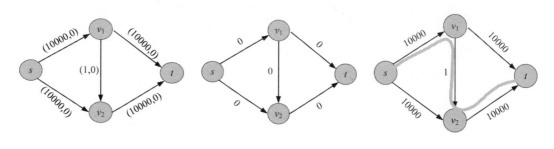

圖 7-40　網路 G 及可行流　　圖 7-41　實流網路 G'　　圖 7-42　殘餘網路 G^*

如果我們在殘餘網路 G^* 中隨意找一條可增廣路 p：$s—v_1—v_2—t$，如圖 7-42 所示。沿可增廣路 p 增流後的實流網路 G' 如圖 7-43 所示，減流後的殘餘網路 G^* 如圖 7-44 所示。

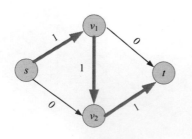 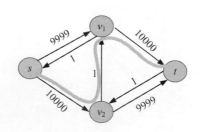

圖 7-43　實流網路 G'　　　　　圖 7-44　殘餘網路 G^*

如果我們繼續在殘餘網路 G^* 中隨意找一條可增廣路 p：$s—v_2—v_1—t$，如圖 7-44 所示。沿著可增廣路 p 增流後的實流網路 G' 如圖 7-45 所示，減流後的殘餘網路 G^* 如圖 7-46 所示。

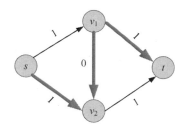

圖 7-45　實流網路 G'

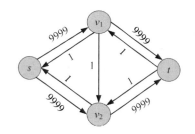

圖 7-46　殘餘網路 G^*

請注意：在實流網路中，沿可增廣路 p 上的邊是 $v_1—v_2$ 的反向邊，因此，減流 1，其他的正向邊增流 1。

如果繼續在殘餘網路 G^* 中隨意找一條可增廣路 $p：s—v_1—v_2—t$，沿可增廣路 p 增流，如此下去，每次增加的流量為 1，而本題網路最大流值 f=20000，那麼需要執行 20000 次增流操作，每次找可增廣路的演算法時間複雜度為 $O(E)$，如果每次只增加一個單位流量，那麼需要找可增廣路 f 次，總體時間複雜度為 $O(Ef)$。

最短增廣路演算法

如何找到一條可增廣路呢？仁者見仁，智者見智。可以設置最大容量優先，也可以是最短路徑（廣度優先）優先。Edmonds-Karp 演算法就是以廣度優先的增廣路演算法，又稱為最短增廣路演算法（Shortest Augument Path，SAP）。

最短增廣路演算法步驟：

採用佇列 q 來存放已造訪未檢查的節點。布林陣列 $vis[]$ 標識節點是否被造訪過，$pre[]$ 陣列記錄可增廣路上節點的前驅。$pre[v]=u$ 表示可增廣路上 v 節點的前驅是 u，最大流值 $maxflow$=0。

1）初始化可行流 $flow$ 為零流，即實流網路中全是零流邊，殘餘網路中全是最大容量邊（可增量）。初始化 $vis[]$ 陣列為 $false$，$pre[]$ 陣列為-1。

2）令 $vis[s]=true$，s 加入佇列 q。

3）如果佇列不空，繼續下一步，否則演算法結束，找不到可增廣路。目前的實流網路就是最大流網路，返回最大流值 $maxflow$。

4） 佇列頭元素 *new* 出佇列，在殘餘網路中檢查 *new* 的所有鄰接節點 *i*。如果未被造訪，則造訪之，令 *vis[i]*=true，*pre[i]*=new；如果 *i=t*，說明已到達匯點，找到一條可增廣路，轉向第 5）步；否則節點 *i* 加入佇列 *q*，轉向第 3）步。

5） 從匯點開始，透過前驅陣列 *pre[]*，逆向找可增廣路上每條邊值的最小值，即可增量 *d*。

6） 在實流網路中增流，在殘餘網路中減流，*Maxflow*+=*d*，轉向第 2）步。

7.3.3 完美圖解

一般來說，實際問題通常會給出每個節點之間的最大容量 *cap* 是多少，然後求解最大流。那麼我們在求解時需要先初始化一個可行流，然後在可行流上不斷找可增廣路增流即可。初始化為任何一個可行流都可以，但需要滿足容量限制和平衡限制。為了簡單起見，我們通常初始化可行流為 0 流，這樣肯定滿足容量限制和平衡限制。如圖 7-47 所示的網路 *G*，1 號節點為源點，6 號節點為匯點。

1） 資料結構

網路 *G* 鄰接矩陣為 *g[][]*，即如果從節點 *i* 到節點 *j* 有邊，就讓 *g[i][j]*=<*i, j*> 的權值，否則 *g[i][j]*=∞（無窮大），如圖 7-48 所示。

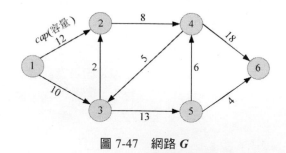

圖 7-47　網路 *G*　　　　　　　　　圖 7-48　鄰接矩陣

2） 初始化

初始化可行流 *flow* 為零流，即實流網路中全是零流邊，殘餘網路中全是最大容量邊（可增量）。初始化造訪標記陣列 *vis[]* 為 0（false），前驅陣列 *pre[]* 為 -1，如圖 7-49 和圖 7-50 所示。

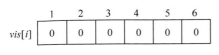

圖 7-49　造訪標記陣列　　　　　　　圖 7-50　前驅陣列

初始化實流網路為 0 流，如圖 7-51 所示。

實流網路 **G'** 對應的殘餘網路，如圖 7-52 所示。

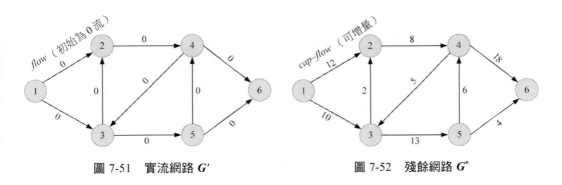

圖 7-51　實流網路 **G'**　　　　　　圖 7-52　殘餘網路 **G***

3）　令 $vis[1]$=true，1 加入佇列 q，如圖 7-53 所示

4）　佇列頭元素 1 出佇列

在殘餘網路 **G*** 中依次檢查 1 的所有鄰接節點 2 和 3，兩個節點都未被造訪，令 $vis[2]$=true，$pre[2]$=1，節點 2 加入佇列 q；$vis[3]$=true，$pre[3]$=1，節點 3 加入佇列 q，搜尋路徑如圖 7-54 所示。

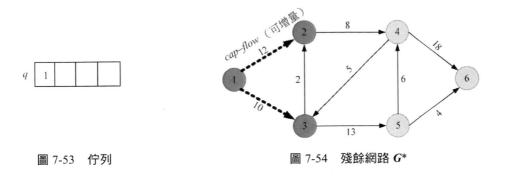

圖 7-53　佇列　　　　　　　　圖 7-54　殘餘網路 **G***

造訪標記陣列、前驅陣列及佇列狀態如圖 7-55～圖 7-57 所示。

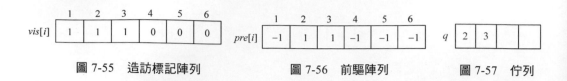

	1	2	3	4	5	6
vis[i]	1	1	1	0	0	0

圖 7-55　造訪標記陣列

	1	2	3	4	5	6
pre[i]	−1	1	1	−1	−1	−1

圖 7-56　前驅陣列

q	2	3		

圖 7-57　佇列

5） 佇列頭元素 2 出佇列

在殘餘網路中依次檢查 2 的所有鄰接節點 4，4 未被造訪，令 $vis[4]$=true，$pre[4]$=2，節點 4 加入佇列 q，搜尋路徑如圖 7-58 所示。

造訪標記陣列、前驅陣列及佇列狀態如圖 7-59～圖 7-61 所示。

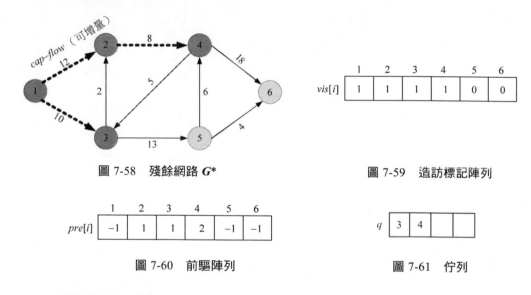

圖 7-58　殘餘網路 G*

	1	2	3	4	5	6
vis[i]	1	1	1	1	0	0

圖 7-59　造訪標記陣列

	1	2	3	4	5	6
pre[i]	−1	1	1	2	−1	−1

圖 7-60　前驅陣列

q	3	4		

圖 7-61　佇列

6） 佇列頭元素 3 出佇列

在殘餘網路中依次檢查 3 的所有鄰接節點 2 和 5，2 被造訪過，什麼也不做；5 未被造訪，令 $vis[5]$=true，$pre[5]$=3，節點 5 加入佇列 q，搜尋路徑如圖 7-62 所示。

造訪標記陣列、前驅陣列及佇列狀態如圖 7-63～圖 7-65 所示。

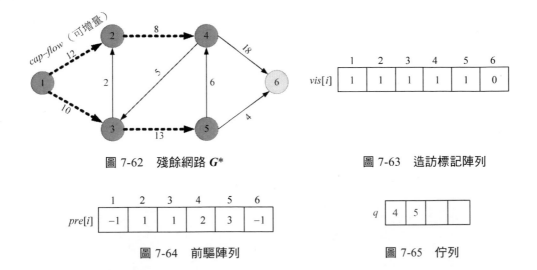

圖 7-62　殘餘網路 *G**　　　　　　圖 7-63　造訪標記陣列

圖 7-64　前驅陣列　　　　　　　　圖 7-65　佇列

7）　佇列頭元素 4 出佇列

在殘餘網路中依次檢查 4 的所有鄰接節點 3 和 6，3 被造訪過，什麼也不做；6 未被造訪，令 $vis[6]$=true，$pre[6]$=4，節點 6 就是匯點，找到一條增廣路。搜尋路徑如圖 7-66 所示。

造訪標記陣列、前驅陣列及佇列狀態如圖 7-67～圖 7-69 所示。

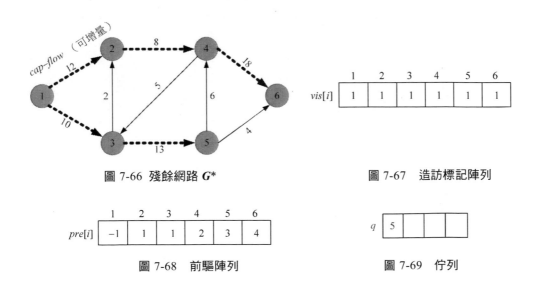

圖 7-66 殘餘網路 *G**　　　　　　圖 7-67　造訪標記陣列

圖 7-68　前驅陣列　　　　　　　　圖 7-69　佇列

8）讀取圖 7-68 中的前驅陣列 *pre*[6]=4，*pre*[4]=2，*pre*[2]=1，即：1—2—4—6。找到該路徑上最小的邊值為 8，即可增量 *d*=8，如圖 7-70 所示。

9）實流網路增流

與可增廣路同向的邊增流 *d*，反向的邊減流 *d*，如圖 7-71 所示。

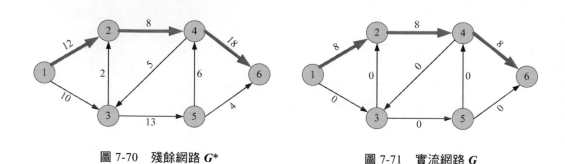

圖 7-70　殘餘網路 *G**

圖 7-71　實流網路 *G*

10）殘餘網路減流

與可增廣路同向的邊減流 *d*，反向的邊增流 *d*，如圖 7-72 所示。

11）重複第 2）～10）步，找到第 2 條可增廣路（1—3—5—6），找到該路徑上最小的邊值為 4，即可增量 *d*=4。增流後的實流網路和殘餘網路，如圖 7-73 和圖 7-74 所示。

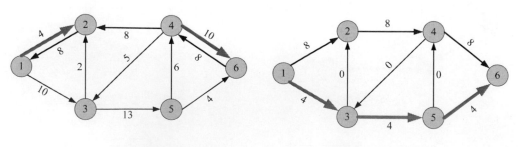

圖 7-72　殘餘網路 *G**

圖 7-73　實流網路 *G*′

12）重複第 2）～10）步，找到第 3 條可增廣路（1—3—5—4—6），找到該路徑上最小的邊值為 6，即可增量 *d*=6。增流後的實流網路和殘餘網路，如圖 7-75 和圖 7-76 所示。

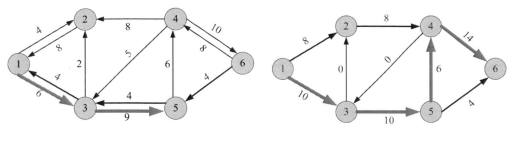

圖 7-74　殘餘網路 G^*　　　　　　　圖 7-75　實流網路 G'

13）重複第 2）～10）步，找不到可增廣路，演算法結束，最大流值為所有的增量 d 之和 18，各邊的實際流量如圖 7-75 所示。

思考：為什麼要採用殘餘網路+實流網路？

◆ 為什麼要用殘餘網路？為什麼要在殘餘網路上找可增廣路，直接在網路及可行流上面找可增廣路可以嗎？請看下面的實例，如圖 7-77 所示。

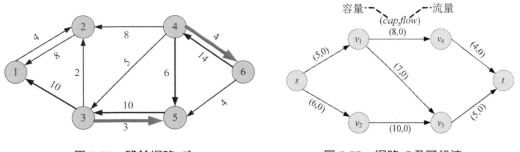

圖 7-76　殘餘網路 G^*　　　　　　圖 7-77　網路 G 及可行流

首先按照廣度優先搜尋策略，從源點開始，沿著有可增量（$cap>flow$）的邊搜尋。源點 s 造訪鄰接點 v_1、v_2，v_1 造訪鄰接點 v_3、v_4，v_2 沒有未被造訪的鄰接點，v_3 造訪鄰接點 t，到達源點，找到一條可增廣路：$s—v_1—v_3—t$。沿著可增廣路增流，增加的流量為可增廣路上每條邊的可增量（$cap\text{-}flow$）最小值，可增量 $d=5$，增流後如圖 7-78 所示。

繼續按照廣度優先搜尋策略，從源點開始，沿著有可增量（$cap>flow$）的邊搜尋。源點 s 造訪鄰接點 v_2，無法再造訪 v_1，因為 $s—v_1$ 的邊已經沒有可增量。v_2 造訪鄰接點 v_3，v_3 無法再造訪 t，因為 $v_3—t$ 的邊已經沒有可增量。v_3 沒有未被造訪的鄰接點，無法到達匯點，找不到從源點到匯點的可增廣路。

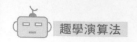

但是得到的解並不是最大流!

因此,**在網路 G 及可行流直接找可增廣路,有可能得不到最大流。**

◆ 為什麼要用實流網路?

仍以圖 7-77 為例,其對應的殘餘網路如圖 7-79 所示。

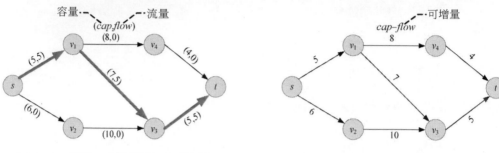

圖 7-78　網路 *G* 及可行流(增流後)　　　　　圖 7-79　殘餘網路 *G**

首先按照廣度優先搜尋策略,從源點開始,沿著有向邊搜尋。源點 *s* 造訪鄰接點 v_1、v_2,v_1 造訪鄰接點 v_3、v_4,v_2 沒有未被造訪的鄰接點,v_3 造訪鄰接點 *t*,到達源點,找到一條可增廣路:$s—v_1—v_3—t$。增加的流量為可增廣路上每條邊的最小值,可增量 $d=5$,如圖 7-80 所示。

在殘餘網路中,可增廣路上的同向邊減少流量 d,反向邊增加流量 d,如圖 7-81 所示。

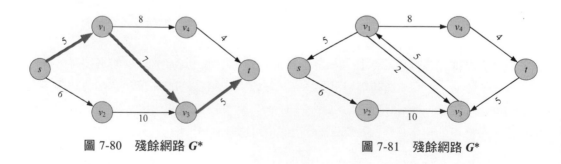

圖 7-80　殘餘網路 *G**　　　　　　　　圖 7-81　殘餘網路 *G**

繼續按照廣度優先搜尋策略,從源點開始,沿著有向邊搜尋。源點 *s* 造訪鄰接點 v_2,無法再造訪 v_1,因為 $s—v_1$ 沒有鄰接邊。v_2 造訪鄰接點 v_3,v_3 無法再造訪 *t*,因為 $v_3—t$ 沒有鄰接邊。v_3 造訪鄰接點 v_1,v_1 造訪鄰接點 v_4,v_4 再造訪 *t*,到達源點,找到一條可增廣路：s—v_2—v_3—v_1—v_4—t。增加的流量為可增廣路上每條邊的最小值，可增量 $d=4$，如圖 7-82 所示。

在殘餘網路中，可增廣路上的同向邊減少流量 d，反向邊增加流量 d，如圖 7-83 所示。

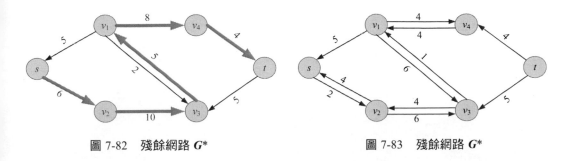

圖 7-82　殘餘網路 G^*　　　　　　　　　圖 7-83　殘餘網路 G^*

繼續搜尋，找不到從源點到匯點的可增廣路。已經得到最大流，最大流值為所有的增量之和，即 5+4=9。

但是，從殘餘網路圖 7-83 中無法判斷哪些是實流邊，哪些是可增量邊。如果想知道實際的網路流量，就需要借助於實流網路。

因此，我們採用在殘餘網路中找可增廣路，在實流網路中增流相結合的方式，求解最大流。

7.3.4　虛擬程式碼詳解

1）找可增廣路

採用普通佇列實作對殘餘網路的廣度搜尋。從源點 u（$u=s$）開始，搜尋 u 的鄰接點 v。如果 v 未被造訪，則標記已造訪，且記錄 v 節點的前驅為 u；如果 u 節點不是匯點則入佇列；如果 u 節點恰好是匯點，則返回，找到匯點時則找到一條可增廣路。如果佇列為空，則說明已經找不到可增廣路。

```
bool bfs(int s,int t)
{
    memset(pre,-1,sizeof(pre));
    memset(vis,false,sizeof(vis));
    queue<int>q;
    vis[s]=true;
    q.push(s);
    while(!q.empty())
    {
```

```
        int now=q.front();
        q.pop();
        for(int i=1;i<=n; i++)           //尋找可增廣路
        {
            if(!vis[i]&&g[now][i]>0)      //未被造訪且有邊相連
            {
                vis[i] = true;
                pre[i] = now;
                if(i==t)  return true;//找到一條可增廣路
                q.push(i);
            }
        }
    }
    return false;                        //找不到可增廣路
}
```

2）沿可增廣路增流

根據前驅陣列，從匯點向前，一直到源點，找可增廣路上所有邊的最小值，即為可增量 d。然後從匯點向前，一直到源點，殘餘網路中同向（與可增廣路同向）邊減流，反向邊增流；實流網路中如果是反向邊，則減流，否則正向邊增流。

```
int EK(int s, int t)
{
    int v,w,d,maxflow;
    maxflow = 0;
    while(bfs(s,t))                  //可以增廣
    {
        v=t;
        d=INF;
        while(v!=s)                  //找可增量 d
        {
            w=pre[v];                //w 記錄 v 的前驅
            if(d>g[w][v])
                d=g[w][v];
            v=w;
        }
        maxflow+=d;
        v=t;
        while(v!=s)                  //沿可增廣路增流
        {
            w=pre[v];
            g[w][v]-=d;              //殘餘網路中正向邊減流
            g[v][w]+=d;              //殘餘網路中反向邊增流
            if(f[v][w]>0)            //實流網路中如果是反向邊，則減流，否則正向邊增流
                f[v][w]-=d;
            else
                f[w][v]+=d;
            v=w;
        }
    }
    return maxflow;
}
```

7.3.5　實戰演練

```
//program 7-2
#include<iostream>
#include<queue>
#include<iomanip>
#include<cstring>
using namespace std;
const int maxn = 100;          //最大節點數
const int INF = (1<<30)-1;
int g[maxn][maxn];             //殘餘網路（初始時各邊為容量）
int f[maxn][maxn];             //實流網路（初始時各邊為 0 流）
int pre[maxn];                 //前驅陣列
bool vis[maxn];                //造訪陣列
int n,m;                       //節點個數 n 和邊的數量 m
bool bfs(int s,int t)
{
    memset(pre,-1,sizeof(pre));
    memset(vis,false,sizeof(vis));
    queue<int>q;
    vis[s]=true;
    q.push(s);
    while(!q.empty())
    {
        int now=q.front();
        q.pop();
        for(int i=1;i<=n; i++)            //尋找可增廣路
        {
            if(!vis[i]&&g[now][i]>0)      //未被造訪且有邊相連
            {
                vis[i] = true;
                pre[i] = now;
                if(i==t)  return true;    //找到一條可增廣路
                q.push(i);
            }
        }
    }
    return false;                         //找不到可增廣路
}
int EK(int s, int t)
{
    int v,w,d,maxflow;
    maxflow = 0;
    while(bfs(s,t))                       //可以增廣
    {
        v=t;
        d=INF;
        while(v!=s)                       //找可增量 d
        {
            w=pre[v];                     //w 記錄 v 的前驅
            if(d>g[w][v])
                d=g[w][v];
            v=w;
        }
        maxflow+=d;
        v=t;
        while(v!=s)           //沿可增廣路增流
        {
```

```
                    w=pre[v];
                    g[w][v]-=d;      //殘餘網路中正向邊減流
                    g[v][w]+=d;      //殘餘網路中反向邊增流
                        if(f[v][w]>0) //實流網路中如果是反向邊，則減流，否則正向邊增流
                                f[v][w]-=d;
                        else
                                f[w][v]+=d;
                    v=w;
                }
        }
        return maxflow;
}
void print()                        //輸出實流網路
{
    cout<<endl;
    cout<<"----------實流網路如下：----------"<<endl;
    cout<<"   ";
    for(int i=1;i<=n;i++)
        cout<<setw(7)<<"v"<<i;
    cout<<endl;
    for(int i=1;i<=n;i++)
    {
        cout<<"v"<<i;
        for(int j=1;j<=n;j++)
            cout<<setw(7)<<f[i][j]<<" ";
        cout<<endl;
    }
}
int main()
{
    int u,v,w;
    memset(g,0,sizeof(g));        //殘餘網路初始化為0
    memset(f,0,sizeof(f));        //實流網路初始化為0
    cout<<"請輸入節點個數 n 和邊數 m："<<endl;
    cin>>n>>m;
    cout<<"請輸入兩個節點 u，v 及邊（u--v）的容量 w："<<endl;
    for(int i=1;i<=m;i++)
    {
        cin>>u>>v>>w;
        g[u][v]+=w;
    }
    cout<<"網路的最大流值："<<EK(1,n)<<endl;
    print();                      //輸出實流網路
    return 0;
}
```

演算法實作和測試

1） 執行環境

Code::Blocks

2） 輸入

請輸入節點個數 n 和邊數 m：

```
6 9
請輸入兩個節點 u，v 及邊（u--v）的容量 w：
1 2 12
1 3 10
2 4 8
3 2 2
3 5 13
4 3 5
4 6 18
5 4 6
5 6 4
```

3） 輸出

```
網路的最大流值：18
----------實流網路如下：----------
         v1       v2       v3       v4       v5       v6
v1       0        8        10       0        0        0
v2       0        0        0        8        0        0
v3       0        0        0        0        10       0
v4       0        0        0        0        0        14
v5       0        0        0        6        0        4
v6       0        0        0        0        0        0
```

7.3.6　演算法解析

1） 時間複雜度：從演算法描述中可以看出，找到一條可增廣路的時間是 $O(E)$，最多會執行 $O(VE)$ 次，因為關鍵邊的總數為 $O(VE)$（見附錄 I）。因此總體時間複雜度為 $O(VE^2)$，其中，V 為節點個數，E 為邊的數量。

2） 空間複雜度：使用了一個二維陣列表示實流網路，因此空間複雜度為 $O(V^2)$。

7.3.7　演算法優化擴充—重貼標籤演算法 ISAP

最短增廣路演算法（SAP），採用廣度優先的方法在殘餘網路中找去權值的最短增廣路。從源點到匯點，像聲音傳播一樣，總是找到最短的路徑，如圖 7-84 所示。

但是，我們在尋找路徑時卻多搜尋了很多節點，例如在圖 7-84 中，第一次找到的可增廣路是 1—2—4—6，但在廣度搜尋時，3、5 兩個節點也被搜尋到了。如何實現一直沿著最短路的方向走呢？

有人想到了一條妙計—**貼標籤**。首先對所有的節點標記到匯點的最短距離，我們稱之為高度。標高從匯點開始，用廣度優先的方式，匯點的鄰接點高度 1，繼續造訪的節點高度是 2，一直到源點結束，如圖 7-85 所示。

517

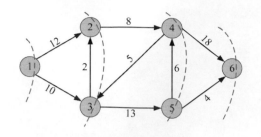

圖 7-84　殘餘網路 *G*

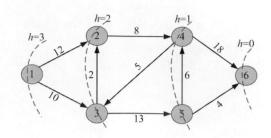

圖 7-85　殘餘網路 *G*

貼好標籤之後，就可以從源點開始，沿著高度 $h(u)=h(v)+1$ 且有可行鄰接邊（*cap>flow*）的方向前進，例如：$h(1)=3$，$h(2)=2$，$h(4)=1$，$h(6)=0$。這樣就很快找到了匯點，然後沿著可增廣路 1—2—4—6 增減流之後的殘餘網路，如圖 7-86 所示。

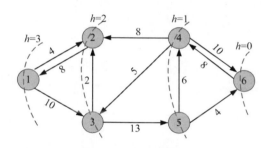

圖 7-86　殘餘網路 *G*

我們再次從源點開始搜尋，沿著高度 $h(u)=h(v)+1$ 且有可行鄰接邊（*cap>flow*）的方向前進，$h(1)=3$，$h(2)=2$，走到這裡無法走到 4 號節點，因為沒有鄰接邊，3 號節點不僅沒有鄰接邊而且高度也不滿足條件。也不能走到 1 號節點，因為 $h(1)=3$。怎麼辦呢？

可以用**重貼標籤**的辦法：目前節點無法前進時，令目前節點的高度=所有鄰接點高度的最小值+1；如果沒有鄰接邊，則令目前節點的高度=節點數；退回一步；重新搜尋。

重貼標籤後，$h(2)=h(1)+1=4$，如圖 7-87 所示。

退回一步到 1 號節點，重新搜尋。1 號節點已經無法到達 2 號（高度不滿足條件 $h(u)=h(v)+1$），那麼考查節點 1 的下一個鄰接點 $h(3)=2$，$h(5)=1$，$h(6)=0$，又找到了一條可增廣路 1—3—5—6。增減流之後的殘餘網路，如圖 7-88 所示。

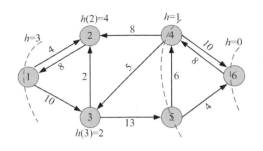

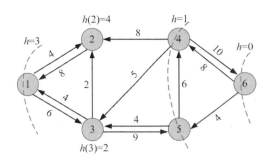

圖 7-87　殘餘網路 *G**　　　　　　　　　圖 7-88　殘餘網路 *G**

我們再次從源點開始搜尋，沿著高度 $h(u)=h(v)+1$ 且有可行鄰接邊（*cap>flow*）的方向前進，$h(1)=3$，$h(3)=2$，$h(5)=1$，走到這裡無法走到 6 號節點，因為沒有鄰接邊，也不能走到 3、4 號節點，因為它們高度不滿足條件。但是 5—4 明明有可增加流量，怎麼辦？

繼續使用**重貼標籤**的辦法，令 $h(5)=h(4)+1=2$，退回一步，重新搜尋；退回到 3 號節點，因為 $h(3)=2$，仍然無法前進，**重貼標籤**，令 $h(3)=h(5)+1=3$；退回到 1 號節點，因為 $h(1)=3$，仍然無法前進，**重貼標籤**，令 $h(1)=h(3)+1=4$，本身是源點不用退回。

重貼標籤後，如圖 7-89 所示。

再次從源點開始搜尋，沿著高度 $h(u)=h(v)+1$ 且有可行鄰接邊的方向前進，$h(1)=4$，$h(3)=3$，$h(5)=2$，$h(4)=1$，$h(6)=0$，又找到了一條可增廣路 1—3—5—4—6。增減流之後的殘餘網路，如圖 7-90 所示。

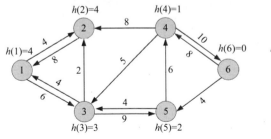

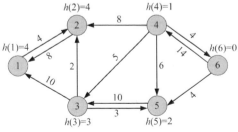

圖 7-89　殘餘網路 *G**　　　　　　　　　圖 7-90　殘餘網路 *G**

再次從源點開始搜尋，沿著高度 $h(u)=h(v)+1$ 且有可行鄰接邊的方向前進，發現已經無法行進，到 2 號節點不滿足高度要求，到 3 號節點沒有可行鄰接邊。**重貼標籤**，則 $h(1)=h(2)+1=5$，本身是源點不用退回。再次從源點開始搜尋，沿著高度 $h(u)=h(v)+1$ 且

有可行鄰接邊的方向前進，$h(1)=5$，$h(2)=4$，無法行進，**重貼標籤**，發現高度為 4 的節點只有一個，已經不存在可增廣路，演算法結束，已經得到了最大流。

演算法設計

1) 確定合適資料結構。採用鄰接串列儲存網路。

2) 對網路節點貼標籤，即標高操作。

3) 如果源點的高度≥節點數，則轉向第 6）步；否則從源點開始，沿著高度 $h(u)=h(v)$+1 且有可行鄰接邊（$cap>flow$）的方向前進，如果到達匯點，則轉向第 4）步；如果無法行進，則轉向第 5）步。

4) 增流操作：沿著找到的可增廣路同向邊增流，反向邊減流。請注意：在原網路上操作。

5) 重貼標籤：如果擁有目前節點高度的節點只有一個，則轉向第 6）步；令目前節點的高度=所有鄰接點高度的最小值+1；如果沒有可行鄰接邊，則令目前節點的高度=節點數；退回一步；轉向第 3）步。

6) 演算法結束，已經找到最大流。

請注意：ISAP 演算法有一個很重要的優化，可以提前結束程式，很多時候提速非常明顯（高達 100 倍以上）。但前節點 u 無法行進時，說明 u、t 之間的連通性消失，但如果 u 是最後一個和 t 距離 $d[u]$ 的點，說明此時 s、t 也不連通了。這是因為，雖然 u、t 已經不連通，但畢竟我們走的是最短路，其他點此時到 t 的距離一定大於 $d[u]$，因此其他點要到 t，必然要經過一個和 t 距離為 $d[u]$ 的點。因此在重貼標籤之前判斷目前高度是 $d[u]$的節點個數如果是 1，立即結束演算法。

例如，u 的高度是 $d[u]=3$，目前無法行進，說明 u 目前無法到達 t，因為我們走的是最短路，其他節點如果到 t 有路徑，這些點到 t 的距離一定大於 3，那麼這條路徑上一定走過一個距離為 3 的節點。因此，如果不存在其他距離為 3 的節點，必然沒有路徑，演算法結束。

完美圖解

網路 *G* 如圖 7-91 所示。

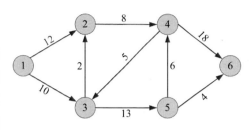

7.3.3 節中的最短增廣路演算法採用了殘餘網路+實流網路分別操作的方法。因為殘餘網路中邊的流量都是正數，分不清哪些是實流邊，哪些是可增量邊，還需要實流網路才能知道網路的實際流量。這裡我們引入一種特殊的網路—**混合網路**，把殘餘網路+實流網

圖 7-91　網路 *G*

路結合為一體，從每條邊的流量可以看出來哪些邊是實流邊（*flow*>0），哪些邊是實流邊的反向邊（*flow*<0）。

混合網路特殊之處在於它的正向邊不是顯示的可增量 *cap-flow*，而是作為兩個變數 *cap*、*flow*，增流時 *cap* 不變，*flow*+=*d*；它的反向邊不是顯示的實際流 *flow*，也用兩個變數 *cap*，*flow*，不過 *cap*=0，*flow*=-*flow*；增流時 *cap* 不變，*flow*-=*d*。

如圖 7-92～圖 7-94 所示。

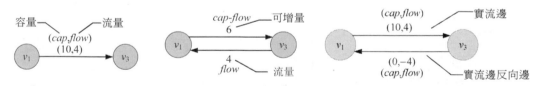

圖 7-92　網路 *G* 的邊　　圖 7-93　殘餘網路對應的邊　　圖 7-94　混合網路對應的邊

圖 7-91 中的網路 *G* 對應的混合網路如圖 7-95 所示。

1）建立混合網路的鄰接串列

首先建立鄰接串列表頭，初始化每個節點的第一個鄰接邊 *first* 為 -1，如圖 7-96 所示。

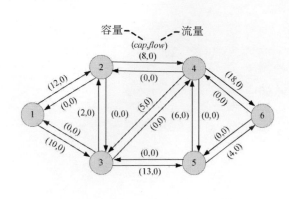

圖 7-95　混合網路　　　　　　　　　　　圖 7-96　鄰接串列表頭

然後建立各邊鄰接串列。

◆ 輸入第一條邊的節點和容量（u、v、cap）：1 3 10。

建立兩條邊（一對邊），如圖 7-97 和圖 7-98 所示。

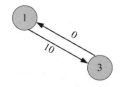

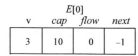

圖 7-97　混合網路中的邊　　　　　　　　圖 7-98　鄰接串列中的邊

1 號節點的鄰接邊是 $E[0]$，修改 1 號節點的第一個鄰接邊 $first$ 為 0。

3 號節點的鄰接邊是 $E[1]$，修改 3 號節點的第一個鄰接邊 $first$ 為 1。

為了圖示清楚，這裡用箭頭來指向表示，實際上並不是指標，只是記錄了邊的標號而已。如圖 7-99 所示。

◆ 輸入第 2 條邊的節點和容量（u、v、cap）：1 2 12。

建立兩條邊（一對邊），如圖 7-100 和圖 7-101 所示。

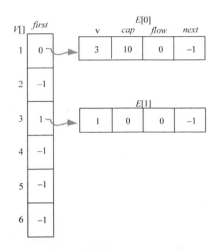

圖 7-99 鄰接串列建立過程

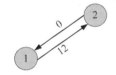

圖 7-100 混合網路中的邊

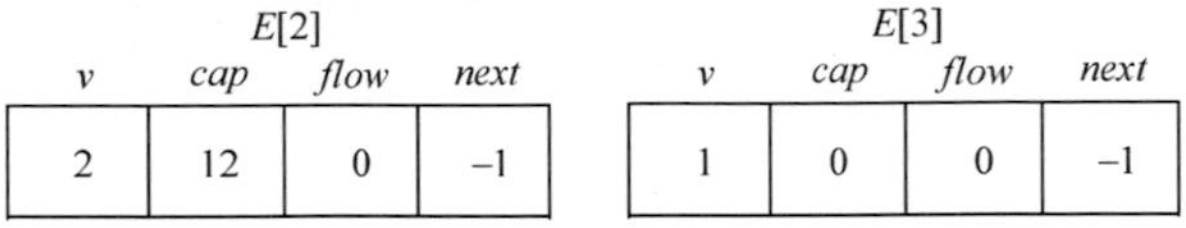

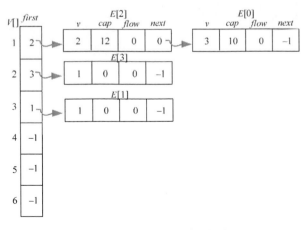

圖 7-101 鄰接串列中的邊

1 號節點的鄰接邊除了 $E[0]$，又增加了一個鄰接邊 $E[2]$，把它放在 $E[0]$的前面，先修改 $E[2]$的下一條鄰接邊 $next$ 為 0，同時修改 1 號節點的第一個鄰接邊 $first$ 為 2。

2 號節點的鄰接邊是 $E[3]$，修改 2 號節點的第一個鄰接邊 $first$ 為 3。如圖 7-102。

圖 7-102 鄰接串列建立過程

◆ 輸入第 3 條邊的節點和容量（u、v、cap）：2 4 8。

建立兩條邊（一對邊），如圖 7-103 和圖 7-104 所示。

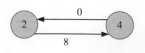

| | E[4] | | | | | E[5] | | |
v	cap	$flow$	$next$		v	cap	$flow$	$next$
4	8	0	–1		2	0	0	–1

圖 7-103　混合網路中的邊 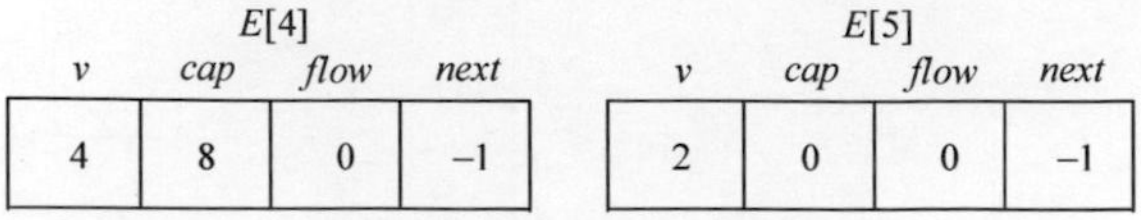　　　　　　　　　　圖 7-104　鄰接串列中的邊

2 號節點的鄰接邊除了 $E[3]$，又增加了一個鄰接邊 $E[4]$，把它放在 $E[3]$ 的前面，修改 $E[4]$ 的下一條鄰接邊 $next$ 為 3，同時修改 2 號節點的第一個鄰接邊 $first$ 為 4。

4 號節點的鄰接邊是 $E[5]$，修改 4 號節點的第一個鄰接邊 $first$ 為 5，如圖 7-105。

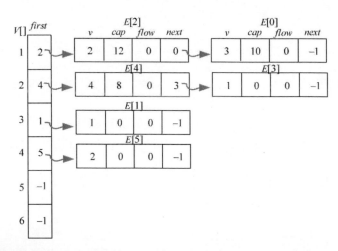

圖 7-105　鄰接串列建立過程

◆ 繼續輸入其他的邊：

3 5 13

3 2 2

4 6 18

4 3 5

5 6 4

5 4 6

最終的完整鄰接串列，如圖 7-106 所示。

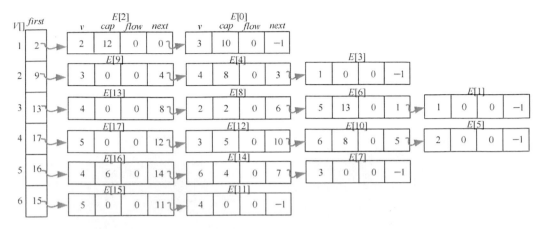

圖 7-106　完整的鄰接串列

2）　初始化每個節點的高度

從匯點開始廣度搜尋，第一次搜尋到的節點高度為 1，繼續下一次搜尋到的節點高度為 2，直到標記完所有節點為止。用 $h[]$ 陣列記錄每個節點的高度，即到匯點的最短距離。同時用 $g[]$ 陣列記錄距離為 $h[]$ 的節點的個數，例如 $g[3]=1$，表示距離為 3 的節點個數為 1 個，如圖 7-107～圖 7-109 所示。

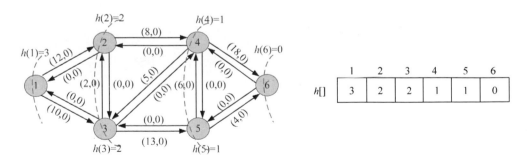

圖 7-107　混合網路（初始化高度）　　　　圖 7-108　高度陣列

如圖 7-107 所示，高度為 1 的節點有 2 個，高度為 2 的節點有 2 個，高度為 3 的節點有 1 個。

3）　找可增廣路

從源點開始，讀取鄰接串列，沿著高度減 1（即 u—v：$h(u)=h(v)+1$）且有可行鄰接邊（$cap>flow$）的方向前進，找到一條可增廣路徑：1—2—4—6，增流值 d 為 8。

4） 增流操作

沿著可增廣路同向邊增流 $flow=flow+d$，反向邊減流 $flow=flow-d$，如圖 7-110。

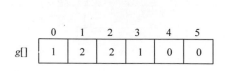

圖 7-109　距離為 h 的節點的個數陣列

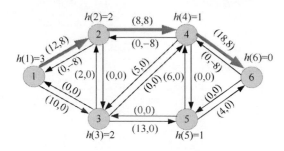

圖 7-110　混合網路

5） 找可增廣路

從源點開始，讀取鄰接串列，沿著高度 $h(u)=h(v)+1$ 且有可行鄰接邊（$cap>flow$）的方向前進，到達 2 號節點時，無法行進。

進行**重貼標籤**操作，目前節點無法前進時，令目前節點的高度=所有鄰接點高度的最小值+1；如果沒有鄰接邊，則令目前節點的高度=節點數；退回一步；重新搜尋。

重貼標籤後，$h(2)=h(1)+1=4$，退回一步，又回到源點，繼續搜尋，又找到一條可增廣路徑：1—3—5—6，增流值 d 為 4。

6） 增流操作

沿著可增廣路同向邊增流 $flow=flow+d$，反向邊減流 $flow=flow-d$，如圖 7-111。

7） 找可增廣路

從源點開始，讀取鄰接串列，沿著高度 $h(u)=h(v)+1$ 且有可行鄰接邊的

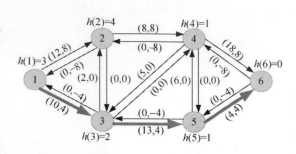

圖 7-111　混合網路

方向前進，$h(1)=3$，$h(3)=2$，$h(5)=1$，走到這裡無法行進，**重貼標籤**。令 $h(5)=h(4)+1=2$，退回一步，重新搜尋。

退回到 3 號節點，因為 $h(3)=2$，仍然無法前進，**重貼標籤**，令 $h(3)=h(5)+1=3$；退回到 1 號節點，因為 $h(1)=3$，仍然無法前進，**重貼標籤**，令 $h(1)=h(3)+1=4$，本身是源點不用退回。

重貼標籤後，如圖 7-112 所示。

繼續搜尋，又找到一條可增廣路徑：1—3—5—4—6，增流值 d 為 6。

8） 增流操作

沿著可增廣路同向邊增流 $flow=flow+d$，反向邊減流 $flow=flow-d$，如圖 7-113。

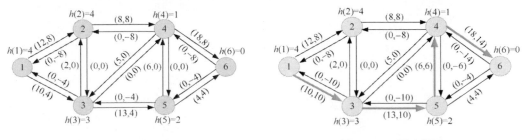

圖 7-112　混合網路　　　　　　　圖 7-113　混合網路

9） 找可增廣路

從源點開始，沿著高度 $h(u)=h(v)+1$ 且有可行鄰接邊的方向前進，$h(1)=4$，$h(2)=4$，雖然 $h(3)=3$，但已經沒有可增流量，不可行。**重貼標籤**，令 $h(1)=h(2)+1=5$，本身是源點不用退回。繼續搜尋，$h(1)=5$，$h(2)=4$，到達 2 號節點無法行進，**重貼標籤**，發現高度為 4 的節點只有 1 個，說明無法到達匯點，演算法結束，如圖 7-114 所示。

10） 輸出實流邊

在殘餘網路中，凡是流量大於 0 的都是實流邊，如圖 7-115 所示。

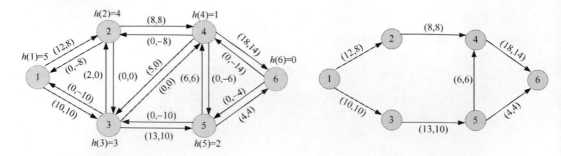

圖 7-114 　混合網路　　　　　　　　　　圖 7-115 　實流邊

實戰演練

```
//program 7-2-1 ISAP 演算法優化
#include <iostream>
#include <cstring>
#include <queue>
#include <algorithm>
using namespace std;
const int inf = 0x3fffffff;
const int N=100;
const int M=10000;
int top;
int h[N], pre[N], g[N];//h[]陣列記錄每個節點的高度，即到匯點的最短距離。
//g[]陣列記錄距離為 h[] 的節點的個數，例如 g[3]=1，表示距離為 3 的節點個數為 1 個。
// pre[]記錄目前節點的前驅邊，pre[v]=i，表示節點 v 的前驅邊為 i，即搜尋路徑入邊
struct Vertex                    //鄰接串列頭節點
{
    int first;
}V[N];
struct Edge//邊結構體
{
    int v, next;
    int cap, flow;
}E[M];
void init()
{
    memset(V, -1, sizeof(V));    //初始化鄰接串列頭節點第一個鄰接邊為-1
    top = 0;                     //初始化邊的足標為 0
}
void add_edge(int u, int v, int c) //建立邊
{ //輸入資料格式：u v 及邊（u--v）的容量 c
    E[top].v = v;
    E[top].cap = c;
    E[top].flow = 0;
    E[top].next = V[u].first;    //連結到鄰接串列中
    V[u].first = top++;
}
void add(int u,int v, int c)      //新增兩條邊
{
    add_edge(u,v,c);
```

```
        add_edge(v,u,0);
}
void set_h(int t,int n)                               //標高函數
{
    queue<int> Q;                                     //建立一個佇列，用於廣度優先搜尋
    memset(h, -1, sizeof(h));                         //初始化高度函數為-1
    memset(g, 0, sizeof(g));
    h[t] = 0;                                         //初始化匯點的高度為0
    Q.push(t);                                        //入佇列
    while(!Q.empty())
    {
        int v = Q.front(); Q.pop();                   //佇列頭元素出佇列
        ++g[h[v]];
        for(int i = V[v].first; ~i; i = E[i].next)    //讀節點 v 的鄰接邊標號
        {
            int u = E[i].v;
            if(h[u] == -1)
            {
                h[u] = h[v] + 1;
                Q.push(u); //入佇列
            }
        }
    }
    cout<<"初始化高度"<<endl;
    cout<<"h[ ]=";
    for(int i=1;i<=n;i++)
        cout<<"  "<<h[i];
    cout<<endl;
}
int Isap(int s, int t,int n)
{
    set_h(t,n);                                       //標高函數
    int ans=0, u=s;
    int d;
    while(h[s]<n)
    {
        int i=V[u].first;
        if(u==s)
            d=inf;
        for(; ~i; i=E[i].next)                        //搜尋目前節點的鄰接邊
        {
            int v=E[i].v;
            if(E[i].cap>E[i].flow && h[u]==h[v]+1)     //沿有可增量和高度減1的方向搜尋
            {
                u=v;
                pre[v]=i;
                d=min(d, E[i].cap-E[i].flow);          //最小增量
                if(u==t)                               //到達匯點，找到一條增廣路徑
                {
                    cout<<endl;
                    cout<<"增廣路徑："<<t;
                    while(u!=s)//從匯點向前，沿增廣路徑一直搜尋到源點
                    {
                        int j=pre[u]; //j 為 u 的前驅邊，即增廣路上 j 為 u 的入邊
                        E[j].flow+=d; //j 邊的流量+d
```

529

```
                         E[j^1].flow-=d; // j 的反向邊的流量-d,
                   /* j^1 表示 j 和 1 的「異或運算」,因為建立邊時是成對建立的,
                      0 號邊的反向邊是 1 號,二進位 0 和 1 的與運算正好是 1 號,
                      即 2 號邊的反向邊是 3,二進位 10 和 1 的與運算正好是 11,
                      即 3 號,因此目前邊號和 1 的與運算可以得到目前邊的反向邊。
                      */
                         u=E[j^1].v; //向前搜尋
                         cout<<"--"<<u;
                      }
                      cout<<"增流:"<<d<<endl;
                      ans+=d;
                      d=inf;
                   }
                 break;           //找到一條可行鄰接邊,退出 for 語句,繼續向前走
              }
          }
          if(i==-1)                   //目前節點的所有鄰接邊均搜尋完畢,無法行進
          {
              if(--g[h[u]]==0)    //如果該高度的節點只有 1 個,演算法結束
                  break;
              int hmin=n-1;
              for(int j=V[u].first; ~j; j=E[j].next) //搜尋 u 的所有鄰接邊
                  if(E[j].cap>E[j].flow) //有可增量
                      hmin=min(hmin, h[E[j].v]);        //取所有鄰接點高度的最小值
              h[u]=hmin+1;                              //重新標高:所有鄰接點高度的最小值+1
              cout<<"重貼標籤後高度"<<endl;
              cout<<"h[ ]=";
              for(int i=1;i<=n;i++)
                  cout<<"  "<<h[i];
              cout<<endl;
              ++g[h[u]];                                //重新標高後該高度的節點數+1
              if(u!=s)                                  //如果目前節點不是源點
                  u=E[pre[u]^1].v;                      //向前退回一步,重新搜尋增廣路
          }
      }
      return ans;
}
void printg(int n)                            //輸出網路鄰接串列
{
    cout<<"----------網路鄰接串列如下:----------"<<endl;
    for(int i=1;i<=n;i++)
    {
        cout<<"v"<<i<<"  ["<<V[i].first;
        for(int j=V[i].first;~j;j=E[j].next)
            cout<<"]--["<<E[j].v<<"  "<<E[j].cap<<"  "<<E[j].flow<<"  "<<E[j].next;
        cout<<"]"<<endl;
    }
}
void printflow(int n)                             //輸出實流邊
{
    cout<<"----------實流邊如下:----------"<<endl;
    for(int i=1;i<=n;i++)
        for(int j=V[i].first;~j;j=E[j].next)
            if(E[j].flow>0)
                {
```

```
                    cout<<"v"<<i<<"--"<<"v"<<E[j].v<<"   "<<E[j].flow;
                    cout<<endl;
            }
}

int main()
{
    int n, m;
    int u, v, w;
    cout<<"請輸入節點個數 n 和邊數 m : "<<endl;
    cin>>n>>m;
    init();
    cout<<"請輸入兩個節點 u，v 及邊（u--v）的容量 w : "<<endl;
    for(int i=1;i<=m;i++)
    {
        cin>>u>>v>>w;
        add(u, v, w);        //新增兩條邊
    }
    cout<<endl;
    printg(n);              //輸出初始網路鄰接串列
    cout<<"網路的最大流值: "<<Isap(1,n,n)<<endl;
    cout<<endl;
    printg(n);              //輸出最終網路
    printflow(n);          //輸出實流邊
    return 0;
}
```

演算法實作和測試

1）　執行環境

```
Code::Blocks
```

2）　輸入

```
請輸入節點個數 n 和邊數 m :
6 9
請輸入兩個節點 u，v 及邊（u--v）的容量 w :
1 3 10
1 2 12
2 4 8
3 5 13
3 2 2
4 6 18
4 3 5
5 6 4
5 4 6
```

3）　輸出

```
----------網路鄰接串列如下：----------
v1 [2]--[2   12   0   0]--[3   10   0   -1]
v2 [9]--[3   0   0   4]--[4   8   0   3]--[1   0   0   -1]
```

```
v3   [13]--[4   0   0   8]--[2   2   0   6]--[5   13   0   1]--[1   0   0   -1]
v4   [17]--[5   0   0   12]--[3   5   0   10]--[6   18   0   5]--[2   0   0   -1]
v5   [16]--[4   6   0   14]--[6   4   0   7]--[3   0   0   -1]
v6   [15]--[5   0   0   11]--[4   0   0   -1]
初始化高度
h[ ] =  3   2   2   1   1   0
增廣路徑：6--4--2--1 增流：8
重貼標籤後高度
h[ ] =  3   4   2   1   1   0
增廣路徑：6--5--3--1 增流：4
重貼標籤後高度
h[ ] =  3   4   2   1   2   0
重貼標籤後高度
h[ ] =  3   4   3   1   2   0
重貼標籤後高度
h[ ] =  4   4   3   1   2   0
增廣路徑：6--4--5--3--1 增流：6
重貼標籤後高度
h[ ] =  5   4   3   1   2   0
網路的最大流值:18


----------網路鄰接串列如下：----------
v1   [2]--[2   12   8   0]--[3   10   10   -1]
v2   [9]--[3   0   0   4]--[4   8   8   3]--[1   0   -8   -1]
v3   [13]--[4   0   0   8]--[2   2   0   6]--[5   13   10   1]--[1   0   -10   -1]
v4   [17]--[5   0   -6   12]--[3   5   0   10]--[6   18   14   5]--[2   0   -8   -1]
v5   [16]--[4   6   6   14]--[6   4   4   7]--[3   0   -10   -1]
v6   [15]--[5   0   -4   11]--[4   0   -14   -1]
----------實流邊如下：----------
v1--v2    8
v1--v3    10
v2--v4    8
v3--v5    10
v4--v6    14
v5--v4    6
v5--v6    4
```

演算法複雜度分析

1) 時間複雜度：從演算法描述中可以看出，找到一條可增廣路的時間是 $O(V)$，最多會執行 $O(VE)$ 次，因為關鍵邊的總數為 $O(VE)$，因此總體時間複雜度為 $O(V^2E)$，其中 V 為節點個數，E 為邊的數量。

2) 空間複雜度：空間複雜度為 $O(V)$。

7.4　最小費用最大流─最小費用路演算法

在實際應用中，不僅要考慮流量，還要考慮費用。例如在網路佈線工程中有很多中電纜，電纜的粗細不同，流量和費用也不同。如果全部使用較粗的電纜，則造價太高；如果全部使用較細的電纜，則流量滿足不了要求。我們希望建立一個費用最小、流量最大的網路，即最小費用最大流。

圖 7-116　網路佈線示意

7.4.1　問題分析

在實際應用中，要同時考慮流量和費用，每條邊除了給定容量之外，還定義了一個單位流量的費用，如圖 7-117 所示。

對於網路上的一個流 $flow$，其費用為：

$$\text{cost}(flow) = \sum_{<x,y> \in E} \text{cost}(x,y) * \text{flow}(x,y)$$

網路流的費用=每條邊的流量*單位流量費用。

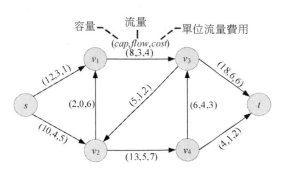

圖 7-117　網路、可行流及費用

在圖 7-117 中，流的費用=3×1+4×5+3×4+0×6+1×2+5×7+4×3+6×6+1×2=122。

我們希望費用最小，流量最大，因此需要求解最小費用最大流。

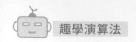

7.4.2 演算法設計

求解最小費用最大流有兩種思考方式：

1) 先找最小費用路，在該路徑上增流，增加到最大流，稱為**最小費用路演算法**。

2) 先找最大流，然後找負費用圈，消減費用，減少到最小費用，稱為**消圈演算法**。

最小費用路演算法，是在殘餘網路上尋找從源點到匯點的最小費用路，即從源點到匯點的以單位費用為權的最短路，然後沿著最小費用路增流，直到找不到最小費用路為止。是不是有點像最短增廣路演算法？

最短增廣路演算法中求最短增廣路是去權值的最短路，而最小費用路是以單位費用為權值的最短路。

7.4.3 完美圖解

現給定一個網路及其邊上的容量和單位流量費用，如圖 7-118 所示。求該網路的最小費用最大流。

因為使用殘餘網路，還需要用實流網路，為了簡單起見，後面的演算法統一使用混合網路。混合網路的詳細描述見本書 7.3.6 節的完美圖解。

1) 建立混合網路

先初始化為零流，零流對應的混合網路中，正向邊的容量為 cap，流量為 0，費用為 $cost$，反向邊容量為 0，流量為 0，費用為 $-cost$，圖 7-118 對應的混合網路如圖 7-119 所示。

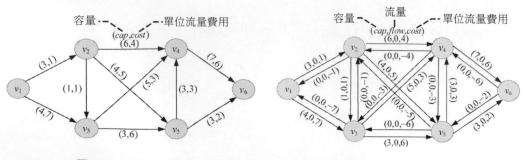

圖 7-118　網路及費用　　　　圖 7-119　混合網路

2）找最小費用路

先初始化每個節點的距離為無窮大，然後令源點的距離 $dist[v_1]=0$。在混合網路中，從源點出發，沿可行邊（$E[i].cap>E[i].flow$）廣度搜尋每個鄰接點，如果目前距離 $dist[v]>dist[u]+E[i].cost$，則更新為最短距離：$dist[v]=dist[u]+E[i].cost$，並記錄前驅。

根據前驅陣列，找到一條最短費用路，增廣路徑：1—2—5—6，混合網路如圖 7-120 所示。

3）沿著增廣路徑正向增流 d，反向減流 d。

從匯點逆向找最小可增流量 $d=min(d, E[i].cap-E[i].flow)$，增流量 $d=3$，產生的費用為 $mincost+=dist[v_6]*d=8×3=24$，如圖 7-121 所示。

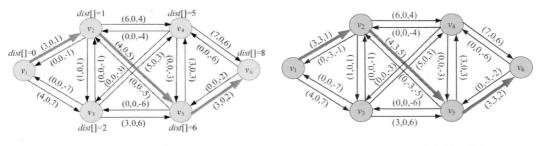

圖 7-120　混合網路　　　　　圖 7-121　混合網路（增流後）

4）找最小費用路

先初始化每個節點的距離為無窮大，然後令源點的距離 $dist[v_1]=0$。在混合網路中，從源點出發，沿可行邊（$E[i].cap>E[i].flow$）廣度搜尋每個鄰接點，如果目前距離 $dist[v]>dist[u]+E[i].cost$，則更新為最短距離：$dist[v]=dist[u]+E[i].cost$，並記錄前驅。

根據前驅陣列，找到一條最短費用路，增廣路徑：1—3—4—6，混合網路如圖 7-122 所示。

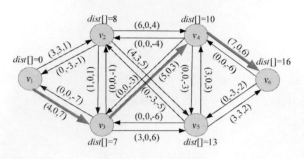

圖 7-122　混合網路

5） 沿著增廣路徑正向增流 *d*，反向減流 *d*。

從匯點逆向找最小可增流量 *d=min(d, E[i].cap−E[i].flow)*，增流量 *d=4*，產生的費用為 *mincost=24+dist[v₆]*d*=24+16×4=88，如圖 7-123 所示。

6） 找最小費用路

先初始化每個節點的距離為無窮大，然後令源點的距離 *dist[v₁]*=0。在混合網路中，從源點出發，沿可行邊（*E[i].cap>E[i].flow*）廣度搜尋每個鄰接點，發現從源點出發已沒有可行邊，結束，得到的網路流就是最小費用最大流。把混合網路中 *flow*>0 的邊輸出，就是我們要的實流網路，如圖 7-124 所示。

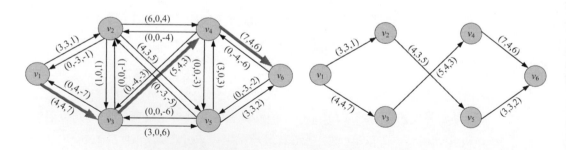

圖 7-123　混合網路（增流後）　　　　圖 7-124　實流網路（最小費用最大流）

7.4.4　虛擬程式碼詳解

1） 定義結構體

結構體的定義和 7.3.6 節中改進演算法 ISAP 中的結構體相同，邊僅多了一個 *cost* 域。*first* 指向第一個鄰接邊，*next* 是下一條鄰接邊。該結構體用於建立鄰接串列。

```
struct Vertex     //鄰接串列頭節點
{
    int first;
}V[N];
struct Edge       //邊節點
{
    int v, next; //v 為弧頭，next 指向下一條鄰接邊
    int cap, flow,cost;
}E[M];
```

2）　建立殘餘網路邊

正向邊的容量為 *cap*，流量為 0，費用為 *cost*，反向邊容量為 0，流量為 0，費用為 *−cost*。

```
void add_edge(int u, int v, int c,int cost) //建立邊
{
    E[top].v = v;
    E[top].cap = c;
    E[top].flow = 0;
    E[top].cost = cost;
    E[top].next = V[u].first;
    V[u].first = top++;
}
void add(int u,int v, int c,int cost)        //新增兩條邊，正向邊和反向邊
{
    add_edge(u,v,c,cost);
    add_edge(v,u,0,-cost);
}
```

3）　求最小費用路

先初始化每個節點的距離為無窮大，然後令源點的距離 *dist*[*v*1]=0。在混合網路中，從源點出發，沿可行邊（*E*[*i*].*cap*>*E*[*i*].*flow*）廣度搜尋每個鄰接點，如果目前距離 *dist*[*v*]>*dist*[*u*]+*E*[*i*].*cost*，則更新為最短距離 *dist*[*v*]=*dist*[*u*]+*E*[*i*].*cost*，並記錄前驅。

```
bool SPFA(int s, int t, int n)        //求最小費用路的 SPFA
{
    int i, u, v;
    queue <int> qu;                   //佇列
    memset(vis,false,sizeof(vis));    //造訪標記初始化
    memset(c,0,sizeof(c));            //入佇列次數初始化
    memset(pre,-1,sizeof(pre));       //前驅初始化
    for(i=1;i<=n;i++)
    {
        dist[i]=INF;                  //距離初始化
    }
    vis[s]=true;                      //節點入佇列 vis 要做標記
    c[s]++;                           //要統計節點的入佇列次數
```

```
        dist[s]=0;
        qu.push(s);
        while(!qu.empty())
        {
            u=qu.front();
            qu.pop();
            vis[u]=false;
            //佇列頭元素出佇列,並且消除標記
            for(i=V[u].first; i!=-1; i=E[i].next)//遍訪節點 u 的鄰接串列
            {
                v=E[i].v;
                if(E[i].cap>E[i].flow && dist[v]>dist[u]+E[i].cost)//鬆弛操作
                {
                    dist[v]=dist[u]+E[i].cost;
                    pre[v]=i;                //記錄前驅
                    if(!vis[v])              //節點 v 不在隊內
                    {
                        c[v]++;
                        qu.push(v);          //入佇列
                        vis[v]=true;         //標記
                        if(c[v]>n)           //超過入佇列上限,說明有負環
                            return false;
                    }
                }
            }
        }
        cout<<"最短路陣列"<<endl;
        cout<<"dist[ ]=";
        for(int i=1;i<=n;i++)
            cout<<"  "<<dist[i];
        cout<<endl;
        if(dist[t]==INF)
            return false;        //如果距離為 INF,說明無法到達,返回 false
        return true;
}
```

4) 沿著最小費用路增流

從匯點逆向到源點,找最小可增流量 $d=min(d, E[i].cap-E[i].flow)$。沿著增廣路徑正向邊增流 d,反向邊減流 d,產生的費用為 $mincost+=dist[t]*d$。

```
int MCMF(int s,int t,int n) //minCostMaxFlow
{
    int d;                   //可增流量
    int i,mincost;           //maxflow 目前最大流量,mincost 目前最小費用
    mincost=0;
    while(SPFA(s,t,n))        //表示找到了從 s 到 t 的最小費用路
    {
        d=INF;
        cout<<endl;
        cout<<"增廣路徑:"<<t;
        for(i=pre[t]; i!=-1; i=pre[E[i^1].v]) //從匯點逆向沿增廣路找最小可增量
        {
```

```
                    d=min(d, E[i].cap-E[i].flow);          //找最小可增流量
                    cout<<"--"<<E[i^1].v;
            }
            cout<<"增流："<<d<<endl;
            cout<<endl;
            maxflow+=d;                                    //更新最大流
            for(i=pre[t]; i!=-1; i=pre[E[i^1].v])    //增廣路上正向邊流量+d，反向邊流量-d
            {
                    E[i].flow+=d;
                    E[i^1].flow-=d;
            }
            mincost+=dist[t]*d; //dist[t]為該路徑上單位流量費用之和，最小費用更新
    }
    return mincost;
}
```

7.4.5 實戰演練

```
//program 7-3
#include <iostream>
#include <cstring>
#include <queue>
#include <algorithm>
using namespace std;

const int INF=1000000;
const int N=100;
const int M=10000;
int top;                    //目前邊足標
int dist[N], pre[N];        //dist[i]表示源點到點 i 最短距離，pre[i]記錄前驅
bool vis[N];                //標記陣列
int c[N];                   //入佇列次數
int maxflow;                //最大流

struct Vertex
{
    int first;
}V[N];
struct Edge
{
    int v, next;
    int cap, flow,cost;
}E[M];
void init()
{
    memset(V, -1, sizeof(V));
    top=0;
    maxflow=0;
}
void add_edge(int u, int v, int c,int cost)
{
    E[top].v = v;
    E[top].cap = c;
    E[top].flow = 0;
```

```
    E[top].cost = cost;
    E[top].next = V[u].first;
    V[u].first = top++;
}
void add(int u,int v, int c,int cost)
{
    add_edge(u,v,c,cost);
    add_edge(v,u,0,-cost);
}

bool SPFA(int s, int t, int n)        //求最小費用路的 SPFA
{
    int i, u, v;
    queue <int> qu;                 //佇列
    memset(vis,false,sizeof(vis));//造訪標記初始化
    memset(c,0,sizeof(c));          //入佇列次數初始化
    memset(pre,-1,sizeof(pre));     //前驅初始化
    for(i=1;i<=n;i++)
    {
        dist[i]=INF;                //距離初始化
    }
    vis[s]=true;                    //節點入佇列 vis 要做標記
    c[s]++;                         //要統計節點的入佇列次數
    dist[s]=0;
    qu.push(s);
    while(!qu.empty())
    {
        u=qu.front();
        qu.pop();
        vis[u]=false;
        //佇列頭元素出佇列，並且消除標記
        for(i=V[u].first; i!=-1; i=E[i].next)//遍訪節點 u 的鄰接串列
        {
            v=E[i].v;
            if(E[i].cap>E[i].flow && dist[v]>dist[u]+E[i].cost)//鬆弛操作
            {
                dist[v]=dist[u]+E[i].cost;
                pre[v]=i;                //記錄前驅
                if(!vis[v])              //節點 v 不在隊內
                {
                    c[v]++;
                    qu.push(v);          //入佇列
                    vis[v]=true;         //標記
                    if(c[v]>n)           //超過入佇列上限，說明有負環
                        return false;
                }
            }
        }
    }
    cout<<"最短路陣列"<<endl;
    cout<<"dist[ ]=";
    for(int i=1;i<=n;i++)
        cout<<" "<<dist[i];
    cout<<endl;
    if(dist[t]==INF)
```

```
            return false; //如果距離為 INF，說明無法到達，返回 false
       return true;
}

int MCMF(int s,int t,int n)                      //minCostMaxFlow
{
       int d;                                    //可增流量
       int i,mincost;//maxflow 目前最大流量，mincost 目前最小費用
       mincost=0;
       while(SPFA(s,t,n))                        //表示找到了從 s 到 t 的最小費用路
       {
              d=INF;
              cout<<endl;
              cout<<"增廣路徑："<<t;
              for(i=pre[t]; i!=-1; i=pre[E[i^1].v])
              {
                     d=min(d, E[i].cap-E[i].flow);    //找最小可增流量
                     cout<<"--"<<E[i^1].v;
              }
              cout<<"增流："<<d<<endl;
              cout<<endl;
              maxflow+=d; //更新最大流
              for(i=pre[t]; i!=-1; i=pre[E[i^1].v]) //增廣路上正向邊流量+d，反向邊流量-d
              {
                     E[i].flow+=d;
                     E[i^1].flow-=d;
              }
              mincost+=dist[t]*d; //dist[t]為該路徑上單位流量費用之和，最小費用更新
       }
       return mincost;
}

void printg(int n)//輸出網路鄰接串列
{
       cout<<"----------網路鄰接串列如下：----------"<<endl;
       for(int i=1;i<=n;i++)
       {
              cout<<"v"<<i<<"  ["<<V[i].first;
              for(int j=V[i].first;~j;j=E[j].next)
                     cout<<"]--["<<E[j].v<<"  "<<E[j].cap<<"  "<<E[j].flow<<"  "
                         <<E[j].cost<<"  "<<E[j].next;
              cout<<"]"<<endl;

       }
       cout<<endl;
}

void printflow(int n)//輸出實流邊
{
       cout<<"----------實流邊如下：----------"<<endl;
         for(int i=1;i<=n;i++)
         for(int j=V[i].first;~j;j=E[j].next)
            if(E[j].flow>0)
            {
                   cout<<"v"<<i<<"--"<<"v"<<E[j].v<<"  "<<E[j].flow<<"  "<<E[j].cost;
```

```
                cout<<endl;
        }
}

int main()
{
    int n, m;
    int u, v, w,c;
    cout<<"請輸入節點個數 n 和邊數 m："<<endl;
    cin>>n>>m;
    init();//初始化
    cout<<"請輸入兩個節點 u，v，邊（u--v）的容量 w，單位容量費用 c："<<endl;
    for(int i=1;i<=m;i++)
    {
        cin>>u>>v>>w>>c;
        add(u,v,w,c);
    }
    cout<<endl;
    printg(n);    //輸出初始網路鄰接串列
    cout<<"網路的最小費用："<<MCMF(1,n,n)<<endl;
    cout<<"網路的最大流值："<<maxflow<<endl;
    cout<<endl;
    printg(n);    //輸出最終網路
    printflow(n);//輸出實流邊
    return 0;
}
```

演算法實作和測試

1） 執行環境

```
Code::Blocks
```

2） 輸入

```
請輸入節點個數 n 和邊數 m：
6 10
請輸入兩個節點 u，v，邊（u--v）的容量 w，單位容量費用 c：
1 3 4 7
1 2 3 1
2 5 4 5
2 4 6 4
2 3 1 1
3 5 3 6
3 4 5 3
4 6 7 6
5 6 3 2
5 4 3 3
```

3） 輸出

```
----------網路鄰接串列如下：----------
v1 [2]--[2 3 0 1 0]--[3 4 0 7 -1]
```

```
v2 [8]--[3  1  0  1  6]--[4  6  0  4  4]--[5  4  0  5  3]--[1  0  0  -1   -1]
v3[12]--[4  5  0  3  10]--[5  3  0  6  9]--[2  0  0  -1  1]--[1  0  0  -7  -1]
v4[19]--[5  0  0  -3  14]--[6  7  0  6  13]--[3  0  0  -3  7]--[2  0  0  -4  -1]
v5[18]--[4  3  0  3  16]--[6  3  0  2  11]--[3  0  0  -6  5]--[2  0  0  -5  -1]
v6[17]--[5  0  0  -2  15]--[4  0  0  -6  -1]
最短路陣列
dist[ ]=  0  1  2  5  6  8
增廣路徑：6--5--2--1 增流：3
最短路陣列
dist[ ]=  0  8  7  10  13  16
增廣路徑：6--4--3--1 增流：4
最短路陣列
dist[ ]=  0  1000000  1000000  1000000  1000000  1000000
網路的最小費用：88
網路的最大流值：7
----------實流邊如下：----------
v1--v2    3   1
v1--v3    4   7
v2--v5    3   5
v3--v4    4   3
v4--v6    4   6
v5--v6    3   2
```

7.4.6　演算法解析

1）　時間複雜度：從演算法描述中可以看出，找到一條可增廣路的時間是 $O(E)$，最多會執行 $O(VE)$ 次，因為關鍵邊的總數為 $O(VE)$，因此總體時間複雜度為 $O(VE^2)$，其中 V 為節點個數，E 為邊的數量。

2）　空間複雜度：使用了一些輔助陣列，因此空間複雜度為 $O(V)$。

7.4.7　演算法優化擴充—消圈演算法

演算法設計

消圈演算法的思維：首先找網路中的最大流，然後消除最大流對應的混合網路中所有的負費用圈。

消圈演算法找最小費用最大流包括 3 個過程：

1）　找出給定網路的最大流。

2）　在最大流對應的的混合網路中找負費用圈。

3) 消去負費用圈：負費用圈同方向的邊流量加 d，反方向的邊流量減 d。d 為負費用圈的所有邊的最小可增量 *cap-flow*。

演算法的核心是在殘餘網路中找負費用圈。

完美圖解

如圖 7-125 所示的混合網路：

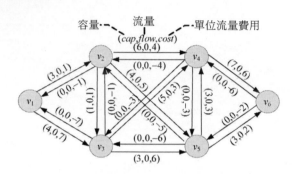

圖 7-125　混合網路

1) 求最大流

可以使用以前講過的最大流求解演算法找到圖 7-125 中的最大流。例如執行 7.3.6 節的 program 7-2-1，輸入如下。

```
請輸入節點個數 n 和邊數 m：
6 9
請輸入兩個節點 u，v 及邊（u--v）的容量 w：
1 3 4
1 2 3
2 5 4
2 4 6
2 3 1
3 5 3
3 4 5
4 6 7
5 6 3
5 4 3
```

執行後得到最大流對應的混合網路，如圖 7-126 所示。

2) 在最大流對應的混合網路中找負費用圈

在最大流的混合網路中，沿著 *cap>flow* 的邊找負費用圈，就是各邊費用之和為負的圈。首先找到一個負費用圈 2—5—6—4—2，它們的邊費用之和為 5+2+（-6）+（-4）=-3，如圖 7-127 所示。

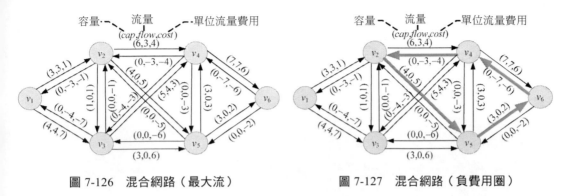

圖 7-126　混合網路（最大流）　　　　圖 7-127　混合網路（負費用圈）

3）　負費用圈同方向的邊流量加 *d*，反方向的邊流量減 *d*。

沿找到的負費用圈增流，其增量為組成負費用圈的所有邊的最小可增量 *cap-flow*。

負費用圈說明費用較高，可以對費用為負的邊減流，因為該殘餘網路為特殊的殘餘網路，負費用的邊流量也是負值，減流實際上需要加上增流量 *d*。為了維持平衡性，負費用圈同方向的邊流量加 *d*，反方向的邊流量減 *d*。*d* 為負費用圈上各邊的 *cap-flow* 最小值。負費用圈 2—5—6—4—2 上的增流量 *d*=3，增流減流後如圖 7-128 所示。

4）　在混合網路中繼續找負費用圈

在混合網路中，沿著 *cap>flow* 的邊找負費用圈，已經找不到負費用圈，演算法結束。把混合網路中 *flow>0* 的邊輸出，就是我們要的實流網路，找到的最小費用最大流如圖 7-129 所示。

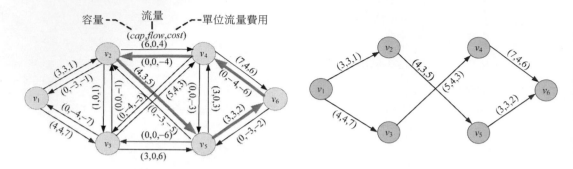

容量 ---- 流量 ---- 單位流量費用
(cap,flow,cost)

圖 7-128 混合網路（增流減流後）　　　圖 7-129 實流網路（最小費用最大流）

演算法複雜度分析

1）　時間複雜度：因此求最大流演算法的時間複雜度為 $O(V^2E)$，其中 V 為節點個數，E 為邊的數量。如果每次消去負費用圈至少使費用下降 1 個單位，最多執行 ECM 次找負費用圈和增減流操作，其中 C 為每條邊費用上界，M 為每條邊容量上界。該演算法的時間複雜度為 $O(V^2E^2CM)$。

2）　空間複雜度：空間複雜度為 $O(V)$。

7.5　精明的老闆—配對方案問題

我們經常會聽到一句話：「男女搭配，工作不累。」精明的老闆經過觀察發現，兩個男女推銷員搭配工作，業務量明顯高於其他人。然而並不是任何兩個男女推銷員都可以合作默契的，如果有的男女推銷員本身有矛盾，就無法一起工作。老闆瞭解每個員工的配合情況後，可以設計一個演算法找出最佳的推銷員配對方案，使每天派出的推銷員最多，從而獲得最大的效益。

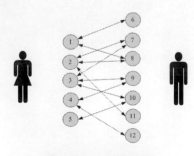

圖 7-130 配對方案

7.5.1 問題分析

在解決這個問題之前，我們先瞭解幾個概念。

二分圖（Bipartite graph）：又稱作二部圖、雙分圖，是圖論中的一種特殊模型。設 $G=(V, E)$ 是一個無向圖，如果節點集 V 可分割為兩個互不相交的子集(V_1, V_2)，並且圖中的每條邊 (i, j) 所關聯的兩個節點 i 和 j 分別屬於這兩個不同的節點集（$i \in V_1$，$j \in V_2$），則稱圖 G 為一個二分圖。

匹配（matching）：在圖論中，一個**匹配**是一個邊的集合，其中任意兩條邊都沒有公共節點。例如，圖 7-131 中加粗的邊就是一個匹配：$\{(1, 6), (2, 5), (3, 7)\}$。

最大匹配：一個圖所有匹配中，邊數最多的匹配，稱為這個圖的**最大匹配**。

最佳的推銷員配對方案問題要求兩個推銷員男女搭配工作，相當於女推銷員和男推銷員分成了兩個不相交的集合，可以配合工作的男女推銷員有連線，求最大配對數，實際上就是是簡單的**二分圖最大匹配**問題。怎樣得到二分圖的最大匹配呢？可以借助最大流演算法，透過下面的變換，把二分圖轉化成網路，求最大流即可。

將二分圖左邊新增一個**源點**，右邊新增一個**匯點**，將左邊的點全部與源點相連，右邊的點和匯點相連，所有邊的容量均為 1。前面為女推銷員編號，後面為男推銷員編號，有連線的表示兩個人可以配合。女推銷員和女推銷員之間不可以連線，同樣，男推銷員和男推銷員之間不可以連線。建構的網路，如圖 7-132 所示。

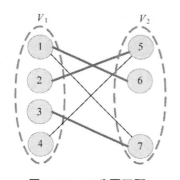

圖 7-131　二分圖匹配

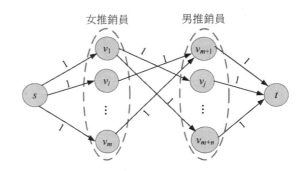

圖 7-132　配對方案網路

然後只需求解網路最大流即可。

7.5.2　演算法設計

1）建構網路：根據輸入的資料，增加源點和匯點，每條邊的容量設為 1，建立混合網路。

2）求網路最大流。

3）輸出最大流值就是最大的配對數。

4）搜尋女推銷員節點的鄰接串列，流量為 1 的邊對應的鄰接點就是該女推銷員的配對方案。

7.5.3　完美圖解

例如，女推銷員數為 5，編號 1～5；男推銷員數為 7，編號 6～12。以下兩個編號的推銷員可以配合：1—6，1—8，2—7，2—8，2—11，3—7，3—9，3—10，4—12，4—9，5—10。

1）建構網路

根據輸入資料，新增源點和匯點，建立二分圖。每條邊的容量設為 1，建構的網路如圖 7-133 所示（注：程式中建構的是混合網路）。

2）求網路最大流

在圖 7-133 的混合網路上，使用優化的 ISAP 演算法求網路最大流，找到 5 條可增廣路徑。

◆ 增廣路徑：13—10—5—0。增流：1。

◆ 增廣路徑：13—9—4—0。增流：1。

◆ 增廣路徑：13—7—3—0。增流：1。

◆ 增廣路徑：13—11—2—0。增流：1。

◆ 增廣路徑：13—8—1—0。增流：1。

增流後的實流網路如圖 7-134 所示。

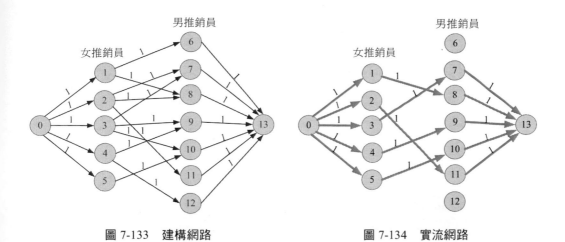

圖 7-133　建構網路　　　　　　　　　圖 7-134　實流網路

3）　輸出最大流值就是最多的配對數

讀取女推銷員節點的鄰接串列，流量為 1 的邊對應的鄰接點就是該女推銷員的配
對方案。

最大配對數：5。
配對方案：1—8，2—11，3—7，4—9，5—10。

7.5.4　虛擬程式碼詳解

1）　建立混合網路鄰接串列

```
for(int i=1;i<=m;i++)
    add(0, i, 1);          //源點到女推銷員的邊
for(int j=m+1;j<=total;j++)
    add(j, total+1, 1);   //男推銷員到匯點的邊
cout<<"請輸入可以配合的女推銷員編號 u 和男推銷員編號 v(兩個都為-1 結束):"<<endl;
while(cin>>u>>v,u+v!=-2)
    add(u,v,1);           //新增混合網路的兩條邊
```

2）　求網路最大流

```
int Isap(int s, int t,int n)//改進的最短增廣路最大流演算法。
```

詳見 7.3.7 節中的演算法 program 7-2-1，這裡不再贅述。

3）　輸出最佳配對數和配對方案

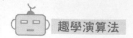

輸出最大流值就是最多的配對數。搜尋女推銷員節點的鄰接串列，流量為 1 的邊對應的鄰接點就是該女推銷員的配對方案。

```
cout<<"最大配對數:"<<Isap(0,total+1,total+2)<<endl;
printflow(m);          //輸出配對方案
void printflow(int n)//輸出配對方案
{
    cout<<"----------配對方案如下：----------"<<endl;
    for(int i=1;i<=n;i++)
        for(int j=V[i].first;~j;j=E[j].next)
            if(E[j].flow>0)
            {
                cout<<i<<"--"<<E[j].v<<endl;
                break;
            }
}
```

7.5.5　實戰演練

```
//program 7-4
#include <iostream>
#include <cstring>
#include <queue>
#include <algorithm>
using namespace std;
const int inf = 0x3fffffff;
const int N=100;
const int M=10000;
int top;
int h[N], pre[N], g[N];
struct Vertex
{
    int first;
}V[N];
struct Edge
{
    int v, next;
    int cap, flow;
}E[M];
void init()
{
    memset(V, -1, sizeof(V));
    top = 0;
}
void add_edge(int u, int v, int c)
{
    E[top].v = v;
    E[top].cap = c;
    E[top].flow = 0;
    E[top].next = V[u].first;
    V[u].first = top++;
}
void add(int u,int v, int c)
```

```
{
    add_edge(u,v,c);
    add_edge(v,u,0);
}
void set_h(int t,int n)
{
    queue<int> Q;
    memset(h, -1, sizeof(h));
    memset(g, 0, sizeof(g));
    h[t] = 0;
    Q.push(t);
    while(!Q.empty())
    {
        int v = Q.front(); Q.pop();
        ++g[h[v]];
        for(int i = V[v].first; ~i; i = E[i].next)
        {
            int u = E[i].v;
            if(h[u] == -1)
            {
                h[u] = h[v] + 1;
                Q.push(u);
            }
        }
    }
    cout<<"初始化高度"<<endl;
    cout<<"h[ ]=";
    for(int i=1;i<=n;i++)
        cout<<"  "<<h[i];
    cout<<endl;
}
int Isap(int s, int t,int n)
{
    set_h(t,n);
    int ans=0, u=s;
    int d;
    while(h[s]<n)
    {
        int i=V[u].first;
        if(u==s)
            d=inf;
        for(; ~i; i=E[i].next)
        {
            int v=E[i].v;
            if(E[i].cap>E[i].flow && h[u]==h[v]+1)
            {
                u=v;
                pre[v]=i;
                d=min(d, E[i].cap-E[i].flow);
                if(u==t)
                {
                    cout<<endl;
                    cout<<"增廣路徑 : "<<t;
                    while(u!=s)
                    {
```

```
                                int j=pre[u];
                                E[j].flow+=d;
                                E[j^1].flow-=d;
                                u=E[j^1].v;
                                cout<<"--"<<u;
                            }
                            cout<<"增流："<<d<<endl;
                            ans+=d;
                            d=inf;
                        }
                        break;
                    }
            }
            if(i==-1)
            {
                if(--g[h[u]]==0)
                    break;
                int hmin=n-1;
                for(int j=V[u].first; ~j; j=E[j].next)
                    if(E[j].cap>E[j].flow)
                        hmin=min(hmin, h[E[j].v]);
                h[u]=hmin+1;
                cout<<"重貼標籤後高度"<<endl;
                cout<<"h[ ]=";
                for(int i=1;i<=n;i++)
                    cout<<"  "<<h[i];
                cout<<endl;
                ++g[h[u]];
                if(u!=s)
                    u=E[pre[u]^1].v;
            }
        }
    }
    return ans;
}
void printg(int n)    //輸出網路鄰接串列
{
    cout<<"----------網路鄰接串列如下：----------"<<endl;
    for(int i=0;i<=n;i++)
    {
        cout<<"v"<<i<<"  ["<<V[i].first;
        for(int j=V[i].first;~j;j=E[j].next)
            cout<<"]--["<<E[j].v<<"  "<<E[j].cap<<"  "<<E[j].flow<<"  "<<E[j].next;
        cout<<"]"<<endl;
    }
}
void printflow(int n)//輸出配對方案
{
    cout<<"----------配對方案如下：----------"<<endl;
    for(int i=1;i<=n;i++)
      for(int j=V[i].first;~j;j=E[j].next)
          if(E[j].flow>0)
          {
              cout<<i<<"--"<<E[j].v<<endl;
              break;
          }
```

```
}
int main()
{
    int n, m,total;
    int u, v;
    cout<<"請輸入女推銷員人數 m 和男推銷員人數 n："<<endl;
    cin>>m>>n;
    init();
    total=m+n;
    for(int i=1;i<=m;i++)
        add(0, i, 1);          //源點到女推銷員的邊
    for(int j=m+1;j<=total;j++)
        add(j, total+1, 1);//男推銷員到匯點的邊
    cout<<"請輸入可以配合的女推銷員編號 u 和男推銷員編號 v（兩個都為-1 結束）："<<endl;
    while(cin>>u>>v,u+v!=-2)
        add(u,v,1);
    cout<<endl;
    printg(total+2);          //輸出初始網路鄰接串列
    cout<<"最大配對數："<<Isap(0,total+1,total+2)<<endl;
    cout<<endl;
    printg(total+2);          //輸出最終網路鄰接串列
    printflow(m);             //輸出配對方案
    return 0;
}
```

演算法實作和測試

1）　執行環境

```
Code::Blocks
```

2）　輸入

```
請輸入女推銷員人數 m 和男推銷員人數 n：
5 7
請輸入可以配合的女推銷員編號 u 和男推銷員編號 v（兩個都為-1 結束）：
1 6
1 8
2 7
2 8
2 11
3 7
3 9
3 10
4 12
4 9
5 10
-1 -1
```

3）　輸出

```
最大配對數：5
----------配對方案如下：----------
```

```
1--8
2--11
3--7
4--9
5--10
```

7.5.6　演算法解析

1）　時間複雜度：求解最大流採用 7.3.7 節中改進的最短增廣路演算法 ISAP，因此總體時間複雜度為 $O(V^2E)$，其中 V 為節點個數，E 為邊的數量。

2）　間複雜度：空間複雜度為 $O(V)$。

7.5.7　演算法優化擴充—匈牙利演算法

若 P 是圖 G 中一條連通兩個未匹配節點的路徑，待匹配的邊（邊值為 0）和已匹配邊（邊值為 1）在 P 上交替出現，則稱 P 為一條增廣路徑。

如圖 7-135 所示，有一條增廣路徑 4—1—5—2—6—3。

對於圖 7-135 中的增廣路徑，我們可以將第一條邊改為已匹配（邊值為 1），第二條邊改為未匹配（邊值為 0），以此類推。也就是將所有的邊進行「反色」，容易發現這樣修改以後，匹配仍然是合法的，但是匹配數增加了一對，如圖 7-136 所示。

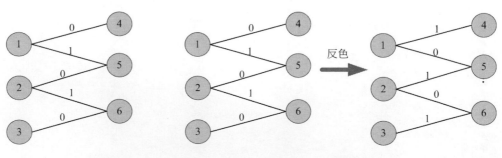

圖 7-135　增廣路徑　　　　　　圖 7-136　增廣路徑（反色）

原來的匹配數是 2，現在匹配數是 3，匹配數增多了，而且仍然滿足匹配要求（任意兩條邊都沒有公共節點）。

在這裡，增廣路徑顧名思義是指一條可以使匹配數變多的路徑。

請注意：和最大流的增廣路徑含義有所不同，最大流中的增廣路徑是指可以增加流量的路徑。

在匹配問題中，增廣路徑的表現形式是一條「交錯路徑」，也就是說，這條由邊組成的路徑，它的第一條邊還沒有參與匹配，第二條邊已參與匹配，第三條邊沒有參與匹配，最後一條邊沒有參與匹配，並且始點和終點還沒有匹配。另外，單獨的一條連接兩個未匹配點的邊顯然也是交錯路徑。演算法的思考方式是不停地找增廣路徑，並增加匹配的個數，可以證明，當不能再找到增廣路徑時，就得到了一個最大匹配，這就是**匈牙利演算法**的思考方式。

演算法設計

1）　根據輸入的資料，建立鄰接串列。

2）　初始化所有節點為未造訪，檢查第一個集合中的每一個節點 *u*。

3）　依次檢查 *u* 的鄰接點 *v*，如果 *v* 未被造訪，則標記已造訪，然後判斷如果 *v* 未匹配，則令 *u*、*v* 匹配，即 *match*[*u*]=*v*，*match*[*v*]=*u*，返回 true；如果 *v* 已匹配，則從 *v* 的鄰接點出發，尋找是否有增廣路徑，如果有則沿增廣路徑反色，然後令 *u*、*v* 匹配，即 *match*[*u*]=*v*，*match*[*v*]=*u*，返回 true。否則，返回 false，轉向第 2）步。

4）　當找不到增廣路徑時，即得到一個最大匹配。

完美圖解

仍以最佳的推銷員配對方案問題為例，輸入資料見 7.5.3 節。

1）　根據輸入資料，建構鄰接串列。

　　請注意：鄰接串列中邊是雙向的，1 的鄰接點是 6，6 的鄰接點是 1。如圖 7-137 所示，為了方便，用雙箭頭表示，實際上是兩條線。

2）　初始化造訪陣列 *vis*[*i*]=0，*i*=1，…，12；檢查 1 的第一個鄰接點 6，6 未被造訪，標記 *vis*[6]=1。6 未匹配，則令 1 和 6 匹配，即 *match*[1]=6，*match*[6]=1，返回 true。

3）　初始化造訪陣列 *vis*[*i*]=0；檢查 2 的第一個鄰接點 7，7 未被造訪，標記 *vis*[7]=1。7 未匹配，則令 2 和 7 匹配，即 *match*[2]=7，*match*[7]=2，返回 true，如圖 7-138。

4） 初始化造訪陣列 $vis[i]=0$；檢查 3 的第一個鄰接點 7，7 未被造訪，標記 $vis[7]=1$。
7 已匹配，$match[7]=2$，即 7 的匹配點為 2，從 2 出發尋找增廣路徑，實際上就是
為 2 號節點再找一個其他匹配點，如果找到了，就「捨己為人」把原來的匹配點 7
讓給 3 號，如果 2 號節點沒找到匹配點，那只好對 3 號說：「抱歉，我也幫不了
你，你再找下一個鄰居吧。」

從 2 出發，檢查 2 的第一個鄰接點 7，7 已造訪，檢查第二個鄰接點 8，8 未被造
訪，標記 $vis[8]=1$。8 未匹配，則令 $match[2]=8$，$match[8]=2$，返回 true，如圖 7-
139 所示。

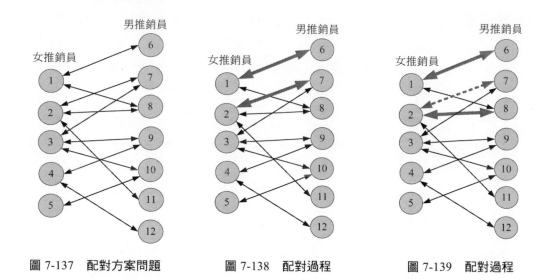

圖 7-137　配對方案問題　　　　圖 7-138　配對過程　　　　圖 7-139　配對過程

2 號找到了一個匹配點 8，把原來的匹配點 7 讓給 3 號，令 $match[3]=7$，
$match[7]=3$。返回 true，如圖 7-140 所示。

這條增廣路徑太簡單，只是從 2—8，如果 8 也有匹配點那就繼續找下去。如果沒
找到增廣路徑會返回 false，接著檢查 3 號的下一個鄰接點。

5） 初始化造訪陣列 $vis[i]=0$；檢查 4 的第一個鄰接點 9，9 未被造訪，標記 $vis[9]=1$。
9 未匹配，則令 $match[4]=9$，$match[9]=4$，返回 true。

6） 初始化造訪陣列 $vis[i]=0$；檢查 5 的第一個鄰接點 10，10 未被造訪，標記
$vis[10]=1$，10 未匹配，則令 $match[5]=10$，$match[10]=5$，返回 true，如圖 7-141。

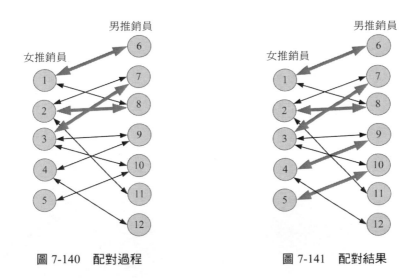

圖 7-140　配對過程　　　　　　　　　圖 7-141　配對結果

本題中的增廣路徑非常簡單，但在實際的案例中，增廣路徑有可能較長，如圖 7-142。

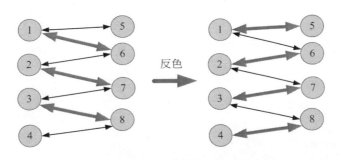

圖 7-142　反色過程

反色過程：檢查 4 號的鄰接點 8，發現 8 已經有匹配，$match[8]=3$，從 3 出發，檢查 3 號的鄰接點 7，發現 7 已經有匹配，$match[7]=2$，檢查 2 號的鄰接點 6，發現 6 已經有匹配，$match[6]=1$，檢查 1 號的鄰接點 5，發現 5 未匹配，找到一條增廣路徑：3—7—2—6—1—5，立即**反色**！令 $match[1]=5$。1 號找到了匹配點就把原來的匹配點 6 讓給 2 號，$match[2]=6$；2 號找到了匹配點就把原來的匹配點 7 讓給 3 號，$match[3]=7$；3 號找到了匹配點就把原來的匹配點 8 讓給 4 號，$match[4]=8$。

實戰演練

```
//program 7-4-1
#include <iostream>
#include <cstring>
#include <queue>
```

557

```
#include <algorithm>
using namespace std;
const int inf = 0x3fffffff;
const int N=100;
const int M=10000;
int match[N];
bool vis[N];
int top;
struct Vertex
{
    int first;
}V[N];
struct Edge
{
    int v, next;
}E[M];
void init()
{
    memset(V, -1, sizeof(V));
    top = 0;
    memset(match, 0, sizeof(match));
}
void add(int u, int v)
{
    E[top].v = v;
    E[top].next = V[u].first;
    V[u].first = top++;
}
void printg(int n)                 //輸出網路鄰接串列
{
    cout<<"----------鄰接串列如下：----------"<<endl;
    for(int i=1;i<=n;i++)
    {
        cout<<"v"<<i<<"   ["<<V[i].first;
        for(int j=V[i].first;~j;j=E[j].next)
            cout<<"]--["<<E[j].v<<"    "<<E[j].next;
        cout<<"]"<<endl;
    }
}
void print(int n)                  //輸出配對方案
{
    cout<<"----------配對方案如下：----------"<<endl;
    for(int i=1;i<=n;i++)
        if(match[i])
            cout<<i<<"--"<<match[i]<<endl;
}
bool maxmatch(int u)               //為 u 找匹配點，找到返回 true，否則返回 false
{
    int v;
    for(int j=V[u].first;~j;j=E[j].next) //檢查 u 的所有鄰接邊
    {
        v=E[j].v;                  //u 的鄰接點 v
        if(!vis[v])
        {
            vis[v]=1;
```

```
                    if(!match[v]||maxmatch(match[v]))
                    {              //v 未匹配或者為 v 的匹配點找到了其他匹配
                        match[u]=v; //u 和 v 匹配
                        match[v]=u;
                        return true;
                    }
            }
        }
        return false;               //所有鄰接邊都檢查完畢，還沒找到匹配點
}
int main()
{
        int n, m,total,num=0;
        int u, v;
        cout<<"請輸入女推銷員人數 m 和男推銷員人數 n："<<endl;
        cin>>m>>n;
        init();
        total=m+n;
        cout<<"請輸入可以配合的女推銷員編號 u 和男推銷員編號 v（兩個都為-1 結束）："<<endl;
        while(cin>>u>>v,u+v!=-2)
        {
            add(u,v);
            add(v,u);
        }
        cout<<endl;
        printg(total);    //輸出網路鄰接串列
        for(int i=1;i<=m;i++)
        {
            memset(vis,0,sizeof(vis));
            if(maxmatch(i))
                num++;
        }
        cout<<"最大配對數："<<num<<endl;
        cout<<endl;
        print(m);         //輸出配對方案
        return 0;
}
```

演算法實作和測試

1） 執行環境

```
Code::Blocks
```

2） 輸入

```
請輸入女推銷員人數 m 和男推銷員人數 n：
5 7
請輸入可以配合的女推銷員編號 u 和男推銷員編號 v（兩個都為-1 結束）：
1 6
1 8
2 7
2 8
```

```
2 11
3 7
3 9
3 10
4 12
4 9
5 10
-1 -1
```

3） 輸出

```
最大配對數：5
----------配對方案如下：----------
1--8
2--11
3--9
4--12
5--10
```

請注意：和圖解中答案不同，是因為在建立鄰接串列時，後輸入的邊在鄰接串列的前面。所有匹配點可能會不同，但最大匹配數是一定相同的。

演算法複雜度分析

找一條增廣路的複雜度最壞情況為 $O(E)$，最多找 V 條增廣路，故時間複雜度為 $O(VE)$。而最大網路流求解演算法時間複雜度為 $O(V^2E)$，相比之下，匈牙利演算法的時間複雜度下降不少。

7.6　國際會議交流—圓桌問題

有一個國際交流會議，很多國家代表團參加，每個國家代表團人數為 r_i（$i=1$，2，$\cdots$，m），每個會議桌可以坐 c_j（$j=1$，2，$\cdots$，n）人。為了讓代表們充分交流，希望來自同一個國家的代表不要在同一個會議桌上，設計演算法實作最佳的座位安排方案。

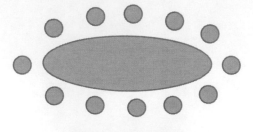

圖 7-143　圓桌會議

7.6.1 問題分析

把代表團看作 X 集合，會議桌看作 Y 集合，就構成了一個二分圖。X 集合中的點到 Y 集合中的每一個點都有連線，所有連線容量全部是 1，保證兩個點只能匹配一次（一個餐桌上只能有一個單位的一個人）。

如圖 7-144 所示，代表團 1 如果有 3 個人，就要匹配 Y 集合中的 3 個桌子號，而如果 7 號桌子能夠坐 5 個人，那麼 7 號節點最多可以匹配 X 集合中的 5 個節點。

對於一個二分圖，每個節點可以有多個匹配節點，稱這類問題為**二分圖多重匹配問題**。求解時需要新增源點和匯點，源和匯的邊容量分別限制 X、Y 集合中每個點匹配的個數。

該題屬於二分圖多重匹配問題。如圖 7-145 所示，建立一個二分圖，每個代表團為 X 集合中的節點，每個會議桌為 Y 集合中的節點，增設源點 s 和匯點 t。從源點 s 向每個 x_i 節點連接一條容量為該代表團人數 r_i 的有向邊。從每個 y_j 節點向匯點 t 連接一條容量為該會議桌容量 c_j 的有向邊。X 集合中每個節點向 Y 集合中每個節點連接一條容量為 1 的有向邊。

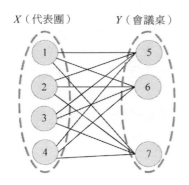

圖 7-144　圓桌會議二分圖

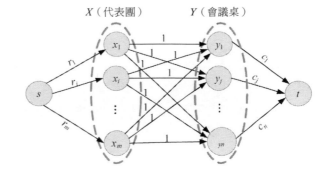

圖 7-145　圓桌會議網路

7.6.2 演算法設計

這是一個二分圖多重匹配問題，可以用最大流解決。

1）建構網路

根據輸入的資料，建立二分圖，每個代表團為 X 集合中的節點，每個會議桌為 Y 集合中的節點，增設源點 s 和匯點 t。從源點 s 向每個 x_i 節點連接一條容量為該代表團人數 r_i 的有向邊。從每個 y_j 節點向匯點 t 連接一條容量為該會議桌容量 c_j 的有向邊。X 集合中每個節點向 Y 集合中每個節點連接一條容量為 1 的有向邊。建立混合網路。

2） 求網路最大流

3） 輸出安排方案

如果最大流值等於源點 s 與 X 集合所有節點邊容量之和，則說明 X 集合每個節點都有完備的多重匹配，否則無解。對於每個代表團，從 X 集合對應點出發的所有流量為 1 的邊指向的 Y 集合的節點就是該代表團人員的安排情況（一個可行解）。即 x_i 節點在 Y 集合的所有流量為 1 的鄰接節點就是代表團 x_i 的人員會議桌安排。

7.6.3 完美圖解

假設代表團數 $m=4$，每個代表團的人數依次為 2、4、3、5；會議桌數 $n=5$，每個會議桌可安排人數依次為 3、4、2、5、4。

1） 建構網路

根據輸入資料，增設源點 s 和匯點 t，建立二分圖。從源點 s 向每個 x_i 節點連接一條容量為該代表團人數 r_i 的有向邊。從每個 y_j 節點向匯點 t 連接一條容量為該會議桌容量 c_j 的有向邊。X 集合中每個節點向 Y 集合中每個節點連接一條容量為 1 的有向邊，建構的網路如圖 7-146 所示（注：程式中建構的是混合網路）。

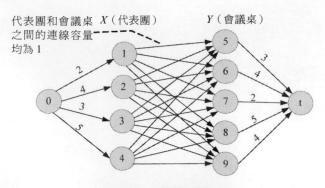

圖 7-146　圓桌會議網路

2） 求網路最大流

在圖 7-146 的混合網路上，使用 7.3.6 節中優化的 ISAP 演算法求網路最大流，找到 14 條增廣路徑。

- 增廣路徑：10—9—4—0。增流：1。
- 增廣路徑：10—8—4—0。增流：1。
- 增廣路徑：10—7—4—0。增流：1。
- 增廣路徑：10—6—4—0。增流：1。
- 增廣路徑：10—5—4—0。增流：1。
- 增廣路徑：10—9—3—0。增流：1。
- 增廣路徑：10—8—3—0。增流：1。
- 增廣路徑：10—7—3—0。增流：1。
- 增廣路徑：10—9—2—0。增流：1。
- 增廣路徑：10—8—2—0。增流：1。
- 增廣路徑：10—6—2—0。增流：1。
- ◆ 增廣路徑：10—5—2—0。增流：1。
- 增廣路徑：10—9—1—0。增流：1。
- 增廣路徑：10—8—1—0。增流：1。

相當於給代表團中的每一個人找一個增廣路徑，增廣路徑上有代表團編號對應會議桌號。增流後的實流網路如圖 7-147 所示。

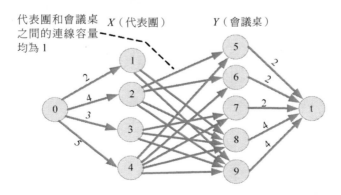

圖 7-147　圓桌會議實流網路

3） 輸出安排方案

最大流值等於源點 s 與 X 集合所有節點邊容量之和 14，說明每個代表團都有完備的多重匹配。對於每個代表團，從代表團節點出發的所有流量為 1 的邊指向的節點就是該代表團人員的會議桌號。在程式中，會議桌儲存編號=實際編號＋代表團數 m，輸出時需要輸出會議桌實際編號，即會議桌儲存編號 $-m$。

安排方案如下。

第 1 個代表團安排的會議桌號：4　5 （即網路圖中的儲存編號8　9）
第 2 個代表團安排的會議桌號：1　2　4　5
第 3 個代表團安排的會議桌號：3　4　5
第 4 個代表團安排的會議桌號：1　2　3　4　5

7.6.4　虛擬程式碼詳解

1） 建構混合網路

從源點 s 向每個 x_i 節點連接一條容量為該代表團人數 r_i 的有向邊。從每個 y_j 節點向匯點 t 連接一條容量為該會議桌容量 c_j 的有向邊。X 集合中每個節點向 Y 集合中每個節點連接一條容量為 1 的有向邊。建立混合網路，混合網路邊的結構體見 7.3.7 節中改進的最短增廣路演算法 ISAP。

```
cout<<"請輸入代表團數 m 和會議桌數 n："<<endl;
cin>>m>>n;
init();
total=m+n;
cout<<"請依次輸入每個代表團人數："<<endl;
for(int i=1;i<=m;i++)
{
    cin>>cost;
    sum+=cost;
    add(0, i, cost);        //源點到代表團的邊，容量為該代表團人數
}
cout<<"請依次輸入每個會議桌可安排人數："<<endl;
for(int j=m+1;j<=total;j++)
{
    cin>>cost;
    add(j, total+1, cost);//會議桌到匯點的邊，容量為會議桌可安排人數
}
for(int i=1;i<=m;i++)
    for(int j=m+1;j<=total;j++)
        add(i, j, 1);        //代表團到會議桌的邊，容量為1
```

2）　求網路最大流

> `int Isap(int s, int t,int n)//改進的最短增廣路演算法`

詳見 7.3.7 節的演算法 program 7-2-1，這裡不再贅述。

3）　輸出安排方案

如果流量等於源點 s 與 X 集合所有節點邊容量之和，那麼說明 X 集合每個點都有完備的多重匹配，否則無解。對於每個單位，從 X 集合對應點出發的所有流量為 1 的邊指向的 Y 集合的節點就是該單位人員的安排情況（一個可行解）。即 x_i 節點的在 Y 集合的所有鄰接節點就是代表團 x_i 的人員會議桌安排。

```
if(sum==Isap(0,total+1,total+2))
    {
        cout<<"會議桌安排成功！";
        cout<<endl;
        print(m,n);      //輸出安排方案
        cout<<endl;
        printg(total+2);//輸出最終網路鄰接串列
    }
    else
        cout<<"無法安排所有代表團！";
void print(int m,int n) //輸出最佳方案
{
    cout<<"---------- 安排方案如下：----------"<<endl;
    cout<<"每個代表團的安排情況："<<endl;
    for(int i=1;i<=m;i++)                     //讀每個代表團的鄰接串列
    {
        cout<<"第"<<i<<"個代表團安排的會議桌號:";
        for(int j=V[i].first;~j;j=E[j].next)//讀第 i 個代表團的鄰接串列
            if(E[j].flow==1)
                cout<<E[j].v-m<<"  ";
        cout<<endl;
    }
}
```

7.6.5　實戰演練

```
//program 7-5
#include <iostream>
#include <cstring>
#include <queue>
#include <algorithm>
using namespace std;
const int INF=0x3fffffff;
const int N=100;
const int M=10000;
int top;
int h[N], pre[N], g[N];
```

```
struct Vertex
{
    int first;
}V[N];
struct Edge
{
    int v, next;
    int cap, flow;
}E[M];
void init()
{
    memset(V, -1, sizeof(V));
    top = 0;
}
void add_edge(int u, int v, int c)
{
    E[top].v = v;
    E[top].cap = c;
    E[top].flow = 0;
    E[top].next = V[u].first;
    V[u].first = top++;
}
void add(int u,int v, int c)
{
    add_edge(u,v,c);
    add_edge(v,u,0);
}
void set_h(int t,int n)
{
    queue<int> Q;
    memset(h, -1, sizeof(h));
    memset(g, 0, sizeof(g));
    h[t] = 0;
    Q.push(t);
    while(!Q.empty())
    {
        int v = Q.front(); Q.pop();
        ++g[h[v]];
        for(int i = V[v].first; ~i; i = E[i].next)
        {
            int u = E[i].v;
            if(h[u] == -1)
            {
                h[u] = h[v] + 1;
                Q.push(u);
            }
        }
    }
    cout<<"初始化高度"<<endl;
    cout<<"h[ ]=";
    for(int i=1;i<=n;i++)
        cout<<"  "<<h[i];
    cout<<endl;
}
int Isap(int s, int t,int n)
```

```
{
    set_h(t,n);
    int ans=0, u=s;
    int d;
    while(h[s]<n)
    {
        int i=V[u].first;
        if(u==s)
            d=INF;
        for(; ~i; i=E[i].next)
        {
            int v=E[i].v;
            if(E[i].cap>E[i].flow && h[u]==h[v]+1)
            {
                u=v;
                pre[v]=i;
                d=min(d, E[i].cap-E[i].flow);
                if(u==t)
                {
                    cout<<endl;
                    cout<<"增廣路徑："<<t;
                    while(u!=s)
                    {
                        int j=pre[u];
                        E[j].flow+=d;
                        E[j^1].flow-=d;
                        u=E[j^1].v;
                        cout<<"--"<<u;
                    }
                    cout<<"增流："<<d<<endl;
                    ans+=d;
                    d=INF;
                }
                break;
            }
        }
        if(i==-1)
        {
            if(--g[h[u]]==0)
                break;
            int hmin=n-1;
            for(int j=V[u].first; ~j; j=E[j].next)
                if(E[j].cap>E[j].flow)
                    hmin=min(hmin, h[E[j].v]);
            h[u]=hmin+1;
            cout<<"重貼標籤後高度"<<endl;
            cout<<"h[ ]=";
            for(int i=1;i<=n;i++)
                cout<<"  "<<h[i];
            cout<<endl;
            ++g[h[u]];
            if(u!=s)
                u=E[pre[u]^1].v;
        }
    }
```

```
        return ans;
}
void printg(int n)//輸出網路鄰接串列
{
    cout<<"----------網路鄰接串列如下：----------"<<endl;
    for(int i=0;i<=n;i++)
    {
        cout<<"v"<<i<<"   ["<<V[i].first;
        for(int j=V[i].first;~j;j=E[j].next)
            cout<<"]--["<<E[j].v<<"   "<<E[j].cap<<"   "<<E[j].flow<<"   "<<E[j].next;
        cout<<"]"<<endl;
    }
}
void print(int m,int n)   //輸出安排方案
{
    cout<<"----------安排方案如下：----------"<<endl;
    cout<<"每個代表團的安排情況："<<endl;
    for(int i=1;i<=m;i++)//讀每個代表團的鄰接串列
    {
        cout<<"第"<<i<<"個代表團安排的會議桌號：";
        for(int j=V[i].first;~j;j=E[j].next)//讀第 i 個代表團的鄰接串列
            if(E[j].flow==1)
                cout<<E[j].v-m<<"   ";
        cout<<endl;
    }
}
int main()
{
    int n, m,sum=0,total;
    int cost;
    cout<<"請輸入代表團數 m 和會議桌數 n："<<endl;
    cin>>m>>n;
    init();
    total=m+n;
    cout<<"請依次輸入每個代表團人數："<<endl;
    for(int i=1;i<=m;i++)
    {
        cin>>cost;
        sum+=cost;
        add(0, i, cost);        //源點到代表團的邊，容量為該代表團人數
    }
    cout<<"請依次輸入每個會議桌可安排人數："<<endl;
    for(int j=m+1;j<=total;j++)
    {
        cin>>cost;
        add(j, total+1, cost);//會議桌到匯點的邊，容量為會議桌可安排人數
    }
    for(int i=1;i<=m;i++)
        for(int j=m+1;j<=total;j++)
            add(i, j, 1);        //代表團到會議桌的邊，容量為1
    cout<<endl;
    printg(total+2);            //輸出初始網路鄰接串列
    if(sum==Isap(0,total+1,total+2))
    {
        cout<<"會議桌安排成功！";
```

```
        cout<<endl;
        print(m,n);              //輸出最佳方案
        cout<<endl;
        printg(total+2);         //輸出最終網路鄰接串列
    }
    else
        cout<<"無法安排所有代表團！";
    return 0;
}
```

演算法實作和測試

1) 執行環境

```
Code::Blocks
```

2) 輸入

```
請輸入代表團數 m 和會議桌數 n：
4 5
請依次輸入每個代表團人數：
2 4 3 5
請依次輸入每個會議桌可安排人數：
3 4 2 5 4
```

3) 輸出

```
會議桌安排成功！
----------安排方案如下：----------
每個代表團的安排情況：
第 1 個代表團安排的會議桌號：5  4
第 2 個代表團安排的會議桌號：5  4  2  1
第 3 個代表團安排的會議桌號：5  4  3
第 4 個代表團安排的會議桌號：5  4  3  2  1
```

7.6.6　演算法解析及優化擴充

演算法複雜度分析

1) 時間複雜度：求解最大流採用 7.3.6 節中改進的最短增廣路演算法 ISAP，因此總體時間複雜度為 $O(V^2E)$，其中 V 為節點個數，E 為邊的數量。

2) 空間複雜度：空間複雜度為 $O(V)$。

演算法優化擴充

想一想，還有什麼更好的辦法？

7.7 要考試啦─試題庫問題

我們考試時，試卷通常有填空、選擇、簡答、計算等不同的題型，而每種題型又由若干道題組成。現在試題題庫中有 n 道試題，每個試題都標注了所屬題型，同一道題可能屬於多種題型，比如有的題既是填空題又屬於計算題。設計演算法從試題庫中抽取 m 道題，要求包含指定的題型及數量。

圖 7-148　要考試啦

7.7.1　問題分析

把題型看作 X 集合，試題庫看作 Y 集合，就構成了一個二分圖。Y 集合中的題 y_j 屬於哪些題型，則這些題型 x_i 與 y_j 之間有連線，連線的容量全部是 1，保證該題型只能選擇題 y_j 一次，如圖 7-149 所示。

例如題庫中試題 y_1 屬於 x_1、x_3 兩種題型，比如一道題既屬於填空題又屬於計算題。

該題屬於二分圖多重匹配問題。建立一個二分圖，每個題型為 X 集合中的節點，每個試題為 Y 集合中的節點，增設源點 s 和匯點 t。從源點 s 向每個題型 x_i 節點連接一條有向邊，容量為該題型選出的數量 c_i。從每個 y_j 節點向匯點 t 連接一條有向邊，容量為 1，以保證每道題只能被選取一次。Y 集合中的題 y_j 屬於哪些題型，則這些題型 x_i 與 y_j 之間有一條有向邊，容量為 1，如圖 7-150 所示。

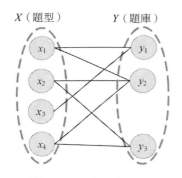

圖 7-149　試題庫問題

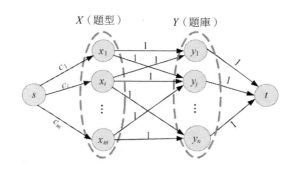

圖 7-150　試題庫問題網路

7.7.2　演算法設計

這是一個二分圖多重匹配問題，用最大流解決。

1）　建構網路

根據輸入的資料，建立二分圖，每個題型為 X 集合中的節點，每個試題為 Y 集合中的節點，增設源點 s 和匯點 t。從源點 s 向每個題型 x_i 節點連接一條有向邊，容量為該題型選出的數量 c_i。從每個 y_j 節點向匯點 t 連接一條有向邊，容量為 1，以保證每道題只能選取一次。Y 集合中的題 y_j 屬於哪些題型，則這些題型 x_i 與 y_j 之間有一條有向邊，容量為 1，建立混合網路。

2）　求網路最大流

3）　輸出抽取方案

如果最大流值等於源點 s 與 X 集合所有節點邊容量之和，則說明試題抽取成功，否則無解。對於每個題型，從 X 集合對應題型節點出發，所有流量為 1 的邊指向的 Y 集合的節點就是該題型選取的試題號。即 x_i 節點的在 Y 集合的所有流量為 1 的鄰接節點就是該題型選取的試題號。

7.7.3　完美圖解

假設題型數 $m=4$，試題總數 $n=15$。我們要在每種題型依次選擇 2、0、3、2 個試題。上述的 15 個試題中，每個試題所屬的題型依次為：1、2；2、3；1、4；2、3；2、4；1、2、3；3；4；4；2、3、4；3；2；1；1、4；4。

1) 建構網路

根據輸入資料，增設源點 s 和匯點 t，建立二分圖。從源點 s 向每個題型 x_i 節點連接一條有向邊，容量為該題型選出的數量 c_i。從每個 y_j 節點向匯點 t 連接一條有向邊，容量為 1，以保證每道題只能被選取一次。Y 集合中的題 y_j 屬於哪些題型，則這些題型 x_i 與 y_j 之間有一條有向邊，容量為 1，建構的網路如圖 7-151 所示（注：程式中建構的是混合網路）。

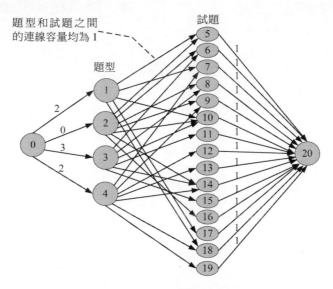

圖 7-151　試題庫問題網路

2) 在圖 7-151 所示的混合網路上使用優化的 ISAP 演算法求網路最大流，找到 7 條增廣路徑。

◆ 增廣路徑：20—19—4—0。增流：1。

◆ 增廣路徑：20—18—4—0。增流：1。

◆ 增廣路徑：20—15—3—0。增流：1。

◆ 增廣路徑：20—14—3—0。增流：1。

◆ 增廣路徑：20—11—3—0。增流：1。

◆ 增廣路徑：20—17—1—0。增流：1。

◆ 增廣路徑：20—10—1—0。增流：1。

相當於給題型中的每一個試題找一個增廣路徑，增廣路徑上有題型和對應試題號，增流後的實流網路如圖 7-152 所示。

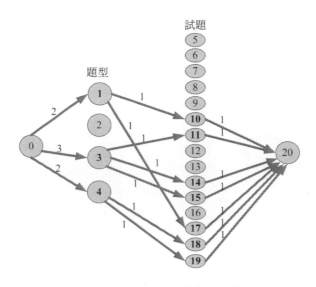

圖 7-152　試題庫問題實流網路

3）　輸出抽取方案

最大流值等於抽取的試題數之和，則說明試題抽取成功。對於每個題型，搜尋題型節點的所有流量為 1 的鄰接節點就是該題型選取的試題號。在程式中，試題儲存編號＝試題實際編號＋題型數 m，輸出時需要輸出試題實際編號，即試題儲存編號 $-m$。

試題抽取方案如下。

第 1 個題型抽取的試題號：13　6（即上圖中的儲存編號 17　10）
第 2 個題型抽取的試題號：
第 3 個題型抽取的試題號：11　10　7
第 4 個題型抽取的試題號：15　14

7.7.4 虛擬程式碼詳解

1) 建構混合網路

根據輸入的資料,建立二分圖,每個題型為 X 集合中的節點,每個試題為 Y 集合中的節點,增設源點 s 和匯點 t。從源點 s 向每個題型 x_i 節點連接一條有向邊,容量為該題型選出的數量 c_i。從每個 y_j 節點向匯點 t 連接一條有向邊,容量為 1,以保證每道題只能選取一次。Y 集合中的題 y_j 屬於哪些題型,則這些題型 x_i 與 y_j 之間有一條有向邊,容量為 1。建立混合網路。混合網路邊的結構體見 7.3.7 節中改進的最短增廣路演算法 ISAP。

```
cout<<"請輸入題型數 m 和試題總數 n : "<<endl;
cin>>m>>n;
init();
total=m+n;
cout<<"請依次輸入每種題型選擇的數量 : "<<endl;
for(int i=1;i<=m;i++)
{
    cin>>cost;
    sum+=cost;
    add(0, i, cost);        //源點到題型的邊,容量為該題型選擇數量
}
cout<<"請依次輸入每個試題所屬的題型(0 結束): "<<endl;
for(int j=m+1;j<=total;j++)
{
    while(cin>>num,num)  //num 為試題 j 屬於的題型號,為 0 時結束
        add(num, j, 1); //題型號 num 到試題 j 的邊,容量為 1
    add(j, total+1,1);   //試題 j 到匯點的邊,容量為 1
}
```

2) 求網路最大流

```
int Isap(int s, int t,int n)//改進的最短增廣路最大流演算法
```

詳見 7.3.7 節中的演算法 program 7-2-1,這裡不再贅述。

3) 輸出抽取方案

如果最大流值等於源點 s 與 X(題型)集合所有節點邊容量之和,則說明試題抽取成功,否則無解。對於每個題型,從 X 集合對應題型節點出發,所有流量為 1 的邊指向的 Y 集合的節點就是該題型選取的試題號。即 x_i 節點在 Y 集合的所有流量為 1 的鄰接節點就是該題型選取的試題號。在程式中,試題儲存編號=試題實際編號+題型數 m,輸出時需要輸出試題實際編號,即試題儲存編號 $-m$。

```
if(sum==Isap(0,total+1,total+2))
    {
        cout<<"試題抽取成功！";
        cout<<endl;
        print(m,n);                    //輸出抽取方案
        cout<<endl;
        printg(total+2);               //輸出最終網路鄰接串列
    }
    else
        cout<<"抽取試題不成功！";
void print(int m,int n)                //輸出抽取方案
{
    cout<<"----------試題抽取方案：----------"<<endl;
    for(int i=1;i<=m;i++)              //讀每個題型的鄰接串列
    {
        cout<<"第"<<i<<"個題型抽取的試題號：";
        for(int j=V[i].first;~j;j=E[j].next)//讀第 i 個題型的鄰接串列
            if(E[j].flow==1)
                cout<<E[j].v-m<<"  ";
        cout<<endl;
    }
}
```

7.7.5　實戰演練

```
//program 7-6
#include <iostream>
#include <cstring>
#include <queue>
#include <algorithm>
using namespace std;

const int INF=0x3fffffff;
const int N=100;
const int M=10000;
int top;
int h[N], pre[N], g[N];

struct Vertex
{
    int first;
}V[N];
struct Edge
{
    int v, next;
    int cap, flow;
}E[M];
void init()
{
    memset(V, -1, sizeof(V));
    top = 0;
}
void add_edge(int u, int v, int c)
{
```

```
        E[top].v = v;
        E[top].cap = c;
        E[top].flow = 0;
        E[top].next = V[u].first;
        V[u].first = top++;
}
void add(int u,int v, int c)
{
        add_edge(u,v,c);
        add_edge(v,u,0);
}
void set_h(int t,int n)
{
        queue<int> Q;
        memset(h, -1, sizeof(h));
        memset(g, 0, sizeof(g));
        h[t] = 0;
        Q.push(t);
        while(!Q.empty())
        {
            int v = Q.front(); Q.pop();
            ++g[h[v]];
            for(int i = V[v].first; ~i; i = E[i].next)
            {
                int u = E[i].v;
                if(h[u] == -1)
                {
                    h[u] = h[v] + 1;
                    Q.push(u);
                }
            }
        }
        cout<<"初始化高度"<<endl;
        cout<<"h[ ]=";
        for(int i=1;i<=n;i++)
            cout<<"  "<<h[i];
        cout<<endl;
}
int Isap(int s, int t,int n)
{
        set_h(t,n);
        int ans=0, u=s;
        int d;
        while(h[s]<n)
        {
            int i=V[u].first;
            if(u==s)
                d=INF;
            for(; ~i; i=E[i].next)
            {
                int v=E[i].v;
                if(E[i].cap>E[i].flow && h[u]==h[v]+1)
                {
                    u=v;
                    pre[v]=i;
```

```
                    d=min(d, E[i].cap-E[i].flow);
                    if(u==t)
                    {
                        cout<<endl;
                        cout<<"增廣路徑："<<t;
                        while(u!=s)
                        {
                            int j=pre[u];
                            E[j].flow+=d;
                            E[j^1].flow-=d;
                            u=E[j^1].v;
                            cout<<"--"<<u;
                        }
                        cout<<"增流："<<d<<endl;
                        ans+=d;
                        d=INF;
                    }
                    break;
                }
        }
        if(i==-1)
        {
            if(--g[h[u]]==0)
                break;
            int hmin=n-1;
            for(int j=V[u].first; ~j; j=E[j].next)
                if(E[j].cap>E[j].flow)
                    hmin=min(hmin, h[E[j].v]);
            h[u]=hmin+1;
            cout<<"重貼標籤後高度"<<endl;
            cout<<"h[ ]=";
            for(int i=1;i<=n;i++)
                cout<<"  "<<h[i];
            cout<<endl;
            ++g[h[u]];
            if(u!=s)
                u=E[pre[u]^1].v;
        }
    }
    return ans;
}
void printg(int n)//輸出網路鄰接串列
{
    cout<<"----------網路鄰接串列如下：----------"<<endl;
    for(int i=0;i<=n;i++)
    {
        cout<<"v"<<i<<"  ["<<V[i].first;
        for(int j=V[i].first;~j;j=E[j].next)
            cout<<"]--["<<E[j].v<<"  "<<E[j].cap<<"  "<<E[j].flow<<"  "<<E[j].next;
        cout<<"]"<<endl;
    }
}
void print(int m,int n)                    //輸出抽取方案
{
    cout<<"----------試題抽取方案：----------"<<endl;
```

```
    for(int i=1;i<=m;i++)                    //讀每個題型的鄰接串列
    {
        cout<<"第"<<i<<"個題型抽取的試題號:";
        for(int j=V[i].first;~j;j=E[j].next)//讀第i個題型的鄰接串列
            if(E[j].flow==1)
                cout<<E[j].v-m<<"   ";
        cout<<endl;
    }
}
int main()
{
    int n, m,sum=0,total;
    int cost,num;
    cout<<"請輸入題型數m和試題總數n:"<<endl;
    cin>>m>>n;
    init();
    total=m+n;
    cout<<"請依次輸入每種題型選擇的數量:"<<endl;
    for(int i=1;i<=m;i++)
    {
        cin>>cost;
        sum+=cost;
        add(0, i, cost);      //源點到題型的邊,容量為該題型選擇數量
    }
    cout<<"請依次輸入每個試題所屬的題型(0結束):"<<endl;
    for(int j=m+1;j<=total;j++)
    {
        while(cin>>num,num) //num為試題j屬於的題型號,為0時結束
            add(num, j, 1);//題型號num到試題j的邊,容量為1
        add(j, total+1,1);   //試題j到匯點的邊,容量為1
    }
    cout<<endl;
    printg(total+2);            //輸出初始網路鄰接串列
    if(sum==Isap(0,total+1,total+2))
    {
        cout<<"試題抽取成功!";
        cout<<endl;
        print(m,n);            //輸出抽取方案
        cout<<endl;
        printg(total+2);    //輸出最終網路鄰接串列
    }
    else
        cout<<"抽取試題不成功!";
    return 0;
}
```

演算法實作和測試

1) 執行環境

Code::Blocks

2) 輸入

578

```
請輸入題型數 m 和試題總數 n:
4 15
請依次輸入每種題型選擇的數量:
2 0 3 2
請依次輸入每個試題所屬的題型（0 結束）:
1 2 0
2 3 0
1 4 0
2 3 0
2 4 0
1 2 3 0
3 0
4 0
4 0
2 3 4 0
3 0
2 0
1 0
1 4 0
4 0
```

3）　輸出

```
試題抽取成功！
----------試題抽取方案：----------
第 1 個題型抽取的試題號：13　6
第 2 個題型抽取的試題號：
第 3 個題型抽取的試題號：11　10　7
第 4 個題型抽取的試題號：15　14
```

7.7.6　演算法解析及優化擴充

演算法複雜度分析

1）　時間複雜度：求解最大流採用 7.3.7 節中改進的最短增廣路演算法 ISAP，因此總體時間複雜度為 $O(V^2E)$，其中 V 為節點個數，E 為邊的數量。

2）　空間複雜度：空間複雜度為 $O(V)$。

演算法優化擴充

想一想，還有什麼更好的辦法？

7.8　太空實驗計畫—最大收益問題

某理工學院的實驗室計畫了一系列的實驗專案 $E=\{E_1, E_2, \cdots, E_m\}$，這些實驗需要使用的全部儀器集合 $I=\{I_1, I_2, \cdots, I_n\}$。每個實驗需要的儀器是全部儀器集合的子集。配置儀器 I_j 需要的費用為 c_j，實驗 E_i 產生的經濟效益為 p_i 美元。需要設計一個有效的演算法，確定要進行哪些實驗，使最終得到的經濟效益減去需要配置的儀器費用後得到的淨收益最大。

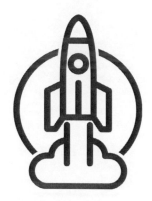

圖 7-153　太空實驗計畫（插圖 Designed by Freepik）

7.8.1　問題分析

給出一些實驗專案 $E=\{E_1, E_2, \cdots, E_m\}$ 和一些儀器 $I=\{I_1, I_2, \cdots, I_n\}$，做一個實驗需要一些儀器，一個實驗會有對應的經濟效益，同時使用儀器也需要花費費用，配置儀器 I_j 需要的費用為 c_j，實驗 E_i 產生的經濟效益為 p_i 美元。最後的問題是進行哪些實驗可以獲得最大的淨利潤。

首先建構一個網路，新增源點和匯點，從源點 s 到每個實驗專案 E_i 有一條有向邊，容量是 p_i，從每個實驗儀器 I_j 到匯點 t 有一條有向邊容量是 c_j，每個實驗專案到該實驗專案用到的儀器有一條有向邊容量是 ∞，如圖 7-154 所示。

假設我們選取的實驗和儀器組成 S 集合，如圖 7-155 中的陰影部分節點。該方案包含了選取的實驗及其用到的儀器集合 S，剩下沒選取的實驗和儀器構成了 T 集合，那麼原圖分成了兩部分（S, T）：

實驗方案的淨收益＝選取實驗專案收益－選取的儀器費用，即：

$$實驗淨收益 = \sum_{E_i \in S} p_i - \sum_{I_k \in S} c_k$$

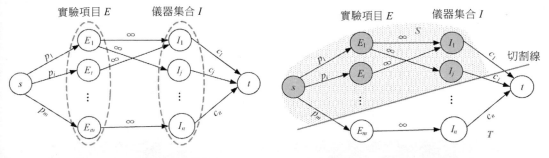

圖 7-154　太空實驗計畫網路　　　　　　圖 7-155　太空實驗計畫方案

選取的實驗專案收益=所有實驗專案收益−未選取的實驗專案收益，所以上面的公式可轉化為：

$$實驗淨收益 = \sum_{E_i \in S} p_i - \sum_{I_k \in S} c_k$$

$$= \left(\sum_{i=1}^{m} p_i - \sum_{E_i \in T} p_i \right) - \sum_{I_k \in S} c_k$$

$$= \sum_{i=1}^{m} p_i - \left(\sum_{E_i \in T} p_i + \sum_{I_k \in S} c_k \right)$$

要想使淨收益最大，那麼後兩項之和就要最小。而後兩項正好是圖 7-155 中切割線切中的邊容量之和，它們的最小值就是最小割容量。即：實驗方案的淨收益=所有實驗專案收益−最小割容量。

而根據最大流最小割定理（見附錄 J），最大流的流值等於最小割容量。即：**實驗方案的淨收益**=**所有實驗專案收益**−**最大流值**。那麼我們只需要求出最大流值即可！該題是最大權閉合圖問題，可以轉化成最小割問題，然後用最大流解決。

7.8.2　演算法設計

1）建構網路

根據輸入的資料，新增源點和匯點，從源點 s 到每個實驗專案 E_i 有一條有向邊，容量是專案產生的效益 p_i，從每個實驗儀器 I_j 到匯點 t 有一條有向邊，容量是儀器

費用 c_j，每個實驗專案到該實驗專案用到的儀器有一條有向邊容量是∞，建立混合網路。

2） 求網路最大流

3） 輸出最大收益及實驗方案

最大收益=所有實驗專案收益−最大流值。**最大收益實驗方案就是最小割中的 S 集合去掉源點**，如圖 7-156 所示。

那麼如何找到 S 集合呢？很多人認為在源點的鄰接邊中，凡是**容量>流量**的邊對應的實驗專案肯定是盈利的，就是選取的實驗，該實驗鄰接的儀器節點就是選取的儀器。這樣做是否正確呢？

下面來看一個實例，假設有 3 個實驗專案和 4 個儀器，實驗專案 E_1 需要 I_1、I_3 兩個實驗儀器，實驗專案 E_2 需要 I_2、I_3 兩個實驗儀器，實驗專案 E_3 需要 I_4 實驗儀器。實驗專案 E_1 獲益為 10，E_2 獲益為 8，E_3 獲益為 6；實驗儀器 I_1、I_2、I_3、I_4 分別需要費用為 2、3、5、7，建構網路如圖 7-157 所示。

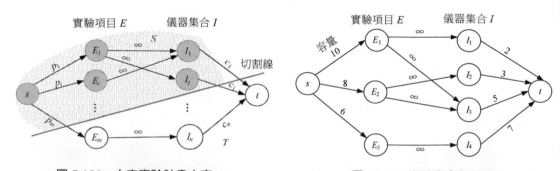

圖 7-156　太空實驗計畫方案　　　　圖 7-157　實驗專案儀器網路

求最大流後的混合網路如圖 7-158 所示。

可以得知，最大獲益=所有實驗專案收益−最大流值=(10+8+6)−(2+8+6)=8。

那麼究竟做了哪些實驗，用了哪些儀器呢？

很多人認為在源點的鄰接邊中，凡是容量>流量的邊對應的鄰接點肯定是盈利的，就是選取的實驗，該實驗鄰接的儀器節點就是選取的儀器，但這樣做是否正確呢？

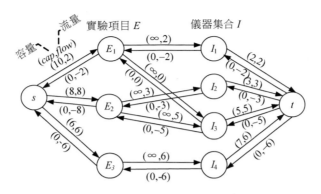

圖 7-158　最大流對應的混合網路

圖 7-158 中，如果我們只選 cap>flow 的邊對應的鄰接點，也就是選取實驗 E_1，該實驗需要儀器 I_2、I_3，那麼實驗專案 E_1 獲益為 10，實驗儀器 I_1、I_3 需要費用為 2、5，不可能得到最大獲益 8。顯然，這種想法是錯誤的。因為實驗 E_2 雖然 cap=flow，不算是盈利的，但它為實驗專案 E_1 需要的儀器 I_3 提供了經費，使實驗 E_1 不用再購買儀器 I_3，相當於為實驗 E_1 的盈利奠定了基礎，沒有 E_2 的支持，實驗 E_1 就不可能得到最大盈利 8。

那麼如何得到選取的實驗方案呢？

在最大流對應的混合網路中，從源點開始，沿著 cap>flow 的邊深度優先遍訪，遍訪到的節點就是 S 集合，即對應的實驗專案和儀器就是選取的實驗方案，如圖 7-159 所示。

圖 7-158 中粗線表示深度優先遍訪的路徑，遍訪到的節點 E_1、E_2、I_1、I_2、I_3 就是最大獲益的實驗方案。最大流對應的最小割（S, T），如圖 7-160 所示。S={s, E_1, E_2, I_1, I_2, I_3}，T={E_3, I_4, t}。

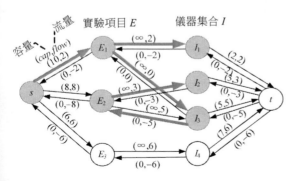

圖 7-159　深度優先遍訪結果

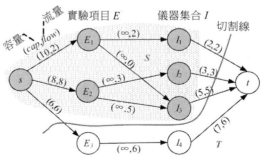

圖 7-160　最大流對應的最小割（S, T）

從圖 7-160 可以看出，切割線切割的邊容量之和正好是最大流值 16，這也驗證了最大流最小割定理：最大流的流值等於最小割容量。

最小割（S, T）：從源點出發，沿著 *cap>flow* 的邊深度優先遍訪，遍訪到的節點就是 S 集合，沒遍訪到的節點就是 T 集合。

7.8.3 完美圖解

假設實驗數為 5（編號 1～5），儀器數為 15（編號 6～20）。實驗 1 產生的效益為 20，需要的儀器編號為 4、2、8、11；實驗 2 產生的效益為 38，需要的儀器編號為 1、5、14；實驗 3 產生的效益為 25，需要的儀器編號為 2、5、7、15；實驗 4 產生的效益為 17，需要的儀器編號為 1、3、6、9、13；實驗 5 產生的效益為 22，需要的儀器編號為 10、12、15。配置每個儀器需要的費用依次為 2、7、4、8、10、1、3、7、5、9、15、6、12、17、8。

1） 建構網路

根據輸入資料，新增源點和匯點，從源點 s 到每個實驗專案 E_i 有一條有向邊，容量是專案產生的效益 p_i，從每個實驗儀器 I_j 到匯點 t 有一條有向邊，容量是儀器費用 c_j，每個實驗專案到該實驗專案用到的儀器有一條有向邊容量是∞，建構的網路如圖 7-161 所示。

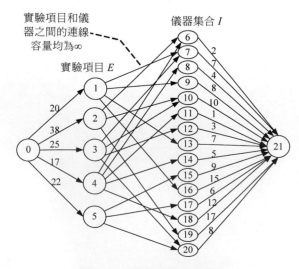

圖 7-161　太空實驗計畫網路

2）　求網路最大流

在上圖的混合網路上（程式中建構的是混合網路，為了方便，圖示用實流網路表示），使用優化的 ISAP 演算法求網路最大流，找到如下 13 條增廣路徑。

◇　增廣路徑：21—20—5—0。增流：8。

◇　增廣路徑：21—17—5—0。增流：6。

◇　增廣路徑：21—15—5—0。增流：8。

◇　增廣路徑：21—18—4—0。增流：12。

◇　增廣路徑：21—14—4—0。增流：5。

◇　增廣路徑：21—12—3—0。增流：3。

◇　增廣路徑：21—10—3—0。增流：10。

◇　增廣路徑：21—7—3—0。增流：7。

◇　增廣路徑：21—19—2—0。增流：17。

◇　增廣路徑：21—6—2—0。增流：2。

◆　增廣路徑：21—16—1—0。增流：15。

◇　增廣路徑：21—13—1—0。增流：5。

◇　增廣路徑：21—15—5—20—3—0。增流：1。

增流後的網路如圖 7-162 所示。

3）　輸出最大的淨收益及實驗方案

最大淨收益為 23（所有實驗專案收益−最大流值）。

在最大流對應的混合網路上，從源點出發，沿著容量>流量的邊深度優先遍訪。遍訪到的節點就是 S 集合，沒遍訪到的節點就是 T 集合，如圖 7-163 所示。

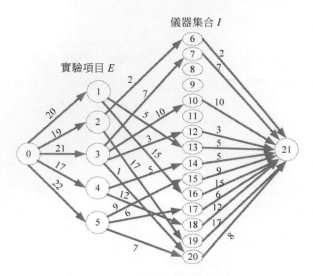

圖 7-162　增流後的實流網路

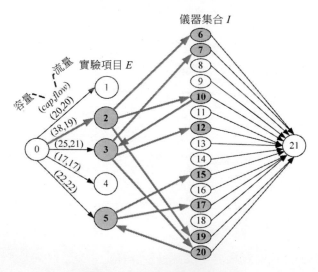

圖 7-163　深度優先遍訪結果

S 集合就是選取的實驗專案和實驗儀器。實驗儀器儲存編號=實際編號+實驗專案數 m，輸出時需要輸出實驗儀器實際編號，即實驗儀器儲存編號 $-m$。

選擇方案如下：

選取的實驗編號：2　3　5

選取的儀器編號：1　2　5　7　10　12　14　15

7.8.4　虛擬程式碼詳解

1） 建構混合網路

根據輸入的資料，新增源點和匯點，從源點 s 到每個實驗專案 E_i 有一條有向邊，容量是專案產生的效益 p_i，從每個實驗儀器 I_j 到匯點 t 有一條有向邊，容量是儀器費用 c_j，每個實驗專案到該實驗專案用到的儀器有一條有向邊容量是∞，建立混合網路。混合網路邊的結構體見 7.3.7 節中改進的最短增廣路演算法 ISAP。

```
cout<<"請輸入實驗數 m 和儀器數 n："<<endl;
cin>>m>>n;
init();
total=m+n;
cout<<"請依次輸入實驗產生的效益和該實驗需要的儀器編號（為 0 結束）："<<endl;
for(int i=1;i<=m;i++)
{
    cin>>cost;
    sum+=cost;
    add(0, i, cost);//源點到實驗專案的邊，容量為該專案效益
    while(cin>>num,num) //num 為該專案需要的儀器編號
        add(i, m+num, INF);//實驗專案到需要儀器的邊，容量為無窮大
}
cout<<"請依次輸入所有儀器的費用："<<endl;
for(int j=m+1;j<=total;j++)
{
    cin>>cost;
    add(j, total+1, cost);//實驗儀器到匯點的邊，容量為實驗儀器費用
}
```

2） 求網路最大流

```
int Isap(int s, int t,int n)//改進的最短增廣路最大流演算法
```

詳見 7.3.7 節的演算法 program 7-2-1，這裡不再贅述。

3） 輸出實驗方案的淨收益

```
cout<<"最大淨收益："<<sum-Isap(0,total+1,total+2)<<endl; //所有實驗專案收益-最大流值
```

4） 輸出選取的實驗專案和儀器編號

在最大流對應的混合網路中，從源點 s 開始，沿著 *cap>flow* 的邊深度優先遍訪，遍訪到的節點對應的實驗專案和儀器就是選取的實驗方案。

```
void DFS(int s)                    //深度搜尋最大獲益方案
{
    for(int i=V[s].first;~i;i=E[i].next)//讀目前節點的鄰接串列
        if(E[i].cap>E[i].flow)
```

```
            {
                int u=E[i].v;
                if(!flag[u])
                {
                    flag[u]=true;
                    DFS(u);
                }
            }
        }
}
void print(int m,int n)//輸出最佳方案
{
    cout<<"----------最大獲益方案如下：----------"<<endl;
    DFS(0);
    cout<<"選取的實驗編號："<<endl;
    for(int i=1;i<=m;i++)
        if(flag[i])
            cout<<i<<"  ";
    cout<<endl;
    cout<<"選取的儀器編號："<<endl;
    for(int i=m+1;i<=m+n;i++)
        if(flag[i])
            cout<<i-m<<"  ";
}
```

7.8.5　實戰演練

```
//program 7-7
#include <iostream>
#include <cstring>
#include <queue>
#include <algorithm>
using namespace std;

const int INF=0x3fffffff;
const int N=100;
const int M=10000;
int top;
int h[N], pre[N], g[N];
bool flag[N];//標記選取的節點

struct Vertex
{
    int first;
}V[N];
struct Edge
{
    int v, next;
    int cap, flow;
}E[M];
void init()
{
    memset(V, -1, sizeof(V));
    top = 0;
}
```

```
void add_edge(int u, int v, int c)
{
    E[top].v = v;
    E[top].cap = c;
    E[top].flow = 0;
    E[top].next = V[u].first;
    V[u].first = top++;
}
void add(int u,int v, int c)
{
    add_edge(u,v,c);
    add_edge(v,u,0);
}
void set_h(int t,int n)
{
    queue<int> Q;
    memset(h, -1, sizeof(h));
    memset(g, 0, sizeof(g));
    h[t] = 0;
    Q.push(t);
    while(!Q.empty())
    {
        int v = Q.front(); Q.pop();
        ++g[h[v]];
        for(int i = V[v].first; ~i; i = E[i].next)
        {
            int u = E[i].v;
            if(h[u] == -1)
            {
                h[u] = h[v] + 1;
                Q.push(u);
            }
        }
    }
    cout<<"初始化高度"<<endl;
    cout<<"h[ ]=";
    for(int i=1;i<=n;i++)
        cout<<"   "<<h[i];
    cout<<endl;
}
int Isap(int s, int t,int n)
{
    set_h(t,n);
    int ans=0, u=s;
    int d;
    while(h[s]<n)
    {
        int i=V[u].first;
        if(u==s)
            d=INF;
        for(; ~i; i=E[i].next)
        {
            int v=E[i].v;
            if(E[i].cap>E[i].flow && h[u]==h[v]+1)
            {
```

```
                        u=v;
                        pre[v]=i;
                        d=min(d, E[i].cap-E[i].flow);
                        if(u==t)
                        {
                            cout<<endl;
                            cout<<"增廣路徑："<<t;
                            while(u!=s)
                            {
                                int j=pre[u];
                                E[j].flow+=d;
                                E[j^1].flow-=d;
                                u=E[j^1].v;
                                cout<<"--"<<u;
                            }
                            cout<<"增流："<<d<<endl;
                            ans+=d;
                            d=INF;
                        }
                        break;
                    }
            }
            if(i==-1)
            {
                if(--g[h[u]]==0)
                    break;
                int hmin=n-1;
                for(int j=V[u].first; ~j; j=E[j].next)
                    if(E[j].cap>E[j].flow)
                        hmin=min(hmin, h[E[j].v]);
                h[u]=hmin+1;
                cout<<"重貼標籤後高度"<<endl;
                cout<<"h[ ]=";
                for(int i=1;i<=n;i++)
                    cout<<"  "<<h[i];
                cout<<endl;
                ++g[h[u]];
                if(u!=s)
                    u=E[pre[u]^1].v;
            }
        }
    }
    return ans;
}
void printg(int n)//輸出網路鄰接串列
{
    cout<<"----------網路鄰接串列如下：----------"<<endl;
    for(int i=0;i<=n;i++)
    {
        cout<<"v"<<i<<"  ["<<V[i].first;
        for(int j=V[i].first;~j;j=E[j].next)
            cout<<"]--["<<E[j].v<<"  "<<E[j].cap<<"  "<<E[j].flow<<"  "<<E[j].next;
        cout<<"]"<<endl;
    }
}
void DFS(int s)                        //深度搜尋最大獲益方案
```

```
{
    for(int i=V[s].first;~i;i=E[i].next)//讀目前節點的鄰接串列
        if(E[i].cap>E[i].flow)
        {
            int u=E[i].v;
            if(!flag[u])
            {
                flag[u]=true;
                DFS(u);
            }
        }
}
void print(int m,int n)                  //輸出最佳方案
{
    cout<<"----------最大獲益方案如下：----------"<<endl;
    DFS(0);
    cout<<"選取的實驗編號："<<endl;
    for(int i=1;i<=m;i++)
        if(flag[i])
            cout<<i<<"  ";
    cout<<endl;
    cout<<"選取的儀器編號："<<endl;
    for(int i=m+1;i<=m+n;i++)
        if(flag[i])
            cout<<i-m<<"  ";
}
int main()
{
    int n, m,sum=0,total;
    int cost,num;
    memset(flag, 0, sizeof(flag));
    cout<<"請輸入實驗數 m 和儀器數 n："<<endl;
    cin>>m>>n;
    init();
    total=m+n;
    cout<<"請依次輸入實驗產生的效益和該實驗需要的儀器編號（為 0 結束）："<<endl;
    for(int i=1;i<=m;i++)
    {
        cin>>cost;
        sum+=cost;
        add(0, i, cost);              //源點到實驗專案的邊，容量為該專案效益
        while(cin>>num,num)           //num 為該專案需要的儀器編號
            add(i, m+num, INF);       //實驗專案到需要儀器的邊，容量為無窮大
    }
    cout<<"請依次輸入所有儀器的費用："<<endl;
    for(int j=m+1;j<=total;j++)
    {
        cin>>cost;
        add(j, total+1, cost);        //實驗儀器到匯點的邊，容量為實驗儀器費用
    }
    cout<<endl;
    printg(total+2);//輸出初始網路鄰接串列
    cout<<"最大淨收益："<<sum-Isap(0,total+1,total+2)<<endl;
    cout<<endl;
    printg(total+2);//輸出最終網路鄰接串列
```

```
        print(m,n);        //輸出最佳方案
        return 0;
}
```

演算法實作和測試

1）執行環境

```
Code::Blocks
```

2）輸入

```
請輸入實驗數 m 和儀器數 n：
5 15
請依次輸入實驗產生的效益和該實驗需要的儀器編號（為 0 結束）：
20 2 4 8 11 0
38 1 5 14 0
25 2 5 7 15 0
17 1 3 6 9 13 0
22 10 12 15 0
請依次輸入所有儀器的費用：
2 7 4 8 10 1 3 7 5 9 15 6 12 17 8
```

3）輸出

```
最大淨收益：23
----------最大獲益方案如下：----------
選取的實驗編號：
2  3  5
選取的儀器編號：
1  2  5  7  10  12  14  15
```

7.8.6　演算法解析及優化擴充

演算法複雜度分析

1）時間複雜度：求解最大流採用 7.3.7 節中改進的最短增廣路演算法 ISAP，因此總體時間複雜度為 $O(V^2E)$，其中 V 為節點個數，E 為邊的數量。

2）空間複雜度：空間複雜度為 $O(V)$。

演算法優化擴充

想一想，還有什麼更好的辦法？

7.9　央視娛樂節目購物街一方格取數問題

在央視娛樂節目購物街中，有這樣一個環節，貨架上有 $m*n$ 個方格，在每個方格中各放置 1 個商品，每個商品都標有價格，嘉賓可以挑選商品，但是選了某一商品，就不能再選它上下左右相鄰的商品。最後，挑選出的商品總價最高的人獲得勝利。

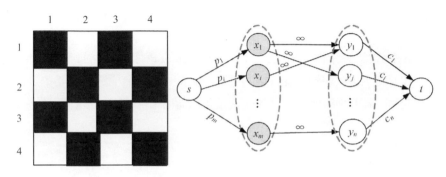

圖 7-164　方格取數問題

7.9.1　問題分析

問題可抽象為：從一個矩陣中選取一些數，要求滿足任意兩個數不相鄰，使這些數的和最大。實際是將矩陣中的數分為兩部分，對矩陣中的點進行黑白著色（相鄰的點顏色不同）。

例如，貨架上有 4 行 4 列的方格，每一個商品放在一個方格內，方格的權值對應商品的價值。首先對其黑白著色，如圖 7-165 所示。

圖 7-165　黑白著色

這樣黑色的方格作為一個集合 X，白色的方格作為一個集合 Y，可以將一個圖分為兩部分，構成一個二分圖。新增源點和匯點，從源點向黑色方格連一條邊，容量為該黑色方格的權值，從白色方格向匯點連一條邊，容量為該白色方格的權值，對於每一對相鄰的黑白方格，從黑方格向白方格連一條邊，容量為無窮大，如圖 7-166 所示。

假設有一個割集 (S, T)，如圖 7-167 所示。

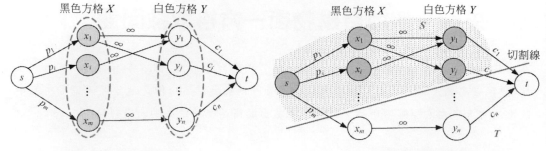

圖 7-166　方格取數網路　　　　圖 7-167　圖方格取數最小割（S, T）

切割線切到的邊容量表示沒選取的方格權值，如果沒選取的方格權值之和最小，那麼選取的方格權值之和必然最大。因此，我們只有求出最小割，**選取方格的最大權值=所有方格權值之和−最小割容量**。因為最大流值等於最小割容量，所以求出最大流即可。

7.9.2　演算法設計

1）　建構網路

　　根據輸入的資料，按行編號，根據編號黑白染色。新增源點和匯點，從源點 s 向黑色方格連一條邊，容量為該黑色方格的權值，從白色方格向匯點 t 連一條邊，容量為該白色方格的權值，對於每一對相鄰的黑白方格，從黑方格向白方格連一條邊，容量為∞，建立混合網路。

2）　求網路最大流

3）　輸出選取物品的最大價值，物品選擇方案。

　　選取物品的最大價值=所有物品價值之和−最大流值。

請注意：切割線切到的邊容量是沒選取的方格權值。

物品選擇方案就是最小割中的 S 集合中的黑色方格和 T 集合中的白色方格。那麼如何找到呢？找到最小割之後，從源點出發，沿著 *cap>flow* 的邊深度優先遍訪，遍訪到的節點就是 S 集合，沒遍訪到的節點就是 T 集合。輸出 S 集合中的黑色方格，輸出 T 集合的白色方格，如圖 7-168 所示。

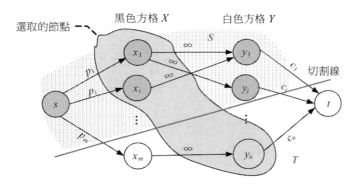

圖 7-168　方格取數選擇方案

7.9.3　完美圖解

假設貨架上有 3 行 3 列的方格。第 1 行方格中每種商品的價值依次為 75、250、21；第 2 行方格中每種商品的價值依次為 34、70、5；第 3 行方格中每種商品的價值依次為 75、15、58。

1）建構網路

　　根據輸入的資料，按行編號，第 1 行編號 1、2、3；第 2 行編號 4、5、6；第 3 行編號 7、8、9。根據編號黑白染色，如圖 7-169 所示。

圖 7-169　黑白著色

　　新增源點和匯點，從源點 s 向黑色方格連一條邊，容量為該黑色方格的權值，從白色方格向匯點 t 連一條邊，容量為該白色方格的權值，對於每一對相鄰的黑白方格，從黑方格向白方格連一條邊，容量為∞。建立網路，如圖 7-170 所示。

595

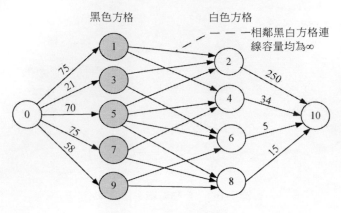

圖 7-170　方格取數網路

2）　在上圖的混合網路上（程式中建構的是混合網路，為了方便，圖示用實流網路表示），使用優化的 ISAP 演算法求網路最大流，找到如下 6 條增廣路徑。

◆　增廣路徑：10—6—9—0。增流：5。

◆　增廣路徑：10—8—9—0。增流：15。

◆　增廣路徑：10—4—7—0。增流：34。

◆　增廣路徑：10—2—5—0。增流：70。

◆　增廣路徑：10—2—3—0。增流：21。

◆　增廣路徑：10—2—1—0。增流：75。

增流後的網路如圖 7-171 所示。

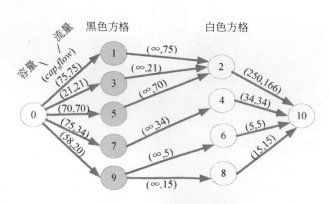

圖 7-171　增流後的實流網路

3） 輸出選取物品的最大價值，物品選擇方案。

選取物品的最大價值=所有物品價值之和–最大流值。挑選物品的最大價值為 383。

物品選擇方案就是最小割中的 *S* 集合中的黑色方格和 *T* 集合中的白色方格，那麼如何找到呢？

在最大流對應的混合網路上，從源點出發，沿著容量>流量的邊深度優先遍訪。遍訪到的節點就是 *S* 集合，沒遍訪到的節點就是 *T* 集合，深度遍訪結果如圖 7-172。

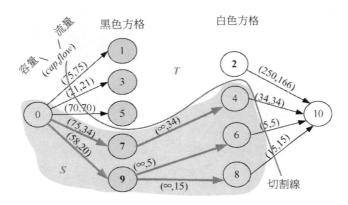

圖 7-172　深度遍訪得到 *S* 集合

輸出 *S* 集合中的黑色方格 7、9，輸出 *T* 集合的白色方格 2，就是物品最大價值選擇方案。

7.9.4　虛擬程式碼詳解

1） 建構網路

根據輸入的資料，按行編號，根據編號黑白染色。新增源點和匯點，從源點 *s* 向黑色方格連一條邊，容量為該黑色方格的權值，從白色方格向匯點 *t* 連一條邊，容量為該白色方格的權值，對於每一對相鄰的黑白方格，從黑方格向白方格連一條邊，容量為∞，建立混合網路。

```
//建立混合網路
for(int i=1;i<=m;i++)
    for(int j=1;j<=n;j++)
    {
        if((i+j)%2==0)                    //染黑色，目前物品位置(i,j)
```

```
        {
            add(0,(i-1)*n+j,map[i][j]);//從源點到目前物品節點有一條有向邊，容量為該物品價值
            flag[(i-1)*n+j]=1;          //標記染黑色物品
            //目前物品節點到四個相鄰物品節點發出一條有向邊，容量為無窮大
            for(int k=0;k<4;k++)
            {
                int x=i+dir[k][0];
                int y=j+dir[k][1];
                if(x<=m&&x>0 && y<=n&&x>0)//邊界限制
                    add((i-1)*n+j,(x-1)*n+y,INF);
            }
        }
        Else            //染白色，目前物品位置(i,j)
            add((i-1)*n+j,total+1,map[i][j]);
            //從目前物品節點到匯點有一條有向邊，容量為該物品價值
    }
```

2） 求網路最大流

```
int Isap(int s, int t,int n)//改進的最短增廣路最大流演算法
```

詳見 7.3.7 節中的演算法 program 7-2-1，這裡不再贅述。

3） 輸出挑選物品的最大價值

```
cout<<"挑選物品的最大價值："<<sum-Isap(0,total+1,total+2)<<endl;
```

即所有物品價值減去最大流值。

4） 輸出選取的物品編號

選取物品的最大價值=所有物品價值之和−最大流值。

物品選擇方案就是最小割中的 S 集合中的黑色方格和 T 集合中的白色方格。從源點出發，在最大流對應的混合網路上，沿著 *cap>flow* 的邊深度優先遍訪，遍訪到的節點就是 S 集合，沒遍訪到的節點就是 T 集合。輸出 S 集合中的黑色方格，輸出 T 集合的白色方格。

```
void DFS(int s)//深度搜尋
{
    for(int i=V[s].first;~i;i=E[i].next)//讀目前節點的鄰接串列
        if(E[i].cap>E[i].flow)
        {
            int u=E[i].v;
            if(!dfsflag[u])
            {
                dfsflag[u]=true;
                DFS(u);
            }
```

```
        }
}
void print(int m,int n)//輸出最佳方案
{
    cout<<"----------最佳方案如下：----------"<<endl;
    cout<<"選取的物品編號："<<endl;
    DFS(0);
    for(int i=1;i<=m*n;i++)
        if((flag[i]&&dfsflag[i])||(!flag[i]&&!dfsflag[i]))
            cout<<i<<"  ";
}
```

7.9.5　實戰演練

```
//program 7-8
#include <iostream>
#include <cstring>
#include <queue>
#include <algorithm>
using namespace std;

const int INF=0x3fffffff;
const int N=100;
const int M=10000;
int top;
int h[N], pre[N], g[N];
bool flag[N*N];    //標記染黑色的節點
bool dfsflag[N*N];//深度搜尋到的節點

struct Vertex
{
    int first;
}V[N];
struct Edge
{
    int v, next;
    int cap, flow;
}E[M];
void init()
{
    memset(V, -1, sizeof(V));
    top = 0;
}
void add_edge(int u, int v, int c)
{
    E[top].v = v;
    E[top].cap = c;
    E[top].flow = 0;
    E[top].next = V[u].first;
    V[u].first = top++;
}
void add(int u,int v, int c)
{
    add_edge(u,v,c);
```

```
        add_edge(v,u,0);
}
void set_h(int t,int n)
{
    queue<int> Q;
    memset(h, -1, sizeof(h));
    memset(g, 0, sizeof(g));
    h[t] = 0;
    Q.push(t);
    while(!Q.empty())
    {
        int v = Q.front(); Q.pop();
        ++g[h[v]];
        for(int i = V[v].first; ~i; i = E[i].next)
        {
            int u = E[i].v;
            if(h[u] == -1)
            {
                h[u] = h[v] + 1;
                Q.push(u);
            }
        }
    }
    cout<<"初始化高度"<<endl;
    cout<<"h[ ]=";
    for(int i=1;i<=n;i++)
        cout<<"  "<<h[i];
    cout<<endl;
}
int Isap(int s, int t,int n)
{
    set_h(t,n);
    int ans=0, u=s;
    int d;
    while(h[s]<n)
    {
        int i=V[u].first;
        if(u==s)
            d=INF;
        for(; ~i; i=E[i].next)
        {
            int v=E[i].v;
            if(E[i].cap>E[i].flow && h[u]==h[v]+1)
            {
                u=v;
                pre[v]=i;
                d=min(d, E[i].cap-E[i].flow);
                if(u==t)
                {
                    cout<<endl;
                    cout<<"增廣路徑 : "<<t;
                    while(u!=s)
                    {
                        int j=pre[u];
                        E[j].flow+=d;
```

```
                                E[j^1].flow-=d;
                                u=E[j^1].v;
                                cout<<"--"<<u;
                            }
                            cout<<"增流："<<d<<endl;
                            ans+=d;
                            d=INF;
                        }
                        break;
                    }
                }
            }
            if(i==-1)
            {
                if(--g[h[u]]==0)
                    break;
                int hmin=n-1;
                for(int j=V[u].first; ~j; j=E[j].next)
                    if(E[j].cap>E[j].flow)
                        hmin=min(hmin, h[E[j].v]);
                h[u]=hmin+1;
                cout<<"重貼標籤後高度"<<endl;
                cout<<"h[ ]=";
                for(int i=1;i<=n;i++)
                    cout<<"  "<<h[i];
                cout<<endl;
                ++g[h[u]];
                if(u!=s)
                    u=E[pre[u]^1].v;
            }
        }
    return ans;
}
void printg(int n)//輸出網路鄰接串列
{
    cout<<"----------網路鄰接串列如下：----------"<<endl;
    for(int i=0;i<=n;i++)
    {
        cout<<"v"<<i<<"  ["<<V[i].first;
        for(int j=V[i].first;~j;j=E[j].next)
            cout<<"]--["<<E[j].v<<"  "<<E[j].cap<<"  "<<E[j].flow<<"  "
                <<E[j].next;
        cout<<"]"<<endl;
    }
}
void DFS(int s)    //深度搜尋
{
    for(int i=V[s].first;~i;i=E[i].next)                //讀目前節點的鄰接串列
        if(E[i].cap>E[i].flow)
        {
            int u=E[i].v;
            if(!dfsflag[u])
            {
                dfsflag[u]=true;
                DFS(u);
            }
```

```
        }
}
void print(int m,int n)                         //輸出最佳方案
{
    cout<<"----------最佳方案如下：----------"<<endl;
    cout<<"選取的物品編號："<<endl;
    DFS(0);
    for(int i=1;i<=m*n;i++)
        if((flag[i]&&dfsflag[i])||(!flag[i]&&!dfsflag[i]))
                cout<<i<<"  ";
}


int main()
{
    int n, m, total,sum=0;;
    int map[N][N];
    memset(flag, 0, sizeof(flag));
    memset(dfsflag, 0, sizeof(dfsflag));
    int dir[4][2]={{0,1},{1,0},{0,-1},{-1,0}};  //右下左上四個方向
    cout<<"請輸入貨架的行數 m 和列數 n ："<<endl;
    cin>>m>>n;
    init();
    total=m*n;
    cout<<"請依次輸入每行每個商品的價值："<<endl;
    for(int i=1;i<=m;i++)
        for(int j=1;j<=n;j++)
        {
                cin>>map[i][j];
                sum+=map[i][j];
        }
    //建立混合網路
    for(int i=1;i<=m;i++)
        for(int j=1;j<=n;j++)
        {
                if((i+j)%2==0)                   //染黑色，目前物品位置(i,j)
                {
                        add(0,(i-1)*n+j,map[i][j]);//從源點到目前物品節點有一條有向邊，
                                                //容量為該物品價值
                        flag[(i-1)*n+j]=1;       //標記染黑色物品
                        //目前物品節點到四個相鄰物品節點發出一條有向邊，容量為無窮大
                        for(int k=0;k<4;k++)
                        {
                            int x=i+dir[k][0];
                            int y=j+dir[k][1];
                            if(x<=m&&x>0 && y<=n&&x>0)  //邊界限制
                                add((i-1)*n+j,(x-1)*n+y,INF);
                        }
                }
                else //染白色，目前物品位置(i,j)
                        add((i-1)*n+j,total+1,map[i][j]);//從目前物品節點到匯點有一條有向邊，
                                                //容量為該物品價值
        }
    cout<<endl;
    printg(total+2);                                    //輸出初始網路鄰接串列
    cout<<"挑選物品的最大價值："<<sum-Isap(0,total+1,total+2)<<endl;
```

```
        cout<<endl;
        printg(total+2);                    //輸出最終網路鄰接串列
        print(m,n);                         //輸出最佳方案
        return 0;
}
```

演算法實作和測試

1） 執行環境

```
Code::Blocks
```

2） 輸入

```
請輸入貨架的行數 m 和列數 n：
4 4
請依次輸入每行每個商品的價值：
10  8   5   2
1   3   9   15
5   10  13  7
24  12  20  14
```

3） 輸出

```
挑選物品的最大價值：84
----------最佳方案如下：----------
選取的物品編號：
1  3  8  10  13  15
```

7.9.6　演算法解析及優化擴充

演算法複雜度分析

1） 時間複雜度：求解最大流採用 7.3.7 節中改進的最短增廣路演算法 ISAP，因此總體時間複雜度為 $O(V^2E)$，其中 V 為節點個數，E 為邊的數量。

2） 空間複雜度：空間複雜度為 $O(V)$。

演算法優化擴充

想一想，還有什麼更好的辦法？

7.10 走著走著，就走到了西藏—旅遊路線問題

演員陳坤有本書叫《突然就走到了西藏》，我沒看過，但這名字很不錯。西藏一直給人一種神秘的感覺，好像沒到過西藏的人，就不是一個真正的行者。於是我們開始籌畫西藏之行，拿出旅遊地圖，標記出沿途想要去的景點，我們希望從家出發，一路向西，坐火車沿途經過若干景點，到達西藏遊玩後，再一路向東，坐火車途經過若干景點，最後回到家中。但是有的景點之間沒有火車直達，為了節約開支，不希望產生轉換汽車費用，也不要走重複的景點，怎樣設計一個演算法，使途經的景點最多。

圖 7-173　旅遊路線

7.10.1　問題分析

給定一張地圖，圖中節點代表景點，邊代表兩景點間可以直達。現要求找出一條滿足下述限制條件且途經景點最多的旅行路線。

1）　從最東端起點（家）出發，從東向西途經若干景點到達最西端景點，然後再從西向東回到家（可途經若干景點）。

2）　除起點外，任何景點只能造訪 1 次。

如圖 7-174 所示，可以從起點出發經過 2、5、7，到達 8 號，再從 8 出發，經過 6、4、3，回到起點。

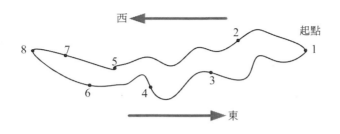

圖 7-174　旅遊路線

因為每個景點只能經過一次，如果轉化為網路流就要拆點，即景點 i 對應節點 i，拆為兩個節點 i 和 i'，且從 i 到 i' 連接一條邊，邊的容量為 1（只能經過一次），單位流量費用為 0（相當於自己到自己的費用），如圖 7-175 所示。

如果景點 i 到景點 j 可以直達，則從節點 i' 到節點 j 連接一條邊，邊的容量為 1（只能經過一次），單位流量費用為 -1，如圖 7-176 所示。

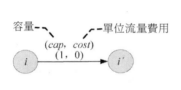

圖 7-175　節點拆成兩個

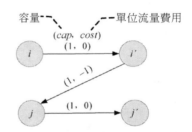

圖 7-176　景點 i 到景點 j 可直達

為什麼單位流量費用設為 -1 呢？因為本題要求經過的景點最多，如果費用為負值，則經過的景點越多，費用越小，就轉化為最小費用最大流問題了。

雖然找到的路線是一個簡單環形，如圖 7-174 中的路線（1—2—5—7—8—6—4—3—1），其實只需要找起點到終點的兩條不同線路（1—2—5—7—8 和 1—3—4—6—8）就可以了。

這樣起點和終點相當於都要造訪兩次，即起點和終點拆點時容量設為 2，單位流量費用為 0。如圖 7-177 所示。

n 個景點轉化成的網路如圖 7-178 所示。

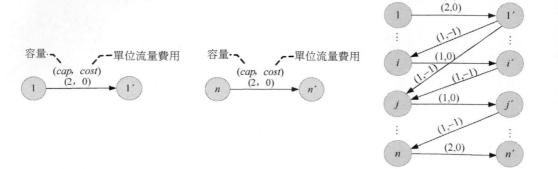

圖 7-177　起點和終點的拆點　　　　　　　　圖 7-178　旅遊路線網路

這樣，問題就轉化為從源點 1 出發，到匯點 n' 的最小費用最大流問題。

7.10.2　演算法設計

1）　建構網路

根據輸入的資料，按順序對景點編號，即景點 i 對應節點 i，對每個節點拆點，拆為兩個節點 i 和 i'，且從 i 到 i' 連接一條邊，邊的容量為 1，單位流量費用為 0；源點和終點拆點時，邊的容量為 2，單位流量費用為 0；如果景點 i 到景點 j 可以直達，則從節點 i' 到節點 j 連接一條邊，邊的容量為 1，單位流量費用為 –1，建立混合網路。

2）　求網路最小費用最大流

3）　輸出最優的旅遊路線

從源點出發，沿著 $flow>0$ 且 $cost≤0$ 的方向深度優先遍訪，到達終點後，再沿著 $flow<0$ 且 $cost≥0$ 的方向深度優先遍訪，返回到源點。

輸出：首先是出發景點名，然後按遍訪順序輸出其他景點名，最後回到出發景點。如果問題無解，則輸出「No Solution!」。

7.10.3　完美圖解

假設景點個數 $n=8$，直達線路數 $m=10$。景點名分別為：Zhengzhou、Luoyang、Xian、Chengdu、Kangding、Xianggelila、Motuo、Lasa。可以直達的兩個景點名分別為：Zhengzhou — Luoyang、Zhengzhou — Xian、Luoyang — Xian、Luoyang — Chengdu、Xian — Chengdu、Xian — Xianggelila、Chengdu — Lasa、Kangding — Motuo、Xianggelila—Lasa、Motuo—Lasa。

1）建構網路

根據輸入的資料，按順序對景點編號，即景點 i 對應節點 i，對每個節點拆點，拆為 2 個節點 i 和 i'，且從 i 到 i' 連接一條邊，邊的容量為 1，單位流量費用為 0；源點和終點拆點時，邊的容量為 2，單位流量費用為 0；如果景點 i 到景點 j 可以直達，則從節點 i' 到節點 j 連接一條邊，邊的容量為 1，單位流量費用為 −1，如圖 7-179 所示。

2）求網路最小費用最大流

在圖 7-179 的混合網路上，為了方便，圖示用實流網路表示，上圖中帶$'$的數字，程式中儲存數 i' 為 $i+n$，例如 3$'$ 在程式中儲存數為 11，使用 7.5.5 節中最小費用路演算法求解網路的最小費用最大流，找到如下兩條最小費用路。

◆ 最小費用路 1：16—8—14—6—11—3—10—2—9—1。增流：1。

◆ 最小費用路 2：16—8—12—4—10—3—9—1。增流：1。

最小費用路 1 如圖 7-180 所示，最小費用路 2 如圖 7-181 所示。

增流後最小費用最大流對應的實流網路如圖 7-182 所示。

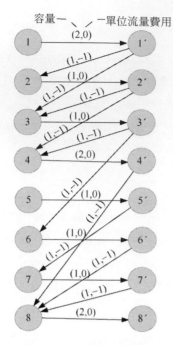

圖 7-179　旅遊路線網路

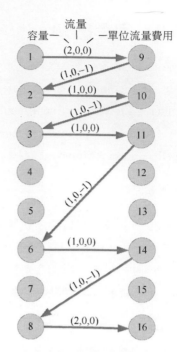

圖 7-180　最小費用路 1

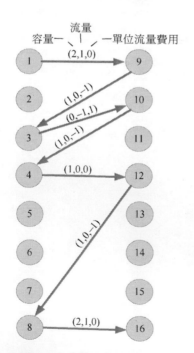

圖 7-181　最小費用路 2

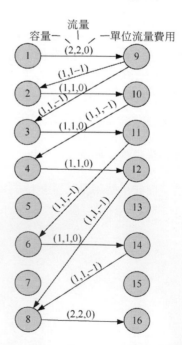

圖 7-182　實流網路（最小費用最大流）

3） 輸出最優的旅遊路線

在最小費用最大流對應的混合網路上，從源點出發，沿著 *flow*>0 且 *cost*≤0 的方向深度優先遍訪，到達終點後，再沿著 *flow*<0 且 *cost*≥0 的方向深度優先遍訪，返回到源點。請注意：圖 7-183 中只顯示了有流量的邊，且沒有畫出實流邊的反向邊，圖 7-184 中的路徑是沿著圖 7-183 中的反向邊（混合網路中實流邊對應的有反向邊）搜尋的。

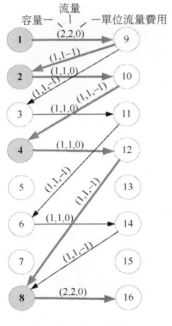

圖 7-183　深度遍訪 1

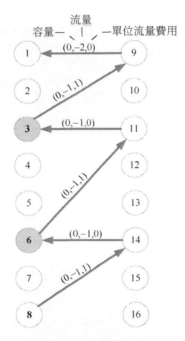

圖 7-184　深度遍訪 2

在遍訪的過程中，把經過節點號小於等於 *n* 的輸出（節點號大於 *n* 的是拆點），就是最優的旅行線路。即 1—2—4—8—6—3—1，最多經過的景點個數為 6。

依次經過的景點：Zhengzhou、Luoyang、Chengdu、Lasa、Xianggelila、Xian、Zhengzhou。

7.10.4 虛擬程式碼詳解

1) 建構網路

根據輸入的資料，按順序對景點編號，即景點 i 對應節點 i，對每個節點拆點，拆為兩個節點 i 和 i'，且從 i 到 i' 連接一條邊，邊的容量為 1，費用為 0；源點和終點拆點時，邊的容量為 1，費用為 0；如果景點 i 到景點 j 可以直達，則從節點 i' 到節點 j 連接一條邊，邊的容量為 1，單位流量費用為–1。

```
cout<<"請輸入景點個數 n 和直達線路數 m："<<endl;
    cin>>n>>m;
    init();//初始化
    maze.clear();
    cout<<"請輸入景點名 str"<<endl;
    for(i=1;i<=n;i++)
    {
        cin>>str[i];
        maze[str[i]]=i;
        if(i==1||i==n)
            add(i,i+n,2,0);
        else
            add(i,i+n,1,0);
    }
    cout<<"請輸入可以直達的兩個景點名 str1，str2"<<endl;
    for(i=1;i<=m;i++)
    {
        cin>>str1>>str2;
        int a=maze[str1],b=maze[str2];
        if(a<b)
        {
            if(a==1&&b==n)
                add(a+n,b,2,-1);
            else
                add(a+n,b,1,-1);
        }
        else
        {
            if(b==1&&a==n)
                add(b+n,a,2,-1);
            else
                add(b+n,a,1,-1);
        }
    }
```

2) 求網路最小費用最大流

使用最小費用路最大流演算法，詳見 7.5.5 節中的演算法 program 7-4，這裡就不再贅述。

```
bool SPFA(int s, int t, int n)      //求最小費用路的 SPFA
{
    int i, u, v;
    queue <int> qu;                 //佇列，STL 實現
    memset(vis,0,sizeof(vis));      //造訪標記初始化
    memset(c,0,sizeof(c));          //入佇列次數初始化
    memset(pre,-1,sizeof(pre));     //前驅初始化
    for(i=1;i<=n;i++)
    {
        dist[i]=INF;                //距離初始化
    }
    vis[s]=true;                    //節點入佇列 vis 要做標記
    c[s]++;                         //要統計節點的入佇列次數
    dist[s]=0;
    qu.push(s);
    while(!qu.empty())
    {
        u=qu.front();
        qu.pop();
        vis[u]=false;
        //佇列頭元素出佇列，並且消除標記
        for(i=V[u].first; i!=-1; i=E[i].next)//遍訪節點 u 的鄰接串列
        {
            v=E[i].v;
            if(E[i].cap>E[i].flow && dist[v]>dist[u]+E[i].cost)//鬆弛操作
            {
                dist[v]=dist[u]+E[i].cost;
                pre[v]=i;               //記錄前驅
                if(!vis[v])             //節點 v 不在隊內
                {
                    c[v]++;
                    qu.push(v);         //入佇列
                    vis[v]=true;        //標記
                    if(c[v]>n)          //超過入佇列上限，說明有負環
                        return false;
                }
            }
        }
    }
    cout<<"最短路陣列"<<endl;
    cout<<"dist[ ]=";
    for(int i=1;i<=n;i++)
        cout<<"   "<<dist[i];
    cout<<endl;
    if(dist[t]==INF)
        return false; //如果距離為 INF，說明無法到達，返回 false
    return true;
}
int MCMF(int s,int t,int n)                 //minCostMaxFlow
{
    int d;                                  //可增流量
    maxflow=mincost=0;//maxflow 目前最大流量，mincost 目前最小費用
    while(SPFA(s,t,n))//表示找到了從 s 到 t 的最短路
    {
        d=INF;
```

```
            cout<<endl;
            cout<<"增廣路徑："<<t;
            for(int i=pre[t]; i!=-1; i=pre[E[i^1].v])
            {
                    d=min(d, E[i].cap-E[i].flow);  //找最小可增流量
                    cout<<"--"<<E[i^1].v;
            }
            cout<<"增流："<<d<<endl;
            cout<<endl;
            for(int i=pre[t]; i!=-1; i=pre[E[i^1].v])//修改混合網路，增加增廣路上相應弧的容量，
                                                     //並減少其反向邊容量
            {
                    E[i].flow+=d;
                    E[i^1].flow-=d;
            }
            maxflow+=d;          //更新最大流
            mincost+=dist[t]*d;  //dist[t]為該路徑上單位流量費用之和，最小費用更新
        }
        return maxflow;
}
```

3） 輸出最優的旅遊路線

從源點出發，沿著 *flow*>0 且 *cost*≤0 的方向深度優先遍訪，到達終點後，再沿著
flow<0 且 *cost*≥0 的方向深度優先遍訪，返回到源點。

輸出：首先是出發景點名，然後按遍訪順序列出其他景點名，最後回到出發景
點。如果問題無解，則輸出「No Solution!」。

```
void print(int s,int t)
{
    int v;
    vis[s]=1;
    for(int i=V[s].first;~i;i=E[i].next)
      if(!vis[v=E[i].v]&&((E[i].flow>0&&E[i].cost<=0)||(E[i].flow<0&&E[i].cost>=0)))
      {
          print(v,t);
          if(v<=t)
             cout<<str[v]<<endl;
      }
}
```

7.10.5 實戰演練

```
//program 7-9
#include<iostream>
#include<cstring>
#include<map>
#include <queue>
using namespace std;
```

```
#define INF 1000000000
#define M 150
#define N 10000
int top;                //目前邊足標
int dist[N], pre[N];//dist[i]表示源點到點 i 最短距離，pre[i]記錄前驅
bool vis[N];            //標記陣列
int c[N];               //入佇列次數
int maxflow,mincost;//maxflow 目前最大流量，mincost 目前最小費用
string str[M];
map<string,int> maze;

struct Vertex
{
    int first;
}V[N];
struct Edge
{
    int v, next;
    int cap, flow,cost;
}E[M];
void init()
{
    memset(V, -1, sizeof(V));
    top=0;
}
void add_edge(int u, int v, int c,int cost)
{
    E[top].v = v;
    E[top].cap = c;
    E[top].flow = 0;
    E[top].cost = cost;
    E[top].next = V[u].first;
    V[u].first = top++;
}
void add(int u,int v, int c,int cost)
{
    add_edge(u,v,c,cost);
    add_edge(v,u,0,-cost);
}

bool SPFA(int s, int t, int n)    //求最小費用路的 SPFA
{
    int i, u, v;
    queue <int> qu;                //佇列，STL 實現
    memset(vis,0,sizeof(vis));    //造訪標記初始化
    memset(c,0,sizeof(c));        //入佇列次數初始化
    memset(pre,-1,sizeof(pre)); //前驅初始化
    for(i=1;i<=n;i++)
    {
        dist[i]=INF;            //距離初始化
    }
    vis[s]=true;                //節點入佇列 vis 要做標記
    c[s]++;                     //要統計節點的入佇列次數
    dist[s]=0;
    qu.push(s);
```

```
    while(!qu.empty())
    {
        u=qu.front();
        qu.pop();
        vis[u]=false;
        //佇列頭元素出佇列，並且消除標記
        for(i=V[u].first; i!=-1; i=E[i].next)//遍訪節點 u 的鄰接串列
        {
            v=E[i].v;
            if(E[i].cap>E[i].flow && dist[v]>dist[u]+E[i].cost)//鬆弛操作
            {
                dist[v]=dist[u]+E[i].cost;
                pre[v]=i;                    //記錄前驅
                if(!vis[v])                   //節點 v 不在隊內
                {
                    c[v]++;
                    qu.push(v);              //入佇列
                    vis[v]=true;             //標記
                    if(c[v]>n)               //超過入佇列上限，說明有負環
                        return false;
                }
            }
        }
    }
    cout<<"最短路陣列"<<endl;
    cout<<"dist[ ]=";
    for(int i=1;i<=n;i++)
        cout<<"  "<<dist[i];
    cout<<endl;
    if(dist[t]==INF)
        return false;     //如果距離為 INF，說明無法到達，返回 false
    return true;
}
int MCMF(int s,int t,int n) //minCostMaxFlow
{
    int d;                 //可增流量
    maxflow=mincost=0;     //maxflow 目前最大流量，mincost 目前最小費用
    while(SPFA(s,t,n))     //表示找到了從 s 到 t 的最短路
    {
        d=INF;
        cout<<endl;
        cout<<"增廣路徑："<<t;
        for(int i=pre[t]; i!=-1; i=pre[E[i^1].v])
        {
            d=min(d, E[i].cap-E[i].flow);          //找最小可增流量
            cout<<"--"<<E[i^1].v;
        }
        cout<<"增流："<<d<<endl;
        cout<<endl;
        for(int i=pre[t]; i!=-1; i=pre[E[i^1].v])//修改混合網路，增加增廣路上相應弧的容量，
                                       //並減少其反向邊容量
        {
            E[i].flow+=d;
            E[i^1].flow-=d;
        }
```

```
            maxflow+=d;          //更新最大流
            mincost+=dist[t]*d; //dist[t]為該路徑上單位流量費用之和,最小費用更新
     }
     return maxflow;
}

void print(int s,int t)
{
     int v;
     vis[s]=1;
     for(int i=V[s].first;~i;i=E[i].next)
         if(!vis[v=E[i].v]&&((E[i].flow>0&&E[i].cost<=0)||(E[i].flow<0&&E[i]. cost>=0)))
         {
             print(v,t);
             if(v<=t)
                 cout<<str[v]<<endl;
         }
}
int main()
{
     int n,m,i;
     string str1,str2;
     cout<<"請輸入景點個數 n 和直達線路數 m : "<<endl;
     cin>>n>>m;
     init();                //初始化
     maze.clear();
     cout<<"請輸入景點名 str"<<endl;
     for(i=1;i<=n;i++)
     {
         cin>>str[i];
         maze[str[i]]=i;
         if(i==1||i==n)
             add(i,i+n,2,0);
         else
             add(i,i+n,1,0);
     }
     cout<<"請輸入可以直達的兩個景點名 str1,str2"<<endl;
     for(i=1;i<=m;i++)
     {
         cin>>str1>>str2;
         int a=maze[str1],b=maze[str2];
         if(a<b)
         {
             if(a==1&&b==n)
                 add(a+n,b,2,-1);
             else
                 add(a+n,b,1,-1);
         }
         else
         {
             if(b==1&&a==n)
                 add(b+n,a,2,-1);
             else
                 add(b+n,a,1,-1);
         }
```

```
    }
    if(MCMF(1,2*n,2*n)==2)
    {
        cout<<"最多經過的景點個數："<<-mincost<<endl;
        cout<<"依次經過的景點："<<endl;
        cout<<str[1]<<endl;
        memset(vis,0,sizeof(vis));//造訪標記初始化
        print(1,n);
        cout<<str[1]<<endl;
    }
    else
        cout<<"No Solution!"<<endl;
    return 0;
}
```

演算法實作和測試

1）執行環境

```
Code::Blocks
```

2）輸入

```
請輸入景點個數 n 和直達線路數 m：
8 10
請輸入景點名 str
Zhengzhou
Luoyang
Xian
Chengdu
Kangding
Xianggelila
Motuo
Lasa
請輸入可以直達的兩個景點名 str1；str2
Zhengzhou Luoyang
Zhengzhou Xian
Luoyang Xian
Luoyang Chengdu
Xian Chengdu
Xian Xianggelila
Chengdu Lasa
Kangding Motuo
Xianggelila Lasa
Motuo Lasa
```

3） 輸出

```
最多經過的景點個數：6
依次經過的景點：
Zhengzhou
Luoyang
Chengdu
```

```
Lasa
Xianggelila
Xian
Zhengzhou
```

7.10.6　演算法解析及優化擴充

演算法複雜度分析

1）　時間複雜度：主要採用 7.4.5 節的最小費用最大流演算法 MCMF，因此總體時間複雜度為 $O(VE^2)$，其中 V 為節點個數，E 為邊的數量。

2）　空間複雜度：使用了一些輔助陣列，因此空間複雜度為 $O(V)$。

演算法優化擴充

對於一個連通圖，如果任意兩點至少存在兩條「點不重複」的路徑，則說這個圖是點連通圖的（一般稱為雙連通，biconnected）。這個要求等價於任意兩條邊都在同一個簡單環上。題的要求提取出來後，可得本質思考方式就是求在一個圖中的最大環，這正是雙連通的定義。因此可以用 Tarjan 演算法來求解，時間複雜度降了很多，有興趣的讀者可以看看。

7.11　網路流問題解題秘笈

遇到一個實際問題，首先要分析：

1）　是否可以用網路流解決？

如果可以使用網路，則建構網路圖，如果需要新增源點和匯點則新增之，並確定每條邊的容量。

2）　是否可以直接用最大流解決？

如果可以，求解最大流就可以了，例如 7.5～7.7 節中的問題。

3）　問題的解是否是與最小割容量相關的運算式？

問題的解不能直接用最大流解決，需要分析問題的解，是不是最小割容量，還是與最小割容量相關的運算式。例如 7.8 節和 7.9 節中的問題，都是所有盈利減去最小割容量。最小割容量等於最大流值，所以可以透過求解最大流間接得到。

4) 是否可以用最小費用最大流解決？

有的問題可以轉化為最小費用最大流問題，例如 7.10 節中的旅遊路線問題。

5) 問題的解是什麼？

在 7.5～7.7 節中，得到最大流後，x_i 節點的鄰接點 y_i 就是我們要的答案。

在 7.8 節中，問題的解就是最小割的 S 集合。S 集合求解方式：在最大流對應的混合網路上，從源點出發，沿著容量>流量的邊深度優先遍訪。遍訪到的節點就是 S 集合，沒遍訪到的節點就是 T 集合。

在 7.9 節中，問題的解是最小割中的 S 集合中的黑色方格和 T 集合中的白色方格。所以深度優先遍訪得到 S 集合和 T 集合後，要輸出 S 集合中的黑色方格和 T 集合中的白色方格。

在 7.10 節中，旅遊路線問題的解是深度優先遍訪結果，但是邊的容量和流量有限制的深度遍訪。

附錄　A

特徵方程式和
通項公式

$$F(n) = \begin{cases} 1 & , \quad n = 1, \quad T(n) = 1 \\ 1 & , \quad n = 2, \quad T(n) = 1 \\ F(n-1) + F(n-2), & n > 2, \quad T(n) = T(n-1) + T(n-2) + 1 \end{cases}$$

當 $n>2$ 時：$F(n)$ 即 $a_n = a_{n-1} + a_{n-2}$，它的**特徵方程式**為：

$$x^2 - x - 1 = 0$$

求解得：

$$x_1 = \frac{1 - \sqrt{5}}{2} \quad , \quad x_2 = \frac{1 + \sqrt{5}}{2}$$

那麼 $F(n)$ 的通項公式為：

$$a_n = Ax_2{}^n + Bx_1{}^n$$

費氏數列中，$F(1)=1$，$F(2)=1$，所以：

$$\begin{cases} Ax_2 + Bx_1 = 1 \\ Ax_2{}^2 + Bx_1{}^2 = 1 \end{cases}$$

又因為 $x_1 = \dfrac{1 - \sqrt{5}}{2}$ ， $x_2 = \dfrac{1 + \sqrt{5}}{2}$ 解方程式得：

$$A = \frac{1}{\sqrt{5}} \quad , \quad B = -\frac{1}{\sqrt{5}}$$

因此費氏數列通項為：

$$F(n) = \frac{1}{\sqrt{5}} \left(\left(\frac{1 + \sqrt{5}}{2} \right)^n - \left(\frac{1 - \sqrt{5}}{2} \right)^n \right)$$

當 n 趨近於無窮時，$F(n) \approx \dfrac{1}{\sqrt{5}} \left(\dfrac{1 + \sqrt{5}}{2} \right)^n$ 。

由於 $T(n) \geqslant F(n)$ ，這是一個指數階的演算法！如果我們今年計算出了 $F(100)$ ，那麼明年才能算出 $F(101)$ ，多算一個費氏數需要一年的時間，**爆炸增量函數**是演算法設計的噩夢！

那麼上面的**特徵方程式**和**通項公式**是怎麼回事呢？

這個問題我們首先看看線性數列的**特徵方程式**：

如果一個數列形式為：

$$a_n = c_1 a_{n-1} + c_2 a_{n-2} \quad ①$$

設有 x、y，使得：

$$a_n - x a_{n-1} = y(a_{n-1} - x a_{n-2}) \quad ②$$

移項運算得：

$$a_n = (x + y)a_{n-1} - xy a_{n-2}$$

與原方程式①一一對應得：

$$\begin{aligned} c_1 &= x + y \\ c_2 &= -xy \end{aligned} \quad ③$$

消去 y 就匯出特徵方程式：

$$x^2 = c_1 x + c_2 \text{ 即 } x^2 - c_1 x - c_2 = 0$$

那麼對於公式 $a_n = a_{n-1} + a_{n-2}$ ，對照上面式①得， $c_1 = c_2 = 1$ ，因此公式 $a_n = a_{n-1} + a_{n-2}$ 的**特徵方程式**為：

$$x^2 - x - 1 = 0$$

特徵方程式求解得：

$$x_1 = \frac{1 - \sqrt{5}}{2} \text{ , } x_2 = \frac{1 + \sqrt{5}}{2}$$

再根據式③求出對應 y：

$$y_1 = \frac{1 + \sqrt{5}}{2} \text{ 或者 } y_2 = \frac{1 - \sqrt{5}}{2}$$

再看式② $a_n - xa_{n-1} = y(a_{n-1} - xa_{n-2})$，即 $\frac{a_n - xa_{n-1}}{a_{n-1} - xa_{n-2}} = y$，此式是一個公比為 y 的等比數列 $\{a_n - xa_{n-1}\}$，此題的第 1 項為 $a_1 - xa_0$，第 2 項為 $a_2 - xa_1$，以此類推，第 n 項為 $a_n - xa_{n-1}$，根據等比數列公式 $a_n = a_1 q^{n-1}$：

$$a_n - xa_{n-1} = (a_1 - xa_0)y^{n-1}$$

將兩組不同解 x，y 代入得到兩個方程式：

$$\begin{cases} a_n - x_1 a_{n-1} = (a_1 - x_1 a_0)y_1^{\,n-1} \\ a_n - x_2 a_{n-1} = (a_1 - x_2 a_0)y_2^{\,n-1} \end{cases}$$

將第一個式子乘以 x_2，第二個式子乘以 x_1，兩式相減得：

$$a_n = \frac{(a_1 - x_1 a_0)y_1^{\,n-1} x_2 - (a_1 - x_2 a_0)y_2^{\,n-1} x_1}{x_2 - x_1}$$

在 $a_n = a_{n-1} + a_{n-2}$ 的特徵方程式解中，$y_1 = x_2$，$y_2 = x_1$，因此：

$$a_n = \frac{(a_1 - x_1 a_0)}{x_2 - x_1} x_2^{\,n} - \frac{(a_1 - x_2 a_0)}{x_2 - x_1} x_1^{\,n}$$

因為 a_0、a_1、x_1、x_2 均已知，可記為常項，得到 $a_n = a_{n-1} + a_{n-2}$ 的**通項公式**：

$$a_n = A x_2^{\,n} + B x_1^{\,n}$$

附錄 B

sort 函數

我們可以利用 C++ 中的排序函數 *sort*，對數值進行從小到大排序。要使用此函數，只需引入標頭檔：

```
#include <algorithm>
```

語法描述為：

```
sort(begin, end)// 參數 begin、end 表示一個範圍，分別為待排序陣列的首位址和尾位址。
```

例如：

```
//mysort1
#include<cstdio>
#include<iostream>
#include<algorithm>
using namespace std;
int main()
{
 int a[10]={7,4,5,23,2,73,41,52,28,60},i;
 for(i=0;i<10;i++)
   cout<<a[i]<<" ";
 cout<<endl;
 sort(a,a+10);
 for(i=0;i<10;i++)
  cout<<a[i]<<" ";
 return 0;
}
```

輸出結果為：

```
7 4 5 23 2 73 41 52 28 60
2 4 5 7 23 28 41 52 60 73
```

sort(*a*, *a*+10) 將把陣列 *a* 按昇冪排序，因為 sort 函數預設為昇冪。可能有人會問：怎麼樣用它降冪排列呢？這就是下一個討論的內容。

1） 自己編寫 *compare* 函數

　　一種是自己編寫一個比較函數來實作，接著呼叫含 3 個參數的 *sort*：

```
sort(begin,end,compare) //兩個分別為待排序陣列的首位址和尾位址。
//最後一個參數 compare 表示比較的類型
```

　　例如：

```
//mysort2
#include<cstdio>
#include<iostream>
#include<algorithm>
using namespace std;
```

```
bool compare(int a,int b)
{
       return a<b;     //昇冪排列，如果改為 return a>b，則為降冪
}
int main()
{
    int a[10]={7,4,5,23,2,73,41,52,28,60},i;
    for(i=0;i<10;i++)
      cout<<a[i]<<" ";
    cout<<endl;
    sort(a,a+10,compare);
    for(i=0;i<10;i++)
      cout<<a[i]<<" ";
    return 0;
}
```

輸出結果為：

```
7 4 5 23 2 73 41 52 28 60
2 4 5 7 23 28 41 52 60 73
```

2) 利用 functional 標準程式庫

其實對於這麼簡單的任務（類型支援「<」、「>」等比較運算子），完全沒必要自己寫一個類別出來。標準程式庫裡已經有現成可用的，就在 functional 裡，在標頭檔引用 include 進來即可。

```
#include<functional>
```

functional 提供了如下的以範本為基礎的比較函數物件。

　　equal_to<Type>：等於。

　　not_equal_to<Type>：不等於。

　　greater<Type>：大於。

　　greater_equal<Type>：大於等於。

　　less<Type>：小於。

　　less_equal<Type>：小於等於。

對於這個問題來說，greater 和 less 就足夠了，可以直接拿來用。

◆ 昇冪：sort(begin,end,less<data-type>())。

◆ 降冪：sort(begin,end,greater<data-type>())。

```
//mysort3
#include<cstdio>
#include<iostream>
#include<functional>
#include<algorithm>
using namespace std;
int main()
{
    int a[10]={7,4,5,23,2,73,41,52,28,60},i;
    for(i=0;i<10;i++)
      cout<<a[i]<<" ";
    cout<<endl;
    sort(a,a+10,greater<int>());//從大到小排序
    for(i=0;i<10;i++)
      cout<<a[i]<<" ";
    return 0;
}
```

輸出結果為：

```
7 4 5 23 2 73 41 52 28 60
73 60 52 41 28 23 7 5 4 2
```

附錄 C

優先佇列

普通的佇列是一種先進先出的資料結構，元素在佇列尾追加，而從佇列頭刪除。在優先佇列中，元素被賦予優先順序。當存取元素時，具有最高優先順序的元素最先刪除。

優先佇列（priority queue）具有最高級先出的行為特徵。優先佇列是 0 個或多個元素的集合，每個元素都有一個優先權或值，對優先佇列執行的操作有：

◆ 尋找。
◆ 插入一個新元素。
◆ 刪除。

在最小優先佇列（min priority queue）中，尋找操作用來搜尋優先權最小的元素，刪除操作用來刪除該元素；對於最大優先佇列（max priority queue），尋找操作用來搜尋優先權最大的元素，刪除操作用來刪除該元素。優先權佇列中的元素可以有相同的優先權，尋找與刪除操作可根據任意優先權進行。

C++ 優先佇列類似佇列，但是在這個資料結構中的元素按照一定的斷言排列有序。

◆ empty() 如果優先佇列為空，則返回真。
◆ pop() 刪除第一個元素。
◆ push() 加入一個元素。
◆ size() 返回優先佇列中擁有的元素的個數。
◆ top() 返回優先佇列中有最高優先順序的元素。

優先佇列，其結構及具體實作可以先不用深究，我們現在只需要瞭解其特性：

```
priority_queue<int, vector<int>, cmp >que;
```

其中，第 1 個參數為資料類型，第 2 個參數為容器類型，第 3 個參數為比較函數。後兩個參數根據需要也可以省略。

優先佇列最常用的用法：

```
priority_queue<int> que; //參數為資料類型，預設優先順序（最大值優先）建構佇列
```

如果我們要把元素從小到大輸出怎麼辦呢？有 4 種方法可以實作優先順序控制：

　　使用 C++內建的程式庫函數 <functional>。

　　自訂優先順序①。

　　自訂優先順序②。

　　自訂優先順序③。

如何控制優先佇列的優先順序？

如果不是最大值優先，下面三種方法可以控制優先佇列的優先順序，根據需要新增程式碼即可。

方法 1：

使用 C++內建的程式庫函數 <functional>，在本書 2.3.4 節已經用過。

首先在標頭檔中引用 include 程式庫函數：

```
#include<functional>
```

functional 提供了如下以範本為基礎的比較函數物件。

　　equal_to<Type>：等於。

　　not_equal_to<Type>：不等於。

　　greater<Type>：大於。

◆　greater_equal<Type>：大於等於。

　　less<Type>：小於。

　　less_equal<Type>：小於等於。

建立優先佇列：

```
priority_queue<int,vector<int>, less <int> >que1; //最大值優先
                                     //注意">>"會被認為錯誤，">>"是右移運算子
                                     //所以這裡用空格號隔開，表示的含義不同
priority_queue<int,vector<int>, greater <int> >que2;//最小值優先
```

方法 2：

自訂優先順序①，佇列元素為數值型。

```
struct cmp1{
    bool operator ()(int &a,int &b){
    return a<b;//最大值優先
```

```
      }
};
struct cmp2{
        bool operator ()(int &a,int &b){
        return a>b;//最小值優先
  }
};
```

建立優先佇列：

```
priority_queue<int,vector<int>,cmp1>que3;//最大值優先
priority_queue<int,vector<int>,cmp2>que4;//最小值優先
```

方法 3：

自訂優先順序②，佇列元素為結構體型。

```
struct node1{
   int x,y;  //結構體中的成員
   bool operator < (const node1 &a) const {
     return x<a.x;//最大值優先
   }
};
struct node2{
   int x,y;
   bool operator < (const node2 &a) const {
     return x>a.x;//最小值優先
   }
```

建立優先佇列：

```
priority_queue<node1>que5; //使用時要把資料定義為 node1 類型
priority_queue<node2>que6; //使用時要把資料定義為 node2 類型
```

方法 4：

自訂優先順序③，佇列元素為結構體型。

```
struct node3{
   int x,y;  //結構體中的成員
};
bool operator <(const node3 &a, const node3 &b)//在結構體外面定義
{
     return a.x<b.x; //按成員 x 最大值優先
   }
struct node4{
   int x,y;  //結構體中的成員
};
bool operator <(const node4 &a, const node4 &b)
{
     return a.y>b.y; //按成員 y 最小值優先
}
```

建立優先佇列：

```
priority_queue<node3>que7; //使用時要把資料定義為 node3 類型
priority_queue<node4>que8; //使用時要把資料定義為 node4 類型
```

下面我們寫一段程式碼來測試上面的幾種優先佇列，看看結果如何？特別注意它們的
定義和使用方法的不同。

```cpp
/*優先佇列的基本使用  */
#include <iostream>
#include<functional>
#include<queue>
#include<vector>
using namespace std;
//自訂優先順序 1，數值型別
struct cmp1{
    bool operator ()(int &a,int &b){
        return a<b;//最大值優先
    }
};
struct cmp2{
    bool operator ()(int &a,int &b){
        return a>b;//最小值優先
    }
};
//自訂優先順序 2，結構體類型
struct node1{
    int x,y;//結構體中的成員
    node1() {}
    node1(int _x,int _y) //為方便指定值，採用建構函數
    {
        x = _x;
        y = _y;
    };
    bool operator < (const node1 &a) const {
        return x<a.x;//按成員 x 最大值優先
    }
};
struct node2{
    int x,y;//結構體中的成員
    node2() {}
    node2(int _x,int _y)
    {
        x = _x;
        y = _y;
    };
    bool operator < (const node2 &a) const {
        return x>a.x;//按成員 x 最小值優先
    }
};

//自訂優先順序 3，結構體類型
struct node3{
```

```
        int x,y;  //結構體中的成員
        node3() {}
        node3(int _x,int _y)
        {
            x = _x;
            y = _y;
        };
};
bool operator <(const node3 &a, const node3 &b)//優先順序定義在結構體外面
{
    return a.x<b.x; //按成員 x 最大值優先
}

struct node4{
        int x,y;  //結構體中的成員
        node4() {}
        node4(int _x,int _y)
        {
            x = _x;
            y = _y;
        };
};
bool operator <(const node4 &a, const node4 &b)
{
    return a.y>b.y; //按成員 y 最小值優先
}

int a[]={15,7,32,26,97,48,36,89,6,49,67,0};
int b[]={1,2,5,6,9,8,6,9,7,19,27,0};

int main()
{   priority_queue<int>que;//採用預設優先順序建構佇列

    //使用 C++內建的程式庫函數<functional>,
    priority_queue<int,vector<int>,less<int> >que1;
    //最大值優先,注意「>>」會被認為錯誤,這是右移運算子,所以這裡用空格號隔開
    priority_queue<int,vector<int>,greater<int> >que2;  //最小值優先

    //自訂優先順序 1
    priority_queue<int,vector<int>,cmp1>que3;
    priority_queue<int,vector<int>,cmp2>que4;

    //自訂優先順序 2
    priority_queue<node1>que5;
    priority_queue<node2>que6;

    //自訂優先順序 3
    priority_queue<node3>que7;
    priority_queue<node4>que8;

    int i;
    for(i=0;a[i];i++)
    {//a[i]為 0 時停止,陣列最後一個數為 0
        que.push(a[i]);
        que1.push(a[i]);
```

```cpp
        que2.push(a[i]);
        que3.push(a[i]);
        que4.push(a[i]);
}
for(i=0;a[i]&&b[i];i++)
{//a[i]或b[i]為 0 時停止，陣列最後一個數為 0
        que5.push(node1(a[i],b[i]));
        que6.push(node2(a[i],b[i]));
        que7.push(node3(a[i],b[i]));
        que8.push(node4(a[i],b[i]));
}

cout<<"採用預設優先順序:"<<endl;
cout<<"Queue 0:"<<endl;
while(!que.empty()){
        cout<<que.top()<<"   ";
        que.pop();
}
cout<<endl;
cout<<endl;

cout<<"採用標頭檔\"functional\"內定義優先順序:"<<endl;
cout<<"Queue 1:"<<endl;
while(!que1.empty()){
        cout<<que1.top()<<"   ";
        que1.pop();
}
cout<<endl;
cout<<"Queue 2:"<<endl;
while(!que2.empty()){
        cout<<que2.top()<<"   ";
        que2.pop();
}
cout<<endl;
cout<<endl;

cout<<"採用自訂優先順序方式 1:"<<endl;
cout<<"Queue 3:"<<endl;
while(!que3.empty()){
        cout<<que3.top()<<"   ";
        que3.pop();
}
cout<<endl;
cout<<"Queue 4:"<<endl;
while(!que4.empty()){
        cout<<que4.top()<<"   ";
        que4.pop();
}
cout<<endl;
cout<<endl;

cout<<"採用自訂優先順序方式 2:"<<endl;
cout<<"Queue 5:"<<endl;
while(!que5.empty()){
        cout<<que5.top().x<<"   ";
```

```
        que5.pop();
    }
    cout<<endl;
    cout<<"Queue 6:"<<endl;
    while(!que6.empty()){
        cout<<que6.top().x<<"  ";
        que6.pop();
    }
    cout<<endl;
    cout<<endl;

    cout<<"採用自訂優先順序方式3:"<<endl;
    cout<<"Queue 7:"<<endl;
    while(!que7.empty()){
        cout<<que7.top().x<<"  ";
        que7.pop();
    }
    cout<<endl;
    cout<<"Queue 8:"<<endl;
    while(!que8.empty()){
        cout<<que8.top().y<<"  ";
        que8.pop();
    }
    cout<<endl;
    return 0;
}
```

執行結果如圖 C-1 所示。

圖 C-1　優先佇列執行結果

附錄 D

鄰接串列

鄰接串列（Adjacency list），或稱鄰接表，是圖的一種最主要儲存結構，用來描述圖上的每一個點。對圖的每個頂點建立一個容器（n個頂點建立n個容器），第i個容器中的節點包含頂點v_i的所有鄰接頂點。

例如，有向圖如圖 D-1 所示，其鄰接串列如圖 D-2 所示。

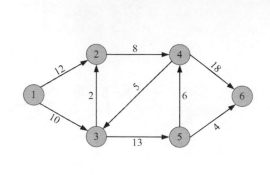

圖 D-1　有向圖 *G*

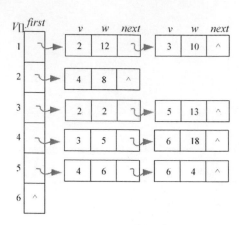

圖 D-2　鄰接串列

資料結構

鄰接串列用到兩個資料結構：

1）　一個是頭節點表，用一維陣列儲存。包括頂點和指向第一個鄰接點的指標。

2）　一個是每個頂點 v_i 的所有鄰接點構成一個線性表，用單鏈結串列儲存。無向圖稱為頂點 v_i 的邊表，有向圖稱為頂點 v_i 作為弧尾的出邊表，儲存的是頂點的序號，和指向下一個邊的指標。

頭節點：

```
struct Hnode{ //定義頂點類型
    Node *first; //指向第一個鄰接點
};
```

首先建立鄰接串列的表頭，初始化每個節點的第一個鄰接點 *first* 為 NULL，如圖 D-3 所示。

表節點：

```
struct Node { //定義表節點
  int v; //以 v 為弧頭的頂點編號
  int w; //邊的權值
  Node *next; //指向下一個鄰接節點
};
```

表節點如圖 D-4 所示。

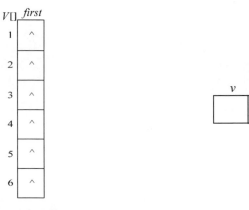

圖 D-3　頭節點表　　　　　　　　　　　圖 D-4　表節點

建立鄰接串列

剛開始的時候把頂點表初始化，指標指向 null。然後鄰接點的表節點插入進來，插入到 *first* 指向的節點之前。

1）　輸入第一條邊的節點和權值 *u*、*v*、*w* 分別為 1、3、10。

　　建立一條邊，如圖 D-5 所示。

　　對應的表節點，如圖 D-6 所示。

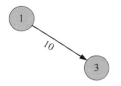

圖 D-5　有向圖中的邊　　　　　　　　　圖 D-6　表節點

將表節點連結到頭節點表中，如圖 D-7 所示。

2） 輸入第二條邊的節點和權值 u、v、w 分別為 1、2、12。

建立一條邊，如圖 D-8 所示。
對應的表節點，如圖 D-9 所示。

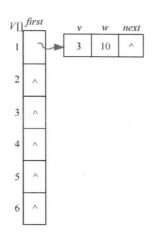

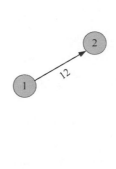

圖 D-7　鄰接串列建立過程　　　　　　　　圖 D-8　有向圖中的邊

將表節點連結到頭節點表中，實際上是插入到 1 號頂點的鄰接單鏈結串列的表頭，即 *first* 指向的鄰接點之前，如圖 D-10 所示。

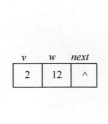

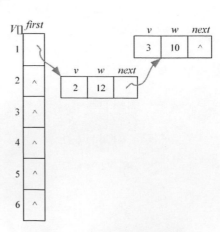

圖 D-9　表節點　　　　　　　　　　　　圖 D-10　鄰接串列建立過程

請注意：由於後輸入的插入到了單鏈結串列的前面，因此輸入順序不同，建立的單鏈結串列也不同。

輸出鄰接串列

```
void printg(int n)//輸出鄰接串列
{
    cout<<"----------鄰接串列如下：----------"<<endl;
    for(int i=1;i<=n;i++)
    {
        Node *t=g[i].first;
        cout<<"v"<<i<<"：  ";
        while(t!=NULL)
        {
            cout<<"["<<t->v<<"  "<<t->w<<"]   ";
            t=t->next;
        }
        cout<<endl;
    }
}
```

實戰演練

```
//adjlist
#include <iostream>
using namespace std;
const   int N=10000;
struct Node { //定義表節點
    int v; //以 v 為弧頭的頂點編號
    int w; //邊的權值
    Node *next; //指向下一個鄰接節點
};
struct Hnode{ //定義頂點類型
    Node *first; //指向第一個鄰接點
};
Hnode g[N];
int n,m,i,u,v,w;
void insertedge(Hnode &p,int x,int y) //插入一條邊
{
    Node *q;
    q=new(Node);
    q->v=x;
    q->w=y;
    q->next=p.first;
    p.first=q;
}

void printg(int n)//輸出鄰接串列
{
    cout<<"----------鄰接串列如下：----------"<<endl;
    for(int i=1;i<=n;i++)
    {
        Node *t=g[i].first;
        cout<<"v"<<i<<"：  ";
        while(t!=NULL)
        {
            cout<<"["<<t->v<<"  "<<t->w<<"]   ";
```

```
                    t=t->next;
            }
            cout<<endl;
    }
}
int main()
{
    cout<<"請輸入頂點數 n 和邊數 m："<<endl;
    cin >>n>>m;
    for(i=1; i<=n; i++)
        g[i].first=NULL;
    cout<<"請依次輸入每條邊的兩個頂點 u、v 和邊的權值 w："<<endl;
    for(i=0;i<m;i++)
    {
        cin>>u>>v>>w;
        insertedge(g[u],v,w);
        //無向圖時還要插入一條反向邊
    }
    printg(n);//輸出鄰接串列
    return 0;
}
```

演算法實作和測試

1）執行環境

```
Code::Blocks
```

2）輸入

```
請輸入頂點數 n 和邊數 m：
6 9
請依次輸入每條邊的兩個頂點 u、v 和邊的權值 w：
1 3 10
1 2 12
2 4 8
3 5 13
3 2 2
4 6 18
4 3 5
5 6 4
5 4 6
```

3）　輸出

```
----------鄰接串列如下：----------
v1：  [2  12]   [3  10]
v2：  [4  8]
v3：  [2  2]   [5  13]
v4：  [3  5]   [6  18]
v5：  [4  6]   [6  4]
v6：
```

附錄 E

並查集

若某個家族人員過於龐大，要判斷兩個人是否是親戚，確實很不容易。給出某個親戚關係圖，現在任意給出兩個人，判斷其是否具有親戚關係。規定：x 和 y 是親戚，y 和 z 是親戚，那麼 x 和 z 也是親戚。如果 x 和 y 是親戚，那麼 x 的親戚都是 y 的親戚，y 的親戚也都是 x 的親戚。

那麼如何很快判斷兩個人是否是親戚呢？

並查集

並查集是一種樹型的資料結構，用於處理一些不相交集合（Disjoint Sets）的合併及查詢問題。主要有以下 3 種操作：

1）初始化

把每個點所在集合初始化為其自身。

2）尋找

尋找兩個元素所在的集合，即找祖宗。**請注意**：尋找時，採用遞迴的方法找其祖宗，祖宗集合號碼等於自己時即停止。在迴歸時，把目前節點到祖宗路徑上的所有節點統一為祖宗的集合號碼。

3）合併

如果兩個元素的集合號碼不同，將兩個元素合併為一個集合。**請注意**：合併時只需要把一個元素的祖宗集合號碼，改為另一個元素的祖宗集合號碼。擒賊先擒王，只改祖宗即可！

完美圖解

假設現在有 7 個人，透過輸入親戚關係圖，判斷兩個人是否有親戚關係。

1）初始化

把每個人的集合號初始化為其自身編號，如圖 E-1 和圖 E-2 所示。

2）輸入親戚關係 2 和 7

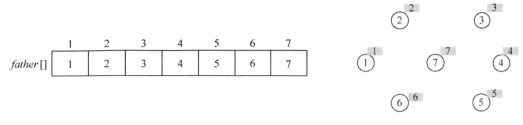

圖 E-1　集合號碼初始化　　　　　　圖 E-2　祖宗關係圖

3）尋找

尋找 2 所在的集合號碼為 2，7 所在的集合號碼為 7。

4）合併

兩個元素集合號碼不同，將兩個元素合併為一個集合。在此約定把小的集合號碼指定值給大的集合號碼，因此修改 *father*[7]=2，如圖 E-3 和圖 E-4 所示。

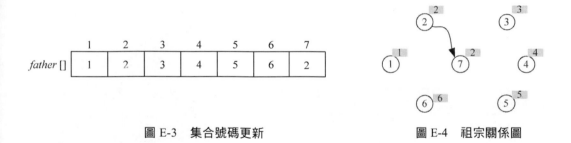

圖 E-3　集合號碼更新　　　　　　圖 E-4　祖宗關係圖

5）輸入親戚關係 4 和 5

6）尋找

尋找 4 所在的集合號碼為 4，5 所在的集合號碼為 5。

7）合併

兩個元素集合號碼不同，將兩個元素合併為一個集合。在此約定把小的集合號碼指定值給大的集合號碼，因此修改 *father*[5]=4，如圖 E-5 和圖 E-6 所示。

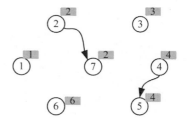

圖 E-5　集合號碼更新　　　　　　　　　圖 E-6　祖宗關係圖

8）　輸入親戚關係 3 和 7

9）　尋找

尋找 3 所在的集合號碼為 3，7 所在的集合號碼為 2。

10）合併

兩個元素集合號碼不同，將兩個元素合併為一個集合。在此約定把小的集合號碼指定值給大的集合號碼，因此修改 *father*[3]=2，如圖 E-7 和圖 E-8 所示。

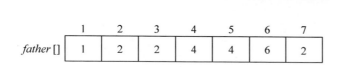

圖 E-7　集合號碼更新　　　　　　　　　圖 E-8　祖宗關係圖

11）輸入親戚關係 4 和 7

12）尋找

尋找 4 所在的集合號碼為 4，7 所在的集合號碼為 2。

13）合併

兩個元素集合號碼不同，將兩個元素合併為一個集合。在此約定把小的集合號碼指定值給大的集合號碼。因此修改 *father*[4]=2。擒賊先擒王，只改祖宗即可！集合號碼為 4 的有兩個節點，在此只需要修改這兩個節點中的祖宗即可，並不需要把集合號碼為 4 的所有節點都查詢一遍，這正是並查集的巧妙之處，如圖 E-9 和圖 E-10 所示。

	1	2	3	4	5	6	7
father []	1	2	2	2	4	6	2

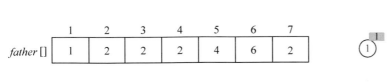

圖 E-9　**集合號碼更新**

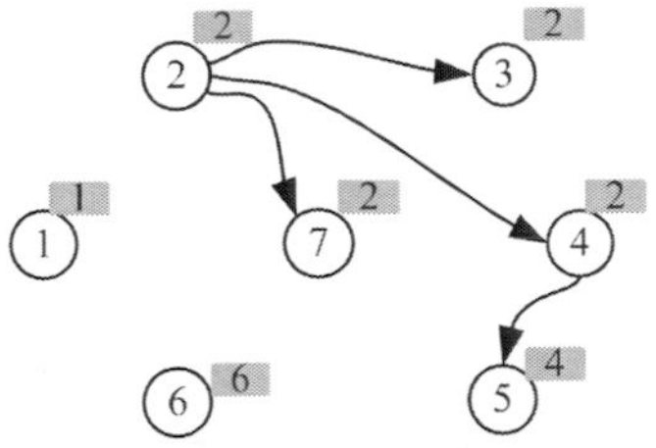

圖 E-10　**祖宗關係圖**

14）輸入親戚關係 3 和 4

15）尋找

尋找 3 所在的集合號碼為 2，4 所在的集合號碼為 2。

16）合併

兩個元素集合號碼相同，什麼也不做。

17）輸入親戚關係 5 和 7

18）尋找

尋找 5 所在的集合號碼時，注意：因為 5 的集合號碼不等於 5，因此，找其父親的集合號碼為 4，4 的父親集合號碼是 2，2 的父親的集合號碼等於 2，停止。在尋找返回時，把目前節點到祖宗路徑上的所有節點集合號碼統一為祖宗的集合號碼。

這時，5 所在的集合號碼更新為祖宗的集合號碼 2，如圖 E-11 和圖 E-12 所示。

	1	2	3	4	5	6	7
father []	1	2	2	2	2	6	2

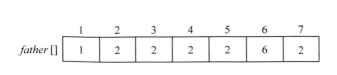

圖 E-11　**集合號碼更新**

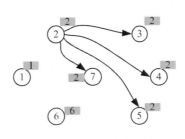

圖 E-12　**祖宗關係圖**

7 所在的集合號碼為 2。

19）合併

兩個元素集合號碼相同，什麼也不做。

20）輸入親戚關係 5 和 6

21）尋找

尋找 5 所在的集合號碼為 2，6 所在的集合號碼為 6。

22）合併

兩個元素集合號碼不同，將兩個元素合併為一個集合。在此約定把小的集合號碼指定值給大的集合號碼，因此修改 $father[6]=2$，如圖 E-13 和圖 E-14 所示。

圖 E-13　集合號碼更新

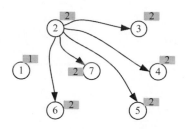

圖 E-14　祖宗關係圖

23）輸入親戚關係 2 和 3

24）尋找

尋找 2 所在的集合號碼為 2，3 所在的集合號碼為 2。

25）合併

兩個元素集合號碼相同，什麼也不做。

26）輸入親戚關係 1 和 2

27）尋找

尋找 1 所在的集合號碼為 1，2 所在的集合號碼為 2。

兩個元素集合號碼不同，將兩個元素合併為一個集合。在此約定把小的集合號碼指定值給大的集合號碼，因此修改 *father*[2]=1，如圖 E-15 和圖 E-16 所示。

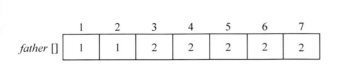

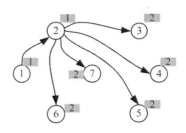

圖 E-15　集合號碼更新　　　　　　　　　圖 E-16　祖宗關係圖

假設到此為止，親戚關係圖已經輸入完畢。

我們可以看到 3、4、5、6、7 這些節點集合號碼並沒有改為 1，這樣真的可以嗎？

現在要判斷 5 和 2 是不是親戚關係：需要尋找 5 的父親 2，2 的父親 1，1 的父親是 1，搜索停止，那麼 5 到其祖宗 1 這條路徑上所有的節點集合號碼更新為 1。2 的祖宗是 1，1 的祖宗是 1，搜索停止，那麼 2 到其祖宗 1 這條路徑上所有的節點集合號碼更新為 1。5 和 2 的集合號碼都為 1，所以 5 和 2 是親戚關係。

附錄 F

四邊不等式

石子合併問題最小得分遞迴式：

$$m[i][j] = \begin{cases} 0 & , \quad i = j \\ \min_{i \leqslant k \leqslant j} (m[i][k] + m[k+1][j] + w(i,j)), & i < j \end{cases}$$

$s[i][j]$表示取得最優解 $Min[i][j]$ 的最優策略位置。

四邊不等式：當函數 $w[i, j]$ 滿足 $w[i,j] + w[i',j'] \leqslant w[i',j] + w[i,j']$, $i \leqslant i' \leqslant j \leqslant j'$時，稱 w 滿足四邊形不等式。如圖 F-1 和圖 F-2 所示。

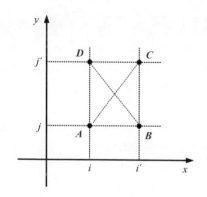

圖 F-1　四邊不等式座標表示

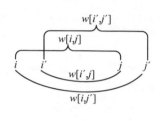

圖 F-2　四邊不等式區間表示

四邊不等式的座標表示中，$A + C \leqslant B + D$。

四邊不等式的區間表示中，$w[i, j] + w[i', j'] \leqslant w[i', j] + w[i, j']$。

區間包含關係單調：當函數 $w[i, j]$ 滿足 $w[i', j] \leqslant w[i, j']$, $i \leqslant i' \leqslant j \leqslant j'$時稱 w 關於區間包含關係單調。

下面只需要證明 3 個問題：

1）　$w[i, j]$滿足四邊不等式。

2）　$m[i, j]$也滿足四邊不等式。

3）　$s[i, j]$具有單調性。

證明 1：$w[i, j]$ 滿足四邊不等式。

在石子歸併問題中，因為 $w[i,j]=\sum_{l=i}^{j}a[l]$，所以 $w[i,j]+w[i',j']=w[i',j]+w[i,j']$，則 $w[i,j]$ 滿足四邊形不等式，同時由 $a[i]\geq0$，可知 $w[i,j]$ 滿足單調性。

證明 2：$m[i,j]$ 滿足四邊不等式。

對於滿足四邊形不等式的單調函數 $w[i,j]$，可推知由遞迴式定義的函數 $m[i,j]$ 也滿足四邊形不等式，即 $m[i,j]+m[i',j']\leq m[i',j]+m[i,j']$，$i\leq i'\leq j\leq j'$。

數學歸納法證明：

對四邊形不等式中「長度」$l=j'-i$ 進行歸納：

當 $i=i'$ 或 $j=j'$ 時，不等式顯然成立。由此可知，當 $l\leq1$ 時，函數 $m[i,j]$ 滿足四邊不等式。

下面分兩種情形。

情形 1：$i<i'=j<j'$

在這種情形下，四邊形不等式簡化為反三角不等式：$m[i,j]+m[j,j']\leq m[i,j']$。

設 $k=\min\{p|m[i,j']=m[i,p]+m[p+1,j']+w[i,j']\}$，再分兩種情形 $k\leq j$ 或 $k>j$。下面只討論 $k\leq j$ 的情況，$k>j$ 同理。

$k\leq j$：

$$\begin{aligned}
m[i,j]+m[j,j'] &\leq w[i,j]+m[i,k]+m[k+1,j]+m[j,j'] \\
&\leq w[i,j']+m[i,k]+m[k+1,j]+m[j,j'] \\
&\leq w[i,j']+m[i,k]+m[k+1,j'] \\
&= m[i,j']
\end{aligned}$$

情形 2：$i<i'<j<j'$

設 $y=\min\{p\mid m[i',j]=m[i',p]+m[p+1,j]+w[i',j]\}$

$\quad z=\min\{p\mid m[i,j']=m[i,p]+m[p+1,j']+w[i,j']\}$

仍需再分兩種情形討論，即 $z\leq y$ 或 $z>y$。下面只討論 $z\leq y$ 的情況，$z>y$ 同理。

由 $i<z\leq y\leq j$，有：

651

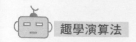

$$
\begin{aligned}
m[i,j] + m[i',j'] &\leq w[i,j] + m[i,z] + m[z+1,j] + w[i',j'] + m[i',y] + m[y+1,j'] \\
&\leq w[i,j'] + w[i',j] + m[i',y] + m[i,z] + m[z+1,j] + m[y+1,j'] \\
&\leq w[i,j'] + w[i',j] + m[i',y] + m[i,z] + m[z+1,j'] + m[y+1,j] \\
&= m[i,j'] + m[i',j]
\end{aligned}
$$

綜上所述，$m[i,j]$ 滿足四邊形不等式。

證明 3：$s[i,j]$ 具有單調性。

令 $s[i,j]=\min\{k \mid m[i,j]=m[i,k]+m[k+1,j]+w[i,j]\}$

由函數 $m[i,j]$ 滿足四邊形不等式可以推出函數 $s[i,j]$ 的單調性，即，

$$
s[i,j] \leq s[i,j+1] \leq s[i+1,j+1] \qquad , i \leq j
$$

當 $i=j$ 時，單調性顯然成立。因此下面只討論 $i<j$ 的情形。由於對稱性，只要證明 $s[i,j] \leq s[i,j+1]$。

令 $m_k[i,j]=m[i,k]+m[k+1,j]+w[i,j]$。要證明 $s[i,j] \leq s[i,j+1]$，只要證明對於所有 $i<k\leq k' \leq j$ 且 $m_{k'}[i,j] \leq mk[i,j]$，有 $m_{k'}[i,j+1] \leq m_k[i,j+1]$ 成立。

事實上，我們可以證明一個更強的不等式

$$
m_k[i,j] - m_{k'}[i,j] \leq mk[i,j+1] - m_{k'}[i,j+1]
$$

也就是：

$$
mk[i,j] + m_{k'}[i,j+1] \leq m_k[i,j+1] + m_{k'}[i,j]
$$

利用遞迴式將其展開整理可得：$m[k,j]+m[k',j+1] \leq m[k',j]+m[k,j+1]$，這正是 $k \leq k' \leq j < j+1$ 時的四邊形不等式。

綜上所述，當 w 滿足四邊形不等式時，函數 $s[i,j]$ 具有單調性。

於是，我們利用 $s[i,j]$ 的單調性，得到優化的狀態轉移方程式為：

$$
m[i][j] = \begin{cases} 0 & , \ i=j \\ \min_{s[i][j-1] \leq k \leq s[i+1][j]} (m[i][k]+m[k+1][j]+w(i,j)), & i<j \end{cases}
$$

用類似的方法可以證明，對於最大得分問題，也可採用同樣的優化方法。

改進後的狀態轉移方程式所需的計算時間為：

$$O\left(\sum_{i=1}^{n-1}\sum_{j=i+1}^{n}(1+s[i+1,j]-s[i,j-1])\right)$$
$$=O\left(\sum_{i=1}^{n-1}(n-i+s[i+1,n]-s[1,n-i])\right)$$
$$=O\left(n^2\right)$$

上述方法利用四邊形不等式推出最優決策的單調性，從而減少每個狀態轉移的狀態數，降低演算法的時間複雜度。

上述方法是具有普遍性的。狀態轉移方程式與上述遞迴式類似，且 $w[i,j]$ 滿足四邊形不等式的動態規劃問題，都可以採用相同的優化方法，如最優二元排序樹等。

附錄 G

排列樹

例如 3 個機器零件的解空間樹，如圖 G-1 所示。

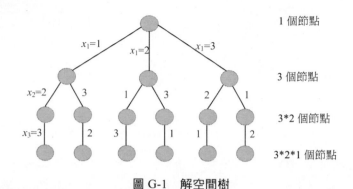

圖 G-1　解空間樹

從根到葉子的路徑就是機器零件的一個加工順序，例如最右側路徑（3，1，2），表示先加工 3 號零件，再加工 1 號零件，最後加工 2 號零件。

那麼我們如何得到這 n 個機器零件號的排列呢？

1）　1 與 1 交換，求（2，3，…，n）的排列。

2）　2 與 1 交換，求（1，3，…，n）的排列。

3）　3 與 1 交換，求（2，1，…，n）的排列。

……

n）　n 與 1 交換，求（2，3，…，1）的排列。

這樣每個數開頭一次，遞迴求解剩下序列的排列，即可得到 n 個數的全排列。

我們可以很容易得到 3 個數的排列：

1）　**1 與 1 交換，求（2，3）的排列。**

　　（2，3）的排列是（2，3）和（3，2），得到 1 開頭的排列：1 2 3，1 3 2。

2）　**2 與 1 交換，求（1，3）的排列。**

　　（1，3）的排列是（1，3）和（3，1），得到 2 開頭的排列：2 1 3，2 3 1。

3）　**3 與 1 交換，求（2，1）的排列。**

（2，1）的排列是（2，1）和（1，2），得到 3 開頭的排列： : 3 2 1，3 1 2。

可以看出每個數與第一個數的交換都是在序列 1 2 3 的基礎上操作的，因此執行完交換後要復位成 1 2 3，以便下次在序列 1 2 3 的基礎上繼續操作。

那麼程式具體怎麼實作呢？

首先初始化，$x[i]=i$，即 $x[1]=1$，$x[2]=2$，$x[3]=3$，如圖 G-2 所示。

1）　擴展 A（$t=1$）：for(int i=t;i<=n;i++)，如圖 G-3 所示。

　　因為 for 語句，我們首先執行 $i=t=1$，其他分支先懸空等待。然後交換元素 swap($x[t]$, $x[i]$)，因為 $t=1$、$i=1$，相當於 $x[1]$ 與 $x[1]$ 交換，交換完畢，$x[1]=1$，生成一個新節點 B，如圖 G-4 和圖 G-5 所示。

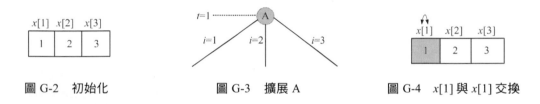

圖 G-2　初始化　　　　　圖 G-3　擴展 A　　　　　圖 G-4　$x[1]$ 與 $x[1]$ 交換

2）　擴展 B（$t=2$）：for(int i=t;i<=n;i++)，如圖 G-6 所示。

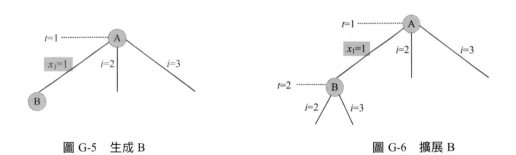

圖 G-5　生成 B　　　　　　　　　圖 G-6　擴展 B

首先執行 $i=t=2$，其他分支先懸空等待。然後交換元素 swap($x[t]$, $x[i]$)，因為 $t=2$、$i=2$，相當於 $x[2]$ 與 $x[2]$ 交換，交換完畢，$x[2]=2$，生成一個新節點 C，如圖 G-7 和圖 G-8 所示。

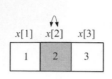

圖 G-7　$x[2]$ 與 $x[2]$ 交換

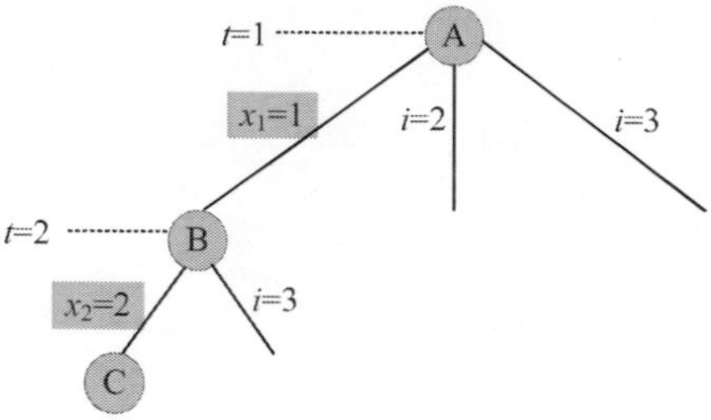

圖 G-8　生成 C

3）　擴展 C（$t=3$）：for(int i=t;i<=n;i++)。

首先執行 $i=t=3$，因為 $n=3$，for 語句無其他的分支。然後交換元素 swap($x[t]$, $x[i]$)，因為 $t=3$、$i=3$，相當於 $x[3]$ 與 $x[3]$ 交換，交換完畢，$x[3]=3$，生成一個新節點 D，如圖 G-9 和圖 G-10 所示。

4）　擴展 D（$t=4$）：$t>n$，輸出目前排列 $x[1]=1$，$x[2]=2$，$x[3]=3$。即（1，2，3）。

回溯到最近的節點 C，回溯時怎麼來的怎麼換回去。

因為從 C→D，執行了 $x[3]$ 與 $x[3]$ 交換，現在需要換回去，再次執行交換 swap($x[3]$, $x[3]$)，如圖 G-11 所示。

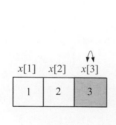

圖 G-9　$x[3]$ 與 $x[3]$ 交換

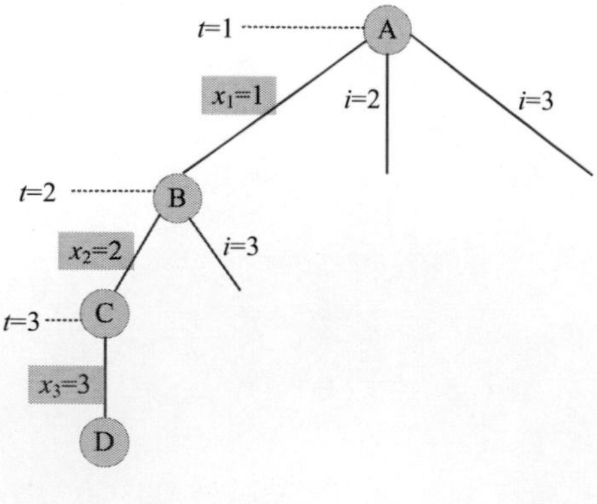

圖 G-10　生成 D

C 沒有懸空的分支，孩子已全部生成，成為死節點。繼續向上回溯到 B。

因為從 B→C，執行了 $x[2]$ 與 $x[2]$ 交換，現在需要換回去，再次執行交換 swap($x[2]$, $x[2]$)，如圖 G-12 所示。

回溯到 B 的排列樹，如圖 G-13 所示。

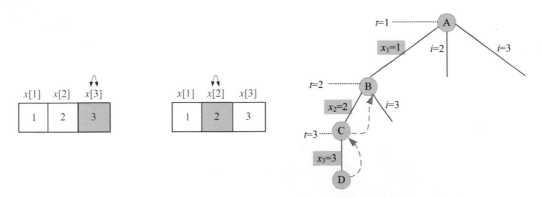

圖 G-11　$x[3]$ 與 $x[3]$ 交換　　圖 G-12　$x[2]$ 與 $x[2]$ 交換　　　　圖 G-13　　回溯到 B

為什麼可以回溯呢？因為我們剛才執行時，for 語句的其他分支在懸空等候狀態，當深度搜索到葉子時，將回溯回來執行這些懸空等待的分支。B 節點還有一個懸空的分支（$i=3$）待生成，重新擴展 B。**請注意**：回溯重新擴展時，不再重新執行 for 語句，只執行待生成的懸空分支。

5）重新擴展 B 節點（$t=2$）。

$i=3$，然後交換元素 swap($x[t]$, $x[i]$)，因為 $t=2$、$i=3$，相當於 $x[2]$ 與 $x[3]$ 交換，交換完畢，$x[2]=3$，$x[3]=2$，生成一個新節點 E，如圖 G-14 和圖 G-15 所示。

6）擴展 E（$t=3$）：for(int i=t;i<=n;i++)。

首先執行 $i=t=3$，因為 $n=3$，for 語句無其他的分支。然後交換元素 swap($x[t]$, $x[i]$)，因為 $t=3$、$i=3$，相當於 $x[3]$ 與 $x[3]$ 交換，因為在第 6）步的交換中 $x[3]=2$，因此交換後，$x[3]=2$，生成一個新節點 F。如圖 G-16 和圖 G-17 所示。

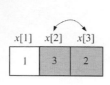

圖 G-14　x[2] 與 x[3] 交換

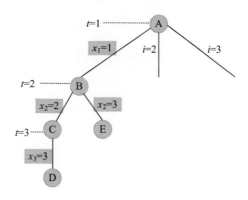

圖 G-15　生成 E

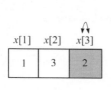

圖 G-16　x[3] 與 x[3] 交換

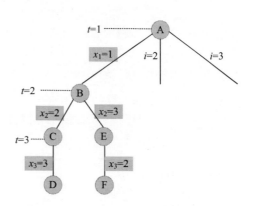

圖 G-17　生成 F

7) 擴展 F（t=4）。

t>n，輸出目前排列 x[1]=1，x[2]=3，x[3]=2，即（1，3，2）。

8) 回溯到最近的節點 E，回溯時怎麼來的怎麼換回去。

因為從 E→F，執行了 x[3] 與 x[3] 交換，現在需要換回去，再次執行交換 swap(x[3], x[3])，如圖 G-18 所示。

此時 x[3]=2。E 沒有懸空的分支，孩子已全部生成，成為死節點。繼續向上回溯到 B。

因為從 B→E，執行了 x[2] 與 x[3] 交換，現在需要換回去，再次執行交換 swap(x[2], x[3])，如圖 G-19 所示。

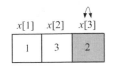

圖 G-18　$x[3]$ 與 $x[3]$ 交換

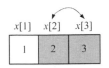

圖 G-19　$x[2]$ 與 $x[3]$ 交換

此時 $x[2]=2$，$x[3]=3$。B 沒有懸空的分支，孩子已全部生成，成為死節點，繼續向上回溯到 A。

因為從 A→B，執行了 $x[1]$ 與 $x[1]$ 交換，現在需要換回去，再次執行交換 swap($x[1]$, $x[1]$)，如圖 G-20 所示。

此時 $x[1]=1$，$x[2]=2$，$x[3]=3$。恢復到初始狀態，如圖 G-21 所示。

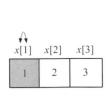

圖 G-20　$x[1]$ 與 $x[1]$ 交換

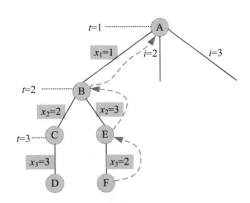

圖 G-21　回溯到 A

A 節點還有下一個懸空的分支（$i=2$）待生成。

9）　重新擴展 A 節點（$t=1$）。

$i=2$，然後交換元素 swap($x[t]$, $x[i]$)，因為 $t=1$、$i=2$，相當於 $x[1]$ 與 $x[2]$ 交換，交換完畢，$x[1]=2$，$x[2]=1$，生成一個新節點 G，如圖 G-22 和圖 G-23 所示。

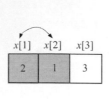

圖 G-22　*x*[1]與 *x*[2]交換

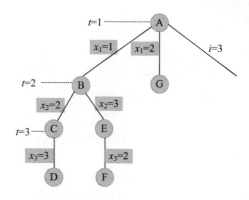

圖 G-23　生成 G

10）擴展 G（*t*=2）：for(int i=t;i<=n;i++)，如圖 G-24 所示。

首先執行 *i*=*t*=2，其他分支先懸空等待。然後交換元素 swap(*x*[*t*], *x*[*i*])，因為 *t*=2、*i*=2，相當於 *x*[2] 與 *x*[2] 交換，因為在第 9）步的交換中 *x*[2]=1，因此交換後，*x*[2]=1，生成一個新節點 H，如圖 G-25 和圖 G-26 所示。

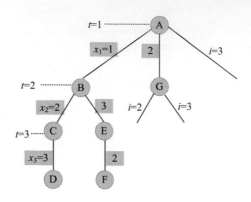

圖 G-24　擴展 G

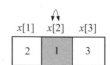

圖 G-25　*x*[2]與 *x*[2]交換

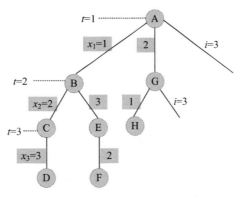

圖 G-26　生成 H

11）擴展 H（$t=3$）：for(int i=t;i<=n;i++)。

首先執行 $i=t=3$，因為 $n=3$，for 語句無其他的分支。然後交換元素 swap($x[t]$, $x[i]$)，因為 $t=3$、$i=3$，相當於 $x[3]$ 與 $x[3]$ 交換，交換後，$x[3]=3$，生成新節點 I，如圖 G-27 和圖 G-28 所示。

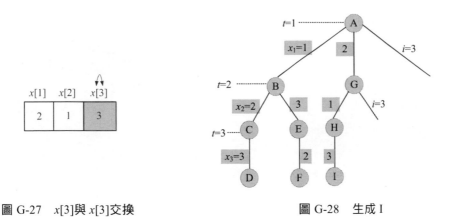

圖 G-27　$x[3]$ 與 $x[3]$ 交換　　　　　　圖 G-28　生成 I

12）擴展 I（$t=4$）。

$t>n$，輸出目前排列 $x[1]=2$，$x[2]=1$，$x[3]=3$，即（2，1，3）。

13）回溯到最近的節點 H，回溯時怎麼來的怎麼換回去。

因為從 H→I，執行了 $x[3]$ 與 $x[3]$ 交換，現在需要換回去，再次執行交換 swap($x[3]$, $x[3]$)，如圖 G-29 所示。

H 沒有懸空的分支，孩子已全部生成，成為死節點。繼續向上回溯到 G。

因為從 G→H，執行了 $x[2]$ 與 $x[2]$ 交換，現在需要換回去，再次執行交換swap($x[2]$, $x[2]$)，如圖 G-30 和圖 G-31 所示。

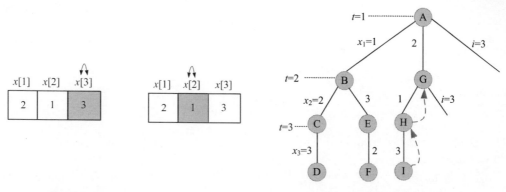

圖 G-29　$x[3]$ 與 $x[3]$ 交換　　圖 G-30　$x[2]$ 與 $x[2]$ 交換　　　　　圖 G-31　回溯到 G

　G 節點還有一個懸空的分支（i=3）待生成，重新擴展 G。

14）重新擴展 G（t=2）。

i=3，然後交換元素 swap($x[t]$, $x[i]$)，因為 t=2、i=3，相當於 $x[2]$ 與 $x[3]$ 交換，交換完畢，$x[2]$=3，$x[3]$=1，生成一個新節點 J，如圖 G-32 和圖 G-33 所示。

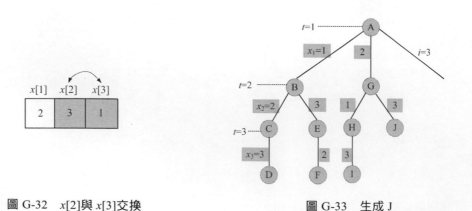

圖 G-32　$x[2]$ 與 $x[3]$ 交換　　　　　　　圖 G-33　生成 J

15）擴展 J（t=3）：for(int i=t;i<=n;i++)。

我們首先執行 $i=t=3$，因為 $n=3$，for 語句無其他的分支。然後交換元素 swap($x[t]$, $x[i]$)，因為 $t=3$、$i=3$，相當於 $x[3]$ 與 $x[3]$ 交換，因為在第 14）步的交換中 $x[3]=1$，因此交換後，$x[3]=1$，生成新節點 K，如圖 G-34 和圖 G-35 所示。

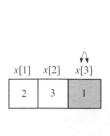

圖 G-34　$x[3]$ 與 $x[3]$ 交換

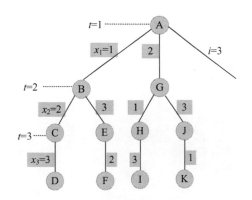

圖 G-35　生成 K

16）擴展 K（$t=4$）。

$t>n$，輸出目前排列 $x[1]=2$，$x[2]=3$，$x[3]=1$，即（2，3，1）。

17）回溯到最近的節點 J，回溯時怎麼來的怎麼換回去。

因為從 J→K，執行了 $x[3]$ 與 $x[3]$ 交換，現在需要換回去，再次執行交換 swap($x[3]$, $x[3]$)，如圖 G-36 所示。

J 沒有懸空的分支，孩子已全部生成，成為死節點。繼續向上回溯到 G。

因為從 G→J，執行了 $x[2]$ 與 $x[3]$ 交換，現在需要換回去，再次執行交換 swap($x[2]$, $x[3]$)，如圖 G-37 所示。

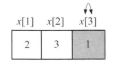

圖 G-36　$x[3]$ 與 $x[3]$ 交換

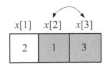

圖 G-37　$x[2]$ 與 $x[3]$ 交換

G 沒有懸空的分支，孩子已全部生成，成為死節點。繼續向上回溯到 A。

因為 A→G，執行了 $x[1]$ 與 $x[2]$ 交換，現在需要換回去，再次執行交換 swap($x[1]$, $x[2]$)，如圖 G-38 所示。

此時 $x[1]=1$，$x[2]=2$，$x[3]=3$。恢復到初始狀態。A 節點還有下個懸空的分支（$i=3$）待生成，如圖 G-39 所示。

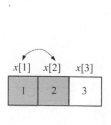

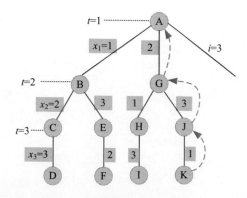

圖 G-38　$x[1]$ 與 $x[2]$ 交換　　　　**圖 G-39　回溯到 A**

18）重新擴展 A 節點（$t=1$）。

$i=3$，然後交換元素 swap($x[t]$, $x[i]$)，因為 $t=1$、$i=3$，相當於 $x[1]$ 與 $x[3]$ 交換，交換完畢，$x[1]=3$，$x[3]=1$，生成一個新節點 L，如圖 G-40 和圖 G-41 所示。

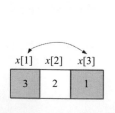

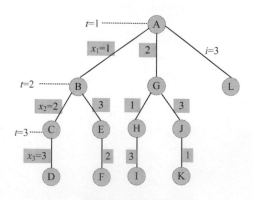

圖 G-40　$x[1]$與 $x[3]$交換　　　　**圖 G-41　生成 L**

19）擴展 L（$t=2$）：for(int i=t;i<=n;i++)，如圖 G-42 所示。

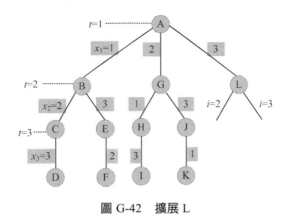

圖 G-42　擴展 L

首先執行 $i=t=2$，其他分支先懸空等待。然後交換元素 swap($x[t]$, $x[i]$)，因為 $t=2$、$i=2$，相當於 $x[2]$ 與 $x[2]$ 交換，交換後，$x[2]=2$，生成一個新節點 M，如圖 G-43 和圖 G-44 所示。

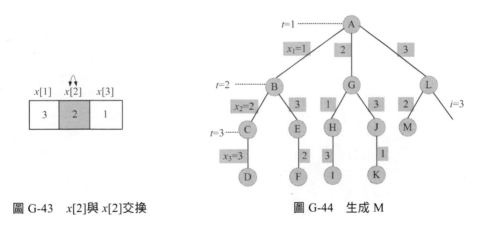

圖 G-43　$x[2]$與 $x[2]$交換

圖 G-44　生成 M

20）擴展 M（$t=3$）：for(int i=t;i<=n;i++)。

首先執行 $i=t=3$，因為 $n=3$，for 語句無其他的分支。然後交換元素 swap($x[t]$, $x[i]$)，因為 $t=3$、$i=3$，相當於 $x[3]$ 與 $x[3]$ 交換，因為在第 19）步的交換中 $x[3]=1$，因此交換後，$x[3]=1$，生成一個新節點 N，如圖 G-45 和圖 G-46 所示。

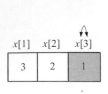

圖 G-45　x[3]與 x[3]交換

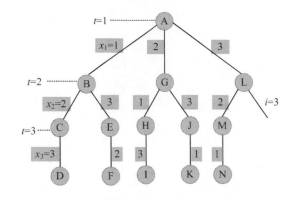

圖 G-46　生成 N

21）擴展 N（t=4）。

　　t>n，輸出目前排列 x[1]=3，x[2]=2，x[3]=1，即（3，2，1）。

22）回溯到最近的節點 M。

　　回溯時怎麼來的怎麼換回去，因為從 M→N，執行了 x[3] 與 x[3] 交換，現在需要換回去，再次執行交換 swap(x[3], x[3])，如圖 G-47 所示。

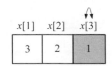

圖 G-47　x[3] 與 x[3] 交換

M 沒有懸空的分支，孩子已全部生成，成為死節點。繼續向上回溯到 L。

因為從 L→M，執行了 x[2] 與 x[2] 交換，現在需要換回去，再次執行交換 swap(x[2], x[2])，如圖 G-48 所示。

繼續向上回溯到 L，L 節點還有一個懸空的分支（i=3）待生成，重新擴展 L，如圖 G-49 所示。

23）重新擴展 L（t=2）：i=3，然後交換元素 swap(x[t], x[i])。

　　因為 t=2，i=3，相當於 x[2] 與 x[3] 交換，因為在第 22）步的交換中 x[1]=3，因此交換後，x[3]=1，交換完畢，x[2]=1，x[3]=2，生成一個新節點 O，如圖 G-50 和圖 G-51 所示。

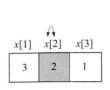

圖 G-48　x[2] 與 x[2] 交換

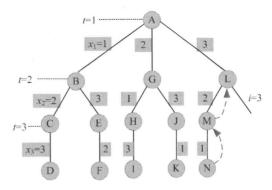

圖 G-49　回溯到 L

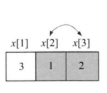

圖 G-50　x[2] 與 x[3] 交換

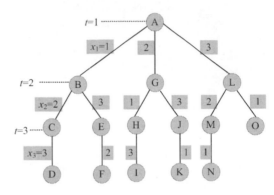

圖 G-51　生成 O

24）擴展 O（t=3）：for(int i=t;i<=n;i++)。

首先執行 i=t=3，因為 n=3，for 語句無其他的分支。然後交換元素 swap(x[t], x[i])，因為 t=3、i=3，相當於 x[3] 與 x[3] 交換，因為在第 23）步的交換中 x[3]=2，因此交換後，x[3]=2，生成一個新節點 P，如圖 G-52 和圖 G-53 所示。

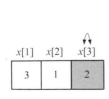

圖 G-52　x[3] 與 x[3] 交換

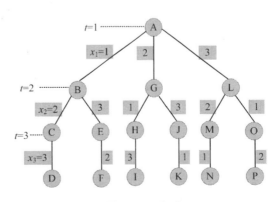

圖 G-53　生成 P

25）擴展 P（*t*=4）。

t>*n*，輸出目前排列 *x*[1]=3，*x*[2]=1，*x*[3]=2，即（3，1，2）。

26）回溯到最近的節點 O。

回溯時怎麼來的怎麼換回去，因為從 O→P，執行了 *x*[3] 與 *x*[3] 交換，現在需要換回去，再次執行交換 swap(*x*[3], *x*[3])，如圖 G-54 所示。

O 沒有懸空的分支，孩子已全部生成，成為死節點。繼續向上回溯到 L，因為從 L→O，執行了 *x*[2] 與 *x*[3] 交換，現在需要換回去，再次執行交換 swap(*x*[2], *x*[3])。如圖 G-55 所示。

此時 *x*[1]=3，*x*[2]=2，*x*[3]=1。L 沒有懸空的分支，孩子已全部生成，成為死節點。繼續向上回溯到 A，我們從 A→L，*x*[1] 與 *x*[3] 交換，現在需要換回去，再次執行交換操作 swap(*x*[1], *x*[3])，如圖 G-56 所示。

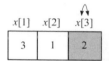

圖 G-54　*x*[3] 與 *x*[3] 交換

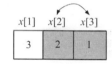

圖 G-55　*x*[2] 與 *x*[3] 交換

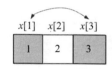

圖 G-56　*x*[1] 與 *x*[3] 交換

此時 *x*[1]=1，*x*[2]=2，*x*[3]=3。恢復到初始狀態。A 節點沒有懸空的分支，孩子已全部生成，成為死節點，所有的節點已成為死節點，演算法結束。

程式碼如下：

```
//program G-1
#include <iostream>
#define MX 50
using namespace std;
int x[MX];                    //解分量
int n;

void myarray(int t)
{
    if(t>n)
    {
        for(int i=1;i<=n;i++)  //輸出排列
            cout<<x[i]<<" ";
        cout<<endl;
        return ;
```

```
        }
        for(int i=t;i<=n;i++)  //列舉
        {
            swap(x[t],x[i]);    //交換
            myarray(t+1);       //繼續深搜
            swap(x[t],x[i]);    //回溯時反操作
        }
}
int main()
{
    cout << "輸入排列的元素個數 n（求 1..n 的排列）: " << endl;
    cin>>n;
    for(int i=1;i<=n;i++)  //初始化
        x[i]=i;
    myarray(1);
    return 0;
}
```

演算法實作和測試

1）　執行環境

```
Code::Blocks
```

2）　輸入

```
輸入排列的元素個數 n（求 1..n 的排列）:
3
```

3）　輸出

```
1 2 3
1 3 2
2 1 3
2 3 1
3 2 1
3 1 2
```

附錄 H

貝爾曼規則

有 n 個機器零件的集合記為 $S=\{J_1, J_2, \cdots, J_n\}$，設最優加工方案第一個加工的零件為 i，當第一台機器加工零件 i 時，第二台機器需要 t 時間空閒下來。該加工方案第一個零件開始在第一台機器上加工到最後一個零件在第二台機器上結束所需要的總時間為 $T(S, t)$，如圖 H-1 所示。t 有兩種情況，可能比 t_{1i} 小，也可能比 t_{1i} 大。

接下來，當第一台機器加工餘下集合 $S-\{i\}$ 的零件時，第二台機器需要 t' 時間空閒下來，如圖 H-2 所示。

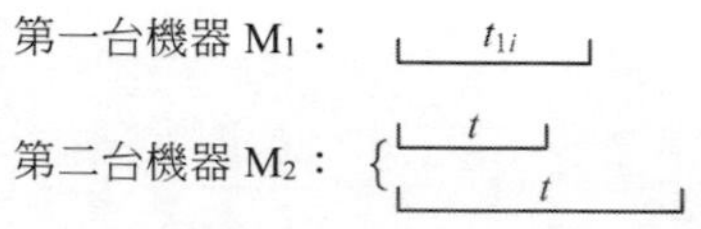

第一台機器 M_1：　t_{1i}

第二台機器 M_2：　t　　t

第一台機器 M_1：　t_{1i}　$S-\{i\}$

第二台機器 M_2：　t　t_{2i}　t　t_{2i}　t'

圖 H-1　加工零件 i 時 M_2 需要 t 時間空閒 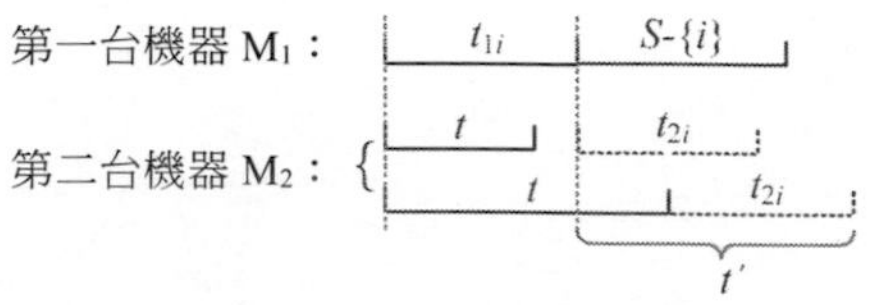　　　　**圖 H-2　加工餘下零件時 M_2 需要 t'時間空閒**

這個閒置時間 t' 等於 t_{2i}（第一種情況），或者等於 $t-t_{1i}+t_{2i}$（第二種情況）。

$$t' = \begin{cases} t_{2i}, & t \leq t_{1i} \\ t_{2i} + t - t_{1i}, & t > t_{1i} \end{cases}$$

即：

$$t' = t_{2i} + \max\{t - t_{1i}, 0\}$$

那麼總體加工時間為：

$$\begin{aligned} T(S,t) &= t_{1i} + T(S - \{i\}, t') \\ &= t_{1i} + T(S - \{i\}, t_{2i} + \max\{t - t_{1i}, 0\}) \end{aligned}$$

因為不知道第一個加工的零件 i 是多少，因此 i 可以是 S 中的任何一個零件編號，那麼最優解（最少的加工時間）遞迴式為：

$$T(S,t) = \min_{i \in S}\{t_{1i} + T(S - \{i\}, t_{2i} + \max\{t - t_{1i}, 0\})\}$$

集合 S 有 $n!$ 種加工順序，但對於其中的兩個零件編號 i、j 來說，只有兩種方案：

1） 先加工 i，再加工 j。

2） 先加工 j，再加工 i。

這兩種方案哪種是最優的呢？

透過下面推導可以比較分析出來。

方案 1（先 i 後 j）：

$$T(S,t) = t_{1i} + T(S - \{i\}, t_{2i} + \max\{t - t_{1i}, 0\})$$
$$= t_{1i} + t_{1j} + T(S - \{i, j\}, t_{2j} + \max\{t' - t_{1j}, 0\})$$

$$t' = t_{2i} + \max\{t - t_{1i}, 0\}$$

$$T(S,t) = t_{1i} + T(S - \{i\}, t_{2i} + \max\{t - t_{1i}, 0\})$$
$$= t_{1i} + t_{1j} + T(S - \{i, j\}, t_{2j} + \max\{t_{2i} + \max\{t - t_{1i}, 0\} - t_{1j}, 0\})$$

整理後面一項，令其為 t_{ij}：

$$t_{ij} = t_{2j} + \max\{t_{2i} + \max\{t - t_{1i}, 0\} - t_{1j}, 0\}$$
$$= t_{2j} + t_{2i} - t_{1j} + \max\{\max\{t - t_{1i}, 0\}, t_{1j} - t_{2i}\}$$
$$= t_{2j} + t_{2i} - t_{1j} + \max\{t - t_{1i}, 0, t_{1j} - t_{2i}\}$$
$$= t_{2j} + t_{2i} + \max\{t - t_{1i} - t_{1j}, -t_{1j}, -t_{2i}\}$$

請注意：第 1 步到第 2 步，max 裡面的兩項都加 $t_{1j} - t_{2i}$，max 外面的減 $t_{1j} - t_{2i}$（相當於加 $t_{2i} - t_{1j}$）。第 2 步到第 3 步，兩者求最大值後，再與第三個數求最大值，相當於三者求最大值。第 3 步到第 4 步，max 裡面的三項都減 t_{1j}，max 外面的加 t_{1j}。

方案 1 的加工時間為：

$$T(S,t) = t_{1i} + t_{1j} + T(S - \{i, j\}, t_{ij})$$

$$t_{ij} = t_{2j} + t_{2i} + \max\{t - t_{1i} - t_{1j}, -t_{1j}, -t_{2i}\}$$

方案 2（先 j 後 i）：

把方案 1 的加工時間公式 i、j 交換即可得到。

方案 2 的加工時間為：

$$T(S,t) = t_{1i} + t_{1j} + T(S - \{i, j\}, t_{ji})$$

$$t_{ji} = t_{2j} + t_{2i} + \max\{t - t_{1i} - t_{1j}, -t_{1i}, -t_{2j}\}$$

可以看出，方案 1 和方案 2 的區別僅僅在於 t_{ij} 和 t_{ji} 中的 max 最後兩項。

如果方案 1 和方案 2 優，則：

$$\max\{-t_{1j}, -t_{2i}\} \leqslant \max\{-t_{1i}, -t_{2j}\}$$

兩邊同時乘以 -1：

$$\min\{t_{1j}, t_{2i}\} \geqslant \min\{t_{1i}, t_{2j}\}$$

因此，方案 1 和方案 2 優的充分必要條件是：

$$\min\{t_{1j}, t_{2i}\} \geqslant \min\{t_{1i}, t_{2j}\}$$

增廣路中稱為
關鍵邊的次數

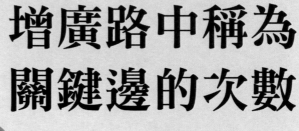

在殘餘網路中，如果一條增廣路徑上的可增廣量是該路徑上邊 (u, v) 的殘餘容量，則稱邊 (u, v) 為增廣路徑上的關鍵邊。

如圖 I-1 所示，一條可增廣路徑 P：1—2—4—6，這條增廣路徑的可增廣量為 8（增廣路徑上所有邊的殘餘容量最小值），2—4 這條邊的殘餘容量正好是可增廣量，那麼 2—4 就是關鍵邊。

沿著增廣路徑 P 增加流量 8 後，殘餘網路如圖 I-2 所示。

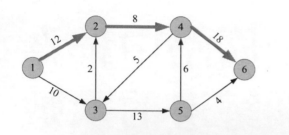

圖 I-1　殘餘網路 G^*

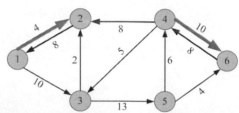

圖 I-2　殘餘網路 G^*（增流後）

增流後，關鍵邊從殘餘網路中消失！其反向邊（4, 2）出現。

而且任何一條增廣路徑都至少存在一條關鍵邊。其實增廣路徑上殘餘容量最小的邊就是關鍵邊，如果有多個邊都是最小的，那關鍵邊就有多個，如圖 I-1 所示，如果邊 4—6 的殘餘容量也是 8，那麼就有兩條關鍵邊。

證明：殘餘網路中，每條邊稱為關鍵邊的次數最多為 $|V|/2$ 次。

殘餘網路中，任意一條邊 (u, v)，當第一次成為關鍵邊時，s 到 v 的最短路徑等於 s 到 u 的最短路徑加 1，因為增廣路徑都是最短路徑。即：

$$\delta(s,v) = \delta(s,u) + 1$$

如圖 I-3 所示。

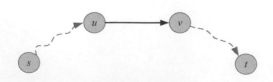

圖 I-3　增廣路徑 P_1

沿著該增廣路徑增流後，關鍵邊 (u, v) 從殘餘網路中消失。其反向邊 (v, u) 出現。

那麼，邊 (u, v) 消失後還會不會再出現呢？什麼時候會「重出江湖」？

殘餘網路中的邊有 3 種情況：

1) **有的邊永遠不能成為關鍵邊**。例如圖 I-1 中的 1—2，3—2 等邊。因為找到 3 條增廣路徑後達到最大流，1—2—4—6，1—3—5—6，1—3—5—4—6。

2) **有的邊只能成為一次關鍵邊**。增流後就消失了，而且永不再出現，例如圖 I-1 中的 2—4 邊。

3) **有的邊可以多次成為關鍵邊**。第一次成為關鍵邊，增流後消失，但過一段又出現了，再次成為關鍵邊，如圖 I-4 和圖 I-5 所示。

圖 I-4 (u, v)第一次成為關鍵邊　　　　　　圖 I-5　增流後(u, v)消失

什麼時候邊 (u, v) 會再次出現呢？

如果又找到了一條增廣路徑 P_2，如圖 I-6 所示。

此時，s 到 u 的最短路徑等於 s 到 v 的最短路徑加 1，即：

$$\delta'(s,u) = \delta'(s,v) + 1$$

那麼沿增廣路徑 P_2 增流後，(u, v) 會再次出現，如圖 I-7 所示。

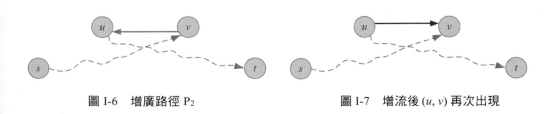

圖 I-6　增廣路徑 P_2　　　　　　　　　圖 I-7　增流後 (u, v) 再次出現

因為下一次找到的最短路徑大於等於前一次找到的最短路徑，即：

$$\delta'(s,v) \geqslant \delta(s,v)$$

因此，

$$\delta'(s,u) = \delta'(s,v) + 1 \geqslant \delta(s,v) + 1$$

又因為 $\delta(s,v) = \delta(s,u) + 1$，所以，

$$\delta'(s,u) \geqslant \delta(s,u) + 2$$

也就是說，(u, v) 下一次成為關鍵邊時，從源點到 u 的距離至少增加了兩個單位，而從源點 s 到 u 的最初距離至少為 0，從 s 到 u 的最短路徑上的中間節點中不可能包括節點 s、u、t。因此，一直到 u 成為不可到達的節點前，其距離最多為 $|V|-2$，因為每次成為關鍵邊，距離至少增加兩個單位，那麼 (u, v) 第一次成為關鍵邊後，還可以至多成為關鍵邊 $(|V|-2)/2=|V|/2-1$ 次。(u, v) 成為關鍵邊的總次數最多為 $|V|/2$。

因為每條邊都有可能成為關鍵邊，達到最多次數 $|V|/2$，所以關鍵邊總數為 $O(VE)$。每條增廣路至少有一條關鍵邊，也就是說最多會有 $O(VE)$ 條增廣路，而找到一條增廣路的時間為 $O(E)$，因此 Edmonds-Karp 演算法的總執行時間為 $O(VE^2)$。

而重貼標籤演算法，找到一條增廣路的時間是 $O(V)$，最多會執行 $O(VE)$ 次，因為關鍵邊的總數為 $O(VE)$。因此總體時間複雜度為 $O(V^2E)$，其中 V 為節點個數，E 為邊的數量。

附錄 J

最大流
最小割定理

最大流最小割定理（max-flow min-cut the-orem）是網路流理論中的重要定理。它是圖論中的一個核心定理。

關於判定流的最大性的定理，任何網路中最大流的流量等於最小割的容量，簡稱為最大流最小割定理。它描述了最大流的特徵，圖論中的很多結果在適當選擇網路後，都可以由這個定理推出。

割：是網路中頂點的劃分，它把網路中的所有頂點劃分成 S 和 T 兩個集合，源點 $s \in S$，匯點 $t \in T$，記為 $CUT(S, T)$。

如圖 J-1 所示，源點為 s，匯點為 t。有一條切割線把圖中的節點切割成了兩部分 $S = \{s, v_1, v_2\}$，$T = \{v_3, v_4, t\}$。

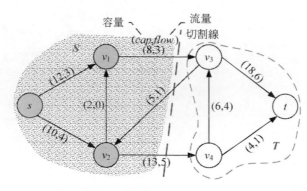

圖 J-1　割

割的淨流量 $f(S, T)$：切割線切中的邊中，從 S 到 T 的邊的流量減去從 T 到 S 的邊的流量。

如圖 J-1 所示，割的淨流量 $f(S, T) = 3+5-1 = 7$。從 S 到 T 的邊 $v_1—v_3$，$v_2—v_4$，流量為 3 和 5，從 T 到 S 的邊 $v_3—v_2$，流量為 1。

割的容量 $c(S, T)$：切割線切中的邊中，從 S 到 T 的邊的容量之和。

如圖 J-1 所示，割的容量 $c(S, T) = 8+13 = 21$。從 S 到 T 的邊 $v_1—v_3$，$v_2—v_4$，流量為 8 和 13。

請注意：割的容量不計算反向邊（T 到 S 的邊）的容量。

一個網路有很多切割，**最小割是容量最小的切割**。

引理：如果 f 是網路 G 的一個流，$CUT(S, T)$ 為 G 的任意一個割，那麼流量 f 的值等於割的淨流量 $f(S, T)$。

$$f(S,T) = |f|$$

如圖 J-2（a）所示，割的淨流量 $f(S, T)$=3+4=7。如圖 J-2（b）所示，割的淨流量 $f(S, T)$=4+1+6−4−0=7。

大家可以畫出任意一個割，會發現所有割的淨流量 $f(S, T)$ 都等於流量 f 的值。

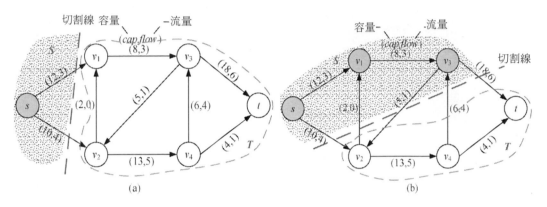

圖 J-2　兩種割

推論：如果 f 是網路 G 的一個流，$CUT(S, T)$ 為 G 的任意一個割，那麼 f 的值不超過割的容量 $c(S, T)$。

$$|f| \leqslant c(S,T)$$

由於所有的流值小於等於割的容量，那麼我們把流值和割的容量用圖表示出來，如圖 J-3 所示。

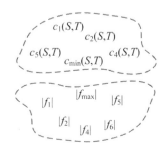

圖 J-3　割的容量和淨流量的關係圖

從圖 J-3 可以看出，所有的淨流量小於等於割的容量，網路中的最大流不超過任何割的容量，流值最大只能達到最小割容量，即流值不超過上確界（最小上界）。

最大流最小割定理：如果 f 是網路 G 的最大流，$CUT(S, T)$ 為 G 的最小割，那麼最大流 f 的值等於最小割的容量 $c(S, T)$。

$$| f_{\max} |= c_{\min}(S, T)$$

因此，在很多問題中，如果需要得到最小割，只需要求出最大流即可。

趣學演算法｜50 種必學演算法的完美圖解與應用實作

作　　者：陳小玉
譯　　者：H&C
企劃編輯：蔡彤孟
文字編輯：江雅鈴
設計裝幀：張寶莉
發 行 人：廖文良

發 行 所：碁峰資訊股份有限公司
地　　址：台北市南港區三重路 66 號 7 樓之 6
電　　話：(02)2788-2408
傳　　真：(02)8192-4433
網　　站：www.gotop.com.tw
書　　號：ACL053000
版　　次：2018 年 12 月初版
　　　　　2023 年 08 月初版七刷
建議售價：NT$580

國家圖書館出版品預行編目資料

趣學演算法：50 種必學演算法的完美圖解與應用實作 / 陳小玉
原著；H&C 譯. -- 初版. -- 臺北市：碁峰資訊, 2018.12
　面；　公分
　ISBN 978-986-502-013-2(平裝)
　1.演算法
318.1　　　　　　　　　　　　　　　　107022631

讀者服務

- 感謝您購買碁峰圖書，如果您對本書的內容或表達上有不清楚的地方或其他建議，請至碁峰網站：「聯絡我們」\「圖書問題」留下您所購買之書籍及問題。(請註明購買書籍之書號及書名，以及問題頁數，以便能儘快為您處理)
  http://www.gotop.com.tw

- 售後服務僅限書籍本身內容，若是軟、硬體問題，請您直接與軟體廠商聯絡。

- 若於購買書籍後發現有破損、缺頁、裝訂錯誤之問題，請直接將書寄回更換，並註明您的姓名、連絡電話及地址，將有專人與您連絡補寄商品。